Rolf Enderlein
Andreas Schenk

Grundlagen der Halbleiterphysik

Rolf Enderlein
Andreas Schenk

Grundlagen der Halbleiterphysik

Mit 125 Abbildungen
und 15 Tabellen

Akademie Verlag

Autoren:

Prof. Dr. habil. Rolf Enderlein
Humboldt-Universität Berlin,
Institut für Theoretische Physik

Dr. rer. nat. Andreas Schenk
Eidgenössische Technische Hochschule Zürich,
Institut für Integrierte Systeme

Lektorat: Heike Höpcke
Herstellerische Betreuung: Christian P. Biastoch

Die Deutsche Bibliothek - CIP-Einheitsaufnahme

Enderlein, Rolf:
Grundlagen der Halbleiterphysik : mit 15 Tabellen / Rolf Enderlein ; Andreas Schenk. - Berlin : Akad.-Verl., 1991
ISBN 3-05-501400-6
NE: Schenk, Andreas:

ISBN 3-05-501400-6

Erschienen in der Akademie Verlag GmbH, O-1086 Berlin (Federal Republic of Germany), Leipziger Str. 3–4
Gedruckt auf säurefreiem Papier

Druck und Bindung: Druckhaus „Thomas Müntzer" GmbH, Bad Langensalza
Umschlaggestaltung: Ralf Michaelis
Printed in the Federal Republic of Germany

VORWORT

Das vorliegende Buch ist als Einführung in die Grundlagen der Halbleiterphysik gedacht. Neben homogenen Halbleitern werden auch räumlich inhomogene Halbleitersysteme, d.h. Halbleiterübergänge und Halbleiterbauelemente mit behandelt. Angesichts der Bedeutung, die diese Objekte für die Technik unserer Zeit und für die moderne Zivilisation schlechthin besitzen, scheint uns das mehr als gerechtfertigt zu sein. Allerdings hat die Berücksichtigung von Halbleiterübergängen und -bauelementen auch zur Folge, daß der Gegenstand des Buches relativ umfangreich wird. Um trotzdem eine geschlossene Darstellung erreichen zu können, sind Beschränkungen bei der Stoffauswahl erforderlich. Sie werden dadurch erreicht, daß die physikalischen Grundlagen der räumlich homogenen Halbleiter mit dem Blick darauf behandelt werden, was für Halbleiterübergänge und -bauelemente besonders wichtig ist. Dazu gehören die Bandstruktur der Halbleiter (Kapitel 2), die lokalisierten Zustände und der Einfluß äußerer Störungen auf Bandzustände (Kapitel 3), die Statistik der Ladungsträger im thermodynamischen Gleichgewicht (Kapitel 4) sowie die Prozesse, die bei gestörtem Gleichgewicht in Halbleitern ablaufen (Kapitel 5). Bei den Nichtgleichgewichtsprozessen kann aber notfalls auf die Darstellung der mikroskopischen Grundlagen verzichtet werden - wir machen hiervon im Buch Gebrauch. Das bedeutet insbesondere, daß wir die Transport- und die optischen Konstanten nicht auf die Wechselwirkung der Elektronen mit inneren und äußeren Störungen zurückführen, sondern als phänomenologische Größen ansehen. Dadurch wird es dann auch möglich, auf eine detaillierte Behandlung der Gitterschwingungen zu verzichten. Demgegenüber nimmt die Physik der Halbleiterübergänge (pn-, Hetero-, Metall-, Isolator-) einen relativ breiten Raum im Buch ein. Sie wird sowohl im Gleichgewicht (Kapitel 6) als auch bei Vorhandensein äußerer Störungen behandelt (Kapitel 7). Das letztere ist dann nichts anderes als die Physik der Halbleiterbauelemente.

Das Buch soll auch Leser ansprechen, die erstmalig mit der Halbleiterphysik in Berührung kommen. Deshalb wird auch relativ elementares Wissen über Halbleiter systematisch dargestellt (Kapitel 1). Leser, die bereits über die entsprechenden Kenntnisse verfügen, können das erste Kapitel ohne Schwierigkeiten für das Verständnis des Weiteren übergehen. Auch in den folgenden Kapiteln legen wir Wert darauf, daß Leser folgen können, die vorher mit dem Stoff noch nicht konfrontiert waren. Obwohl wir die Halbleiterphysik aus moderner Sicht behandeln, ist das Buch mehr für Anfänger geschrieben als für Fortgeschrittene. Wer an einer komprimierten Darstellung von bereits Verstandenem oder an zusätzlichen Informationen darüber interessiert ist, der sollte besser zu einem anderen Buch greifen. Bei der Behandlung des Stoffes betonen wir das jeweils Grundlegende. Dieses wird relativ ausführlich und vollständig erörtert. Wir streben Selbstkonsistenz der Darstellung in dem Sinne an, daß der Leser, sofern er die Grundlagen der Quantenmechanik beherrscht, alles Wesentliche ohne Zuhilfenahme anderer Quellen nachvollziehen kann. Daß sich z.B. die Quasi-Wellenvektoren von Blochzuständen nach den Gesetzen eines reziproken Raumes transformieren, wird explizit vorgeführt. Bei weniger wichtigen, aber wissenswerten Resultaten belassen wir es jedoch oft bei der Erwähnung. Demgegenüber werden auch relativ neue Entwicklungen der Halbleiterphysik, sofern sie als grundlegend anzusehen sind, in die Darstellung mit einbezogen. Das betrifft z.B. die tiefen Zentren, die reinen Halbleiteroberflächen oder die Supergitter und Quantum Wells. Insgesamt streben wir mehr danach, dem Leser ein Verständnis für die allgemeinen Zusammenhänge zu vermitteln, als über die vielen Details zu informieren, die man über Halbleiter wissen kann. Das Buch wendet sich sowohl an Leser, die an der reinen Physik der Halbleiter interessiert sind, als auch an solche, die die physikalischen Grundlagen der Halbleiterbauelemente verstehen wollen. Besonders angesprochen sind grundlagenorientierte Physikstudenten, die sich auch über Bauelemente informieren möchten, und Elektronik-Ingenieur-Studenten oder anwendungsorientierte Physiker, die tiefer in die Grundlagen der Halbleiterphysik eindringen wollen.

Das Buch ist aus Vorlesungen hervorgegangen, die einer der Autoren (R.E.) für Physikstudenten des 6. und 7. Semesters an der Humboldt-Universität Berlin hält. Bei der Fertigstellung des Manuskripts konnten wir uns auf den Rat vieler Fachkollegen stützen. Besonderer Dank gilt Prof. Dr. J. Auth (Humboldt-Universität Berlin) und Prof. Dr. P. Vogl (Technische Universität München), die das Buch im Manuskript gelesen und mit Anregungen und kritischen Hinweisen zu seiner Verbesserung beigetragen haben. Die technische Fertigstellung des Manuskripts lag in den Händen von Frau Hannelore Enderlein. Bei ihr und den Lektorinnen des Akademie-Verlags, Frau Ursula Heilmann und Frau Heike Höpcke, die das Buch verlegerisch betreut haben, möchten wir uns ebenfalls bedanken.

Rolf Enderlein Andreas Schenk

INHALTSVERZEICHNIS

KAPITEL 1

1. ALLGEMEINE CHARAKTERISIERUNG DER HALBLEITER

1.1 Einführung

Halbleiter sind Stoffe, die wegen ihrer besonderen Eigenschaften zu einer einheitlichen Materialklasse zusammengefaßt werden, ähnlich wie Metalle, Dielektrika oder magnetische Stoffe. Die Bezeichnung "Halbleiter" deutet zunächst nur darauf hin, daß es sich um elektrisch leitende Materialien handelt, die eine weniger gute Leitfähigkeit besitzen als Metalle. Diese Charakterisierung bedeutet allein aber noch sehr wenig. Wenn sich die Gemeinsamkeiten der Halbleiter darin erschöpfen würden, stünde der Begriff auf schwachen Füßen. Doch das ist nicht der Fall. Es zeigt sich nämlich, daß viele Stoffe mit einer Leitfähigkeit zwischen der von Metallen und Isolatoren gleichzeitig auch eine Reihe weiterer gemeinsamer Eigenschaften aufweisen. Insbesondere hängt die Leitfähigkeit bei ihnen wesentlich stärker vom Materialzustand ab, z.B. von der Temperatur und der chemischen Reinheit, als das bei Metallen der Fall ist. Für ausreichend reine Halbleiter wird die Leitfähigkeit beim Abkühlen von Raum- auf Heliumtemperatur um viele Zehnerpotenzen kleiner. Am absoluten Temperatur-Nullpunkt verschwindet sie praktisch ganz, im Gegensatz zu Metallen, wo sie mit fallender Temperatur ansteigt, wenn auch in der Regel nicht um Zehnerpotenzen, sondern nur um einige Vielfache. Das Maximum erreicht die Leitfähigkeit von Metallen bei tiefen Temperaturen, bei Supraleitern ist sie dort sogar unendlich groß. Was die Abhängigkeit der Leitfähigkeit halbleitender Stoffe vom Reinheitsgrad betrifft, so äußert sie sich unter anderem darin, daß der gleiche Halbleiter im sehr reinen Zustand einem Isolator ähneln kann und im stark verunreinigten Zustand einem Metall. Auch durch Bestrahlung mit Licht läßt sich ein Übergang von einem isolatorähnlichen zu einem metallähnlichen Verhalten an ein und demselben Halbleitermaterial hervorrufen. Gemeinsamkeiten in Bezug auf die optischen Eigenschaften bestehen noch in anderer Hinsicht. Zum Beispiel weist das optische Absorptionsspektrum bei Halbleitern ein Schwellverhalten auf - unterhalb einer bestimmten Frequenz wird das Licht praktisch ungehindert durchgelassen, oberhalb wird es stark absorbiert. Auch zeigen viele Halbleiter gute Lumineszenzeigenschaften im sichtbaren und infraroten Spektralbereich.

Für die Identifizierung eines Stoffes als Halbleiter können also wesentlich mehr Eigenschaften herangezogen werden als nur die eine, elektrisch mäßig gut zu leiten. Erst wenn alle Eigenschaften zutreffen, kann man von einem Halbleiter sprechen. Dadurch fallen z.B. die Ionenleiter, die zwar die für Halbleiter charakteristischen Leitfähigkeitswerte, aber nicht das erforderliche Temperaturverhalten aufweisen, aus der Definition heraus. Inwieweit der so definierte Begriff "Halbleiter" wirklich sinnvoll ist, steht zunächst jedoch noch in Frage. Es ist nämlich noch nicht ersichtlich, warum gerade diese und nicht andere Eigenschaften ausgewählt wurden, und in welchem inneren Zusammenhang sie untereinander stehen. Aufschluß darüber kann nur eine mikroskopische Theorie der Halbleiter geben, die aber erst in den nachfolgenden Kapiteln systematisch entwickelt wird. Hier müssen wir uns mit der Feststellung begnügen, daß die zur Definition herangezogenen makroskopischen Eigenschaften der Halbleiter alle auf eine gemeinsame mikroskopische Ursache zurückgeführt werden können, nämlich die besondere Form des Spektrums der erlaubten Energiewerte der Elektronen in diesen Stoffen - sie bilden Bänder, die durch verbotene Bereiche voneinander getrennt sind -, und die besondere Besetzung der erlaubten Energiewerte mit Elektronen - bei der Temperatur T = 0 K gibt es nur vollständig besetzte und vollständig leere Bänder. Erst durch diese mikroskopische Gemeinsamkeit erhält die Zusammenfassung von Stoffen mit den genannten makroskopischen Eigenschaften zu einer einheitlichen Materialgruppe ihren Sinn. Man bekommt durch sie ein einfaches Kriterium an die Hand, um ein bestimmtes Material als Halbleiter einzustufen oder nicht und um außer den genannten auch noch weitere gemeinsame makroskopische Eigenschaften der Substanzgruppe angeben zu können. Zum Beispiel kann man erwarten, daß Halbleiter vorwiegend feste kristalline Stoffe sein sollten, denn in der kristallinen Phase ist die Ausbildung von Energiebändern, die durch eine Lücke voneinander getrennt sind, noch am ehesten möglich. Ganz auszuschließen sind amorphe oder flüssige Halbleiter andererseits aber auch nicht, da eine gewisse Regelmäßigkeit der relativen Anordnung der Atome auch in der amorphen und flüssigen Phase besteht. Tatsächlich kennt man neben den festen kristallinen Halbleitern, die den Hauptanteil ausmachen, auch eine Reihe amorpher - Silizium und Selen sind dafür die wichtigsten Beispiele. Auch flüssige Halbleiter sind bekannt, das geschmolzene Tellur gehört z.B. dazu. Andere halbleitende Materialien, z.B. Silizium und Germanium, sind im flüssigen Zustand Metalle.

In diesem Buch beschränken wir uns auf die festen kristallinen Halbleiter. Das Dargestellte ist zum Teil auch auf amorphe und flüssige Halbleiter anwendbar, meist sind dazu aber Modifizierungen erforderlich. Zum Beispiel muß der Begriff des Energiespektrums der Elektronen in einem anderen Sinne definiert werden als bei kristallinen Halbleitern. Die Behandlung dieser Fragen geht aber über den Rahmen einer Einführung in die Halbleiterphysik hinaus und muß hier unterbleiben. Interessierte Leser verweisen wir auf die umfangreiche Literatur dazu (z.B. *S. R. Elliot*, 1983; *N. F. Mott and E. A. Davis*, 1979; *V. L. Bonč-Bruevič* et al., 1984; *D. Adler, H. Fritzsche, and S. R. Ovshinsky*, 1985).

Die mikroskopische Definition, wie sie oben gegeben wurde, enthält keine erkennbaren Einschränkungen hinsichtlich der chemischen Natur der Halbleiter. Deshalb ist zu vermuten, daß sich die Halbleiter durch eine große chemische Vielfalt auszeichnen sollten. Das ist in der Tat auch der Fall - als Halbleiter erweisen sich Stoffe aus den unterschiedlichsten chemischen Elementen und Verbindungen. Neben anorganischen Halbleitern gibt es auch organische (sh. dazu z.B. *H. Meier*, 1974). Am besten untersucht und für die Technik erschlossen sind heute die kristallinen Halbleiter aus relativ kleinen chemischen Einheiten, d.h. entweder aus Elementen oder aus binären und ternären Verbindungen.

Die Erkenntnis von der Existenz einer eigenständigen Materialgruppe "Halbleiter" hat sich historisch gesehen erst relativ spät herausgebildet. Metalle kennt und nutzt der Mensch seit grauen Vorzeiten, aber auf die Halbleiter ist er erst vor wenig mehr als hundertfünfzig Jahren gestoßen. Den ersten Hinweis auf eine charakteristische Halbleitereigenschaft verdanken wir Michael Faraday, der 1833 am Silbersulfid ein Anwachsen der elektrischen Leitfähigkeit mit der Temperatur beobachtete. Daß es sich dabei um eine exponentielle Abhängigkeit handelt, entdeckte Hittorf 1851. Der Begriff "Halbleiter" wurde 1911 von Königsberger und Weiß eingeführt, nachdem das Wort in annähernd dem gleichen Zusammenhang vorher schon von Ebert (1789) und Bromme (1851) benutzt worden war. Zu der sehr späten und zunächst auch relativ langsamen Entwicklung der Halbleiterphysik hat vor allem der Umstand beigetragen, daß die Eigenschaften der Halbleiter stark von ihrem Reinheitsgrad abhängen, genauer gesagt, von der An- oder Abwesenheit bestimmter chemischer Elemente. Darauf ist es zurückzuführen, daß viele halbleitende chemische Verbindungen in ihrer Naturform als Mineralien die typischen Halbleitereigenschaften vermissen lassen. Natürliche Diamanten zum Beispiel sind in den seltensten Fällen Halbleiter. Die saubere Herstellung der Materialien im Labor und das kontrollierte Einbringen bestimmter chemischer Elemente spielte deshalb in der Halbleiterphysik und -technik von Anfang an eine große Rolle. Dabei waren zunächst prinzipielle Schwierigkeiten zu überwinden, da die erforderliche Kontrolle über die Zusammensetzung das bis dahin in der Chemie übliche Maß von Tausendsteln von Atomprozenten wesentlich überschritt. Man mußte in einen neuen Bereich chemischer Kontrolle vordringen, in dem in Millionsteln von Atomprozenten statt in Tausendsteln gemessen wurde. Nur so ließen sich zuverlässige Aussagen über Halbleiter erzielen. Da sich diese Erkenntnis nur allmählich durchsetzte, hatte man es anfangs nicht selten auch mit Widersprüchen und rätselhaften Erscheinungen zu tun, z.B. wurden Silizium und Germanium zunächst für Metalle gehalten, bis man erkannt hatte, daß die Verunreinigungskonzentrationen an bestimmten Elementen zu groß waren, um die Halbleitereigenschaften hervortreten zu lassen.

Die Halbleiterphysik war also von Anfang an mit einer aufwendigen künstlichen Herstellung der von ihr zu untersuchenden Materialien verbunden. Sie konnte sich nur in dem Maße entwickeln, in dem entsprechende Materialien zur Verfügung standen. Das war naturgemäß zuerst bei solchen Stoffen der Fall, bei denen sich der Aufwand für die kontrollierte Herstellung in Grenzen hielt, oder wo man auf natürliche Stoffe zurückgreifen konnte. Dazu zählen Metallsulfide, die, wie etwa Bleisulfid in seiner mineralischen Form als Bleiglanz, oder Kupferoxydul (Cu_2O) und Selen in ihrer gezüchteten Form, auch bei relativ starker Verunreinigung und struktureller Unvollkommenheit noch gute halbleitende Eigenschaften aufweisen. 1874 entdeckte Braun, daß der Kontakt zwischen bestimmten Metallsulfiden und aufgesetzten Metallspitzen in Abhängigkeit von der Polung einen unterschiedlichen elektrischen Widerstand besitzt. Als Spitzenkontakt-Gleichrichter fanden diese Anordnungen in Rundfunkempfängern zu Beginn unseres Jahrhunderts Anwendung - man kann sie als die ersten Halbleiterbauelemente bezeichnen. Ein analoger Gleichrichtungseffekt wie bei den Metallsulfiden wurde auch an Selen- und Kupferoxydul-Metallkontakten festgestellt. Auch konnte man bei diesen Materialien durch Bestrahlung mit Licht eine starke Änderung der elektrischen Leitfähigkeit erzielen. Am Selen wurde diese Eigenschaft bereits 1852 durch Hittorf entdeckt. Seit Anfang unseres Jahrhunderts nutzte man den Effekt in Gestalt der Selen-Photozelle auch praktisch. Der erste technisch einsetzbare Gleichrichter aus Kupferoxydul wurde 1926 von Grondahl entwickelt. Ihm folgten Gleichrichter aus Selen. Erste technisch brauchbare Photozellen aus Kupferoxydul wurden 1932 von Lange realisiert.

Aufgrund ihrer technischen Nutzung waren Selen und Kupferoxydul die ersten Halbleiter, an denen gründliche physikalische Untersuchungen durchgeführt wurden. Die halbleitenden Sulfide, Selenide und Telluride von Metallen waren als lumineszierende Stoffe zum Teil früher schon bekannt gewesen. Indem sie auf ihre Halbleitereigenschaften hin untersucht wurden, ging die Physik der Luminophore partiell in der Halbleiterphysik auf. Bei der Suche nach einem elek-

tronischen Schaltelement auf Festkörperbasis, das die Vakuum-Elektronenröhre ersetzen konnte, bezog man seit Mitte der dreißiger Jahre auch die Elementhalbleiter Germanium und Silizium in die Untersuchungen mit ein. Die herausragendsten, für die weitere Entwicklung der Halbleiterphysik entscheidenden Ergebnisse waren dabei die Erfindung des bipolaren Transistors auf der Basis von Germanium im Jahre 1949, und die Realisierung des Feldeffekttransistors mit Hilfe von Silizium Ende der fünfziger Jahre. Mit dem Silizium war dasjenige Halbleitermaterial gefunden, das die Entwicklung der Mikroelektronik möglich gemacht hat. Eine ähnliche Rolle spielten später die Verbindungshalbleiter aus Elementen der dritten und fünften Gruppe, wie z.B. Galliumarsenid oder Galliumphosphid, für die Herausbildung der Halbleiter-Optoelektronik.
Die starke technische Nutzung ihrer Ergebnisse ist ein Charakteristikum, das die Halbleiterphysik von ihrer Entstehung an bis heute ausgezeichnet hat. Darin kommt die besondere Eignung der Halbleiter für die Lösung von Aufgaben in der Elektronik und Elektrotechnik zum Ausdruck. Diese Eignung ist kein Zufall, sondern die direkte Folge der mikroskopischen Natur der Halbleiter, die es möglich macht, charakteristische Materialeigenschaften durch äußere Einwirkungen in weiten Grenzen zu ändern. Die große technische Bedeutung der Halbleiter hat gründliche physikalische Untersuchungen an diesen Materialien einerseits erforderlich gemacht, andererseits aber auch erst ermöglicht, wenn man bedenkt, welch hoher Aufwand für die Herstellung betrieben werden muß. Beides hat dazu geführt, daß die Halbleiter heute die am besten untersuchten und verstandenen Systeme aus kondensierter Materie darstellen. Dazu kommt, daß eine Vielzahl physikalischer Erscheinungen, die in Festkörpermaterialien auftreten, auch und nicht selten sogar am ausgeprägtesten an Halbleitern beobachtet werden können. Dadurch ermöglicht das Studium der Halbleiter auch Erkenntnisse über andere Festkörper. Die Halbleiter sind Modellsysteme für die festkörperphysikalische Grundlagenforschung geworden.
Die Darstellung der mikroskopischen Grundlagen der Halbleiterphysik wird den größten Raum in diesem Buch einnehmen. Das einleitende 1. Kapitel fällt insofern aus diesem Rahmen heraus, als hier mehr beschreibende Angaben über Halbleiter gemacht werden. Die Charatakterisierung der Halbleiter an Hand ihrer makroskopischen Besonderheiten, die wir oben begonnen haben, wird in größerer Detailliertheit fortgeführt. Dies geschieht im Hinblick auf die atomare Struktur in Abschnitt 1.2, die chemische Natur in Abschnitt 1.3 und die makroskopischen physikalischen Besonderheiten in Abschnitt 1.4. Bei der Darstellung der makroskopischen Eigenschaften beschränken wir uns aber nicht auf die bloße Beschreibung, sondern benutzen sie auch, um das mikroskopische Modell der

Halbleiter, von dem oben die Rede war, zu motivieren. Wir gehen also in Abschnitt 1.4 den ersten Schritt in Richtung auf eine mikroskopische Theorie der Halbleiter. Daß dabei heuristisch vorgegangen und in Vielem auf später verwiesen werden muß, liegt in der Natur der Sache. Die eigentliche Darstellung der mikroskopischen Grundlagen erfolgt in den Kapiteln danach.

1.2 Atomare Struktur idealer Kristalle

In allen Festkörpern, auch in amorphen, sind die in unmittelbarer Nähe zu einem beliebig herausgegriffenen Atom gelegenen Nachbaratome, ähnlich wie in einem Molekül, in bestimmter, regelmäßiger Weise angeordnet. Man spricht von *Nahordnung*. Halbleitermaterialien, wie sie in diesem Buch behandelt werden, sind Kristalle. Ihre atomare Struktur ist annähernd die von *idealen Kristallen*. Letztere zeichnen sich dadurch aus, daß sie neben der Nahordnung noch eine weitere Ordnung, die sogenannte *Fernordnung* besitzen. Durch den Begriff Fernordnung wird ausgedrückt, daß zwischen beliebig weit voneinander entfernt gelegenen nahgeordneten Atomkomplexen eine Lagebeziehung besteht, die durch ein einfaches Gesetz beschrieben werden kann. Der Kristall wird dabei als unendlich ausgedehnt angesehen.

1.2.1 *Kristallgitter*

Das Bildungsgesetz lautet: Der Nahordnungskomplex eines beliebigen Atoms kann in den Nahordnungskomplex eines anderen Atoms der gleichen chemischen Spezies durch Verschiebung um einen Vektor **R** überführt werden, der sich als Linearkombination aus drei nichtkomplanaren Vektoren $\mathbf{A}_1$, $\mathbf{A}_2$, $\mathbf{A}_3$ endlicher Länge

$$\mathbf{R} = R_1\mathbf{A}_2 + R_2\mathbf{A}_2 + R_3\mathbf{A}_3 \tag{1.1}$$

mit beliebigen ganzzahligen Koeffizienten R_1, R_2, R_3 darstellen läßt. Einen Nahordnungskomplex bezeichnet man als *Elementar-* oder *Einheitszelle*. Die Anzahl von Atomen in einer Einheitszelle ist zunächst nicht genau bestimmt, sie kann beliebig groß gemacht werden, solange sie nur endlich bleibt. Die Frage ist nicht, wie groß man eine Einheitszelle machen kann, sondern wie klein. Die kleinstmögliche Einheitszelle bezeichnet man als *primitive Einheitszelle*. Im Extremfall enthält die primitive Einheitszelle nur 1 Atom, in der Regel sind es jedoch mehrere. Ist nur 1 Atom vorhanden, geht die Nahordnung in der Fernordnung auf.

Wird die Elementarzelle als primitive Einheitszelle gewählt, so sind die Vektoren $\mathbf{A}_1$, $\mathbf{A}_2$, $\mathbf{A}_3$ Linearkombinationen bestimmter minimaler Vektoren $\mathbf{a}_1$, $\mathbf{a}_2$, $\mathbf{a}_3$. Das von den minimalen Vektoren aufgespannte Parallelepiped ist eine primitive Einheitszelle. Jede Translation um einen Vektor $\mathbf{R}$ der Form

$$\mathbf{R} = r_1 \mathbf{a}_1 + r_2 \mathbf{a}_2 + r_3 \mathbf{a}_3 \tag{1.2}$$

mit ganzzahligen Koeffizienten r_i ($i = 1, 2, 3$) bringt den Kristall mit sich selbst zur Deckung. Diese Eigenschaft bezeichnet man als *Translationssymmetrie* des Kristalls. Die Menge der durch die Vektoren $\mathbf{R}$ definierten Punkte bildet ein räumliches Gitter, das sogenannte *Kristallgitter*. Die Vektoren $\mathbf{a}_1$, $\mathbf{a}_2$, $\mathbf{a}_3$ werden als *primitive Gittervektoren* bezeichnet. Das Volumen Ω_0 einer primitiven Einheitszelle läßt sich als Spatprodukt der $\mathbf{a}_i$,

$$\Omega_0 = \mathbf{a}_1 \cdot [\mathbf{a}_2 \times \mathbf{a}_3] \ , \tag{1.3}$$

schreiben. Während das Gitter eines vorgegebenen Kristalls und das Volumen Ω_0 seiner primitiven Einheitszelle eindeutig bestimmt sind, gilt das für die primitiven Gittervektoren $\mathbf{a}_i$ und dementsprechend für die Form der primitiven Einheitszelle nicht. Jede Linearkombination der $\mathbf{a}_i$, deren Spatprodukt ein Volumen Ω_0 ergibt, ist wieder ein Satz primitiver Gittervektoren, und das von ihnen aufgespannte Parallelepiped ist eine primitive Einheitszelle. Die Eckpunkte dieses Parallelepipedes müssen aber nicht notwendig in Gitterpunkten liegen. Jedes beliebig im Raum verschobene Epiped ist wieder eine primitive Einheitszelle. Auch die Körperform "Parallelepiped" ist nicht zwingend, es sind auch andere Formen möglich. Eine besonders kompakte primitive Einheitszelle ist die sogenannte *Wigner-Seitz-Zelle*. Das Zentrum dieser Zelle liegt in einem Gitterpunkt, und ihre Oberfläche wird von ebenen Flächen gebildet, die die Verbindungsgeraden zwischen zwei benachbarten Gitterpunkten auf halbem Abstand senkrecht durchschneiden.

Jedes Gitter wird außer durch Translationen, die alle Gitterpunkte in jeweils andere Gitterpunkte überführen, auch durch solche Symmetrieoperationen mit sich selbst zur Deckung gebracht, bei denen ein bestimmter Gitterpunkt fixiert bleibt. Man bezeichnet diese Transformationen als *Punktsymmetrieoperationen*. Zu ihnen gehört in jedem Falle die Inversion, die einen Gitterpunkt $\mathbf{R}$ in $-\mathbf{R}$ transformiert; denn mit $\mathbf{R}$ ist natürlich auch $-\mathbf{R}$ wieder ein Gitterpunkt, nämlich derjenige mit $-r_1$, $-r_2$, $-r_3$ als ganzzahligen Koeffizienten.

Außer von der Inversion kann ein Gitter auch noch von anderen Punktsymmetrieoperationen invariant gelassen werden. Es kommen Drehungen, Spiegelungen und Drehspiegelungen in Betracht. Die Menge aller Punktsymmetrieoperationen eines Gitters bildet eine *Gruppe* - die sogenannnte *holoedrische Gruppe* oder *Holoedrie*. Die allgemeine Definition einer Gruppe wird in Anhang A gegeben. Im internationalen Bezeichnungssystem, das wir in diesem Buch verwenden, charakterisiert man die Punktgruppen durch die Angabe ihrer Elemente. Eine n-zählige Drehachse wird dabei durch n gekennzeichnet, bei Vorhandensein von Spiegelebenen, die die Achse enthalten, durch nm, von einer dazu senkrechten Spiegelebene durch $\frac{n}{m}$, und von dazu senkrechten zweizähligen Drehachsen durch n2. Eine n-zählige Drehachse mit anschließender Inversion heißt $\bar{n}$. Die Symbole $\bar{n}m$, $\frac{\bar{n}}{m}$ und $\bar{n}2$ werden in Anologie zu den Bezeichnungen bei gewöhnlichen Drehachsen verwendet. Für die Punktgruppe eines Würfels, die aus 48 Elementen besteht, ergibt sich damit z.B. die internationale Bezeichnung $\frac{4}{m}\,\bar{3}\,\frac{2}{m}$ (verkürzt m3m), für die Punktgruppe eines Tetraeders die Bezeichnung $\bar{4}$3m. Man kann leicht zeigen, daß bei Gittern nur 2-, 3-, 4- und 6-zählige Drehachsen möglich sind; 5-, 7- und höherzählige Achsen lassen sich mit einer Translationssymmetrie nicht vereinbaren (bei sogenannten *Quasikristallen*, die keine ganz exakte Translationssymmetrie besitzen, kommen auch 5-zählige Drehachsen vor). Außerdem zeigt sich, daß bei Gittern jede 3-, 4- und 6-zählige Drehachse notwendig auch eine Spiegelebene enthalten muß. Sucht man die Menge aller möglichen Punktgruppen nach diesen Kriterien ab, so findet man genau sieben, auf die alle zutreffen. Bei den räumlichen Gittern können also genau sieben verschiedene Punktgruppen bzw. Holoedrien vorkommen. Sie definieren die sieben verschiedenen Kristallsysteme, wie sie in Tab. 1 aufgeführt sind. Bei ebenen Gittern hat man 4 Kristallsysteme.

Kristallgitter können dadurch verändert werden, daß zu jeder primitiven Einheitszelle in äquivalenten Lagen Punkte hinzugefügt werden. Im allgemeinen Fall entstehen dadurch aber nicht wieder einfache Gitter, sondern mehrere ineinandergeschachtelte. In bestimmten Fällen erhält man auf diese Weise aber doch einfache Gitter. Darunter sind solche, die die gleiche Punktsymmetrie wie das ursprüngliche Gitter besitzen. Das ist z.B. der Fall, wenn in einem kubischen Gitter die Zentren der Würfel oder die Zentren der Würfelflächen als zusätzliche Gitterpunkte definiert werden. Es ist sofort einleuchtend, daß diese sogenannten kubisch raum- bzw. flächenzentrierten Gitter ebenfalls die volle Punktsymmetrie eines Würfels besitzen. Trotzdem lassen sie sich nicht durch eine stetige, die Symmetrie erhaltende Transformation aus dem einfachen kubischen Gitter erzeugen. Sie stellen deshalb kubische Gitter eines anderen Typs

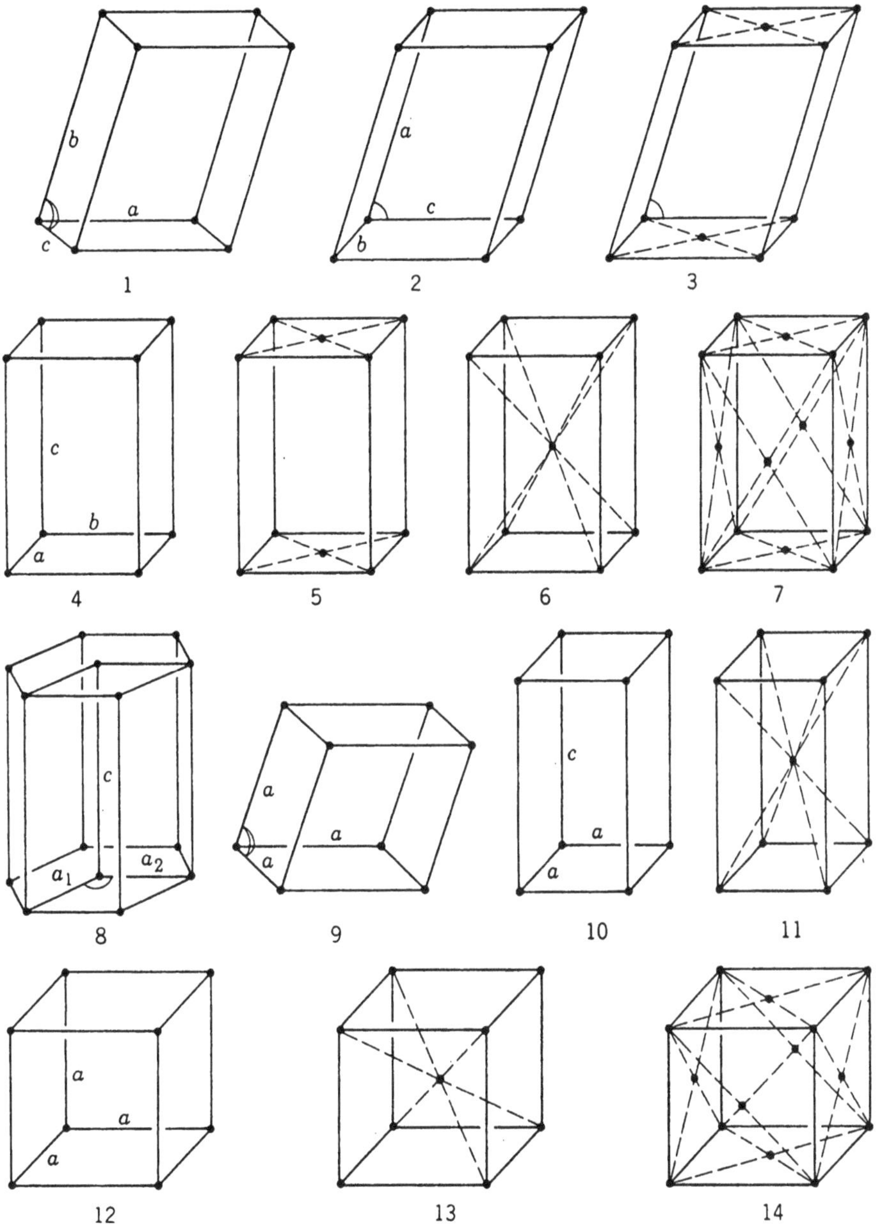

Abb. 1 Die 14 verschiedenen Bravais-Gitter

1 - triklin, 2 - monoklin primitiv, 3 - monoklin flächenzentriert, 4 - orthorhombisch primitiv, 5 - orthorhombisch basisflächenzentriert, 6 - orthorhombisch raumzentriert, 7 - orthorhombisch allseitig flächenzentriert, 8 - hexagonal, 9 - trigonal, 10 - tetragonal primitiv, 11 - tetragonal raumzentriert, 12 - kubisch primitiv, 13 - kubisch raumzentriert, 14 - kubisch flächenzentriert

dar; man spricht von verschiedenen Bravais-Gittern. *Bravais-Gitter* des gleichen Typs lassen sich durch stetige, die Punktsymmetrie erhaltende Transformationen ineinander überführen, Bravais-Gitter unterschiedlichen Typs nicht. Man kann zeigen, daß in den sieben Kristallsystemen insgesamt 14 verschiedene Bravais-Gitter möglich sind. Die Zuordnung dieser Gitter zu den Kristallsystemen ist in Tab. 1 angegeben. Die Bravais-Gitter selbst sind in Abb. 1 dargestellt.

1.2.2 Kristallklassen und Raumgruppen

Das Gitter eines Kristalls ist ein Hilfsmittel zur Veranschaulichung seiner Translationssymmetrie. Gitterpunkte müssen nicht notwendig mit Atomen besetzt sein, die Atome können sich auch in anderen Punkten der primitiven Einheitszellen befinden. Im allgemeinen enthält eine primitive Einheitszelle mehrere Atome gleicher oder unterschiedlicher chemischer Elemente. Wir kennzeichnen sie durch einen Atomindex l, der die Werte l = 1, 2, ..., L durchläuft, wobei L die Gesamtzahl der Atome in der primitiven Einheitszelle ist. Die Position des l-ten Atoms, bezogen auf den Eckpunkt **R** einer primitiven Einheitszelle, bezeichnen wir mit $\vec{\tau}_l$; in Bezug auf den Nullpunkt ist die Position $\mathbf{R}_l$ dieses Atoms durch

$$\mathbf{R}_l = \mathbf{R} + \vec{\tau}_l \qquad (1.4)$$

gegeben. Die Menge der $\vec{\tau}_l$ bezeichnet man auch als *Basis* des Kristalls, sofern $L \geq 2$ ist. Ohne Beschränkung der Allgemeinheit kann man stets einen der Vektoren $\vec{\tau}_l$, z.B. $\vec{\tau}_1$, gleich Null setzen. Enthält die primitive Einheitszelle nur 1 Atom, so ist dieses dann im Eckpunkt der Zelle angeordnet. Der Kristall läßt sich in diesem Spezialfall als Gitter beschreiben, dessen Punkte durchweg mit Atomen besetzt sind. Für $L \geq 2$ kann der Kristall dadurch erzeugt werden, daß man sich sein Kristallgitter L-fach vervielfältigt denkt, die so entstandenen Untergitter relativ zum ersten um jeweils die Vektoren $\vec{\tau}_2$, ..., $\vec{\tau}_L$ verschiebt und die Punkte der so plazierten Gitter jeweils mit Atomen der Spezies 2, ..., L belegt. Bei nur einem Atom pro primitiver Einheitszelle bringen die Punktsymmetrieoperationen des Gitters notwendig auch den Kristall mit sich selbst zur Deckung. Bei Kristallen mit Basis ist das im allgemeinen nicht der Fall.
Neben den Punktsymmetrieoperationen des Kristallgitters kann man auch solche betrachten, die physikalisch äquivalente Richtungen des Kristalls ineinander überführen, ohne dabei notwendig den Kristall mit sich selbst zur Deckung zu bringen. Die Bedeutung des Begriffes "physikalisch äquivalent" können wir uns

an Hand der Beziehung zwischen den Vektoren der dielektrischen Verschiebung **D** und der elektrischen Feldstärke **E** in einem anisotropen Medium veranschaulichen. Zwischen beiden Vektoren besteht ein linearer Zusammenhang, der sich mit Hilfe des Dielektrizitätstensors ε wie folgt schreiben läßt:

$$\mathbf{D} = \varepsilon \, \mathbf{E} \tag{1.5}$$

D ist im allgemeinen nicht parallel zu **E**, da der Tensor ε im allgemeinen kein Vielfaches des Einheitstensors ist. Werden nun die Vektoren **E** und **D** aus ihren alten Richtungen ohne Änderung ihrer gegenseitigen Lage in eine neue Richtung relativ zum Kristall überführt, so wird die Beziehung zwischen **D** und **E** im allgemeinen eine andere sein als vor der Drehung. Bleibt der Zusammenhang zwischen ihnen jedoch unverändert, so sind die alte und die neue Richtung physikalisch äquivalent. Die Gruppe der Punktsymmetrieoperationen, die physikalisch äquivalente Richtungen in sich überführen, bezeichnet man als *Punktgruppe der Richtungen*. Diese Punktgruppen definieren die *Kristallklassen*, jeder Punktgruppe entspricht eine bestimmte Kristallklasse. In Kristallen mit nur einem Atom in der primitiven Einheitszelle sind die Punktgruppe der Richtungen und die Holoedrie identisch. Für Kristalle mit mehr als einem Atom in der primitiven Einheitszelle gilt das im allgemeinen nicht; hier sind die Punktgruppen der Richtungen im allgemeinen Untergruppen der holoedrischen Gruppen. Es gibt soviele verschiedene Punktgruppen der Richtungen bzw. Kristallklassen, wie es verschiedene Punktgruppen gibt, die in den sieben holoedrischen Gruppen enthalten sind. Man kann sich leicht davon überzeugen, daß deren Anzahl 32 beträgt (siehe Tab. 1).

Nicht alle Kristallklassen sind in allen Kristallsystemen möglich, nämlich genau dann nicht, wenn die Punktgruppe der Kristallklasse keine Untergruppe der Holoedrie des Gitters ist. Jede Kristallklasse läßt sich jedoch in wenigstens einem Kristallsystem realisieren, in vielen Fällen sogar in mehreren. Bei der Aufteilung der Kristallklassen auf die verschiedenen Kristallsysteme geht man so vor, daß man eine Klasse, die in mehreren Systemen möglich ist, demjenigen zuordnet, das die niedrigste Symmetrie besitzt. Damit entsteht eine Zuordnung zwischen Kristallsystemen und Kristallklassen, wie sie in Tab. 1 wiedergegeben ist.

Betrachten wir nun die Symmetrie eines Kristalls als Ganzes, d.h. die Gruppe aller Symmetrieoperationen, die jedes Atom des Kristalls in ein äquivalentes, also ein Atom der gleichen chemischen Natur an einem anderen (im Spezialfall auch gleichen) Atomplatz im Kristall, transformieren. Zunächst ist klar, daß

Kristall-system	holoedrische Gruppe	Bravais-Gitter	Kristall-klasse	Anzahl der möglichen Raumgruppen
triklin	$\bar{1}$	p	1 $\bar{1}$	1 1
monoklin	2/m	p bfc	2 m 2/m	2 1 2 2 4 2
orthorhombisch	mmm	p bfc bc fc	222 mm2 mmm	4 2 2 1 10 3 7 2 16 4 6 2
trigonal	$\bar{3}$m	p	3 $\bar{3}$ 32 3m 3m	4 2 7 6 6
tetragonal	4/mmm	p bc	4 $\bar{4}$ 4/m 422 4mm $\bar{4}$2m 4/mmm	4 2 1 1 4 2 8 2 8 4 8 4 16 4
hexagonal	6/mmm	p	6 $\bar{6}$ 6/m 622 6mm $\bar{6}$m2 6/mmm	6 1 2 6 4 4 4
kubisch	m3m	p bc fc	23 m3 432 $\bar{4}$3m m3m	2 2 1 3 2 2 4 2 2 2 2 2 4 2 4

Tab. 1

Symmetrieklassifikation der dreidimensionalen Kristalle. Die Bezeichnung der Punktgruppen erfolgt im internationalen System. Abkürzungen: p - primitiv, bfc - basisflächenzentriert, bc - raumzentriert, fc - flächenzentriert

Halbleiter	Gruppe-IV Elemente	III-V, II-V Verbindungen	IV-VI Verbindungen	II-VI Verbindungen	Gruppe-VI Elemente
Typ Raumgruppe	Diamant Fd3m 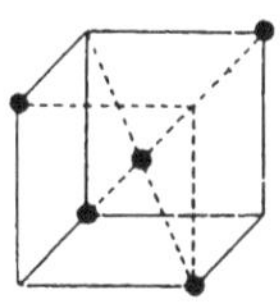	Zinkblende $F\bar{4}3m$ 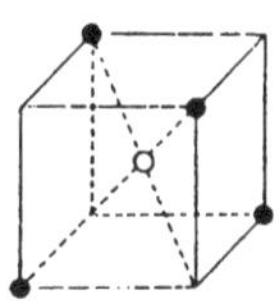	Steinsalz Fm3m 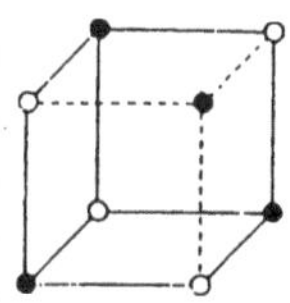	Wurtzit $P6_3mc$ 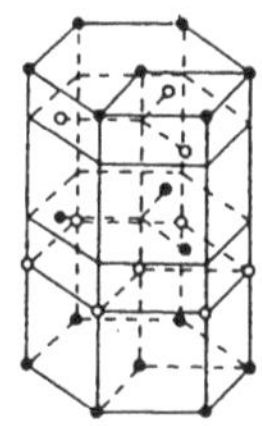	Tellur $P3_121$ $P3_221$ 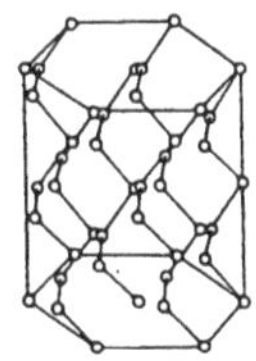
Kristallklasse Punktgruppe	m3m 	$\bar{4}3m$ 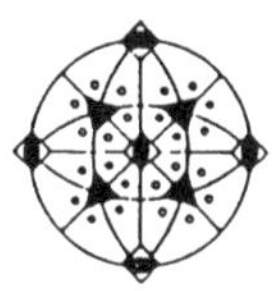	m3m 	6mm 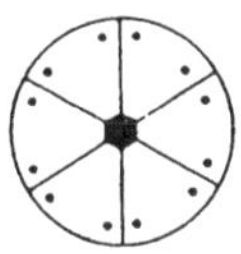	32 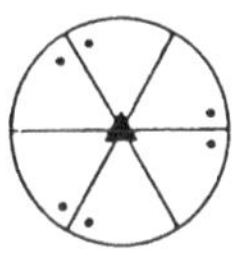
Bravaisgitter	kubisch fc	kubisch fc	kubisch fc	hexagonal p	trigonal p
Primitive Gittervektoren	$(0, \frac{a}{2}, \frac{a}{2})$ $(\frac{a}{2}, 0, \frac{a}{2})$ $(\frac{a}{2}, \frac{a}{2}, 0)$			$(a, 0, 0)$ $(-\frac{a}{2}, \frac{a}{2}\sqrt{3}, 0)$ $(0, 0, c)$	
Basis	$(0,0,0)$ $(\frac{a}{4},\frac{a}{4},\frac{a}{4})$ — —	$(0,0,0)$ $(\frac{a}{4},\frac{a}{4},\frac{a}{4})$ — —	$(0,0,0)$ $(\frac{a}{2},\frac{a}{2},\frac{a}{2})$ — —	$(0,0,0)$ $(0,0,\zeta c)$ $(\frac{a}{2},\frac{a}{2\sqrt{3}},\frac{c}{2})$ $(\frac{a}{2},\frac{a}{2\sqrt{3}},\frac{c}{2}+\zeta c)$ $0 < \zeta < \frac{1}{2}$	$(\alpha a, -\alpha\sqrt{3}a, 0)$ $(a, \alpha\sqrt{3}a, \frac{c}{3})$ $(-2\alpha a, 0, \frac{2}{3}c)$ — $0 < \alpha < \frac{1}{2}$

Tab. 2

Kristallstrukturen der fünf häufigsten Typen von Halbleitern. Die Punkt- und Raumgruppen werden nach dem internationalen System bezeichnet. Die Stereogramme der Punktgruppen sind ebenfalls angegeben. Die primitiven Gittervektoren sind vertikal in fortlaufender Reihenfolge aufgeführt, ebenso die Vektoren der Basis. Die Komponenten beziehen sich auf ein kartesisches Koordinatensystem

Symmetrieoperationen, die äquivalente Atome ineinander überführen, notwendig auch äquivalente Richtungen in sich überführen müssen. Die Umkehrung gilt dagegen nicht immer - nachdem durch Drehungen, Drehspiegelungen und Spiegelungen eine bestimmte Richtung in eine äquivalente transformiert wurde, müssen nicht notwendig die Atome des Kristalls in äquivalente übergegangen sein. Es kann sich als erforderlich erweisen, an eine Drehung noch eine Translation um den Bruchteil eines Gittervektors parallel zur Drehachse anzuschließen (Schraubdrehung), oder nach einer Spiegelung noch eine Verschiebung parallel zur Spiegelebene auszuführen (Gleitspiegelung), oder im Falle einer Drehspiegelung bzw. einer Inversion auch beides zu tun. Das ist z.B. bei Siliziumkristallen der Fall - die Inversion muß hier mit einer Verschiebung längs der Raumdiagonale um ein Viertel verbunden werden. Damit wird klar, daß bei einem Kristall folgende Symmetrieoperationen in Betracht kommen: Translationen um Gittervektoren, einfache Drehungen, Drehspiegelungen und Spiegelungen sowie Schraubdrehungen, Gleitspiegelungen und die Kombinationen aus beiden. Die Menge aller Symmetrieoperationen eines Kristalls bildet eine Gruppe, die sogenannte *Raumgruppe*. Besitzt der Kristall nur einfache Drehungen, Drehspiegelungen und Spiegelungen als Symmetrieoperationen, ist die Raumgruppe das direkte Produkt der Tanslationsgruppe und der Punktgruppe der Richtungen. Man bezeichnet solche Raumgruppen als *symmorph*. Raumgruppen mit Schraubdrehungen und Gleitspiegelungen heißen *nicht-symmorph*. Silizium besitzt eine nichtsymmorphe Raumgruppe.

Die Menge aller möglichen Raumgruppen von Kristallen kann man auf folgende Weise erhalten. Man betrachtet zunächst Kristalle des triklinen Systems mit dem in diesem Falle allein möglichen primitiven Bravaisgitter. Die dann in Frage kommenden Raumgruppen lassen sich leicht bestimmen; es sind zwei. In Richtung aufsteigender Symmetrie verfährt man mit allen anderen Kombinationen aus Kristallklassen, Bravaisgittern und Kristallsystemen in gleicher Weise; gezählt werden jeweils nur die neu hinzukommenden Raumgruppen. Damit erhält man die in Tab. 1 angegebenen Zahlen. Addiert man alle Raumgruppen, ergeben sich genau 230. Jede dieser Raumgruppen definiert eine bestimmte Kristallstruktur. Durch die Angabe der Raumgruppe ist die Struktur des Kristalls bis auf Abstands- und Winkeländerungen zwischen den Atomen bzw. den Verbindungslinien zwischen ihnen, die die räumliche Symmetrie nicht verändern, eindeutig bestimmt.

Bei der Mehrzahl der Halbleiter kommt nur eine kleine Auswahl der insgesamt 230 möglichen Kristallstrukturen bzw. Raumgruppen vor. Wichtig sind vor allem fünf. Sie tragen im internationalen System die Bezeichnungen Fd3m (Diamant-

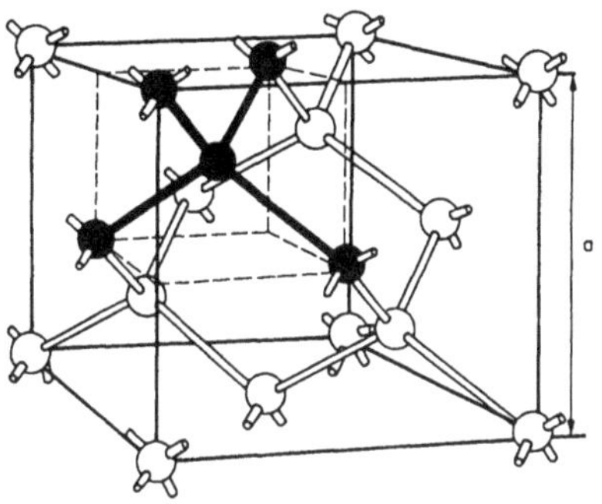

Abb. 2 Veranschaulichung der Diamantstruktur

struktur), $F\bar{4}3m$ (Zinkblendestruktur), $Fm3m$ (Steinsalzstruktur), $P6_3mc$ (Wurtzitstruktur), und $P3_121$ oder $P3_221$ (Selenstruktur). In Tab. 2 sind diese Strukturen im Hinblick auf ihre Kristallklassen, Bravais-Gitter und Basen genauer charakterisiert. Die drei kubischen Strukturen, d.h. die Diamant-, Zinkblende- und Steinsalzstruktur, besitzen alle ein kubisch flächenzentriertes Gitter und haben 2 Atome in der primitiven Einheitszelle. Man kann sie als zwei mit Atomen besetzte kubisch flächenzentrierte Gitter auffassen, die relativ zueinander längs der Würfeldiagonale verschoben sind, und zwar um ein Viertel der Diagonalenlänge im Falle der Diamant- und Zinkblendestruktur, und um die Hälfte bei der Steinsalzstruktur. Jedes Atom der ersten beiden Strukturen hat 4 nächste Nachbarn, die auf den Ecken eines Tetraeders um das Zentralatom herum angeordnet sind (Abb. 2). Bei der Diamantstruktur sind die 4 nächsten Nachbarn von gleicher chemischer Natur wie das Zentralatom, bei der Zinkblendestruktur sind es Atome der anderen chemischen Spezies. Im Falle der Steinsalzstruktur verdoppelt sich die Zahl der nächsten Nachbarn. Die 8 nächsten Nachbaratome sind auf den Ecken eines Würfels um ein Zentralatom der jeweils anderen chemischen Spezies angeordnet. Bei der Wurtzitstruktur enthält die primitive Einheitszelle 4 Atome, bei der Selenstruktur 3. Die Zahl der nächsten Nachbarn ist 4 bei der Wurtzit- und 2 bei der Selenstruktur. Die 4 Nachbaratome der Wurtzitstruktur sind ähnlich angeordnet wie bei der Zinkblendestruktur, nur daß der Tetraeder in Richtung einer der Flächennormalen (c-Achse) etwas deformiert ist.

Deutliche Unterschiede zwischen der Wurtzit- und Zinkblendestruktur bestehen erst bezüglich der zweitnächsten Nachbarn. Bei der Zinkblendestruktur sind das die 12 nächstbenachbarten Atome im kubisch flächenzentrierten Untergitter der gleichen chemischen Spezies. Bei der Wurtzitstruktur beträgt die Zahl der zweitnächsten Nachbarn ebenfalls 12, aber die Atome sind anders angeordnet.

Sie sitzen in den Ecken zweier Sechsecke senkrecht zur c-Achse, wobei sich das eine oberhalb und das andere unterhalb des Zentralatoms befindet (siehe dazu auch die entsprechende Abbildung in Tab. 2). Bei der Selenstruktur liegen die nächsten und zweitnächsten Nachbaratome auf Spiralen parallel zur c-Achse.
Jede der genannten Kristallstrukturen ist mehr oder weniger eng an eine bestimmte Materialgruppe gebunden. Wir gehen darauf bei der Behandlung der chemischen Natur der Halbleiter im nächsten Abschnitt noch genauer ein.
Was bisher zur Charakterisierung der atomaren Struktur von Halbleiterkristallen gesagt wurde, bezog sich auf den Idealfall eines unendlich ausgedehnten, strukturell perfekten und chemisch absolut reinen Halbleiters. Jeder reale Kristall weicht von diesem Ideal mehr oder weniger stark ab. Es treten strukturelle Störungen wie z.B. Stapelfehler, Stufen- oder Schraubenversetzungen, Vakanzen und Atome auf Zwischengitterplätzen auf. Damit werden wir uns in Kapitel 3 im Zusammenhang mit der elektronischen Struktur gestörter Kristalle noch genauer beschäftigen.

1.3 Chemische Natur der Halbleiter. Halbleitende Materialklassen

Die weitaus meisten Halbleiter sind ihrer chemischen Natur nach anorganische Materialien. Zu den organischen Halbleitern gehören Stoffe wie Anthrazen, Naphtalin oder Polyacetylen. Wir werden uns in diesem Buch auf die anorganischen Halbleiter beschränken, nicht nur weil deren Zahl wesentlich größer ist als die der organischen, sondern vor allem weil sie eine ungleich größere technische Bedeutung besitzen. Trotzdem sind auch die organischen Halbleiter wissenschaftlich und technisch interessant.
Einen Überblick über die verschiedenen Klassen von anorganischen halbleitenden Materialien kann man sich am besten an Hand des Periodensystems der Elemente verschaffen. In Abb. 3 ist ein Ausschnitt daraus dargestellt, aus dessen Elementen sich viele Halbleiter kombinieren lassen. Wir beginnen mit den Elementhalbleitern der Gruppe IV.

1.3.1 Elementhalbleiter der Gruppe IV

Halbleiter aus dieser Gruppe sind, von oben nach unten aufgeführt, der Kohlenstoff in seiner Form als Diamant, das Silizium, das Germanium und das Zinn in seiner grauen Modifikation. Alle genannten Halbleiter dieser Gruppe kristallisieren in der Struktur des Diamant. Unterschiede zwischen den einzelnen Ele-

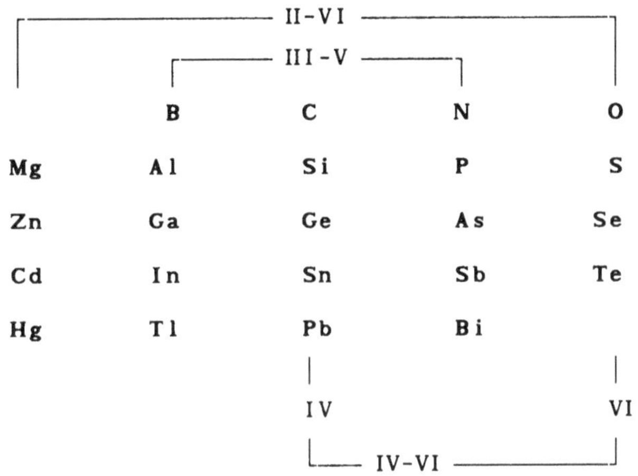

Abb. 3 Ausschnitt aus dem Periodensystem der Elemente, dem sich eine Reihe wichtiger Halbleiter zuordnen lassen.

menten bestehen im Hinblick auf ihre Stellung zwischen den Metallen und den Isolatoren. Diamant ist einem Isolator sehr ähnlich, Zinn hingegen einem Metall; dazwischen liegen die beiden typischen Halbleiter Silizium und Germanium. Beide Materialien spielen in der Mikro- und Optoelektronik eine große Rolle. Das Silizium ist bekanntlich das Basismaterial der Mikroelektronik und damit einer der bedeutendsten Werkstoffe der Technik überhaupt.

Neben den reinen Elementhalbleitern Si und Ge gibt es auch Legierungen aus beiden Materialien. Ihrer Struktur nach handelt es sich dabei um Mischkristalle. Das sind Kristalle mit der gleichen geometrischen Anordnung der Atome wie im Falle der Legierungskomponenten - hier also der des Diamant, die Atomplätze sind aber statistisch regellos mit Si- oder Ge-Atomen besetzt, wobei die relative Häufigkeit der beiden Atomsorten gerade dem Mischungsverhältnis der Legierung entspricht. Ein Mischkristall ist alles andere als ein idealer Kristall. Trotzdem geht die Eigenschaft der beiden reinen Materialien, Halbleiter zu sein, beim Mischkristall meist nicht verloren. Das ist ein wichtiger und keineswegs selbstverständlicher Sachverhalt. Er wurde Anfang der sechziger Jahre am System (Si,Ge) erkannt und später auch an vielen anderen Materialkombinationen nachgewiesen. Durch die Entdeckung der halbleitenden Mischkristalle konnte das Spektrum der Halbleitermaterialien wesentlich erweitert werden. Von besonderer Bedeutung ist dabei, daß durch die Wahl der Mischungsbestandteile und des Mischungsverhältnisses die Eigenschaften der Halbleiter innerhalb bestimmter Grenzen gezielt eingestellt werden können.

Das Gemeinsame an den Elementen der IV. Hauptgruppe sind die vier Elektronen in der äußeren Schale ihrer Elektronenhülle, der sogenannten Valenzschale. Auf die primitive Einheitszelle, die hier zwei Atome enthält, entfallen also 8 Elektronen. Wenn man postuliert - was sich später als richtig erweisen wird -, daß die Halbleitereigenschaft mit der Zahl der Valenzelektronen pro primitiver Einheitszelle und mit der Kristallstruktur in unmittelbarem Zusammenhang steht, so ergibt sich daraus der Schluß, daß auch Kristalle aus Verbindungen der III. und V. sowie aus Verbindungen der II. und VI. Hauptgruppe des Periodensystems, sofern sie die gleiche oder eine ähnliche Kristallstruktur besitzen, Halbleiter sein sollten. Diese Verbindungen haben nämlich dann auch jeweils 8 Elektronen pro primitiver Einheitszelle. Tatsächlich kristallisieren die III-V-Verbindungen (von wenigen Ausnahmen abgesehen) in der Zinkblendestruktur, die der Diamantstruktur bis auf den Unterschied zwischen den beiden Atomen in der primitiven Einheitszelle gleicht. Bei den II-VI-Verbindungen kann neben der Zinkblendestruktur auch die Wurtzitstruktur auftreten, die ebenso wie die Diamantstruktur eine vierfache Koordination der Atome aufweist. Unsere Vermutung, daß die III-V-Verbindungen Halbleiter sein sollten, bestätigt sich vollauf.

1.3.2 *III-V-Halbleiter*

Von oben nach unten aufgeführt sind folgende Verbindungen zu nennen: BN, BP, BAs, AlN, AlP, AlAs, AlSb, GaN, GaP, GaAs, GaSb, InN, InP, InAs und InSb. Bis auf die Nitride kristallisieren alle diese Verbindungen in der Zinkblendestruktur. Die Nitride sind in der Wurtzit-Struktur stabil, das BN besitzt eine metastabile Zinkblende-Phase. Ähnlich wie im Falle der Elementhalbleiter der IV. Hauptgruppe haben auch die Mischkristalle aus den binären Verbindungen die Eigenschaft, Halbleiter zu sein. Das Hauptanwendungsgebiet der III-V-Halbleiter und ihrer Mischkristalle ist die Optoelektronik. (Ga,Al)As und Ga(As,P) werden z.B. für lichtemittierende Dioden (LED's) vom nahen Infrarot bis ins Grüne eingesetzt. Aus (Ga,In)(As,P) werden Laser und Photodioden für die Lichtwellenleiter-Nachrichtenübertragung bei 1,3 μm und 1,5 μm Wellenlänge hergestellt. GaAs und neuerdings auch (Ga,Al)As werden für Transistoren mit extrem kurzen Schaltzeiten genutzt.

1.3.3 *II-VI-Halbleiter*

Zu dieser Gruppe gehören insbesondere MgS, MgSe, ZnO, ZnS, ZnSe, ZnTe, CdS, CdSe, CdTe, HgS, HgSe und HgTe. Diese Verbindungen kristallisieren teils in der Zinkblendestruktur, teils in der Wurtzitstruktur; in einigen Fällen - wie etwa beim ZnS - sind beide Strukturen möglich. CdO ist ein Halbleiter mit Steinsalzstruktur. Wieder läßt sich ein umfangreiches Spektrum von halbleitenden Mischkristallen realisieren, z.B. (Hg,Cd)Te, Zn(S,Se), Cd(S,Se) und andere mehr. Technische Anwendung hat bisher vor allem das (Hg,Cd)Te erlangt. Es wird als Strahlungsempfänger im mittleren Infrarotbereich eingesetzt, in dem das Emissionsmaximum der thermischen Eigenstrahlung von Körpern in einem weiten Temperaturbereich liegt. Einige Halbleiter dieser Materialklasse, z.B. das CdS, besitzen sehr gute photoelektrische Eigenschaften und werden entsprechend technisch genutzt. Andere wie z.B. das ZnS sind gute Luminophore und ermöglichen die Realisierung großflächiger Elektrolumineszenz-Displays, die eine Alternative zur Vakuum-Bildröhre darstellen.

1.3.4 Elementhalbleiter der Gruppe VI

Selen und Tellur sind gute Halbleiter. Beide kristallisieren in der gleichen, für diese Materialien typischen trigonalen Kettenstruktur (siehe Tab.2). Selen wird seit langem auch technisch genutzt. Bis zur Einführung von Leistungsgleichrichtern auf der Basis von Silizium wurden Selengleichrichter eingesetzt. Heute werden vor allem die photoelektrischen Eigenschaften des Selen genutzt. Das ist z.B. beim Xerox-Kopierverfahren der Fall, bei dem die lichtempfindliche Schicht der Kopierwalze aus Selen oder einer Selenlegierung bestehen kann.

1.3.5 IV-VI-Halbleiter

Elemente der IV. und VI. Hauptgruppe können ebenfalls halbleitende Verbindungen eingehen. Dazu gehören insbesondere PbS, PbSe, PbTe und SnTe, die alle in der Steinsalzstruktur kristallisieren. Wichtige halbleitende Mischkristalle aus diesen Verbindungen sind (Pb,Sn)Te und Pb(S,Se). Heute werden diese Halbleiter vor allem für die Erzeugung und den Nachweis von Strahlung im mittleren Infrarot genutzt. Neben den genannten gibt es noch eine zweite Gruppe von IV-VI-Verbindungen, die orthorhombische Struktur aufweisen. Dazu gehören GeS, GeSe, SnS und SnSe. GeTe kristallisiert in einer rhomboedrischen Struktur.

1.3.6 Andere Verbindungshalbleiter

Daß eine Verbindung aus zwei Elementen der vierten Hauptgruppe des Periodensystems ein Halbleiter sein wird, ist zu erwarten. SiC ist, wie es scheint, die einzige derartige Verbindung. Sie gehört zu den am längsten bekannten Halbleitern überhaupt, bereits 1907 wurde daran Elektrolumineszenz nachgewiesen. SiC tritt in zahlreichen Modifikationen auf, darunter auch solchen mit Zinkblende- und Wurtzitstruktur.

Aus Elementen der Gruppen II und V entstehen die halbleitenden II_3-V_2-Verbindungen. Beispiele dafür sind Zn_3As_2 und Cd_3As_2, die beide tetragonale und kubische kristalline Phasen besitzen.

Halbleitende Eigenschaften findet man auch bei Verbindungen zwischen Elementen der Gruppen V und VI mit der stöchiometrischen Zusammensetzung V_2-VI_3. Dazu gehören insbesondere die Oxide, Sulfide und Selenide der Halbmetalle As, Sb und Bi. Hinsichtlich der Kristallstruktur besteht bei diesen Verbindungen eine relativ große Vielfalt. Es kommen unterschiedliche Strukturtypen des trigonalen, orthorhombischen und monoklinen Kristallsystems vor. Die sehr guten thermoelektrischen Eigenschaften von Bi_2Se_3 und Bi_2Te_3 werden bei Kühlelementen seit langem auch technisch genutzt.

Halbleiter findet man nicht zuletzt unter den III-VI-Verbindungen. Dazu gehören Materialien wie Ga_2Se_3, Ga_2Te_3 oder In_2Se_3, die eine 2:3 - Stöchiometrie aufweisen. Sie kristallisieren in sogenannten Defektstrukturen. Das sind Modifizierungen kristallographischer Grundstrukturen - z.B. vom Zinkblende- oder Wurtzit-Typ -, die dadurch charakterisiert sind, daß ein (geordnetes oder ungeordnetes) Netz von Kation-Leerstellen eingebaut ist. Dieses Netz ist erforderlich, um die abweichende Stöchiometrie realisieren zu können. Daneben kommen unter den halbleitenden III-VI-Verbindungen aber auch welche mit 1:1 - Stöchiometrie vor. Beispiele dafür sind GaS, GaSe, und GaTe, die Schichtstrukturen ausbilden. Ein Halbleiter dieser Gruppe, der ferromagnetische Eigenschaften besitzt, ist das EuSe.

Neben den bisher ausschließlich betrachteten binären Verbindungshalbleitern gibt es auch eine Reihe ternärer und quaternärer. Zu den ternären gehören insbesondere die I-III-VI_2-Materialien, die - wie z.B. $CuGaS_2$ - in der dem hexagonalen System angehörenden Chalcopyrit-Struktur kristallisieren. Halbleiter kommen auch unter den II-IV-V_2-Verbindungen vor, $ZnSiP_2$ ist dafür ein Beispiel. Die Kristallstruktur ist ebenfalls vom Chalcopyrit-Typ.

Nach diesem Überblick über die wichtigsten halbleitenden Materialklassen schließen wir noch zwei allgemeinere Bemerkungen an. Erstens ist ähnlich wie bei der Behandlung der atomaren Struktur darauf hinzuweisen, daß sich die hier gegebene Charakterisierung auf ideale Kristalle, insbesondere also chemisch absolut reine Materialien bezieht. Absolute chemische Reinheit kommt in der

Natur aber ebensowenig vor wie absolute kristallographische Perfektion. Jedes reale Halbleitermaterial enthält chemische Verunreinigungen. Damit Kristalle aus solchen Materialien wirklich Halbleiter sind, darf die Verunreinigungskonzentration nicht zu groß werden - wir erinnern an das einleitend dazu Gesagte. Andererseits dürfen die Halbleiter aber auch nicht *zu* rein sein. Damit sie eine ausreichend große Leitfähigkeit besitzen, müssen sie meist absichtlich mit bestimmten chemischen Elementen verunreinigt werden. Wir gehen darauf im nächsten Abschnitt noch genauer ein.
Zweitens fällt auf, daß die primär durch ihre chemische Natur definierten halbleitenden Substanzklassen in der Regel auch die gleiche kristallographische Struktur aufweisen. Dieser Zusammenhang zwischen chemischer Natur und atomar-geometrischer Struktur ist keineswegs selbstverständlich. Er ist eng mit der elektronischen Struktur der Kristalle verbunden, die wir im zweiten Kapitel behandeln werden.

1.4 Einige makroskopische Eigenschaften und Ansätze zu ihrer mikroskopischen Begründung

1.4.1 Elektrische Leitfähigkeit

Wie bereits erwähnt, nimmt der Name "Halbleiter" Bezug auf eine charakteristische makroskopische Eigenschaft dieser Materialien, nämlich ihre elektrische Leitfähigkeit. Diese ist als Proportionalitätsfaktor zwischen der Stromdichte $\mathbf{j}$ und der elektrischen Feldstärke $\mathbf{E}$ im Ohmschen Gesetz definiert. In isotropen Materialien und bei nicht zu hohen Feldstärken gilt:

$$\mathbf{j} = \sigma \mathbf{E} \tag{1.6}$$

Eine Vorstellung über die Größenordnung von Leitfähigkeitswerten vermittelt folgendes Beispiel: Durch einen Würfel mit einer Kantenlänge von 1 cm aus einem Material der Leitfähigkeit $\sigma = 1\ \Omega^{-1}\text{cm}^{-1}$ fließt bei einer angelegten Spannung von 1 V zwischen zwei gegenüberliegenden Flächen ein Strom von 1 A. Die typischen Wertebereiche von σ für die verschiedenen Materialklassen sind in Tab. 3 zusammengestellt. Dabei fallen sowohl die großen Leitfähigkeitsunterschiede zwischen den drei Substanzgruppen als auch die großen Variationen innerhalb der Materialklasse "Halbleiter" auf. Es erhebt sich die Frage, wie sie zustandekommen.

Tab. 3 Leitfähigkeit σ und entsprechende Ladungsträgerkonzentrationen für die verschiedenen Materialklassen

Materialklasse	Metall	Halbleiter	Isolator
σ / $\Omega^{-1}cm^{-1}$	$>10^4$	$10^3 \ldots 10^{-9}$	$<10^{-10}$
n / cm^{-3}	$>10^{22}$	$10^{21} \ldots 10^{10}$	$<10^9$

Um diese Frage zu beantworten, verwenden wir die bekannte Darstellung der elektrischen Leitfähigkeit σ als Produkt der Elektronenkonzentration n, der Beweglichkeit μ und der elektrischen Ladung e eines Elektrons,

$$\sigma = e\, n\, \mu \tag{1.7}$$

Die Beweglichkeit μ ist dabei als Verhältnis der Beträge der mittleren Geschwindigkeit (Driftgeschwindigkeit) **v** der Elektronen und der wirkenden elektrischen Feldstärke **E** definiert (siehe dazu auch Kapitel 5). Im Hinblick auf die Darstellung (1.7) kommen als Ursachen für die Variation von σ einerseits unterschiedliche Werte der Beweglichkeit μ und andererseits unterschiedliche Ladungsträgerkonzentrationen n in Frage.
Die Beweglichkeit ist durch die Streuung der Elektronen an den Störungen des Kristallgitters bestimmt. Man wird erwarten, daß hinsichtlich der Stärke dieser Streuung zwischen Metallen, Halbleitern und Isolatoren zwar Unterschiede bestehen, jedoch nicht solche von mehreren Zehnerpotenzen. Größenordnungsmäßig sollten die Beweglichkeiten μ_{Me}, μ_{HL} und μ_{Is} in normalen Metallen, Halbleitern bzw. Isolatoren übereinstimmen:

$$\mu_{Me} \cong \mu_{HL} \cong \mu_{Is} \; . \tag{1.8}$$

Diese Vermutung wird durch das Experiment bestätigt. Daraus folgt, daß die starken Leitfähigkeitsunterschiede zwischen den drei Materialgruppen im wesentlichen durch die unterschiedlichen Konzentrationen der Ladungsträger bedingt sein müssen. Rechnet man für Metalle mit einem freien Elektron pro Atom, also ca. 10^{22} Elektronen pro cm^3, so ergeben sich demgegenüber für die Elektronenkonzentrationen von Halbleitern annähernd die in Tab. 3 aufgeführten Werte.

1.4.2 *Abhängigkeit der elektrischen Leitfähigkeit vom Zustand des Halbleiters*

Das große Spektrum der Leitfähigkeitswerte der Halbleiter zwischen $10^{-9}\Omega^{-1}\text{cm}^{-1}$ und $10^{3}\ \Omega^{-1}\text{cm}^{-1}$ kommt nicht, wie man zunächst vermuten könnte, dadurch zustande, daß chemisch unterschiedliche Halbleitermaterialien verschiedene Leitfähigkeiten besitzen, sondern dadurch, daß ein- und dasselbe Halbleitermaterial das gesamte Spektrum der σ-Werte überdecken kann, wenn sein Zustand entsprechend eingestellt wird. Mit "Zustand" sind hier erstens die Temperatur und zweitens die Konzentration bestimmter Verunreinigungen gemeint.

Wir betrachten zunächst die Änderung der Leitfähigkeit mit der Temperatur. Diese ist dann besonders ausgeprägt, wenn der Halbleiter keine Verunreinigungen enthält - man spricht von einem *Eigenhalbleiter*. In Abb. 4 ist die Abhängigkeit der Leitfähigkeit von der Temperatur für sehr reines Silizium und Germanium dargestellt. Die Leitfähigkeit wächst mit steigender Temperatur nach folgendem Gesetz an:

$$\sigma = \sigma_0\, e^{-\frac{1}{2} E_g/kT} \qquad (1.9)$$

Dabei ist σ_0 ein nur schwach von der Temperatur abhängiger Faktor, k die Boltzmann-Konstante und E_g eine Energie von etwa 0,7 eV im Falle des Germanium und 1,1 eV beim Silizium. Die Formel (1.9) beschreibt die Temperaturabhängigkeit der Leitfähigkeit auch anderer reiner Halbleiter bei hinreichend hohen Temperaturen richtig, nur daß jeweils andere Werte für σ_0 und E_g gewählt werden müssen. In Tab. 4 sind die E_g-Werte für einige wichtige Halbleiter aufgeführt.

Eine zweite Möglichkeit, die Leitfähigkeit eines Halbleiters in weiten Grenzen

Material	E_g	Material	E_g
Diamant	5,5	CdS	2,42
Si	1,12	CdSe	1,85
Ge	0,67	CdTe	1,44
GaP	2,24	HgTe	0,00
GaAs	1,43	PbS	0,37
GaSb	0,71	PbSe	0,26
InP	1,26	PbTe	0,30
InAs	0,36	Se	1,8
InSb	0,18	Te	0,33

Tab. 4 E_g-Werte in eV für einige Halbleiter bei 300 K

Abb. 4

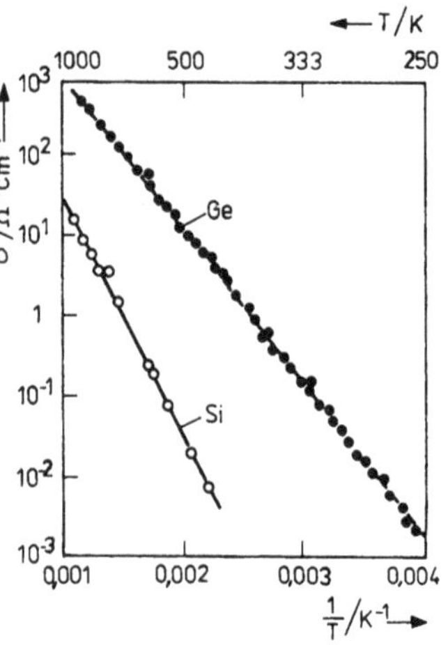

Abb. 5

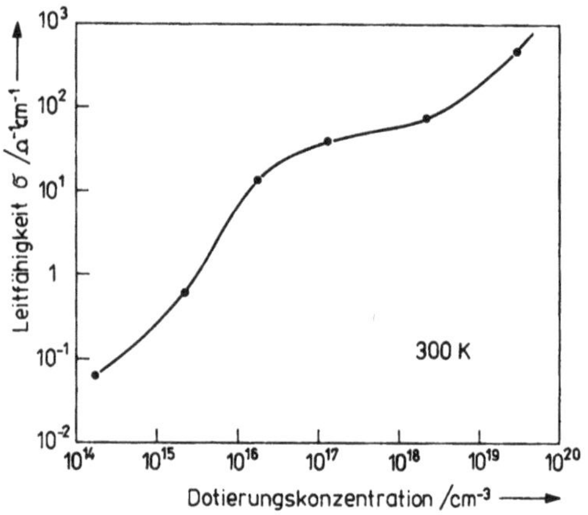

Abb. 4 Temperaturabhängigkeit der Leitfähigkeit σ von sehr reinem (eigenleitendem) Ge und Si (nach *G. I. Epifanov*, 1979)

Abb. 5 Abhängigkeit der Leitfähigkeit σ von As-dotiertem Si bei T = 300 K von der Arsenkonzentration N_D (*F. J. Morin* und *J. P. Maita*, 1954)

zu variieren, besteht darin, ihn gezielt mit Atomen bestimmter chemischer Elemente zu verunreinigen. Man spricht von *Dotierung* mit Fremdatomen. Dotierte Halbleitermaterialien bezeichnet man auch als *Störstellenhalbleiter*. Als Beispiel wählen wir Silizium, das jetzt aber im Unterschied zum oben behandelten reinen Material mit Arsenatomen in einer Konzentration N_D dotiert sein soll. In Abb. 5 ist die Veränderung der Leitfähigkeit bei Konzentrationen N_D zwischen 10^{14} und 10^{19} cm^{-3} dargestellt. Bei der zugrunde gelegten Temperatur von 300 K steigt die Leitfähigkeit monoton mit der Dotierungskonzentration an. Wiederum läßt sich - ähnlich wie bei der Leitfähigkeitsvariation im Falle des reinen Materials mit der Temperatur - eine Änderung um mehrere Größenordnungen erreichen.

Die Temperaturabhängigkeit der Leitfähigkeit ist beim dotierten Silizium wesentlich geringer als beim reinen. Das ist aus Abb. 6 zu erkennen. Jede Kurve in dieser Darstellung entspricht einer bestimmten Konzentration von Arsenatomen. Der Temperaturanstieg wird mit zunehmender Dotierung immer schwächer, bei der höchsten Dotierung verschwindet er ganz. Bei hohen Temperaturen kehrt er sich sogar in einen Abfall um.

Worauf ist dieses so unterschiedliche Temperaturverhalten reiner und dotierter Halbleiter zurückzuführen? Ehe wir auf diese Frage antworten, gehen wir auf

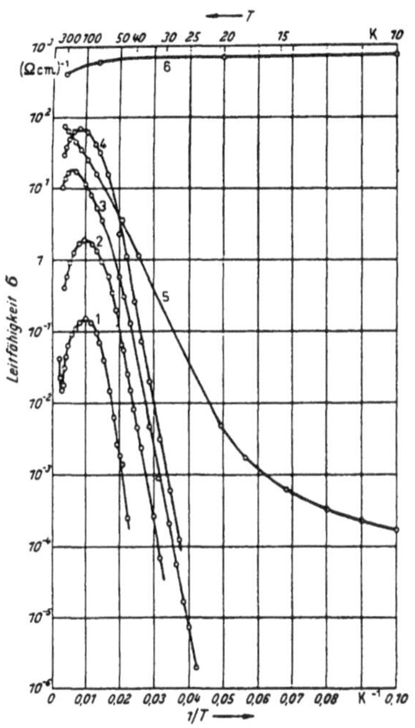

Abb. 6 Temperaturabhängigkeit der Leitfähigkeit σ von As-dotiertem Silizium für verschiedene Arsenkonzentrationen N_D:
1 - $1{,}75\times10^{14}$, 2 - $2{,}1\times10^{15}$,
3 - $1{,}75\times10^{16}$, 4 - $1{,}3\times10^{17}$,
5 - $2{,}2\times10^{18}$, 6 - $2{,}7\times10^{19}\,cm^{-3}$
(*F. J. Morin* und *J. P. Maita*, 1954)

eine weitere makroskopische Eigenschaft von Halbleitern ein, die uns helfen wird, die richtige Antwort zu finden. Es handelt sich um das optische Absorptionsvermögen.

1.4.3 Optisches Absorptionsspektrum und Bändermodell von Halbleitern

In Abb. 7 zeigen wir den experimentell beobachteten Verlauf des Absorptionskoeffizienten $\alpha(\hbar\omega)$ von Silizium in Abhängigkeit von der Photonenergie $\hbar\omega$. Das dabei festzustellende Verhalten, nämlich das Verschwinden von α unterhalb

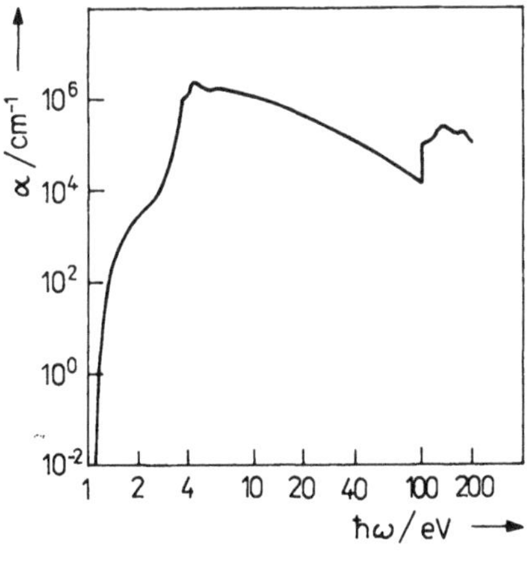

Abb. 7 Absorptionskoeffizient α von Si in Abhängigkeit von der Photonenergie $\hbar\omega$ (H.R Philipp und E.A. Taft, 1960)

einer bestimmten Schwellenergie, der steile Anstieg bei dieser Energie auf Werte, die um Größenordnungen höher liegen, und der nur schwache Abfall von diesen hohen Werten bei weiter wachsenden Photonenergien, ist für alle Halbleiter charakteristisch. Etwas vereinfacht kann man sagen, daß Halbleiter unterhalb einer bestimmten Photonenergie lichtdurchlässig und oberhalb dieser Energie lichtundurchlässig sind. Die Werte der optischen Schwellenergien stimmen so gut mit den aus Messungen der elektrischen Leitfähigkeit bekannten E_g-Werten (siehe Tab. 4) überein, daß hier ein innerer Zusammenhang vermutet werden muß. Diesen Zusammenhang wollen wir jetzt aufzudecken versuchen.

Absorbiert ein Elektron der Energie E_v ein Photon der Energie $\hbar\omega$, so erhöht sich seine Energie auf den Wert $E_v + \hbar\omega$. Die Absorption kann allerdings nur dann wirklich stattfinden, wenn die Energie $E_v + \hbar\omega$ zu den erlaubten Energiewerten eines Elektrons gehört. Bekanntlich sind in der Quantenmechanik nicht alle Energien möglich, sondern nur ganz bestimmte - die Eigenwerte des Hamilton-Operators. Beim Atom sind das diejenigen Energien, die den verschiedenen Bohrschen Bahnen entsprechen. Eine von Null verschiedene Absorption oberhalb E_g ist bei einem Halbleiter also nur dann denkbar, wenn seine Elektronen Energiewerte $E > E_c = E_v + E_g$ einnehmen können, d.h. wenn die Energiewerte $E > E_c$ erlaubt sind. Umgekehrt kann das Verschwinden der Absorption für $E < E_g$ dadurch erklärt werden, daß die Energiewerte zwischen E_v und E_c verboten sind. In Abb. 8 haben wir die soeben charakterisierte Verteilung der erlaubten Energiewerte schematisch dargestellt. Mit der Aufzeichnung eines erlaubten Energiewertes über der Ortskoordinate des Elektrons im Halbleiter soll dessen Lokalisationszustand veranschaulicht werden. Ein über den gesamten Kristall von 0 bis d ausgezogener Strich bedeutet, daß das Elektron der betreffenden Energie über den gesamten Kristall ausgebreitet ist. Die Bereiche mit den dicht beieinanderliegenden erlaubten Energiewerten, die zu ausgebreiteten Elektronenzuständen Anlaß geben, bezeichnet man als *Energiebänder*, das untere Band in Abb. 8 als *Valenzband*, das obere als *Leitungsband*. Zwischen diesen beiden Energiebändern liegt ein Bereich mit verbotenen Energiewerten, der als verbotene Zone oder *Energielücke* bezeichnet wird.

Die Existenz von Energiebändern ist aber allein noch nicht ausreichend, um das beobachtete Absorptionsspektrum der Halbleiter erklären zu können. Dazu ist es außerdem erforderlich, daß das Valenzband mit Elektronen besetzt und das Leitungsband weitgehend leer ist. Denn wären keine Elektronen mit Energien im Valenzband vorhanden, so gäbe es keine Elektronen, die durch Anregung ins Leitungsband ein Photon absorbieren könnten. Wären dagegen alle Zustände im Leitungsband besetzt, so könnten Elektronen aus dem Valenzband nicht dorthin an-

geregt werden und also auch kein Photon absorbieren, weil das Leitungsband dann nach dem Pauli-Prinzip keine weiteren Elektronen mehr aufnehmen könnte.
Die Besetzung von Energieniveaus durch Elektronen wird durch die *Fermische Verteilungsfunktion* f(E) geregelt. Sie gibt die Wahrscheinlichkeit dafür an, ein Elektron in einem Energieniveau E anzutreffen. Es gilt

$$f(E) = \frac{1}{e^{(E - E_F)/kT} + 1} \qquad (1.10)$$

Hier bezeichnet E_F die sogenannte *Fermi-Energie*. Ähnlich wie die Temperatur ist die Fermi-Energie eine intensive thermodynamische Zustandsvariable, nämlich die freie Energie pro Teilchen bzw. das chemische Potential. Genaueres über die Fermi-Verteilung enthält Kapitel 4. Im Anhang D geben wir eine Ableitung dieser Verteilung.
Die Wahrscheinlichkeit der Besetzung eines bestimmten Energiewertes E hängt außer von der Temperatur entscheidend von der relativen Lage von E in Bezug auf die Fermi-Energie ab. Ist $E < E_F$ und außerdem $|E - E_F| \gg kT$, so hat f(E) praktisch den Wert 1; ist hingegen $E > E_F$ und ebenfalls $|E-E_F| \gg kT$, so gilt näherungsweise f(E) = 0. Dieser Verlauf von f(E) ist in Abb. 9 schematisch

Abb. 8

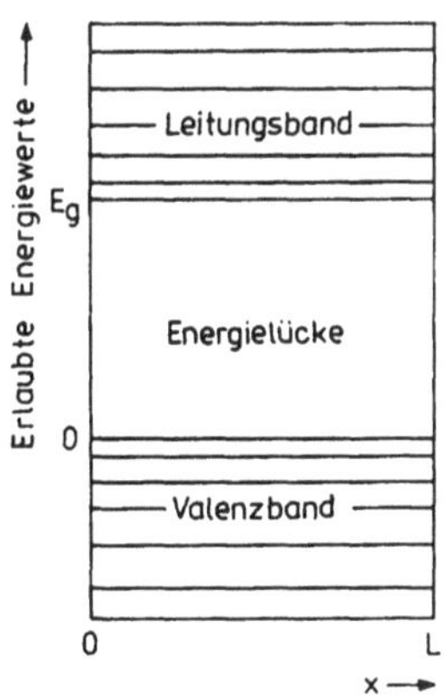

Abb. 9

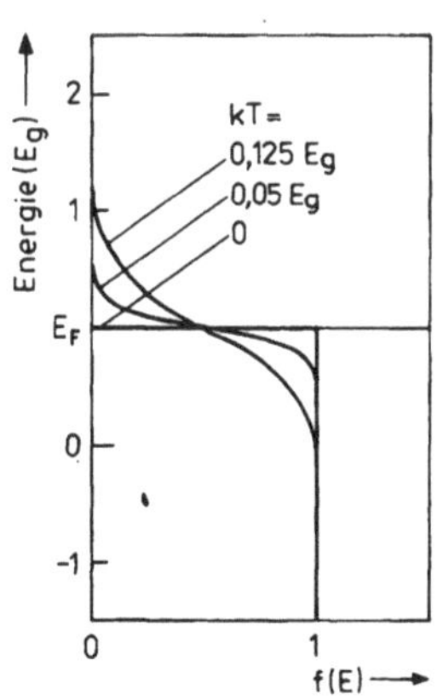

Abb. 8 Anordnung der erlaubten Energiewerte eines idealen Halbleiters (Bändermodell). Die Auftragung der Energieniveaus über dem Ort veranschaulicht die räumliche Ausdehnung der Elektronen

Abb. 9 Fermische Verteilungsfunktion f(E) in Abhängigkeit von der Energie für verschiedene Temperaturen. Die Energieeinheit E wurde gleich 1 eV gesetzt dargestellt. Die Breite des Übergangsgebiets zwischen 1 und 0 ist von der Größenordnung kT, je kleiner die Temperatur ist, umso abrupter erfolgt der Übergang. Bei T = 0 ist der Übergang stufenförmig. Mitunter sagt man auch, daß f(E) bei T = 0 die Form eines (Eis-) Blocks hat, der bei höheren Temperaturen abschmilzt. In Abb. 9 haben wir auch angedeutet, wie E_v und E_c in Bezug auf E_F liegen müssen bzw. E_F in Bezug auf E_v und E_c: die Fermi-Energie muß sich in der Energielücke zwischen E_v und E_c befinden, hinreichend weit entfernt von den beiden Bandkanten (in Einheiten von kT gemessen). Damit haben wir ein wesentliches Charakteristikum von Halbleitern gefunden: das Fermi-Niveau liegt bei ihnen in der Energielücke zwischen Valenz- und Leitungsband. Die Elektronen sind über die beiden Bänder so verteilt, wie in Abb. 10 dargestellt. Diese Erkenntnis erlaubt es jetzt endgültig, das Absorptionsspektrum aus Abb. 7 zu verstehen. Die Erklärung geht aus Abb. 11 hervor und braucht nach dem oben Gesagten nicht weiter erläutert zu werden.

Die Unterschiede in den Eigenschaften von Halbleitern und Metallen sind wesentlich auf die Unterschiede in der Lage des Fermi-Niveaus zurückzuführen - bei Metallen liegt das Fermi-Niveau innerhalb des Leitungsbandes. Isolatoren gleichen in Bezug auf die Lage des Fermi-Niveaus den Halbleitern, d.h., das Fermi-Niveau liegt in der Energielücke, nur ist bei ihnen die Energielücke wesentlich größer als bei Halbleitern. Für E_g > 3 eV hat man es meist mit einem Isolator zu tun.

Abb. 10

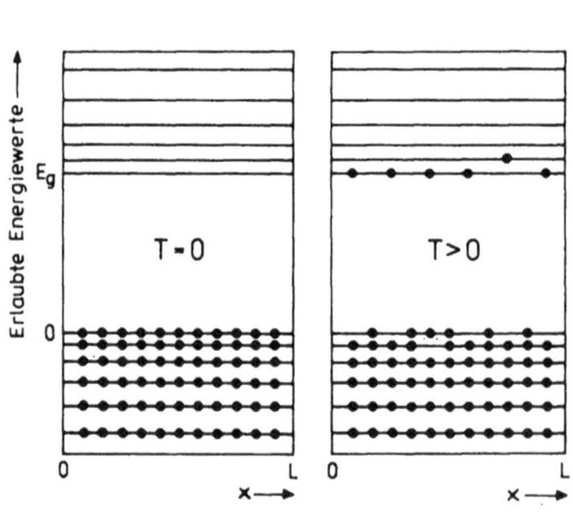

Abb. 11

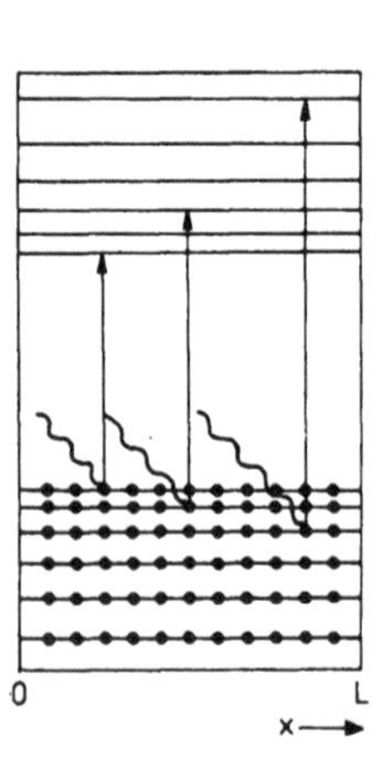

Abb. 10 Verteilung der Elektronen eines idealen Halbleiters auf Valenz- und Leitungsband. Links für T = 0 K, rechts für T > 0 K

Abb. 11 Absorption von Photonen durch Elektronenübergänge aus dem Valenz- in das Leitungsband

1.4.4 *Erklärung der elektrischen Leitfähigkeit und ihrer Zustandsabhängigkeit auf der Grundlage des Bändermodells*

Wir wollen jetzt zeigen, daß auch die Temperaturabhängigkeit der elektrischen Leitfähigkeit zwanglos aus dem oben abgeleiteten Bänderschema des Halbleiters und der Lage des Fermi-Niveaus folgt. Wir machen wieder von der Beziehung $\sigma = en\mu$ Gebrauch. Die Beweglichkeit μ kann als relativ schwach veränderliche Funktion der Temperatur angenommen werden. Das bedeutet, daß die starke exponentielle T-Abhängigkeit von σ durch die Elektronenkonzentration n verursacht sein muß. Der Vergleich mit (1.9) liefert dann näherungsweise

$$n = n_0 \, e^{-\frac{1}{2} E_g / kT} \tag{1.11}$$

mit n_0 als temperaturunabhängiger Konstante von der Dimension cm^{-3}. Wie wir wissen, sind die Elektronen im Eigenhalbleiter gemäß der Fermi-Funktion f(E) über Valenz- und Leitungsband statistisch verteilt. Bei T=0 ist das Valenzband voll besetzt und das Leitungsband vollständig leer. Die Elektronen im vollbesetzten Valenzband sind aber nicht in der Lage, zum Ladungstransport beizutragen. Der Grund dafür ist das Pauli-Prinzip, nach dem ein Elektronenzustand immer nur von einem Elektron besetzt sein kann. Da alle Zustände besetzt sind, ist keine Zustandsänderung im Valenzband durch Umverteilung möglich. Das heißt insbesondere, daß der Zustand bei angelegtem elektrischen Feld der gleiche ist wie ohne elektrisches Feld: es fließt kein Strom. Zum Strom tragen aber die relativ wenigen Elektronen bei, die bei endlichen Temperaturen gemäß der Fermiverteilung im Leitungsband vorhanden sind. Ihre Konzentration läßt sich für $(E - E) \gg kT$ nach der Formel

$$n = N_C e^{-(E_c - E_F) / kT} \tag{1.12}$$

näherungsweise berechnen, wobei N_c die sogenannte *effektive Zustandsdichte* des Leitungsbandes bezeichnet. Damit die Ausdrücke (1.11) und (1.12) für n übereinstimmen, muß neben $n_0 = N_c$ gelten

$$(E_c - E_F) = \frac{1}{2} E_g \tag{1.13}$$

Daraus folgt

$$E_F = E_v + \frac{1}{2} E_g \quad , \tag{1.14}$$

d.h., das Fermi-Niveau muß genau in der Mitte zwischen Valenz- und Leitungsband liegen. Genaugenommen ist das nur für T = 0 richtig, wie wir später noch sehen werden; die Korrekturen bei höheren Temperaturen sind aber relativ gering, und wir können sie hier ignorieren. Eine andere Ungenauigkeit der obigen Betrachtung besteht darin, daß wir außer Acht gelassen haben, daß sich bei endlicher Temperatur auch die Besetzung des Valenzbandes ändert - es sind nicht mehr alle Zustände besetzt. Unter diesen Umständen liefern dann auch die Elektronen des Valenzbandes einen Beitrag zum Strom. Die Temperaturabhängigkeit des zugehörigen Leitfähigkeitsbeitrages ist annähernd die gleiche wie die des Leitungsbandes. Wir werden auf den elektrischen Transport durch Elektronen des nicht vollständig besetzten Valenzbandes noch ausführlicher eingehen. Er steht unter anderem mit merkwürdigen Beobachtungen zum *Hall-Effekt* in Zusammenhang, auf die wir gleich zu sprechen kommen.

Vorher ist aber noch zu klären, auf welche Weise die starke Änderung der Leitfähigkeit mit der Verunreinigungskonzentration bei einem Störstellenhalbleiter verstanden werden kann. Wir gehen dazu wieder von dem Bändermodell in Abb. 8 aus. Dieses Modell bezieht sich auf einen idealen Halbleiter. Sind Störatome von der Art des Arsen in Si vorhanden, so ist dieses Modell in bestimmter Weise abzuändern. Später werden wir beweisen, was wir hier nur annehmen wollen:

Abb. 12

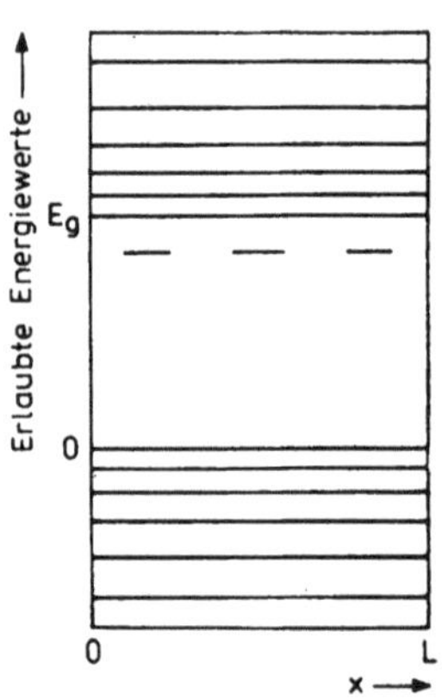

Abb. 13

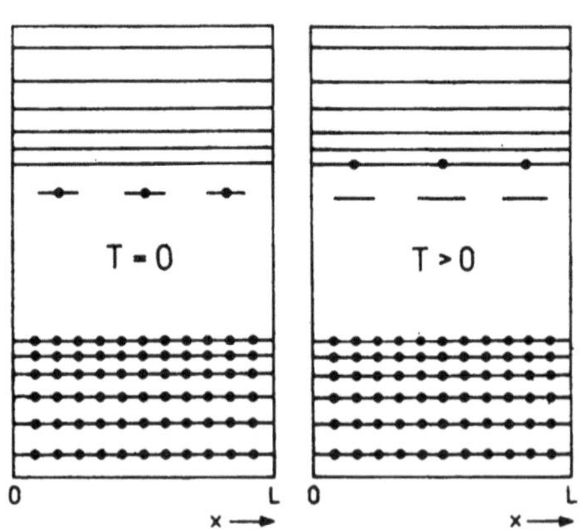

Abb. 12 Anordnung der erlaubten Energiewerte von Elektronen in einem mit Arsen dotierten Siliziumkristall. Jedem Arsenatom entspricht 1 lokalisiertes Energieniveau

Abb. 13 Verteilung der Elektronen eines mit Arsen dotierten Siliziumkristalls über die erlaubten Energiewerte. Links für T = 0 K, rechts für T >0 K daß jedes dieser Störatome zu einem Energieniveau in der Energielücke dicht unterhalb der Leitungsbandkante Anlaß gibt, und daß die Elektronen in diesen Niveaus am Ort des Störatoms lokalisiert sind. Deshalb haben wir diese Niveaus in Abb. 12 durch kurze Striche gekennzeichnet.

Bei der Temperatur T = 0 K ist jedes dieser Niveaus mit einem Elektron besetzt, nämlich gerade mit jenem Elektron, das ein Arsenatom gegenüber einem Siliziumatom zu viel hat (siehe Abb. 13). Wird die Temperatur erhöht, werden diese Elektronen in das Leitungsband angeregt, wodurch sie aus gebundenen Elektronen, die nicht am Ladungstransport teilnehmen können, zu frei beweglichen Elektronen werden, die zum Transport beitragen können (siehe Abb. 13). Ist der Abstand der lokalisierten Niveaus zum Leitungsband nicht zu groß, die Temperatur nicht zu klein und übersteigt auch N_D nicht einen bestimmten Wert, so sind praktisch alle Arsenatome ionisiert, und die Konzentration n der freien Elektronen wird gleich derjenigen der Arsenatome: $n = N_D$. Das entspricht der in Abb. 5 beobachteten annähernden Proportionalität von σ mit der Arsenkonzentration. Hat die Ladungsträgerkonzentration den Wert N_D, was bei höheren Temperaturen tatsächlich der Fall ist, so ist sie in diesem Temperaturbereich dann also auch unabhängig von der Temperatur. Als Ursache für die Temperaturabhängigkeit der Leitfähigkeit σ bleibt dann nur noch die T-Abhängigkeit der Beweglichkeit μ. Dieser relativ schwache Temperatureffekt ist es, der in Abb. 6 bei hohen Temperaturen sichtbar wird.

Damit sind die bisher erwähnten Beobachtungen zum Ladungstransport in Halbleitern im Prinzip erklärt. Wir wenden uns dem Hall-Effekt zu.

1.4.5 *Der Hall-Effekt und die Existenz von positiven frei beweglichen Ladungsträgern*

Wir betrachten zwei Halbleiterproben mit Störstellenleitung aus dem gleichen Grundmaterial, jedoch mit unterschiedlicher Dotierung. Um etwas Konkretes vor Augen zu haben, nehmen wir Silizium an, das einmal mit Phosphor, einem fünfwertigen Element, und einmal mit Bor, einem dreiwertigen Element, dotiert ist (siehe Abb. 14).

Legen wir an die beiden Proben eine Spannung an, wie das in Abb. 14a, b angedeutet ist, fließt ein Strom I. Er hat in beiden Proben die gleiche Richtung, nämlich von "+" nach "-". Jetzt bringen wir die beiden Proben in ein Magnetfeld **B** (siehe Abb. 14c, d). Bekanntlich wird dabei der Hall-Effekt beobachtet, d.h., es tritt eine Stromkomponente I_H senkrecht zum elektrischen Feld **E** und zur magnetischen Induktion **B** auf. Da unter den Bedingungen in Abb. 14 kein

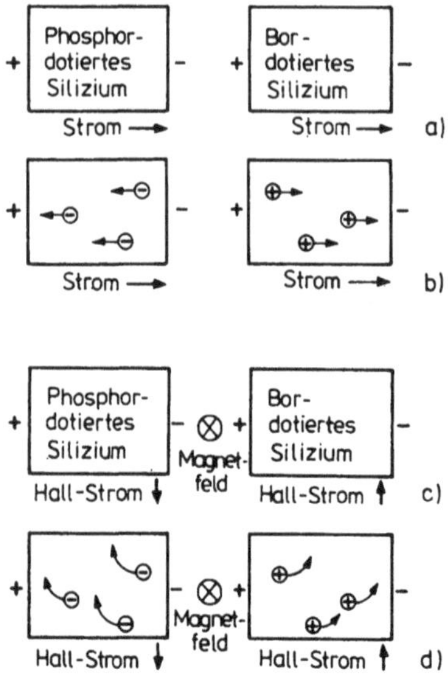

Abb. 14 Hall-Effekt in Si, das mit Phosphor bzw. Bor dotiert wurde

Strom in dieser Richtung fließen kann, bildet sich eine Spannung U_H aus, so daß der durch sie bewirkte Strom den Hall-Strom gerade kompensiert. Experimentell findet man, daß die Hall-Spannungen U_H in beiden Proben unterschiedliche Polarität haben und damit auch die entsprechenden Hall-Ströme in entgegengesetzte Richtungen fließen. Wenn wir annehmen, daß das Magnetfeld senkrecht zur Zeichenebene gerichtet ist und in sie hineinzeigt, fließt der Hallstrom in der Bor-dotierten Probe nach oben, in der Phosphor-dotierten nach unten.

Der Hall-Effekt läßt sich auch an einer Metallprobe messen. Die Richtung des Hallstroms ist in diesem Falle die gleiche wie bei der mit Phosphor dotierten Halbleiterprobe. Wie ist das davon abweichende Verhalten der mit Bor dotierten Probe zu verstehen?

Es wird dadurch erklärbar, daß wir annehmen, daß im Unterschied zu Metallen und zum Phosphor-dotierten Silizium der Strom im Bor-dotierten Material nicht von negativen, sondern von positiven Ladungen getragen wird. Das ist in Abb. 14d veranschaulicht. Auf eine Ladung q, die sich mit der Geschwindigkeit **v** bewegt, wirkt in einem Magnetfeld mit der magnetischen Induktion **B** die Lorentzkraft

$$\mathbf{F} = \frac{q}{c} [\mathbf{v} \times \mathbf{B}] . \tag{1.15}$$

Da sich negative Ladungen nach links, positive aber nach rechts bewegen und die Lorentzkraft außerdem noch einmal direkt vom Vorzeichen der Ladung ab-

hängt, ergibt sich für beide Vorzeichen der Ladung die gleiche Richtung von **F**, nämlich nach oben. Das bedeutet im Bor-dotierten Si einen nach oben gerichteten Hall-Strom, im Phosphor-dotierten Si einen nach unten gerichteten.
Durch die experimentelle Untersuchung des Hall-Effekts wird also eine merkwürdige Eigenschaft der Halbleiter zu Tage gefördert: Bei einer geeigneten Dotierung wird der Strom nicht von negativen Ladungen getragen, wie man es in Hinblick auf die negative Ladung des Elektrons erwarten würde, sondern von positiven. Neben den Elektronen als negativen frei beweglichen Ladungsträgern kommen in Halbleitern unter bestimmten Bedingungen also auch positive frei bewegliche Ladungsträger vor.
Wie läßt sich das Vorhandensein positiver Ladungsträger im B-dotierten Silizium verstehen? Man kann zeigen - und wir werden das später explizit tun - daß Boratome, die anstelle von Si-Atomen in das Kristallgitter eingebaut werden, zu Energieniveaus in der verbotenen Zone dicht oberhalb der Valenzbandkante Anlaß geben, so wie das in Abb. 15 dargestellt ist. Elektronen in solchen Energieniveaus sind am Ort des Boratoms lokalisiert. Bei sehr tiefen Temperaturen sind diese Zustände nicht besetzt, die Boratome sind neutral. Bei endlichen Temperaturen gehen Elektronen aus dem Valenzband in die Bor-Niveaus über (Abb. 16). Im Valenzband entstehen Lücken oder *Löcher* in der Besetzung. Man kann sich sofort davon überzeugen, daß die Besetzungslöcher im Valenzband auf das Anlegen einer elektrischen Spannung wie frei bewegliche positive Ladungs-

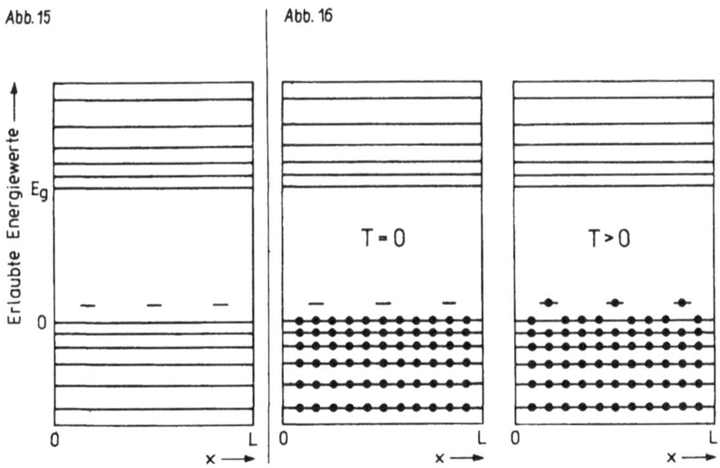

Abb. 15 Anordnung der erlaubten Energiewerte von Elektronen in einem mit Bor dotierten Siliziumkristall. Jedem Boratom entspricht 1 lokalisiertes Energieniveau

Abb. 16 Verteilung der Elektronen eines mit Bor dotierten Siliziumkristalls über die erlaubten Energiewerte

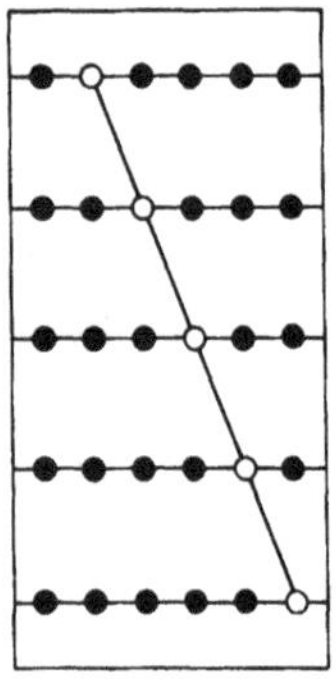

Abb. 17 Besetzungslücken (Löcher) im Valenzband verhalten sich unter der Wirkung eines elektrischen Feldes wie frei bewegliche positive Ladungsträger

träger reagieren. Das ist in Abb. 17 veranschaulicht. Der Einfachheit halber wurde nur ein einziges Besetzungsloch in dem sonst vollständig besetzten Valenzband angenommen; es befindet sich an der oberen Kante des Bandes. Den Besetzungszustand dieser Kante haben wir in Abb. 17 zu verschiedenen Zeitpunkten dargestellt. Am Anfang sitzt das Loch ganz links außen. Auf die benachbarten Elektronen wirkt eine Kraft nach links. Aber nur das Elektron unmittelbar rechts vom Loch kann dieser Kraft folgen, alle anderen Elektronen nicht, da der Zustand links von ihnen bereits besetzt ist. Das unmittelbar rechts vom Loch sitzende Elektron bewegt sich in dieses hinein und hinterläßt eine Besetzungslücke; das Loch ist also um einen Platz weiter nach rechts gerückt. Im nächsten Zeitintervall wiederholt sich dieser Vorgang, das Loch rückt erneut einen Platz nach rechts usw. Das Loch bewegt sich auf diese Weise im elektrischen Feld wie ein frei bewegliches Elektron durch den Kristall, aber in der entgegengesetzten Richtung, so als wäre es positiv geladen. Löcher im Valenzband verhalten sich also wie frei bewegliche positive Ladungsträger. Diese unmittelbar anschauliche Einführung des Begriffs der Löcher wird später noch vertieft werden.

Wie oben erläutert wurde, läßt sich am Vorzeichen der Hall-Spannung leicht ablesen, ob die freien Ladungsträger in einem Halbleiter negativ oder positiv geladen sind - im Hinblick auf das zuletzt Gesagte also, ob es Elektronen oder Löcher sind. Im ersten Fall spricht man von einem *n-Halbleiter*, im zweiten von einem *p-Halbleiter*. Der Absolutwert der Hall-Spannung kann herangezogen werden, um die Konzentration der freien Ladungsträger zu bestimmen. Wir verifizieren diese Behauptung am Beispiel der Elektronen. Die Stromdichte $\mathbf{j}$ läßt sich in diesem Fall in der Form $\mathbf{j} = -en\mathbf{v}$ ausdrücken. Wir benutzen sie, um in der Beziehung (1.15) für die Lorentzkraft $\mathbf{F}$ die Geschwindigkeit $\mathbf{v}$ zu eliminieren. Es folgt

$$\mathbf{F} = \frac{1}{n\,c}\,[\,\mathbf{j} \times \mathbf{B}\,] \tag{1.16}$$

Das ist die gleiche Kraft, die das elektrisches Feld $\mathbf{E}_H = \mathbf{F}/(-e)$ hervorruft. Die zu $\mathbf{E}_H$ gehörende Spannung ist nach Definition die Hall-Spannung U_H. Mit b als Ausdehnung der Probe senkrecht zu $\mathbf{j}$ und $\mathbf{B}$ ergibt sich für U_H der Ausdruck

$$U_H = R_H \cdot |[\mathbf{j} \times \mathbf{B}]| \cdot b\;, \tag{1.17}$$

wobei

$$R_H = \frac{1}{e\,n\,c} \tag{1.18}$$

die sogenannte *Hall-Konstante* bezeichnet. Einen analogen Ausdruck kann man für die Löcher ableiten, nur ist dann die Elektronenkonzentration n durch die Löcherkonzentration p zu ersetzen. Durch Messung der Hall-Spannung kann man also auch die Absolutwerte der Ladungsträgerkonzentrationen relativ leicht bestimmen. Sind beide Arten von freien Ladungsträgern gleichzeitig in merklicher Konzentration vorhanden, wie das in realen Halbleiterproben der Fall sein kann, so ist der Ausdruck für R_H zwar komplizierter, kann aber trotzdem noch zur Konzentrationsbestimmung herangezogen werden.

1.4.6 Halbleiter weitab vom thermodynamischen Gleichgewicht

Alle bisher beschriebenen Eigenschaften betrafen Halbleiter im Zustand des thermodynamischen Gleichgewichts oder in dessen unmittelbarer Nähe. Eine wichtige Besonderheit von Halbleitern besteht darin, daß sie auf relativ einfache Weise in Zustände weitab vom thermodynamischen Gleichgewicht gebracht werden können. "Weitab vom Gleichgewicht" soll dabei bedeuten, daß sich charakteristische makroskopische Eigenschaften stark von denen im Gleichgewicht unterscheiden.

Wir erläutern das Gesagte an einem typischen Beispiel, der sogenannten *Photoleitung*. Dazu betrachten wir eine Probe aus einem Eigenhalbleiter. Die Probe wird gegenüber der Einwirkung von Licht abgeschirmt; in diesem Zustand wird die Leitfähigkeit gemessen. Man findet einen relativ kleinen Wert entsprechend der niedrigen Ladungsträgerkonzentration im thermodynamischen Gleichgewicht. Bestrahlen wir jetzt die Halbleiterprobe mit Licht, das vom Halbleiter absorbiert wird (siehe Abb. 11), so steigt deren Leitfähigkeit stark an. In Abb. 18 ist das schematisch dargestellt, wobei realistische Verhältnisse angenommen sind. Wird die Probe abgedunkelt, fällt ihre Leitfähigkeit wieder auf den ur-

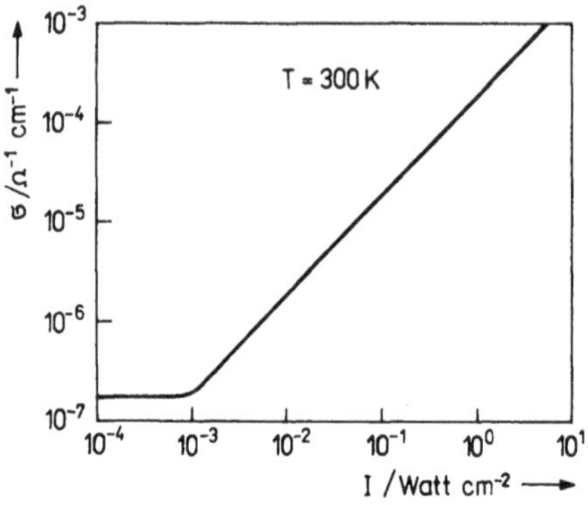

Abb. 18 Leitfähigkeit eines mit Licht bestrahlten Eigenhalbleiters in Abhängigkeit von der Intensität I des absorbierten Lichtes (schematisch)

sprünglichen niedrigen Wert zurück. Offensichtlich sind durch die Bestrahlung mit Licht Elektronen im Leitungsband und Löcher im Valenzband in einem solchen Umfang angeregt worden, daß die Gleichgewichtswerte der Elektronen- und Löcherkonzentrationen um Größenordnungen überschritten werden. Eine einfache Abschätzung zu Abb. 18 zeigt, daß die Konzentrationswerte von etwa 10^{15} cm^{-3} (Gleichgewicht) durch Licht einer Strahlungsintensität von 10 Watt/cm^2 auf 10^{19} cm^{-3} erhöht werden. Die durch das Licht angeregten Elektron-Loch-Paare zerfallen aber nach kurzer Zeit wieder. Das folgt einerseits aus der Tatsache, daß sich bei fortwährender Bestrahlung ein stationärer Wert der Leitfähigkeit und mithin auch der Ladungsträgerkonzentrationen einstellt, andererseits aber unmittelbar auch daraus, daß die Leitfähigkeit nach Abschalten der Bestrahlung wieder auf den Dunkelwert abfällt. Das letztere bedeutet, daß durch sogenannte *Rekombinationsprozesse* im Halbleiter das thermodynamische Gleichgewicht wieder hergestellt wird.

Außer durch die Bestrahlung mit Licht lassen sich extreme Nichtgleichgewichtszustände in einem Halbleiter auch auf mannigfache andere Weise erzeugen, z.B. indem man einen n-Halbleiter in Kontakt mit einem p-Halbleiter bzw. mit einem Metall bringt oder indem man, isoliert durch eine dünne Isolatorschicht, an den Halbleiter eine Spannung anlegt. Von der Möglichkeit der Erzeugung extremer Nichtgleichgewichtszustände wird in der Elektronik und Optoelektronik ausgiebig Gebrauch gemacht. Darauf beruhen mehr oder weniger alle Anwendungen von Halbleitern in Bauelementen.

Mit den Nichtgleichgewichtsprozessen in Halbleitern und den wichtigsten Halbleiterbauelementen wie Gleichrichterdioden, bipolaren und unipolaren Transistoren, Photoempfängern, Lumineszenz- und Laserdioden, werden wir uns im zweiten Teil dieses Buches, in den Kapiteln 5, 6 und 7 genauer beschäftigen. Im ersten Teil sollen die oben auf heuristischem Wege gewonnenen Vorstellungen präzisiert und theoretisch begründet werden. Das betrifft die Elektronenzustände in idealen Halbleitern (Kapitel 2), deren Modifikation durch Störatome und andere Abweichungen vom Idealkristall sowie durch äußere Felder (Kapitel 3) und die statistische Verteilung der Ladungsträger auf die Energieniveaus im thermodynamischen Gleichgewicht (Kapitel 4).

KAPITEL 2

2. ELEKTRONISCHE STRUKTUR IDEALER KRISTALLE

In den Abschnitten 1.1 und 1.2 des vorausgegangenen Kapitels haben wir uns Klarheit über die räumliche Anordnung und chemische Natur der Atome idealer Halbleiterkristalle verschafft. Gegenstand des vorliegenden Kapitels sollen nun die Energieeigenzustände und zugehörigen Energieeigenwerte der Elektronen dieser Kristalle sein. Unter dem Begriff "*Elektronische Struktur*" werden genau diese Eigenschaften eines Kristalls zusammengefaßt. Wir werden zeigen, wie das einfache Modell der elektronischen Struktur eines Halbleiters, das Bändermodell, das wir im Abschnitt 1.3 bereits heuristisch eingeführt haben, auf der Grundlage der Schrödinger-Gleichung streng abgeleitet werden kann. Die räumliche Anordnung der Atome in einem Kristall wird sich dabei als sehr wesentlich erweisen. Außerdem wird sich zeigen, daß die Eigenzustände der Elektronen des Kristalls aber auch noch davon abhängen, welche Zustände die Elektronen in den freien, noch nicht im Kristall gebundenen Atomen einnehmen. Das ist sofort verständlich, wenn man sich vorstellt, daß der Kristall aus der Gasphase gezüchtet wird, d.h. durch chemische Bindung von vorher nahezu isolierten Atomen entsteht. Die Elektronenzustände der Atome werden sich dabei zwar in bestimmter Weise ändern, das Ergebnis, die Elektronenzustände des Kristalls, wird aber durch die Ausgangszustände wesentlich mitbestimmt sein.

2.1 Die elementaren Bausteine

Über die Art der Änderungen der Elektronenzustände der Atome läßt sich zunächst folgendes sagen. Außer Frage steht, daß die Elektronen der äußeren Schalen der Atome, d.h. die Valenzelektronen (siehe Tab. 5a), beim Zusammenbau der isolierten Atome zum Kristall wesentliche Änderungen erfahren werden, denn sie sind es ja gerade, die die Bindung der Atome im Kristall primär realisieren müssen. Ob bzw. in welchem Maße sich auch die Elektronenzustände der inneren Schalen ändern werden, läßt sich a priori weit weniger gut vorhersagen. Man wird vermuten, daß diese Änderungen zumindest bei denjenigen inneren Elektronenschalen, die energetisch wesentlich tiefer liegen als die Valenzelektro-

Tab. 5a Charakterisierung der Atomrümpfe und Valenzelektronen einiger chemischer Elemente, aus denen Halbleitermaterialien aufgebaut werden können

Atom	Atomrumpf Kern	Atomrumpf Innere Elektronen	Valenzelektronen
B	5^+		$2s^2 2p$
C	6^+	$1s^2$	$2s^2 2p^2$
N	7^+		$2s^2 2p^3$
Al	13^+		$3s^2 3p$
Si	14^+	$1s^2 2s^2 2p^6$	$3s^2 3p^2$
P	15^+		$3s^2 3p^3$
Ga	31^+		$4s^2 4p$
Ge	32^+	$1s^2 2s^2 2p^6 3s^2 3p^6 3d^{10}$	$4s^2 4p^2$
As	33^+		$4s^2 4p^3$

Tab. 5b Energieniveaus $-\varepsilon_s$ und $-\varepsilon_p$ der Valenzelektronen und höchstgelegene Niveaus $-\varepsilon_c$ der inneren Elektronen für einige chemische Elemente, die für Halbleiter eine Rolle spielen. Alle Energien in eV

Atom	Al	Si	P	S
$-\varepsilon_p$	4,9	6,5	8,3	10,3
$-\varepsilon_s$	10,1	13,6	17,1	20,8
$-\varepsilon_c$	87,5	116,0	147,4	181,9
Zn	Ga	Ge	As	Se
3,4	4,9	6,4	7,9	9,5
8,4	11,4	14,4	17,3	20,3
20,7	31,7	43,7	56,7	70,7
Cd	In	Sn	Sb	Te
3,4	4,7	5,9	7,2	8,6
7,7	10,1	12,5	14,8	17,1
19,6	27,5	35,7	44,2	53,2

tronen (siehe Tab. 5b) relativ gering sein werden. Denn diese Elektronen sind so stark an ihrem jeweiligen Atom lokalisiert, daß das von den umgebenden Atomen erzeugte Zusatzpotential über dem Lokalisationsgebiet praktisch konstant ist. Das bedeutet allerdings nur, daß sich die Wellenfunktionen dieser Elektronen nicht verändern, während bei den Energieniveaus Veränderungen möglich sind. Man spricht von *Festkörperverschiebungen der inneren Elektronenniveaus.* Die Kenntnis von diesen Verschiebungen kann genutzt werden, um Aussagen über die chemische Natur und geometrische Struktur der Umgebung eines Atoms im Festkörper zu erhalten. Die inneren Elektronen wirken dabei gewissermaßen als Sonde. In unserem Zusammenhang ist aber vor allem von Bedeutung, daß die Wellenfunktionen, d.h. die *Zustände* der inneren Elektronen der Atome im Kristall nur schwache Veränderungen erfahren. Das gilt in noch stärkerem Maße für die Zustände der Nukleonen der Atomkerne. Auch wenn der einmal gezüchtete Kristall bestimmten äußeren Störungen ausgesetzt wird - Wärmezufuhr, Druck, elektromagnetische Felder - ist es möglich, daß die Zustände der Elektronen der inneren Schalen und der Nukleonen unverändert bleiben. Für äußere Störungen, die in der Halbleiterphysik vorrangig von Interesse sind, ist das sogar durchweg der Fall. Deshalb können bei der Berechnung der elektronischen Struktur von Halbleiterkristallen und des Einflusses äußerer Störungen auf dieselbe die Zustände der inneren Elektronenschalen und der Atomkerne in der Regel als unveränderlich angenommen und mit denen im freien Atom identifiziert werden. Die Atomkerne und die inneren Elektronen können zu Subsystemen des Kristalls zusammengefaßt werden, deren innere Struktur nicht weiter zu interessieren braucht, da sie keinen Veränderungen unterliegt. In diesem Sinne sind die Subsysteme *elementare Bausteine* des Kristalls. Man bezeichnet sie als *Atomrümpfe*. Neben den Atomrümpfen enthält der Kristall außerdem noch Valenzelektronen. Wir gelangen somit zu der für das Weitere grundlegenden Aussage, daß Halbleiterkristalle als Systeme aus Valenzelektronen und Atomrümpfen angesehen werden können. In Tab. 5a ist die Einteilung in Atomrümpfe und Valenzelektronen für einige Elemente, die sich zu Halbleiterkristallen verbinden können, explizit angegeben.

Die Unveränderlichkeit der Elektronenzustände der Rümpfe beim Zusammenwachsen der Atome zum Halbleiter bzw. bei äußeren Einwirkungen auf denselben ist zwar die Regel, aber es gibt auch Ausnahmen davon. Bei schweren Metallatomen wie etwa dem Zink können die inneren d-Schalen den äußeren Valenzschalen energetisch sehr nahe kommen (siehe Tab. 5a und 5b). Die d-Elektronen nehmen in diesem Fall an der chemischen Bindung merklich teil und können nicht mehr in den nach Definition unveränderlichen Rumpf einbezogen werden. Andererseits lassen sich mittels Strahlung im fernen UV- und Röntgenbereich auch innere Elektronen von Kristallen anregen. Das gleiche ist mit Hilfe von Elektronenstrahlen möglich. Bei kernphysikalischen Prozessen in Festkörpern ändert sich sogar der Zustand der Kerne der Kristallatome.

2.2 Bewegungsproblem für den Kristall

2.2.1 Schrödinger-Gleichung für den Gesamtkristall

Bei den Ausführungen zur atomaren Struktur der Kristalle sind wir davon ausgegangen, daß die Atome nicht in beliebigen, sondern in ganz bestimmten Punkten angeordnet sind, solchen Punkten nämlich, die mit der Existenz eines Gitters und einer Einheitszelle verträglich sind. Dabei wurden die Atome stillschweigend als punktförmig und der Raum zwischen ihnen als leer angenommen. Der Kristall selbst war unendlich ausgedehnt. Jetzt gehen wir zu einem realistischeren Modell des Kristalls über. Erstens ersetzen wir die punktförmig gedachten Atome durch räumlich ausgedehnte Atomrümpfe und nehmen die Schwerpunkte derselben als Atomorte. Zweitens lassen wir zu, daß die Schwerpunkte auch andere als die beim idealen Kristall vorgeschriebenen Positionen einehmen können. Wir tragen damit unter anderem der Tatsache Rechnung, daß die Atomrümpfe im Kristall Schwingungen um bestimmte Gleichgewichtslagen ausführen können, und daß es allenfalls diese Gleichgewichtslagen sein werden, die so wie im idealen Kristall plaziert sind. Drittens soll der Raum zwischen den massiven Bestandteilen des Kristalls nicht mehr wie bisher leer, sondern mit Valenzelektronen besetzt sein, was schließlich so sein muß, da anders keine Bindung von elektrisch neutralen Atomen im Kristall möglich ist.

Die Atomrümpfe kennzeichnen wir durch einen ganzzahligen Index j, die Valenzelektronen durch einen ganzzahligen Index i. Beide sollen von 1 an aufwärts laufen. Sie sind zunächst nach oben unbeschränkt, da wir einen unendlich ausgedehnten Kristall betrachten. Durch einen Kunstgriff läßt sich aber erreichen, daß trotz der Unendlichkeit des Kristalls dennoch nur eine endliche Anzahl J von Rümpfen und eine endliche Anzahl N von Elektronen zu beschreiben ist. Um das zu erreichen, denken wir uns den unendlichen Kristall so in gleichgroße Parallelepipede makroskopischer Abmessungen aufgeteilt, daß deren Kanten parallel zu den primitiven Gittervektoren $\mathbf{a}_1$, $\mathbf{a}_2$, $\mathbf{a}_3$ des Kristalls liegen und durch die Vektoren $G\mathbf{a}_1$, $G\mathbf{a}_2$, $G\mathbf{a}_3$ gegeben sind. G bedeutet dabei eine große ganze Zahl. Jedes dieser Parallelepipede soll die gleiche Anzahl J von Atomrümpfen und N von Elektronen enthalten. Man bezeichnet die Epipede dann als *Grundgebiete*. Aus der Menge aller Bewegungsmöglichkeiten des unendlichen Kristalls wählen wir nun solche aus, bei denen die Rümpfe und Elektronen in verschiedenen Grundgebieten jeweils die gleichen Lagen relativ zum Ursprung ihres Grundgebietes und jeweils die gleichen Geschwindigkeiten haben. Der unendliche Kristall ist damit zu einer periodischen Fortsetzung eines einzigen

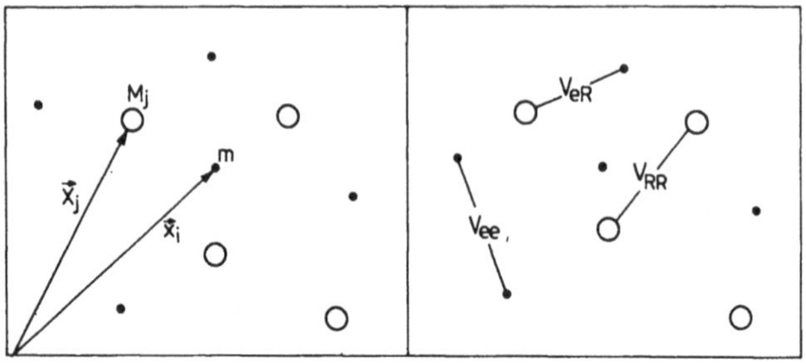

Abb. 19 Beschreibung der Lagen der Atomrümpfe (o) und Valenzelektronen (•) (links) sowie der Wechselwirkungen zwischen diesen Teilchen (rechts)

Grundgebietes geworden, und es reicht aus, die Bewegung der J Rümpfe und der N Elektronen dieses Grundgebietes zu beschreiben. Wird das Grundgebiet nur hinreichend groß gemacht, können auf diese Weise alle Bewegungsformen eines unendlichen Kristalls mit beliebig guter Annäherung beschrieben werden. Das Konzept des Grundgebietes ermöglicht den Übergang zu einem endlichen Bewegungsproblem, ohne daß dabei die Translationssymmetrie-Eigenschaften des unendlichen Kristalls verlorengehen.

Mit $\mathbf{X}_j$ bezeichnen wir die Schwerpunktskoordinaten des j-ten Atomrumpfes, mit $\mathbf{x}_i$ den Ort des i-ten Elektrons, das weiter als punktförmig angenomen wird (siehe Abb. 19a). Die Masse des j-ten Atomrumpfes sei M_j. Selbstverständlich kommen nur so viele verschiedene Werte von M_j vor, wie es unterschiedliche Atomsorten im Kristall gibt; die meisten der M_j sind also identisch. Bei der Masse der Elektronen können wir den Index i von vornherein weglassen, sie ist für alle i gleich m. Der Impuls des j-ten Rumpfes wird mit $\mathbf{P}_j$ bezeichnet, der des i-ten Elektrons mit $\mathbf{p}_i$. Es gilt

$$\mathbf{P}_j = M_j \dot{\mathbf{X}}_j \ , \ \mathbf{p}_i = m\dot{\mathbf{x}}_i \ . \tag{2.1}$$

Wir interessieren uns für die Bewegung der miteinander wechselwirkenden Atomrümpfe und Valenzelektronen des unendlichen Kristalls. Diese kann nur mit Hilfe der Quantenmechanik adäquat behandelt werden. Der Zustand des Systems muß also durch eine Wellenfunktion Ψ beschrieben werden, die von den Koordinaten $\mathbf{x}_i$ aller Elektronen und $\mathbf{X}_j$ aller Atomrümpfe sowie von der Zeit abhängt. Da wir Periodizität der Bewegung bezüglich eines Grundgebietes annehmen, reicht es aus, Ψ nur als Funktion der Koordinaten $\mathbf{x}_i$ der N Elektronen und $\mathbf{X}_j$ der J Rümpfe eines einzigen Grundgebietes zu betrachten. Der Zustand der Teilchen in den übrigen Grundgebieten kann dann durch periodische Fortsetzung dieser Funktion beschrieben werden:

$$\Psi = \Psi(\mathbf{x}_1, \mathbf{x}_2, \ldots, \mathbf{x}_N, \mathbf{X}_1, \mathbf{X}_2, \ldots, \mathbf{X}_J, t) = \tag{2.2}$$

$$= \Psi(\mathbf{x}_1 + \mathbf{Ga}_j, \mathbf{x}_2 + \mathbf{Ga}_j, \ldots, \mathbf{x}_N + \mathbf{Ga}_j, \mathbf{X}_1 + \mathbf{Ga}_j, \mathbf{X}_2 + \mathbf{Ga}_j, \ldots, \mathbf{X}_J + \mathbf{Ga}_j, t)$$

mit $j = 1, 2, 3$.
Der Hamilton-Operator des Systems der N Elektonen und J Atomrümpfe eines Grundgebietes sei H. Mit T_R und T_e bezeichnen wir die kinetischen Energien der Atomrümpfe bzw. der Elektronen, mit $V(\mathbf{x}_1, \mathbf{x}_2, \ldots, \mathbf{x}_N, \mathbf{X}_1, \mathbf{X}_2, \ldots, \mathbf{X}_J)$ die potentielle Energie des Systems. Der Hamilton-Operator ist die Summe von kinetischer und potentieller Energie, also

$$H = T_R + T_e + V \tag{2.3}$$

Die kinetischen Energien T_R und T_e lassen sich durch die Impulse $\mathbf{P}_j$ und $\mathbf{p}_i$ der Rümpfe bzw. Elektronen folgendermaßen ausdrücken:

$$T_R = \sum_j \frac{\mathbf{P}_j^2}{2M_j} \quad , \quad T_e = \sum_i \frac{\mathbf{p}_i^2}{2m} \tag{2.4}$$

Zur potentiellen Energie tragen drei Wechselwirkungen bei (Abb. 19b):
1) Die Coulombsche Wechselwirkung der Elektronen untereinander. Die zugehörige potentielle Energie nennen wir V_{ee}, sie hängt nur von den Koordinaten der Elektronen ab:

$$V_{ee} = V_{ee}(\mathbf{x}_1, \mathbf{x}_2, \ldots, \mathbf{x}_N) = \frac{1}{2}\sum_{i \neq j} \frac{e^2}{|\mathbf{x}_i - \mathbf{x}_j|} \tag{2.5}$$

2) Die Wechselwirkung der Elektronen mit den Atomrümpfen infolge der anziehenden Coulomb-Kräfte, aber auch von Kräften quantenmechanischer Natur (Austauschkräfte), die dann wirksam werden, wenn die Valenzelektronen den inneren Elektronenschalen der Atomrümpfe sehr nahe kommen. Die zugehörige potentielle Energie V_{eR} hängt von den Lagen sowohl der Elektronen als auch der Rümpfe ab und ist bezüglich der Elektronenkoordinaten offensichtlich additiv, d.h., es gilt

$$V_{eR} = V_{eR}(x_1, x_2, \dots, x_N, X_1, X_2, \dots, X_J) = \sum_i V_0(x_i, X_1, X_2, \dots, X_J) \tag{2.6}$$

mit $V_0(x_i, X_1, X_2, \dots, X_J)$ als potentieller Energie des i-ten Elektrons im Feld aller Rümpfe.

3) Die Wechselwirkung der Rümpfe untereinander, die für hinreichend weit voneinander entfernte Rümpfe wiederum von Coulombscher Natur ist. Werden die Abstände kleiner, kommen wieder abstoßende quantenmechanische Kräfte hinzu. Die entsprechende potentielle Energie sei V_{RR}. Sie ist allein von den Lagen der Atomrümpfe abhängig:

$$V_{RR} = V_{RR}(X_1, X_2, \dots, X_J) \tag{2.7}$$

Der Coulombsche Anteil von V_{RR} wird auch als *Madelung-Energie* bezeichnet. Durch Aufsummation der drei Teilpotentiale (2.5), (2.6) und (2.7) ergibt sich das Gesamtpotential

$$V = V_{ee} + V_{eR} + V_{RR} \tag{2.8}$$

Das Bewegungsproblem für den Gesamtkristall ist damit eindeutig bestimmt. Es wird durch die zeitabhängige Schrödinger-Gleichung

$$i\hbar \frac{\partial}{\partial t}\Psi = H\,\Psi \tag{2.9}$$

beschrieben. Gleichbedeutend mit der Lösung von Gleichung (2.9) ist die Lösung des Eigenwertproblems für den Hamilton-Operator H. Dieses ist durch die zeitunabhängige Schrödingergleichung

$$H\,\Psi = E\,\Psi \tag{2.10}$$

und die Normierungsbedingung für die Wellenfunktion bezüglich eines Grundgebietes

$$(\Psi \mid \Psi) \equiv \int_{\substack{\text{Grund-}\\\text{gebiet}}} d^3x_1 \dots d^3X_J \,|\Psi(x_1, x_2, \dots, x_N, X_1, X_2, \dots, X_J, t)|^2 = 1 \tag{2.11}$$

definiert. Die exakte Lösung dieses Eigenwertproblems ist von vornherein aussichtslos, betrifft es doch ein *makroskopisches* System, d.h. ein System aus größenordnungsmäßig 10^{22} Elektronen und ebensovielen Atomrümpfen, deren Bewegung untereinander in komplizierter Weise gekoppelt ist. Man muß sich deshalb auf Näherungen einstellen. Die Näherungen, die es zu finden gilt, müssen Vereinfachungen gerade in jenen Punkten ermöglichen, die die Kompliziertheit der Schrödinger-Gleichung (2.10) für den Gesamtkristall ausmachen, d.h., die erstens die riesige Anzahl von Teilchen zu reduzieren gestatten, und die zweitens die Entkopplung der Elektronen- und Rumpfbewegung erlauben. Die zweite Vereinfachung wird durch die sogenannte adiabatische Näherung bewirkt, die erste durch die Einelektronen-Näherung. Mit diesen beiden Approximationen wollen wir uns im folgenden beschäftigen. Wir beginnen mit der adiabatischen Näherung. Im Verlaufe der Darstellung wird auch die zunächst nicht ganz einsichtige Bezeichnung für diese Näherung klar werden.

2.2.2 Adiabatische Näherung. Gitterschwingungen

Die adiabatische Näherung macht erstens Gebrauch von der Tatsache, daß die Masse der Atomrümpfe sehr viel größer ist als die der Elektronen, und zweitens davon, daß die Energie eines Teilchens, gleich ob Elektron oder Rumpf, im statistischen Mittel $\frac{3}{2}kT$ beträgt. Da die potentiellen und kinetischen Energien von der gleichen Größenordnung sind, gilt näherungsweise

$$\frac{M_J}{2} \langle \dot{X}_J^2 \rangle \cong \frac{m}{2} \langle \dot{x}_l^2 \rangle \quad . \tag{2.12}$$

Daraus folgt die Größenrelation

$$\frac{\langle \dot{X}_J^2 \rangle^{1/2}}{\langle \dot{x}_l^2 \rangle^{1/2}} \approx \left(\frac{m}{M_J} \right)^{1/2} \cong 10^{-2} \ll 1 \; . \tag{2.13}$$

Sie besagt, daß sich die Rümpfe im statistischen Mittel wesentlich langsamer bewegen als die Elektronen. Dieser Umstand wird im folgenden eine wichtige Rolle spielen.

Zur Vereinfachung der Schreibweise ersetzen wir im weiteren das N-Tupel der Vektoren $(\mathbf{x}_1, \mathbf{x}_2, \ldots, \mathbf{x}_N)$ durch $\mathbf{x}$ und das J-Tupel der Vektoren $(\mathbf{X}_1, \mathbf{X}_2, \ldots, \mathbf{X}_J)$ durch $\mathbf{X}$, schreiben also

$$\mathbf{x} = (\mathbf{x}_1, \mathbf{x}_2, \ldots, \mathbf{x}_N) \; , \qquad \mathbf{X} = (\mathbf{X}_1, \mathbf{X}_2, \ldots, \mathbf{X}_J) \tag{2.14}$$

Um die Langsamkeit der Rumpfbewegung ausnutzen zu können, setzen wir die Lösung $\Psi(\mathbf{x},\mathbf{X})$ der Schrödinger-Gleichung (2.10) für den Gesamtkristall in Form eines Produktes

$$\Psi(\mathbf{x},\mathrm{X}) = \psi(\mathbf{x},\mathrm{X}) \cdot \phi(\mathrm{X}) . \tag{2.15}$$

an. Die zu fordernde Normierung (2.11) der Gesamtwellenfunktion $\Psi(\mathbf{x},\mathrm{X})$ bezüglich eines Grundgebietes ist dann gewährleistet, wenn jeder der beiden Faktoren in (2.15) bezüglich dieses Gebietes auf 1 normiert wird, wenn also

$$(\psi(\mathrm{X}) \mid \psi(\mathrm{X})) \equiv \int_{\text{Grund-gebiet}} d^{3N}\mathbf{x}\ \psi^*(\mathbf{x},\mathrm{X})\ \psi(\mathbf{x},\mathrm{X}) = 1 \tag{2.16a}$$

und

$$(\phi \mid \phi) \equiv \int_{\text{Grund-gebiet}} d^{3J}\mathrm{X}\ \phi^*(\mathrm{X})\ \phi(\mathrm{X}) = 1 \tag{2.16b}$$

angenommen wird. Analoges gilt für die Forderung (2.2) nach Periodizität von $\Psi(\mathbf{x},\mathrm{X})$ bezüglich eines Grundgebietes. Sie läßt sich dadurch erfüllen, daß die entsprechende Periodizität für $\psi(\mathbf{x},\mathrm{X})$ und $\phi(\mathrm{X})$ einzeln vorausgesetzt wird. Ein Ansatz der Form (2.15) ist immer möglich, denn er bedeutet keine Separation der Variablen $\mathbf{x}$ und X. Zwar wird von der Wellenfunktion $\Psi(\mathbf{x},\mathrm{X})$ ein Faktor $\phi(\mathrm{X})$ abgespalten, der nur von einer Variablen, X, abhängt, aber der zweite Faktor, $\psi(\mathbf{x},\mathrm{X})$, besitzt noch die volle Abhängigkeit von beiden Koordinaten. Nichttrivial wird der Ansatz (2.15) auf folgende Weise. Erstens nehmen wir an, daß $\psi(\mathbf{x},\mathrm{X})$ der Schrödinger-Gleichung

$$\left\{ T_e + V_{ee,eR} \right\} \psi(\mathbf{x},\mathrm{X}) = U(\mathrm{X})\ \psi(\mathbf{x},\mathrm{X}) \tag{2.17}$$

genügt, wobei zur Abkürzung

$$V_{ee,eR}(\mathbf{x},\mathrm{X}) = V_{ee}(\mathbf{x}) + V_{eR}(\mathbf{x},\mathrm{X}) \tag{2.18}$$

gesetzt wurde. Zweitens fordern wir, daß der abgespaltene Faktor $\phi(\mathrm{X})$ in der Gesamtwellenfunktion (2.15) einer Schrödinger-Gleichung genügt, in der die Koordinaten der Elektronen nicht mehr auftreten. Es zeigt sich, daß eine solche Gleichung nicht in Strenge, sondern nur im Rahmen einer bestimmten Näherung - eben der adiabatischen Näherung - abgeleitet werden kann. Ohne jede Approximation gilt zunächst

$$\left\{ T_e + T_R + V_{ee,eR} + V_{RR} \right\} \psi(\mathbf{x},\mathrm{X})\phi(\mathrm{X}) = E\ \psi(\mathbf{x},\mathrm{X})\phi(\mathrm{X}) . \tag{2.19}$$

Die notwendige Vereinfachung betrifft den Term $T_R\{\psi(x,X)\phi(X)\}$ der kinetischen Energie der Rümpfe in dieser Gleichung. Da T_R gemäß (2.4) durch die Impulsquadrate P_J^2 der Rümpfe bestimmt ist, untersuchen wir dazu den Ausdruck $P_J^2\{\psi(x,X)\phi(X)\}$. Durch Anwendung der Produktregel für die Differentiation ergibt sich zunächst

$$P_J^2\Big\{\psi(x,X)\phi(X)\Big\} = \phi(x)\Big\{P_J^2\psi(x,X)\Big\} + 2\Big\{P_J\psi(x,X)\Big\}\cdot\Big\{P_J\phi(x)\Big\} + \psi(x,X)\Big\{P_J^2\phi(x)\Big\}. \qquad (2.20)$$

Bei der weiteren Umformung dieser Relation nutzen wir aus, daß die Gesamtheit $\{\psi\phi\}$ der Eigenfunktionen der Schrödinger-Gleichung (2.19) eine orthonormierte Basis im Hilbert-Raum des Kristalls bilden. Deshalb ist die Beziehung (2.20) genau dann erfüllt, wenn sie für die Fourier-Koeffizienten bezüglich aller Basisfunktionen $\psi'\phi'$ gilt, d.h., wenn die Identität

$$(\psi'\phi'|P_J^2\ \psi\phi) = (\psi'\phi'|\phi\ P_J^2\psi) + 2(\psi'\phi'|P_J\psi\cdot P_J\phi) + (\psi'\phi'|\psi\ P_J^2\phi) \qquad (2.21)$$

besteht. Die beiden ersten Terme in dieser Gleichung erweisen sich als klein gegenüber dem letzten. Genauer gesagt gilt für die Diagonalterme, d.h. für $\psi'\phi' = \psi\phi$, die Beziehung

$$(\psi\phi|P_J^2\ \psi\phi) = \left[1 + O\left(\frac{m}{M}\right)\right](\psi\phi|\psi\ P_J^2\phi) \quad , \qquad (2.22)$$

und für die Nichtdiagonalterme, d.h. für $\psi'\phi' \neq \psi\phi$ die Relation

$$(\psi'\phi'|P_J^2\ \psi\phi) = O\left(\frac{m}{M}\right)^{1/2}(\psi\phi|\psi\ P_J^2\phi) \qquad (2.23)$$

Dabei bezeichnet M die kleinste der Massen M_J, während $O(m/M)^{1/2}$ und $O(m/M)$ Faktoren von der Größenordnung $(m/M)^{1/2}$ bzw. (m/M) symbolisieren. Die beiden Beziehungen (2.22) und (2.23) haben für die Dynamik von Kristallen grundsätzliche Bedeutung, weil *sie* es letztlich sind, die eine näherungsweise Entkopplung des Bewegungsproblems für die Elektronen von dem für die Rümpfe ermöglichen. Deshalb dürfen wir den Beweis für sie nicht schuldig bleiben. Wegen seines Umfangs und seiner Sprödigkeit verlegen wir ihn aber auf den Anhang (siehe Anhang B). Dem Leser empfehlen wir, zunächst dem Gedankengang im Hauptteil weiter zu folgen.

Die Terme proportional zu $O(m/M)^{1/2}$ und $O(m/M)$ sind von der relativen Größenordnung 10^{-2} bzw. 10^{-4}. Es liegt deshalb nahe, sie in einem ersten Schritt völlig zu vernachlässigen. Tut man das, so folgt für den Operator T_R der kinetischen Energien aller Rümpfe näherungsweise die Beziehung

$$T_R\left\{\psi(\mathbf{x},\mathbf{X})\phi(\mathbf{X})\right\} = \psi(\mathbf{x},\mathbf{X})\ T_R\phi(\mathbf{X}) \quad , \tag{2.24}$$

d.h. der Operator T_R wirkt nicht auf $\psi(\mathbf{x},\mathbf{X})$. Mit dieser Relation gehen wir in die Schrödinger-Gleichung (2.19) für den Kristall ein. Ersetzen wir dort außerdem noch die von $\mathbf{x}$ abhängenden Terme mit Hilfe der Elektronen-Schrödinger-Gleichung (2.17) durch den Eigenwert $U(\mathbf{X})$ und bilden das skalare Produkt mit ψ, so folgt

$$\left[T_R + V_{RR}(\mathbf{X}) + U(\mathbf{X})\right] \phi(\mathbf{X}) = E\ \phi(\mathbf{X}) \quad . \tag{2.25}$$

Das ist die gesuchte Schrödinger-Gleichung für die Atomrümpfe, in der, wie eingangs gefordert wurde, die Koordinaten $\mathbf{x}$ der Elektronen nicht mehr auftreten. Der *Zustand* des Elektronensystems geht aber über $U(\mathbf{X})$ in die Gleichung (2.25) ein. Damit haben wir folgende Beschreibung des Gesamtkristalls als eines wechselwirkenden Systems aus Atomrümpfen und Elektronen erreicht:

Das Untersystem der Elektronen wird durch eine separate Wellenfunktion $\psi(\mathbf{x},\mathbf{X})$ beschrieben. Diese genügt einer Schrödinger-Gleichung, in der die Koordinaten der Rümpfe nur als Parameter im Potential, nicht aber als Differentialoperatoren in der kinetischen Energie auftreten. Die Bewegung der Elektronen wird also so behandelt, als würden die Rümpfe dabei ruhen. Die in Wahrheit natürlich vorhandene Rumpfbewegung wird durch die Wellenfunktion $\phi(\mathbf{X})$ und die Schrödinger-Gleichung (2.25) beschrieben. Das Potential in dieser Gleichung enthält außer der Rumpf-Rumpf-Wechselwirkungsenergie auch noch einen zweiten Beitrag, nämlich $U(\mathbf{X})$. Dieser geht auf die Wechselwirkung der Elektronen mit den Rümpfen zurück, denn ohne eine solche Wechselwirkung wäre der Eigenwert U in der Elektronen-Schrödinger-Gleichung (2.17) eine von $\mathbf{X}$ unabhängige Konstante, die weggelassen werden könnte. Bemerkenswerterweise hängt dieser durch die Elektron-Rumpf-Wechselwirkung hervorgerufene Potentialbeitrag aber nicht von den Koordinaten der Elektronen ab. Er ist ein Mittelwert über alle Lagen $\mathbf{x}$ der Elektronen. Das Gewicht, mit dem die verschiedenen Lagen $\mathbf{x}$ dabei eingehen, ist gleich der Wahrscheinlichkeit $|\psi(\mathbf{x},\mathbf{X})|^2 d^{3N}\mathbf{x}$, das Elektronensystem im Zustand $\psi(\mathbf{x},\mathbf{X})$ in einem Volumenelement $d^{3N}\mathbf{x}$ an der Stelle $\mathbf{x}$ zu finden, denn es gilt

$$U(\mathbf{X}) = \left(\psi(\mathbf{X})\ \middle|\ T_e + V_{ee,eR}(\mathbf{X})\ \middle|\ \psi(\mathbf{X})\right) \tag{2.26}$$

Man kann diesen Sachverhalt auch wie folgt ausdrücken: Die Elektronen bewegen sich *so* schnell, daß sie von den Rümpfen nicht mehr als punktförmig, sondern als über den ganzen Raum verschmiert wahrgenommen werden. Die Gleichung (2.25) für $\phi(\mathbf{X})$ enthält somit die gleiche Annahme wie die Gleichung (2.17) für $\psi(\mathbf{x},\mathbf{X})$, nämlich daß sich die Rümpfe wesentlich langsamer bewegen als die Elektronen. Nur ist diese Relation einmal vom Standpunkt der Elektronen gesehen - dann folgt Gleichung (2.17), und einmal vom Standpunkt der Rümpfe - dann folgt Gleichung (2.25). Da die Relation zwischen den Geschwindigkeiten der Rümpfe und der Elektronen gemäß (2.13) durch das inverse Verhältnis ihrer Massen bestimmt ist, leuchtet unmittelbar ein, warum dieses Verhältnis klein sein muß, damit die beiden Schrödinger-Gleichungen (2.17) und (2.25) näherungsweise gelten.

Es bleibt noch zu klären, welche Effekte im Rahmen der beschriebenen Näherung vernachlässigt werden und warum diese Approximation mit dem Namen "adiabatisch" belegt wird. Als adiabatisch werden in der Quantenmechanik zeitliche Änderungen von Potentialen verstanden, die so langsam vor sich gehen, daß keine quantenmechanischen Übergänge zwischen den zum Anfangszeitpunkt vorliegenden diskreten Quantenzuständen erfolgen können. Der Zustand des Systems paßt sich kontinuierlich an den jeweils neuen Potentialwert an, ohne daß Sprünge in andere Zustände stattfinden. Daß genau diese Annahme in den Gleichungen (2.17) und (2.25) enthalten ist, erkennt man aus (2.23). Berücksichtigt man nämlich dort den vorher vernachlässigten Term von der Größenordnung $O(m/M)^{1/2}$, so erhält man für das Nichtdiagonal-Matrixelement des Kristall-Hamilton-Operators H nicht mehr Null, sondern

$$(\psi'\phi'|\ H\ |\psi\phi) \sim O\left(\frac{m}{M}\right)^{1/2} E \tag{2.27}$$

mit E als Eigenwert von H im Zustand $\psi\phi$. Es finden also quantenmechanische Übergänge zwischen den verschiedenen genäherten Eigenzuständen $\psi\phi$ und $\psi'\phi'$ statt. Diese sind allein auf die kinetische Energie der Rümpfe zurückzuführen. Wenn Terme von der Größenordnung $(m/M)^{1/2}$ weggelassen werden, bedeutet das die Vernachlässigung von Übergängen infolge der Rumpfbewegung. Das ist gleichbedeutend mit der Annahme, daß die Rumpfbewegung im Sinne der Quantenmechanik adiabatisch langsam erfolgt. Die Bezeichnung "adiabatische Näherung" trifft daher das Wesentliche. Diese Näherung ist selbstverständlich nur so lange brauchbar, wie Übergänge zwischen verschiedenen Eigenzuständen $\psi\phi$ keine Rolle spielen. Für eine Reihe von Eigenschaften und Erscheinungen in Kristallen ist das tatsächlich der Fall. Es gibt aber auch Effekte, für die das nicht gilt.

Dazu gehören unter anderem die elektrischen Leitungsphänomene - daß die elektrische Leitfähigkeit eines absolut reinen Kristalls nicht maßlos groß wird, ist auf die Streuung der Ladungsträger an den Schwingungen der Atomrümpfe, d.h. auf nicht-adiabatische quantenmechanische Übergänge zwischen verschiedenen Elektronen- und Rumpfzuständen zurückzuführen. Auch für die in Kapitel 1 erwähnte Rekombination von Elektron-Loch-Paaren spielen diese Übergänge eine entscheidende Rolle - das Gitter der Atomrümpfe nimmt die Energie auf, die bei der Rekombination frei wird. Formal kann man die nicht-adiabatischen Quantenübergänge als die Folge einer Wechselwirkung zwischen den Elektronen und der Bewegung der Atomrümpfe auffassen. Da diese Bewegung, wie wir gleich noch sehen werden, aus einer Überlagerung von Gitterschwingungen besteht und die Anregungsquanten derselben Phononen heißen, spricht man auch von *Elektron-Phonon-Wechselwirkung.*

Wir wollen jetzt untersuchen, auf welche Weise die beiden Schrödinger-Gleichungen (2.17) und (2.25) für die Elektronen bzw. Rümpfe gelöst werden können. Das Problem besteht darin, daß beide Gleichungen zunächst nicht vollkommen bestimmt sind - die für die Rümpfe enthält das Potential U(X), das erst nach Lösung der Gleichung für die Elektronen bekannt ist, *diese* Gleichung kann aber erst dann endgültig aufgeschrieben werden, wenn die Lagen X der Rümpfe im Potential $V_{ee,eR}(\mathbf{x},X)$ bekannt sind. Der direkte Weg zur Überwindung dieser Schwierigkeiten wäre der folgende: Man nimmt irgendeine räumliche Anordnung X' der Rümpfe an und bestimmt dafür das Potential $V_{ee,eR}(\mathbf{x},X')$. Damit löst man die Elektronen-Gleichung (2.17) - wie das praktisch geschehen kann, soll zunächst nicht weiter erörtert werden, das ist Gegenstand des nächsten Abschnitts. Man erhält auf diese Weise den Wert des adiabatischen Potentials U an der Stelle X'. Die beschriebene Prozedur führt man für alle Rumpflagen X durch. Das Potential U(X) und die Schrödinger-Gleichung (2.25) für die Rümpfe sind danach vollkommen bestimmt. Man nutzt diese Gleichung, um die Rumpfwellenfunktion $\phi(X)$ zu berechnen. Ist das geschehen, hat man das Problem für den Kristall als Ganzes gelöst - man kennt seine Wellenfunktion $\Psi(\mathbf{x},X) = \psi(\mathbf{x},X)\phi(X)$. Der beschriebene Weg ist aber nicht praktikabel, man kann die Elektronen-Schrödinger-Gleichung nicht für alle möglichen Rumpflagen wirklich lösen. Deshalb wird ein vereinfachtes Verfahren angewandt. Es enthält zusätzliche Näherungen, hat aber den Vorteil, auch praktisch durchführbar zu sein. Man ignoriert bei diesem Verfahren die Bewegung der Atomrümpfe vollständig und nimmt an, daß sie in gewissen Gleichgewichtslagen X^{eq} ruhen. In Wahrheit führen sie Schwingungen um diese Lagen aus, deren Amplituden umso kleiner sind, je tiefer die Temperatur des Kristalls ist. Wegen der nichtverschwindenden

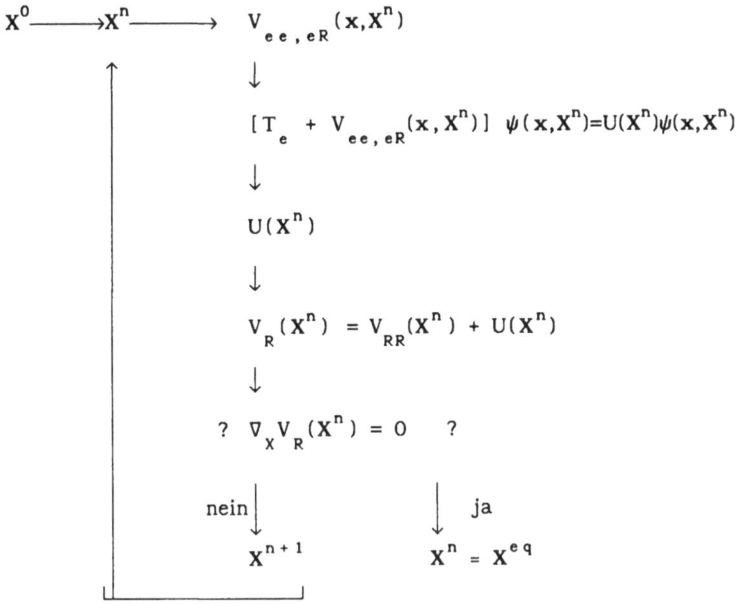

Abb. 20 Iterative Berechnung der Gleichgewichtslagen der Atomrümpfe

quantenmechanischen Nullpunktsenergie findet aber auch noch am absoluten Temperaturnullpunkt eine Bewegung statt. Die Gleichgewichtslagen X^{eq} sind zunächst unbekannt. Man kann sie aus der Forderung bestimmen, daß die Gesamtenergie

$$V_R(X) = U(X) + V_{RR}(X) \tag{2.28}$$

des Kristalls im Gleichgewicht ein Minimum haben muß. Gleichbedeutend damit ist, daß die Kräfte $-\nabla_X V_R(X)$ auf die Rümpfe, die sogenannten *Hellman-Feynman -Kräfte*, in den Gleichgewichtslagen verschwinden müssen:

$$-\nabla_X V_R(X)\Big|_{X=X^{eq}} = 0 \ . \tag{2.29}$$

Damit ist jetzt das folgende Iterationsverfahren zur Lösung des Systems der adiabatischen Gleichungen möglich (siehe Abb. 20). Man nimmt probeweise gewisse Gleichgewichtslagen X^0 an, geht damit in die Elektronen-Schrödinger-Gleichung ein und bestimmt den Eigenwert $U(X^0)$. Die Lösung nutzt man, um das Potential $V_R(X^0)$ und die Hellman-Feynman-Kräfte zu ermitteln. Dank des

Feynman-Theorems und gewisser analytischer Umformungen gelingt die Bestimmung der Kräfte auch ohne daß man das Potential in einer Umgebung von X^0 numerisch zu berechnen braucht. Unter Verwendung der Hellman-Feynman-Kräfte ermittelt man neue Probelagen X^1. Mit diesen geht man erneut in die Elektronen-Schrödinger-Gleichung (2.17) ein und berechnet einen neuen Eigenwert $U(X^1)$. Das Verfahren wiederholt man solange, bis die Hellman-Feynman-Kräfte verschwinden. Die zugehörigen Rumpflagen sind dann die Gleichgewichtslagen X^{eq}. Auf diese Weise ist etwas sehr Wichtiges erreicht worden, man hat nämlich die atomar-geometrische Struktur des Kristalls berechnet. Derartige Strukturberechnungen werden heute mit Erfolg für die unterschiedlichsten Festkörpersysteme durchgeführt. Auch für eine Reihe von Halbleiterkristallen liegen Ergebnisse vor. Zum Beispiel kann gezeigt werden, daß Silizium unter Normalbedingungen tatsächlich in der Diamantstruktur kristallisieren muß und daß seine Gitterkonstante a = 5.49 Å beträgt.

Gitterschwingungen

Für die atomare Struktur sind nur die Gleichgewichtslagen der Atomrümpfe von Bedeutung. Diese können als Mittelwerte $(\phi|X|\phi)$ der Rumpflagen X bezüglich der Wellenfunktion ϕ aufgefaßt werden. Die Wellenfunktion ϕ selbst enthält aber wesentlich mehr Information. Sie bestimmt auch die Wahrscheinlichkeiten, mit denen sich die Atomrümpfe außerhalb der Gleichgewichtslagen aufhalten. Daß diese Wahrscheinlichkeiten endlich sind, ist der quantenmechanische Ausdruck für das Auftreten von *Gitterschwingungen*. Mit Hilfe der Schrödinger-Gleichung (2.25) für die Rümpfe lassen sich dieselben beschreiben. Dabei reicht es in der Regel aus, das Potential V_R um die Gleichgewichtslagen X^{eq} herum in eine Taylor-Reihe zu entwickeln und beim quadratischen Glied abzubrechen. Da der lineare Term dieser Entwicklung, der die Hellman-Feynman-Kräfte beschreibt, in den Gleichgewichtslagen X^{eq} verschwindet, hat die potentielle Energie dort ein Minimum, und es gilt

$$V_R(X) = V_R(X^{eq}) + \frac{1}{2}(X - X^{eq})\, \nabla_X \nabla_X\, V_R(X^{eq})\, (X - X^{eq}) \quad . \tag{2.30}$$

Damit lautet die Schrödinger-Gleichung (2.25) für $\phi(X)$ jetzt

$$\left[T_R + \frac{1}{2}(X - X^{eq})\, \nabla_X \nabla_X\, V_R(X^{eq})\, (X - X^{eq}) \right] \phi(X) = E\phi(X) \quad , \tag{2.31}$$

wobei der Einfachheit halber $V_R(X^{eq}) = 0$ gesetzt wurde. Durch die Gleichung

(2.31) werden die Rümpfe als ein System gekoppelter harmonischer Oszillatoren beschrieben. Die Rückstellkräfte sind durch die zweiten Ableitungen des Potentials $V_R(X)$ bestimmt. Indem man die Eigenvektoren und die Eigenwerte der Matrix der Rückstellkräfte (genauer der sogenannten dynamischen Matrix, die auch die kinetische Energie mit einschließt) ermittelt, kann man leicht zu einem System ungekoppelter harmonischer Oszillatoren übergehen. Die Schwingungen dieser Oszillatoren bezeichnet man als *Normalschwingungen* des Kristalls. Die Anregungsquanten dieser Schwingungen heißen *Phononen*.

Die Phononen sind ein gutes Beispiel, an dem ein Begriff eingeführt werden kann, der für die Dynamik von Vielteilchensystemen grundlegende Bedeutung besitzt und der uns auch im nächsten Unterabschnitt im Zusammenhang mit den Elektronen noch beschäftigen wird. Dieser Begriff trägt die Bezeichung *Elementaranregung* oder *Quasiteilchen* - beide Namen sind gebräuchlich. Ihm liegt die Erkenntnis zu Grunde, daß die Bewegung der untereinander wechselwirkenden Strukturbausteine eines Systems - in unserem Falle der Atomrümpfe eines Kristalls - aus nicht miteinander wechselwirkenden Bewegungselementen aufgebaut werden kann - in unserem Falle aus Phononen. Die Phononen oder allgemeiner die Elementaranregungen sind die *Bewegungselemente* des Systems, während die Atomrümpfe oder allgemeiner die elementaren Bausteine die *Strukturelemente* des Systems verkörpern. An einer Elementaranregung sind im allgemeinen alle Strukturelemente eines Systems beteiligt. Umgekehrt setzt sich die Bewegung eines einzelnen Strukturelementes im allgemeinen aus allen Elementaranregungen zusammen - die Bewegung der Atomrümpfe z.B. aus allen Normalschwingungen.

Neben den Elektronen und Löchern sind die Phononen die wichtigsten Quasiteilchen von Kristallen. In diesem Buch beschäftigen wir uns vorrangig mit den Elektronen und Löchern und beziehen die Phononen nur dort ein, wo es unumgänglich ist. Das muß dann notwendig in einer recht pauschalen Weise geschehen, da wir auf eine detaillierte Entwicklung der Grundlagen verzichtet haben. Dieses Vorgehen läßt sich dadurch rechtfertigen, daß die Elektronen und Löcher für das Verständnis der Eigenschaften von Halbleitern, wie sie in elektronischen Bauelementen genutzt werden, ungleich wichtiger sind als die Phononen. Leser, die sich genauer für Phononen interessieren, verweisen wir auf andere Bücher (siehe z.B. *M. Born* und *K. Huang*, 1968; V.L *Bonč-Bruevič* und *S.G. Kalašnikov*, 1982; *H. Böttger*, 1983).

Wir kehren jetzt zur Schrödinger-Gleichung für die Elektronen zurück. Was die Gleichgewichtslagen der Atomrümpfe in dieser Gleichung betrifft, stellen wir uns auf den Standpunkt, daß sie aus experimentellen Strukturuntersuchungen - etwa der Röntgenbeugung - bekannt sind, wie das in der Tat auch für alle Halbleiterkristalle der Fall ist. Dann ist das Potential $V_{ee,eR}$ in der Elektronen-Schrödinger-Gleichung von Anfang an bestimmt. Wir lassen die Rumpfkoordinaten X von nun an weg und setzen $V_{ee,eR}(\mathbf{x},\mathbf{X}) = V(\mathbf{x})$. Ebenso verfahren wir bei der Elektronen-Wellenfunktion $\psi(\mathbf{x},\mathbf{X})$, für die wir $\psi(\mathbf{x})$ schreiben. Für $V_{ee,eR}(\mathbf{x})$ ergibt sich unter Verwendung der Beziehungen (2.18), (2.5) und (2.6) die explizite Gestalt

$$V_{ee,eR}(\mathbf{x}_1,\mathbf{x}_2,\ldots,\mathbf{x}_N) = \sum_k V_0(\mathbf{x}_k) + \frac{1}{2}\sum_{k'}\sum_{k\neq k'} \frac{e^2}{|\mathbf{x}_{k'} - \mathbf{x}_k|} \quad . \tag{2.32}$$

2.2.3 Einteilchen-Schrödinger-Gleichung

Die Elektronen-Schrödinger-Gleichung (2.17) lautet damit in ausgeschriebener Form

$$\left\{ \sum_k \left[\frac{\mathbf{p}_k^2}{2m} + V_0(\mathbf{x}_k) \right] + \frac{1}{2}\sum_k \sum_{k'\neq k} \frac{e^2}{|\mathbf{x}_{k'} - \mathbf{x}_k|} \right\} \psi(\mathbf{x}_1,\mathbf{x}_2,\ldots,\mathbf{x}_N) = U\, \psi(\mathbf{x}_1,\mathbf{x}_2,\ldots,\mathbf{x}_N). \tag{2.33}$$

Die Wellenfunktion $\psi(\mathbf{x}_1,\mathbf{x}_2,\ldots,\mathbf{x}_N)$ muß periodisch und normiert in bezug auf ein Grundgebiet sein. Die Schwierigkeit der Schrödinger-Gleichung (2.33) besteht darin, daß sie ein wechselwirkendes Elektronensystem mit einer riesig großen Zahl von Teilchen beschreibt - größenordnungsmäßig sind es 10^{22}. Ziel der hier zu behandelnden Näherung ist es, das eigentlich zu lösende Vielelektronenproblem durch ein Einelektronenproblem zu ersetzen, dessen Lösung in einem definierten und hinreichend einfachen Zusammenhang mit derjenigen des Vielelektronenproblems steht.

Dazu nehmen wir erstens an, daß es einen Satz von unendlich vielen Einteilchen-Wellenfunktionen $\varphi_1, \varphi_2, \ldots, \varphi_\infty$ gibt, aus denen sich in einem noch zu präzisierenden Sinne die stationären Zustände $\psi(\mathbf{x}_1,\mathbf{x}_2,\ldots,\mathbf{x}_N)$ des N-Elektronensystems konstruieren lassen. Von den $\varphi_\nu(\mathbf{x})$, $\nu = 1,2,\ldots,\infty$, setzen wir erstens voraus, daß sie ebenso wie die Wellenfunktion $\psi(\mathbf{x}_1,\mathbf{x}_2,\ldots,\mathbf{x}_N)$ periodisch bezüglich eines Grundgebietes sind, daß sie also die Bedingung

$$\varphi_\nu(\mathbf{x}) = \varphi_\nu(\mathbf{x} + G\mathbf{a}_j) \quad , \; j = 1, 2, 3 \quad , \tag{2.34a}$$

befriedigen. Zweitens sollen sie bezüglich des Grundgebietes ein vollständiges orthonormiertes Funktionensystem bilden, insbesondere soll also gelten

$$(\varphi_{\nu'}|\varphi_{\nu}) = \delta_{\nu'\nu} \tag{2.34b}$$

Aus den $\varphi_\nu(\mathbf{x})$ bilden wir in der folgenden Weise Wellenfunktionen für das N-Elektronensystem:

Erstens weisen wir jedem der N Elektronen einen bestimmten Einteilchen-Zustand zu - dem Teilchen 1 den Zustand φ_{ν_1}, dem Teilchen 2 den Zustand φ_{ν_2}, usw., bis zum Teilchen N, dem wir den Zustand φ_{ν_N} zuordnen. Wir können auch sagen, daß wir den Zustand φ_{ν_1} mit Teilchen 1 besetzen, den Zustand φ_{ν_2} mit Teilchen 2, usw. Wegen des Pauli-Prinzips kann in einem bestimmten Zustand höchstens 1 Teilchen untergebracht werden, sofern der Spin vernachlässigt wird, was wir zunächst tun wollen. Ein bestimmter Zustand $\varphi_1, \varphi_2, \ldots, \varphi_\infty$ kann unter den $\varphi_{\nu_1}, \varphi_{\nu_2}, \ldots, \varphi_{\nu_N}$ also höchstens einmal vorkommen. Die meisten werden aber überhaupt nicht vertreten sein, diese Zustände bleiben unbesetzt. Die Folge der Quantenzahlen $(\nu_1,\nu_2,\ldots,\nu_N)$ kennzeichnet den Zustand des N-Elektronensystems eindeutig, wenn wir vereinbaren, daß die erste Zahl in dieser Folge den Zustand des Teilchens 1, die zweite den des Teilchens 2 usw. bedeutet. Wir kürzen die Folge $(\nu_1,\nu_2,\ldots,\nu_N)$ im weiteren durch $\{\nu\}$ ab.

Zweitens ordnen wir jedem Zustand $\{\nu\}$ des N-Elektronensytems eine Wellenfunktion $\psi_{\{\nu\}}(\mathbf{x}_1,\mathbf{x}_2,\ldots\mathbf{x}_N)$ zu, die durch ein Produkt aus Einteilchen-Wellenfunktionen gegeben ist:

$$\psi_{\{\nu\}}(\mathbf{x}_1,\mathbf{x}_2,\ldots\mathbf{x}_N) = \varphi_{\nu_1}(\mathbf{x}_1)\varphi_{\nu_2}(\mathbf{x}_2)\ldots\varphi_{\nu_N}(\mathbf{x}_N) \equiv \prod_j \varphi_{\nu_j}(\mathbf{x}_j) \,. \tag{2.35}$$

Wenn wir uns für einen Moment die gegenseitige Wechselwirkung der Elektronen wegdenken, ist dieses Produkt *dann* ein stationärer Zustand des N-Elektronensystems, wenn die Einteilchen-Wellenfunktionen $\varphi_\nu(\mathbf{x})$ stationäre Einteilchenzustände beschreiben. Diese Betrachtung legt die Frage nahe, ob es auch bei wechselwirkenden Elektronen möglich ist, durch geeignete Wahl der $\varphi_\nu(\mathbf{x})$ zu erreichen, daß der Produktzustand $\psi_{(\nu)}$ des N-Elektronensystems stationär wird, daß also - exakt oder näherungsweise - gilt

$$H\,\psi_{\{\nu\}}(\mathbf{x}_1,\mathbf{x}_2,\ldots,\mathbf{x}_N) = U_{\{\nu\}}\,\psi_{\{\nu\}}(\mathbf{x}_1,\mathbf{x}_2,\ldots,\mathbf{x}_N) \,. \tag{2.36}$$

Daß diese Gleichung nicht völlig exakt gelten kann, wird klar, wenn man sich vergegenwärtigt, was der Produktansatz (2.35) bedeutet. Er impliziert nämlich, daß sich die Elektronen vollkommen unabhängig voneinander bewegen. Wegen ihrer gegenseitigen Wechselwirkung ist das aber sicher nicht der Fall. Der Ansatz

(2.35) für die stationären Zustände des N-Elektronensystems bedeutet also eine Näherung. Man nennt sie *Einteilchen-Näherung.*

Wir wollen jetzt die Konsequenzen der Schrödinger-Gleichung (2.36) für die Einteilchen-Wellenfunktionen $\varphi_\nu(\mathbf{x})$ untersuchen. Dazu wird meist das Variationsprinzip der Quantenmechanik verwendet. Wir gehen hier aber direkt von der Schrödinger-Gleichung (2.36) aus. Beide Wege sind physikalisch äquivalent, der Unterschied ist nur von formaler Art. Wir fassen unter den N Teilchen des Systems ein spezielles, das wir mit i bezeichnen wollen, ins Auge. Dabei kann i alle Werte von 1 bis N annehmen. Der Hilbert-Raum für das System der N-1 Elektronen 1, 2, ...i-1, i+1, ..., N wird von der Gesamtheit der Produktfunktionen

$$\varphi_{\mu_1}(\mathbf{x}_1)\ldots\varphi_{\mu_{i-1}}(\mathbf{x}_{i-1})\,\varphi_{\mu_{i+1}}(\mathbf{x}_{i+1})\ldots\varphi_{\mu_N}(\mathbf{x}_N) \equiv \prod_{j\neq i}\varphi_{\mu_j}(\mathbf{x}_j) \tag{2.37}$$

aufgespannt, wenn die μ_1, ..., μ_{i-1}, μ_{i+1}, ..., μ_N unabhängig voneinander alle möglichen Werte 1, 2, ..., ∞ durchlaufen. In diesem Hilbert-Raum bilden wir die Fourier-Koeffizienten der Schrödinger-Gleichung (2.36), d.h., wir multiplizieren diese Gleichung mit dem komplex Konjugierten der Produktfunktionen (2.37) und integrieren anschließend über alle $\mathbf{x}_1,\mathbf{x}_2,\ldots\mathbf{x}_N$ mit Ausnahme von $\mathbf{x}_i$. Wegen der Orthogonalität der φ_ν ergeben sich nur dann von Null verschiedene Koeffizienten, wenn die μ-Werte mit den ν-Werten durchweg übereinstimmen, d.h., wenn $\mu_1 = \nu_1$, ..., $\mu_{i-1} = \nu_{i-1}$, $\mu_{i+1} = \nu_{i+1}$, ..., $\mu_N = \nu_N$ gilt. In diesem Fall lautet der Fourier-Koeffizient

$$\left\{\frac{\mathbf{p}_i^2}{2m} + V^{i(\nu)}(\mathbf{x}_i)\right\}\varphi_{\nu_i}(\mathbf{x}_i) = E_{\nu_i}\varphi_{\nu_i}(\mathbf{x}_i)\,, \qquad i = 1,2,\ldots,N \tag{2.38}$$

Dabei wurde zur Abkürzung

$$E_{\nu_i} = U_{(\nu)} - \sum_{k\neq i}\left(\varphi_{\nu_k}\left|\,\frac{\mathbf{p}_k^2}{2m} + V_o(\mathbf{x}_k)\,\right|\varphi_{\nu_k}\right) - \frac{1}{2}\sum_{k\neq i}\sum_{k'\neq k,\,i}\left(\varphi_{\nu_{k'}}\varphi_{\nu_k}\left|\,\frac{e^2}{|\mathbf{x}_{k'} - \mathbf{x}_k|}\,\right|\varphi_{\nu_k}\varphi_{\nu_{k'}}\right) \tag{2.39}$$

und

$$V^{i(\nu)}(\mathbf{x}_i) = V_0(\mathbf{x}_i) + V_H^{i(\nu)}(\mathbf{x}_i) \tag{2.40}$$

mit

$$V_H^{i(\nu)}(\mathbf{x}_i) = \sum_{k\neq i} (\varphi_{\nu_k}| \frac{e^2}{|\mathbf{x}_i - \mathbf{x}_k|} |\varphi_{\nu_k}) \quad . \tag{2.41}$$

gesetzt. Die so erhaltene Beziehung (2.38) hat die Form einer Schrödinger-Gleichung für das i-te Teilchen, wenn $V^{i(\nu)}(\mathbf{x}_i)$ als potentielle Energie dieses Teilchens und E_{ν_i} als Eigenwert der Gleichung interpretiert werden. Neben der potentiellen Energie $V_0(\mathbf{x}_i)$ im Kraftfeld der Rümpfe enthält $V^{i(\nu)}(\mathbf{x}_i)$ noch den Anteil $V_H^{i(\nu)}(\mathbf{x}_i)$. Er ist auf die Wechselwirkung der Elektronen untereinander zurückzuführen und wird gewöhnlich als *Hartree-Potential* bezeichnet. In expliziter Form lautet $V_H^{i(\nu)}(\mathbf{x}_i)$

$$V_H^{i(\nu)}(\mathbf{x}_i) = e^2 \int d^3x \, \frac{\sum_{k\neq i} |\varphi_{\nu_k}(\mathbf{x})|^2}{|\mathbf{x}_i - \mathbf{x}|} \quad . \tag{2.42}$$

Die Integrationsvariablen $\mathbf{x}_k$, die ursprünglich im Ausdruck (2.42) auftraten, wurden überall durch $\mathbf{x}$ ersetzt, was nur eine Bezeichnungsänderung bedeutet. Die Integration in (2.42) erfolgt über ein Grundgebiet. Das Hartree-Potential $V_H^{i(\nu)}$ beschreibt die potentielle Energie des i-ten Teilchens in dem von der Ladungsverteilung $-e \sum_{k\neq i} |\varphi_{\nu_k}(\mathbf{x})|^2$ der übrigen Teilchen erzeugten Coulomb-Potential. Dieses Potential und die zugehörige Energie hängen vom Zustand $\{\nu\}$ des N-Elektronensystems ab und auch davon, welches Teilchen daraus entfernt wurde, also von i. Der Faktor $\frac{1}{2}$ aus (2.5) ist in (2.41) und (2.42) dadurch weggefallen, daß jedes Elektronenpaar zweimal zum Hartree-Potential beiträgt.

Die Einteilchen-Schrödinger-Gleichung (2.38), wie sie für das i-te Elektron abgeleitet wurde, gilt für jedes andere Elektron ebensogut, nur muß jeweils ein anderes Potential genommen werden. Außerdem hängt das Potential noch vom Zustand $\{\nu\}$ des N-Elektronensystems ab. Von diesen beiden Abhängigkeiten wollen wir uns jetzt befreien. Wir argumentieren so: Wenn die Zahl der Elektronen so groß ist wie im Falle des Elektronensystems eines Kristalls, wird man die Summe über k im Ausdruck (2.42) für das Potential $V^{i(\nu)}(\mathbf{x}_i)$ ohne großen Fehler auch über k = i erstrecken dürfen. Dadurch entfällt die i-Abhängigkeit des Potentials. Wenn man andererseits nur Zustände $\{\nu\}$ des N-Elektronensystems betrachtet, die einander sehr ähnlich sind, wird man auch noch die $\{\nu\}$-Abhängigkeit vernachlässigen dürfen und $V^{(\nu)}(\mathbf{x})$ durch den Wert für einen repräsentativen Zustand $\{\nu^0\}$ ersetzen dürfen. Die Frage ist, *wie* ein repräsentativer Zustand bei einem Halbleiter beschaffen ist. Die Antwort lautet: repräsentativ im obigen Sinne ist der Zustand des N-Elektronensystems mit der kleinsten Gesamtenergie, der sogenannte *Grundzustand*. Dieser ist dadurch charakterisiert, daß die Einteilchenzustände φ_ν mit Energien E_ν unterhalb eines bestimmten Energiewertes (der Fermi-Energie) alle besetzt und oberhalb dieses Wertes alle unbesetzt sind. Die Zustände des N-Elektronensystems, die in der Festkörperphysik eine Rolle spielen, weichen vom Grundzustand in der Regel nur wenig ab. Ausnahmen bilden z.B. Halbleiter, die durch intensive Laserbestrahlung in einen hochangeregten Zustand versetzt wurden. Schließt man derartige extreme Situationen aus, stimmt das Hartree-Potential $V_H^{(\nu)}(\mathbf{x})$ im Zustand $\{\nu\}$ näherungsweise mit dem Grundzustandspotential überein:

$$V_H^{(\nu)}(\mathbf{x}_i) \approx V_H^{(\nu^0)}(\mathbf{x}_i) \; . \tag{2.43}$$

Zur Abkürzung setzen wir

$$V_H^{(\nu^0)}(\mathbf{x}_i) \equiv V_H(\mathbf{x}_i) = e^2 \int d^3x \, \frac{\sum_k |\varphi_{\nu_k}(\mathbf{x})|^2}{|\mathbf{x}_i - \mathbf{x}|} \Bigg|_{\nu_k = \nu_k^0} \tag{2.44}$$

und

$$V^{i(\nu^0)}(\mathbf{x}_i) \equiv V(\mathbf{x}_i) = V_0(\mathbf{x}_i) + V_H(\mathbf{x}_i) \; . \tag{2.45}$$

Wie gut die Näherung des zustandsunabhängigen Hartree-Potentials erfüllt ist, hängt auch von der Art der Einteilchenzustände ab. Für die ausgebreiteten, ebenen Wellen ähnelnden Einteilchenzustände idealer Kristalle gilt sie besser als für lokalisierte Einteilchenzustände bei realen Kristallen. Im zuletzt genannten Fall kann sich die Zustandsabhängigkeit des Potentials als durchaus wesentlich erweisen (siehe dazu auch Kapitel 3, Abschnitt 3.5).

Die Schrödinger-Gleichung (2.38) geht bei Verwendung von (2.45) über in

$$\left\{ \frac{\mathbf{p}_i^2}{2m} + V(\mathbf{x}_i) \right\} \varphi_{\nu_i}(\mathbf{x}_i) = E_{\nu_i} \varphi_{\nu_i}(\mathbf{x}_i) \; . \tag{2.46}$$

Der Hamilton-Operator

$$H = T + V(\mathbf{x}) \tag{2.47}$$

in dieser Gleichung ist für alle Teilchen der gleiche und hängt nicht mehr vom Zustand des N-Teilchensystems ab. Die Gleichung (2.46) ist deshalb die Einelektronen-Schrödinger-Gleichung schlechthin, ohne Bezug auf ein spezielles Teilchen oder den Zustand des Gesamtsystems. Wir dürfen deshalb den Index i in Gleichung (2.46) weglassen und schreiben

$$H\, \varphi_\nu(\mathbf{x}) = E_\nu\, \varphi_\nu(\mathbf{x}) \tag{2.48}$$

Der Hamilton-Operator H aus (2.47) ist hermitesch, und die Eigenfunktionen bilden demzufolge ein vollständiges orthonormiertes System im Hilbert-Raum. Die Voraussetzungen, die wir am Anfang unserer Betrachtungen über die $\varphi_\nu(\mathbf{x})$ in Gleichung (2.34) gemacht haben, erweisen sich somit als gerechtfertigt.

Insgesamt hat uns die obige Betrachtung das folgende gezeigt: Unter der Annahme, daß die Produktwellenfunktionen $\psi_{(\nu)}(\mathbf{x}_1,\mathbf{x}_2,\ldots,\mathbf{x}_N)$ stationäre Zustände des N-Elektronensystems sind, ergibt sich für die Einteilchen-Wellenfunktionen in diesen Produkten die Einteilchen-Schrödinger-Gleichung (2.48). Die dabei zugrundegelegte Annahme ist jedoch nicht in Strenge erfüllt, sie stellt vielmehr eine Näherung dar, für die wir weiter oben schon die Bezeichnung "Einteilchen-Näherung" eingeführt haben. Daneben sind auch die Bezeichnungen *Hartree-Näherung* oder *Näherung des selbstkonsistenten Feldes* gebräuchlich. Die Einteilchen-Näherung besagt, daß man aus den Lösungen der Einteilchen-Schrödinger-Gleichung (2.48) durch Bildung der Produktwellenfunktion (2.36) näherungsweise eine Lösung der N-Teilchen-Schrödinger-Gleichung aufbauen kann. Damit ist das erreicht, was wir eingangs als Ziel formuliert hatten. Wir haben eine Schrödinger-Gleichung für ein einzelnes Teilchen abgeleitet, in die die Wirkung der übrigen Elektronen über das Hartree-Potential $V_H(\mathbf{x})$ eingeht.

Die Einteilchen-Zustände $\varphi_\nu(\mathbf{x})$, so, wie sie oben eingeführt wurden, haben eine einfache physikalische Bedeutung - es sind Zustände einzelner Elektronen. Die Eigenwerte E_ν sind die Energien der Elektronen in diesen Zuständen. Daß bei dieser Interpretation aber eine gewisse Vorsicht geboten ist, erkennt man an dem Zusammenhang (2.39) zwischen den E_ν und der Gesamtenergie $U_{(\nu)}$ des N-Elektronensystems. Diese Beziehung wollen wir jetzt etwas genauer untersuchen. Zunächst läßt sie sich noch weiter vereinfachen. Man kann nämlich auch die Terme auf der rechten Seite durch die Einteilchen-Eigenwerte ausdrücken, wenn man die Einteilchen-Schrödinger-Gleichung (2.38) ausnutzt. Nach einer kurzen Umformung folgt

$$U_{(\nu)} = \sum_l E_{\nu_l} - \frac{e^2}{2} \sum_l \sum_{k\neq l} \int d^6x_l x_k \frac{|\varphi_{\nu_l}(\mathbf{x}_l)|^2\, |\varphi_{\nu_k}(\mathbf{x}_k)|^2}{|\mathbf{x}_l - \mathbf{x}_k|} \tag{2.49}$$

Die Energie des N-Teilchensystems ergibt sich also nicht einfach durch Aufsummation der Einteilchen-Energien, sondern man muß davon noch die Coulombsche Wechselwirkungsenergie der Teilchen abziehen. Darin kommt zum Ausdruck, daß enthalten. Diese wird durch die Summe in (2.42) doppelt berücksichtigt, nämlich einmal bei der Summation über die Teilchen selbst, und einmal bei der Summation über ihre Wechselwirkungspartner, die in den E_ν implizit enthalten ist. Damit die Beziehung richtig wird, muß die Wechselwirkungsenergie also einmal wieder abgezogen werden.

Diese Betrachtung zeigt deutlich, daß die $\varphi_\nu(x)$ allenfalls in einem verallgemeinerten Sinne als Einteilchenzustände interpretiert werden können. Nicht zu bestreiten ist, daß sie elementare, untereinander nicht gekoppelte Bewegungszustände des wechselwirkenden N - Elektronensystems beschreiben, ähnlich den Normalschwingungen beim System der wechselwirkenden Atomrümpfe. Wie dort bezeichnet man diese Zustände deshalb auch hier als Elementaranregungen oder Quasiteilchen. Die E_ν sind die entsprechenden Anregungsenergien. Zwischen den genannten Elementaranregungen des Elektronensystems und den Normalschwingungen des Gitters besteht aber ein bemerkenswerter Unterschied. Davon kann man sich auf folgende Weise überzeugen. Fügt man zum N-Elektronensystem (von dem wir im folgenden annehmen wollen, daß es sich im Grundzustand befindet) ein weiteres Elektron hinzu, geht also zu einem N+1-Elektronensystem über, so ändert sich im Rahmen der oben gemachten Näherungen der Einteilchen-Hamilton-Operator (2.47) nicht. Die Einteilchen-Wellenfunktionen φ_ν des N-Elektronensystems beschreiben also gleichzeitig auch die elementaren Bewegungszustände des Systems aus N+1 Elektronen. Ein Eigenzustand des N+1-Elektronensystems läßt sich deshalb auch dadurch realisieren, daß die vorher vorhandenen N Elektronen in ihren Einteilchenzuständen belassen werden, während das N+1-te Elektron in einem der vorher nicht besetzten Einteilchenzustände des N-Elektronensystems untergebracht wird. Diese Aussage wird auch als *Koopmans-Theorem* bezeichnet. Man kann aus diesem Theorem auf die *Art* der Elementaranregungen des N-Elektronensystems schließen, die durch die φ_ν beschrieben werden. Es handelt sich dabei offensichtlich um Zustände, an denen zwar alle Elektronen des Systems beteiligt sind - etwas anderes ist wegen der Elektron-Elektron-Wechselwirkung überhaupt nicht denkbar -, aber nicht alle Elektronen tragen gleichermaßen stark bei. Im wesentlichen bewegt sich nur *eines* der Elektronen, die übrigen bestimmen das Potential, in dem diese Bewegung stattfindet, sie spielen gewissermaßen die Rolle von Statisten. Man spricht deshalb von *Einteilchen-Elementaranregungen* des N-Elektronensystems. Neben derartigen Anregungen auf der Basis von Elektronen gibt es auch solche auf der Basis von Löchern. Das erkennt man, indem man statt des N+1-Elektronensystems ein N-1-Elektronensystem betrachtet. Das fehlende Elektron entspricht einem Loch in einem vorher besetzten Einteilchenzustand φ_ν. Die Anregungsenergie des Loches ist $-E_\nu$. Eine solche Energie kommt unter den Einteilchenanregungen auf der Basis von Elektronen nicht vor. Es handelt sich also wirklich um zusätzliche Einteilchenanregungen. Damit sind dann aber auch alle derartigen Anregungen erfaßt, zumindest solange wie der Spin und die magnetische Wechselwirkung zwischen den Elektronen weggelassen werden. Nichts gesagt ist damit aber über die Möglichkeit von Mehrteilchenanregungen. Darauf gehen wir weiter unten noch näher ein.

Zunächst soll geklärt werden, wie die Einteilchen-Wellenfunktionen $\varphi_\nu(\mathbf{x})$ aus der Schrödinger-Gleichung (2.48) berechnet werden können. Das Potential in dieser Gleichung, genauer der Hartree-Anteil $V_H(\mathbf{x})$, ist von den Wellenfunktionen $\varphi_\nu(\mathbf{x})$ abhängig, die am Aufbau des Grundzustandes des N-Elektronensystems beteiligt sind. Man muß diese Funktionen kennen, um das Potential der Einelektronen-Schrödinger-Gleichung aufschreiben zu können. Andererseits erhält man diese Funktionen aber nur durch Lösen dieser Gleichung. Die Situation ist also ähnlich wie im vorangegangenen Abschnitt bei der Lösung der Schrödinger-Gleichung für das wechselwirkende System der Elektronen und Atomrümpfe. Wie dort kann man das Problem auch hier wieder nur iterativ lösen (siehe Abb. 21): Man gibt Einelektronen-Wellenfunktionen $\varphi^0_\nu(\mathbf{x})$ vor, die den wirklichen stationären Einelektronen-Zuständen bereits möglichst nahekommen. Damit bestimmt man ein Potential $V^0_H(\mathbf{x})$ gemäß Gleichung (2.44) und löst mit diesem, genauer mit dem zugehörigen $V^0(\mathbf{x})$ gemäß (2.45), die Einelektronen-Schrödinger-Gleichung (2.48). Die Lösungen $\varphi^1_\nu(\mathbf{x})$ setzt man wieder in die Formel (2.44) ein und erhält dadurch ein Potential $V^1_H(\mathbf{x})$ bzw. $V^1(\mathbf{x})$. Damit berechnet man die Eigenfunktionen $\varphi^2_\nu(\mathbf{x})$ usw. Dieses Verfahren setzt man solange fort, bis sich die

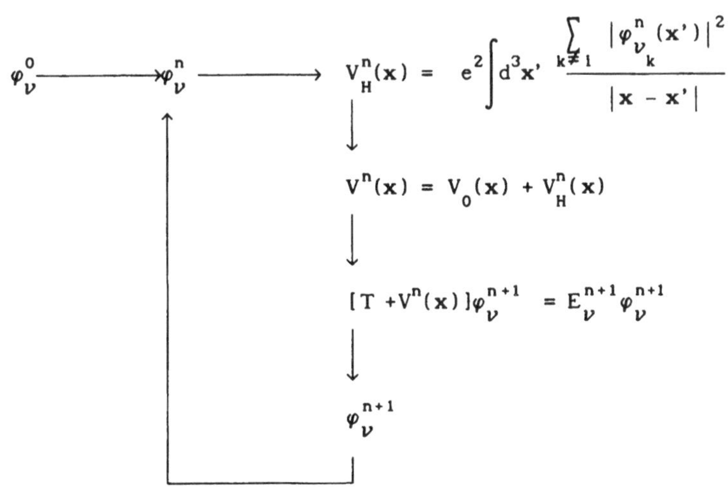

Abb. 21 Selbstkonsistente Lösung der Einteilchen-Schrödinger-Gleichung

Eigenfunktionen und damit auch das Potential im nächstfolgenden Iterationsschritt nicht mehr ändern. Dann sind Eigenfunktionen und Potential, wie man sagt, *selbstkonsistent* bestimmt, und das Problem ist gelöst.

Zur Frage nach der Güte der Hartree-Näherung läßt sich folgendes sagen. Ein Mangel dieser Näherung besteht darin, daß die Wellenfunktion des Gesamtsystems nicht antisymmetrisch gegenüber der Vertauschung zweier Teilchen ist, wie das von der Quantenmechanik für Elektronen gefordert wird. Dieser Mangel läßt sich leicht beheben. Man ersetzt die eine Produktwellenfunktion durch eine Linearkombination von Produktwellenfunktionen mit vertauschten Teilchen und geändertem Vorzeichen und stellt außerdem den Spin s_i der Elektronen in Rechnung, schreibt also $\varphi_{\nu_i s_i}(\mathbf{x})$ statt $\varphi_{\nu_i}(\mathbf{x})$ für den Zustand des i-ten Elektrons. Auf diese Weise erhält man sogenannte *Slater-Determinanten*

$$\psi_{(\nu s)} = \frac{1}{\sqrt{N!}} \begin{vmatrix} \varphi_{\nu_1 s_1}(\mathbf{x}_1) & \varphi_{\nu_2 s_2}(\mathbf{x}_1) & \cdots & \varphi_{\nu_N s_N}(\mathbf{x}_1) \\ \varphi_{\nu_1 s_1}(\mathbf{x}_2) & \varphi_{\nu_2 s_2}(\mathbf{x}_2) & \cdots & \varphi_{\nu_N s_N}(\mathbf{x}_2) \\ \vdots & & & \vdots \\ \varphi_{\nu_1 s_1}(\mathbf{x}_N) & \varphi_{\nu_2 s_2}(\mathbf{x}_N) & \cdots & \varphi_{\nu_N s_N}(\mathbf{x}_N) \end{vmatrix} \tag{2.50}$$

Tauscht man darin die Koordinaten zweier Elektronen aus, führt das zur Vertauschung der entsprechenden Zeilen der Determinante. Dadurch ändert sich bekanntlich ihr Vorzeichen. Die Slater-Determinanten haben also tatsächlich die zu fordernde Symmetrieeigenschaft.

Mit Slater-Determinanten statt einfachen Produkten führt das obige Vorgehen wieder auf eine Einteilchen-Schrödinger-Gleichung, nur kommt zum Potential in dieser Gleichung noch ein Beitrag, das sogenannte *Austauschpotential* $V_{Austausch}(\mathbf{x})$, hinzu:

$$V(\mathbf{x}) = V_0(\mathbf{x}) + V_H(\mathbf{x}) + V_{Austausch}(\mathbf{x}) \tag{2.50}$$

Das Austauschpotential wirkt nur zwischen Elektronen mit gleichem Spin. Die Einteilchen-Schrödinger-Gleichung mit diesem Potential heißt auch *Hartree-Fock-Gleichung*, und die Einteilchen-Näherung, die ihr zu Grunde liegt, heißt *Hartree-Fock-Näherung*. Die Effekte der Elektron-Elektron-Wechselwirkung, die auch noch im Rahmen dieser Näherung vernachlässigt werden, bezeichnet man als *Korrelationseffekte*. Allgemein gesprochen beruhen diese Effekte darauf, daß die Slater-Determinanten, die in der Hartree-Fock-Näherung als Eigenzustände des Gesamt-Hamiltonoperators angesehen werden, nicht wirklich Eigenzustände sind, d.h., daß die Matrixelemente dieses Operators zwischen verschiedenen Slater-Determinanten im allgemeinen nicht verschwinden. Die wirklichen Eigenzustände sind Linearkombinationen aus verschiedenen Slater-Determinanten. Die Beschreibung der Korrelation gehört zu den schwierigsten theoretischen Problemen der Festkörperphysik. Für bestimmte Eigenschaften von Halbleitern, wie z.B. die Energie des Grundzustandes, spielt die Korrelation meist keine entscheidende Rolle, für andere Eigenschaften, wie z.B. Anregungsenergien, kann das aber durchaus der Fall sein. Ohne Korrelationseffekte wären die Einteilchen-Elementaranregungen selbstredend die einzig möglichen elementaren Bewegungszustände des N-Elektronensystems. Als Folge dieser Effekte treten aber auch *Mehrteilchen-Elementaranregungen* auf, d.h. Anregungen, deren Energien nicht auf Summen von Einteilchen-Anregungsenergien zurückgeführt werden können. Dazu gehören z.B. Zweiteilchenanregungen aus einem Elektron und einem Loch, die untereinander in Coulomb'scher Wechselwirkung stehen. Korrelation bedeutet in diesem Falle nichts anderes als das Vorhandensein dieser Wechelwirkung. Sie führt dazu, daß gebundene Zustände, sogenannte *Exzitonen* entstehen, deren Anregungsenergien kleiner sind als die für Elektron und Loch zusammengenommen. *Kollektive* elementare Bewegungszustände, d.h. Zustände, zu denen alle Elektronen gleich stark beitragen, sind die *Plasmaschwingungen* eines Elektronensystems. Sie bilden das direkte elektronische Analogon zu den Gitterschwingungen der Atomrümpfe. Ihre Anregungsquanten heißen *Plasmonen.* Auf diese und andere Mehrteilchenanregungen werden wir aber in diesem Buch nicht detaillierter eingehen. Wir konzentrieren uns auf die Einteilchenanregungen, d.h. die Elektronen und die Löcher, als die für Halbleiter weitaus wichtigsten. Näheres über elektronische Mehrteilchenanregungen findet der Leser in einer Reihe von anderen Lehrbüchern (sh. z.B. *J.M. Ziman*, 1974; *O. Madelung*, 1973; *R. Zimmermann*, 1988).

2.3 Allgemeine Eigenschaften der stationären Einelektronen-Zustände eines Kristalls

Die Einelektronen-Schrödinger-Gleichung (2.48) erhält ihre Spezifik durch die Form des Potentials $V(\mathbf{x})$ - die Wertevorräte von $V(\mathbf{x})$ sind für Kristalle mit unterschiedlicher chemischer Beschaffenheit jeweils andere. Gleichzeitig gibt es gewisse allgemeine Eigenschaften von $V(\mathbf{x})$, die von der stofflichen Natur der Kristalle nicht abhängen. Ein Kristall geht bekanntlich in sich selbst über, wenn er um einen beliebigen Gittervektor verschoben wird. Drehungen, Spiegelungen und Drehspiegelungen der Punktgruppe der Richtungen führen ausgezeichnete Kristallachsen in dazu äquivalente über. Diese und andere Eigenschaften übertragen sich unmittelbar auf das Potential $V(\mathbf{x})$. Die Schrödinger-Gleichung wird dadurch zu einer Beziehung mit bestimmten Symmetrieeigenschaften. Wir wollen diese zunächst beschreiben und später daraus Konsequenzen für die stationären Einelektronen-Zustände $\varphi_\nu(\mathbf{x})$ ziehen.

2.3.1 Symmetrieeigenschaften der Einelektronen-Schrödinger-Gleichung

Wir beschränken uns der Einfachheit halber auf Kristalle, deren Raumgruppen symmorph sind, d.h., die lediglich Translationen, Drehungen, Spiegelungen sowie Drehspiegelungen enthalten; Schraubdrehungen und Gleitspiegelungen dagegen werden ausgeschlossen. Damit führen alle Elemente der Punktgruppe der Richtungen auch den Kristall selbst in sich über. Die Resultate der folgenden Überlegungen gelten aber auch für den allgemeinen Fall nicht-symmorpher Raumgruppen und damit insbesondere auch für den wichtigen Fall der Diamantstruktur.
Mit t_R bezeichnen wir den Operator, der eine Translation aller Punkte $\mathbf{x}$ des Ortsraumes um einen Gittervektor $\mathbf{R}$ bewirkt. Es soll also gelten

$$t_R \mathbf{x} = \mathbf{x} + \mathbf{R} \quad . \tag{2.51}$$

Man nennt t_R einen *Translationsoperator.* Die Menge aller Translationsoperatoren bildet eine Gruppe, die sogenannte *Translationsgruppe.* Da die Translationsoperatoren nach Definition Symmetrieelemente des Kristalls sind, ist die Translationsgruppe eine Untergruppe der Raumgruppe, die nach Definition *alle* Symmetrieelemente enthält. Ebenso wie den Translationen ordnen wir auch den Drehungen, Spiegelungen und Drehspiegelung aus der Punktgruppe der Richtungen Operatoren zu, die auf die Vektoren $\mathbf{x}$ des Ortsraumes wirken. Wir bezeichnen sie mit dem Symbol α und nennen sie zusammenfassend *Punktsymmetrie-Operationen.* Bei den symmorphen Raumgruppen, auf die wir uns hier beschränken, ist jedes Element g das Produkt αt_R oder $t_R \alpha$ aus einer Translation t_R und einer Punktsymmetrie-Operation α. Da sich ein beliebiger Ortsvektor $\mathbf{x}$ in einer Basis aus den drei primitiven Gittervektoren $\mathbf{a}_1$, $\mathbf{a}_2$ und $\mathbf{a}_3$ darstellen läßt, reicht es aus, die Wirkung von α auf *sie* anzugeben. Es sei

$$\alpha\, \mathbf{a}_i = \sum_j \alpha_{ij}\, \mathbf{a}_j \tag{2.52}$$

mit α_{ij} als reellen Koeffizienten. Durch diese Beziehung wird jedem Operator α eine bestimmte Matrix α_{ij} eindeutig zugeordnet. Wenn die drei primitiven Gittervektoren $\mathbf{a}_i$ orthonormiert sind, bilden die α_{ij} orthogonale Matrizen, deren Inverses gleich dem Transponierten ist. Dieser Fall liegt aber nur beim primitiven kubischen Gitter vor, bei allen anderen 13 Bravais-Gittern nicht. Die α_{ij} bilden im allgemeinen also nicht-orthogonale Matrizen. Die Wirkung von α auf einen beliebigen Ortsvektor $\mathbf{x}$ kann man mit Hilfe der Zerlegung

$$\mathbf{x} = \sum_i x_i \, \mathbf{a}_i \tag{2.53}$$

leicht berechnen. Die x_i sind die Komponenten des Vektors $\mathbf{x}$ bezüglich der Basis der $\mathbf{a}_i$. Es gilt

$$\alpha \, \mathbf{x} = \sum_i x_i \, \alpha \mathbf{a}_i \tag{2.54}$$

Diese Relation können wir auch in der Form

$$\alpha \, \mathbf{x} = \sum_i \left(\sum_j \alpha_{ji} x_j\right) \mathbf{a}_i \tag{2.55}$$

schreiben. Daraus wird ersichtlich, daß die Transformation α, die ursprünglich als Transformation der Basisvektoren $\mathbf{a}_i$ bei festgehaltenen Koordinaten x_i definiert war, auch als Transformation der Koordinaten bei unveränderten Basisvektoren aufgefaßt werden kann. Allerdings transformieren sich die Koordinaten anders als die Basisvektoren, nämlich mit der zu α_{ij} transponierten Matrix α_{ji}:

$$\alpha \, x_i = \sum_j \alpha_{ji} x_j \quad . \tag{2.56}$$

Wenn der Kristall bei Anwendung der Transformationen t_R und α in sich überführt wird, dann muß dies auch für das Potential $V(\mathbf{x})$ gelten, mit dem der transformierte Kristall auf ein Elektron am Ort $\mathbf{x}$ wirkt. Um diesen Sachverhalt formal ausdrücken zu können, definieren wir die Wirkung der Operatoren t_R und α auf eine beliebige skalare Kristalleigenschaft $S(\mathbf{x})$ wie folgt:

$$t_R S(\mathbf{x}) = S(t_R^{-1}\mathbf{x}) \quad , \tag{2.57a}$$

$$\alpha \, S(\mathbf{x}) = S(\alpha^{-1}\mathbf{x}) \tag{2.57b}$$

Dabei fällt auf, daß die Operatoren t_R und α auf $S(\mathbf{x})$ so wirken, daß $\mathbf{x}$ durch $t_R^{-1}\mathbf{x}$ bzw. $\alpha^{-1}\mathbf{x}$ und nicht durch $t_R\mathbf{x}$ bzw. $\alpha\mathbf{x}$ ersetzt wird, wie man das zunächst hätte vermuten können. Die gewählte Definition entspricht der Vorstellung, daß sich die transformierte Eigenschaft auf den transformierten Kristall am alten Ort $\mathbf{x}$ bezieht. Diese ist aber identisch mit der Eigenschaft des ursprünglichen Kristalls am invers transformierten Ort. Formal werden die Definitionen (2.57) dadurch erzwungen, daß nur sie die richtige Multiplikationsreihenfolge zweier (nichtvertauschbarer) Operatoren unter dem Funktionssymbol gewährleisten, denn es gilt $(\alpha_2\alpha_1)^{-1} = \alpha_1^{-1}\alpha_2^{-1}$. Wir wenden jetzt diese Definitionen auf das Potential $V(\mathbf{x})$ an und nutzen dabei gleichzeitig die Kristallsymmetrie aus. Es folgt

$$t_R V(\mathbf{x}) = V(t_R^{-1}\mathbf{x}) = V(\mathbf{x}) \ , \tag{2.58}$$

$$\alpha\, V(\mathbf{x}) = V(\alpha^{-1}\mathbf{x}) = V(\mathbf{x}) \ . \tag{2.59}$$

Indem wir mit diesen Operatorrelationen auf eine Wellenfunktion $\varphi(\mathbf{x})$ einwirken, ergibt sich

$$t_R\{V(\mathbf{x})\varphi(\mathbf{x})\} = V(\mathbf{x})t_R\varphi(\mathbf{x}) \ , \tag{2.60}$$

$$\alpha\,\{V(\mathbf{x})\varphi(\mathbf{x})\} = V(\mathbf{x})\,\alpha\,\varphi(\mathbf{x}) \ . \tag{2.61}$$

Da $\varphi(\mathbf{x})$ völlig beliebig gewählt werden kann, folgt daraus mit der Bezeichnung $[A,B] = AB - BA$ für den Kommutator zweier Operatoren A und B auch

$$[t_R, V(\mathbf{x})] = 0 \ , \tag{2.62}$$

$$[\alpha, V(\mathbf{x})] = 0 \ . \tag{2.63}$$

Man sagt, t_R und α sind mit dem Potential $V(\mathbf{x})$ vertauschbar. Eine solche Vertauschbarkeit gilt auch für den zweiten Bestandteil des Hamilton-Operators, den Operator der kinetischen Energie $T = \mathbf{p}^2/2m$. Für t_R folgt das unmittelbar aus den Beziehungen $\mathbf{p} = -i\hbar\nabla_{\mathbf{x}}$ und $\nabla_{\mathbf{x}} = \nabla_{\mathbf{x}+\mathbf{R}}$, und für α daraus, daß $\mathbf{p}^2$ das Quadrat der Länge des Impulsvektors ist und die Länge eines Vektors durch eine Drehung oder Spiegelung nicht verändert wird. Es gilt also

$$[t_R, T] = [\alpha, T] = 0 \ . \tag{2.64}$$

Zusammen mit (2.62) und (2.63) folgt daraus auch

$$[t_R, H] = 0 \ , \tag{2.65}$$

$$[\alpha, H] = 0 \ . \tag{2.66}$$

Dadurch sind dann auch alle Elemente g der Raumgruppe des Kristalls mit dem Hamilton-Operator vertauschbar. Diese Formulierung bringt die Konsequenz der Kristallsymmetrie für die Schrödinger-Gleichung in endgültiger Form zum Ausdruck. Bei der jetzt folgenden Analyse der Symmetrieeigenschaften der stationären Einelektronen-Zustände werden wir daran unmittelbar anknüpfen.

2.3.2 Allgemeine Eigenschaften der stationären Einelektronen-Zustände von Kristallen: Das Bloch-Theorem

Es sei φ_E eine Eigenfunktion von H zum Eigenwert E, d.h. es gelte die Schrödinger-Gleichung (2.48) mit ν = E:

$$H \varphi_E(\mathbf{x}) = E \varphi_E(\mathbf{x}) \quad , \tag{2.67}$$

dazu die Periodizitätsforderung bezüglich eines Grundgebietes

$$\varphi_E(\mathbf{x} + Ga_j) = \varphi_E(\mathbf{x}) \quad , \quad j = 1, 2, 3 \quad , \tag{2.68}$$

und die Normierungsbedingung

$$(\varphi_E|\varphi_E) = 1 \quad . \tag{2.69}$$

Durch die Periodizitätsbedingung (2.69) reduziert sich die zunächst unendliche Translations-Symmetriegruppe auf die endliche Untergruppe derjenigen Translationen t_R, die nicht aus einem Grundgebiet herausführen. Die Vertauschbarkeit von t_R und α hat zur Folge, daß mit $\varphi_E(\mathbf{x})$ gleichzeitig auch $t_R\varphi_E(\mathbf{x})$ und $\alpha\varphi_E(\mathbf{x})$ Eigenfunktionen von H zum Eigenwert E sind, denn es gilt

$$t_R H \varphi_E(\mathbf{x}) = H t_R\varphi_E(\mathbf{x}) = E t_R\varphi_E(\mathbf{x}) \quad , \tag{2.70}$$

$$\alpha H \varphi_E(\mathbf{x}) = H \alpha \varphi_E(\mathbf{x}) = E \alpha \varphi_E(\mathbf{x}) \quad . \tag{2.71}$$

Wenn t_R und α die gesamte Raumgruppe durchlaufen, spannt die Gesamtheit der Eigenfunktionen $t_R\varphi_E(\mathbf{x})$ und $\alpha\varphi_E(\mathbf{x})$ einen Unterraum im Hilbert-Raum auf, dessen Dimension d im allgemeinen größer als 1 ist. Das bedeutet, daß der Eigenwert E aus Symmetriegründen eine d-fache Entartung besitzt. Unter Verwendung des Begriffs der *irreduziblen Darstellungen* einer Gruppe, der im Anhang C erläutert wird, kann man auch sagen, daß die Eigenfunktionen von H zu einem bestimmten

Eigenwert E eine d-dimensionale irreduzible Darstellung der Raumgruppe erzeugen. Jede endliche Gruppe, darunter auch die Raumgruppe, hat eine endliche Anzahl verschiedener irreduzibler Darstellungen. Diese können herangezogen werden, um die d linear unabhängigen Eigenfunktionen von H zu einem Eigenwert E genauer zu spezifizieren. Zunächst kann dafür ja jede beliebige Basis φ_{E1}, φ_{E2}, ..., φ_{Ed} im Raum der $t_R\varphi_E(\mathbf{x})$ und $\alpha\varphi_E(\mathbf{x})$ genommen werden, in speziellen Fällen z.B. die Funktionen $\alpha_1\varphi_E$, $\alpha_2\varphi_E$, ..., $\alpha_d\varphi_E$, wobei die α_1, α_2, ..., α_d alle Elemente der Punktgruppe bedeuten. Wir wollen eine solche Spezifizierung der φ_{E1}, φ_{E2}, ..., φ_{Ed} jetzt explizit vornehmen, dabei aber statt der vollen Raumgruppe nur die Untergruppe der Translationen betrachten. Diese Gruppe ist vom Abelschen Typ, weil die Ausführung zweier Translationen t_{R_1} und t_{R_2} nicht davon abhängt, in welcher Reihenfolge dies geschieht. Formal kommt das in der Gleichung

$$[\, t_{R_1}, t_{R_2} \,] = 0 \tag{2.72}$$

zum Ausdruck. Wie im Anhang C erläutert wird, sind bei Abelschen Gruppen alle irreduziblen Darstellungen 1-dimensional. Dies bedeutet nun aber noch nicht, daß jede der Funktionen φ_{En} aus der willkürlich gewählten Basis φ_{E1}, φ_{E2}, ..., φ_{Ed} bereits zu einer irreduziblen Darstellung der Translationsgruppe Anlaß gibt. Im allgemeinen wird $t_R\varphi_{En}$ eine Linearkombination aus allen φ_{E1}, φ_{E2}, ..., φ_{Ed} sein. Sicher ist nur, daß sich aus den φ_{E1}, φ_{E2}, ..., φ_{Ed} d unabhängige Linearkombinationen φ_E, φ'_E, φ''_E, ... bilden lassen, die irreduzible Darstellungen der Translationsgruppe erzeugen. Da diese 1-dimensional sind, müssen die Funktionen $t_R\varphi_E$ für alle t_R voneinander linear abhängen. Sie lassen sich also in der Form

$$t_R\varphi_E(\mathbf{x}) = c(\mathbf{R})\, \varphi_E(\mathbf{x}) \tag{2.73}$$

mit $c(\mathbf{R})$ als komplexwertigen Koeffizienten schreiben. Analoges gilt für alle anderen Funktionen $t_R\varphi'_E$, $t_R\varphi''_E$, ... Das ist gleichbedeutend damit, daß die so gewählten φ_E, φ'_E, φ''_E, ... Eigenfunktionen des Translationsoperators sind. Dieser Sachverhalt bildet den Inhalt des *Blochschen Theorems*. Es lautet:

Die Eigenfunktionen φ_E des Hamilton-Operators H eines Kristalls können so gewählt werden, daß sie gleichzeitig auch Eigenfunktionen aller Translationsoperatoren des Kristalls sind.

Der Beweis dieses Theorems, den wir soeben skizziert haben, beruhte wesentlich auf Ergebnissen über die Darstellung von Gruppen. Verzichtet man auf das Instrumentarium der Gruppentheorie, wird der Beweis des Blochschen Theorems recht schwierig. Die scheinbar sehr einfachen Beweise, bei denen man benutzt, daß zwei vertauschbare Operatoren H und t_R gemeinsame Eigenfunktionen besitzen, sind nicht ganz vollständig. Es reicht nicht aus, einen einzelnen Translationsoprator zu betrachten, sondern man muß die gesamte Gruppe dieser Operatoren mit ihren drei voneinander unabhängigen primitiven Translationen berücksichtigen.

Zum Inhalt des Blochschen Theorems sind einige Anmerkungen am Platze. Erstens sei hervorgehoben, daß dieses Theorem die unmittelbare Folge der Vertauschbarkeit von Translationen ist. Für die Punktsymmetrie-Operationen α z.B., die im allgemeinen untereinander nicht vertauschbar sind, gilt es nicht, d.h. die Eigenfunktionen von H können nicht gleichzeitig auch als Eigenfunktionen der αgewählt werden. Zweitens besagt das Theorem nicht, daß jede nur denkbare Eigenfunktion von H gleichzeitig auch Eigenfunktion der t_R ist. Nur für speziell gewählte φ_E ist das der Fall. Das Blochsche Theorem stellt sicher, daß eine solche Wahl immer möglich ist. Drittens bedeutet dieses Theorem auch nicht, daß es zu bestimmten Eigenwerten E und c(**R**) nur eine einzige Eigenfunktion von H und t_R gibt. In Wahrheit existieren stets mehrere. Das Paar der Eigenwerte E, c(**R**) ist also entartet. Eine Größe, die es ermöglicht, die Eigenzustände von H und der Gruppe der t_R eindeutig festzulegen, gilt es noch zu finden. Es wird sich zeigen, daß das die drei reellen Zahlen k_1, k_2, k_3 sind, durch die man die irreduziblen Darstellungen der Translationsgruppe eines Kristalls charakterisieren kann.

Um das einsehen zu können, müssen wir uns mit diesen Darstellungen genauer beschäftigen. Sie sind durch die Eigenwertgleichung (2.73) für die Translations-Operatoren definiert. Wir wollen zeigen, daß die Eigenwerte c(**R**) dieser Gleichung in der Form

$$c(\mathbf{R}) = e^{i\beta_{k_1k_2k_3}(\mathbf{R})} \tag{2.74}$$

mit

$$\beta(\mathbf{R}) = (-2\pi)\,(k_1r_1 + k_2r_2 + k_3r_3) \tag{2.75}$$

geschrieben werden können. Die k_1, k_2, k_3 sind dabei die bereits erwähnten reellen Zahlen. Zum Beweis zeigen wir erstens, daß

$$|c(\mathbf{R})| = 1 \tag{2.76}$$

gelten muß. Der Beweis ergibt sich aus der Normierung von φ_E gemäß Gleichung (2.69). Man hat nämlich einerseits

$$(t_R\varphi_E | t_R\varphi_E) = (\varphi_E | \varphi_E) \, , \tag{2.77}$$

weil die Translation t_R der Integrationsvariablen in $(t_R\varphi | t_R\varphi)$ um den Vektor $\mathbf{R}$ durch eine Variablentransformation und die Ausnutzung der Periodizität der Wellenfunktion $\varphi(\mathbf{x})$ bezüglich des Grundgebietes sofort wieder rückgängig gemacht werden kann. Andererseits ist wegen (2.73)

$$(t_R\varphi_E | t_R\varphi_E) = |c(\mathbf{R})|^2 \, (\varphi_E | \varphi_E) \, . \tag{2.78}$$

Zusammen mit (2.77) und (2.69) folgt daraus die Behauptung (2.76).
Zweitens zeigen wir, daß

$$c(\mathbf{R}_1 + \mathbf{R}_2) = c(\mathbf{R}_1) \cdot c(\mathbf{R}_2) \tag{2.79}$$

sein muß. Wir benutzen dazu die folgenden unmittelbar evidenten Beziehungen:

$$t_{R_1 + R_2} = t_{R_1} \cdot t_{R_2} \, , \tag{2.80}$$

$$t_{R_1 + R_2} \varphi(\mathbf{x}) = c(\mathbf{R}_1 + \mathbf{R}_2)\varphi(\mathbf{x}) \, , \tag{2.81}$$

$$t_{R_1} \cdot t_{R_2} \varphi(\mathbf{x}) = c(\mathbf{R}_1) \cdot c(\mathbf{R}_2)\varphi(\mathbf{x}) \, . \tag{2.82}$$

Durch Vergleich der beiden letzten Relationen folgt dann sofort die Behauptung. Verwenden wir die Beziehung (2.74) für $c(\mathbf{R})$, so ergibt sich aus (2.80), (2.81) und (2.82)

$$e^{i\beta(\mathbf{R}_1+\mathbf{R}_2)} = e^{i\beta(\mathbf{R}_1)} \cdot e^{i\beta(\mathbf{R}_2)} \tag{2.83}$$

Durch Logarithmieren folgt daraus

$$\beta(\mathbf{R}_1 + \mathbf{R}_2) = \beta(\mathbf{R}_1) + \beta(\mathbf{R}_2) \, . \tag{2.84}$$

Damit erweist sich $\beta(\mathbf{R})$ als homogene lineare Funktion der Komponenten r_1, r_2, r_3 von $\mathbf{R}$. Als solche ist $\beta(\mathbf{R})$ von der Form (2.74). Die Behauptung ist damit bewiesen.

Wir wenden uns jetzt den Eigenfunktionen des Translationsoperators zu. Mit $\varphi_{Ek_1k_2k_3}(\mathbf{x})$ bezeichnen wir die Eigenfunktion zum Eigenwert c(**R**) aus (2.74). Wir behaupten, daß $\varphi_{Ek_1k_2k_3}(\mathbf{x})$ in der Form

$$\varphi_{Ek_1k_2k_3}(\mathbf{x}) = \frac{1}{\sqrt{\Omega}} e^{-i\beta_{k_1k_2k_3}(\mathbf{x})} u_{Ek_1k_2k_3}(\mathbf{x}) \tag{2.85}$$

geschrieben werden kann, wobei $u_{Ek_1k_2k_3}(\mathbf{x})$ eine gitterperiodische Funktion, also eine Funktion mit der Eigenschaft

$$u_{Ek_1k_2k_3}(\mathbf{x} - \mathbf{R}) = u_{Ek_1k_2k_3}(\mathbf{x}) \tag{2.86}$$

bezeichnet. Der Faktor $1/\sqrt{\Omega}$ mit $\Omega = G^3\Omega_0$ wurde in (2.85) aus Normierungsgründen eingeführt. Der Beweis dieser Behauptung ergibt sich einfach durch Einsetzen von (2.85) in (2.73). Man erhält

$$t_R\varphi_{Ek_1k_2k_3}(\mathbf{x}) = e^{i\beta_{k_1k_2k_3}(\mathbf{R})} \varphi_{Ek_1k_2k_3}(\mathbf{x}) , \tag{2.87}$$

wie es sein muß. Die Funktionen $\varphi_{Ek_1k_2k_3}(\mathbf{x})$ aus (2.85) bezeichnet man auch als *Bloch-Funktionen* und die Faktoren $u_{Ek_1k_2k_3}(\mathbf{x})$ als *Bloch-Faktoren.* Wenn wir uns daran erinnern, daß die $\varphi_{Ek_1k_2k_3}(\mathbf{x})$ gleichzeitig auch Eigenfunktionen des Hamilton-Operators sind, gelangen wir also zu der folgenden, gegenüber früher etwas konkretisierten Form des Blochschen Theorems:

Die Eigenfunktionen des Hamilton-Operators eines Kristalls können in der Form (2.85) gewählt werden.

Die Blochzustände lassen sich in einer kompakteren Form schreiben, wenn man die reellen Zahlen k_1, k_2, k_3 als Komponenten eines Vektors auffaßt. Wie wir gleich sehen werden, handelt es sich dabei aber nicht um einen gewöhnlichen Vektor, sondern um einen Vektor in dem zum Ortsraum reziproken Vektorraum.

2.3.3 *Reziproker Vektorraum und reziprokes Gitter*

Ausgangspunkt für die Aufklärung der Natur der k_1, k_2, k_3 ist ihr Transformationsverhalten bei Punktsymmetrie-Transformationen α des Ortsraumes. Dieses soll jetzt untersucht werden.

Transformationseigenschaften der k_1, k_2, k_3

Zunächst ist wegen Gleichung (2.71) klar, daß mit $\varphi_{Ek_1k_2k_3}(\mathbf{x})$ auch $\alpha\varphi_{Ek_1k_2k_3}(\mathbf{x})$ Eigenfunktion des Hamilton-Operators H zum Eigenwert E ist. Es erhebt sich die Frage, zu welchem Eigenwert von t_R die Funktion $\alpha\varphi_{Ek_1k_2k_3}(\mathbf{x}) = \varphi_{Ek_1k_2k_3}(\alpha^{-1}\mathbf{x})$ gehört. Dazu bilden wir $t_R\alpha\varphi_{Ek_1k_2k_3}$ und erhalten die Gleichung

$$t_R\alpha\varphi_{Ek_1k_2k_3}(\mathbf{x}) = \varphi_{Ek_1k_2k_3}(\alpha^{-1}\mathbf{x} - \alpha^{-1}\mathbf{R}) = e^{i\beta_{k_1k_2k_3}(\alpha^{-1}\mathbf{R})}\alpha\varphi(\mathbf{x}) . \tag{2.88}$$

Der t_R-Eigenwert von $\alpha\varphi_{Ek_1k_2k_3}(\mathbf{x})$ ist also $e^{i\beta_{k_1k_2k_3}(\alpha^{-1}\mathbf{R})}$. Wir schreiben die Funktion $\beta_{k_1k_2k_3}(\alpha^{-1}\mathbf{R})$ explizit auf. Mit Rücksicht auf (2.75) und (2.56) gilt

$$\beta_{k_1k_2k_3}(\alpha^{-1}\mathbf{R}) = (-2\pi) \sum_i k_i(\sum_j \alpha^{-1}_{ji} r_j) \tag{2.89}$$

Dieser Ausdruck läßt eine konsequenzenreiche Uminterpretation zu. Sie besteht darin, daß wir die Transformation statt auf die Komponenten von **R** auf die reellen Zahlen k_1, k_2, k_3 wirken lassen. Damit sich durch diese Uminterpretation der Wert von (2.89) nicht ändert, muß die Transformation der k_i statt mit der zu α^{-1}_{ij} transponierten Matrix α^{-1}_{ji} wie im Falle der R_i mit der Matrix α^{-1}_{ij} selbst erfolgen, denn es gilt

$$\sum_i k_i(\sum_j \alpha^{-1}_{ji} r_j) = \sum_j r_j(\sum_i \alpha^{-1}_{ji} k_i) = \sum_i r_i(\sum_j \alpha^{-1}_{ij} k_j) \tag{2.90}$$

Wir können also schreiben

$$t_R\alpha\varphi_{Ek_1k_2k_3}(\mathbf{x}) = e^{i\beta_{k'_1k'_2k'_3}(\mathbf{R})}\alpha\varphi_{Ek_1k_2k_3}(\mathbf{x}) , \tag{2.91}$$

mit

$$k'_i \;=\; \sum_j \alpha^{-1}_{ij}\, k_j \;. \tag{2.92}$$

Diese Gleichung bringt zum Ausdruck, daß wir die Transformation α, die ursprünglich auf die Wellenfunktion $\varphi_{Ek_1k_2k_3}(\mathbf{x})$ wirkte, auf die k_i übergewälzt haben, die zunächst einfach als reelle Zahlen ohne besonderes Transformationsverhalten eingeführt wurden. Die so definierten Transformationseigenschaften der k_i ähneln denen von Vektorkomponenten, sind aber mit diesen nicht identisch. Der Unterschied besteht darin, daß nicht wie bei normalen Vektoren die transponierte Matrix mit dem Spaltenvektor der Komponenten multipliziert wird, sondern die inverse. Damit verhalten sich die k_j wie die Komponenten eines Vektors in einem zum Raum der Ortsvektoren $\mathbf{x}$ reziproken Raum. Das soll jetzt bewiesen werden.

Definition des reziproken Vektorraums

Der Raum der Ortsvektoren $\mathbf{x}$ ist durch seine Basis $\mathbf{a}_1$, $\mathbf{a}_2$, $\mathbf{a}_3$ bestimmt. Der dazu reziproke Vektorraum wird durch die zu $\mathbf{a}_1$, $\mathbf{a}_2$, $\mathbf{a}_3$ reziproke Basis $\mathbf{b}_1$, $\mathbf{b}_2$, $\mathbf{b}_3$ definiert. Diese ist ihrerseits durch das Gleichungssystem

$$\mathbf{a}_i \cdot \mathbf{b}_j \;=\; 2\pi\, \delta_{ij} \tag{2.93}$$

eindeutig festgelegt. Die Lösung läßt sich in der Form

$$\mathbf{b}_1 \;=\; \frac{2\pi}{\Omega_0}\,[\mathbf{a}_2 \times \mathbf{a}_3], \quad \mathbf{b}_2 \;=\; \frac{2\pi}{\Omega_0}\,[\mathbf{a}_3 \times \mathbf{a}_1], \quad \mathbf{b}_3 \;=\; \frac{2\pi}{\Omega_0}\,[\mathbf{a}_1 \times \mathbf{a}_2] \;. \tag{2.94}$$

schreiben. Hier bezeichnet $\Omega_0 = \mathbf{a}_1 \cdot [\mathbf{a}_2 \times \mathbf{a}_3]$ das Volumen einer primitiven Einheitszelle des Kristallgitters. Die Vektoren der reziproken Basis stehen also senkrecht auf je einer der drei Ebenen, die durch Paare von direkten Basisvektoren aufgespannt werden. Untereinander sind die $\mathbf{b}_j$ im allgemeinen ebensowenig orthogonal wie die $\mathbf{a}_i$. Unterwirft man die direkte Basis einer Drehung oder Spiegelung, so zieht das die gleiche Drehung oder Spiegelung der reziproken Basis nach sich. Das folgt unmittelbar aus den Definitionsgleichungen (2.93) oder (2.94) der reziproken Basis. Durch diese Beziehungen ist das Dreibein der $\mathbf{b}_j$ gewissermaßen starr mit dem Dreibein der $\mathbf{a}_i$ verbunden und wird mitgeführt, wenn die $\mathbf{a}_i$ einer Punkttransformation unterworfen werden. Da die reziproke Basis aber von der direkten verschieden ist (nur wenn die $\mathbf{a}_i$ orthogonale Einheitsvektoren sind, besteht Gleichheit), ist die Matrix, die die Drehung oder Spiegelung α bewirkt, für die $\mathbf{a}_i$ eine andere als für die $\mathbf{b}_j$. Man kann sich anhand der Beziehung (2.94) leicht davon überzeugen, daß sich die $\mathbf{b}_j$ mit der zur Matrix α_{ij}, die für die $\mathbf{a}_i$ maßgeblich ist, kontragredienten Matrix α^{-1}_{ji} transformieren. Die kontragrediente, d.h. die transponierte inverse Matrix, beschreibt also die gleiche Drehung der reziproken Basis wie sie von der Matrix selbst in Bezug auf die direkte Basis beschrieben wird.

Ein beliebiger Vektor **k** des reziproken Vektorraums kann in der Form

$$\mathbf{k} = \sum_i k_i \mathbf{b}_i \tag{2.95}$$

dargestellt werden. Die Vektorkomponenten k_i transformieren sich bekanntlich transponiert zu den Basisvektoren. Da sich die reziproke Basis kontragredient transformiert, bedeutet das die Transformation der k_i mit der inversen Matrix. Die oben aufgestellte Behauptung, daß Gleichung (2.94) das Transformationsverhalten von Komponenten reziproker Vektoren beschreibt, ist damit bewiesen. Es gilt also

$$\sum_i k'_i \mathbf{b}_i = \alpha \mathbf{k} \ . \tag{2.96}$$

Die Phase $\beta_{k_1k_2k_3}(\mathbf{R})$ im Eigenwert (2.84) des Translationsoperators läßt sich unter Verwendung des Vektors **k** aus (2.95) in der kompakteren Form

$$\beta_{k_1k_2k_3}(\mathbf{R}) = -\mathbf{k} \cdot \mathbf{R} \tag{2.97}$$

schreiben. Damit lautet der Translationseigenwert aus (2.74), (2.75)

$$c(\mathbf{R}) = e^{-i\mathbf{k}\cdot\mathbf{R}} \ . \tag{2.98}$$

Für die Bloch-Funktionen $\varphi_{Ek_1k_2k_3}(\mathbf{x})$ verwenden wir die abgekürzte Schreibweise φ_{Ek}. Es gilt dann

$$\varphi_{Ek}(\mathbf{x}) = \frac{1}{\sqrt{\Omega}} e^{i\mathbf{k}\cdot\mathbf{x}} u_{Ek}(\mathbf{x}) \tag{2.99}$$

wenn wir noch $u_{Ek}(\mathbf{x})$ für den Bloch-Faktor $u_{Ek_1k_2k_3}(\mathbf{x})$ schreiben. Wegen (2.86) folgt

$$u_{Ek}(\mathbf{x} - \mathbf{R}) = u_{Ek}(\mathbf{x}) \tag{2.100}$$

Wir schließen eine Betrachtung an, die den physikalischen Sinn des reziproken Vektors $\mathbf{k}$ aufhellt. Angenommen das Potential $V(\mathbf{x})$ sei eine von $\mathbf{x}$ unabhängige Konstante, d.h., es liege der Fall eines freien Teilchens vor. Alle obigen Überlegungen gelten natürlich auch für diesen Fall, nur sind es jetzt Translationen um beliebige Vektoren $\mathbf{r}$ und Drehungen um beliebige Winkel und Achsen, die das Potential und damit den Hamiltonoperator in sich überführen. Es gilt also

$$u_{Ek}(\mathbf{x} - \mathbf{r}) = u_{Ek}(\mathbf{x}) \tag{2.101}$$

für beliebiges $\mathbf{r}$. Daraus folgt, daß die $u_{Ek}(\mathbf{x})$ konstant sind und die Eigenfunktionen des Hamilton-Operators die Form

$$\varphi_{Ek}(\mathbf{x}) = \frac{1}{\sqrt{\Omega}} e^{i\mathbf{k}\cdot\mathbf{x}} \tag{2.102}$$

besitzen. Dies bedeutet nichts weiter als die bekannte Tatsache, daß die Wellenfunktionen für ein freies Teilchen ebene Wellen zu Wellenvektoren $\mathbf{k}$ sind. Im Falle eines nicht vollständig, sondern nur Gitter-translationsinvarianten Potentials bleibt die Bedeutung von $\mathbf{k}$ als Wellenvektor weitgehend erhalten - man bezeichnet $\mathbf{k}$ dann als *Quasiwellenvektor*. Selbstverständlich hat $\mathbf{k}$ die Dimension einer reziproken Länge. Die Bloch-Funktionen $\varphi_{Ek}(\mathbf{x})$ aus (2.99) lassen sich als laufende ebene Wellen interpretieren, die durch den Faktor $u_{Ek}(\mathbf{x})$ gitterperiodisch moduliert sind. Daß die stationären Einelektronen-Zustände in dieser Form gewählt werden können, ist der Inhalt des Bloch-Theorems. Es besagt aber nicht, daß diese Zustände mit Notwendigkeit laufende modulierte ebene Wellen sind. Es könnten z.B auch stehende modulierte ebene Wellen genommen werden.

Diskretisierung des **k**-*Raumes*

Die Periodizitätsforderung (2.68) für die Eigenzustände des Hamilton-Operators haben wir bisher weitgehend ignoriert. Sie läßt sich aber in sehr einfacher Weise erfüllen. Die Bloch-Funktionen $\varphi_{Ek}(\mathbf{x})$ genügen der Bedingung

$$\varphi_{Ek}(\mathbf{x} + G\mathbf{a}_j) = \varphi_{Ek}(\mathbf{x}) , \qquad j = 1,2,3 \tag{2.103}$$

nämlich genau dann, wenn die Komponenten k_j des $\mathbf{k}$-Vektors die Form

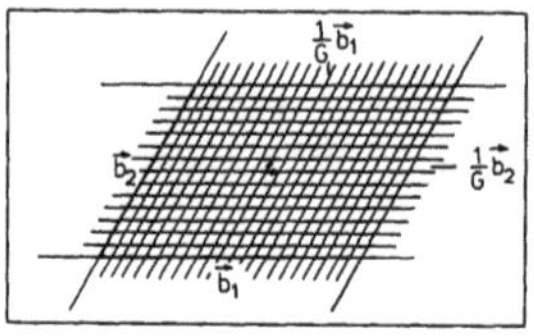

Abb. 22 Gitterstruktur der erlaubten Punkte im **k**-Raum (2-dimensionales Modell)

$$k_j = \frac{1}{G} \cdot l_j , \qquad j = 1,2,3 , \tag{2.104}$$

mit l_j als beliebigen ganzen Zahlen haben. Genau dann ist nämlich

$$e^{i\mathbf{k} \cdot G\mathbf{a}_j} = 1 , \tag{2.105}$$

wie es sein muß. Die durch (2.104) definierten **k**-Vektoren bilden ein feinmaschiges Gitter im **k**-Raum (siehe Abb.22). Nur **k**-Vektoren, die zu Punkten dieses Gitters führen, sind erlaubt, wenn die Bloch-Funktionen periodisch bezüglich des Grundgebietes sein sollen. Der **k**-Raum erhält damit eine diskrete Struktur, die Menge der erlaubten Punkte in ihm ist abzählbar geworden. Der Abstand zwischen verschiedenen **k**-Vektoren ist aber wegen der astronomischen Größe von G so klein, daß **k** auch nach der Diskretisierung praktisch als kontinuierlich veränderliche Größe angesehen werden kann. Davon werden wir später Gebrauch machen.

Reziprokes Gitter

Ebenso wie im direkten Raum kann man auch im reziproken Raum Punktgitter betrachten. Als besonders nützlich erweist sich dabei das sogenannte *reziproke Gitter*. Es wird dadurch definiert, daß die reziproken Basisvektoren $\mathbf{b}_1$, $\mathbf{b}_2$, $\mathbf{b}_3$ aus (2.94) zu seinen primitiven Gittervektoren erklärt werden. Ein beliebiger reziproker Gittervektor **K** ist dann durch die Beziehung

$$\mathbf{K} = \sum_j K_j \mathbf{b}_j \tag{2.106}$$

mit beliebigen ganzen Zahlen K_j gegeben. Wie im Ortsraum gibt es auch im reziproken Raum 14 verschiedene Gittertypen, nämlich die 14 Bravais-Gitter.

2.3.4 Beziehung zwischen Energieeigenwert und Quasiwellenvektor

Bisher haben wir die Frage, ob zwischen dem Quasi-Wellenvektor **k** und dem Energieeigenwert E ein Zusammenhang besteht, und wenn ja, von welcher Art er ist, stillschweigend unterdrückt. In Wahrheit besteht ein solcher Zusammenhang. Er soll jetzt genauer untersucht werden.

Daß eine Bloch-Funktion φ_{Ek} zu gegebenem Wellenvektor $\mathbf{k}$ nicht Eigenfunktion von H zu einer beliebigen Energie E sein kann, ist unmittelbar einleuchtend. Denn wenn man mit $\varphi_{Ek}(\mathbf{x})$ aus (2.99) in die Schrödinger-Gleichung (2.67) eingeht, so ergibt sich für $u_{Ek}(\mathbf{x})$ die Eigenwertgleichung

$$\left[\frac{1}{2m}(\mathbf{p} + \hbar\mathbf{k})^2 + V(\mathbf{x})\right] u_{Ek}(\mathbf{x}) = E(\mathbf{k})\, u_{Ek}(\mathbf{x}) \quad . \tag{2.107}$$

Die $\mathbf{k}$-Abhängigkeit des Operators in dieser Gleichung überträgt sich auf den Eigenwert E, d.h., E wird eine Funktion $E = E(\mathbf{k})$ des Quasi-Wellenvektors $\mathbf{k}$. Durch die Vorgabe von $\mathbf{k}$ ist die Energie E eindeutig festgelegt. Die Umkehrung gilt im allgemeinen nicht, d.h. zu einem bestimmten Wert von E gibt es im allgemeinen mehrere Werte von $\mathbf{k}$. Beim freien Teilchen mit $V(\mathbf{x}) = 0$ folgt $E(\mathbf{k}) = (\hbar^2/2m)\mathbf{k}^2$. Bei einem Kristall sind natürlich kompliziertere als quadratische Abhängigkeiten zu erwarten. Die konkrete Form der Funktion $E(\mathbf{k})$ ist durch den speziellen Verlauf des periodischen Potentials $V(\mathbf{x})$ festgelegt. Einige allgemeine Eigenschaften von $E(\mathbf{k})$ folgen aber bereits aus der räumlichen und zeitlichen Symmetrie von $V(\mathbf{x})$. Damit wollen wir uns jetzt beschäftigen. Wir beginnen mit der Punktsymmetrie, deren Konsequenzen in diesem Falle relativ einfach zu überblicken sind.

Punktsymmetrie

Dazu schreiben wir die Schrödinger-Gleichung (2.67) zum einen für den Quasiwellenvektor $\alpha\mathbf{k}$ auf, wobei α ein beliebiges Element der Punktgruppe des Kristalls sein soll:

$$H\varphi_{E\alpha k}(\mathbf{x}) = E(\alpha\mathbf{k})\varphi_{E\alpha k}(\mathbf{x}) \quad , \tag{2.108}$$

und zum anderen für den Quasiwellenvektor $\mathbf{k}$, wenden auf die Gleichung aber die Transformation α an:

$$H\, \alpha\varphi_{Ek}(\mathbf{x}) = E(\mathbf{k})\, \alpha\varphi_{Ek}(\mathbf{x}) \quad . \tag{2.109}$$

Die im vorangegangen Unterabschnitt abgeleiteten Beziehungen (2.91) und (2.95) bedeuten, daß $\alpha\varphi_{Ek}$ eine Eigenfunktion von H zum Quasiwellenvektor $\alpha\mathbf{k}$ ist. Wenn es zu einem bestimmten Wellenvektor nur *eine* Eigenfunktion gibt, was wir zunächst voraussetzen wollen, so muß $\alpha\varphi_{Ek}(\mathbf{x})$ mit $\varphi_{E\alpha k}(\mathbf{x})$ identisch sein, denn

$\varphi_{E\alpha k}(\mathbf{x})$ ist per Definition die zu $\alpha\mathbf{k}$ gehörende Eigenfunktion. Es muß also gelten

$$\alpha\varphi_{Ek}(\mathbf{x}) = \varphi_{E\alpha k}(\mathbf{x}) \quad . \tag{2.110}$$

Der Vergleich von (2.108) und (2.109) liefert dann unmittelbar

$$E(\mathbf{k}) = E(\alpha\mathbf{k}) \quad . \tag{2.111}$$

Die Annahme, daß zum Quasiwellenvektor $\mathbf{k}$ nur *eine* Eigenfunktion des Hamilton-Operators existiert, ist für fast alle $\mathbf{k}$-Vektoren erfüllt. Eine Ausnahme bilden verständlicherweise jene speziellen $\mathbf{k}$, bei denen $\alpha\mathbf{k}$ nicht für alle α verschieden ist von $\mathbf{k}$ bzw. von einem zu $\mathbf{k}$ äquivalenten Vektor $\mathbf{k} + \mathbf{K}$. Man spricht von *symmetrischen* $\mathbf{k}$-Vektoren. Damit werden wir uns in Abschnitt 2.5 genauer beschäftigen. Hier schließen wir symmetrische $\mathbf{k}$-Vektoren aus. Zu nichtsymmetrischen $\mathbf{k}$-Vektoren gibt es nur *eine* Eigenfunktion von H. Der Beweis für diese Aussage kann mit Hilfe der Darstellungstheorie von Raumgruppen geführt werden. Wir übergehen ihn hier.

Zeitumkehrsymmetrie

Eine Eigenschaft des Hamilton-Operators H, von der wir bisher noch nicht Gebrauch gemacht haben, ist seine Invarianz gegenüber der Umkehr des Vorzeichens der Zeit. Da bei Zeitumkehr i in -i und damit auch $\mathbf{k}$ in $-\mathbf{k}$ übergeht, folgt

$$E(\mathbf{k}) = E(-\mathbf{k}) \tag{2.112}$$

Diese Beziehung bedeutet *dann* mehr als durch die Symmetrierelation (2.111) ausgedrückt wird, wenn die Punktgruppe des Kristalls die Inversion nicht enthält.

Translationssymmetrie: ausgebreitetes und reduziertes Zonenschema

Die Translationsinvarianz von H hat eine recht merkwürdige Konsequenz für die Funktion $E(\mathbf{k})$. Sie hängt mit der Entartung der Eigenwerte $c_k(\mathbf{R})$ des Translationsoperators t_R zusammen. Alle Wellenfunktionen φ_{Ek+K} mit $\mathbf{K}$ als reziprokem Gittervektor haben nämlich unabhängig von $\mathbf{K}$ den gleichen Translationseigenwert

$$c_{k+K}(R) = e^{-i\mathbf{k}\cdot\mathbf{R}} \quad . \tag{2.113}$$

Tab. 6 Zur Beschreibung der Bandstruktur im ausgebreiteten und reduzierten Zonenschema

Wellenvektor	Eigenwert von t_R	Eigenwert von H	Beschreibung
$\mathbf{k} = \mathbf{k}_1 + \mathbf{K}$	$e^{-i\mathbf{k}_1 \cdot \mathbf{R}}$	$E(\mathbf{k}_1 + \mathbf{K})$	allgemein
$\mathbf{k}$ aus unendlichem Raum	$e^{-i\mathbf{k} \cdot \mathbf{R}}$	$E(\mathbf{k})$	ausgebreitetes Zonenschema
$\mathbf{k} = \mathbf{k}_1$ aus Einheitszelle	$e^{i\mathbf{k}_1 \cdot \mathbf{R}}$	$E_K(\mathbf{k}_1) \equiv E(\mathbf{k}_1 + \mathbf{K})$	reduziertes Zonenschema

Das folgt unmittelbar aus der Relation

$$\mathbf{K} \cdot \mathbf{R} = 2\pi \sum_l K_l r_l \qquad (2.114)$$

und der Tatsache, daß die K_l und die r_l ganze Zahlen sind. Wir erhalten also die volle Mannigfaltigkeit der Eigenwerte von t_R bereits bei Variation von $\mathbf{k}$ innerhalb einer bestimmten primitiven Einheitszelle des $\mathbf{k}$-Raumes. Die entsprechenden $\mathbf{k}$-Vektoren bezeichnen wir mit $\mathbf{k}_1$. Die $\mathbf{k}$-Vektoren in einer beliebigen anderen primitiven Einheitszelle unterscheiden sich von denen in der ursprünglich betrachteten um einen reziproken Gittervektor $\mathbf{K}$ und führen deshalb nicht zu neuen Eigenwerten des Translationsoperators. Das ist jedoch beim Energieeigenwert $E(\mathbf{k})$ der Fall, im allgemeinen gilt $E(\mathbf{k}_1) \neq E(\mathbf{k}_1+\mathbf{K})$. Tab. 6 veranschaulicht diese Zusammenhänge.

Die Asymmetrie in den $\mathbf{k}$-Abhängigkeiten von $c_k(\mathbf{R})$ und $E(\mathbf{k})$ ist Anlaß für zwei unterschiedliche Darstellungsschemata für die Funktion $E(\mathbf{k})$. Im Darstellungsschema, das bisher verwendet wurde, variiert $\mathbf{k}$ über dem gesamten reziproken Raum, und jedem Vektor $\mathbf{k}$ ist ein einziger, $\mathbf{k}$-abhängiger Funktionswert $E(\mathbf{k})$ zugeordnet. Bezüglich der Eigenwerte des Translationsoperators hat diese Beschreibung eine große Redundanz zur Folge: wir erhalten unendlich oft den gleichen Eigenwert. Dieser Mangel kann behoben werden, indem wir uns bei der Auswahl des zu durchlaufenden $\mathbf{k}$-Bereichs nicht an der Energie $E(\mathbf{k})$, sondern an den Eigenwerten $c_k(\mathbf{R})$ des Translationsoperators orientieren, d.h., $\mathbf{k}$ nur über einer primitiven Einheitszelle im $\mathbf{k}$-Raum variieren lassen. Dann müssen wir aber zulassen, daß jedem **k**-Vektor unendlich viele verschiedene Energieeigenwerte zugeordnet sind, nämlich all jene, die sich aus der Funktion E(**k**) nach der Vorschrift

$$E_K(\mathbf{k}_1) = E(\mathbf{k}_1 + \mathbf{K}) \qquad (2.115)$$

mit $\mathbf{k}_1$ als Vektor aus der primitiven Einheitszelle bei **K** = 0 ergeben. Die eindeutige Funktion E(**k**) über dem gesamten **k**-Raum ist damit auf eine unendlich vieldeutige Funktion $E_K(\mathbf{k}_1)$ über einer primitiven Einheitszelle abgebildet. Analoges gilt für die Eigenfunktionen des Hamilton-Operators. Jeder Blochfunktion φ_{Ek} über dem gesamten **k**-Raum sind unendlich viele verschiedene Blochfunktionen $\varphi_{E_K k_1}(\mathbf{x}) = \varphi_{E(k_1+K)\, k_1+K}(\mathbf{x})$ zugeordnet. Die Darstellung über dem gesamten **k**-Raum bezeichnet man als *ausgebreitetes Zonenschema*, die über einer primitiven Einheitszelle als *reduziertes Zonenschema*. Für die meisten Probleme ist das reduzierte Schema besser geeignet als das ausgebreitete.

Später werden wir zeigen, daß die Funktion E(**k**), als Funktion über dem gesamten **k**-Raum betrachtet, nicht überall stetig ist, sondern daß auf bestimmten Ebenen Sprünge auftreten. Es liegt nahe zu fragen, ob man die zu **K** = 0 gehörende primitive Einheitszelle des reduzierten Schemas so wählen kann, daß die Sprünge der Funktionszweige $E_K(\mathbf{k})$ nicht im Inneren, sondern nur auf der Oberfläche der primitiven Einheitszelle auftreten. Falls eine solche spezielle primitive Einheitszelle überhaupt existiert, muß sie, wie aus Formel (2.111) folgt, mindestens die Symmetrie der Punktgruppe der Richtungen besitzen. Damit kommt nur die Wigner-Seitz-Zelle des reziproken Gitters als derartige primitive Einheitszelle in Betracht. Zwar ist deren Symmetrie größer als die Punktgruppe der Richtungen verlangt, bekanntlich kommen aber bei Gittern weniger Punktgruppen in Frage als bei den äquivalenten Kristallrichtungen, und die nächstniedrigere Punktgruppe eines Gitters wäre notwendigerweise zu klein. Die aufgeworfene Frage kann also dahingehend spezifiziert werden, ob die Funktionszweige $E_K(\mathbf{k})$ im Inneren der Wigner-Seitz-Zelle des reziproken Gitters bei **K** = 0 stetig sind. Das werden wir im nächsten Abschnitt für den Zweig $E_0(\mathbf{k}_1)$ in der Tat beweisen. Es wird sich außerdem zeigen, daß die anderen Zweige $E_K(\mathbf{k}_1)$ der unendlich vieldeutigen Funktion E(**k**) so in neue Zweige umdefiniert werden können, daß jeder einzelne Zweig über der Wigner-Seitz-Zelle bei **K** = 0 stetig ist. Diese stetigen Zweige bezeichnet man als *Energiebänder* und die Wigner-Seitz-Zelle des reziproken Gitters bei **K** = 0 als *1. Brillouin-Zone*. Wir gelangen also, ausgehend von allgemeinen Überlegungen und naheliegenden Vermutungen, zu der wichtigen Schlußfolgerung, daß das Spektrum der Energieeigenwerte von Kristallelektronen die Form von Energiebändern hat, und daß diese Energiebänder dadurch erhalten werden, daß man den Quasiwellenvektor **k** über der 1. Brillouin-Zone variieren läßt. Den Sinn der Begriffsbildung "Brillouin-Zonen" werden wir zusammen mit dem noch ausstehenden Beweis der Stetigkeit von E(**k**) über diesen Zonen im nächsten Abschnitt ausführlich behandeln.

2.4 Lösung der Schrödinger-Gleichung in der Näherung fast freier Elektronen

Bekanntlich kann die Schrödinger-Gleichung näherungsweise gelöst werden, wenn sich das Potential bzw. ein Teil davon als Störung auffassen und mittels Störungstheorie behandeln läßt. Dazu muß allerdings die Lösung des ungestörten Problems bekannt sein. In unserem Fall liegt es nahe, das gesamte periodische Potential störungstheoretisch zu verarbeiten, auch wenn nicht zu erwarten ist, daß die auf diese Weise erhaltenen Ergebnisse quantitativ genau sein werden. Gewisse qualitative Einsichten sollten sich auf diesem Wege aber erzielen lassen.

Faßt man das periodische Potential als Störung auf, so ist das ungestörte Problem das des völlig freien Elektrons. Der entsprechende Hamilton-Operator H_0 ist einfach die kinetische Energie des Elektrons, also

$$H_0 = \frac{\mathbf{p}^2}{2m} . \tag{2.116}$$

Der Störoperator H_1, der mit H_0 zusammen den Gesamt-Hamilton-Operator

$$H = H_0 + H_1 \tag{2.117}$$

ergibt, ist vereinbarungsgemäß durch das periodische Potential

$$H_1 = V(\mathbf{x}) \tag{2.118}$$

gegeben. Die Störungstheorie läuft darauf hinaus, die exakten Eigenfunktionen φ_k und Eigenwerte E(**k**) in Potenzreihen

$$\varphi_k = \varphi_k^0 + \varphi_k^1 + \varphi_k^2 + \dots \tag{2.119}$$

bzw.

$$E(\mathbf{k}) = E^0(\mathbf{k}) + E^1(\mathbf{k}) + E^2(\mathbf{k}) + \dots \tag{2.120}$$

bezüglich des Störoperators, in unserem Fall also $V(\mathbf{x})$, zu entwickeln. Den Energieindex E an den Eigenfunktionen lassen wir in diesem Abschnitt der Kürze halber weg. Das führt zu keinen Unbestimmtheiten, da wir hier im ausgebreiteten Zonenschema arbeiten und die Energie eine eindeutige Funktion des Quasiwellenvektors $\mathbf{k}$ ist. Die Glieder der nullten Ordnung genügen der Gleichung

$$H_0\varphi^0_{\mathbf{k}} = E^0(\mathbf{k})\varphi^0_{\mathbf{k}} \; . \tag{2.121}$$

Die $\varphi^0_{\mathbf{k}}$ müssen, damit die Störungstheorie in der üblichen Form anwendbar ist, ein vollständiges orthonormiertes Funktionensystem bilden, d.h., es muß gelten

$$(\varphi^0_{\mathbf{k}'}|\varphi^0_{\mathbf{k}}) \equiv \int_{\substack{\text{Grund-}\\\text{gebiet}}} d^3x \; \varphi^{0*}_{\mathbf{k}'}(\mathbf{x})\varphi^0_{\mathbf{k}}(\mathbf{x}) = \delta_{\mathbf{k}'\mathbf{k}} \tag{2.122}$$

und

$$\sum_{\mathbf{k}} \varphi^{0*}_{\mathbf{k}}(\mathbf{x}') \; \varphi^0_{\mathbf{k}}(\mathbf{x}) = \delta(\mathbf{x}' - \mathbf{x}) \; . \tag{2.123}$$

Die $\mathbf{k}$-Summation in (2.123) läuft über alle Punkte des unendlichen feinmaschigen Gitters aus Abb. 22. Für die Lösungen

$$\varphi^0_{\mathbf{k}}(\mathbf{x}) = \frac{1}{\sqrt{\Omega}} \, e^{i\mathbf{k}\cdot\mathbf{x}} \tag{2.124}$$

von Gleichung (2.121) ist das tatsächlich der Fall. Von der Gültigkeit der Orthonormalitätsbeziehung (2.122) überzeugt man sich leicht durch direktes Nachrechnen, die Vollständigkeitsrelation (2.123) wird in der Theorie der Fourierreihen bewiesen. Der zu $\varphi^0_{\mathbf{k}}$ gehörende Energieeigenwert $E_0(\mathbf{k})$ nullter Ordnung ist

$$E^0(\mathbf{k}) = \frac{\hbar^2}{2m}\,\mathbf{k}^2. \tag{2.125}$$

Wir wollen zunächst annehmen, daß dieser Eigenwert nicht entartet ist, genauer, daß das für diejenigen $\mathbf{k}$-Werte zutrifft, für die der Störoperator nichtverschwindende Matrixelemente $(\varphi^0_{\mathbf{k}'}|\;V\;|\varphi^0_{\mathbf{k}})$ mit irgendeinem Vektor $\mathbf{k}'$ besitzt - denn generell auszuschließen ist eine Entartung nicht, da Wellenvektoren $\mathbf{k}$ von gleicher Länge auf die gleiche Energie führen und somit eine hochgradige Entartung vorliegt.

2.4.1 Störungstheorie bei fehlender Entartung

In der Quantenmechanik werden für diesen Fall die folgenden Ausdrücke abgeleitet:

$$\varphi_{\mathbf{k}}^{1} = \sum_{\mathbf{k}'\neq\mathbf{k}} \frac{(\varphi_{\mathbf{k}'}^{0} |\ V\ | \varphi_{\mathbf{k}}^{0})}{E^{0}(\mathbf{k})-E^{0}(\mathbf{k}')} \varphi_{\mathbf{k}'}^{0} , \tag{2.126}$$

$$E_{\mathbf{k}}^{2} = \sum_{\mathbf{k}'\neq\mathbf{k}} \frac{|(\varphi_{\mathbf{k}'}^{0} |\ V\ | \varphi_{\mathbf{k}}^{0})|^{2}}{E^{0}(\mathbf{k})-E^{0}(\mathbf{k}')} . \tag{2.127}$$

Die Energiekorrektur $E^{1}(\mathbf{k})$ von erster Ordnung ist gleich dem Mittelwert $(\varphi_{\mathbf{k}}^{0}|V|\varphi_{\mathbf{k}}^{0})$ des periodischen Potentials, der gleich Null gesetzt werden kann. Wir berechnen zunächst das in (2.126), (2.127) eingehende Matrixelement

$$(\varphi_{\mathbf{k}'}^{0}|V|\varphi_{\mathbf{k}}^{0}) = \frac{1}{\Omega} \int\limits_{\substack{\text{Grund-}\\ \text{gebiet}}} d^{3}\mathbf{x}\ e^{i(\mathbf{k}-\mathbf{k}')\cdot\mathbf{x}}\ V(\mathbf{x}) \tag{2.128}$$

des periodischen Potentials. Wegen der Gitterperiodizität von $V(\mathbf{x})$ können wir das Integral über das Grundgebiet in (2.128) in eine Summe über identische Beiträge aus verschiedenen primitiven Einheitszellen umformen:

$$(\varphi_{\mathbf{k}'}^{0}|\ V\ |\varphi_{\mathbf{k}}^{0}) = \frac{1}{G^{3}} \sum_{\mathbf{R}} e^{i(\mathbf{k}-\mathbf{k}')\cdot\mathbf{R}}\ \frac{1}{\Omega_{0}} \int\limits_{\substack{\text{Einheitszelle}\\ \text{bei } \mathbf{R}=0}} d^{3}\mathbf{x}\ e^{i(\mathbf{k}-\mathbf{k}')\cdot\mathbf{x}}\ V(\mathbf{x}) . \tag{2.129}$$

Es gilt

$$\frac{1}{G^{3}} \sum_{\mathbf{R}} e^{i(\mathbf{k}-\mathbf{k}')\cdot\mathbf{R}} = \sum_{\mathbf{K}} \delta_{\mathbf{k}'-\mathbf{k},\mathbf{K}} \tag{2.130}$$

Setzen wir jetzt noch

$$V(\mathbf{K}) = \frac{1}{\Omega_{0}} \int\limits_{\substack{\text{Einheitszelle}\\ \text{bei } \mathbf{R}=0}} d^{3}\mathbf{x}\ e^{-i\mathbf{K}\cdot\mathbf{x}}\ V(\mathbf{x}) , \tag{2.131}$$

so folgt

$$(\varphi_{\mathbf{k}'}^{0}|\ V\ |\varphi_{\mathbf{k}}^{0}) = \sum_{\mathbf{K}} \delta_{\mathbf{k}'-\mathbf{k},\mathbf{K}}\ V(\mathbf{K}) . \tag{2.132}$$

Damit ergibt sich für die Korrektur $\varphi^1_{\mathbf{k}}$ zur Wellenfunktion

$$\varphi^1_{\mathbf{k}} = \sum_{\mathbf{K}\neq 0} \frac{V(\mathbf{K})}{E^0(\mathbf{k})-E^0(\mathbf{k}+\mathbf{K})} \varphi^0_{\mathbf{k}+\mathbf{K}} \tag{2.133}$$

Die Gesamtwellenfunktion $\varphi_{\mathbf{k}} = \varphi^0_{\mathbf{k}} + \varphi^1_{\mathbf{k}}$ in dieser Näherung läßt sich in der Form

$$\varphi_{\mathbf{k}} = \frac{1}{\sqrt{\Omega}} e^{i\mathbf{k}\cdot\mathbf{x}} \left\{ 1 + \sum_{\mathbf{K}\neq 0} \frac{V(\mathbf{K})}{E^0(\mathbf{k})-E^0(\mathbf{k}+\mathbf{K})} e^{i\mathbf{K}\cdot\mathbf{x}} \right\} \tag{2.134}$$

schreiben. Man erkennt daran die früher allgemein bewiesene Blochsche Form (2.99) der Energieeigenfunktionen. Der Bloch-Faktor ergibt sich aus (2.134) zu

$$u_{\mathbf{k}}(\mathbf{x}) = \left\{ 1 + \sum_{\mathbf{K}\neq 0} \frac{V(\mathbf{K})}{E^0(\mathbf{k})-E^0(\mathbf{k}+\mathbf{K})} e^{i\mathbf{K}\cdot\mathbf{x}} \right\} \tag{2.135}$$

Für die Energiekorrektur zweiter Ordnung $E^2(\mathbf{k})$ folgt mit (2.132) der Ausdruck

$$E^2(\mathbf{k}) = \sum_{\mathbf{K}\neq 0} \frac{|V(\mathbf{K})|^2}{E^0(\mathbf{k})-E^0(\mathbf{k}+\mathbf{K})} \tag{2.136}$$

Die Korrekturen zu den Eigenfunktionen (2.133) und den Energieeigenwerten (2.136) sind dann besonders groß, wenn der in diesen Ausdrücken auftretende Nenner klein ist. Tatsächlich kann dieser Nenner sogar gleich Null werden:

$$E^0(\mathbf{k}) - E^0(\mathbf{k} + \mathbf{K}) = 0 \quad . \tag{2.137a}$$

Ist das der Fall, versagt die hier durchgeführte Störungstheorie, die an die Voraussetzung nichtentarteter ungestörter Energieeigenwerte für solche $\mathbf{k}$-Werte gebunden ist, zu denen das Matrixelement von $V(\mathbf{x})$ nicht verschwindet. Gerade eine solche Entartung liegt aber vor, wenn die Gleichung (2.137a) gilt. Sie besagt, daß die Zustände $\varphi^0_{\mathbf{k}}$ und $\varphi^0_{\mathbf{k}+\mathbf{K}}$ miteinander entartet sind. Bevor wir dieser Tatsache Rechnung tragen und die entsprechende entartete Störungstheorie durchführen, wollen wir zunächst analysieren, für welche $\mathbf{k}$-Werte (2.137a) erfüllt ist. Unter Verwendung des Ausdrucks (2.125) für $E^0(\mathbf{k})$ folgt aus (2.137a)

$$\mathbf{k} \cdot \mathbf{K} + \frac{1}{2} |\mathbf{K}|^2 = 0 \quad . \tag{2.137b}$$

Diese Gleichung läßt sich leicht geometrisch lösen. Wie aus Abbildung 23 ersichtlich ist, liegen die entsprechenden **k**-Vektoren auf einer Ebene senkrecht zum Vektor **K** bzw. -**K**, die den Vektor -**K** auf seiner halben Länge schneidet. Derartige Ebenen sind auch in der Theorie der Beugung von Röntgenstrahlen an einem Kristallgitter von zentraler Bedeutung; sie heißen *Braggsche Reflexionsebenen*. Daß sie auch bei der Beschreibung der Bewegung von Elektronen im Kristall auftreten, ist natürlich nicht zufällig - in beiden Fällen handelt es sich um die Streuung von Wellen an gitterperiodisch angeordneten Atomen. Daß es einmal elektromagnetische und einmal Elektronenwellen sind, ist dabei unwesentlich.

Das Ergebnis der nichtentarteten Störungstheorie können wir wie folgt zusammenfassen: Die Energieeigenwerte und -eigenfunktionen werden für fast alle **k**-Vektoren nur relativ geringfügig gestört. Das ist darauf zurückzuführen, daß die einlaufende und die gestreute Welle in diesem Falle unterschiedliche Wellenlängen haben und nicht zur Interferenz fähig sind. Für **k**-Vektoren in der Nähe von Braggschen Reflexionsebenen sind die Elektronenwellen stark gestört. Der Grund dafür ist, daß wegen der Gleichheit der Wellenlängen von einlaufender und gestreuter Welle jetzt Interferenz zwischen ihnen möglich ist. Auf den Braggschen Reflexionsebenen selbst wird die Störung formal unendlich groß. Dieses unphysikalische Ergebnis geht aber, wie bereits angedeutet, zu Lasten der nichtentarteten Störungstheorie, die in diesem Falle nicht mehr anwendbar ist. Für **k**-Vektoren, die der Braggschen Reflexionsbedingung (2.137) genügen, muß man zur entarteten Störungstheorie übergehen.

2.4.2 Störungstheorie bei Vorhandensein von Entartung

Es sei $\mathbf{k}_0$ ein Punkt auf einer Braggschen Reflexionsebene, d.h., es gelte

$$\mathbf{k}_0 \cdot \mathbf{K} + \frac{1}{2} |\mathbf{K}|^2 = 0 \tag{2.137c}$$

für einen gewissen reziproken Gittervektor **K**. Mit $\Delta\mathbf{k}$ bezeichnen wir eine kleine Abweichung von $\mathbf{k}_0$, wobei "klein" bedeutet, daß $|\Delta\mathbf{k}| \ll |\mathbf{K}|$ gilt. Ein Vektor **k** der Form

$$\mathbf{k} = \mathbf{k}_0 + \Delta\mathbf{k} \tag{2.138}$$

ist dann ein Vektor in der Nähe der betreffenden Braggschen Reflexionsebene. Das gleiche gilt für den Vektor $\mathbf{k} + \mathbf{K}$, er liegt dicht bei einer dazu paralle-

Abb. 23

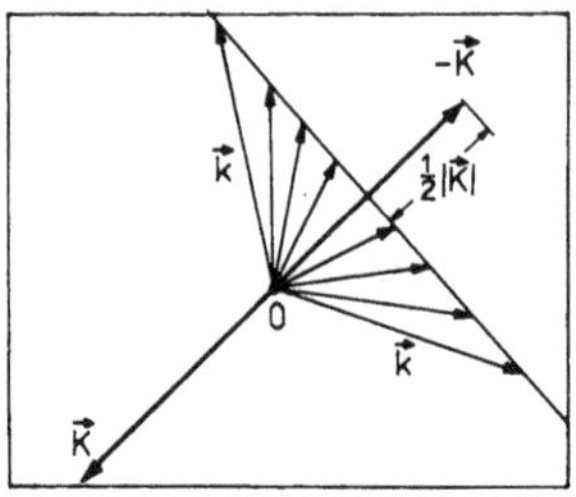

Abb. 24

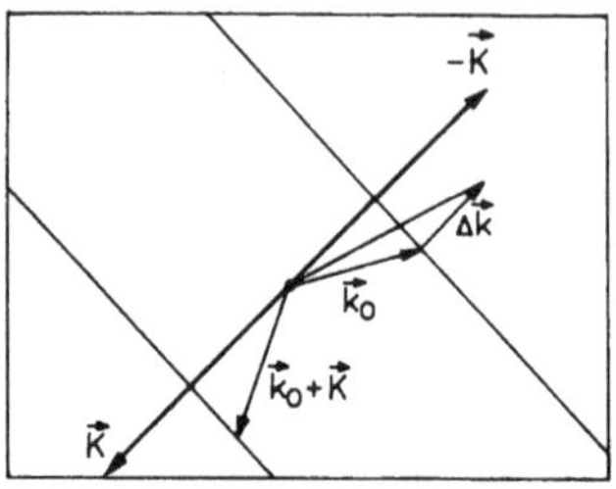

Abb. 23 Konstruktion der Braggschen Reflexionsebenen

Abb. 24 Zur Durchführung der Störungstheorie bei Entartung

len Ebene (siehe Abb. 24).

Nach den Regeln der Quantenmechanik für die Durchführung der entarteten Störungstheorie hat man dabei folgendermaßen vorzugehen. Man sucht die gestörten Eigenfunktionen $\varphi_{\pm k}$ als Linearkombination der beiden (fast) entarteten Eigenfunktionen φ^0_k und φ^0_{k+K} in nullter Näherung, schreibt also

$$\varphi_{\pm k_0}(\mathbf{x}) = c_{\pm 0}\,\varphi^0_k(\mathbf{x}) + c_{\pm K}\,\varphi^0_{k+K}(\mathbf{x}) \tag{2.139}$$

mit $c_{\pm 0}$ und $c_{\pm K}$ als noch zu bestimmenden Koeffizienten. Die Schrödinger-Gleichung führt dann in niedrigster nichtverschwindender Ordnung der Störungstheorie zu folgendem Gleichungssystem:

$$\begin{pmatrix} E^0(\mathbf{k}) - E_{+/-} & V(\mathbf{K})^* \\ V(\mathbf{K}) & E^0(\mathbf{k} + \mathbf{K}) - E_{+/-} \end{pmatrix} \begin{pmatrix} c_{\pm 0} \\ c_{\pm K} \end{pmatrix} = \begin{pmatrix} 0 \\ 0 \end{pmatrix} \tag{2.240}$$

Damit dieses System eine nicht-triviale Lösung hat, muß seine Determinante verschwinden, also

$$\begin{vmatrix} E^0(\mathbf{k}) - E_{+/-} & V(\mathbf{K})^* \\ V(\mathbf{K}) & E^0(\mathbf{k} + \mathbf{K}) - E_{+/-} \end{vmatrix} = 0 \; . \tag{2.141}$$

gelten. Die beiden Lösungen lauten

$$E_{+/-}(\mathbf{k}) = \frac{1}{2}\left[E^0(\mathbf{k})+E^0(\mathbf{k}+\mathbf{K})\right] \pm \frac{1}{2}\sqrt{\left[E^0(\mathbf{k})-E^0(\mathbf{k}+\mathbf{K})\right]^2 + 4\,|V(\mathbf{K})|^2} \tag{2.142}$$

Zur weiteren Umformung nehmen wir an, daß $\mathbf{\Delta k}$ parallel zu $\mathbf{K}$ gerichtet ist (siehe Abb. 24). Indem wir die Wurzel nach Potenzen von $|\mathbf{\Delta k}|$ entwickeln und beim quadratischen Glied abbrechen, ergibt sich

$$E_{+/-}(\mathbf{k}) = E^0(\mathbf{k}_0) \pm |V(\mathbf{K})| + \frac{\hbar^2}{2m}\left[1 \pm \frac{\frac{\hbar^2}{2m}K^2}{|V(\mathbf{K})|}\right]\Delta k^2 . \qquad (2.143)$$

Das Bemerkenswerte an diesem Ergebnis besteht darin, daß der zweifach entartete Energieeigenwert $E^0(\mathbf{k}_0) = E^0(\mathbf{k}_0 + \mathbf{K})$ auf der Braggschen Reflexionsebene, d.h. für $\mathbf{\Delta k} = 0$, in zwei verschiedene Eigenwerte aufspaltet, die jeweils um $|V(\mathbf{K})|$ zu höheren bzw. niedrigeren Energien verschoben sind. Dazwischen liegt eine Energielücke der Breite $2|V(\mathbf{k})|$ (siehe Abb. 25). Im vorher kontinuierlichen Energiespektrum des freien Elektrons reißt also bei Vorhandensein des periodischen Potentials eine Energielücke auf. Das geschieht auf allen Braggschen Reflexionsebenen, vorausgesetzt, die Fourierkomponente $V(\mathbf{K})$ des periodischen Potentials verschwindet nicht. Abseits von den Braggschen Ebenen bleibt die Funktion $E(\mathbf{k})$ stetig und das Energiespektrum kontinuierlich. Das hier im Rahmen der Störungstheorie abgeleitete Ergebnis ist über den Rahmen dieser Näherung hinaus gültig. Wir können auch für den allgemeinen Fall formulieren:
Die Funktion $E(\mathbf{k})$ ist mit Ausnahme der Bragg-Ebenen überall im $\mathbf{k}$-Raum stetig. Auf den Braggschen Reflexionsebenen treten im allgemeinen Sprünge in $E(\mathbf{k})$ auf, d.h., im Energiespektrum bestehen Lücken. Für den Verlauf der Funktion $E_{+/-}(\mathbf{k})$ in der Nähe der Bragg-Ebenen liefert die Beziehung (2.143) das folgende Bild (siehe Abb. 25). Die beiden Zweige $E_+(\mathbf{k})$ und $E_-(\mathbf{k})$ münden mit horizontaler Tangente bei $\mathbf{\Delta k}=0$ in die Werte $E^0(\mathbf{k}) + |V(\mathbf{K})|$ und $E^0(\mathbf{k}) - |V(\mathbf{K})|$ ein, der obe-

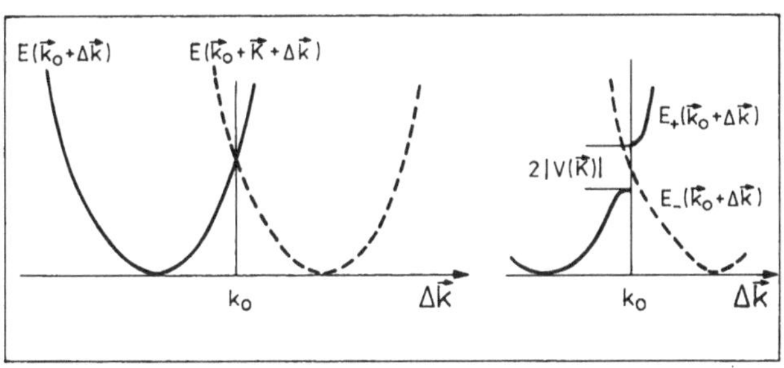

Abb. 25 Die Entartung der beiden Energieparabeln $E(\mathbf{k}+\mathbf{\Delta k})$ und $E(\mathbf{k}+\mathbf{K}+\mathbf{\Delta k})$ auf der Braggschen Refleflexionsebene $\mathbf{\Delta k}=0$ (linke Bildhälfte) wird durch das periodische Potential aufgehoben. Im vorher kontinuierlichen Energiespektrum reißt auf der Braggebene eine Lücke auf (rechte Bildhälfte)

re Zweig mit positiver Krümmung, der untere mit negativer. Letzteres folgt aus (2.143) deshalb, weil die Anwendbarkeit der Störungstheorie an die Gültigkeit der Größenrelation $|V(\mathbf{k})| \ll \hbar^2K^2/2m$ gebunden ist und damit das Vorzeichen der eckigen Klammer in (2.138) immer durch den zweiten Term bestimmt ist.

2.5 Brillouin-Zonen. Entartung der Energiebänder. Kritische Punkte und effektive Massen

Die störungstheoretischen Rechnungen im vorigen Abschnitt wurden im ausgebreiteten Zonenschema für $E(\mathbf{k})$ durchgeführt. Daneben gibt es, wie in Abschnitt 2.3 gezeigt wurde, das reduzierte Schema, bei dem der Quasiwellenvektor $\mathbf{k}$ nur über einer primitiven Einheitszelle des reziproken Raumes variiert. Dabei konnte jede der unendlich vielen möglichen primitiven Einheitszellen verwendet werden. Jetzt wollen wir die primitive Einheitszelle im $\mathbf{k}$-Raum so wählen, daß die eben abgeleitete Eigenschaft der Funktion $E(\mathbf{k})$, Sprünge nur auf Braggschen Reflexionsebenen zu besitzen und sonst stetig zu sein, möglichst einfach beschrieben werden kann.
Am einfachsten wäre die Beschreibung sicher dann, wenn die Sprünge auf dem Rand und der stetige Verlauf im gesamten Inneren der primitiven Einheitszelle auftreten würden. Die Frage, ob es eine primitive Einheitszelle gibt, die das gewährleistet, ist gleichbedeutend mit der Frage nach der Existenz einer primitiven Einheitszelle, die von Bragg-Ebenen begrenzt wird, aber im Inneren keine derartigen Ebenen enthält. Aus der Konstruktionsvorschrift für die Bragg-Ebenen ist sofort klar, daß die Wigner-Seitz-Zelle des reziproken Gitters bei $\mathbf{K} = 0$ die geforderte Eigenschaft besitzt - sie wird vollständig von Ebenen begrenzt, die der Gleichung (2.138) genügen, also von Bragg-Ebenen, und sie ist im Inneren frei von solchen Ebenen. Über der Wigner Seitz-Zelle des reziproken Gitters bei $\mathbf{K} = 0$ ist die Funktion $E(\mathbf{k})$ also stetig. Zu klären ist noch, wie der übrige $\mathbf{k}$-Raum *so* auf die Wigner-Seitz-Zelle bei $\mathbf{K} = 0$ reduziert werden kann, daß die dabei entstehenden neuen Funktionszweige über dieser Zelle ebenfalls stetig sind. Offensichtlich kann das nicht dadurch geschehen, daß der $\mathbf{k}$-Raum in Wigner-Seitz-Zellen aufgeteilt wird und die den Nullpunkt nicht enthaltenden Zellen durch Verschiebung um reziproke Gittervektoren mit der Zelle bei $\mathbf{K} = 0$ zur Deckung gebracht werden - die nicht zentral gelegenen Wigner-Seitz-Zellen werden dann von Braggschen Ebenen durchschnitten. Vielmehr leistet die im folgenden dargelegte, auf Brillouin zurückgehende Konstruktion das Geforderte.

2.5.1 *Brillouin-Zonen*

Wir betrachten im **k**-Raum zentralsymmetrische Körper, deren Oberfläche ganz aus Braggschen Reflexionsebenen besteht und die den Nullpunkt enthalten. Diese Körper denken wir uns der Größe ihres Volumens nach geordnet und numeriert. Als kleinster derartiger Körper ergibt sich die Wigner-Seitz-Zelle bei **k** = 0. Der zweite, nächstgrößere Körper hat, wie sich zeigen läßt, das Volumen zweier Wigner-Seitz-Zellen. Er enthält den ersten Körper und damit Bragg-Ebenen. Subtrahiert man den ersten Körper vom zweiten, so entsteht ein Hohlkörper vom Volumen der Wigner-Seitz-Zelle, der innen und außen durch Braggsche Ebenen begrenzt wird und im Inneren keine derartigen Ebenen mehr enthält. Diese Kon-

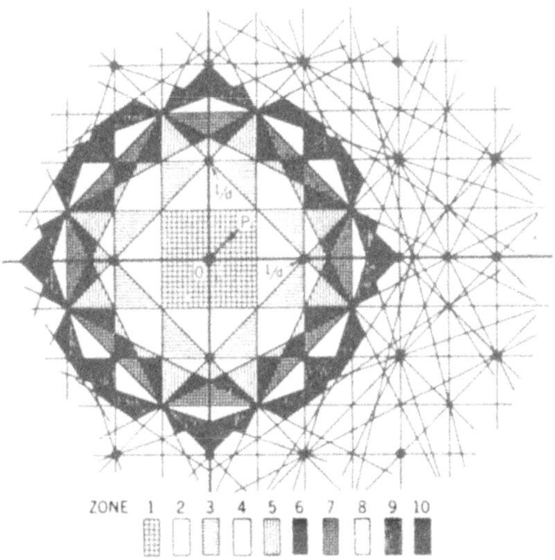

Abb. 26 Die ersten zehn Brillouin-Zonen eines ebenen quadratischen reziproken Gitters (nach *L. Brillouin*, 1953)

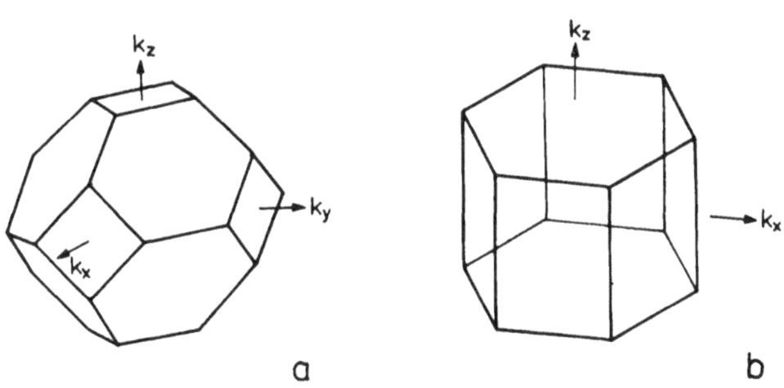

Abb. 27 Die ersten Brillouin-Zonen der beiden Bravais-Gitter, in denen viele Halbleiter kristallisieren: a) kubisch flächenzentriertes Gitter der Diamant-, Zinkblende- und Steinsalz-Struktur, b) Hexagonales Gitter der Wurtzit- und Selen-Struktur

struktion kann man fortsetzen. Vom n-ten Körper subtrahiert man den (n-1)-ten und erhält wieder einen Hohlkörper vom Volumen der primitiven Einheitszelle im **k**-Raum, der Braggsche Ebenen nur auf dem Rand, nicht aber im Inneren aufweist. Man bezeichnet diese Körper als *Brillouin-Zonen* (abgekürzt *BZ*). Der n-te Körper heißt n-te BZ, die Wigner-Seitz-Zelle bei $\mathbf{K} = 0$ ist demnach die 1.BZ. Zur Veranschaulichung haben wir in Abb. 26 die ersten 10 Brillouin-Zonen für ein zweidimensionales quadratisches reziprokes Gitter dargestellt. In Abb. 27 sind die 1. BZ für zwei wichtige dreidimensionale Gitter, das f.c.c.-Gitter und das hexagonale Gitter, gezeigt.

Betrachten wir nun einen Punkt $\mathbf{k}_\nu$ aus der ν-ten BZ. Dann gibt es einen Vektor $\mathbf{K}(\mathbf{k}_\nu)$ im reziproken Gitter, so daß $\mathbf{k}_\nu - \mathbf{K}(\mathbf{k}_\nu)$ ein Vektor $\mathbf{k}_1$ aus der ersten BZ wird:

$$\mathbf{k}_1 = \mathbf{k}_\nu - \mathbf{K}(\mathbf{k}_\nu) \tag{2.144}$$

Den formalen Beweis für diesen wichtigen Sachverhalt müssen wir hier schuldig bleiben. Für das quadratische Gitter kann man ihn unmittelbar aus den Abbn. 26 und 28 ablesen und sich so seine Richtigkeit für den allgemeinen Fall zumindest plausibel machen. Wird statt $\mathbf{k}_\nu$ ein anderer Punkt $\mathbf{k}'_\nu$ aus der ν-ten BZ gewählt, so ist unter Umständen ein anderer reziproker Gittervektor $\mathbf{K}(\mathbf{k}'_\nu)$ nötig, damit $\mathbf{k}'_\nu - \mathbf{K}(\mathbf{k}'_\nu)$ ein Vektor aus der ersten BZ wird. In ihrer Gesamtheit sind die reziproken Gittervektoren $\mathbf{K}(\mathbf{k}_\nu)$, $\mathbf{K}(\mathbf{k}'_\nu)$, ... mit jenen identisch, die die inneren Begrenzungen der ν-ten BZ definieren. Die durch die Relation (2.144) erklärte Zuordnung von Punkten der ν-ten BZ zu Punkten der ersten BZ ist in beiden Richtungen eindeutig - jedem $\mathbf{k}_\nu$ entspricht genau ein $\mathbf{k}_1$, und jedem $\mathbf{k}_1$ genau ein $\mathbf{k}_\nu$. Man bezeichnet diese Zuordnung auch als "Falten" der ν-ten BZ über die erste. Der Ausdruck "Verschieben" in die erste BZ wäre wohl treffender. Beim Falten bzw. Verschieben gelangen äußere oder innere Begrenzungsflächen der ν-ten BZ in das Innere der ersten BZ. Dort liegen sie an anderen Begrenzungsflächen der ν-ten BZ an. Das bedeutet, daß sich die $\mathbf{k}_\nu$-Vektoren von

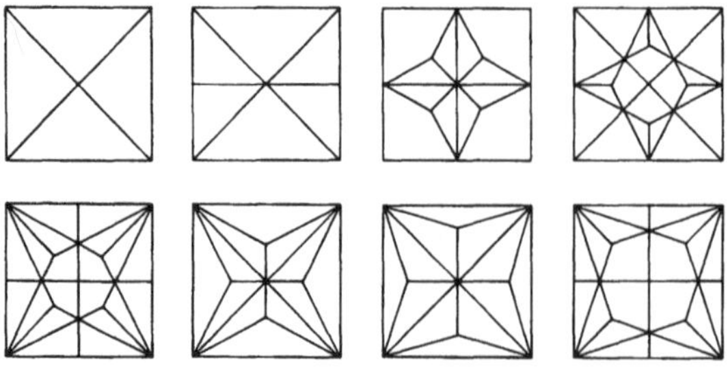

Abb. 28 Faltung der zweiten bis neunten Brillouin-Zone über die erste für das ebene quadratische Gitter aus Abb. 26

den $\mathbf{k}_1$-Vektoren, die unmittelbar rechts und links von solchen Flächen innerhalb der 1.BZ liegen, die aus den die ν-te BZ begrenzenden Braggschen Ebenen hervorgegangen sind, um reziproke Gittervektoren unterscheiden.

Die Faltungsoperation (2.144) bietet die Möglichkeit, von der ausgebreiteten Beschreibung der Funktion $E(\mathbf{k})$ über dem gesamten unendlichen $\mathbf{k}$-Raum zur reduzierten Beschreibung über der 1.BZ überzugehen. Die Übertragung der Funktionswerte ist dabei wie früher durch die Beziehung (2.115) definiert. Sie besagt, daß der Funktionswert $E(\mathbf{k})$ in einem Punkt $\mathbf{k} = \mathbf{k}_\nu$ der ν-ten BZ demjenigen Punkt in der ersten BZ zugeordnet wird, der aus $\mathbf{k}_\nu$ beim Falten der ν-ten BZ über die erste entsteht. Dadurch ist eine bestimmte Funktion $E_\nu(\mathbf{k})$ über der 1. BZ definiert; die Funktion $E(\mathbf{k})$ über der ν-ten BZ ist auf eine Funktion $E_\nu(\mathbf{k}_1)$ über der 1. BZ abgebildet. Es gilt

$$E_\nu(\mathbf{k}_1) = E(\mathbf{k}_1 + \mathbf{K}(\mathbf{k}_\nu)) \equiv E(\mathbf{k}_\nu) \ . \tag{2.145a}$$

Wir behaupten, daß die Funktionen $E_\nu(\mathbf{k}_1)$ über ihrem gesamten Definitionsbereich, d.h. über der 1.BZ, stetig sind. Für Punkte $\mathbf{k}_1$, die aus Punkten $\mathbf{k}_\nu$ im Inneren der ν-ten BZ hervorgegangen sind, liegt die Richtigkeit dieser Behauptung auf der Hand. Auf $\mathbf{k}_1$-Flächen, deren Originale den Begrenzungsflächen der ν-ten BZ entsprechen, ist die Stetigkeit dagegen nicht unmittelbar evident, da beim Durchstoßen solcher Flächen die Originalvektoren in der ν-ten BZ um reziproke Gittervektoren springen. Wegen der Punktsymmetrie der Funktion $E(\mathbf{k})$, wie sie durch Gleichung (2.111) zum Ausdruck gebracht wird, bleibt dabei aber der Funktionswert erhalten. Dadurch sind die Funktionen $E_\nu(\mathbf{k})$ auch auf den erwähnten Flächen stetig.

Die Reduktion der Beschreibung auf die 1. BZ muß auch bei den Eigenfunktionen des Hamilton-Operators vorgenommen werden. Mit $\varphi_{\nu\mathbf{k}_1}$ bezeichnen wir die Bloch-Funktion zur Energie $E(\mathbf{k}_1)$ und zum Wellenvektor $\mathbf{k}_1$. Dann gilt

$$\varphi_{\nu\mathbf{k}_1}(\mathbf{x}) \equiv \frac{1}{\sqrt{\Omega}}\, e^{i\mathbf{k}_1\cdot\mathbf{x}}\, u_{\nu\mathbf{k}_1}(\mathbf{x}) = \varphi_{E_\nu(\mathbf{k}_1)\,\mathbf{k}_1}(\mathbf{x}) \tag{2.145b}$$

Jeder Funktionszweig $E_\nu(\mathbf{k}_1)$ überdeckt auf der Energieskala lückenlos einen gewissen endlichen Wertebereich. Die Bezeichnung *Energieband* für den Wertevorrat von $E_\nu(\mathbf{k}_1)$ ist daher naheliegend; ν ist der sogenannte *Bandindex*. Zwischen den einzelnen Funktionszweigen, d.h. den Energiebändern, können Bereiche liegen, in denen keine Energieeigenwerte auftreten. Diese Bereiche heißen *verbotene*

Zonen oder *Energielücken*. Die Gesamtheit der Funktionen $E_\nu(\mathbf{k})$ bezeichnet man als *Bandstruktur*.

Die Darstellung von $E(\mathbf{k})$ im reduzierten Schema als unendlich vieldeutige Funktion $E_\nu(\mathbf{k}_1)$ über der 1.BZ ist dem Problem "Elektron im periodischen Potential" am besten angepaßt. Sie ist die in der Festkörperphysik bei weitem üblichste und häufigste Beschreibung der Bandstruktur. Die erste Brillouin-Zone besitzt deshalb in der Festkörperphysik eine ganz besondere Bedeutung. Wenn nicht ausdrücklich etwas anderes gesagt wird, liegt der Quasiwellenvektor immer in der ersten BZ. Wir schreiben deshalb im folgenden $\mathbf{k}$ statt $\mathbf{k}_1$, d.h. insbesondere auch $E_\nu(\mathbf{k})$ statt $E_\nu(\mathbf{k}_1)$.

Jedem der 14 Bravais-Gitter entspricht ein bestimmtes reziprokes Gitter, und jedem reziproken Gitter ein bestimmtes direktes, wenn auch nicht unbedingt eines vom gleichen Typ. So ist z.B das reziproke Gitter eines direkten flächenzentrierten kubischen Gitters kubisch raumzentriert und umgekehrt. Es gibt demnach 14 verschiedene reziproke Bravais-Gitter und damit 14 verschiedene 1.BZ. Zwei davon, die beiden für Halbleiter wichtigsten, sind in Abb. 27 dargestellt.

In Abb. 29 veranschaulichen wir den Übergang vom ausgebreiteten zum reduzierten Zonen-Schema am Beispiel des 1-dimensionalen Gitters. Die ausgezogenen Kurven entsprechen einem völlig freien Elektron, die gestrichelten einem Elektron im einem schwachen periodischen Potential. Man erkennt, daß Energielücken nicht nur am Rand der 1.BZ auftreten, sondern auch im Zentrum bei $k = 0$. Das ist darauf zurückzuführen, daß beim Falten Randpunkte höherer BZ in das Zentrum der 1.BZ gelangen und damit auch die in diesen Punkten auftretenden Lücken auf der Energieskala.

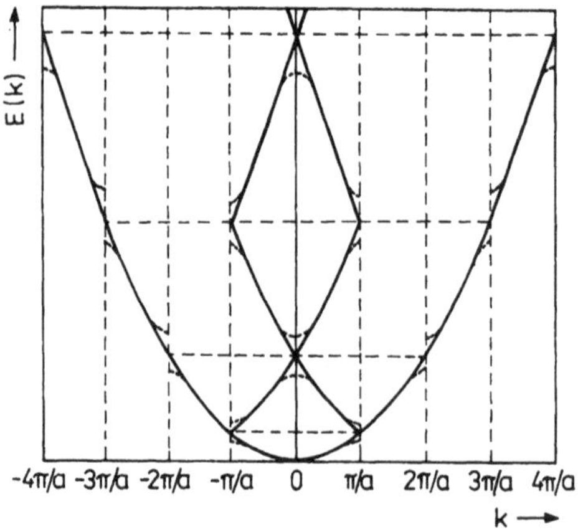

Abb. 29 Reduktion der Energieparabel eines freien Elektrons auf die 1. BZ eines 1-dimensionalen Gitters. Gestrichelt sind die Änderungen eingezeichnet, die durch ein schwaches gitterperiodisches Potential verursacht werden

Als 3-dimensionales Beispiel betrachten wir das kubisch flächenzentrierte Gitter, wie es für die Diamant- und Zinkblendestruktur charakteristisch ist. Gemäß Tab. 2 können wir die entsprechenden primitiven Gittervektoren in der Form

$$\mathbf{a}_1 = \frac{a}{2}(0,1,1) \quad , \quad \mathbf{a}_2 = \frac{a}{2}(1,0,1) \quad , \quad \mathbf{a}_3 = \frac{a}{2}(1,1,0)$$

wählen. Für die Basisvektoren des reziproken Gitters folgt daraus

$$\mathbf{b}_1 = \frac{2\pi}{a}(1,\bar{1},\bar{1}) \quad , \quad \mathbf{b}_2 = \frac{2\pi}{a}(\bar{1},1,\bar{1}) \quad , \quad \mathbf{b}_3 = \frac{2\pi}{a}(\bar{1},\bar{1},1)$$

Die zugehörige 1.BZ wird durch 14 Ebenen begrenzt, die durch die folgenden reziproken Gittervektoren definiert sind:

1) 8 Gittervektoren von der Länge der primitiven Gittervektoren, also der kleinsten möglichen Länge überhaupt. Diese Vektoren lauten:

$$\frac{2\pi}{a}(1,\bar{1},\bar{1}), \quad \frac{2\pi}{a}(\bar{1},1,\bar{1}), \quad \frac{2\pi}{a}(\bar{1},\bar{1},1), \quad \frac{2\pi}{a}(\bar{1},\bar{1},\bar{1}) \quad ,$$

$$\frac{2\pi}{a}(\bar{1},1,1), \quad \frac{2\pi}{a}(1,\bar{1},1), \quad \frac{2\pi}{a}(1,1,\bar{1}), \quad \frac{2\pi}{a}(1,1,1) \quad .$$

2) 6 Gittervektoren der nächstgrößeren möglichen Länge:

$$\frac{2\pi}{a}(2,0,0), \quad \frac{2\pi}{a}(0,2,0), \quad \frac{2\pi}{a}(0,0,2) \quad ,$$

$$\frac{2\pi}{a}(\bar{2},0,0), \quad \frac{2\pi}{a}(0,\bar{2},0), \quad \frac{2\pi}{a}(0,0,\bar{2}) \quad .$$

Die entsprechende 1. BZ des f.c.c.-Gitters ist in Abb. 27 und auch in Abb. 30

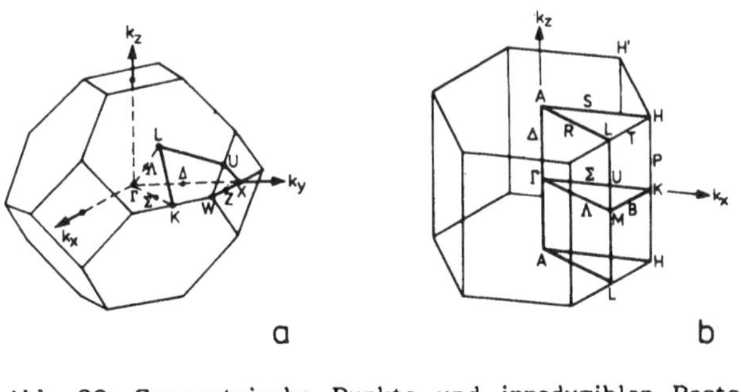

Abb. 30 Symmetrische Punkte und irreduzibler Bestandteil der 1.BZ des f.c.c.-Gitters (a) und des hexagonalen Gitters (b)

dargestellt. Senkrecht zu den drei kubischen Achsen wird sie durch Quadrate begrenzt, senkrecht zu den vier Raumdiagonalen sind die Begrenzungsflächen Sechsecke.

Es ist üblich, die hochsymmetrischen Punkte im Inneren der 1.BZ durch große griechische Buchstaben zu bezeichnen, und die auf ihrer Oberfläche durch große lateinische (Abb. 30). Für das Zentrum steht beispielsweise der Buchstabe Γ, für den Durchstoßungspunkt einer kubischen Achse durch die Oberfläche der Buchstabe X und für die Strecke zwischen Γ und X der Buchstabe Δ.

Wir wollen jetzt die Energieparabel $E(\mathbf{k}) = (\hbar^2/2m)\mathbf{k}^2$ des freien Elektrons längs der Δ-Linie, d.h. für die Punkte

$$\Gamma = \frac{2\pi}{a}(0,0,0) \;—\; \Delta = \frac{2\pi}{a}(0,0,\zeta) \;—\; X = \frac{2\pi}{a}(0,0,1)$$

$(0 < \zeta < 1)$ im reduzierten Schema darstellen. Wir führen damit die gleiche Konstruktion für ein 3-dimensionales Gitter durch, die in Abb. 29 für den 1-dimensionalen Fall veranschaulicht ist. Im reduzierten Schema gilt

$$E_\nu(\mathbf{k}) = \frac{\hbar^2}{2m}(\mathbf{k} + \mathbf{K}(\mathbf{k}_\nu))^2 \tag{2.146}$$

Für die $\mathbf{K}(\mathbf{k}_\nu)$ wählen wir nun die 14 oben aufgeführten reziproken Gittervektoren - wir falten dadurch die zweite und dritte BZ über die erste. Zur Vereinfachung der Schreibweise führen wir als Energieeinheit die Energie $E_0 = (\hbar^2/2m)(2\pi/a)^2$ ein und setzen

$$E_\nu(\mathbf{k}) = E_0 \cdot \varepsilon_\nu(\mathbf{k}) \;. \tag{2.147}$$

Mit einer Gitterkonstante a von 5 Å folgt für E_0 ein Wert von etwa 6eV. Für $\varepsilon_\nu(\mathbf{k})$ ergibt sich

$$\varepsilon_\nu(\zeta) = K_{\nu x}^2 + K_{\nu y}^2 + (K_{\nu z} + \zeta)^2 \;, \tag{2.148}$$

wobei die $K_{\nu x}$, $K_{\nu y}$, $K_{\nu z}$ die Komponenten der Vektoren $\mathbf{K}_\nu$ in Einheiten $2\pi/a$ bezeichnen. In Tab. 7 sind die den 14 Vektoren $\mathbf{K}_\nu$ sowie dem 0-Vektor entsprechenden Funktionen $\varepsilon_\nu(\zeta)$ zusammengestellt. In einigen Fällen ergibt sich ein und dieselbe Funktion $\varepsilon_\nu(\zeta)$ für vier verschiedene $\mathbf{K}_\nu$. Das heißt dann, daß das betreffende Energieband vierfach entartet ist. In Abb. 31 ist der Inhalt von Tab. 7 grafisch veranschaulicht, zusammen mit der in der Tabelle nicht enthaltenen Bandstruktur längs der Λ-Geraden zwischen 0 und L. Wieder erkennt man,

Tab. 7 Energiebänder des leeren f.c.c.-Gitters

$(K_{\nu x}\ K_{\nu y}\ K_{\nu z})$	$\varepsilon_\nu(\zeta)$	Bezeichnung	Entartungsgrad
(0 0 0)	ζ^2	ε_0	1
$(1\ \bar{1}\ \bar{1})$ $(\bar{1}\ 1\ \bar{1})$ $(\bar{1}\ \bar{1}\ \bar{1})$ $(1\ 1\ \bar{1})$	$2 + (\zeta - 1)^2$	ε_1	4
$(\bar{1}\ 1\ 1)$ $(1\ \bar{1}\ 1)$ $(1\ 1\ 1)$ $(\bar{1}\ \bar{1}\ 1)$	$2 + (\zeta + 1)^2$	ε_2	4
$(2\ 0\ 0)$ $(\bar{2}\ 0\ 0)$ $(0\ 2\ 0)$ $(0\ \bar{2}\ 0)$	$4 + \zeta^2$	ε_3	4
$(0\ 0\ \bar{2})$	$(\zeta - 2)^2$	ε_4	1
$(0\ 0\ 2)$	$(\zeta + 2)^2$	ε_5	1

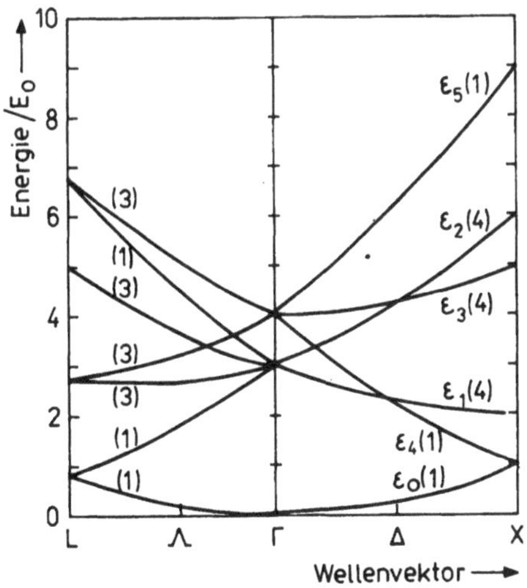

Abb. 31 Bandstruktur für das leere f.c.c.-Gitter

daß ein und demselben **k**-Punkt mehrere Energiewerte zugeordnet sind, nämlich je einer aus einem bestimmten Energieband. Die dargestellte Bandstruktur ist gewissermaßen die eines "leeren", d.h. nicht mit Atomrümpfen besetzten kubisch-flächenzentrierten Gitters, für das das periodische Potential V(**x**) gleich Null ist. Bei verschwindendem Potential ist das Gitter aber eigentlich überhaupt nicht vorhanden, wird es doch einzig und allein durch die Translationssymmetrie von V(**x**) definiert. Bei dem obigen Vorgehen haben wir davon Gebrauch gemacht, daß im Falle V(**x**) = 0 jedes beliebige Bravais-Gitter zulässig ist. Unter den 14 möglichen haben wir *eines*, das f.c.c.-Gitter, ausgezeichnet. Dies geschah willkürlich, wir hätten auch jedes andere wählen können, nur wird die Bandstruktur bei Vorhandensein eines räumlich veränderlichen Potentials V(**x**) mit der Translationssymmetrie des f.c.c.-Gitters nicht derjenigen eines beliebigen anderen leeren Gitters ähneln, sondern der des f.c.c.-Gitters. Eben das ist der Sinn von Leergitter-Bandstrukturen - sie spiegeln bestimmte symmetriebedingte Charakteristika von Bandstrukturen wirklicher Kristalle vom gleichen Gittertyp wider. In Abb. 29 ist das, wie wir in Abschnitt 2.7 noch sehen werden, z.B. das Auftreten des tiefsten Energieeigenwertes im Punkt Γ und eines sich daraus entwikkelnden nichtentarteten Energiebandes entlang der Δ-Geraden, das im Punkt X mit einem anderen Band entartet ist. Auch stimmt es, daß die energetisch höheren Bänder bei Γ eine relativ hohe Entartung aufweisen, allerdings für das wirkliche (volle) f.c.c.-Gitter eine maximal 3- und nicht 8-fache wie für das leere f.c.c.-Gitter bei der Energie $E = 3E_0$ bzw. 6-fache bei der Energie $E = 4E_0$. Eine mehr als 3-fache Entartung ist zufällig, d.h. nicht durch die Symmetrie, sondern durch den speziellen Potentialverlauf bestimmt. Für die Breite der Energiebänder ergibt sich mit dem oben angegebenen Wert von 6 eV für E_0 eine Größenordnung von 10 eV. Auch das ist nicht zu weit von den wirklichen Bandbreiten entfernt, wie wir später noch sehen werden. Da sich die Elektronen in wirklichen Kristallen nicht so frei bewegen können wie im leeren Gitter, hat man in der Tendenz etwas schmalere Bänder zu erwarten.

Ebenso wie entlang der Δ- und Λ-Geraden kann man die Bandstruktur entlang anderer Geraden in oder auf der 1.BZ konstruieren und auf diese Weise den Verlauf der Funktionen $E_\nu(\mathbf{k})$ veranschaulichen. Eine vollständige Darstellung dieser Funktionen über den Punkten eines 3-dimensionalen Vektorraumes würde einen 4-dimensionalen Raum erfordern und scheidet daher aus. Lediglich eine Darstellung der Bänder $E_\nu(\mathbf{k})$ über Flächen im **k**-Raum ist in den unserer Anschauung zugänglichen 3 Dimensionen denkbar. Solche Darstellungen sind aber unüblich, man verwendet in der Regel die Auftragung der Energie über Linien im **k**-Raum so wie in Abbildung 31.

Wir kommen jetzt auf eine Frage zurück, die wir bereits in Abschnitt 2.3 untersucht haben, die Konsequenzen der Punktsymmetrie für die Bandstruktur. Nur geschah das dort im ausgebreiteten Zonenschema, und symmetrische **k**-Punkte wurden ausgeschlossen. Jetzt legen wir die Beschreibung über der 1. BZ zu Grunde, und konzentrieren uns auf die symmetrischen **k**-Vektoren .

2.5.2 Entartung der Energiebänder

Die 1. BZ als Wigner-Seitz-Zelle des reziproken Gitters besitzt auch die Punktsymmetrie dieses Gitters, die ihrerseits mit derjenigen des entsprechenden direkten Gitters identisch ist. Das folgt unmittelbar aus der Definitionsgleichung (2.93) der reziproken Basis $\mathbf{b}_1$, $\mathbf{b}_2$, $\mathbf{b}_3$. Die 1.BZ des f.c.c.-Gitters hat also die Punktsymmetrie eines Würfels, die zugehörige Punktgruppe ist m3m (O_h). Die Energiebänder besitzen ebenfalls eine bestimmte Punktsymmetrie, nämlich die der äquivalenten Richtungen des Kristalls - genau das wird durch Gleichung (2.111) zum Ausdruck gebracht. Nur ist dabei das ausgebreitete Schema zugrunde gelegt. Es ist aber leicht einzusehen, daß sich die Punktsymmetrie unmittelbar vom ausgebreiteten auf das reduzierte Schema überträgt, so daß wir auch schreiben können

$$E_\nu(\mathbf{k}) \;=\; E_\nu(\alpha\mathbf{k}) \quad , \qquad (2.149)$$

wobei α ein Element der Punktgruppe der äquivalenten Richtungen des Kristalls bezeichnet. Diese Gruppe ist im allgemeinen kleiner als die Punktsymmetrie-Gruppe des Gitters, in speziellen Fällen kann sie aber auch mit ihr übereinstimmen. Das ist bei der Diamantstruktur der Fall - die Punktgruppe der äquivalenten Kristallrichtungen ist ebenfalls m3m.

In Abschnitt 2.3 hatten wir symmetrische **k**-Vektoren, d.h. Vektoren, die durch mindestens ein Element der Punktgruppe in sich selbst oder in einen äquivalenten Punkt überführt werden, ausgeschlossen. Jetzt lassen wir auch solche **k**-Vektoren zu. Hinsichtlich ihrer Wirkung auf symmetrische **k** zerfallen die Elemente α der Punktgruppe P der Richtungen in zwei Teilmengen. Die erste enthält solche Elemente α, die **k** in sich selbst überführen bzw., bei Punkten auf der Oberfläche der 1.BZ, in einen zu **k** äquivalenten Vektor, der sich von **k** nur um einen reziproken Gittervektor **K** unterscheidet. Man bezeichnet diese Menge, die eine Untergruppe $P_\mathbf{k}$ von P darstellt, als die *kleine Punktgruppe von* **k**. Der zweiten Teilmenge gehören alle die Elemente von P an, die **k** weder in sich selbst noch in einen zu **k** äquivalenten Vektor transformieren. Die Menge aller verschiedenen bzw. nichtäquivalenten Vektoren **k** heißt *Stern von* **k**.

Wir bezeichnen die Anzahl der Elemente der Punktgruppe P mit p und die Zahl der verschiedenen Sternzacken von **k** mit s_k. Da jede Sternzacke die gleiche Punktsymmetrie besitzt, gilt für die Anzahl p_k der Elemente der kleinen Punktgruppe P_k die Beziehung $p_k = p/s_k$. Ein **k**-Vektor in allgemeiner Lage hat keinerlei Punktsymmetrie, es gilt $p_k = 1$ und $s_k = p$. Für **k**-Vektoren auf Symmetriegeraden oder -ebenen liegt p_k zwischen 1 und p. Speziell für das Zentrum der 1.BZ sind alle Elemente von P zugleich auch Elemente von P_k, es gilt also $p_k = p$ und $s_k = 1$. Wellenvektoren **k**, deren kleine Punktgruppe nicht nur aus dem Einselement besteht, sind symmetrische Punkte. Die mit großen griechischen und lateinischen Buchstaben gekennzeichneten Punkte der 1.BZ in Abb. 31 gehören dazu.

Die Punktsymmetrie der Bandstruktur gemäß Gleichung (2.149) können wir mit Hilfe der oben eingeführten Terminologie auch so beschreiben, daß wir sagen, die Energie eines bestimmten Bandes habe in allen Zacken des Sterns eines Wellenvektors den gleichen Wert. Man spricht deshalb auch von einer *Sternentartung der Energiebänder.* Wegen der Sternentartung genügt die Kenntnis der Energieband-Funktionen $E_\nu(\mathbf{k})$ in einem Ausschnitt aus der 1. BZ, der den Raum zwischen benachbarten Sternzacken ausfüllt (Abb.31). Man bezeichnet einen solchen Ausschnitt auch als *irreduziblen Bestandteil* der 1. BZ. Die Energieeigenwerte über dem Rest der 1.BZ erhält man durch symmetrische Fortsetzung der Werte über dem irreduziblen Bestandteil mit Hilfe der Gleichung (2.149). Der irreduzible Bestandteil ist der p-te Teil der 1. BZ. Wenn man bedenkt, daß im Falle der Diamantstruktur die Anzahl p der Elemente der Punktgruppe m3m gleich 48 ist, so kann man ermessen, wie stark die Beschreibung der Bandstruktur durch die Ausnutzung der Punktsymmetrie vereinfacht wird.

Die Symmetrieelemente α, die einen Wellenvektor **k** bis auf einen Vektor des reziproken Gitters nicht verändern, transformieren eine Eigenfunktion des Hamilton-Operators $\varphi_{\nu\mathbf{k}}(\mathbf{x})$ eines bestimmten Bandes ν und **k**-Vektors in eine andere Eigenfunktion $\varphi_{\nu\mathbf{k}}(\alpha^{-1}\mathbf{x})$ des gleichen Bandes und **k**-Vektors. Daß mit $\varphi_{\nu\mathbf{k}}(\mathbf{x})$ auch $\alpha\varphi_{\nu\mathbf{k}}(\mathbf{x}) = \varphi_{\nu\mathbf{k}}(\alpha^{-1}\mathbf{x})$ Eigenfunktion des Hamilton-Operators H zum gleichen Eigenwert ist, wenn α zur Symmetriegruppe von H gehört, haben wir früher gezeigt. Falls nicht alle $\alpha\varphi_{\nu\mathbf{k}}(\mathbf{x})$ linear abhängig sind, gehören also zu einem bestimmten Bandindex ν und Wellenvektor **k** mehrere linear unabhängige Eigenfunktionen. Es liegt eine zusätzlichen Entartung vor, die man *Bandentartung* nennt. Mit $\varphi^1_{\nu\mathbf{k}}(\mathbf{x})$ bezeichnen wir eine Basis im entsprechenden Unterraum. Dann läßt sich jede Eigenfunktion $\varphi_{\nu\mathbf{k}}(\mathbf{x})$ des Bandes ν zum Wellenvektor **k** in der Form

$$\varphi_{\nu k}(\mathbf{x}) = \sum_{l} c_l \varphi^{l}_{\nu k}(\mathbf{x}) \quad , \tag{2.150}$$

darstellen. Das gleiche gilt auch für alle transformierten Funktionen $\varphi_{\nu k}(\alpha^{-1}\mathbf{x})$ mit α aus P_k, denn auch sie gehören zum Band ν und zum Wellenvektor $\mathbf{k}$:

$$\varphi_{\nu k}(\alpha^{-1}\mathbf{x}) = \sum_{l} c_l(\alpha)\, \varphi^{l}_{\nu k}(\mathbf{x}) \quad . \tag{2.151}$$

Die $c_l(\alpha)$ sind lineare Funktionen der c_l, - sie lassen sich also mit Hilfe einer bestimmten Matrix $D_{ll'}(\alpha)$ aus diesen berechnen:

$$c_l(\alpha) = \sum_{l'} D_{ll'}(\alpha)\, c_{l'} \quad . \tag{2.152}$$

Somit ist jedem Element α der kleinen Punktgruppe genau eine Matrix $D_{ll'}(\alpha)$ zugeordnet. Mit der in Anhang C eingeführten Terminologie können wir diese Zuordnung auch als Darstellung der kleinen Punktgruppe des Wellenvektors $\mathbf{k}$ bezeichnen. Wenn wir annehmen, daß die Entartung des Energieeigenwertes nur aus der Symmetrie des Hamilton-Operators resultiert, ist diese Darstellung mit Notwendigkeit irreduzibel. Die Eigenfunktionen des Hamilton-Operators zu einem bestimmten $\mathbf{k}$-Vektor und Bandindex ν spannen also einen Raum auf, in dem eine irreduzible Darstellung der kleinen Punktgruppe existiert. Die Dimension der Darstellung, d.h. die Dimension ihrer Matrizen, bestimmt den Entartungsgrad des Energiebandes für den betrachteten $\mathbf{k}$-Vektor. Kennt man alle irreduziblen Darstellungen der kleinen Punktguppe P_k, so weiß man, welche Entartungsgrade der Energiebänder im Punkt $\mathbf{k}$ möglich sind. Dieser Zusammenhang zwischen Entartungsgrad und Symmetrie ist bemerkenswert. Man findet ihn nicht nur bei den Energiebändern von Kristallen, sondern ganz allgemein bei den Eigenwertspektren des Hamilton-Operators in der Quantenmechanik. Er ist ein schönes Beispiel dafür, wie eine relativ abstrakte mathematische Theorie - die Gruppentheorie - unmittelbar physikalische Konsequenzen liefern kann.

Die Zahl der verschiedenen irreduziblen Darstellungen einer beliebigen Gruppe mit endlich vielen Elementen ist - ebenso wie die Dimension der Darstellungen - selbst endlich. Bei den Punktgruppen äquivalenter Richtungen kommen nur 1-, 2- und 3-dimensionale Darstellungen vor, 1-dimensionale bei allen, 2-dimensionale nur bei nicht zu kleinen Gruppen und 3-dimensionale nur bei den größten Punktgruppen, genauer bei m3m (O_h), 43m (O) und $\bar{4}32$ (T_d) des kubischen Kristallsystems.

Zur Illustration dieser allgemeinen Darlegungen und zur Vorbereitung auf die Diskussion realer Bandverläufe im Abschnitt 2.7 betrachten wir einige spezielle **k**-Vektoren aus der 1.BZ des f.c.c.-Gitters. Für das Zentrum Γ ist die kleine Punktgruppe P_k identisch mit der vollen Punktgruppe P, bei Kristallen mit Diamantstruktur also mit der Gruppe m3m. Die irreduziblen Darstellungen der kleinen Punktgruppen werden im allgemeinen mit den großen griechischen bzw. lateinischen Buchstaben für den betrachteten **k**-Vektor sowie durch untere Zahlenindizes an den Buchstaben bezeichnet. Für den Γ-Punkt heißen die irreduziblen Darstellungen bei der Diamantstruktur Γ_1, Γ_2, Γ_{12}, Γ_{25}, Γ_{15} und Γ'_1, Γ'_2, Γ'_{12}, Γ'_{25}, Γ'_{15}. Der Strich kennzeichnet, daß sich die betreffende Darstellung von der ungestrichenen nur durch ein Minuszeichen vor der Matrix für die Inversion unterscheidet. Weitere Erläuterungen zu diesen zunächst etwas merkwürdig erscheinenden Bezeichnungen findet man in Lehrbüchern der Gruppentheorie. Wir können hier auf Erläuterungen verzichten, weil wir von der Bedeutung der Bezeichnungen keinen expliziten Gebrauch machen werden - sie sind für uns lediglich Namen von Darstellungen. In Tab. 8 sind neben dem Symbol Γ alle irreduziblen Darstellungen der Punktgruppe m3m aufgeführt, die Zahlen kennzeichnen die zugehörigen Dimensionen. Die irreduziblen Darstellungen der kleinen Punktgruppen P_k der symmetrischen Punkte Δ , X, Λ und L für Kristalle mit Diamantstruktur sind ebenfalls angegeben. Aus Tab. 8 kann man entnehmen, daß bei Kristallen mit Diamantstruktur im Zentrum der 1.BZ 1-, 2- und 3-fach entartete Bänder vorkommen können, in allen übrigen Punkten nur 1- und 2-fach entartete. Bei X liegen ausschließlich zweifach entartete vor. Diese Besonderheit resultiert daraus, daß die Raumgruppe der Diamantstruktur nicht-symmorph ist. Die Darstellungen der kleinen Gruppe von X sind in diesem Falle solche mit einem Faktorsystem, d.h., die Multiplikation zweier Darstellungsmatrizen ergibt die Matrix des Produktelementes nur bis auf einen bestimmten Faktor. Daß es unter diesen Umständen vorkommen kann, daß 1-dimensionale Darstellungen nicht möglich sind, leuchtet unmittelbar ein.

Die Entartung im Punkt Γ läßt sich mit der bei einem freien Atom vergleichen. Diese ist ebenfalls die Folge von Dreh- und Spiegelungssymmetrien, jedoch sind beliebige Drehungen und Spiegelungen zugelassen, d.h., die Punktgruppe enthält unendlich viele Elemente. Die Dimensionen der irreduziblen Darstellungen dieser Gruppe sind durch die Drehimpulsquantenzahl l bestimmt, wobei l die Werte 0, 1, 2, ..., ∞ annehmen kann, und beträgt 2l + 1. Es treten also alle ungeraden Zahlen als Darstellungsdimension bzw. Entartungsgrad von Energieeigenwerten auf. Beim Wasserstoffatom kommt zu dieser symmetriebedingten Entartung noch eine durch die spezielle Form des reinen Coulomb-Potentials hervorgerufe-

Tab. 8 Irreduzible Darstellungen (Bezeichnung und Dimension) der kleinen Punktgruppen symmetrischer Punkte der 1. BZ des f.c.c.-Gitters für Kristalle mit Diamantstruktur

Γ	m3m	Γ_1 1	Γ_2 1	Γ_{12} 2	Γ_{25} 3	Γ_{15} 3	Γ'_1 1	Γ'_2 1	Γ'_{12} 2	Γ'_{25} 3	Γ'_{15} 3
Δ	4mm	Δ_1 1	Δ_2 1	Δ_5 2			Δ'_1 1	Δ'_2 1			
X	$\frac{4}{m}$mm	X_1 2	X_2 2	X_3 2	X_4 2						
Λ	3m	Λ_1 1	Λ_2 1	Λ_3 2							
L	$\overline{6}$2m	L_1 1	L_2 1	L_3 2			L'_1 1	L'_2 1	L'_3 2		

ne zufällige Entartung hinzu. Die Energieeigenwerte unterscheiden sich nur für verschiedene Hauptquantenzahlen n voneinander und sind für die zu einem n gehörenden l-Werte 0, 1, 2, ..., n-1 identisch. Die Entartung ist dann n^2-fach.

Wir fügen noch eine Bemerkung über die Zeitumkehrsymmetrie an. Die Konsequenz dieser Symmetrie für Elektronen, deren Spineigenschaften vernachlässigt werden können, haben wir schon in Abschnitt 2.3 betrachtet. Die Beziehung (2.112) ist Ausdruck dafür. Wenn der Spin, genauer die Spin-Bahn-Wechselwirkung der Elektronen wesentlich wird, sind die Auswirkungen der Zeitumkehrsymmetrie komplizierter. Man muß dann die Darstellungen der vollen Symmetriegruppe der Schrödinger-Gleichung, die neben den Elementen der Raumgruppe auch die Zeitumkehroperation enthält, in einem Raum von zweikomponentigen *Spinorfunktionen* statt wie bisher von gewöhnlichen einkomponentigen Funktionen betrachten. Eine 3-dimensionale Darstellung der Punktgruppe m3m im gewöhnlichen Raum, z.B. Γ'_{25}, wird dadurch zu einer 6-dimensionalen Darstellung im Raum der zweikomponentigen Spinoren. Da die Dimension der irreduziblen Darstellungen der Punktgruppe m3m in diesem Raum maximal 4 beträgt, ist die aus Γ'_{25} erhaltene 6-dimensionale Darstellung reduzibel. Es zeigt sich, daß sie in eine 4-dimensionale irreduzible Darstellung, die man als Γ_8 bezeichnet, und eine 2-dimensionale, die mit Γ_7 bezeichnet wird, zerfällt. Physikalisch bedeutet dies, daß das ohne Berücksichtigung des Spins 6-fach entartete Bandniveau infolge der Spin-Bahn-Wechselwirkung in ein 4-fach entartetes Γ_8- und ein zweifach entartetes Γ_7

-Niveau aufspaltet. Diese Erscheinung heißt *Spin-Bahn-Aufspaltung.*

2.5.3 Kritische Punkte und effektive Massen

Die Entartung der Energiebänder in symmetrischen Punkten der 1.BZ, die wir im vorangegangenen Unterabschnitt behandelt haben, ist eine unmittelbare Folge der Symmetrie dieser Punkte. Wir wenden uns jetzt einer anderen Konsequenz dieser Symmetrie zu, die uns auf die Begriffe *kritische Punkte* und *effektive Massen* führen wird.

Wenn ein bestimmter symmetrischer Punkt $\mathbf{k}_0$ der 1. BZ unter der Wirkung einer Punktsymmetrieoperation α in sich selbst überführt wird, so müssen Punkte $\mathbf{k}_0+\Delta\mathbf{k}$ aus einer kleinen Umgebung von $\mathbf{k}_0$ notwendig wieder in Punkte dieser Umgebung transformiert werden. Ist α z.B. eine Spiegelung an einer Ebene senkrecht zur x-Achse, so gehen Punkte der Form $\mathbf{k}_0+\Delta k\cdot\mathbf{e}_x$ mit $\mathbf{e}_x$ als Einheitsvektor in x-Richtung in $\mathbf{k}_0-\Delta k\cdot\mathbf{e}_x$ über. Wegen der Symmetrierelation (2.149) für die Energiebänder hat $E_\nu(\mathbf{k})$ vor und nach der Spiegelung den gleichen Wert. Daraus folgt, daß die erste Ableitung der Funktion $E_\nu(\mathbf{k})$ nach k_x auf der Spiegelebene gleich Null ist. Liegt $\mathbf{k}_0$ gleichzeitig noch auf einer zur ersten Spiegelebene senkrechten zweiten, etwa einer senkrecht zur y-Achse, so verschwindet auch die k_y-Ableitung von $E_\nu(\mathbf{k})$. Ist $\mathbf{k}_0$ außerdem ein Punkt auf einer dritten Spiegelebene senkrecht zur z-Achse, hat die Ableitung nach k_z ebenfalls den Wert Null. Was hier am Beispiel von Spiegelebenen demonstriert wurde, hat allgemeine Bedeutung: Die ersten Ableitungen der Energiebandfunktionen $E_\nu(\mathbf{k})$ nach den drei Komponenten des Wellenvektors verschwinden in symmetrischen Punkten entweder durchweg oder partiell, je nach dem Grad der Symmetrie. Mit einiger Unschärfe in der Formulierung können wir sagen, daß in Symmetriezentren alle drei ersten Ableitungen gleich Null sind, auf Symmetriegeraden zwei, nämlich die nach den beiden dazu senkrechten Komponenten, und auf Symmetrieebenen eine, und zwar ebenfalls die nach der dazu senkrechten Komponente. Auf Symmetriegeraden gibt es außerdem oft spezielle Punkte, in denen aus Gründen, die mit der Symmetrie nichts zu tun haben, auch noch die verbleibende erste Ableitung verschwindet. Die ersten Ableitungen der Funktion $E_\nu(\mathbf{k})$ bezüglich $\mathbf{k}$ besitzen eine unmittelbare physikalische Bedeutung. Man kann nämlich leicht beweisen, daß sie bis auf einen konstanten Faktor gleich dem Erwartungswert des Impulsoperators $\mathbf{p}$ in einem Bloch-Zustand sind, d.h., daß gilt

$$(\varphi_{\nu\mathbf{k}} |\ \mathbf{p}\ | \varphi_{\nu\mathbf{k}}) = \frac{m}{\hbar} \nabla_{\mathbf{k}} E_\nu(\mathbf{k}) \ . \tag{2.153}$$

Verschwindet $\nabla_{\mathbf{k}} E_\nu(\mathbf{k})$, so ist also auch der mittlere Impuls im zugehörigen Bloch-Zustand gleich Null.

Das sind Anlässe genug, um Punkte der 1.BZ, in denen alle ersten Ableitungen von $E_\nu(\mathbf{k})$ gleichzeitig verschwinden, einer gesonderten Betrachtung zu unterziehen. Man nennt sie *kritische Punkte.* Später werden wir sehen, daß die sogenannte Zustandsdichte als Funktion der Energie auf Isoenergieflächen, die kritische Punkte enthalten, Singularitäten besitzt. Daher rührt auch die Bezeichnung für diese Punkte. Sie stehen in engem Zusammehang mit den symmetrischen Punkten, ohne aber generell mit ihnen identisch zu sein. Kritische Punkte $\mathbf{k}_c$ sind durch die Gleichung

$$\nabla_{\mathbf{k}} E_\nu(\mathbf{k})\Big|_{\mathbf{k}=\mathbf{k}_c} = 0 \tag{2.154}$$

definiert. Unter der Voraussetzung, daß $E_\nu(\mathbf{k})$ eine im Punkt $\mathbf{k}_c$ reguläre Funktion ist, gilt in der Umgebung von $\mathbf{k}_c$ näherungsweise die quadratische Entwicklung

$$E_\nu(\mathbf{k}) = E_\nu(\mathbf{k}_c) + \frac{1}{2}\sum_{\alpha\beta} \frac{\partial^2}{\partial k_\alpha \partial k_\beta} E_\nu(\mathbf{k}_c)\,(k_\alpha - k_{c\alpha})(k_\beta - k_{c\beta}) \tag{2.155a}$$

Mit Hilfe der Gleichung

$$M^{-1}_{\nu\alpha\beta} = \frac{1}{\hbar^2}\frac{\partial^2}{\partial k_\alpha \partial k_\beta} E_\nu(\mathbf{k}_c) \tag{2.156}$$

definieren wir die Komponenten $M^{-1}_{\nu\alpha\beta}$ eines Tensors M^{-1}_ν zweiter Stufe. Damit läßt sich $E_\nu(\mathbf{k})$ in der Form

$$E_\nu(\mathbf{k}) = E_\nu(\mathbf{k}_c) + \frac{\hbar^2}{2}\sum_{\alpha\beta} M^{-1}_{\nu\alpha\beta}\,(k_\alpha - k_{c\alpha})(k_\beta - k_{c\beta}) \tag{2.155b}$$

schreiben. Die Tensorkomponenten gehen in den bezüglich $\mathbf{k}$ quadratischen Anteil der Energiedispersionsrelation in der gleichen Weise ein wie beim freien Elektron dessen reziproke Masse m^{-1}. Tatsächlich erhalten wir aus (2.155b) den Ausdruck (2.125) für die Energie des freien Teilchens, indem wir den Energienullpunkt mit $E_\nu(\mathbf{k}_c)$ identifizieren, was unwesentlich ist, und die Ersetzung

$$M^{-1}_{\nu\alpha\beta} \longrightarrow m^{-1}\delta_{\alpha\beta} \tag{2.157}$$

vornehmen. Die Komponenten des zu M_{ν}^{-1} inversen Tensors M_{ν} haben dementsprechend die Dimension einer Masse. Man bezeichnet M_{ν} deshalb als Tensor der *effektiven Masse*. Durch die Bezeichnung "effektiv" wird der Tatsache Rechnung getragen, daß es sich bei den Elektronen eines Kristalls nicht um freie Elektronen handelt, sondern um solche, die dem Einfluß des periodischen Potentials unterworfen sind. Dieses Potential bewirkt, daß der Wellenvektor des freien Elektrons zum Quasiwellenvektor **k** wird und im allgemeinen auch die quadratische Abhängigkeit der Energie vom Wellenvektor in eine kompliziertere übergeht. Nur in den kritischen Punkten bleibt die quadratische Abhängigkeit erhalten, aber mit Koeffizienten $M_{\nu\alpha\beta}^{-1}$, die sich von denen beim freien Teilchen unterscheiden, was durchaus verständlich ist. Es sind effektive Koeffizienten, in die die Wirkung des periodischen Potentials eingeht.

Im Unterschied zum freien Elektron, wo diese Koeffizienten ein Vielfaches m^{-1} des Einheitstensors $\delta_{\alpha\beta}$ sind, also eine skalare Größe darstellen, bilden sie beim Elektron im Kristall einen Tensor $M_{\nu\alpha\beta}^{-1}$ mit nichtverschwindenden Nichtdiagonalelementen und untereinander ungleichen Diagonalelementen. Das Entsprechende gilt für den dazu inversen Tensor der effektiven Masse M_{ν}. Die Masse eines Kristallelektrons in einem kritischen Punkt ist also im allgemeinen eine tensorielle Größe. Darin kommt zum Ausdruck, daß das Kristallpotential in unterschiedlichen Raumrichtungen im allgemeinen unterschiedliche Werte hat. In speziellen Fällen kann man die effektive Masse durch eine skalare Größe m_{ν}^{*} approximieren. Dann reduziert sich der Unterschied zwischen der Masse des freien Elektrons und der des Kristallelektrons auf die Größe der beiden Massenwerte.

Die mathematische Beschreibung der effektiven Masse läßt sich vereinfachen, indem man die Symmetrie des Tensors $M_{\nu\alpha\beta}^{-1}$ bezüglich Vertauschung der Indizes α und β, also die Relation

$$M_{\nu\alpha\beta}^{-1} = M_{\nu\beta\alpha}^{-1} \tag{2.158}$$

ausnutzt. Diese Eigenschaft folgt unmittelbar aus der Definitionsgleichung (2.156) für $M_{\nu\alpha\beta}^{-1}$. Jeder symmetrische Tensor läßt sich durch Transformation der Koordinaten, in unserem Falle der Komponenten des **k**-Vektors, in das Hauptachsensystem auf Diagonalform bringen. Mit den Hauptdiagonalelementen $m_{\nu\alpha}^{*-1}$ von M_{ν}^{-1} in diesem System gilt

$$M_{\nu\alpha\beta}^{-1} = m_{\nu\alpha}^{*-1}\,\delta_{\alpha\beta} \tag{2.159}$$

Die $m_{\nu\alpha}^{*-1}$ sind reell, können neben positiven Werten im allgemeinen aber auch negative besitzen. Versteht man unter den k_α jetzt die Komponenten von $\mathbf{k}$ im Hauptachsensystem, so folgt

$$E_\nu(\mathbf{k}) = E_\nu(\mathbf{k}_c) + \frac{\hbar^2}{2} \sum_\alpha \frac{1}{m^*_{\nu\alpha}} (k_\alpha - k_{c\alpha})^2 . \qquad (2.160)$$

Wir wollen annehmen, daß der kritische Punkt $\mathbf{k}_c$ auf einer (vierzähligen) Symmetriegeraden der 1.BZ liegt, und daß diese gleichzeitig Hauptachse ist. Dann müssen aus Symmetriegründen die beiden Hauptelemente senkrecht zu dieser Achse miteinander identisch sein. Mit $\alpha = 3$ für die symmetrische Hauptachse gilt also

$$m^*_{\nu 1} \equiv m^*_{\nu 2} \equiv m^*_{\nu\perp} \qquad (2.161)$$

Das zur symmetrischen Hauptachse gehörende Element $m^*_{\nu 3} \equiv m^*_{\nu\parallel}$ ist davon im allgemeinen verschieden. Wenn $\mathbf{k}_c$ in einem Symmetriezentrum der 1.BZ liegt, stimmen auch noch die verbliebenen beiden Elemente überein, d.h., es gilt

$$m^*_{\nu\perp} = m^*_{\nu\parallel} \qquad (2.162)$$

Zum Schluß fügen wir noch eine Bemerkung an, die den Verlauf der Funktion $E_\nu(\mathbf{k})$ in der Umgebung kritischer Punkte allgemein betrifft. Aus Gleichung (2.160) folgt, daß diese Funktion bei $\mathbf{k}_c$ ein Minimum hat, falls alle drei effektiven Massen positiv sind, und ein Maximum, falls alle negativ sind. Haben die drei effektiven Massen kein einheitliches Vorzeichen, liegt ein Sattelpunkt vor.

2.6 Methoden zur Berechnung der Bandstruktur

In der Näherung fast freier Elektronen, wie sie in Abschnitt 2.4 behandelt wurde, geht man von der Vorstellung aus, daß die stationären Zustände der Elektronen im periodischen Kristallpotential nur wenig von ebenen Wellen abweichen. Um die Anwendbarkeit dieser Näherung einschätzen zu können, muß man sich vergegenwärtigen, daß ebene Wellen Zuständen entsprechen, die mit einer überall gleichen Aufenthaltswahrscheinlichkeit der Elektronen im Kristall verbunden sind. Auf Elektronenzustände, die durch das periodische Kristallpotential gestört sind, trifft diese Aussage natürlich nicht mehr in Strenge zu - die Aufenthaltswahrscheinlichkeit ist gitterperiodisch moduliert. Aber die Amplitude dieser Modulation ist klein , wenn das gitterperiodische Potential nicht zu stark ist, nämlich von der Größenordnung $|V(\mathbf{k})/[E(\mathbf{k})-E(\mathbf{k}+\mathbf{K})]|$, so daß die gestörten Zustände immer noch nahezu gleichmäßig über den Kristall verteilt sind. Dieses Verhalten stimmt nun überhaupt nicht mit der Erwartung überein, die man hinsichtlich der Zustände der Valenzelektronen haben muß, wenn man sich den Kristall aus vorher isolierten Atomen entstanden denkt. In den isolierten Atomen sind die Valenzelektronen am jeweiligen Atomrumpf lokalisiert. Im Kristallverband ist diese Lokalisierung zwar partiell aufgehoben, so daß eine Bindung der Atome aneinander über ihre Valenzelektronen und über Coulomb-Kräfte möglich wird, aber eine so weitgehende Aufhebung der Lokalisierung, wie sie in der Näherung fast freier Elektronen angenommen wird, ist nicht zu erwarten. Es liegt deshalb nahe, neben der Näherung fast freier Elektronen, die von vollständig delokalisierten Zuständen ausgeht, auch noch eine andere Näherung zu betrachten, die vollständig lokalisierte, genauer gesagt, atomare Wellenfunktionen als Ausgangszustände annimmt. Man spricht von der *Näherung der starken Bindung.*

2.6.1 Näherung der starken Bindung

Zwar werden die mit atomaren Ausgangszuständen erhaltenen Ergebnisse quantitativ auch nur bedingt richtig sein, aber man darf erwarten, daß ihre Fehler dann besonders klein sein werden, wenn die Elektronen im Kristall, wie angenommen, tatsächlich stark lokalisiert sind. Das bedeutet gleichzeitig, daß in diesem Falle die Näherung fast freier Elektronen besonders schlecht geeignet sein wird. Umgekehrt darf man erwarten, daß die Näherung fast freier Elektronen dann zu guten Ergebnissen führen wird, wenn die Näherung der starken Bindung wegen der zu geringen Lokalisation der Elektronen versagt. Die beiden Näherungen sollten sich also in diesem Sinne komplementär zueinander verhalten. Ergebnisse, die aus beiden Näherungen folgen, wird man als unabhängig von einer speziellen Näherung überhaupt und damit als exakt ansehen dürfen. Im folgenden geben wir eine kurze Darstellung der Grundlagen der Näherung der starken Bindung und wenden sie auf zwei einfache Modelle an.

Grundlagen

Die lokalisierten Ausgangszustände in der Näherung der starken Bindung sind Wellenfunktionen von Elektronen, die an Atomrümpfe gebunden sind, genauer gesagt an jene Atomrümpfe, aus denen der Kristall aufgebaut ist. Der Einfachheit halber rechnen wir im folgenden nur mit *einer* Sorte von Rümpfen, setzen also chemische Elementkristalle voraus. Für einen im Koordinatenursprung lokalisierten Atomrumpf bezeichnen wir die Elektronen-Eigenzustände mit $\phi_a(\mathbf{x})$, wobei a die Gesamtheit der Quantenzahlen der Valenzelektronen bezeichnet. Wir nehmen an, daß dazu die Hauptquantenzahl n, die Drehimpulsquantenzahl l und die magnetische Quantenzahl m gehören, wie das z.B. bei den tetraedrisch koordinierten Halbleitern der Fall ist. Dabei ist n auf einen einzigen Wert fixiert (für C gilt n=2, für Si n=3 und für Ge n=4), l hat die Werte 0 (s-Zustand) und 1 (p-Zustände mit den drei Werten 1, 0, -1 für m). Die entsprechenden Wellenfunktionen ϕ_{nlm} sind Produkte von radialen Funktionen $R_{nl}(|\mathbf{x}|)$ und Kugelflächenfunktionen $Y_{lm}(\mathbf{x}/|\mathbf{x}|)$. Es gilt

$$\phi_{nlm}(\mathbf{x}) = Y_{lm}\left(\frac{\mathbf{x}}{|\mathbf{x}|}\right) R_{nl}(|\mathbf{x}|) \tag{2.163}$$

mit

$$Y_{00}(\mathbf{x}/|\mathbf{x}|) = \left(\frac{1}{4\pi}\right)^{1/2}, \tag{2.164}$$

$$Y_{1m}(\mathbf{x}/|\mathbf{x}|) = \left(\frac{3}{8\pi}\right)^{1/2} \begin{cases} (x+iy)/|\mathbf{x}| & m=+1 \\ (x-iy)/|\mathbf{x}| & m=-1 \\ (2)^{1/2} z/|\mathbf{x}| & m=\ 0 \end{cases}$$

Anstelle von ϕ_{n11} und ϕ_{n1-1} wählt man meist die Linearkombinationen

$$\phi_{n1x,y}(\mathbf{x}) = \left(\frac{1}{2}\right)^{1/2} \begin{cases} [\phi_{n11} + \phi_{n1-1}] = (3/4\pi)^{1/2}(x/|\mathbf{x}|)R_{n1}(|\mathbf{x}|) \\ -i[\phi_{n11} - \phi_{n1-1}] = (3/4\pi)^{1/2}(y/|\mathbf{x}|)R_{n1}(|\mathbf{x}|) \end{cases} \tag{2.165}$$

und setzt außerdem

$$\phi_{n1z}(\mathbf{x}) \equiv \phi_{n10}(\mathbf{x}) = \left(\frac{3}{4\pi}\right)^{1/2} (z/|\mathbf{x}|)R_{n1}(|\mathbf{x}|) \tag{2.166}$$

Die Atom-Eigenzustände sind dann durch die Quantenzahlen n, l, x, y, z charakterisiert. Die Zustände in (2.164) bzw. (2.165) und (2.166) bezeichnet man auch als *Atomorbitale* oder einfach als *Orbitale*. Die Orbitale sind orthonormiert, d.h., es gilt

$$(\phi_{a'}|\phi_a) = \delta_{a'a} \tag{2.167}$$

Ist der Atomrumpf nicht wie bisher angenommen im Koordinatenursprung, sondern an einer Kristallposition $\mathbf{R} + \vec{\tau}_j$ lokalisiert, so werden die zugehörigen Orbitale, die wir mit $\phi_{\mathbf{R}ja}(\mathbf{x})$ bezeichnen wollen, durch Funktionen ϕ_a mit verschobenem Argument, d.h. durch

$$\phi_{\mathbf{R}ja}(\mathbf{x}) = \phi_a(\mathbf{x} - \mathbf{R} - \vec{\tau}_j) \tag{2.168}$$

beschrieben. Zwei verschiedene Orbitale $\phi_{\mathbf{R}'j'a'}(\mathbf{x})$ und $\phi_{\mathbf{R}ja}(\mathbf{x})$ sind für gleiche Werte von $\mathbf{R}'$ und $\mathbf{R}$ sowie von j' und j, aber verschiedene Werte von a' und a orthogonal zueinander. Für $\mathbf{R}' \neq \mathbf{R}$ oder $j' \neq j$, d.h. für Orbitale an verschiedenen Atomen, besteht streng genommen keine Orthogonalität mehr. Da sich aber die Orbitale verschiedener Atome nur geringfügig überlappen, können sie wenigstens näherungsweise als orthogonal angesehen werden. Es gilt also näherungsweise

$$(\phi_{\mathbf{R}'j'a'} | \phi_{\mathbf{R}ja}) = \delta_{\mathbf{R}'\mathbf{R}} \, \delta_{j'j} \, \delta_{a'a} \tag{2.169}$$

Auf Grund ihrer Definition besitzen die $\phi_{\mathbf{R}ja}(\mathbf{x})$ die Eigenschaft

$$\phi_{\mathbf{R}+\mathbf{R}_0 ja}(\mathbf{x}) = \phi_{\mathbf{R}ja}(\mathbf{x} - \mathbf{R}_0) \tag{2.170}$$

mit $\mathbf{R}_0$ als beliebigem Gittervektor. Aus den Orbitalen $\phi_{\mathbf{R}ja}(\mathbf{x})$ bilden wir jetzt durch eine unitäre Transformation neue Wellenfunktionen

$$\phi_{\mathbf{k}ja}(\mathbf{x}) = \frac{1}{G^{3/2}} \sum_{\mathbf{R}} e^{i\mathbf{k}\cdot(\mathbf{R}+\vec{\tau}_j)} \, \phi_{\mathbf{R}ja}(\mathbf{x}) \quad , \tag{2.171}$$

wobei die Summation über alle Gitterpunkte des Grundgebietes erstreckt wird. Die mit Hilfe von (2.171) leicht zu verifizierende Relation

$$\phi_{\mathbf{k}ja}(\mathbf{x} + \mathbf{R}_0) = e^{i\mathbf{k}\cdot\mathbf{R}_0} \, \phi_{\mathbf{k}ja}(\mathbf{x}) \tag{2.172}$$

weist die $\phi_{\mathbf{k}ja}(\mathbf{x})$ als Blochfunktionen zum Quasiwellenvektor $\mathbf{k}$ aus. Man spricht auch von Blochsummen aus Atomorbitalen. Ersetzt man $\mathbf{k}$ in $\phi_{\mathbf{k}ja}$ durch einen Wellenvektor, der sich von $\mathbf{k}$ um einen reziproken Gittervektor $\mathbf{K}$ unterscheidet,so ergibt sich wegen $\exp(i\mathbf{K}\mathbf{R}) = 1$ bis auf einen unwesentlichen Phasenfaktor die gleiche Wellenfunktion wie vorher. Es reicht also aus, $\mathbf{k}$ innerhalb der 1. BZ variieren zu lassen. Durch den Ansatz (2.171) befinden wir uns automatisch im reduzierten Zonenschema.

Aus der genäherten Orthogonalität der $\phi_{Rja}(\mathbf{x})$ folgt die genäherte Orthogonalität der $\phi_{kja}(\mathbf{x})$:

$$(\phi_{k'j'a'} | \phi_{kja}) = \delta_{k'k}\delta_{j'j}\delta_{a'a} \tag{2.173}$$

Das System der Funktionen $\phi_{kja}(\mathbf{x})$ ist nicht vollständig. Um ein vollständiges System zu erhalten, hätten wir alle Orbitale eines Atoms mitnehmen müssen, nicht nur die zu ausgewählten Werten von n, l, m, wie wir es getan haben. Wenn wir die gesuchten Eigenfunktionen $\varphi_{Ek}(\mathbf{x})$ der Schrödinger-Gleichung (2.83) zur Energie E und zum Wellenvektor $\mathbf{k}$ trotzdem als Linearkombinationen der $\phi_{kja}(\mathbf{x})$ darstellen, so ist das eine Näherung. Sie ist umso besser gerechtfertigt, je ähnlicher die zu berechnenden Eigenzustände $\varphi_{Ek}(\mathbf{x})$ der Valenzelektronen im Kristall den ausgewählten Atomorbitalen, genauer deren Blochsummen sind. In diesem Sinne setzen wir $\varphi_{Ek}(\mathbf{x})$ in der Form

$$\varphi_{Ek}(\mathbf{x}) = \sum_{ja} (\mathbf{k}ja \mid \varphi_{Ek})\, \varphi_{kja}(\mathbf{x}) \tag{2.174}$$

an. Mit diesem Ansatz gehen wir in die Schrödinger-Gleichung (2.83) ein. Wir erhalten

$$\sum_{j'a'} (\mathbf{k}ja | H | \mathbf{k}j'a')\, (\mathbf{k}j'a' | \varphi_{Ek}) = E\, (\mathbf{k}ja | \varphi_{Ek}) \tag{2.175}$$

Für die Matrixelemente des Hamilton-Operators ergibt sich

$$(\mathbf{k}ja | H | \mathbf{k}j'a') = \sum_{R'} e^{i\mathbf{k}\cdot(\mathbf{R}'+\vec{\tau}_{j'} - \vec{\tau}_j)}\, H_{jaj'a'}(\mathbf{R}') \tag{2.176}$$

mit

$$H_{jaj'a'}(\mathbf{R}') = \int d^3x\, \phi_a^*(\mathbf{x}-\vec{\tau}_j)\, H\, \phi_{a'}(\mathbf{x}-\mathbf{R}'-\vec{\tau}_{j'}) \tag{2.177}$$

Für einen gegebenen Wellenvektor bilden die $(\mathbf{k}ja|H|\mathbf{k}j'a')$ eine quadratische Matrix mit endlich vielen Zeilen und Spalten, und zwar gerade so vielen, wie verschiedene Orbitale pro primitiver Einheitszelle zur Darstellung der Eigenfunktionen verwendet wurden, also Anzahl J der Atome pro primitiver Einheitszelle mal Anzahl A der Orbitale pro Atom.

Die Matrixelemente des Hamilton-Operators in (2.175) sind, im Prinzip wenigstens, über die beiden Relationen (2.176) und (2.177) berechenbar. Die Integrale $H_{jaj'a'}(\mathbf{R}')$ in (2.177) beschreiben die Wechselwirkung von Elektronen in Orbitalen, von denen das eine am Atom bei $\vec{\tau}_j$ und das andere am Atom bei $\mathbf{R}'+\vec{\tau}_{j'}$ lokalisiert ist. Diese Integrale werden mit wachsendem Abstand der Atome immer kleiner, und zwar annähernd exponentiell, so wie die Atomorbitale in größerem Abstand vom Zentrum auch. Deshalb reicht es aus, die Summe über **R'** in (2.176) nur über die nächsten, allenfalls zweitnächsten Nachbaratome zu erstrecken. Sind die Matrixelemente $(\mathbf{k}ja|H|\mathbf{k}j'a')$ bekannt, läuft die Berechnung der Energieeigenwerte und -funktionen der Schrödinger-Gleichung darauf hinaus, die Eigenwerte und -vektoren der $(J\cdot A)\mathrm{x}(J\cdot A)$-Matrix aus (2.176) zu ermitteln. Das ist eine mitunter bereits analytisch, in jedem Falle aber numerisch leicht lösbare Aufgabe. Zu jedem **k** erhält man $J\cdot A$ Eigenwerte und Eigenvektoren, die speziell für symmetrische k-Vektoren zum Teil entartet sein werden. Läßt man **k** über der 1.BZ variieren, entstehen aus den $J\cdot A$ Energieeigenwerten $J\cdot A$ Energiebänder.

Anwendungen

Wir erläutern zunächst an einem sehr einfachen Modell, wie die Näherung der starken Bindung arbeitet. Vorausgesetzt wird ein Kristall mit einem primitiven kubischen Gitter und nur einem Atom pro primitiver Einheitszelle (j = 1), das im jeweiligen Gitterpunkt **R** angeordnet ist, d.h. es gilt $\vec{\tau}_1 = 0$. Den Satz der Atomorbitale beschränken wir auf ns-Orbitale, d.h., wir setzen a=ns. Mit J=1 und A=1 erhalten wir eine Matrix von der Größe 1x1, die Berechnung der Eigenwerte und Eigenvektoren ist also trivial. Bei der Berechnung des Matrixelements $(\mathbf{k}1ns|H|\mathbf{k}1ns)$ brechen wir die in Gleichung (2.176) auftretende **R'**-Summation nach den nächsten Nachbaratomen ab. Diese Atome befinden sich an Positionen $\mathbf{R}_{1,2} = (\pm a,0,0)$, $\mathbf{R}_{3,4} = (0,\pm a,0)$, $\mathbf{R}_{5,6} = (0,0,\pm a)$. Wir setzen

$$H_{1ns\,1ns}(0) = \varepsilon_{ns} , \tag{2.178}$$

$$H_{1ns\,1ns}(\mathbf{R}_t) = \beta_{ns} , \quad t = 1,2,\ldots 6 \tag{2.179}$$

Dabei haben wir ausgenutzt, daß alle sechs Nachbaratome aus Symmetriegründen zum gleichen Wert des Integrals (2.177) führen. Der Wert von β_{ns} hängt von der Überlappung der an benachbarten Atomen lokalisierten s-Orbitale ab. Mit wachsendem Abstand der Atome geht β_{ns} gegen 0. Der Wert von ε_{ns} stimmt im wesentlichen mit der Energie des atomaren ns-Niveaus überein. Für das Matrixelement $(\mathbf{k}1ns|H|\mathbf{k}1ns)$ folgt mit Hilfe von (2.176)

$$(\mathbf{k}lns|H|\mathbf{k}lns) = \varepsilon_{ns} + \beta_{ns} \sum_{t=1}^{6} e^{i\mathbf{k}\cdot\mathbf{R}_t} \tag{2.180}$$

Daraus ergeben sich die Energieeigenwerte $E_{ns}(\mathbf{k})$ der Schrödinger-Gleichung zu

$$E_{ns}(\mathbf{k}) = \varepsilon_{ns} + \beta_{ns}\, 2\left[\cos(k_x a) + \cos(k_y a) + \cos(k_z a)\right] \tag{2.181}$$

Wir schließen eine kurze Diskussion dieser Energieeigenwerte an. Dazu benutzen wir, daß β_{ns} positive Werte besitzt und wesentlich kleiner ist als der Betrag von ε_{ns}. Entlang der Linie $(0,0,k_z)$ der 1.BZ des betrachteten einfach kubischen Gitters hat das Energiespektrum die in Abb. 32 dargestellte Form. Dabei haben wir im Unterschied zu früher angenommen, daß n nicht nur einen, sondern mehrere Werte haben kann, d.h., daß sich die Valenzelektronen nicht nur über ein, sondern über mehrere atomare Niveaus ε_{ns} verteilen. Die dann zusätzlich auftretenden Matrixelemente des Hamilton-Operators H zwischen den verschiedenen Werten von n sind vernachlässigt worden. Jedem Atomniveau ε_{ns} entspricht im Kristall ein Energieband der Breite $4\beta_{ns}$. Dazwischen liegen verbotene Energiebereiche. Da die β_{ns} mit wachsendem Atomabstand kleiner werden, trifft das gleiche auch auf die Breite der Energiebänder zu, sie wird gleich 0, wenn die Atome unendlich weit auseinanderrücken. Dann haben alle durch k_z unterschiedenen Elektronenzustände die gleiche Energie ε_{ns}, d.h., es liegt eine hochgradige Entartung dieser Niveaus vor. Nähern sich die Atome einander an, so nehmen die β_{ns} wegen der jetzt vorhandenen Überlappung der Orbitale von Null ver-

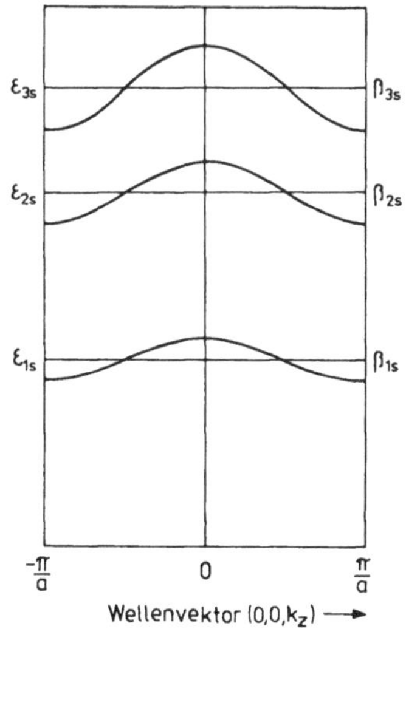

Abb. 32 Energiebänder in der Näherung der starken Bindung für das im Text charakterisierte einfache Modell

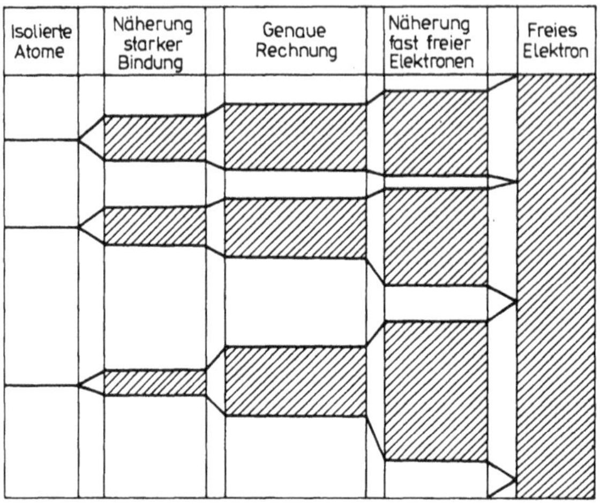

Abb. 33 Zur Entstehung der Energiebänder und Energielücken im Energiespektrum eines Kristalls

schiedene Werte an, die Entartung der Zustände zu verschiedenen k_z wird aufgehoben, weil die diskreten Atomniveaus in unterschiedliche Werte auffächern. Die Näherung der starken Bindung erklärt auf diese Weise zwanglos, wie aus den diskreten Energieniveaus der Atome die Energiebänder des Kristalls werden. Die Lücken zwischen den Bändern bedürfen der Erklärung nicht, da die diskreten Atomniveaus von Anfang an energetisch voneinander getrennt waren. Demgegenüber sind in der Näherung der fast freien Elektronen die Energielücken gerade das, was zu erklären ist, die Energiebänder, genauer, das unendlich breite Energiekontinuum des freien Elektrons war von Anfang an gegeben. In diesem Energiekontinuum reißen Lücken dadurch auf, daß für Wellenvektoren auf den Braggschen Reflexionsebenen eine besonders intensive Störung der Elektronenzustände durch die Atomrümpfe erfolgt.

Diese Gegenüberstellung der beiden Näherungen macht den Unterschied in der Betrachtungsweise deutlich - die Näherung der starken Bindung betont die Atome und die nahgeordneten Atomkomplexe des Kristalls, die Näherung fast freier Elektronen den Kristall als Ganzes und die ihm eigene Fernordnung der Atome. Deutlich wird dabei aber auch die Gleichwertigkeit der beiden Konzepte, des Nahordnungs- und des Fernordnungskonzepts, in Hinblick auf die Beschreibung der elektronischen Struktur von Kristallen - beide Konzepte führen auf die Existenz von Energiebändern und Energielücken. In Abb. 33 ist das noch einmal veranschaulicht.

Ein für Halbleiter besonders wichtiger Fall ist der mit zwei Atomen pro primitiver Einheitszelle und vier Orbitalen pro Atom, nämlich einem s-Orbital (l=0) und drei p-Orbitalen (l=1), die wir wie früher mit p_x, p_y und p_z bezeichnen. Im Rahmen dieses Modells sind alle tetraedrisch koordinierten Halbleiter der Diamant- und Zinkblendestruktur beschreibbar. Wir skizzieren das Vorgehen am Beispiel eines Kristalls mit Diamantstruktur. Die 8x8-Hamilton-Matrix bestimmt sich in diesem Falle wie folgt. Zunächst betrachten wir die Matrixelemente $(\mathbf{k}ja|H|\mathbf{k}ja')$ zwischen äquivalenten Atomen (j=j'). Da die beiden Atome j=1 und j=2 der primitiven Einheitszelle von gleicher chemischer Natur sind, stimmen auch ihre Matrixelemente überein. Indem wir bei der $\mathbf{R}'$-Summation in Formel (2.176) im Hinblick auf (2.177) nur den Term mit $\mathbf{R}' = 0$ berücksichtigen, folgt näherungsweise

$$(\mathbf{k}ja|H|\mathbf{k}ja') = \delta_{aa'} \begin{cases} \varepsilon_s & \text{für } a = s \\ \varepsilon_p & \text{für } a = p \end{cases} \tag{2.182}$$

Bei den Matrixelementen zwischen nichtäquivalenten Atomen (j≠j') beschränken wir die $\mathbf{R}'$-Summation in (2.176) auf die 4 Einheitszellen $\mathbf{R}_t$, t=1,2,3,4, in denen nächste Nachbaratome liegen. Dazu gehört selbstverständlich auch die Einheitszelle, in der sich die beiden Atome j, j' befinden. Die Matrixelemente aus (2.176) lauten damit

$$(\mathbf{k}ja|H|\mathbf{k}j'a') = \sum_{t=1}^{4} e^{i\mathbf{k}\cdot(\mathbf{R}_t+\vec{\tau}_{j'}-\vec{\tau}_j)} H_{jaj'a'}(\mathbf{R}_t) . \tag{2.183}$$

Aufgrund der Symmetrie des Problems lassen sich alle Integrale $H_{jaj'a'}(\mathbf{R}_t)$ durch 4 von ihnen ausdrücken, nämlich $H_{1s2s}(0)$, $H_{1s2x}(0)$, $H_{1x2x}(0)$ und $H_{1x2y}(0)$. Dafür sind die folgenden Abkürzungen üblich:

$$\begin{aligned} H_{1s2s}(0) &= E_{ss} , \quad & H_{1s2x}(0) &= E_{sp} , \\ H_{1x2x}(0) &= E_{xx} , \quad & H_{1x2y}(0) &= E_{xy} \end{aligned} \tag{2.184}$$

Die Vektoren $\mathbf{R}_t+\vec{\tau}_2-\vec{\tau}_1$ in (2.183) kürzen wir durch $\mathbf{d}_t$ ab. Sie geben die Positionen der vier nächsten Nachbarn eines im Zentrum des Koordinatensystems gelegenen Atoms an. Es gilt $\mathbf{d}_1 = (a/4)(111)$, $\mathbf{d}_2 = (a/4)(1\bar{1}\bar{1})$, $\mathbf{d}_3 = (a/4)(\bar{1}1\bar{1})$, $\mathbf{d}_4 = (a/4)(\bar{1}\bar{1}1)$. Die 8 x 8-Hamilton-Matrix (2.183) geht damit über in

$$\begin{pmatrix} \varepsilon_s & 0 & 0 & 0 & E_{ss}g_1 & E_{sp}g_2 & E_{sp}g_3 & E_{sp}g_4 \\ 0 & \varepsilon_p & 0 & 0 & -E_{sp}g_2 & E_{xx}g_1 & E_{xy}g_4 & E_{xy}g_3 \\ 0 & 0 & \varepsilon_p & 0 & -E_{sp}g_3 & E_{xy}g_4 & E_{xx}g_1 & E_{xy}g_2 \\ 0 & 0 & 0 & \varepsilon_p & -E_{sp}g_4 & E_{xy}g_3 & E_{xy}g_2 & E_{xx}g_1 \\ E_{ss}g_1^* & -E_{sp}g_2^* & -E_{sp}g_3^* & -E_{sp}g_4^* & \varepsilon_s & 0 & 0 & 0 \\ E_{sp}g_2^* & E_{xx}g_1^* & E_{xy}g_4^* & E_{xy}g_3^* & 0 & \varepsilon_p & 0 & 0 \\ E_{sp}g_3^* & E_{xy}g_4^* & E_{xx}g_1^* & E_{xy}g_2^* & 0 & 0 & \varepsilon_p & 0 \\ E_{sp}g_4^* & E_{xy}g_3^* & E_{xy}g_2^* & E_{xx}g_1^* & 0 & 0 & 0 & \varepsilon_p \end{pmatrix} \quad (2.185)$$

mit

$$\begin{aligned} g_1(\mathbf{k}) &= e^{i\mathbf{k}\cdot\mathbf{d}_1} + e^{i\mathbf{k}\cdot\mathbf{d}_2} + e^{i\mathbf{k}\cdot\mathbf{d}_3} + e^{i\mathbf{k}\cdot\mathbf{d}_4} , \\ g_2(\mathbf{k}) &= e^{i\mathbf{k}\cdot\mathbf{d}_1} + e^{i\mathbf{k}\cdot\mathbf{d}_2} - e^{i\mathbf{k}\cdot\mathbf{d}_3} - e^{i\mathbf{k}\cdot\mathbf{d}_4} , \\ g_3(\mathbf{k}) &= e^{i\mathbf{k}\cdot\mathbf{d}_1} - e^{i\mathbf{k}\cdot\mathbf{d}_2} + e^{i\mathbf{k}\cdot\mathbf{d}_3} - e^{i\mathbf{k}\cdot\mathbf{d}_4} , \\ g_4(\mathbf{k}) &= e^{i\mathbf{k}\cdot\mathbf{d}_1} - e^{i\mathbf{k}\cdot\mathbf{d}_2} - e^{i\mathbf{k}\cdot\mathbf{d}_3} + e^{i\mathbf{k}\cdot\mathbf{d}_4} . \end{aligned} \quad (2.186)$$

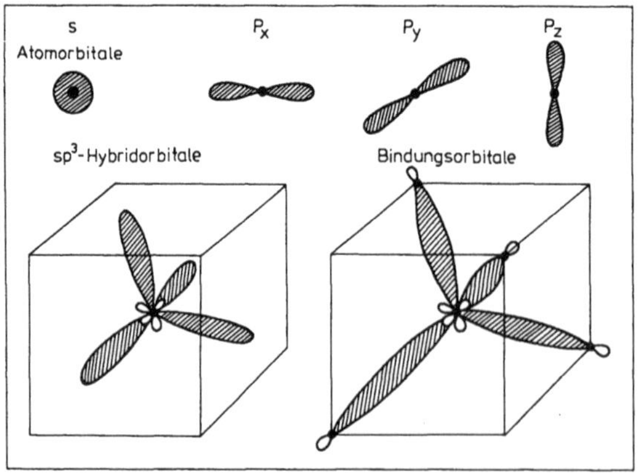

Abb. 34 Veranschaulichung der Wellenfunktionen, die bei der Beschreibung der Elektronenzustände tetraedrisch koordinierter Halbleiter eine Rolle spielen: atomare s- und p-Orbitale, sp^3-Hybridorbitale und Bindungsorbitale

Durch Diagonalisierung der Matrix (2.185) erhält man Bandstrukturen für Halbleiter vom Diamanttyp, die deren wesentliche Züge richtig widerspiegeln (siehe Abb. 35).
Die Eigenvektoren der Hamilton-Matrix lassen Rückschlüsse auf die Natur der chemischen Bindung in diesen Halbleitern zu. Man findet insbesondere, daß die Eigenzustände als Linearkombinationen von Blochsummen über sogenannte *sp^3- Hybridorbitale* dargestellt werden können. Die 4 Hybridorbitale eines im Nullpunkt befindlichen Atoms haben die Form

$$
\begin{aligned}
&\frac{1}{2}\Big[\, \phi_{nls}(x) + \phi_{nlx}(x) + \phi_{nly}(x) + \phi_{nlz}(x) \,\Big] \,, \\
&\frac{1}{2}\Big[\, \phi_{nls}(x) + \phi_{nlx}(x) - \phi_{nly}(x) - \phi_{nlz}(x) \,\Big] \,, \\
&\frac{1}{2}\Big[\, \phi_{nls}(x) - \phi_{nlx}(x) + \phi_{nly}(x) - \phi_{nlz}(x) \,\Big] \,, \\
&\frac{1}{2}\Big[\, \phi_{nls}(x) - \phi_{nlx}(x) - \phi_{nly}(x) + \phi_{nlz}(x) \,\Big]
\end{aligned}
\qquad (2.187)
$$

Ihre Wahrscheinlichkeitsdichte ist zusammen mit der für die s- und p-Orbitale in Abb. 34 dargestellt. Man erkennt, daß die sp^3- Orbitale die Form von Keulen besitzen, deren Schwerpunkt jeweils auf einer der vier Tetraederrichtungen liegt. Aus zwei aufeinander zu gerichteten Hybridorbitalen, die zu benachbarten Atomen gehören, lassen sich durch Addition oder Subtraktion und anschließende Bloch-Summenbildung näherungsweise Eigenzustände des Kristalls aufbauen. Die durch Addition gewonnenen sogenannten *bindenden Zustände* haben eine kleinere Energie als die Hybridorbitale, sie entsprechen den Valenzbandzuständen. Bei Subtraktion erhält man *antibindende Zustände* mit höherer Energie, sie entsprechen den Leitungsbandzuständen.
Wenn alle Elektronen in den niederenergetischen bindenden Zuständen untergebracht werden können, ergibt sich für den Kristall ein Zustand besonders niedriger Gesamtenergie, d.h. ein Zustand fester chemischer Bindung. Voraussetzung dafür, daß sich bindende Eigenzustände bilden können, die alle Valenzelektronen aufnehmen können, ist bei den Elementhalbleitern der IV. Hauptgruppe die Anordnung der Nachbaratome eines Atoms auf den Ecken eines Tetraeders. Auf diese Weise besteht ein bemerkenswerter Zusammenhang zwischen der elektronischen und atomaren Struktur - die tetraedrische Struktur der Elementhalbleiter der IV. Hauptgruppe ist aus ihrer elektronischen Struktur heraus erklär-

bar.
Ähnlich wie für Halbleiter vom Diamanttyp läßt sich die Näherung der starken Bindung auch für Halbleiter mit Zinkblende- und Wurtzitstruktur durchführen.

2.6.2 Andere Methoden

Neben der Näherung der starken Bindung und der Näherung fast freier Elektronen gibt es noch eine Reihe weiterer Methoden zur Berechnung der elektronischen Struktur von Kristallen. Im folgenden geben wir einen Überblick.
Bei jeder Berechnung der Bandstruktur ist man mit zwei Problemen konfrontiert, erstens mit der Aufstellung der Einelektronen-Schrödinger-Gleichung, d.h. mit der Bestimmung des effektiven periodischen Potentials, und zweitens mit der Bestimmung der Eigenlösungen dieser Gleichung. Die verschiedenen Methoden der Bandstrukturberechnung unterscheiden sich darin, wie beide Probleme behandelt werden.
Wir beginnen mit dem zweiten Problem, der Lösung der als bekannt vorausgesetzten Einelektronen-Schrödinger-Gleichung für den Kristall.

Lösung der Schrödinger-Gleichung

Mit Ausnahme der Zellular- und Muffin-Tin-Methoden (auf letztere werden wir noch eingehen), laufen alle Methoden darauf hinaus, die gesuchten Energieeigenzustände des Kristalls zu einem bestimmten Quasiwellenvektor **k** nach einem gewissen Satz endlich vieler Basisfunktionen vom Blochschen Typ zu entwickeln. Dem Hamilton-Operator des Kristalls wird dadurch eine **k**-abhängige komplexe hermitesche Matrix mit soviel Spalten und Zeilen zugeordnet, wie der Basissatz pro **k**-Vektor Funktionen hat. Die Berechnung der elektronischen Struktur ist damit auf die Bestimmung der Eigenwerte und -vektoren dieser Matrix zurückgeführt.
Die in Frage kommenden Basissätze unterscheiden sich durch die Anzahl und die Art der in ihnen enthaltenen Funktionen. Man möchte mit möglichst wenig Funktionen auskommen, um den numerischen Aufwand möglichst gering zu halten. Der Preis dafür ist aber ein Verlust an Genauigkeit, denn mit weniger Basisfunktionen lassen sich die gesuchten Eigenfunktionen nur schlechter approximieren als mit mehr - streng genommen benötigt man ja unendlich viele. Bei vorgegebener Zahl von Basisfunktionen ist die erreichbare Genauigkeit umso höher, je besser die Basisfunktionen den gesuchten Energieeigenzuständen eines Kristallelektrons angepaßt sind. Konkret verwendet man als Basisfunktionen z.B.

- ebene Wellen - das entspricht einer Verallgemeinerung der Näherung fast freier Elektronen,

- Blochsummen aus Atomorbitalen, sogenannten LCAO's (Linear Combinations of Atomic Orbitals), oder anderen lokalisierten Funktionen - das entspricht der Methode der starken Bindung,

- Blochfunktionen mit Bloch-Faktoren zu einem speziellen Wellenvektor (sogenannten Luttinger-Kohn-Funktionen) - daraus ergibt sich die $\mathbf{k}\cdot\mathbf{p}$-Methode,

- orthogonalisierte ebene Wellen (OPW's - Orthogonalized Plane Waves).

Letztere sind von besonderer Bedeutung. Es handelt sich dabei um ebene Wellen, von denen jeweils eine Linearkombination aus Rumpfzuständen der Atome abgezogen wurde, wobei die Linearkombination so gewählt ist, daß die modifizierte ebene Welle orthogonal zu allen Rumpfzuständen wird. Damit trägt man der Tatsache Rechnung, daß Eigenzustände des Hamilton-Operators zu verschiedenen Energien stets orthogonal zueinander sind, d.h. daß also auch die gesuchten Eigenzustände der Valenzelektronen des Kristalls orthogonal zu den Rumpfzuständen sein müssen. Die OPW's sind deshalb den Eigenfunktionen der Valenzelektronen wesentlich besser angepaßt als reine ebene Wellen; man kommt mit wesentlich weniger OPW's als ebenen Wellen aus. Eine formale Weiterentwicklung der OPW-Methode ist die *Pseudopotentialmethode*. Das Pseudopotential setzt sich aus dem wirklichen Einelektronen-Potential für ein Valenzelektron und einem fiktiven Repulsionspotential im Bereich der Atomrümpfe zusammen. Das Repulsionspotential ist so gewählt, daß die Orthogonalität der Eigenfunktionen zu den Rumpfzuständen automatisch gewährleistet ist. Im allgemeinen ist dieses Potential und mit ihm auch das Pseudopotential nichtlokal. Die Energieeigenwerte für das Pseudopotential sind zugleich auch solche für das wirkliche Potential, aber die Wellenfunktionen weichen von den wirklichen in charakteristischer Weise ab. Während die wirklichen im Rumpfgebiet stark oszillieren, sind die Pseudo-Wellenfunktionen dort relativ glatt. Man benötigt deshalb wesentlich weniger ebene Wellen für die Darstellung der Pseudo-Wellenfunktionen als für die der wirklichen Wellenfunktionen. Da die Energieeigenwerte in beiden Fällen die gleichen sind, macht es nichts aus, daß man Pseudo-Wellenfunktionen statt wirklicher Wellenfunktionen berechnet, sofern man nur an den Eigenwerten interessiert ist. Die wirklichen Wellenfunktionen kann man außerdem leicht aus den Pseudo-Wellenfunktionen bestimmen. Die Rumpforbitale der Atome sind aus numerischen Rechnungen gut bekannt. Damit kann man aus dem wirklichen Einelektronen-Potential eines Valenzelektrons das Pseudopotential explizit bestimmen. Dieses Verfahren ist verständlicherweise relativ aufwendig. Deshalb sind auch vereinfachte Varianten der Pseudopotentialmethode entwickelt worden. Bei der *empirischen Pseudopotentialmethode* macht man für das Pseudopotential einen Ansatz, der den allgemeinen Anforderungen an dieses Potential Rechnung trägt, aber noch freie Parameter enthält. Diese werden durch Anpassung der Bandstruktur an empirische Daten bestimmt. Die Pseudopotentialmethode ist immer dann erfolgreich, wenn die Eigenfunktionen, darunter insbesondere die Valenzbandzustände, außerhalb der Rumpfgebiete relativ glatt sind. Das ist der Fall, solange die Valenzbandzustände hauptsächlich aus atomaren s- und p-Orbitalen aufgebaut sind. Tragen d-Orbitale zu diesen Zuständen wesentlich bei, d.h., sind d-Elektronen der Atome an der chemischen Bindung des Kristalls wesentlich beteiligt, versagt die Pseudopotentialmethode. Dies trifft zu für III-V- und II-VI-Verbindungshalbleiter aus Metallatomen mit relativ flach liegenden d-Niveaus wie z.B. Zn (siehe Tab. 5b).

Einen etwas anderen Weg zur Lösung der Einelektronen-Schrödinger Gleichung beschreitet man bei den sogenannten *Muffin-Tin-Methoden.* Charakteristisch dafür ist, daß von einer Form des Kristallpotentials der Atomrümpfe ausgegangen wird, die der einer Napfkuchenpfanne (englisch "muffin tin") ähnelt - in einer Kugel um die Atomrümpfe nimmt man Potentiale sphärischer Symmetrie, die das jeweilige Atom möglichst gut beschreiben, und in den Außenräumen der Kugeln setzt man das Potential konstant. Bei der *Augmented Plane Wave (APW)-Methode* wird die Lösung der Schrödinger-Gleichung innerhalb der Kugeln nach Drehimpulseigenfunktionen entwickelt. Die radialen Anteile der Entwicklung sind durch die radiale Schrödinger-Gleichung bestimmt. Diese wird für gewisse, zunächst nur angenommene Energiewerte für die verschiedenen Drehimpulsquantenzahlen numerisch gelöst. Die dann noch freien Entwicklungskoeffizienten werden durch die Forderung festgelegt, daß die Lösungen innerhalb der Kugeln stetig in die Lösungen außerhalb, also in ebene Wellen zu jeweils bestimmten Wellenvektoren, übergehen müssen. Die so konstruierten Funktionen werden als *Augmented (Fortgesetzte) Plane Waves (APW's)* bezeichnet. Sie sind noch keine Eigenfunktionen für den Kristall, können aber als Entwicklungsfunktionen für diese genommen werden. Im Unterschied zu den bei der Matrixmethode verwendeten Basisfunktionen hängen die APW's noch von den unbekannten Energieeigenwerten ab. Die Entwicklung nach APW's führt, ebenso wie bei der Matrixmethode, auf ein homogenes Gleichungssystem für die Entwicklungskoeffizienten, aber die Matrixelemente sind, anders als die des Hamilton-Operators bei der Matrixmethode,

relativ komplizierte Funktionen der Energie. Dafür sind die Matrizen im allgemeinen wesentlich kleiner, als Lohn dafür, daß mit besser angepaßten Basisfunktionen gerechnet wird. Die hier beschriebene Muffin-Tin-Methode, die mit APW's operiert, wird auch als *Muffin-Tin-Orbital (MTO)-Methode* bezeichnet. Eine vereinfachte, aber besonders effektive Variante der MTO-Methode ist die *LMTO* (Linearisierte MTO)-Methode. Die Energieabhängigkeit der Matrixelemente, von der oben die Rede war, wird dabei in linearer Näherung genommen. Mit der LMTO-Methode können Halbleiter behandelt werden, bei denen d-Elektronen am Aufbau der Valenzbandzustände beteiligt sind.
Die verschiedenen APWs sind durch jeweils einen bestimmten reziproken Gittervektor charakterisiert. Bei einer anderen Muffin-Tin-Methode, der *Korringa-Kohn-Rostoker (KKR)- Methode*, die sich die formale Streutheorie in der Formulierung der Greenschen Funktionen zunutze macht, sind die Entwicklungsfunktionen auch zwischen den Kugeln Drehimpulseigenfunktionen. Die zu diagonalisierende Matrix wird nicht durch reziproke Gittervektoren, sondern durch Drehimpulsquantenzahlen indiziert.

Bestimmung des effektiven Einelektronen-Potentials

Wie eingangs festgestellt wurde, unterscheiden sich die verschiedenen Methoden zur Berechnung der Bandstruktur auch darin, wie das effektive periodische Potential $V(\mathbf{x})$ eines Valenzelektrons bestimmt wird bzw. wie das Problem gelöst wird, daß dieses Potential zunächst nicht bekannt ist. Der einfachste Weg, mit dem genannten Problem fertig zu werden, besteht darin, es zu umgehen. Dies kann dadurch geschehen, daß die Matrixelemente des Potentials bzw. des Hamilton-Operators nicht als zu berechnende Größen, sondern als empirisch zu bestimmende Parameter angesehen werden, wie das bereits im Zusammenhang mit dem Pseudopotential ausgeführt wurde. Auch bei der Behandlung der Näherung fast freier Elektronen und der starken Bindung haben wir uns weitgehend auf diesen Standpunkt gestellt. Will man aber auf die Zuhilfenahme empirischer Daten verzichten und die Bandstruktur aus den Grundprinzipien heraus (from first principles) berechnen, scheidet dieser Weg aus. Man muß das Potential $V(\mathbf{x})$ der Atomrümpfe explizit kennen.
Dieses Potential beschreibt bekanntlich drei verschiedene Wechselwirkungen. Erstens die Coulomb-Wechselwirkung mit den Kernen - dieser Anteil ist unproblematisch. Zweitens die Wechselwirkung mit den Rumpfelektronen - in diesen Ausdruck geht die gesamte Information über die Rumpfzustände der Atome ein, er ist deshalb nicht ganz so einfach zu beschreiben, zumal dabei neben dem

Hartree- und Austauschpotential auch Korrelationspotentiale der Elektron-Elektron-Wechselwirkung auftreten. Der dritte Anteil beschreibt die Wirkung der übrigen Valenzelektronen auf das gerade betrachtete. Er bereitet besondere Schwierigkeiten. In Abschnitt 2.2 haben wir diesen Beitrag zum periodischen Potential V(**x**) in Hartree-Näherung beschrieben. Expliziten Gebrauch haben wir von diesem Potentialanteil, der nur im Rahmen eines selbstkonsistenten Iterationsverfahrens bestimmt werden kann, aber weder in der Näherung fast freier Elektronen noch in der Näherung der starken Bindung gemacht. Er ist in den Matrixelementen des periodischen Potentials bzw. des Hamilton-Operators implizit mit enthalten. Erst wenn diese Matrixelemente nicht als gegebene, sondern als zu berechnende Größen angesehen werden, tritt das Problem der Beschreibung der Wechselwirkung mit den übrigen Valenzelektronen überhaupt auf. Dann zeigt sich aber auch, daß die Hartree-Näherung in vielen Fällen nicht ausreicht, und daß man bessere Approximationen verwenden muß. Dazu gehören die Hartree-Fock-Näherung, die die Berücksichtigung von Austauscheffekten ermöglicht, und die *Lokaldichte-Näherung (LDA)* im Rahmen der *Dichtefunktionalmethode*, mit deren Hilfe auch Korrelationseffekte beschrieben werden können. Es hat sich gezeigt, daß die LDA-Methode, die für die vollständig mit Elektronen besetzten tiefen Bänder sehr gute Ergebnisse liefert, für energetisch höher liegende Bänder versagt. Universell anwendbar ist die *Methode der Greenschen Funktionen*, wie sie in der allgemeinen Theorie der Vielteilchensysteme entwickelt wurde. Unter der Bezeichnung *Quasiteilchenmethode* wird dieses Verfahren in der letzten Zeit verstärkt angewandt.

Wir fügen noch zwei Bemerkungen an, die mit dem Potential der Atomrümpfe in Beziehung stehen. Erstens kann nur bei relativ leichten Atomen wie z.B. C oder Si vom Spin und der Spin-Bahn-Wechselwirkung der Valenzelektronen abgesehen werden, so wie wir das bisher durchweg getan haben. Bei schwereren Atomen wie z.B. Ge müssen der Spin und die Spin-Bahn-Wechselwirkung in Rechnung gestellt werden. Zweitens steht das Problem des Rumpfpotentials in anderer Form, wenn statt des Valenzelektronenproblems im Potential der Atomrümpfe das All-Elektronen-Problem im Potential der Atomkerne betrachtet wird. Die Lösung des All-Elektronen-Problems ist mit einem immens hohen numerischen Aufwand verbunden, so daß Berechnungen der All-Elektronen-Bandstruktur bisher nur in ganz wenigen Fällen realisiert wurden.

Bei konkreten Bandstrukturrechnungen muß man sich für eine der möglichen Varianten zur Lösung der beiden oben diskutierten Probleme entscheiden. Im Falle der Matrixmethoden hat man eine bestimmte Basis auszuwählen und in bestimmter Weise über das effektive Einelektronenpotential zu verfügen. Dabei ist nicht jede Basis mit jedem Potential sinnvoll kombinierbar, es bestehen bestimmte Abhängigkeiten. Die empirischen Methoden schließen die detaillierte Berücksichtigung der gegenseitigen Wechselwirkung der Valenzelektronen aus bzw. machen sie überflüssig. Praktische Bedeutung unter den empirischen Verfahren besitzen vor allem die empirischen Methoden der starken Bindung und des Pseudopotentials. Als ein von den Grundprinzipien ausgehendes, sogenanntes *ab initio* Verfahren hat sich die Pseudopotentialmethode kombiniert mit dem Dichtefunktionalformalismus bzw. neuerdings der Quasiteilchenmethode zur Beschreibung der Elektron-Elektron-Wechselwirkung bewährt.

2.7 Bandstrukturen spezieller Halbleiter

Im vorliegenden Abschnitt geben wir die Resultate von Bandstrukturberechnungen für einige wichtige Halbleiter wieder, wie sie mit Hilfe der oben genannten Methoden erhalten wurden. Die in den vorhergehenden Abschnitten abgeleiteten Ergebnisse zur Leergitter-Bandstruktur und zur Entartung von Energiebändern werden uns dabei helfen, qualitative Charakteristika dieser Bandstrukturen auch ohne Rechnungen zu verstehen. Wir beginnen mit dem Silizium.

2.7.1 Silizium

In Abb. 35 ist die entsprechende Bandstruktur längs der beiden Symmetriegeraden Δ und Λ dargestellt. Zur Diskussion ziehen wir die Bandstruktur des leeren f.c.c.-Gitters heran (siehe Abb. 36). Nach dem, was wir über die möglichen Entartungsgrade von Energiebändern in den verschiedenen symmetrischen Punkten der 1. BZ wissen (siehe Tab. 7), sind im Punkt Γ höchstens 3-fach entartete Bänder zu erwarten, und in allen übrigen Punkten Δ, X, Λ, L höchstens 2-fach entartete. Diese Erwartung wird durch die in Abb. 35 dargestellte Bandstruktur des Silizium bestätigt. Das tiefste Energieniveau, sowohl bei der Bandstruktur des Siliziums als auch bei der des f.c.c.-Leergitters, ist einfach. Auch der weitere Verlauf des tiefsten Bandes außerhalb von Γ ist für beide Fälle ähnlich. Anders ist die Situation bei den höherliegenden Bändern. Sie sind beim leeren Gitter im Punkt Γ höher entartet als mit der Symmetrie des Silizium verträglich ist. Sie müssen daher in 3-, 2- und 1-fache Bänder aufspalten. Auf diese Weise entstehen die Energieniveaus Γ'_{25}, Γ_{15}, Γ'_{2}, Γ_{1} und Γ'_{12} in Abb. 35, die bis auf das Γ'_{12}-Niveau alle aus dem 8-fach entarteten Leergitterniveau bei Γ hervorgegangen sein könnten. Um das allerdings genau entscheiden zu können, wären detaillierte Rechnungen erforderlich. Längs der Δ- und Λ-Geraden müssen die im Punkt Γ 3-fach entarteten Bänder Γ'_{25} und Γ_{15} zusätzlich aufspalten, da es auf diesen Geraden nur 1- und 2-dimensionale irreduzible Darstellungen gibt. Denkbar ist sowohl eine 3-fache Aufspaltung in 3 einfache Bänder als auch eine 2-fache Aufspaltung in ein 2-faches und ein 1-faches Band. Aus Abb. 35 ist zu entnehmen, daß das Letztere der Fall ist, und zwar längs beider Geraden, und sowohl bei Γ'_{25} als auch bei Γ_{15}. Da es im Punkt X nur zweidimensionale Darstellungen gibt, müssen Bänder, die längs der Δ-Geraden einfach sind, im Punkt X paarweise zusammenlaufen, wie es auch tatsächlich geschieht. Dadurch entsteht das zweifache X_1- Niveau. Weil eine 3-fache Entartung im Punkt X nicht möglich ist, scheidet der Fall aus, daß sich ein 2-faches Band mit einem anderen Band trifft. Daraus folgt, daß das obere der beiden in Δ-Richtung aus dem Γ'_{25}-Niveau entspringenden Bänder das 2-fache Δ_5-Band sein muß, und das untere das einfache Δ'_2-Band. Das gilt sinngemäß auch für die beiden aus Γ'_{25} hervorgehenden Bänder auf der Λ-Geraden. Das obere ist das zweifach entartete Λ_3-Band, das untere das einfache Λ_1-Band. Im Unterschied zum Punkt X jedoch läuft das einfache Band im Punkt L nicht mit einem anderen einfachen zusammen, sondern bleibt von diesem durch eine Lücke getrennt. Das ist möglich, weil es

Abb. 35

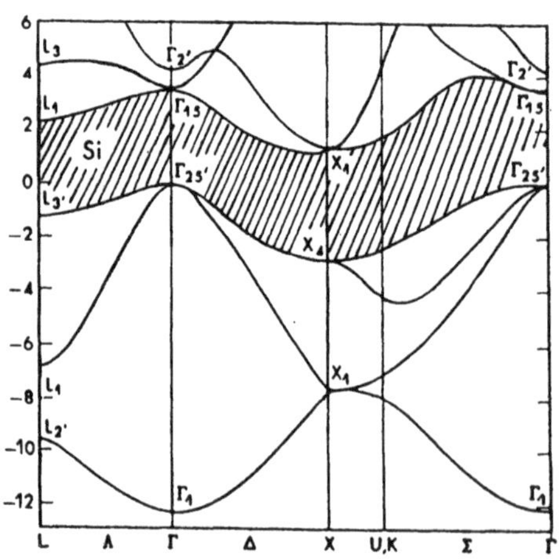

Abb. 36

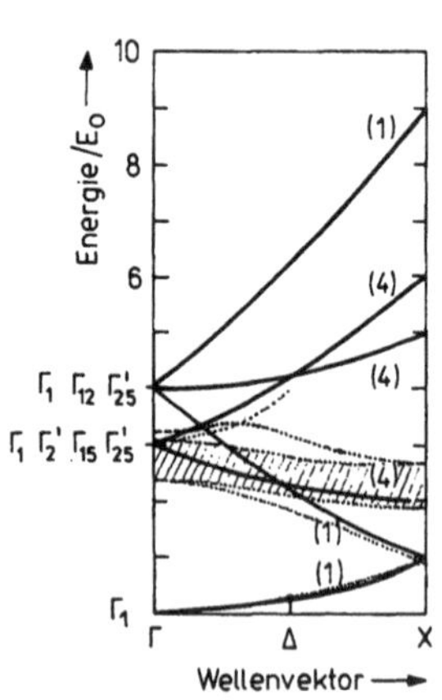

Abb. 35 Bandstruktur von Si (*J. R. Chelikowsky* und *M. L. Cohen*, 1974). Die Energieeinheit ist eV. Das schraffierte Gebiet stellt die Energielücke dar.

Abb. 36 Bandstruktur des leeren f.c.c.-Gitters. Die Energieeinheit ist dieselbe wie in Abb. 35, die irreduziblen Darstellungen der Energiebänder sind ebenfalls angegeben. Zum Vergleich ist die nebenstehende Si-Bandstruktur angedeutet im Punkt L auch eindimensionale Darstellungen gibt, L_1 und L'_2 gehören dazu. Das Überschneiden des aus dem Γ'_2-Niveau hervorgehenden Δ_5-Bandes mit dem aus dem Γ_{15}- Niveau entspringenden 2-fachen Δ_5-Band längs der Δ-Geraden bedeutet eine zufällige Entartung.

Um etwas über die physikalische Bedeutung der verschiedenen Energiebänder des Siliziums in Abb. 35 aussagen zu können, wollen wir uns Rechenschaft über deren Besetzung mit Elektronen ablegen. Aus Kapitel 1 wissen wir, daß bei einem idealen Halbleiter am absoluten Nullpunkt der Temperatur alle Bänder unterhalb der fundamentalen Energielücke mit Elektronen voll besetzt sind - man spricht von Valenzbändern. Alle Bänder darüber, die sogenannten Leitungsbänder, sind durchweg unbesetzt. Wie ist die Situation im Falle des Siliziums? Unterzubringen sind die 2x4 Valenzelektronen pro primitiver Einheitszelle, im Grundgebiet mit G^3 Einheitszellen also $8G^3$ Elektronen. Die Anzahl der verschiedenen **k**-Werte in der 1. BZ für einen Ausschnitt aus dem unendlichen Kristall von der Größe des Grundgebietes beträgt G^3. Diese Zahl ergibt sich durch Division des Volumens der 1.BZ, $(2\pi)^3/\Omega_0$, durch das Volumen $(2\pi)^3/G^3\Omega_0$ einer Einheitszelle des feinmaschigen Gitters, das wir im Abschnitt 2.3 als Folge der Periodizitätsforderung bezüglich des Grundgebietes erhalten haben und dessen Punkte den erlaubten **k**-Werten entsprechen. Zu jedem **k**-Wert gehört bei einem nichtentarteten Band genau 1 quantenmechanischer Zustand, der, mit Rücksicht auf den Spin, zwei Elektronen aufnehmen kann. Um $8G^3$ Elektronen unterbringen zu können, sind also vier 1-fache Bänder bzw. eine entsprechende Anzahl entarteter Bänder erforderlich. In unserem Fall sind dies das 1-fache Γ_1-Band und das 3-fach entartete Γ'_{25}-Band. Diese Bänder sind vollständig besetzt, die darüberliegenden Γ_{15}- und Γ'_2-Bänder vollständig unbesetzt. Die Valenzbänder des Siliziums werden also vom Γ_1- und Γ'_{25} -Band gebildet, und die Leitungsbänder von den Γ_{15}- und Γ'_2- sowie allen darüberliegenden Bändern.

Das Maximum des obersten Valenzbandes liegt im Punkt Γ, das Minimum des untersten Leitungsbandes dagegen auf der Δ-Geraden dicht am Rande der 1.BZ. Halbleiter, bei denen die Extrema der beiden Bänder nicht im gleichen Punkt liegen, nennt man *indirekt*. Silizium ist also ein indirektes Halbleitermaterial. Befinden sich die Extrema im gleichen Punkt, spricht man von einem *direkten* Halbleiter. Die Eigenschaft eines Halbleitermaterials, direkt oder indirekt zu sein (Tab. 9 enthält dazu Angaben), hat wichtige physikalische und technische Konsequenzen. Indirekte Materialien eignen sich z.B. für die Realisierung lichtemittierender Bauelemente im allgemeinen nicht, es sei denn, man trifft besondere Maßnahmen.

Wir wenden jetzt die allgemeinen Ausführungen zur effektiven Masse aus Abschnitt 2.5 auf Silizium an. Dabei beschränken wir uns auf die beiden kritischen Punkte, in denen das Leitungsband sein absolutes Minimum annimmt und das Valenzband sein absolutes Maximum, da sich dort die überwiegende Zahl der Elektronen bzw. Löcher aufhält. Die dort vorliegenden effektiven Massen sind also die effektiven Massen der Elektronen bzw. Löcher des Siliziums schlechthin.

Das Minimum des Leitungsbandes von Si liegt, wie bereits erwähnt wurde, auf der Symmetriegeraden Δ, genauer auf dem Stern dieser Symmetriegeraden, denn wegen der Sternentartung sind auf allen sechs Zacken des Sterns von Δ Minima vorhanden. Man nennt die Minima mitunter auch *Täler*. Da mehrere derartige Täler vorkommen, sagt man, daß Silizium ein *Vieltalhalbleiter* ist. Die Sternzacken sind die Vektoren

$$(k_c,0,0)\;,\quad (0,k_c,0)\;,\quad (0,0,k_c)\;,\quad (-k_c,0,0)\;,\quad (0,-k_c,0)\;,\quad (0,0,-k_c)$$

mit $k_c = 0{,}85(2\pi/a)$. Die kubischen Achsen sind gleichzeitig Hauptachsen; jede Hauptachse ist eine vierzählige Drehachse. Wir wählen willkürlich die Zacke $(0,0,k_c)$ aus und machen von den Relationen (2.160) und (2.161) Gebrauch, die hier anwendbar sind, weil ihre Voraussetzungen gelten. Für die Energie $E_c(\mathbf{k})$ des Leitungsbandes folgt dann

$$E_c(\mathbf{k}) = E_g + \frac{\hbar^2}{2m^*_{c\perp}}(k_x^2 + k_y^2) + \frac{\hbar^2}{2m^*_{c\parallel}}(k_z - k_{cz})^2 . \tag{2.188}$$

Den Nullpunkt der Energie haben wir dabei in das Maximum des Valenzbandes gelegt, E_g bezeichnet die Energielücke. Der Bandindex ν wurde gleich c (von "conduction") gesetzt.

Das Valenzbandmaximum befindet sich im Punkt Γ. Deshalb gilt für die effektiven Massen in den Hauptachsenrichtungen neben (2.161) auch die Beziehung (2.162), d.h., die effektive Masse ist isotrop. Streng genommen trifft das aber nur im Sinne einer Mittelung über alle **k**-Richtungen zu. Der Grund dafür ist, daß die Voraussetzung für die Gültigkeit der quadratischen Entwicklung (2.160), nämlich die Regularität der Energiebandfunktion, für das Valenzband im Punkt Γ nicht erfüllt ist. Erst nachdem über alle **k**-Richtungen gemittelt wurde, ist eine quadratische Entwicklung nach $|\mathbf{k}|$ möglich. Da im Punkt Γ zwei Valenzbänder, ein oberes $E_{v1}(\mathbf{k})$ und ein unteres $E_{v2}(\mathbf{k})$, zusammenlaufen, haben wir es jetzt aber mit zwei effektiven Massen m^*_{v1} und m^*_{v2} zu tun. Diese Massen sind negativ, weil ein Maximum vorliegt, und es gilt $|m^*_{v1}| > |m^*_{v2}|$, weil das obere Band flacher ist als das untere. Wir ziehen das negative Vorzeichen aus den Massen heraus und definieren zwei positive Massen m^*_{vs} und m^*_{vl} durch die Beziehungen

$$m^*_{vs} = -m^*_{v1} \;, \qquad m^*_{vl} = -m^*_{v2} \tag{2.189}$$

Die m^*_{vs} und m^*_{vl} sind nicht mehr Massen von Elektronen, sondern Massen von Löchern, schwereren im Falle von m^*_{vs}, und leichteren im Falle von m^*_{vl}. Für die beiden Valenzbänder $E_{v1,2}(\mathbf{k})$, die wir jetzt als Bänder $E_{vs,l}(\mathbf{k})$ der schweren und leichten Löcher bezeichnen, gilt

$$E_{vs,l}(\mathbf{k}) = -\frac{\hbar^2}{2m^*_{vs,l}}(k_x^2 + k_y^2 + k_z^2) \tag{2.190}$$

Zahlenwerte für die effektiven Massen des Si sind in Tab. 9 angegeben.

Eine anschauliche Vorstellung von der Bandstruktur des Leitungs- bzw. Valenzbandes in der Nähe der Bandkanten vermitteln die zugehörigen Isoenergieflächen. Man erhält sie, indem man die Energiewerte der Bänder (2.189) und (2.190) fixiert und diejenigen $\mathbf{k}$-Vektoren aufträgt, die dann diesen Gleichungen genügen (siehe Abb. 37). Im Falle des Leitungsbandes sind die Isoenergie-

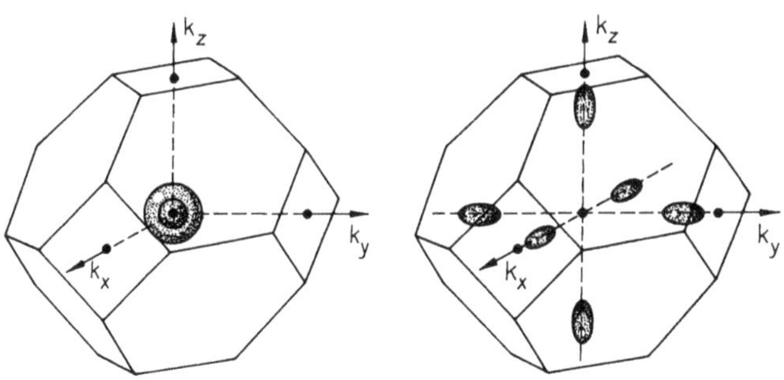

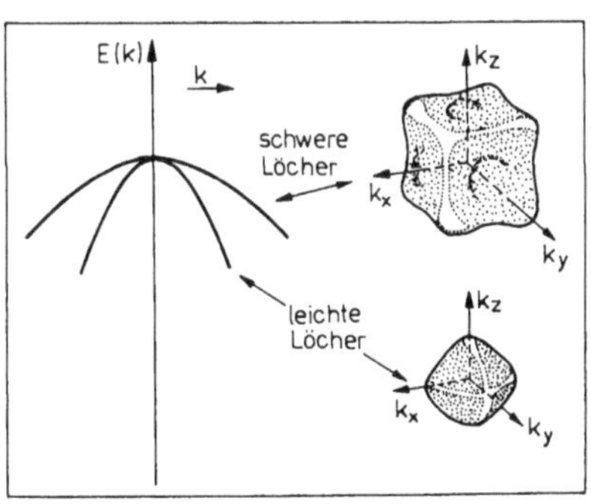

Abb. 37 Isoenergieflächen der Elektronen (rechts) und Löcher (links) von Si (unterer Bildteil nach W. Brauer und H.-W. Streitwolf, 1973)

Tab. 9 Angaben zur Bandstruktur ausgewählter Halbleiter. Energielücken in eV effektive Massen in freien Elektronenmassen (T = 300 K)

Material	v-Band-Maximum	c-Band-Minimum	Typ	Energielücke	m^*_c $m_{c\parallel}$	$m_{c\perp}$	m^*_{vs} $\perp$	m^*_{vl} $\parallel$
Si	Γ	Δ	indir.	1,12	0,92	0,19	0,5	0,17
Ge	Γ	L	indir.	0,67	1,59	0,08	0,3	0,044
GaAs	Γ	Γ	dir.	1,43	0,067		0,5	0,08
GaP	Γ	X	indir.	2,24	1,51	0,28	0,5	0,17
CdTe	Γ	Γ	dir.	1,44	0,1		0,4	0,1
HgTe	Γ	Γ	dir.	0,00	0,03		0,195	
CdS	Γ	Γ	dir.	2,42	0,2		0,7	5
PbTe	L	L	dir.	0,30	0,24	0,028	0,31	0,022
Te	H	H	dir.	0,33	0,07	0,1	0,24	0,11
Se	H(?)	Z (?)	indir.	1,8	?	?	?	?

flächen Rotationsellipsoide, die in der Richtung der Symmetrieachse verlängert sind. Jede der sechs Sternzacken ist Zentrum eines solchen Ellipsoids. Beim Valenzband sind es im Rahmen der oben gemachten isotropen Näherung konzentrische Kugeln mit dem Mittelpunkt in Γ. Die innere Kugel entspricht dem Band der leichten Löcher, die äußere dem der schweren. In Wirklichkeit besitzt das Valenzband aber nur kubische Symmetrie, und die Isoenergieflächen sind gewölbt, so wie das in Abb. 37 ebenfalls dargestellt ist. Wird das Leitungsband bis zu einer bestimmten Energie mit Elektronen aufgefüllt, so haben sie **k**-Werte, die innerhalb der Ellipsoide liegen. Entsprechend liegen die **k**-Werte der Löcher innerhalb einer der beiden Kugeln bzw. gewölbten Flächen.

2.7.2 Germanium

In Abb. 38 ist die Bandstruktur von Germanium angegeben. Sie ist der des Siliziums ähnlich. Das bei Γ 3-fach entartete Valenzbandniveau des Si ist beim Ge in ein 2-faches und ein 1-faches aufgespalten. Ursache dafür ist ein relativistischer Effekt, nämlich die bereits früher erwähnte Spin-Bahn-Wechselwirkung, d.h. die Wechselwirkung des magnetischen Spinmoments der Elektronen mit dem magnetischen Moment ihrer Bahnbewegung. Sinnvoll sind deshalb eigentlich nur irreduzible Darstellungen im Raum der zweikomponentigen Spinoren, und die Aufspaltung erfolgt in Wahrheit in die bereits früher erwähnten 4- bzw. 2-fachen

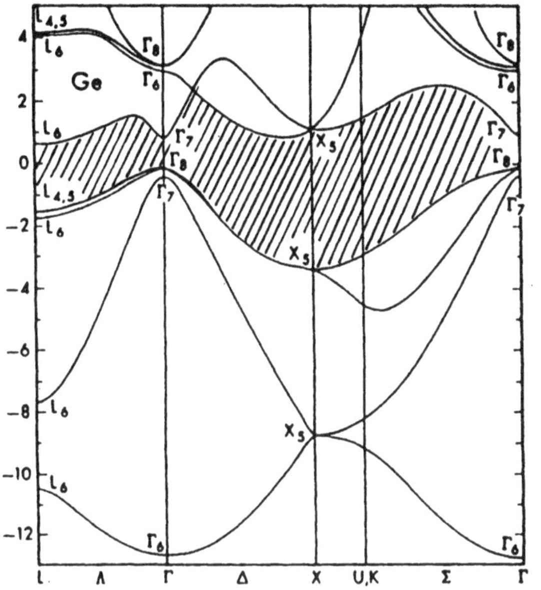

Abb. 38 Bandstruktur von Ge (*J. R. Chelikowsky* und *M. L. Cohen*, 1974). Die Energieeinheit ist eV

Niveaus Γ_8 und Γ_7 mit Berücksichtigung des Spins. Die Spin-Bahn-Wechselwirkung nimmt mit wachsender Kernladung der Atome des Kristalls zu, weil die Bahngeschwindigkeit der Valenzelektronen dabei ebenfalls wächst. Da Ge eine höhere Kernladung hat als Si, ist verständlich, warum hier eine Aufspaltung wesentlich wird, die beim Si praktisch keine Rolle spielt. Das obere Γ_8-Band spaltet außerhalb von Γ in die beiden Bänder der schweren und leichten Löcher auf. Der wichtigste Unterschied der Leitungsbänder von Ge und Si besteht darin, daß das Minimum nicht auf der Δ-, sondern auf der Λ-Geraden liegt. Dadurch gibt es beim Ge 8 Leitungsband-Täler statt der 6 beim Si. Außerdem ist das Γ_2'-Niveau des Leitungsbandes (bei Ge als Spinor-Darstellung mit Γ_6' bezeichnet) im Vergleich zum Si stark abgesenkt.

2.7.3 III-V-Halbleiter

Für die beiden III-V-Verbindungshalbleiter GaAs und GaP sind die Bandstrukturen in Abb. 39 widergegeben. Die 1.BZ ist die gleiche wie bei Si und Ge, da das gleiche Bravais-Gitter vorliegt. Die Bandstrukturen unterscheiden sich sowohl untereinander als auch von denen des Si und Ge. Das bei den Elementhalbleitern im X-Punkt doppelt entartete Valenzband spaltet auf, da die beiden Atome in der primitiven Einheitszelle nicht mehr identisch sind. GaAs hat eine

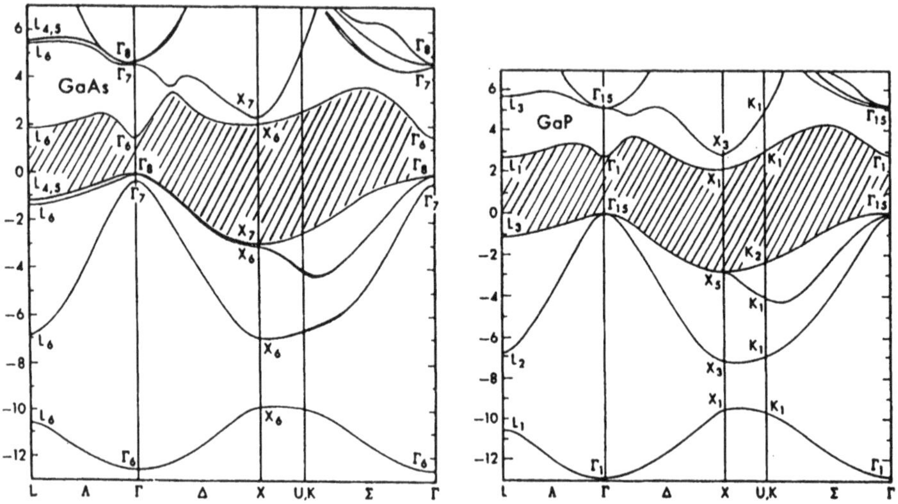

Abb. 39 Bandstruktur der III-V-Halbleiter GaAs (links) und GaP (rechts) (*J. R. Chelikowsky* und *M. L. Cohen*, 1974). Die Energieeinheit ist eV

direkte Energielücke im Punkt Γ. Eine Besonderheit seiner Bandstruktur ist das relative Leitungsband-Minimum im Punkt L nur etwa 0,4eV oberhalb der Leitungsbandkante. Damit ist eine interessante Instabilität des elektrischen Ladungstransports, der sogenannte *Gunn-Effekt*, verbunden. Beim GaP befindet sich das Leitungsband-Minimum im Punkt X, das Valenzband-Maximum wieder bei Γ - es handelt sich also um ein indirektes Material. Bei beiden Materialien ist das Valenzband infolge der Spin-Bahn-Wechselwirkung in ein Γ_8- und ein Γ_7- Band aufgespalten. Im oberen Γ_8-Band laufen, wie beim Ge, die beiden schweren und leichten Löcher-Bänder zusammen.

2.7.4 *II-VI-Halbleiter*

Die Bandstrukturen von CdTe und HgTe, zwei typischen II-VI-Halbleitern mit Zinkblendestruktur, sind in Abb. 40 dargestellt. Wieder ist die 1.BZ die des f.c.c.-Gitters, da beide Halbleiter Zinkblendestruktur besitzen. Die Bandstruktur von CdTe ist der von GaAs sehr ähnlich, insbesondere liegen die Leitungs- und Valenzbandkanten wie beim GaAs im Punkt Γ. Das ist auch beim HgTe der Fall, aber interessanterweise berühren sich die beiden Bänder dort, so daß die Energielücke gleich Null wird. Der Grund dafür ist leicht zu verstehen. Das Γ_6-Band, das beim CdTe *über* dem Γ_8 liegt, befindet sich beim HgTe *unter* ihm. Unterhalb von Γ_8 und damit im Valenzband steht also im Unterschied zum

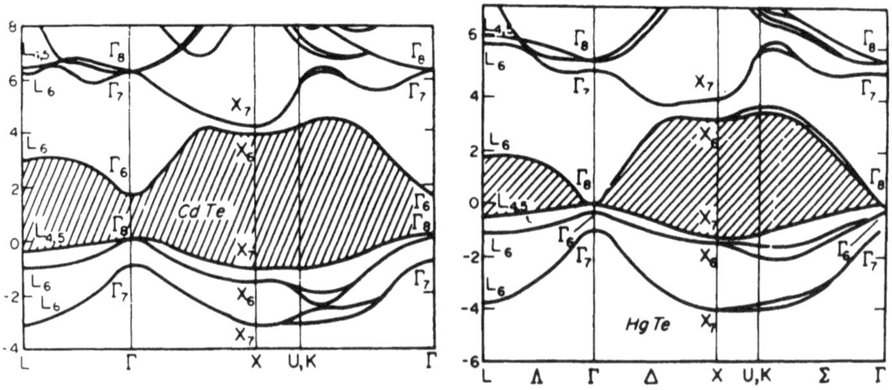

Abb. 40 Bandstruktur der II-VI-Halbleiter CdTe (links) und HgTe (rechts) (nach *I. M. Tsidilkovski*, 1982). Die Energieeinheit ist eV

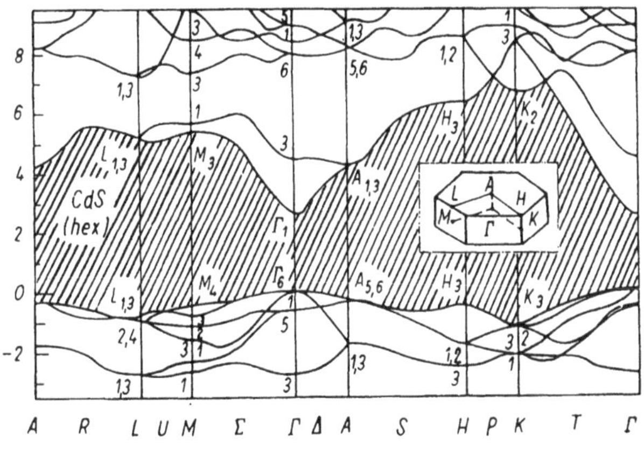

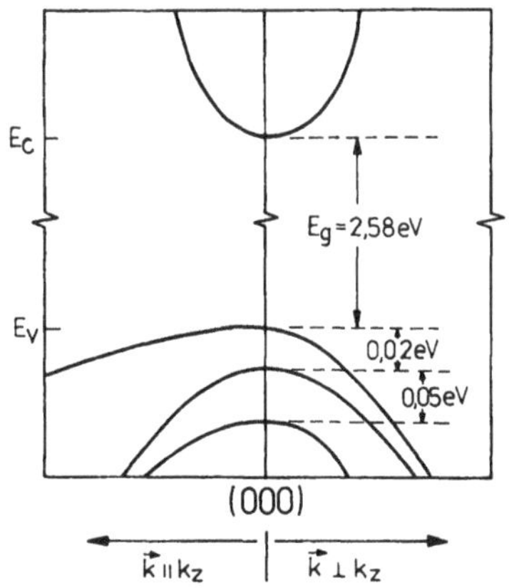

Abb. 41 Bandstruktur des hexagonalen CdS (nach *T. K. Bergstresser* und *M. L. Cohen*, 1967) ohne Spin-Bahn-und Kristallfeld-Aufspaltung (oben). Die Kristallfeld-Aufspaltung ist links dargestellt (nach *J. S. Blakemore*, 1985)

CdTe zusätzlich das Γ_6-Band für die Aufnahme von Elektronen zur Verfügung, und zwar von 2 pro **k**-Wert. Die 8 Valenzelektronen pro primitiver Einheitszelle reichen deshalb nur aus, um eines der beiden im Γ-Punkt entarteten Γ_8-Bänder zu besetzen. Das zweite Band bleibt unbesetzt - und wird damit zum Leitungsband. Das oberste Valenzband ist also mit dem untersten Leitungsband im Punkt Γ entartet. Das Verschwinden der Energielücke ist die wichtigste Besonderheit der elektronischen Struktur des HgTe. Nach der Definition in Kapitel 1 ist HgTe damit eigentlich gar kein Halbleiter mehr, denn danach sollten Valenz- und Leitungsband bei einem Halbleiter durch eine endliche Energielücke getrennt sein. Man bezeichnet HgTe deshalb besser als *Halbmetall.*

Als Beispiel eines II-VI-Halbleiters, der nicht die Struktur der Zinkblende, sondern die des Wurtzits besitzt, haben wir CdS gewählt (siehe Abb. 41). Die 1.BZ ist jetzt die des hexagonalen Bravais-Gitters, wie sie zusammen mit ihren symmetrischen Punkten in Abb. 28 dargestellt ist. CdS hat eine direkte Energielücke im Γ-Punkt. Das Valenzband ist bei Γ als Folge der hexagonalen Deformation gegenüber den kubischen Materialien der Diamant- und Zinkblendestruktur zusätzlich aufgespalten. Es besteht aus 3 Teilbändern, einem durch Spin-Bahn-Wechselwirkung abgespaltenen Γ_7-Band sowie 2 Bändern Γ_6 und Γ_7, in die das Γ_8-Band durch die hexagonale Deformation zerfällt. Man spricht von *Kristallfeldaufspaltung* (siehe Abb. 41 rechts).

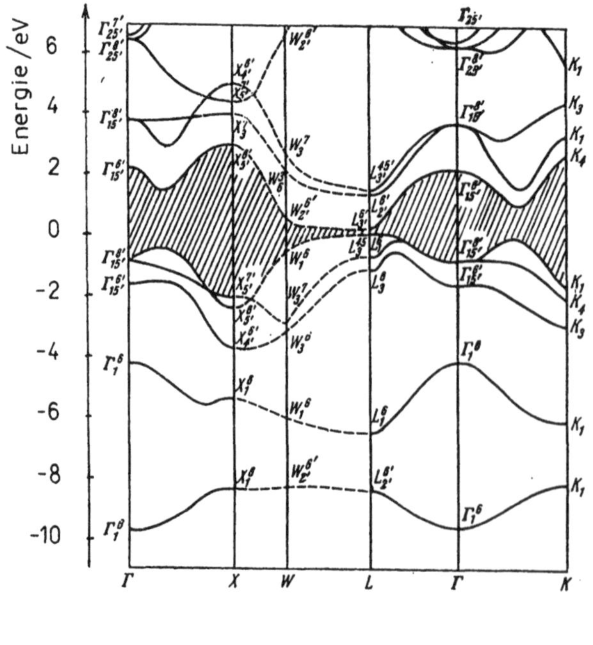

Abb.42 Bandstruktur von PbTe *(L.Kleinman und P. Lin, 1966)*

2.7.5 *IV-VI-Halbleiter*

Die Bandstruktur eines typischen IV-VI-Halbleiters, nämlich PbTe, ist in Abb. 42 dargestellt. Er kristallisiert in der Steinsalzstruktur, das Bravaisgitter ist also wieder das f.c.c.-Gitter. Das Leitungsband-Minimum und das Valenzband-Maximum liegen auf dem Rand der 1.BZ im Punkt L. Damit ist PbTe ein direkter Vieltalhalbleiter - eine Besonderheit, die außer bei den IV-VI-Halbleitern sonst kaum angetroffen wird. Die Energielücke des PbTe ist mit etwa 0,2 eV bemerkenswert klein, PbTe ist ein Vertreter der sogenannten *schmallückigen Halbleiter.*

2.7.6 *Tellur und Selen*

Die Bandstrukturen von Tellur und Selen sind in Abb. 43 dargestellt. Beide Materialien besitzen ein hexagonales Bravais-Gitter, die 1. BZ ist also die gleiche wie beim CdS. Bei Te liegen das Valenzband-Maximum und das Leitungsband-Minimum im Punkt H, das Material ist also direkt. Se hat eine indirekte Energielücke, die Valenz- und Leitungsbandkanten liegen beide außerhalb von Γ, die Leitungsbandkante wahrscheinlich bei Z und die Valenzbandkante wahrscheinlich bei H.

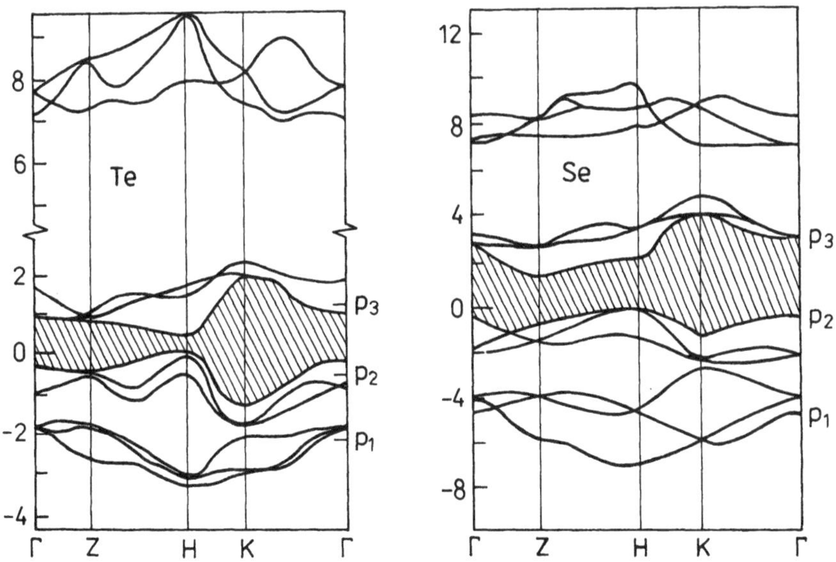

Abb. 43 Bandstruktur von Te (links) und von Se (rechts) (*K. Maschke*, 1971; *B. Kramer*, *K. Maschke* und *L. D. Laude*, 1973). Die Energieeinheit ist eV

KAPITEL 3

3. ELEKTRONISCHE STRUKTUR VON HALBLEITERKRISTALLEN BEI ANWESENHEIT VON STÖRUNGEN

Reale Halbleiterkristalle weichen bezüglich ihrer atomaren Struktur von idealen Kristallen ab, d.h., sie enthalten strukturelle Störungen, und ihre chemische Zusammensetzung ist nicht exakt die der entsprechenden Idealkristalle. Aber nicht die atomare Struktur veranlaßt uns, den realen Halbleiterkristallen eine gesonderte Betrachtung zu widmen, sondern die mit der Änderung der atomaren Struktur verbundene Änderung der elektronischen Struktur dieser Kristalle, weil damit gravierende makroskopische Effekte verbunden sind. Mit einem gewissen Recht kann man sogar sagen, daß die besondere wissenschaftliche und technische Bedeutung der Halbleiter auf eben dieser störungsbedingten Änderung ihrer elektronischen Struktur beruht. Trotzdem muß man sich natürlich auch mit der atomaren Struktur beschäftigen, denn die elektronische Struktur ist durch sie wesentlich mitbestimmt. Dementsprechend wird in Abschnitt 3.1 zunächst die atomare Struktur realer Halbleiterkristalle behandelt. Die zugehörige Einelektronen-Schrödinger-Gleichung ist Gegenstand von Abschnitt 3.2. Ein wichtiges theoretisches Hilfsmittel zu ihrer Lösung, die sogenannte Effektivmassen-Gleichung, wird in Abschnitt 3.3 bereitgestellt. Diese Gleichung ermöglicht es, den Einfluß von Störungen zu berechnen, deren Wechselwirkungspotentiale mit den Elektronen auf einer atomaren Längenskala nicht zu stark veränderlich sind. Als Maßstab dienen dabei die charakteristischen Energien der Bandstruktur des ungestörten Kristalls wie z.B. Bandlücken. Solche Wechselwirkunspotentiale kommen bei vielen Störungen vor, insbesondere bei den sogenannten flachen Zentren (Abschnitt 3.4). Es gibt aber auch andere Störungen, sogenannte tiefe Zentren, auf die das nicht zutrifft und die auf andere Weise beschrieben werden müssen (Abschnitt 3.5). Das ist auch bei den reinen Oberflächen der Fall (Abschnitt 3.6).

Neben den Halbleiterkristallen mit gestörter atomarer Struktur sind auch Halbleiter von Interesse, die nicht, wie bisher stillschweigend angenommen, von außen unbeeinflußt sind, sondern die unter dem Einfluß makroskopischer äußerer

Störungen wie z.B. elektrischer oder magnetischer Felder, mechanischer Spannungen oder künstlicher atomarer Überstrukturen stehen. Die elektronische Struktur bei Anwesenheit derartiger äußerer makroskopischer Störungen wird im zweiten Teil des Kapitels behandelt. Darin eingeschlossen sind Supergitter (Abschnitt 3.7) und Halbleiter in elektrischen bzw. magnetischen Feldern (Abschnitt 3.8). Die Grundlage für die theoretische Behandlung ist in allen Fällen wieder die Effektivmassen-Gleichung. Diese ist deshalb gut geeignet, weil makroskopische Störpotentiale naturgemäß auf der atomaren Längenskala langsam veränderlich sind.

3.1 Atomare Struktur realer Halbleiterkristalle

Das Bezugssystem für die Beschreibung der atomaren Struktur eines realen Halbleiterkristalls ist der ideale Kristall. Dieser läßt sich bekanntlich folgendermaßen charakterisieren: Alle regulären, durch die Gitterstruktur definierten Positionen

$$\mathbf{R}_l = r_1\mathbf{a}_1 + r_2\mathbf{a}_2 + r_3\mathbf{a}_3 + \vec{\tau}_l \qquad (3.1)$$

sind mit Atomen der richtigen chemischen Spezies besetzt, und andere als reguläre Positionen sind leer. Beim realen Kristall trifft diese Charakterisierung auf die überwiegende Mehrheit der regulären und nichtregulären Positionen zu - daraus ergibt sich die Rechtfertigung, überhaupt noch von einem Kristall zu sprechen. Für einige der regulären bzw. nichtregulären Positionen weicht die Besetzung aber von der beim Idealkristall ab. In diesem Sinne bezeichnet man den Kristall als gestört oder real.

Die zu behandelnden Störungen können nach verschiedenen Gesichtspunkten klassifiziert werden. Einerseits kann man sie danach unterscheiden, ob sie von rein chemischer, von rein struktureller oder von gemischter Natur sind. Im ersten Fall sind nur reguläre Positionen besetzt, diese aber nicht durchweg mit chemisch richtigen Atomen. Man spricht von *kompositionellen* Störungen. Bei Elementkristallen bedeutet das die Anwesenheit von *Fremdatomen* oder *Verunreinigungen* (beide Bezeichnungen sind üblich, im Englischen wird der Terminus *impurities* verwendet). Bei Verbindungskristallen können auch ohne Fremdatome kompositionelle Störungen vorliegen, nämlich dadurch, daß die Stöchiometrie gestört ist. Im Fall *struktureller* Störungen sind nur chemisch richtige Atome vorhanden, diese sitzen aber nicht immer auf regulären Positionen bzw. nicht

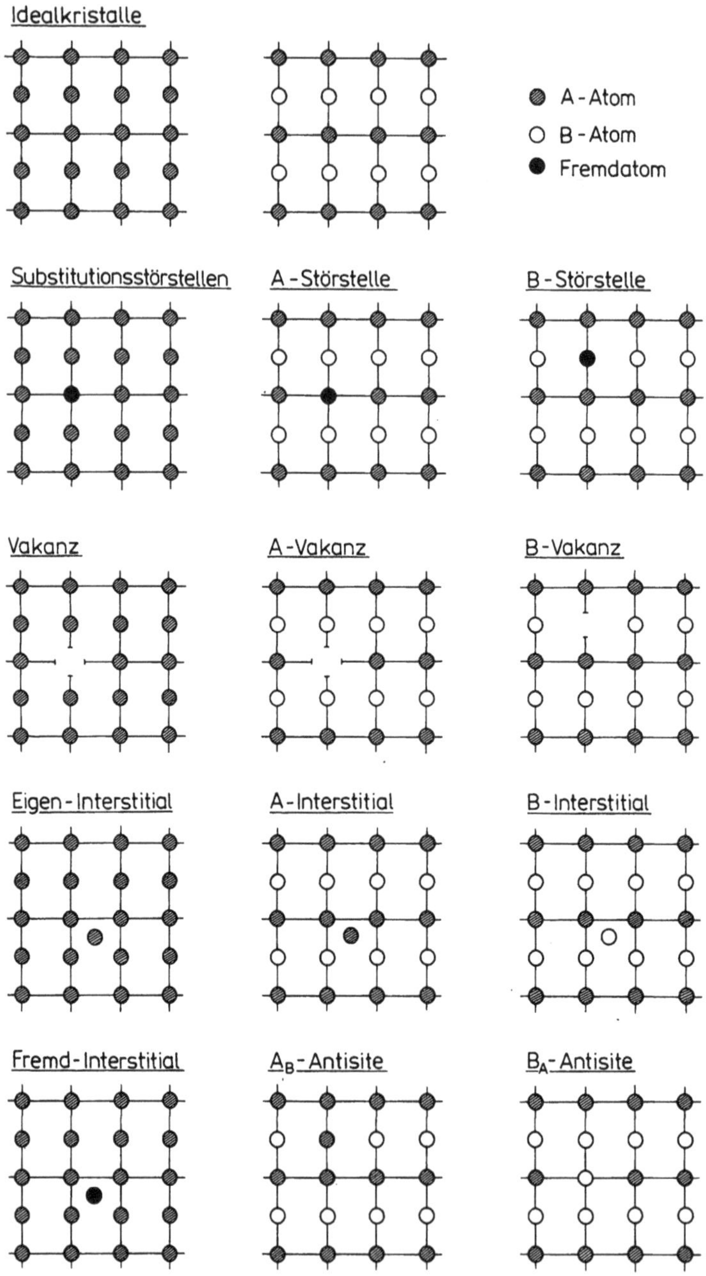

Abb. 44 Veranschaulichung der wichtigsten Punktstörungen in Halbleitern am Beispiel eines Kristalls mit 2 Atomen pro Einheitszelle von gleicher (links) bzw. unterschiedlicher (Mitte und rechts) chemischer Beschaffenheit

alle regulären Positionen sind überhaupt mit Atomen besetzt, einige Plätze bleiben leer. Die strukturellen Störungen werden auch als *Strukturdefekte* oder einfach als *Defekte* bezeichnet. Der dritte Fall ist der allgemeinste - reguläre oder nichtreguläre Plätze im Kristall sind z.T. mit chemisch falschen Atomen besetzt, und die richtigen Atome sitzen auch teilweise an falschen Stellen. Dieser Fall ist vor allem dann zu erwarten, wenn sich die falschen Atome relativ stark von den richtigen unterscheiden und chemische Verbindungen zwischen ihnen existieren, die eine andere Kristallstruktur besitzen.

Andererseits unterscheidet man die Abweichung vom idealen Kristall nach der makroskopischen Ausdehnung der Störungen. Handelt es sich um Störungen, die auf einen oder auf wenige benachbarte reguläre bzw. nichtreguläre Kristallplätze beschränkt sind, liegt eine nulldimensionale oder *Punktstörung* vor. Die wichtigsten Punktstörungen bei Halbleitern sind in Abb. 44 veranschaulicht. Beispiele für chemische Punktstörungen sind Fremdatome, die eine reguläre oder nichtreguläre Position im Kristall einnehmen. Besetzt das Fremdatom eine reguläre Position, so kann dort kein chemisch richtiges Atom sitzen - letzteres ist durch das Fremdatom substituiert. Man spricht deshalb von einer *Substitutionsstörstelle*. Phosphor in Si ist ein Beispiel dafür.

Fremdatome können aber auch Lagen zwischen den regulären Positionen einnehmen, man spricht dann von Fremdatomen auf Zwischengitterplatz oder von *interstitiellen Fremdatomen*, im Englischen einfach von *interstitials*. Sauerstoff kann in Si auf diese Weise eingebaut werden. Nimmt ein chemisch richtiges Atom eine derartige Position ein, spricht man von einem Wirtsatom auf Zwischengitterplatz oder einem *self-interstitial*. Eine unbesetzte reguläre Position bezeichnet man als *Vakanz*. Beide Arten von Störungen, self-interstitials und Vakanzen, spielen im Halbleiter Si eine wichtige Rolle. Besteht ein Kristall aus verschiedenen Atomsorten, kann ein Atom einen Gitterplatz einnehmen, der eigentlich von einem Atom einer anderen chemischen Spezies besetzt sein müßte. Man spricht von einem *Antisite-Defekt*. Ein Beispiel dafür ist ein Ga-Atom, das in GaAs auf einem As-Platz sitzt. Interstitals, Vakanzen und Antisite-Defekte sind strukturelle Punktstörungen. Man bezeichnet sie als *Punktdefekte*.

Die Kräfte auf die Atome in der unmittelbaren Umgebung einer Punktstörung sind andere als im idealen Kristall. Das hat zur Folge, daß sich diese Atome aus ihren ursprünglichen Lagen heraus in neue Gleichgewichtspositionen hinein bewegen (in Abb. 44 ist dieser Effekt weggelassen worden). Man sagt, die Atome *relaxieren*. Da das Gitter davon betroffen ist, spricht man auch von *Gitterrelaxation*. Die neuen Gleichgewichtslagen der Atome sind zunächst unbekannt. Es gibt oft nicht einmal einfache Argumente, die auf die Richtung der Verschiebungen schließen lassen. So könnte man sich bei der Vakanz sowohl vorstellen, daß sich die Nachbaratome nach außen bewegen, weil das Atom fehlt, das sie nach innen zieht, als auch, daß sie nach innen relaxieren, weil dort freier Raum vorhanden ist. Welche Verschiebungen tatsächlich stattfinden (bei der Vakanz sind es die von der zuerst genannten Art), kann letztlich nur durch die Berechnung der atomaren Struktur des gestörten Kristalls geklärt werden. Diese muß gleichzeitig mit der Berechnung der elektronischen Struktur des gestörten Kristalls erfolgen - es gilt sinngemäß das, was wir über die gleichzeitige selbstkonsistente Berechnung von elektronischer und atomarer Struktur des idealen Kristalls in Kapitel 2, Abschnitt 2.2, gesagt haben. Der Unterschied besteht nur darin, daß beim idealen Kristall die Berechnung der atomaren Struktur umgangen werden kann, weil darüber zuverlässige experimentelle Ergebnisse vorliegen, während über die atomare Struktur eines Kristalls in der Umgebung eines tiefen Zentrums aus dem Experiment kaum etwas bekannt ist. Die selbstkonsistente Bestimmung von elektronischer und atomarer Struktur muß deshalb wirklich ausgeführt werden, wenn die Gitterrelaxation wesentlich wird.

Punktdefekte können sich sowohl untereinander als auch in Verbindung mit Substitutionsstörstellen zu Clustern aus mehreren Punktstörungen zusammenlagern - man spricht dann von *Störstellenkomplexen.* Geht z.B. in einem Elementkristall ein Atom von einem regulären Gitterplatz auf einen Zwischengitter-Platz über und hinterläßt auf diese Weise eine Vakanz, so entsteht ein Defektpaar aus einem self-interstitial und einer Vakanz. Man spricht von einem *Frenkel-Defekt.* Andere Beispiele sind Di- und Multivakanzen, Komplexe aus einer Vakanz und einem Sauerstoffatom im Falle von Si (wahrscheinlich identisch mit dem sogenannten A-Zentrum in diesem Material) oder Komplexe aus einem As-Antisite-Defekt und einer As-Vakanz im Falle von GaAs (von einigen Autoren mit dem sogenannten EL2-Zentrum in Verbindung gebracht). Werden die Komplexe aus Punkt-

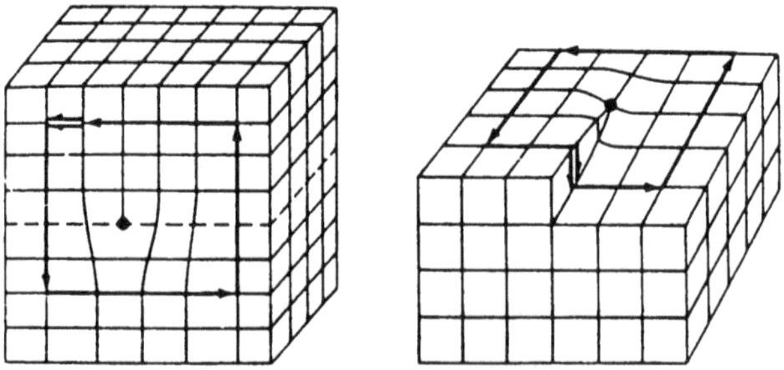

Abb. 45 Veranschaulichung einer Stufenversetzung (links) und einer Schraubenversetzung (rechts) (nach *K. W. Böer*, 1990)

störungen größer und erreichen eine mesoskopische Ausdehnung, spricht man von *Aggregaten*.

Mit zunehmender Anzahl wächst auch die Tendenz der Punktstörungen, sich auf Linien oder Flächen makroskopischer Größe anzuordnen. Von 1-dimensionalen Störungen spricht man dann, wenn Punktstörungen längs einer Linie angeordnet sind. Praktisch kommen dafür nur strukturelle Punktstörungen in Betracht. Die wichtigsten Vertreter sind Stufen- und Schraubenversetzungen. Bei einer Stufenversetzung bricht die Besetzung einer bestimmten Ebene regulärer Positionen längs einer in dieser Ebene gelegenen Linie von Gitterpunkten ab - die Ebene ist auf der einen Seite dieser Linie besetzt, auf der anderen nicht (siehe Abb. 45 links). Berechnet man das Linienintegral für den in Abb. 45 links dargestellten Weg, so ergibt sich nicht 0, wie das beim idealen Kristall der Fall wäre, sondern ein von 0 verschiedener Vektor senkrecht zur Versetzungslinie (*Burgers Vektor)*. Bei einer Schraubenversetzung hat man sich den Kristall in einer Halbebene regulärer Kristallpositionen, die durch eine Linie derartiger Plätze begrenzt wird, aufgeschnitten zu denken. Dann verschiebt man die beiden Schnittflächen parallel zur Schraubenlinie um einen Gittervektor und verbindet die beiden Kristallhälften danach wieder (siehe Abb. 45 rechts). Bei der Schraubenversetzung liefert das Wegintegral um die Versetzungslinie einen Vektor *parallel* zu derselben. Bei den Versetzungen sind die Abweichungen von der idealen Kristallstruktur allerdings nicht auf eine Linie beschränkt, wie man angesichts ihrer Charakterisierung als 1-dimensionale Störungen annehmen könnte. In der Umgebung einer Versetzungslinie tritt eine Deformation des Kristalls auf. Der mikroskopische Strukturdefekt im eigentlichen Sinne ist aber auf den Kern der Versetzung, die Versetzungslinie, beschränkt.

2-dimensionale Störungen liegen dann vor, wenn die Punktstörungen eine ganze makroskopisch große Fläche regulärer Gitterplätze ausfüllen. Ebenso wie 1-dimensionale Störungen kommen sie praktisch ausschließlich als Strukturdefekte vor. Die beiden wichtigsten Beispiele sind *Stapelfehler* und *Korngrenzen*. Bei einem Kristall mit Stapelfehler sind die mit Atomen besetzten kristallographischen Netzebenen nicht in der für den idealen Kristall charakteristischen Weise übereinandergestapelt, sondern eine der Netzebenen ist um einen bestimmten Winkel verdreht. Korngrenzen sind Flächen, die zwei unterschiedlich orientierte Kristallhälften voneinander trennen. Im weiteren Sinne kann man zu den 2-dimensionalen Störungen auch die Grenzflächen und freien Oberflächen zählen.

Die oben genannten Störungen der idealen Kristallstruktur kommen alle bei Halbleitern auch wirklich vor. Die Gründe für ihr Auftreten sind von unterschiedlicher Natur. Der wichtigste und allgemeinste Grund ergibt sich aus dem zweiten Hauptsatz der Thermodynamik. Danach ist ein Kristall bei festgehaltener Temperatur T und vorgegebenem Druck p im thermodynamischen Gleichgewicht dadurch charakterisiert, daß seine freie Enthalpie G ein Minimum besitzt. Bekanntlich unterscheidet sich die freie Enthalpie von der Enthalpie H durch den Term $-TS$ mit S als Entropie: $G = H - TS$. Die Entropie eines bestimmten makroskopischen Zustandes ist dem Logarithmus seiner mikroskopischen Realisierungswahrscheinlichkeit proportional. Das hier betrachtete System ist die Gesamtheit der Atome des Kristalls. Wir wollen zunächst annehmen, daß dieses System nur chemisch richtige Atome enthält und daß die Atome regellos im Raum angeordnet sind. Der ideale Kristall entsteht, indem die Atome die idealen Kristallpositionen einnehmen, das System also in einen ganz bestimmten Zustand übergeht. Dieser Zustand ist extrem unwahrscheinlich gegenüber der großen Zahl von Zuständen, bei denen Abweichungen von der idealen Atomkonfiguration auftreten, wie wir sie oben beschrieben haben. Die Entropie des ideal kristallinen Zustands ist also kleiner als die real kristalliner Zustände.

Welche Konsequenzen ergeben sich daraus für die freie Enthalpie? Das Minimum der Enthalpie wird im ideal kristallinen Zustand erreicht. Da die Entropie S in anderen Zuständen größere Werte annimmt, muß mit dem Minimum von H aber nicht notwendig auch ein Minimum der freien Enthalpie G verbunden sein. Je nach Höhe der Temperatur kann sich ein Minimum von G auch für einen enthalpisch ungünstigeren, dafür aber wahrscheinlicheren - entropisch günstigeren - Kristallzustand einstellen, d.h. für einen Zustand mit nicht verschwindenden Konzentrationen der einzelnen Defektarten. Wir erläutern das Gesagte am Beispiel einer Vakanz. Im idealen Kristall enthält das Grundgebiet J Atome. Eine Vakanz entsteht dadurch, daß ein beliebiges Atom daraus entfernt wird. Dafür gibt es J verschiedene Möglichkeiten. Auf jede der Realisierungen des idealen Kristalls entfallen also J Realisierungen des Kristalls mit einer Vakanz. Sind n voneinander unabhängige Vakanzen vorhanden, ist die Anzahl der Realisierungen gleich $J(J-1)\dots(J-n+1)/n!$. Der Entropiegewinn ΔS gegenüber dem idealen Kristall beträgt also

$$\Delta S = k \ln\left[\frac{J!}{n!(J-n)!}\right] \qquad (3.2a)$$

Bei genauerer Betrachtung kommt dazu noch die Änderung der Gitterschwingungs-Entropie. Anderseits kostet die Bildung einer Vakanz (bei konstantem Druck) eine bestimmte Enthalpie E_A. Bei n unabhängigen Vakanzen ist eine Enthalpie von $n\,E_A$ erforderlich. Die Änderung der freien Enthalpie ΔG wird damit zu

$$\Delta G = n E_A - kT \ln\left[\frac{J!}{n!(J-n)!}\right] \tag{3.2b}$$

Dieser Ausdruck ist bei festem T und p bezüglich n zu minimieren. Unter Verwendung der Stirlingschen Formel $\ln(n!) \simeq n \ln(n) - n$ liefert das die Bedingung

$$\frac{\partial}{\partial n}\Delta G = E_A - kT \ln\left[\frac{J-n}{n}\right] = 0 \ . \tag{3.2c}$$

Da $n \ll J$ angenommen werden kann, folgt daraus das Aktivierungsgesetz

$$n = J\, e^{-E_A/kT} \tag{3.2d}$$

Die Bildungsenthalpie E_A beträgt typischerweise einige eV. Mit E_A = 2,5 eV und T = 1400 K (etwa Kristallisationstemperatur von Si) ergibt sich aus (3.2d) $n = J \cdot 5 \cdot 10^{-10}$, also eine Vakanzkonzentration von etwa 10^{12} cm^{-3}. Auf ähnliche Werte kommt man bei anderen Punktstörungen. Daraus kann geschlossen werden, daß die Bildung einer merklichen Anzahl von Punktdefekten in einem Kristall prinzipiell nicht vermeidbar ist. Die Silizium-Einkristallstäbe z.B., die als Ausgangsmaterial in der Mikroelektronik Verwendung finden, enthalten tatsächlich Vakanzen und interstitials in der abgeschätzten Konzentration von etwa 10^{12} cm^{-3}. 1- und 2-dimensionale Defekte, d.h. Versetzungen, Stapelfehler oder Korngrenzen, sind weniger effektiv für die Vergrößerung der Entropie und können deshalb leichter vermieden werden als Punktdefekte. Die erwähnten Siliziumstäbe werden heute praktisch frei von Versetzungen und Korngrenzen hergestellt.

Nicht gleichermaßen unvermeidbar wie strukturelle sind chemische Punktstörungen. Zwar wirken auch hier die Gesetze der Thermodynamik in eine Richtung, die vom chemisch absolut reinen Idealkristall wegführt - sie kommen aber nur dann zum Zuge, wenn chemisch falsche Atome im System, aus dem sich der Kristall bilden soll, enthalten sind. Dann entspricht der Zustand mehr oder weniger gleichmäßig verteilter Fremdatome, d.h. der Zustand, in dem auch der Kristall Fremdatome enthält, einer geringeren freien Enthalpie als der des chemisch reinen Kristalls mit Fremdatomen ausschließlich im Rest des Systems. Durch fortgesetztes Reinigen des Kristallmaterials - im thermodynamischen Sinne durch Entzug von Entropie - kann man jedoch den Anteil der chemisch falschen Atome immer weiter verkleinern. Dem sind theoretisch keine Grenzen gesetzt, praktisch ergeben sie sich natürlich aus dem immer höher werdenden Aufwand. Man wird deshalb die Konzentration der Verunreinigungsatome nur soweit herabsetzen, wie es unbedingt erforderlich ist. Bei Siliziumscheiben, wie sie für die Herstellung integrierter Schaltkreise verwandt werden, liegt die Grenze im Falle des Kohlenstoffs bei etwa $10^{17}cm^{-3}$, für Schwermetalle dagegen weit darunter, nämlich bei etwa $10^{11}cm^{-3}$.

Bisher war nur von unerwünschten chemisch andersartigen Atomen im Kristall die Rede. In Halbleiter werden aber aus Gründen, die wir im Kapitel 1 bereits umrissen haben und die wir in diesem Kapitel noch genauer kennenlernen werden, bewußt chemisch fremdartige Atome eingebracht. Der Kristall wird, wenn man so will, absichtlich verunreinigt.

Nach diesem Überblick über die atomare Struktur von realen Halbleiterkristallen kommen wir jetzt auf deren elektronische Struktur zu sprechen. Dabei beschränken wir uns auf Kristalle mit chemischen oder strukturellen *Punkt*störungen, schließen also ein- und zweidimensionale Störungen aus. Das geschieht im Hinblick darauf, daß die höherdimensionalen Störungen, wie oben ausgeführt, eher vermieden werden können als Punktstörungen, so daß letztere, vor allem bei elektronischen Bauelementen, eine größere (erwünschte oder unerwünschte) Rolle spielen.

Wir behandeln zunächst die Schrödinger-Gleichung, durch die die Einelektronen-Zustände eines Kristalls mit einer Punktstörung beschrieben werden.

3.2 Einelektronen-Schrödinger-Gleichung für einen Kristall mit Punktstörungen: Störpotentiale

Die Einelektronen-Schrödinger-Gleichung (2.48) für den idealen Kristall, die wir in Kapitel 2 in verschiedenen Näherungsschritten abgeleitet haben, gilt der Form nach unverändert auch für den realen Kristall. Die Störungen führen lediglich dazu, daß das gitterperiodische Einelektronen-Potential $V(\mathbf{x})$ des Idealkristalls durch ein gestörtes Potential $V_{\text{gestört}}(\mathbf{x})$ ersetzt werden muß, das nicht mehr gitterperiodisch ist. Wir schreiben $V_{\text{gestört}}(\mathbf{x})$ als Summe aus $V(\mathbf{x})$ und einem Zusatzpotential $U(\mathbf{x})$, das die mit der Störung verbundene Änderung der potentiellen Energie des Elektrons charakterisiert:

$$V_{\text{gestört}}(\mathbf{x}) = V(\mathbf{x}) + U(\mathbf{x}) \quad . \tag{3.3}$$

Ist keine Störung vorhanden, verschwindet $U(\mathbf{x})$. Wegen der fehlenden Gittertranslationssymmetrie des gestörten Kristalls sind seine stationären Einelektronen-Zustände keine Bloch-Funktionen $\varphi_{\nu\mathbf{k}}(\mathbf{x})$ mehr, sondern allgemeinere Funktionen $\psi(\mathbf{x})$, die es zu berechnen gilt. Sie genügen der Schrödinger-Gleichung für den gestörten Kristall

$$\left[H + U(\mathbf{x}) \right] \psi(\mathbf{x}) = E\psi(\mathbf{x}) \ , \tag{3.4}$$

wobei H den Hamilton-Operator (2.47) des idealen Kristalls bezeichnet. Im folgenden wollen wir voraussetzen, daß genau *eine* punktförmige Störung im Kristall vorhanden ist. Den Ursprung unseres Koordinatensystems legen wir in das Zentrum der Punktstörung. Über das Potential U(x) können wir zunächst nur sagen, daß es mit wachsendem Abstand von der Störung abfallen und in großer Entfernung den Wert Null annehmen wird:

$$U(\mathbf{x}) \longrightarrow 0 \quad \text{für} \quad |\mathbf{x}| \longrightarrow \infty$$

Die verschiedenen oben aufgeführten Punktstörungen unterscheiden sich in charakteristischer Weise darin, wie schnell der Abfall des von ihnen hervorgerufenen Störpotentials erfolgt.

Betrachten wir zunächst den Fall einer Substitutionsstörstelle, bei der das Fremdatom dem Wirtsatom chemisch ähnlich ist. Das bedeutet, daß der Kern des Fremdatoms nahezu gleichviele Protonen und Neutronen enthält wie der Kern des Wirtsatoms. Unter diesen Voraussetzungen unterscheiden sich die beiden Atomrümpfe außer durch ihre unterschiedlichen Ladungen kaum; wir sprechen von einem *isocoren* Störatom. Dieser Fall liegt z.B. vor, wenn ein Phosphor-Atom mit nur einem Proton und einem Neutron mehr anstelle eines Silizium-Atoms in einen Silizium-Kristall eingebaut ist (siehe Abb. 46). Mit den Rumpfladungen, die wir durch $Z_S e$ (Störatom) und $Z_W e$ (Wirtsatom) bezeichnen wollen, unterscheiden sich natürlich auch die Valenzelektronenzahlen der beiden Atome. Das Potential eines Valenzelektrons im Kraftfeld des Rumpfes eines Störatoms der beschriebenen Art wird sich vor allem durch das veränderte Coulomb-Potential vom Potential eines Elektrons im Kraftfeld des Wirtsatomrumpfes unterscheiden, d.h., es wird näherungsweise gelten

$$U(\mathbf{x}) = - \frac{e^2 \, (Z_S - Z_W)}{\varepsilon |\mathbf{x}|} \ , \tag{3.5}$$

wobei ε die statische Dielektrizitätskonstante des Halbleitermaterials bezeichnet. Korrekturen zu diesem Störpotential sind in unmittelbarer Nähe des Störatoms zu erwarten, weil dessen Rumpf zwar nahezu gleich, aber nicht iden-

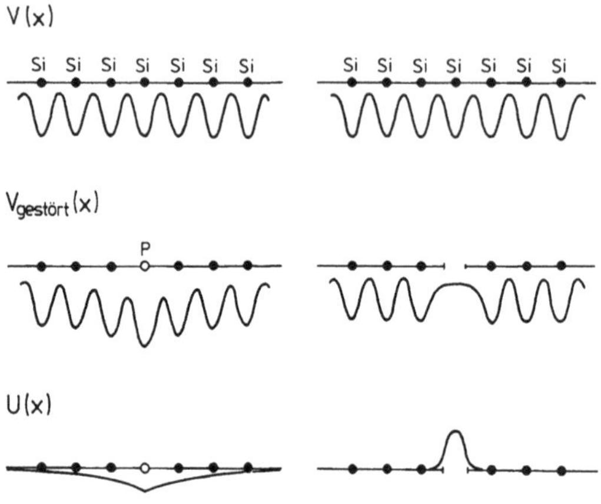

Abb. 46 Veranschaulichung der Entstehung langreichweitiger (links) und kurzreichweitiger Störpotentiale (rechts)

tisch mit dem des Wirtsatoms ist. Deshalb werden sich die abstoßenden Kräfte der Rumpfelektronen in unmittelbarer Nähe des Störatoms von denen in der Nähe eines Wirtsatoms etwas unterscheiden. Man spricht von *Zentralzellkorrekturen.* Diese sind im Ausdruck (3.5) für das Störpotential vernachlässigt. Charakteristisch für das Störpotential (3.5) ist, daß es sich, abgesehen von der unmittelbaren Umgebung des Störatoms, über einer Einheitszelle nur relativ langsam ändert und daß es auch in einer Entfernung vom Störatom, die groß ist gegenüber der Gitterkonstanten, noch vergleichsweise große Werte besitzt. Man spricht deshalb von einem *langreichweitigen* Potential. Isocore Störatome werden also durch relativ glatte, langreichweitige Störpotentiale beschrieben.

Anders liegen die Verhältnisse bei nicht-isocoren Störatomen. Wir betrachten zunächst den Fall, daß die Ladung $Z_S e$ des Störatomrumpfes gleich der Ladung $Z_W e$ des Wirtsatomrumpfes ist, was nicht bedeutet, daß die Kernladungszahlen der beiden Atome gleich sein müssen. Im Gegenteil, diese sollen sich ebenso wie die Anzahl der Neutronen in den Kernen der beiden Atome unterscheiden, so daß sich Atomrümpfe von stark unterschiedlicher Größe ergeben. Die Voraussetzung gleicher Ladung der Atomrümpfe bedeutet, daß auch die Anzahl der Valenzelektronen der beiden Atome gleich sein muß - man spricht von *isoelektronischen* Störstellen. Beispiele dafür sind etwa C-Atome in Silizium und Germanium oder N-Atome anstelle von P-Atomen in GaP. Das Potential eines Elektrons im Kraftfeld eines nicht-isocoren, isoelektronischen Störatoms unterscheidet sich vom Potential für das Wirtsatom nicht mehr durch den Coulomb-Beitrag - dieser ist in beiden Fällen der gleiche -, sondern durch den Beitrag der quantenmechanischen Austauschkräfte und durch höhere (Dipol-, Quadrupol- usw.)

Momente des Potentials der Rumpfladungsverteilung. Beide Arten von Kräften fallen mit wachsender Entfernung vom Zentrum wesentlich schneller ab als die Coulomb-Kräfte, sie sind *kurzreichweitig*. Formal drücken wir das durch die Beziehung

$$U(\mathbf{x}) = \begin{cases} U_0 \text{ für } |\mathbf{x}| \leq \text{wenige Gitterkonstanten} \\ 0 \text{ für alle übrigen } \mathbf{x} \end{cases} \tag{3.6}$$

aus, die besagt, daß $U(\mathbf{x})$ nur innerhalb einer Kugel mit dem Mittelpunkt im Störatom und einem Radius von wenigen Gitterkonstanten einen von Null verschiedenen Wert U_0 besitzt. Wie detailliertere Betrachtungen zeigen, ist der genaue Verlauf der Funktion $U(\mathbf{x})$ für die elektronische Struktur oft nur von untergeordneter Bedeutung, wichtig ist oft nur das nullte Moment $\int d^3\mathbf{x}\ U(\mathbf{x})$.
Durch kurzreichweitige Störpotentiale werden nicht nur die isoelektronischen, nicht-isocoren Substitutionsstörstellen beschrieben, sondern auch Strukturdefekte, wie z.B. Vakanzen oder interstitials. Im Falle einer Vakanz ist die Entstehung eines kurzreichweitigen Störpotentials sogar besonders augenfällig. Die Entfernung eines Si-Atoms aus der in Abb. 46d dargestellten Kette von Si-Atomen führt dazu, daß das Potential $V(\mathbf{x}) + U(\mathbf{x})$ den in Abb. 46e dargestellten Verlauf annimmt, und das Störpotential die Form in Abb. 46f hat.
Schließlich lassen wir die Voraussetzung fallen, daß die Rumpfladungen der beiden nicht-isocoren Atome identisch sind. Beispiele dafür sind etwa Au-Atome mit ihrer einfachen Rumpfladung in Silizium oder Te-Atome mit ihrer sechsfachen Rumpfladung auf As-Platz in GaAs. Das Störpotential ist dann eine Überlagerung aus dem Coulomb-Anteil (3.5), der von der unterschiedlichen Rumpfladung herrührt, und einem kurzreichweitigen Anteil, der alle übrigen Unterschiede zwischen den Rümpfen berücksichtigt.

3.3 Effektivmassengleichung

Die Einelektronen-Schrödinger-Gleichung (3.3) für den gestörten Kristall wollen wir jetzt schrittweise so vereinfachen, daß am Ende eine leichter zu lösende Gleichung entsteht. Wir lassen uns dabei von der folgenden Überlegung leiten. Wie in Kapitel 2 gezeigt wurde, ist die Beziehung zwischen der Energie eines Elektrons im idealen Kristall und seinem Wellenvektor $\mathbf{k}$ unter bestimmten Bedingungen mit derjenigen eines freien Elektrons identisch, nämlich quadratisch, nur daß dabei an die Stelle der freien Elektronenmasse m die effektive

Masse m^* tritt. Die Wechselwirkung des Kristallelektrons mit den Atomrümpfen führt dazu, daß die effektive Masse im allgemeinen ein Tensor wird, und, sofern sie sich auf eine skalare Größe reduzieren läßt, dem Wert nach von der freien Masse verschieden ist. Der Einfluß eines Störpotentials U auf ein Kristallelektron sollte sich deshalb auf folgende Weise näherungsweise recht leicht berechnen lassen: man streicht in der Einelektronen-Schrödinger-Gleichung für den gestörten Kristall das periodische Potential und ersetzt dafür die freie Masse m durch die effektive Masse m^*. Die so erhaltene Schrödinger-Gleichung, die wir später als Effektivmassengleichung bezeichnen werden, ist dann wesentlich einfacher als die ursprüngliche. Für eine Phosphor-Substitutionsstörstelle in Si erhält man zum Beispiel eine Schrödinger-Gleichung, die der für das Wasserstoffatom ähnlich ist und leicht gelöst werden kann. Aber dieses Vorgehen muß natürlich erst noch gerechtfertigt werden. Dazu müssen Fragen beantwortet werden, die bisher offen geblieben sind, z.B. die Frage nach dem Zusammenhang der Wellenfunktion in der vereinfachten Schrödinger-Gleichung mit der Wellenfunktion in der ursprünglichen, oder nach den Bedingungen, die an das Störpotential U und die Wellenfunktion zu stellen sind, damit das Verfahren anwendbar ist. Um diese Fragen zu beantworten und die Effektivmassengleichung abzuleiten, schreiben wir die Schrödinger-Gleichung (3.3) in die Bloch-Darstellung um. Dazu entwickeln wir $\psi(\mathbf{x})$ nach dem vollständigen System der Bloch-Funktionen $\varphi_{\nu\mathbf{k}}(\mathbf{x})$. Es gilt

$$\psi(\mathbf{x}) = \sum_{\nu\mathbf{k}} (\nu\mathbf{k}|\psi)\ \varphi_{\nu\mathbf{k}}(\mathbf{x}) \tag{3.7}$$

mit den Entwicklungskoeffizienten

$$(\nu\mathbf{k}|\psi) = \int_{\substack{\text{Grund-}\\ \text{gebiet}}} d^3x\ \varphi^*_{\nu\mathbf{k}}(\mathbf{x})\ \psi(\mathbf{x}) \tag{3.8}$$

Die Schrödinger-Gleichung nimmt mit Rücksicht darauf, daß die $\varphi_{\nu\mathbf{k}}(\mathbf{x})$ Eigenfunktionen von H zum Eigenwert $E_\nu(\mathbf{k})$ sind, die folgende Gestalt an:

$$\sum_{\nu'\mathbf{k}'} \Big[E_\nu(\mathbf{k})\ \delta_{\nu'\nu}\ \delta_{\mathbf{k}'\mathbf{k}} + (\nu\mathbf{k}|U|\nu'\mathbf{k}') \Big] (\nu'\mathbf{k}'|\psi) = E\ (\nu\mathbf{k}|\psi)\ . \tag{3.9}$$

Damit diese Gleichung in die Effektivmassengleichung umgeformt werden kann, muß erstens eine Voraussetzung über die räumliche Variation des Störpotentials $U(\mathbf{x})$ gemacht werden: $U(\mathbf{x})$ darf im Vergleich zum periodischen Kristallpotential

V(**x**) nur schwach veränderlich sein. Man sagt kurz, daß U(**x**) *glatt* sein muß. Die Bedingung dafür formulieren wir jetzt quantitativ. Dazu zerlegen wir U(**x**) in eine Fourierreihe, wobei wir die früher in Kapitel 2 eingeführten Bezeichnungen verwenden. Es gilt

$$U(\mathbf{x}) = \sum_{\mathbf{k}} (\mathbf{k}|U) \frac{1}{\sqrt{\Omega}} e^{i\mathbf{k}\cdot\mathbf{x}} \tag{3.10}$$

mit

$$(\mathbf{k}|U) = \frac{1}{\sqrt{\Omega}} \int_{\substack{\text{Grund-}\\\text{gebiet}}} d^3\mathbf{x}\; e^{-i\mathbf{k}\cdot\mathbf{x}}\, U(\mathbf{x}) \tag{3.11}$$

als Fourierkoeffizienten. Die Summe in (3.10) läuft über den gesamten unendlichen **k**-Raum. Glattheit von U(**x**) im Ortsraum bedeutet nun, daß in der Fourierdarstellung (3.10) nur ebene Wellen mit **k**-Vektoren beitragen, deren Länge klein gegen die Länge der primitiven Gittervektoren im reziproken Gitter und damit natürlich auch jedes beliebigen anderen, von Null verschiedenen reziproken Gittervektors **K** ist:

$$(\mathbf{k}|U) = \begin{cases} \neq 0 & \text{für } |\mathbf{k}| \ll |\mathbf{K}| \\ = 0 & \text{sonst} \end{cases} \tag{3.12}$$

Zweitens nehmen wir an, daß die Wellenfunktion $\psi(\mathbf{x})$ ausschließlich aus Bloch-Funktionen eines einzigen Bandes ν_0 aufgebaut werden kann, daß $\psi(\mathbf{x})$ also von der Form

$$\psi(\mathbf{x}) = \sum_{\mathbf{k}} F_{\nu_0}(\mathbf{k})\, \varphi_{\nu_0\mathbf{k}}(\mathbf{x}) \tag{3.13}$$

ist mit $F_{\nu_0}(\mathbf{k})$ als noch zu bestimmender Funktion. Auf sie bezieht sich die nächste Voraussetzung.

Drittens wird nämlich angenommen, daß $F_{\nu_0}(\mathbf{k})$ von Null verschiedene Funktionswerte nur für kleine **k**-Vektoren besitzt (in dem in Gleichung (3.12) verwendeten Sinne).

Viertens schließlich wird vorausgesetzt, daß für die gemäß (3.12) zu betrachtenden kleinen **k**-Vektoren die Bloch-Faktoren $u_{\nu_0\mathbf{k}}(\mathbf{x})$ in den Bloch-Funktionen $\varphi_{\nu_0\mathbf{k}}(\mathbf{x})$ näherungsweise durch ihre Werte bei $\mathbf{k} = 0$ ersetzt werden können:

$$u_{\nu_0 \mathbf{k}}(\mathbf{x}) \approx u_{\nu_0 0}(\mathbf{x}) \tag{3.14}$$

Die letzten beiden Voraussetzungen lassen sich dann rechtfertigen, wenn es Eigenzustände des gestörten Kristalls mit Energieeigenwerten dicht ober- oder unterhalb der Kante des Bandes ν_0 gibt und nur diese Zustände betrachtet werden. Wenn dann außerdem die Bandkante noch bei $\mathbf{k} = 0$ liegt, entsprechen den kleinen Energieabweichungen auch kleine $\mathbf{k}$-Werte, so daß die Relation (3.14) näherungsweise gilt. Die Einschränkung bezüglich der Lage der Bandkante bei $\mathbf{k} = 0$ erweist sich bei genauerer Betrachtung als unnötig, das Verfahren läßt sich ohne weiteres auch auf Bandextrema außerhalb des Zentrums der 1.BZ verallgemeinern. Hier nehmen wir nur der Einfachheit halber an, daß die Bandkante bei $\mathbf{k} = 0$ liegt.

Wir nutzen jetzt die vier gemachten Voraussetzungen, um die Schrödinger-Gleichung (3.9) zu vereinfachen. Die Wellenfunktion (3.13) geht unter Verwendung der Beziehung (3.14) über in

$$\psi(\mathbf{x}) = \frac{1}{\sqrt{\Omega}} u_{\nu_0 0}(\mathbf{x}) \sum_{\mathbf{k}} F_{\nu_0}(\mathbf{k})\, e^{i\mathbf{k}\cdot\mathbf{x}} . \tag{3.15}$$

Die $\mathbf{k}$-Summe ist hier die Fouriertransformierte $F_{\nu_0}(\mathbf{x})$ der Funktion $F_{\nu_0}(\mathbf{k})$:

$$F_{\nu_0}(\mathbf{x}) = \frac{1}{\sqrt{\Omega}} \sum_{\mathbf{k}} F_{\nu_0}(\mathbf{k})\, e^{i\mathbf{k}\cdot\mathbf{x}} \tag{3.16}$$

Damit folgt für $\psi(\mathbf{x})$ der Ausdruck

$$\psi(\mathbf{x}) = u_{\nu_0 0}(\mathbf{x})\, F_{\nu_0}(\mathbf{x}) \tag{3.17}$$

Man bezeichnet $F_{\nu_0}(\mathbf{x})$ auch als *Einhüllende* oder *Enveloppe*. Gemeint ist damit, daß man die wirkliche Wellenfunktion $\psi(\mathbf{x})$ erhält, indem man den Bloch-Faktor $u_{\nu_0 0}(\mathbf{x})$ mit $F_{\nu_0}(\mathbf{x})$ einhüllt.

Die beiden Forderungen nach Glattheit von $U(\mathbf{x})$ und $\psi(\mathbf{x})$ ermöglichen es, das Matrixelement $(\nu\mathbf{k}|U|\nu'\mathbf{k}')$ in der Schrödinger-Gleichung (3.9) näherungsweise in eine wesentlich einfachere Form zu überführen. Wir schreiben dieses Element unter Verwendung der Fourierdarstellung (3.10) von $U(\mathbf{x})$ und der expliziten Form der Bloch-Funktionen $\varphi_{\nu\mathbf{k}}(\mathbf{x})$ um. Es gilt

$$(\nu\mathbf{k}|U|\nu'\mathbf{k}') = \frac{1}{\sqrt{\Omega}} \sum_{\mathbf{k}''} (\mathbf{k}''|U) \frac{1}{\Omega} \int_{\substack{\text{Grund-}\\\text{gebiet}}} d^3\mathbf{x}\, u^*_{\nu\mathbf{k}}(\mathbf{x})\, u_{\nu'\mathbf{k}'}(\mathbf{x})\, e^{i(\mathbf{k}'+\mathbf{k}''-\mathbf{k})\cdot\mathbf{x}} \tag{3.18}$$

Das Integral über das Grundgebiet wandeln wir in eine Summe von Integralen über die Einheitszellen dieses Gebietes um. Jeder Einheitszelle ist ein bestimmter Gitterpunkt $\mathbf{R}$ zugeordnet, die Summe läuft also über alle Gitterpunkte des Grundgebietes. Wegen der Gitterperiodizität der Bloch-Faktoren verbleiben unter der Gittersumme nur Terme der Form $e^{i(\mathbf{k}'+\mathbf{k}''-\mathbf{k})\cdot\mathbf{R}}$. Die Summation darüber kann leicht ausgeführt werden. Mit $\mathbf{K}$ als beliebigem reziproken Gittervektor folgt:

$$\sum_{\mathbf{R}} e^{i(\mathbf{k}'+\mathbf{k}''-\mathbf{k})\cdot\mathbf{R}} = G^3 \sum_{\mathbf{K}} \delta_{\mathbf{k}'+\mathbf{k}''-\mathbf{k},\mathbf{K}} \;. \tag{3.19}$$

Damit geht (3.18) über in

$$(\nu\mathbf{k}|U|\nu'\mathbf{k}') = \frac{1}{\sqrt{\Omega}} \sum_{\mathbf{K}} (\mathbf{k} - \mathbf{k}' + \mathbf{K}|U)\, C^{\mathbf{k}\mathbf{k}'}_{\nu\nu'}(\mathbf{K}) \;, \tag{3.20}$$

wobei zur Abkürzung für das sogenannte Bloch-Integral

$$C^{\mathbf{k}\mathbf{k}'}_{\nu\nu'}(\mathbf{K}) = \frac{1}{\Omega_0} \int_{\substack{\text{Einheits-}\\\text{zelle}}} d^3\mathbf{x}\, u^*_{\nu\mathbf{k}}(\mathbf{x})\, u_{\nu'\mathbf{k}'}(\mathbf{x})\, e^{i\mathbf{K}\cdot\mathbf{x}} \tag{3.21}$$

gesetzt wurde. Die Bloch-Komponenten der Wellenfunktion ψ in der Schrödinger-Gleichung (3.9), $(\nu\mathbf{k}|\psi)$ und $(\nu'\mathbf{k}'|\psi)$, sind nur für kleine $\mathbf{k}$ und $\mathbf{k}'$ von Null verschieden. Deshalb benötigen wir die Matrixelemente $(\nu\mathbf{k}|U|\nu'\mathbf{k}')$ auch nur für kleine $\mathbf{k}$ und $\mathbf{k}'$. Mit Rücksicht auf die Forderung nach Glattheit des Potentials $U(\mathbf{x})$ liefern dann Terme im Ausdruck (3.20) für $(\nu\mathbf{k}|U|\nu'\mathbf{k}')$ mit $\mathbf{K} \neq 0$ keinen Beitrag. Es gilt also

$$(\nu\mathbf{k}|U|\nu'\mathbf{k}') \simeq \frac{1}{\sqrt{\Omega}} (\mathbf{k} - \mathbf{k}'|U)\, C^{\mathbf{k}\mathbf{k}'}_{\nu\nu'}(0) \;. \tag{3.22}$$

Für $C^{\mathbf{k}\mathbf{k}'}_{\nu\nu'}(0)$ folgt nach näherungsweiser Ersetzung der Bloch-Faktoren $u_{\nu\mathbf{k}}$ und $u_{\nu'\mathbf{k}'}$ durch $u_{\nu 0}$ bzw. $u_{\nu' 0}$ und Verwendung der Orthogonalität der Bloch-Funktionen

$$C^{\mathbf{k}\mathbf{k}'}_{\nu\nu'}(0) = \delta_{\nu\nu'} \;. \tag{3.23}$$

Geht man mit dieser Beziehung in den Ausdruck (3.22) ein, so folgt unmittelbar

$$(\nu\mathbf{k}|U|\nu'\mathbf{k}') = (\mathbf{k}|U|\mathbf{k}')\delta_{\nu\nu'} \quad . \tag{3.24}$$

Damit ist der entscheidende Schritt zur Vereinfachung der Schrödinger-Gleichung (3.6) für den gestörten Kristall getan - die Kopplung der Energiebänder ist beseitigt, und es verbleibt nur eine Kopplung zwischen unterschiedlichen Wellenvektoren. Diese kann aber relativ leicht verarbeitet werden. Dazu setzen wir alle bisher erzielten Ergebnisse in die Schrödinger-Gleichung (3.9) ein. Wir erhalten dadurch die folgende Beziehung für $F_{\nu_0}(\mathbf{k})$:

$$E_{\nu_0}(\mathbf{k})\, F_{\nu_0}(\mathbf{k}) + \sum_{\mathbf{k}'} (\mathbf{k}|U|\mathbf{k}')\, F_{\nu_0}(\mathbf{k}') = E\, F_{\nu_0}(\mathbf{k}) \tag{3.25}$$

Schließlich transformieren wir diese Gleichung noch aus dem $\mathbf{k}$-Raum in den Ortsraum. Dazu multiplizieren wir mit $1/\sqrt{\Omega}\,\exp(i\mathbf{k}\cdot\mathbf{x}) = (\mathbf{x}|\mathbf{k})$ und summieren über $\mathbf{k}$. Der erste Term auf der linken Seite wird zu

$$\sum_{\mathbf{k}} E_{\nu_0}(\mathbf{k})\, F_{\nu_0}(\mathbf{k})\, (\mathbf{x}|\mathbf{k}) = E_{\nu_0}(-i\nabla_{\mathbf{x}})F_{\nu_0}(\mathbf{x}) \quad . \tag{3.26}$$

Von der Richtigkeit dieser Umformung kann man sich leicht überzeugen, indem man $E_{\nu_0}(\mathbf{k})$ in eine Potenzreihe entwickelt und die Identität

$$\mathbf{k}^n\, e^{i\mathbf{k}\mathbf{x}} = (-i\nabla_{\mathbf{x}})^n\, e^{i\mathbf{k}\mathbf{x}} \tag{3.27}$$

verwendet. Der zweite Term auf der linken Seite läßt sich leicht in folgender Form darstellen:

$$\sum_{\mathbf{k}\mathbf{k}'} (\mathbf{x}|\mathbf{k})\, (\mathbf{k}|U|\mathbf{k}')F_{\nu_0}(\mathbf{k}') = U(\mathbf{x})F_{\nu_0}(\mathbf{x}) \quad , \tag{3.28}$$

und rechts entsteht unmittelbar $E\, F_{\nu_0}(\mathbf{x})$. Damit ergibt sich schließlich die folgende Gleichung für die Enveloppe $F_{\nu_0}(\mathbf{x})$:

$$\left[E_{\nu_0}(-i\nabla_{\mathbf{x}}) + U(\mathbf{x}) \right] F_{\nu_0}(\mathbf{x}) = E\, F_{\nu_0}(\mathbf{x}) \tag{3.29}$$

Man bezeichnet diese Beziehung auch als *Enveloppen-Gleichung.* Ersetzen wir hier noch $E_{\nu_0}(-i\nabla_x)$ gemäß Gleichung (2.160) durch eine quadratische Funktion von $-i\nabla_x$, was wegen der Glattheit von F_{ν_0} gerechtfertigt ist, und nehmen eine isotrope effektive Masse $m^*_{\nu_0}$ an, so folgt

$$E_{\nu_0}(-i\nabla_x) = E_{\nu_0}(0) + \frac{\hbar^2}{2m^*_{\nu_0}}(-i\nabla_x)^2 \tag{3.30}$$

und

$$\left[E_{\nu_0}(0) - \frac{\hbar^2}{2m^*_{\nu_0}}\Delta + U(\mathbf{x})\right] F_{\nu_0}(\mathbf{x}) = E\, F_{\nu_0}(\mathbf{x}) \ . \tag{3.31}$$

Damit ist verifiziert, was wir eingangs als Vermutung formuliert hatten: der Einfluß des Störpotentials kann näherungsweise aus einer Gleichung berechnet werden, in der das periodische Potential nicht mehr vorkommt und anstelle der freien Masse die effektive Masse auftritt. Die Gleichung (3.31) ist also die gesuchte Effektivmassengleichung. Die Eigenfunktion $F_{\nu_0}(\mathbf{x})$ dieser Gleichung erweist sich als Einhüllende oder Enveloppe des Bloch-Faktors $u_{\nu_0 k}(\mathbf{x})$ im Ausdruck (3.17) für die wirkliche Wellenfunktion $\psi(\mathbf{x})$.

Die wesentlichen Voraussetzungen, unter denen wir die Effektivmassengleichung abgeleitet haben, waren die Glattheit des Störpotentials, die Glattheit der Wellenfunktion und deren Darstellbarkeit aus Bloch-Funktionen eines einzigen Bandes sowie die **k**-Unabhängigkeit der Bloch-Faktoren. Diese Annahmen sind einschneidend und bei weitem nicht immer erfüllt. Nichtglatte Störpotentiale werden uns in Abschnitt 3.5 noch beschäftigen. Dessenungeachtet ist die Effektivmassengleichung (3.31) ein geeignetes Instrument zur Lösung einer Reihe wichtiger Probleme der Festkörperphysik. Punktstörungen mit glattem Potential sind dafür nur *ein* Beispiel. Andere Probleme, die mit Hilfe der Effektivmassengleichung gelöst werden können, betreffen die Wirkung äußerer elektrischer und magnetischer Felder oder den Einfluß künstlicher Überstrukturen in einem Kristall. Darauf werden wir später noch eingehen. Auch die Coulombkräfte zwischen einem Elektron und einem Loch, die zu dem in Kapitel 2 erwähnten Exciton führen, lassen sich mit Hilfe dieser Gleichung beschreiben.

Eine Verallgemeinerung der Effektivmassengleichung macht sich dann erforderlich, wenn an der Bandkante mehrere Energiebänder miteinander entartet sind, wie das beim Valenzband vieler Halbleiter tatsächlich der Fall ist. Die Kopplung zumindest dieser Bänder durch das Störpotential kann dann nicht mehr vernachlässigt werden. Die Effektivmassengleichung läßt sich aber so verallgemeinern, daß auch dieser Fall noch erfaßt werden kann.

3.4 Flache Niveaus. Donator- und Akzeptorzustände

Wir untersuchen jetzt, zu welchen Änderungen des Energiespektrums Punktstörungen führen, die durch ein Coulomb-Potential, also ein glattes langreichweitiges Störpotential $U(\mathbf{x})$ beschrieben werden. Damit erfassen wir isocore Störatome aus solchen Zeilen und Spalten des Periodensystems, die der Spalte und Zeile des Wirtsatoms, das ersetzt wird, benachbart sind. Beispiele dafür sind der Tab. 10 zu entnehmen. Die Differenz der Rumpfladungszahlen bezeichnen wir mit

$$\Delta Z = Z_S - Z_W \tag{3.32}$$

Das Vorzeichen von ΔZ kann sowohl positiv als auch negativ sein. In diesem Sinne können wir von positiven und negativen Störstellen sprechen - positiv ist die Störstelle, wenn die Rumpfladungszahl des Störatoms größer ist als die des Wirtsatoms, negativ, wenn sie kleiner ist. Wir heben das Vorzeichen von ΔZ hervor, indem wir schreiben:

$$\Delta Z = \begin{cases} +\,|\Delta Z| & \text{für} \quad Z_S > Z_W \\ -\,|\Delta Z| & \text{für} \quad Z_S < Z_W \end{cases} \tag{3.33}$$

Dann gilt

$$U(\mathbf{x}) = \begin{cases} -\dfrac{e^2|\Delta Z|}{\varepsilon\,|\mathbf{x}|} & \text{für} \quad Z_S > Z_W \\ +\dfrac{e^2|\Delta Z|}{\varepsilon\,|\mathbf{x}|} & \text{für} \quad Z_S < Z_W \end{cases} \tag{3.34}$$

Zur Berechnung der Änderung der elektronischen Struktur steht uns die Effek-

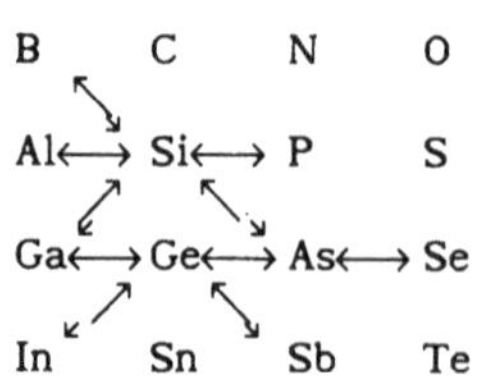

Tab. 10 Beispiele für isocore Substitutionsstörstellen

tivmassengleichung (3.31) zur Verfügung, die wir jetzt auf das spezielle Potential (3.34) anwenden wollen. Die Effektivmassengleichung muß für jene Bänder ν_0 aufgeschrieben werden, in deren energetischer Nachbarschaft Änderungen der Energieeigenwerte durch das Störpotential erwartet werden. Aus Kapitel 1 wissen wir, daß das sowohl auf das Leitungsband als auch auf das Valenzband zutrifft - dicht unterhalb der Leitungsbandkante sollten unter bestimmten Bedingungen diskrete Niveaus in der Energielücke auftreten, und unter anderen Bedingungen erwartet man solche Niveaus dicht oberhalb der Valenzbandkante. Die Effektivmassengleichung wird also sowohl für das Leitungsband (ν_0 = c) als auch für das Valenzband (ν_0 = v) benötigt. Um die entsprechenden Gleichungen in der Form (3.31) aufschreiben zu können, müssen mehrere Annahmen gemacht werden: Die Bandkanten, d.h. das Minimum des Leitungsbandes und das Maximum des Valenzbandes, müssen bei $\mathbf{k} = 0$ liegen und dürfen nicht entartet sein. Außerdem muß die $\mathbf{k}$-Dispersion der beiden Energiebänder in der Umgebung von $\mathbf{k} = 0$ isotrop und parabolisch sein, wie in (3.31) vorausgesetzt wurde, d.h., es muß gelten

$$E_c(\mathbf{k}) = E_g + \frac{\hbar^2}{2m_c^*} \mathbf{k}^2 , \tag{3.35}$$

$$E_v(\mathbf{k}) = - \frac{\hbar^2}{2m_v^*} \mathbf{k}^2 , \tag{3.36}$$

mit m_c^* und m_v^* als effektiven Massen der Elektronen bzw. Löcher. In Wirklichkeit liegt die Leitungsbandkante bei vielen Halbleitern, wie z.B. Si und Ge, nicht bei $\mathbf{k} = 0$, und die effektiven Massen sind nicht isotrop. Die Valenzbandkante befindet sich zwar bei den meisten Halbleitern im Punkte $\mathbf{k} = 0$, aber es besteht eine Entartung zwischen den Bändern der leichten und schweren Löcher. Trotzdem wollen wir die vorher genannten anders lautenden Voraussetzungen als erfüllt ansehen, d.h., wir wollen ein idealisiertes Modell betrachten, dessen Relevanz für reale Situationen noch gesondert zu diskutieren ist.

3.4.1 Isotropes parabolisches Zweiband-Modell

Für dieses Modell gelten die beiden Effektivmassengleichungen

$$\left\{ E_g - \frac{\hbar^2}{2m_c^*} \Delta \mp \frac{e^2 |\Delta Z|}{\varepsilon |\mathbf{x}|} \right\} F_c(\mathbf{x}) = E\, F_c(\mathbf{x}) , \tag{3.37}$$

$$\left\{ \frac{\hbar^2}{2m_v^*}\Delta \mp \frac{e^2|\Delta Z|}{\varepsilon|x|} \right\} F_c(x) = E\, F_c(x) \tag{3.38}$$

In der üblichen Form einer Schrödinger-Gleichung lauten sie

$$\left\{ -\frac{\hbar^2}{2m_c^*}\Delta \mp \frac{e^2|\Delta Z|}{\varepsilon|x|} \right\} F_c(x) = (E - E_g)\, F_c(x) \ , \tag{3.39}$$

$$\left\{ -\frac{\hbar^2}{2m_v^*}\Delta \pm \frac{e^2|\Delta Z|}{\varepsilon|x|} \right\} F_v(x) = (-E)\, F_v(x) \tag{3.40}$$

Bis auf Bezeichnungen und konstante Faktoren sind das Schrödinger-Gleichungen für ein geladenes Teilchen im Potential einer Punktladung, ähnlich wie beim Wasserstoffatom. Aus der Quantenmechanik ist bekannt, daß im Falle eines anziehenden Potentials neben dem Kontinuum der positiven Energieeigenwerte zusätzlich diskrete Energieniveaus bei negativen Energiewerten auftreten, denen lokalisierte Wellenfunktionen entsprechen. Für abstoßende Potentiale gibt es keine derartigen Bindungszustände. Daraus folgt, daß bei einer positiven Störstelle (oberes Vorzeichen) diskrete Energieniveaus dicht unterhalb der Leitungsbandkante zu erwarten sind, und bei einer negativen Störstelle dicht oberhalb der Valenzbandkante. Diese diskreten Niveaus liegen in der Energielücke zwischen Leitungs- und Valenzband, in der beim idealen Kristall bekanntlich keinerlei Energieeigenwerte auftreten.
Wir betrachten zunächst den Fall des Leitungsbandes.

Leitungsband

Indem wir die Ergebnisse der quantenmechanischen Behandlung des Wasserstoffatoms auf unsere Situation übertragen, ergibt sich für die diskreten Energieniveaus zur Hauptquantenzahl n (n = 1,2,...) $(E - E_g)_n = -E_B/n^2$ bzw.

$$E_n = E_g - \frac{E_B}{n^2} \tag{3.41}$$

und

$$E_B = \frac{e^4 m_c^* \, |\Delta Z|^2}{2\hbar^2\varepsilon^2} = E_B^H \left(\frac{m_c^*}{m}\right) \left(\frac{|\Delta Z|}{\varepsilon}\right)^2 \ , \tag{3.42}$$

wobei $E_B^H = e^4 m/2\hbar^2$ die Bindungsenergie des Wasserstoffatoms (Rydberg-Energie) bezeichnet. Die Wellenfunktion zur Drehimpulsquantenzahl l = 0 und magnetischen Quantenzahl m = 0 (s-Zustand) ergibt sich zu

$$F_{c100}(\mathbf{x}) = \frac{1}{\sqrt{\pi a_B^3}} e^{-\frac{|\mathbf{x}|}{a_B}} \tag{3.43}$$

mit

$$a_B = \frac{\hbar^2 \varepsilon}{e^2 m_c^* |\Delta Z|} = a_B^H \left(\frac{\varepsilon}{|\Delta Z|} \frac{m}{m_c^*} \right) \tag{3.44}$$

Dabei bezeichnet $a_B^H = \hbar^2/e^2 m$ den Bohrschen Radius des Wasserstoffatoms. Die Größenordnungen der Energie E_B und der Länge a_B lassen sich leicht abschätzen. Mit $E_B^H \approx 13{,}6$ eV, $a_B^H = 0{,}5$ Å, $(m_c^*/m) = 0{,}2$, $\varepsilon = 11{,}4$ und $|\Delta Z| = 1$ folgt

$$E_B \cong 13{,}6 \left(\frac{0{,}2}{130} \right) \text{eV} \approx 21 \text{ meV} , \tag{3.45}$$

$$a_B \cong 0{,}5 \left(\frac{11{,}4}{0{,}2} \right) \text{Å} \approx 29 \text{ Å} \tag{3.46}$$

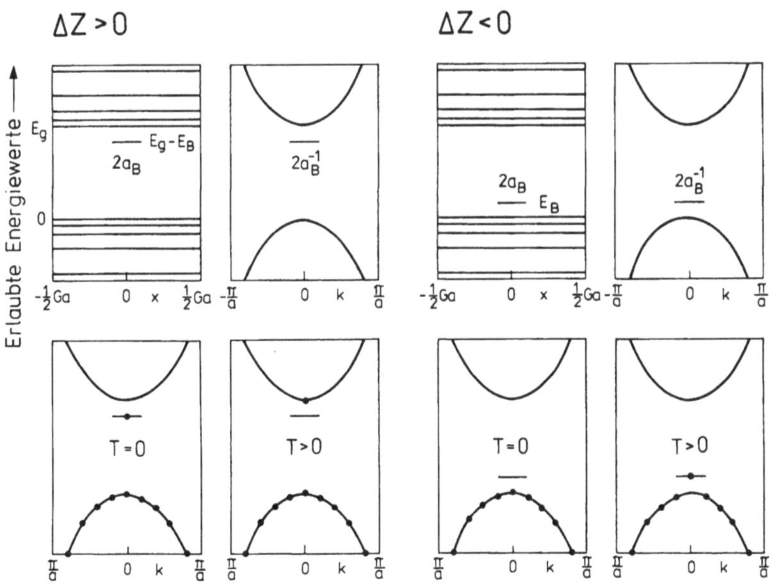

Abb. 47 Veranschaulichung flacher lokalisierter Niveaus im Ortsraum und im **k**-Raum für Störatome mit positiver und negativer Zusatzladung ΔZ (oberer Bildteil). Die Besetzung der Niveaus mit Elektronen ist im unteren Bildteil dargestellt. Die Niveaus wirken als Donatoren (ΔZ > 0) bzw. Akzeptoren von Elektronen (ΔZ < 0)

Gemessen an der Breite der Energielücke, die von der Größenordnung 1 eV ist, liegt das diskrete Energieniveau E_1 flach unterhalb der Leitungsbandkante (siehe Abb. 47). Noch flacher liegen die Zustände mit n = 2,3,.... Daher stammt auch die Bezeichnung *flache Niveaus*. Die Wellenfunktion zum Energieniveau E_1 klingt bei Entfernung vom Störatom mit der charakteristischen Länge a_B ab. Im Gegensatz zu den Bandzuständen, die über den gesamten Kristall ausgebreitet sind, haben wir es also hier mit einem lokalisierten Elektronenzustand zu tun (siehe Abb. 47). Der Lokalisationsradius a_B ist deutlich größer als der Abstand zwischen zwei Gitteratomen, der die Größenordnung ≃ 2,5 Å hat. Das bedeutet, daß das Elektron im Störstellenzustand auf mikroskopischer Längenskala nur relativ schwach lokalisiert ist. Das war in Hinblick auf die eingangs gemachte Voraussetzung, daß nur Fourierkomponenten zu kleinen Wellenvektoren **k** zur Wellenfunktion beitragen, auch zu erwarten. Wir können diese Annahme mit einer einfachen Abschätzung auch quantitativ überprüfen: die Fouriertransformierte von $F_{c100}(\mathbf{x})$ ist bis auf einen **k**-unabhängigen Faktor gleich

$$F_{c100}(\mathbf{k}) \sim \frac{1}{(1 + (a_B\mathbf{k})^2)^2} \tag{4.47}$$

Am Rande der 1.BZ ist $k \approx (\pi/a)$ und $a_B k \approx \pi(a_B/a) \approx 10$. Vom Zentrum der 1.BZ bis zu deren Rand fällt also $F_{c100}(\mathbf{k})$ um vier Zehnerpotenzen ab. Die gemachte Voraussetzung ist also sehr gut erfüllt. In Abb. 47 ist die Lokalisation der Wellenfunktion im **k**-Raum schematisch dargestellt. Die Ergebnisse zu den flachen Störstellenniveaus, die wir für den Fall des Leitungsbandes erhalten haben, lassen sich unmittelbar auf das Valenzband übertragen. Wir geben sie unten ohne weitere Ableitung an.

Valenzband

Es treten diskrete Energieniveaus in der Energielücke flach oberhalb der Valenzbandkante auf. Die Energien dieser Niveaus sind gegeben durch:

$$E_n = \frac{E_B}{n^2} , \tag{3.48}$$

$$E_B = \frac{e^4 m_v^* \, |\Delta Z|^2}{2\hbar^2 \varepsilon^2} = E_B^H \left(\frac{m_v^*}{m} \right) \left(\frac{|\Delta Z|}{\varepsilon} \right)^2 \tag{3.49}$$

Die zugehörigen Wellenfunktionen sind lokalisiert. Die zum Niveau n = 1 und

$l = m = 0$ gehörende Funktion ist von der Form (3.43) mit

$$a_B = \frac{\hbar^2 \varepsilon}{e^2 m_v^* \, |\Delta Z|} = a_B^H \left(\frac{\varepsilon}{|\Delta Z|} \, \frac{m}{m_v^*} \right) \tag{3.50}$$

In Abb. 47 (unten) sind die entsprechenden Energieniveaus und Lokalisationsgebiete dargestellt.

Obwohl die Besetzung der Energieniveaus im Kristall allgemein erst im nächsten Kapitel behandelt wird, wollen wir uns an dieser Stelle schon mit einem Spezialfall beschäftigen, nämlich mit der Besetzung der soeben gefundenen flachen Störstellenniveaus am absoluten Nullpunkt der Temperatur $T = 0$. Diese Betrachtung wird uns zu einem besseren Verständnis der Natur dieser Störstellenzustände führen. Zunächst nehmen wir den Fall einer positiven Störstelle an, d.h., der Rumpf des Störatoms soll stärker positiv geladen sein als der des Wirtsatoms. Der Einfachheit halber sei $Z_S = Z_W + 1$. Damit besitzt das Störatom notwendig auch ein Valenzelektron mehr als das Wirtsatom. Um etwas Konkretes vor Augen zu haben, können wir uns ein P-Atom in einem Si-Kristall vorstellen. Gemäß der Levinsonschen Regel, nach der die Gesamtzahl der Zustände beim Anlegen einer Störung erhalten bleibt, können wir davon ausgehen, daß sich an der Anzahl der Zustände im Valenzband durch das Störatom nichts ändert. Deshalb lassen sich alle Valenzelektronen der Wirtsatome und des Störatoms bis auf das zusätzliche im Valenzband unterbringen. Dieses muß bei $T = 0$ im tiefstmöglichen noch nicht besetzten Energieniveau plaziert werden. Das ist das flache ($n=1$)-Niveau dicht unter der Leitungsbandkante, zu dem das Fremdatom nach den oben dargestellten Ergebnissen Anlaß gibt. Die Besetzung ist also so, wie in Abb. 47 dargestellt. Wird die Temperatur erhöht, kann das Elektron aus dem flachen Niveau leicht in das Leitungsband abgegeben werden. Dort ist es nicht mehr lokalisiert, sondern über den gesamten Kristall ausgebreitet und somit ein frei beweglicher Ladungsträger. Das flache Energieniveau fungiert also als Spender eines frei beweglichen Ladungsträgers. Man bezeichnet es deshalb als *Donatorniveau* und das Störstellenatom einfach als *Donator.* Man kann auch sagen, daß ein Donatoratom (mit $\Delta Z = 1$) 1 überzähliges Valenzelektron besitzt, das relativ schwach gebunden ist und durch thermische Anregung leicht ins Leitungsband abgegeben werden kann. Das Störatom verbleibt im einfach positiv geladenen Zustand, es wird ionisiert. Für $\Delta Z \geq 2$ liegt ein mehrfach ionisierbarer Donator vor. Wir gehen darauf später noch genauer ein.

Jetzt betrachten wir ein Störatom mit $Z_S = Z_W - 1$, d.h. mit einer positiven Elementarladung im Rumpf und damit auch einem Valenzelektron weniger als beim

Wirtsatom. Infolge der Substitution eines Wirtsatoms durch ein solches Störatom verringert sich zwar die Anzahl der Zustände im Valenzband - sie wird nach der Levinsonschen Regel genau um eins erniedrigt, wenn wir nur das (n=1)-Niveau zählen, aber die Valenzbandzustände reichen gerade aus, um alle Valenzelektronen aufzunehmen. Es bleiben allerdings auch keine Zustände im Valenzband unbesetzt. Das (n=1)-Niveau in der Energielücke ist dagegen bei T = 0 leer. Wird die Temperatur erhöht, kann leicht ein Elektron aus dem Valenzband in das Störniveau übergehen. Das Niveau nimmt ein Elektron auf, wirkt also als *Akzeptor*. Im Valenzband selbst bleibt ein Loch zurück, das sich, wie wir aus Kapitel 1 wissen, wie ein positiver freier Ladungsträger verhält. Wir können also auch sagen, daß der Akzeptor bei Energiezufuhr ein Loch an das Valenzband abgibt, das bei T = 0 an ihn gebunden ist. Dem entspricht das Bild eines negativ geladenen Störzentrums, das eine positive Ladung - ein Loch - an sich bindet und dieses bei Anregung abgibt. Die Analogie zum positiv geladenen Donatorzentrum, das ein Elektron an sich bindet, liegt auf der Hand.

3.4.2 Korrekturen

Wie bereits erwähnt, ist das oben betrachtete einfache Modell der flachen Störstelle, bei dem das Bandextremum im Zentrum der 1.BZ angenommen und das Band in der Umgebung des Extremums als isotrop und parabolisch vorausgesetzt wird, auf Si nicht unmittelbar anwendbar. Bei Extrema außerhalb des Zentrums der 1.BZ, wie sie im Falle des Leitungsbandes von Si vorkommen, treten zwei zusätzliche Komplikationen auf. Erstens gehören zu *einem* Minimum aus Symmetriegründen gleichzeitig *mehrere* äquivalente Minima (Täler). Diese werden durch das Störpotential $U(\mathbf{x})$ untereinander gekoppelt, wodurch ihre energetische Entartung aufgehoben wird. Dieser Effekt ist in Abb. 48c für den speziellen Fall von P in Si dargestellt. Die Aufspaltung des 1s-Niveaus ist deutlich zu erkennen. Zweitens hängen bei den nicht im Zentrum der 1.BZ gelegenen Minima die effektiven Massen von der Richtung im **k**-Raum ab, d.h. die effektiven Massen sind anisotrop. Für diesen Fall läßt sich die wasserstoffähnliche Effektivmassengleichung (3.35) nicht mehr analytisch lösen, man ist auf Näherungen bzw. numerische Verfahren angewiesen. Für eine Abschätzung des Anisotropieeffekts kann man die isotrope effektive Masse m_c^* unseres Modells mit dem geometrischen Mittel $(m_{c\parallel}^* \, m_{c\perp}^{*2})^{1/3}$ der longitudinalen und transversalen effektiven Massen identifizieren. Damit erhält man für den einfach ionisierbaren Donator in Si die in Abb. 48a dargestellten Energieniveaus. Numerische Ergebnisse zum Einfluß der Effektivmassen-Anisotropie sind in Abb. 48b gezeigt. Die

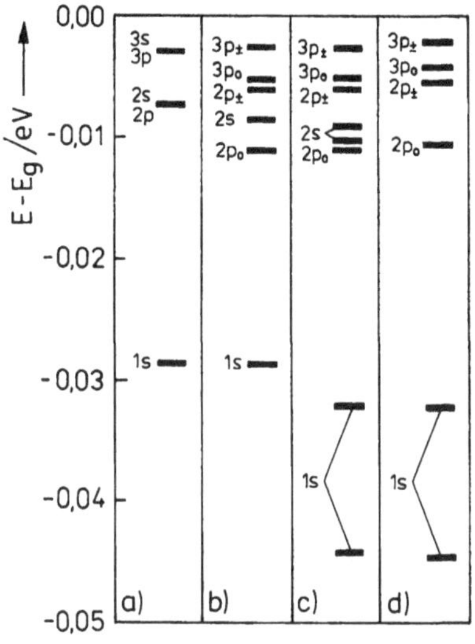

Abb. 48 Grundzustand und erste angeregte Zustände des Phosphor-Donators in Si: a) Wasserstoff-Modell, b) mit anisotroper effektiver Masse, c) zusätzlich mit Zentralzellkorrekturen und Tälerkopplung, d) Experiment (nach *J.S. Blakemore*, 1985)

Tab. 11 Experimentelle Bindungsenergien für einige Donatoren und Akzeptoren in Si

Donator	E_B/meV	Akzeptor	E_B/meV
P	45	B	44
As	53	Al	68
Sb	42	Ga	72
Bi	71	In	155

Donator-Bindungsenergie beträgt bei beiden Rechnungen 29 meV. Sie hat zwar die gleiche Größenordnung wie die experimentellen Werte in Tab. 11, ist aber immer noch deutlich kleiner als die kleinste der dort aufgeführten Energien, die für P erreicht wird. Auffällig an den experimentellen Werten in Tab. 11 sind aber nicht nur die absoluten Größen der Bindungsenergien, sondern auch die Tatsache, daß sie nicht für alle Donator- und Akzeptoratome unabhängig von ihrer chemischen Natur jeweils den gleichen Wert haben. Anders als es unser einfaches Modell vorhersagt, sind chemische Abhängigkeiten bei den Bindungsenergien vorhanden.

Diese Diskrepanz resultiert daraus, daß das Störpotential U(**x**) in unserem Modell als reines Coulomb-Potential angenommen wurde, was offensichtlich nicht der Realität entspricht. Wie in Abschnitt 3.2 bereits erwähnt wurde, treten in der unmittelbaren Umgebung des Störatoms Korrekturen (Zentralzellkorrekturen) auf. Diese hängen im allgemeinen auch von der chemischen Natur des Donators ab. Sie sind die Hauptursache für die experimentell gefundenen chemischen Trends der Donatorbindungsenergien. Die Auswirkungen der Zentralzellkorrekturen fallen beim 1s-Grundzustand besonders stark ins Gewicht, wie man aus Abb. 48c für den speziellen Fall von P in Si gut erkennen kann. Ein geringerer Einfluß und demzufolge eine bessere Übereinstimmung zwischen den Vorhersagen unseres einfachen Modells und dem Experiment besteht bei den angeregten Zuständen mit n = 2, 3, ... Das ist insofern verständlich, als bei den angeregten Niveaus die Maxima der Wellenfunktionen nicht im Störstellenzentrum bei $\mathbf{x} = 0$ liegen, wie im Falle des Grundzustandes, sondern weiter außen. Die an die Störstellen gebundenen Elektronen oder Löcher spüren deshalb im angeregten Zustand weniger vom Potentialverlauf in Zentrennähe als im Grundzustand. Dadurch wirken sich die Zentralzellkorrekturen bei den angeregten Niveaus wesentlich schwächer aus als beim (n=1)-Niveau. Nimmt man alle oben diskutierten Korrekturen zusammen, so lassen sich Donatorniveaus in guter Übereinstimmung mit dem Experiment berechnen. Für den Fall von P in Si wird das durch den Vergleich von Abb. 48c und Abb. 48d bestätigt.

Eine ähnliche Rolle wie bei den Donatoren spielen die oben behandelten Korrekturen auch bei den Akzeptoren des Si. Außerdem koppelt hier das Störpotential $U(\mathbf{x})$ die Bänder der leichten und schweren Löcher, wodurch sich zusätzliche Abweichungen von den Ergebnissen des einfachen Modells ergeben. Immerhin folgt aber für *ein* Akzeptoratom, nämlich Al, dessen Atomrumpf dem des Si am ähnlichsten ist, eine Bindungsenergie von etwa 50 meV, wenn man die effektive Masse der schweren Löcher zu Grunde legt. Das ist bereits eine recht gute Übereinstimmung mit dem Experiment.

Zusätzliche Komplikationen kommen bei Substitutionsstörstellen hinzu, bei denen sich die Rumpfladung des Störatoms nicht nur um 1 Elementarladung von der des Wirtsatoms unterscheidet, sondern um mehrere, wie z.B. im Falle von S-Atomen in Si. Die obige Theorie liefert dafür ebenso wie im Falle von P-Atomen in Si eine wasserstoffähnliche Serie von Energieniveaus unterhalb der Leitungsbandkante. Im Vergleich zu Si:P ist aber im Falle von Si:S die Bindungsenergie 4 mal größer, und die Niveaus sind im Grundzustand mit 2 Elektronen statt mit einem besetzt. Da das 1s-Niveau 2 Elektronen entgegengesetzten Spins aufnehmen kann, befinden sich im Grundzustand die beiden Elektronen also im 1s-Niveau. Bei schwächerer Anregung wird zunächst 1 Elektron aus dem neutralen S-Atom S^0 in das Leitungsband übergehen, und das S^0-Atom wird als einfach positiv geladenes Ion S^+ zurückbleiben. Bei stärkerer Anregung wird das zweite Elektron folgen, wobei ein zweifach geladenes Ion S^{2+} zurückbleibt. Das Störatom ist also zweifach ionisierbar. Im allgemeinen Fall hat man *mehrfach ioni-*

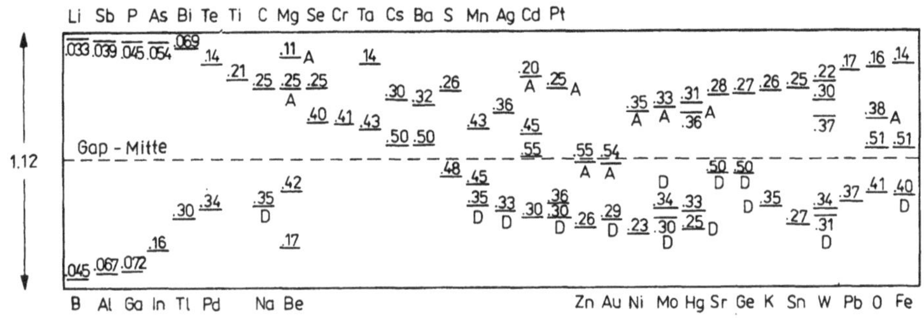

Abb. 49 Gemessene Ionisierungsenergien verschiedener Substitutions- Störstellen in Si bei 300 K. Niveaus oberhalb der Gap-Mitte wirken als Donatoren, Niveaus unterhalb als Akzeptoren, sofern sie nicht mit D oder A gekennzeichnet sind (nach K.W. Böer, 1990)

sierbare Zentren. Nach der obigen Rechnung hat das verbleibende Elektron am S^+-Atom die gleiche Energie wie jedes der beiden Elektronen am S^0-Atom. Letztlich ist dieses Ergebnis eine Folge der bei der Einführung der Einteilchen-Näherung in Kapitel 2 gemachten Annahme, daß das Einteilchen-Potential unabhängig ist von der Besetzung der Einteilchen-Zustände. Zwar ging es dort um die Einteilchen-Schrödinger-Gleichung des idealen Kristalls, aber ohne es ausdrücklich zu sagen, haben wir diese Annahme auch bei der Einteilchen-Schrödinger-Gleichung (3.3) des gestörten Kristalls zugrundegelegt. Es zeigt sich nun, daß diese Annahme für die lokalisierten Zustände gestörter Kristalle weit weniger gut erfüllt ist als für die Bloch-Zustände idealer Kristalle. Das ist nicht verwunderlich, denn der mittlere Abstand zweier am gleichen Zentrum lokalisierter Elektronen ist wesentlich geringer als der zweier nichtlokalisierter. Dementsprechend ist die Wechselwirkung zwischen den beiden lokalisierten Elektronen wesentlich stärker als die zwischen den beiden nichtlokalisierten. Das Einteilchen-Potential hängt deshalb im Falle lokalisierter Einteilchen-Zustände von deren Besetzung ab, und diese Abhängigkeit überträgt sich auf die Einteilchenzustände selbst und deren Energieniveaus. Man muß deshalb erwarten, daß das einfach besetzte 1s-Niveau des S^+-Atoms eine andere energetische Lage hat als das zweifach besetzte 1s-Niveau des S^0-Atoms. Da die Wechselwirkungsenergie zwischen zwei Elektronen im allgemeinen positiv ist, sollte das S^0-1s-Niveau höher liegen als das S^+-1s- Niveau. Das ist in der Tat auch der Fall - das S^0-1s-Niveau liegt bei E_c - 0,31 eV, das S^+-1s-Niveau bei E_c - 0,61eV (siehe Abb. 49). Diese besetzungsabhängigen Korrekturen der Einteilchen-Energieniveaus sind Effekte, die über den Rahmen der Hartree-Fock-

Näherung hinausgehen, d.h. Korrelationseffekte gemäß der in Kapitel 2 eingeführten Terminologie. Man spricht mitunter von *Hubbard-Korrekturen.*
Die Besetzungsabhängigkeit der Einteilchen-Energieniveaus läßt sich auch am Beispiel der nur einfach ionisierbaren Zentren demonstrieren. Das 1s-Niveau eines Phosphoratoms in Si z.B. ist im Grundzustand mit nur einem Elektron besetzt, es kann aber zwei Elektronen gleichzeitig aufnehmen. Besetzt man das Niveau tatsächlich mit 2 Elektronen, so ändert sich seine Lage. Infolge der Coulomb-Abstoßung zwischen den beiden Elektronen wird es angehoben. Experimentelle Untersuchungen ergeben, daß es sich der Leitungsbandkante bis auf 1.7 meV annähert. Es liegt damit immer noch unterhalb derselben, was bedeutet, daß das neutrale P-Atom in Si ähnlich wie ein neutrales Wasserstoffatom ein zweites Elektron binden kann. Die Bindung ist aber sehr schwach, und der entsprechende Lokalisationsradius sehr groß. Praktisch spielt der zweifach besetzte, einfach negativ geladene P^--Donator keine Rolle, man kann sich auf den einfach besetzten neutralen P^0-Donator beschränken. Im Falle von S ist das anders, neben dem neutralen (zweifach ionisierbaren) S^0-Donator gibt es auch den einfach positiv geladenen (einfach ionisierbaren) S^+-Donator.
Wir wenden uns jetzt der Behandlung solcher Punktstörungen zu, die Anlaß zu einem kurzreichweitigen Störpotential geben.

3.5 Tiefe Niveaus

Kurzreichweitige Störpotentiale, d.h., Potentiale von der Form (3.6), sind nicht glatt im Sinne der Beziehung (3.12). Deshalb ist die Effektivmassengleichung auf sie nicht anwendbar. Stattdessen muß man direkt von der Schrödinger-Gleichung (3.9) für den gestörten Kristall in der Bloch-Darstellung ausgehen. Im Rahmen des sogenannten Koster-Slater-Modells läßt sich diese Gleichung wesentlich vereinfachen.

3.5.1 Koster-Slater-Modell

Diesem Modell liegen die folgenden Annahmen zugrunde.
Erstens werden die Matrixelemente $(\nu\mathbf{k}|U|\nu'\mathbf{k}')$ des Störpotentials als diagonal bezüglich des Bandindexes vorausgesetzt, d.h., es soll gelten

$$(\nu\mathbf{k}|U|\nu'\mathbf{k}') = \delta_{\nu'\nu}\,(\nu\mathbf{k}|U|\nu\mathbf{k}') \quad . \tag{3.51}$$

Damit wird angenommen, daß das Störpotential verschiedene Bänder nicht miteinander koppelt, und daß die Störstellenzustände einem einzigen Band zugeordnet werden können.

Zweitens wird für die Matrixelemente $(\nu\mathbf{k}|U|\nu\mathbf{k}')$ ein Ansatz gemacht, der zu dem oben für glatte Potentiale verwendeten Ausdruck (3.12) komplementär ist. Bei glattem Potential waren nur die Matrixelemente zu $\mathbf{k}$- und $\mathbf{k}'$-Werten nahe dem Zentrum der 1.BZ wesentlich von Null verschieden. Jetzt nehmen wir an, daß auch noch $\mathbf{k}$- und $\mathbf{k}'$-Werte am Rande der 1.BZ wesentlich von Null verschiedene Matrixelemente liefern, und zwar gleichgroße wie im Zentrum. Mehr noch, wir setzen $(\nu\mathbf{k}|U|\nu\mathbf{k}')$ überhaupt als unabhängig von $\mathbf{k}$ und $\mathbf{k}'$ über der 1.BZ an, d.h. als

$$(\nu\mathbf{k}|U|\nu\mathbf{k}') = U_0 \tag{3.52}$$

mit U_0 als einer gewissen Konstante, die die Stärke der Wechselwirkung des Elektrons mit dem Störzentrum charakterisiert. Transformiert man das Potential $U(\mathbf{x})$ mit den Bloch-Matrixelementen (3.51), (3.52) zurück in den Ortsraum, bildet also $(\mathbf{x}|U|\mathbf{x}')$, so ergibt sich im allgemeinen ein nichtlokaler Operator. Wesentlich von Null verschiedene Matrixelemente entstehen aber nur in den Punkten $\mathbf{x}$, $\mathbf{x}'$ mit $|\mathbf{x}|$, $|\mathbf{x}'| \leq \min |\mathbf{R}|$, also für Punkte nahe am Störatom. Die Annahmen (3.51) und (3.52) führen also tatsächlich auf ein kurzreichweitiges Potential, wenn auch ein nichtlokales.

Die dritte Annahme betrifft die Wellenfunktion ψ selbst. Wir nehmen an, daß sie aus Bloch-Funktionen eines einzigen Bandes, das wir mit ν_0 bezeichnen wollen, aufgebaut werden kann. Wir setzen also

$$\psi(\mathbf{x}) = \sum (\nu_0\mathbf{k}|\psi)\, \varphi_{\nu_0\mathbf{k}}(\mathbf{x}) \quad . \tag{3.53}$$

Damit lautet die Schrödinger-Gleichung in Bloch-Darstellung jetzt

$$E_{\nu_0}(\mathbf{k})(\nu_0\mathbf{k}|\psi) + U_0 \sum_{\mathbf{k}'} (\nu_0\mathbf{k}'|\psi) = E\,(\nu_0\mathbf{k}|\psi) \quad . \tag{3.54}$$

Diese Gleichung kann leicht nach $(\nu_0\mathbf{k}|\psi)$ aufgelöst werden, es folgt

$$(\nu_0\mathbf{k}|\psi) = \frac{U_0}{E - E_{\nu_0}(\mathbf{k})} \sum_{\mathbf{k}'} (\nu_0\mathbf{k}'|\psi) \quad . \tag{3.55}$$

Durch Summation über **k** ergibt sich daraus

$$\sum_{\mathbf{k}} (\nu_0\mathbf{k}|\psi) = U_0 \sum_{\mathbf{k}} \frac{1}{E - E_{\nu_0}(\mathbf{k})} \cdot \sum_{\mathbf{k}'} (\nu_0\mathbf{k}'|\psi) \tag{3.56}$$

Unter der Voraussetzung, daß zur Energie E eine nicht identisch verschwindende Wellenfunktion ψ existiert, d.h., daß E Eigenwert ist, darf man die letzte Gleichung auf beiden Seiten durch $\sum_{\mathbf{k}} (\nu_0\mathbf{k}|\psi)$ dividieren. Man erhält dann die Säkulargleichung

$$U_0 \sum_{\mathbf{k}} \frac{1}{E - E_{\nu_0}(\mathbf{k})} = 1 \ . \tag{3.57}$$

Sie bringt zum Ausdruck, daß zusätzliche, durch das Störpotential bedingte Energieeigenwerte auftreten können, vorausgesetzt es existieren überhaupt Lösungen. Diese Frage wollen wir jetzt diskutieren. Dazu identifizieren wir $E_{\nu_0}(\mathbf{k})$ mit dem Valenzband $E_v(\mathbf{k})$ und lassen das Grundgebiet so groß werden, daß die Summe über **k** in ein Integral umgewandelt werden kann. Es gilt

$$U_0 \left(\frac{\Omega_0}{8\pi^3}\right) \int_{1.BZ} d^3k \ \frac{1}{E - E_v(\mathbf{k})} = 1 \ . \tag{3.58}$$

Diese Beziehung wird auch *Koster-Slater-Gleichung* genannt. Zur Lösung dieser Gleichung betrachten wir Energien E, die größer sind als das Maximum von $E_v(\mathbf{k})$, d.h. Null, die also in der Energielücke oder im Leitungsband liegen. Für solche Energien ist der Integrand in (3.58) immer endlich, das Integral als Funktion von E hat den in Abb. 50 schematisch dargestellten Verlauf. Eine Lösung der Gleichung (3.58) existiert dann, wenn die das Integral darstellende Kurve in Abb. 50 die Gerade $(1/U_0)$ schneidet. Man erkennt aus der graphischen Darstellung, daß das durchaus möglich ist, vorausgesetzt es gilt $U_0 > 0$, wie z.B. im Falle einer Vakanz (siehe Abb.50). Dann ergibt sich genau ein Schnittpunkt, es existiert also genau ein zusätzliches Energieniveau. Je kleiner $|U_0|$ ist, umso dichter rückt der Schnittpunkt an die Valenzbandkante heran, d.h., umso flacher ist das Niveau. Je größer $|U_0|$ ist, umso tiefer sinkt das Niveau in die Energielücke ab und taucht sogar in das Leitungsband ein ($E > E_g$). Dazwischen liegen Werte von $|U_0|$, bei denen der diskrete Zustand weitab von den

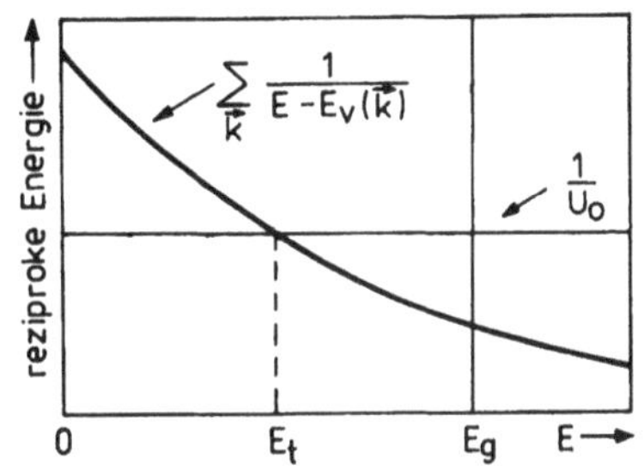

Abb. 50 Grafische Lösung der Koster-Slater-Gleichung

beiden Bandkanten in der Mitte der Energielücke liegt. Derartige Niveaus bezeichnet man als *tief.*

Was hier am Beispiel des Valenzbandes demonstriert wurde, gilt natürlich auch für das Leitungsband, auch aus ihm können tiefe Niveaus abspalten. Wir gelangen damit zu der wichtigen Aussage, daß Störstellen mit einem kurzreichweitigen Potential *tiefe Niveaus* in der verbotenen Zone hervorrufen können. Diese Punktstörungen heißen deshalb auch *tiefe Zentren.*

Welche Auswirkungen haben tiefe Niveaus auf die freien Ladungsträger in einem Halbleiter? Angenommen die Störstelle ist ein isoelektronisches, nicht-isocores Fremdatom und das tiefe Niveau spaltet aus dem Leitungsband ab. Dann ist es bei T = 0 unbesetzt, weil alle Elektronen in Valenzbandzuständen untergebracht werden können. Anders als bei einem flachen Donator kann das betrachtete tiefe Zentrum also keine Elektronen ins Leitungsband abgeben. Aber es kann von dort welche aufnehmen, falls z.B. infolge einer Bestrahlung mit Licht im Leitungsband Nichtgleichgewichts-Elektronen vorhanden sind. Wir gehen darauf in Kapitel 5 noch genauer ein. Bereits hier wird aber deutlich, daß die tiefen Niveaus auch andere Wirkungen haben können als die flachen. Letztere wirken als Donatoren oder Akzeptoren, die tiefen Niveaus können dagegen auch Zentren für den Einfang und die Rekombination von Nichtgleichgewichtsladungsträgern sein. Durch bewußte Einstellung der Konzentration von flachen Niveaus lassen sich der Leitungstyp und die Ladungsträgerkonzentration eines Halbleiters kontrollieren. Über die Konzentration der tiefen Niveaus sind die Lebensdauern von Nichtgleichgewichtsladungsträgern beeinflußbar.

3.5.2 Realistischere Modelle

Das Koster-Slater-Modell ist geeignet, die Existenz tiefer Niveaus zu demonstrieren. Wirkliche Punktstörungen wie Vakanzen, Interstitials, nicht-isocore Fremdatome usw., die einen kurzreichweitigen Potentialanteil besitzen und deshalb zu tiefen Niveaus Anlaß geben, lassen sich im Rahmen dieses einfachen Modells aber nicht adäquat beschreiben. Erstens ist oft die Annahme nicht gerechtfertigt, daß die Wellenfunktionen tiefer Niveaus nur aus Bloch-Funktionen eines einzigen Bandes, des Valenz- oder des Leitungsbandes, aufgebaut werden können. Das kurzreichweitige Potential führt im allgemeinen zu einer Kopplung dieser Bänder. Zweitens wird die bereits bei bestimmten flachen Zentren anzutreffende Situation, daß mehr als 1 Elektron gebunden werden kann, bei den tiefen Zentren zum Normalfall. Das Elektronensystem tiefer Zentren besteht also in der Regel aus mehreren Elektronen. Da es sich dabei um lokalisierte Teilchen handelt, ist meist die Hartree-Fock-Näherung, die bei ausgebreiteten Zuständen gute Dienste leistet, nicht mehr anwendbar. Man kann auch sagen, daß Korrelationseffekte bei tiefen Zentren eine wichtige Rolle spielen. Drittens ist die oben implizit gemachte Annahme, daß in der Umgebung von tiefen Zentren keine Änderung der atomaren Struktur des idealen Kristalls erfolgt, in vielen Fällen nicht gerechtfertigt. Es findet die in Abschnitt 3.1 erwähnte Gitterrelaxation statt, die ihrerseits zu wesentlichen Änderungen der elektronischen Struktur führen kann.

Für die Berechnung der elektronischen Struktur von tiefen Zentren, die die genannten Komplikationen ganz oder teilweise berücksichtigen, gibt es ähnlich wie bei der Berechnung der elektronischen Struktur idealer Kristalle zahlreiche verschiedene Methoden. Um die Kopplung von Valenz- und Leitungsband einzubeziehen, kann man die Methode der Greenschen Funktionen benutzen. Diese stellt eine Verallgemeinerung des Vorgehens dar, das wir im Zusammenhang mit dem Koster-Slater-Modell im vorangegangenen Abschnitt kennengelernt haben. Die **k**-Summe in Gleichung (3.57) ist nämlich nichts weiter als die Greensche Funktion $G_0(E)$ der Schrödinger-Gleichung des idealen Kristalls für das betrachtete Band ν_0. Bei Berücksichtigung mehrerer Bänder wird $G_0(E)$ zu einer Matrix, das gleiche gilt für das Störpotential U. Die Koster-Slater-Gleichung (3.58) nimmt die verallgemeinerte Form

$$\det|1 - G_0(E)\, U| = 0 \tag{3.59}$$

an. Aus ihr können auch für kompliziertere Störpotentiale U als im Koster-Slater-Modell die energetischen Lagen von tiefen Niveaus bestimmt werden.

Ein weniger genaues, dafür aber anschaulicheres Verfahren ist die sogenannte *Cluster-Methode*. Der Kristall mit Punktstörung wird dabei durch einen mehr oder weniger ausgedehnten Cluster von Atomen ersetzt, der die Punktstörung und deren Nachbaratome einschließt. Die stationären Elektronenzustände des Clusters können z.B. mit Hilfe der Methode der starken Bindung, die in Kapitel 2 für den Fall des idealen Kristalls erläutert wurde, berechnet werden.

Bei tiefen Zentren, die mehrere Elektronen binden können, müssen aber, wie bereits erwähnt, Korrelationseffekte berücksichtigt werden. Im folgenden geben wir eine qualitative Diskussion derselben. Sie knüpft an das an, was zum S-Donator in Si im vorangenen Abschnitt bereits gesagt wurde. Das Elektronensystem des neutralen S-Zentrums besteht aus zwei Elektronen, das des einfach ionisierten Zentrums S^+ aus einem. Bei einem Zentrum Z mit i Elektronen im neutralen Zustand Z^0 sind es im n-fach positiv geladenen Zustand Z^{n+} i - n, und im m-fach negativ geladenen Z^{m-} i + m. Streng definiert sind wegen der nicht zu vernachlässigenden Korrelationseffekte nur die Gesamtenergie-Eigenwerte dieser Mehrelektronen-Systeme. Wir betrachten speziell das neutrale Zentrum Z^0. Im Spektrum seiner Gesamtenergie-Eigenwerte gibt es diskrete Niveaus - diese entsprechen Zuständen, in denen alle Elektronen am Zentrum lokalisiert sind, und kontinuierlich verteilte Niveaus - diese gehören zu Zuständen mit ausgebreiteten Elektronen. Das tiefste diskrete Niveau entspricht dem Grundzustand des Systems, die untere Grenze des Kontinuums der Eigenwerte einem Zustand, in dem sich genau *ein* Elektron in einem ausgebreiteten Zustand befindet, während alle anderen noch lokalisiert sind. In diesem Zustand ist das Zentrum einfach ionisiert. Die Ionisationsenergie bezeichnen wir mit Z^0_+. Der obere Index gibt den Ladungszustand vor der Ionisation an, der untere den danach. Die Ionisationsenergie Z^0_+ ist die Differenz zwischen der Grenze des Kontinuums und dem tiefsten diskreten Eigenwert. Im Einteilchenbild kann man diesen Sachverhalt durch ein Energieniveau beschreiben, das man im Abstand Z^0_+ von der Leitungsbandkante in die Energielücke einzeichnet. Die Lage dieses Niveaus bestimmt die Ionisationsenergie für die einfache Ionisation des Zentrums Z^0. Dieses Verfahren kann man fortsetzen. Das einfach ionisierte Z^+-Zentrum besitzt ebenso wie vorher das Z^0-Zentrum wieder einen tiefsten diskreten Energieeigenwert und eine niedrigste Kontinuumsenergie. Die Differenz bestimmt die Ionisationsenergie Z^+_{2+} des Z^+-Zentrums. Sie unterscheidet sich im allgemeinen von der des Z^0-Zentrums, da wegen der verringerten negativen Ladung die Coulomb-Abstoßung am Z^+-Zentrum reduziert ist. Das Z^+_{2+}-Niveau wird im allgemeinen also tiefer liegen als das Z^0_+-Niveau. Auf diese Weise erhält man für ein bestimmtes, durch seine strukturelle und chemische Identität definiertes tiefes Zentrum Z soviele verschiedene Einelektronen-Niveaus $Z^{n+}_{(n+1)+}$, wie Elektronen im neutralen Zustand an ihm gebunden sind.

Diese Überlegungen lassen sich auch auf Übergänge an tiefen Zentren übertragen, bei denen nicht Elektronen ins Leitungsband abgegeben, sondern aus dem

Valenzband aufgenommen werden. Zweckmäßigerweise bedient man sich dann aber der Löcher-Beschreibung: Am Zentrum sind Löcher gebunden, die in verschiedenen Stufen in das Valenzband angeregt werden können. Die Ionisationsenergie für ein Loch am Z^0-Zentrum bezeichnen wir mit Z_0^-, die für ein Loch am Z^--Zentrum mit Z_-^{2-} usw. Im Unterschied zur Anregung von Elektronen kennzeichnet also der obere Index den angeregten Zustand und der untere den Grundzustand. Den Loch-Ionisationsenergien können ebenfalls Einteilchen-Niveaus zugeordnet werden. Im Unterschied zu früher sind das dann aber nicht Elektronen-, sondern Löcher-Niveaus. Die Anregung von Löchern ist nicht auf neutrale oder negative Zentren beschränkt, ebensowenig wie die Anregung von Elektronen auf neutrale oder positive Zentren. Es kann an einem neutralen oder positiven Zentrum Z^{n+} also sowohl das $Z^{n+}_{(n+1)+}$ -Elektronen-Niveau als auch das $Z^{(n-1)+}_{n+}$ -Löcher-Niveau, und an einem neutralen oder negativen Z^{m-} -Zentrum sowohl das $Z^{(m+1)-}_{m-}$ -Löcher-Niveau als auch das $Z^{m-}_{(m-1)-}$ -Elektronen-Niveaus geben. Ein und dasselbe tiefe Zentrum kann deshalb gleichzeitig Donator *und* Akzeptor bzw. Einfangzentrum für Elektronen *und* für Löcher sein. Was tatsächlich vorliegt, hängt von den Wahrscheinlichkeiten ab, mit denen Elektronen und Löcher von einem Zentrum unter dem Einfluß von Störungen (insbesondere durch Gitterschwingungen) in die jeweiligen Bänder emittiert bzw. aus diesen eingefangen werden. Davon wird in Kapitel 5 noch genauer die Rede sein.

3.5.3 *Elektronische Struktur von ausgewählten tiefen Zentren*

Das oben Gesagte soll jetzt am Beispiel der Vakanz im Element-Halbleiter Silizium verdeutlicht werden. Wir benutzen dazu die oben erwähnte Cluster-Methode.

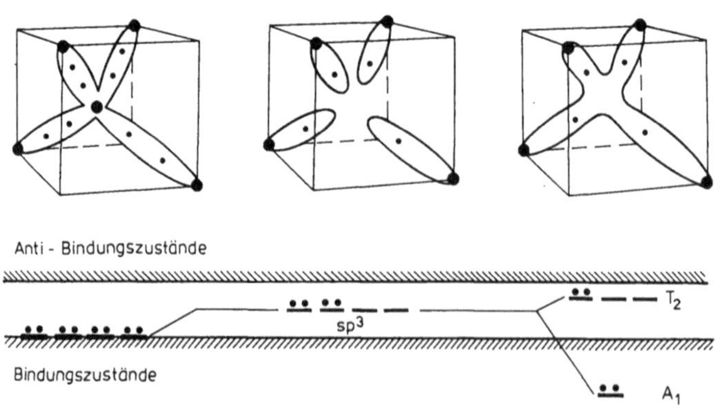

Abb. 51 Veranschaulichung der Entstehung von tiefen Niveaus an einer Si-Vakanz

Die Vakanz entsteht dadurch, daß ein Si-Atom aus dem Kristall herausgenommen wird. Von dieser Störung sind vor allem diejenigen Elektronen betroffen, die vorher das herausgenommene Atom gebunden haben. Wie in Abschnitt 2.6 ausgeführt wurde, befinden sich diese Elektronen in Zuständen, die durch Bindungsorbitale beschrieben werden können. Das sind bindende Linearkombinationen von sp^3-Hybridorbitalen, die am herauszunehmenden Atom und jeweils einem der 4 Nachbaratome lokalisiert sind. Nachdem das Atom entfernt wurde, ist die Linearkombination aufgehoben, es bleiben nur die 4 an den Nachbaratomen lokalisierten sp^3-Hybride mit einer für alle gleichen Energie. Man spricht von *hängenden Bindungen* (siehe Abb. 51). Nun stehen die 4 sp^3-Hybride aber untereinander in Wechselwirkung, d.h. sie sind keine Eigenzustände. Man muß deshalb 4 verschiedene, voneinander unabhängige Linearkombinationen aus ihnen bilden, um die Eigenzustände der Vakanz zu erhalten. Es zeigt sich, daß drei dieser Linearkombinationen (T_2-Zustände) die gleiche Energie besitzen und in der Energielücke liegen, während der verbleibende Zustand (A_1) in das Valenzband abgesenkt wird (Abb. 51). Der A_1-Zustand ähnelt dem atomaren s-Orbital eines Si-Atoms, und die drei T_2-Zustände haben Ähnlichkeit mit den drei p-Orbitalen. Offensichtlich wird bei den Vakanzzuständen die sp^3- Hybridisierung der Orbitale, wie sie beim Kristall erfolgt ist, wieder rückgängig gemacht. Die Zustände werden Atom-ähnlicher, als Folge davon, daß in der Umgebung der Vakanz der Kristall nicht mehr voll wirksam ist.

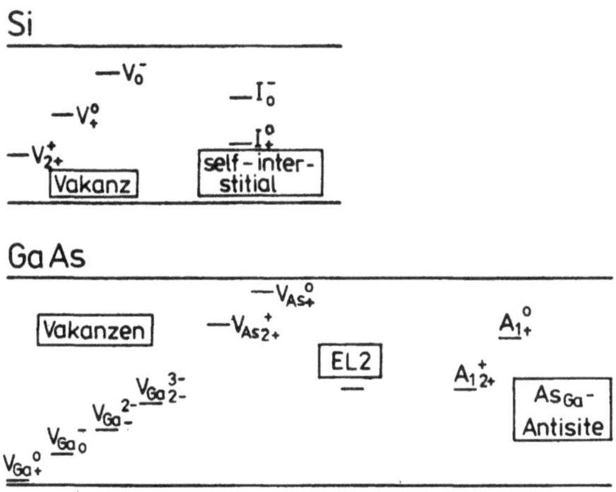

Abb. 52 Tiefe Niveaus einiger praktisch wichtiger Punktdefekte in Si und GaAs in verschiedenen Ladungszuständen (theoretische Ergebnisse: V_{Si} - nach *G.D. Watkins*, 1986; self-interstitial - nach *W. Frank*, 1981; GaAs-Vakanzen - nach *J. van der Rest* und *P. Pecheur*, 1983; As_{Ga}- Antisite - nach *R. Strehlow*, *W. Kühn* und *M. Hanke*, 1986)

Bei der neutralen Vakanz V^0 sind in den 8 Zuständen (bei Berücksichtigung des Spins) 4 Elektronen untergebracht, d.h. das tiefste Niveau ist mit 2 Elektronen (entgegengesetzten Spins) besetzt, und eines der drei höheren Niveaus ebenfalls mit 2. Die beiden übrigen T_2-Niveaus sind leer (siehe Abb. 51). Das besetzte T_2-Niveau in der Lücke kann ein oder zwei Elektronen abgeben, und die beiden unbesetzten Niveaus können bis zu 4 Elektronen aufnehmen. Dem entsprechen die Zentren V^+, V^{2+} bzw. V^-, V^{2-}, V^{3-}, V^{4-}.

In Wirklichkeit sind die Verhältnisse bei der Vakanz aber komplizierter, da bei ihr sowohl die Korrelations-Effekte als auch die Gitterrelaxation eine wichtige Rolle spielen. Stellt man nur die Korrelation in Rechnung, so ergibt sich das in Abb. 52 dargestellte Bild. Das V^0_+- Löcher-Niveau der 1-fach positiven Vakanz V^+ liegt noch in der Lücke, während das V^+_{2+}-Löcher-Niveau der 2-fach positiven Vakanz V^{2+} wegen der geringeren Coulomb-Abstoßungsenergie bereits in das Valenzband abgesunken ist. Ebenfalls noch in der Lücke liegen die Elektronen-Niveaus V^0_+ und V^-_0 des neutralen Zentrums V^0 bzw. des 1-fach negativen Zentrums V^-. Das Niveau V^{2-}_- von V^{2-} befindet sich im Leitungsband. Nimmt man nun auch noch die Gitterrelaxation hinzu, so ändert sich das Bild noch einmal drastisch. Die vorher entarteten T_2-Niveaus spalten auf und werden verschoben. Dadurch gelangt das V^+_{2+}-Löcher-Niveau in die Energielücke, sein Abstand von der Valenzbandkante beträgt etwa 0,13 eV. Das V^0_+-Löcher-Niveau kommt 0,08 eV *unter* dem V^+_{2+}-Niveau zu liegen. Das bedeutet, daß das V^+-Zentrum instabil wird und durch Emission eines weiteren Loches spontan in das V^0-Zentrum übergeht. Die elektrostatische Wechselwirkungsenergie U der Löcher am Zentrum ist gewissermaßen negativ. Man bezeichnet die Si-Vakanz in diesem Zusammenhang deshalb auch als *negatives U-Zentrum*. Ursache für diesen merkwürdigen Effekt ist die Gitterrelaxation und ihr Zusammenspiel mit der elektronischen Korrelation.

In Abb. 52 sind theoretische Ergebnisse zu den tiefen Niveaus einiger weiterer praktisch wichtiger Punktdefekte zusammengestellt. Das neutrale Eigen-Interstitial I^0 in Si z.B. bildet ein Donator-Niveau I^0_+ und ein Akzeptor-Niveau I^-_0.

Tiefe Niveaus, die durch nicht-isocore Fremdatome hervorgerufen werden, sind in Abb. 49 dargestellt.

3.6 Oberflächenzustände

Wir haben bisher lokalisierte Elektronenzustände mit Energien in der Energielücke betrachtet, die durch Punktstörungen des idealen Kristalls verursacht

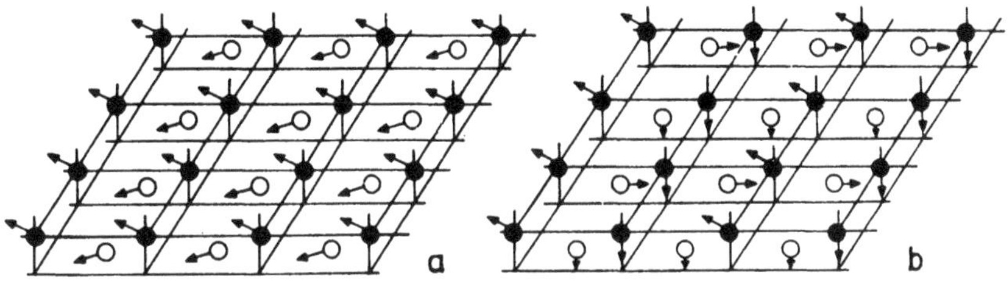

Abb. 53 Relaxation (a) und Rekonstruktion (b) an einer Kristalloberfläche. In (b) ist eine 2x2-Rekonstruktion gezeigt

unendlich ausgedehnt ist. Ein Kristall mit Oberfläche ist in diesem Sinne kein idealer, sondern ein gestörter Kristall, wobei die Störung im Unterschied zu den vorher betrachteten Punktstörungen nicht 0-dimensional, sondern 2-dimensional ist.

3.6.1 Reine Halbleiteroberflächen. Relaxation und Rekonstruktion

Kristalle mit einer ebenen Oberfläche kann man sich dadurch entstanden denken, daß man einen idealen Kristall längs einer Gitterebene in zwei Hälften zerlegt. In Gedanken kann man sich auch vorstellen, daß die Atome in den beiden Kristallhälften diejenigen Positionen beibehalten, die sie vorher im unendlichen idealen Kristall innehatten. Eine solche Oberfläche bezeichnet man als ideal. In Wirklichkeit wirken aber auf die Atome an der Oberfläche andere Kräfte als im Volumen. Dadurch kommt es zu Verschiebungen gegenüber den Positionen an der idealen Oberfläche. Bleibt dabei die Translationssymmetrie parallel zur Oberfläche erhalten, nennt man diese Verschiebungen *Relaxation*, ändert sich die Translationssymmetrie parallel zur Oberfläche, spricht man von *Rekonstruktion*. Meist sind die beiden primitiven Translationsvektoren der rekonstruierten Oberfläche das ganzzahlig m- bzw. n-fache der primitiven Translationsvektoren vor der Rekonstruktion. Man spricht dann von *m x n-rekonstruierten* Oberflächen (siehe Abb. 53). Die Oberflächenrekonstruktion kann experimentell mit Hilfe von LEED (Low Energy Electron Diffraction)-Messungen leicht nachgewiesen werden. Auch die Scanning-Tunnelmikroskopie eignet sich dafür (siehe Abb. 54).

Noch aus einem anderen Grund ist die wirkliche Oberfläche eines Halbleiterkristalls von einer idealen verschieden. Nur wenn absolutes Vakuum über der Oberfläche herrscht, ist die Annahme absoluter chemischer Reinheit gerechtfertigt. Aber das absolute Vakuum läßt sich nur mehr oder weniger gut approximieren,

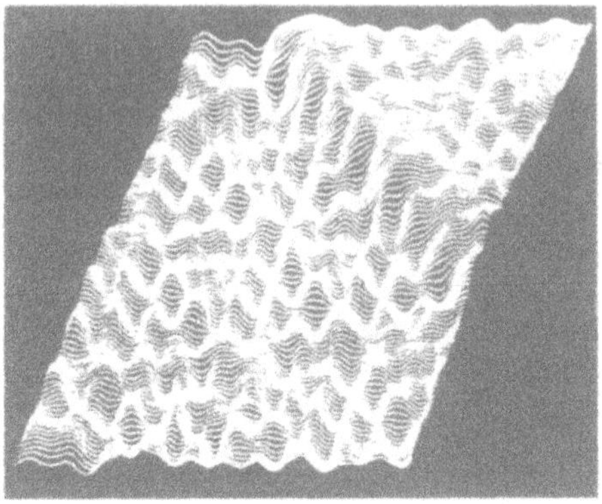

Abb. 54 Scanning-tunnelmikroskopische Abbildung einer 7x7 rekonstruierten Si-(111)-Oberfläche (nach *C. F. Quate*, 1986)

jedoch niemals wirklich erreichen. In der Praxis ist in vielen Fällen nicht einmal annäherndes Vakuum gewährleistet, sondern die Oberfläche ist der Luft oder einer anderen chemischen Umgebung ausgesetzt. An der Oberfläche lagern sich dann Fremdatome an und dringen in die oberflächennahen Bereiche des Kristalls ein. Dazu kommt, daß die Oberfläche auch für strukturelle Störungen besonders prädestiniert ist. Wenn also nicht besondere Maßnahmen getroffen werden, sind die Oberfläche und die unmittelbar unter ihr liegenden atomaren Schichten Kristallbereiche mit relativ vielen Störungen. Unter ihnen sind auch solche, die zu lokalisierten Niveaus in der Energielücke Anlaß geben. Bei einem Kristall mit einer solchen Oberfläche findet man deshalb im allgemeinen auch dann Energieniveaus in der Energielücke, wenn im Volumen keine Punktstörungen vorhanden sind. Sie gehören zu Wellenfunktionen, die in Oberflächennähe lokalisiert sind. Man spricht deshalb von *Oberflächenzuständen*. Derartige Zustände spielen für Halbleiter mit einer realen Oberfläche eine große Rolle. Ihre Auswirkungen sind nicht auf die Oberfläche beschränkt, sondern reichen tief ins Volumen hinein, z.B. beeinflussen sie dort die Konzentration freier Ladungsträger. Darauf gehen wir in Kapitel 6 noch genauer ein.

Gegenstand des vorliegenden Abschnitts sollen aber nicht die eben besprochenen realen Oberflächen sein, sondern die chemisch absolut reinen und strukturell vollkommen perfekten. Derartige Oberflächen können heute mit hinreichender Annäherung im Experiment wirklich hergestellt werden. Man benötigt dafür in jedem Falle UHV ($< 10^{-9}$ Torr), und es müssen spezielle Herstellungs- und Präparationstechniken angewandt werden, wie z.B. Spalten im UHV oder, bei Oberflächen, die nicht im UHV hergestellt wurden, Bombardieren mit Argon-Ionen verbunden mit anschließendem thermischen Ausheilen. In Abhängigkeit von der Herstellung befindet sich die Oberfläche in dem einen oder anderen Rekonstruktionszustand. Es zeigt sich nun, daß auch bei diesen reinen und perfekten Halbleiteroberflächen Energieniveaus in der Energielücke auftreten können, deren Wellenfunktionen an der Oberfläche lokalisiert sind. Das sind die eigentlichen Oberflächenzustände, denn ihre Existenz ist allein auf die geometrische Begrenzung des Halbleiters durch seine Oberfläche zurückzuführen und nicht auf die damit verbundenen sekundären Effekte, die oben diskutiert wurden. Man nennt sie auch *Tamm -Zustände,* um sie von den vorher erwähnten Oberflächenzuständen der nicht reinen und nicht perfekten Oberfläche zu unterscheiden. Im folgenden wird es nur um Oberflächenzustände vom Tammschen Typ gehen.

3.6.2 Stationäre Elektronenzustände eines 1-dimensionalen halbunendlichen Kristalls

Wir wollen diese Zustände anhand eines 1-dimensionalen Modells untersuchen. Dazu nehmen wir einen 1-dimensionalen Kristall an, der sich von $x = -\infty$ bis $x = x_0$ erstrecken möge, d.h., die "Oberfläche" soll sich an der Stelle $x = x_0$ befinden. Man könnte auch hier wieder zu einem endlichen Teilsystem analog dem Grundgebiet eines beiderseitig unendlich ausgedehnten Kristalls übergehen. Das Grundgebiet müßte dann als Paket aus einer Halbleiterschicht und einer Vakuumschicht definiert werden. In der Spezialliteratur zur Berechnung der elektronischen Struktur von Oberflächen geht man meist auch so vor. Das Grundgebiet wird dabei als *Superzelle* bezeichnet. Für die folgenden analytischen Rechnungen ist es jedoch bequemer, mit einem unendlichen System zu operieren, obwohl dadurch gewisse Modifikationen bei der Normierung der Eigenzustände notwendig werden.

Das Potential $V_s(x)$ des halbunendlichen Kristalls ist in Abb. 55 schematisch dargestellt. Es hat auf der Vakuumseite den konstanten Wert V_0 und fällt auf der Halbleiterseite mit dem periodischen Potential $V(x)$ des unendlichen Kristalls zusammen:

$$V_s(x) = \begin{cases} V_0 & \text{für} \quad x_0 < x \\ V(x) & \text{für} \quad x < x_0 \end{cases} \tag{3.60}$$

Da wir hier nur die Frage nach der Existenz von Oberflächenzuständen untersuchen wollen, ist der genaue Verlauf des periodischen Kristallpotentials $V(x)$ unerheblich. Wir setzen es in der Form

$$V(x) = V_1 + 2\hat{V} \cos\left(\frac{2\pi}{a}x\right) \tag{3.61}$$

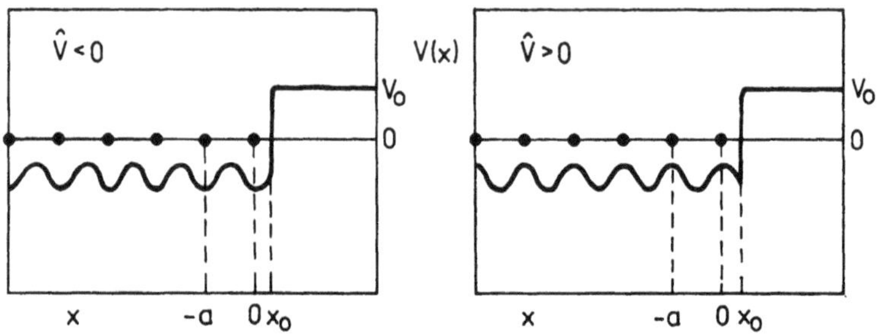

Abb. 55 Potential V(x) eines 1-dimensionalen unendlichen (links) und eines 1-dimensionalen halbunendlichen Kristalls (rechts)

an mit a als Gitterkonstante sowie V_1 und $\hat{V}$ als Parametern, deren Werte frei gewählt werden können.

Damit die Elektronen im Kristall bleiben und nicht durch die Oberfläche ins Volumen austreten, muß V(x) im Mittel kleiner sein als V_0. Das bedeutet nicht notwendig aber auch $\hat{V} < 0$. Bezüglich $\hat{V}$ sollen vielmehr beide Vorzeichen zugelassen sein, es soll also sowohl der Fall betrachtet werden, daß die Atomorte die energetisch günstigsten Lagen für Elektronen sind, als auch der Fall, daß das die Mittellagen zwischen den Atomen sind, wie es in wirklichen Kristallen tatsächlich auch vorkommen kann.

Die Schrödinger-Gleichung für die Wellenfunktion ψ eines Elektrons im halbunendlichen 1-dimensionalen Kristall lautet

$$\left\{ -\frac{\hbar^2}{2m}\frac{d^2}{dx^2} + V_s(x) \right\} \psi(x) = E\psi(x). \tag{3.62}$$

Wir sind an Lösungen dieser Gleichung interessiert, die bezüglich des unendlichen Intervalls zwischen $x = -\infty$ und $x = \infty$ normiert sind, entweder im Sinne der δ-Funktion, wenn es sich um ausgebreitete Zustände handelt, oder im gewöhnlichen Sinne, wenn es um lokalisierte Zustände geht (mit solchen ist beim halbunendlichen Kristall an der Oberfläche zu rechnen). Wir bezeichen mit L eine große Länge, die im Grenzfall gegen ∞ geht. Damit lautet die Normierungsbedingung

$$\int_{-L/2}^{L/2} dx\ |\psi(x)|^2 = \begin{cases} L & \text{für ausgebreitete Zustände} \\ 1 & \text{für lokalisierte Zustände} \end{cases} \tag{3.63}$$

Man wird erwarten, daß die Lösungen des Eigenwertproblems (3.62), (3.63) für den halbunendlichen Kristall in einer bestimmten Beziehung zum analogen Eigenwertproblem für den beiderseitig unendlichen Kristall steht. Mit $\varphi(x)$ als Wellenfunktion eines Elektrons im unendlichen Kristall lautet dieses Problem

$$\left\{ -\frac{\hbar^2}{2m}\frac{d^2}{dx^2} + V(x) \right\} \varphi(x) = E\varphi(x) \quad , \tag{3.64}$$

Da beim beiderseitig unendlichen Kristall nur ausgebreitete Zustände existieren, können wir die Normierungsbedingung in Analogie zu (3.63) in der Form

$$\int_{-L/2}^{L/2} dx \; |\varphi(x)|^2 = L \tag{3.65}$$

schreiben. Wie wir wissen, wird dieses Eigenwertproblem durch Bloch-Funktionen

$$\varphi_{lk}(x) = e^{ikx} u_{lk}(x) \quad , \tag{3.66}$$

zu einem 1-dimensionalen Wellenvektor k und einem Bandindex l gelöst. Die zugehörigen Energiebänder $E_l(k)$ sind stetige Funktionen von k über der 1.BZ, die in diesem Falle mit dem k-Intervall zwischen $-\pi/a$ und π/a identisch ist.

Wir betrachten zunächst Eigenzustände des halbunendlichen Kristalls, die über das gesamte Volumen ausgebreitet sind. Man bezeichnet sie als *Volumenzustände*.

Volumenzustände

Diese Zustände lassen sich folgendermaßen aus den Bloch-Zuständen des unendlichen Kristalls aufbauen. Zunächst bemerken wir, daß das Kristallpotential (3.61) symmetrisch bezüglich einer Spiegelung am Null-Punkt ist, so daß mit φ_{lk} auch φ_{l-k} Eigenfunktion zum gleichen Energieeigenwert $E_l(k)$ ist. Die Volumenzustände des halbunendlichen Kristalls können deshalb für $x < x_0$ als Linearkombinationen aus φ_{lk} und φ_{l-k} dargestellt werden. Wir bezeichnen sie mit ψ_{lk}. Es gilt also

$$\psi_{lk}(x) = c_+\varphi_{lk}(x) + c_-\varphi_{l-k}(x) \quad , \quad x < x_0 \quad , \tag{3.67}$$

und

$$\left\{ -\frac{\hbar^2}{2m}\frac{d^2}{dx^2} + V(x) \right\} \psi_{lk}(x) = E_l(k)\psi_{lk}(x) \quad , \quad x < x_0 \tag{3.68}$$

Damit ψ_{lk} tatsächlich Eigenfunktion des halbunendlichen Kristalls zum Eigenwert $E_l(k)$ ist, muß diese Gleichung auch außerhalb desselben, also für $x > x_0$, gelten. Das ist der Fall, wenn $\psi_{lk}(x)$ dort die Form

$$\psi_{lk}(x) = d\, e^{-\sqrt{(2m/\hbar^2)(V_0 - E_l(k))}\cdot(x-x_0)} \tag{3.69}$$

mit d als Normierungskonstante hat. Dabei wird $E_l(k) < V_0$ vorausgesetzt, was bedeutet, daß wir Eigenzustände suchen, die außerhalb des Kristalls exponentiell abklingen. Die exponentiell ansteigenden Lösungen von der Form (3.69) scheiden wegen der Normierungsbedingung (3.63) aus. Zur Befriedigung der Schrödinger-Gleichung müssen ψ_{lk} und $(d\psi_{lk}/dx)$ auch an der Stelle $x = x_0$ stetig sein. Daraus ergibt sich ein System von zwei inhomogenen Gleichungen für die beiden Koeffizienten c_+ und c_-. Dieses System hat dann eine nicht-triviale Lösung, wenn die beiden Bloch-Funktionen φ_{lk} und φ_{l-k} voneinander verschieden sind. In diesem Falle ist nämlich die System-Determinanate gleich der Wronsky-Determinante von φ_{lk} und φ_{l-k}, die wegen der linearen Unabhängigkeit dieser Funktionen nicht verschwinden kann. Auch ohne die Koeffizienten c_+ und c_- explizit auszurechnen, gelangt man also zu dem Ergebnis, daß die Energieeigenwerte $E_l(k)$ des beiderseitig unendlichen Kristalls gleichzeitig auch Energieeigenwerte des halbunendlichen Kristalls sind, vorausgesetzt die beiden Bloch-Zustände φ_{lk} und φ_{l-k} entarten nicht zu einem einzigen Zustand. Während die Eigenenergien der beiden Systeme auf diese Weise also weitgehend übereinstimmen, unterscheiden sich die zugehörigen Eigenfunktionen beträchtlich. Die Volumenzustände des halbunendlichen Kristalls sind im Unterschied zum unendlichen Kristall nicht Bloch-Funktionen, d.h. gitterperiodisch modulierte *laufende* Wellen, sondern modulierte *stehende* Wellen. Das ist verständlich, da die Oberfläche eine freie Wellenausbreitung in der zu ihr senkrechten Richtung durch Reflexion verhindert.

Die Einschränkung im Hinblick auf eine mögliche Identität der beiden Bloch-Funktionen φ_{lk} und φ_{l-k}, die wir oben machen mußten, bedarf noch einer genaueren Erörterung. Im reduzierten Zonenschema, in dem wir hier arbeiten, betrifft sie den Punkt $k = 0$ und die beiden Randpunkte $-\pi/a$ und π/a der 1. BZ, für die φ_{lk} und φ_{l-k} ein und denselben Bloch-Zustand repräsentieren. Zu diesen speziellen Quasi-Wellenvektoren gibt es keine Volumenzustände des halbunendlichen Kristalls. Wegen der notwendigen Vollständigkeit des Systems der Eigenfunktionen können aber Zustände nicht einfach wegfallen, ohne daß sie durch andere ersetzt werden. Dabei muß es sich um Zustände handeln, die im Unterschied zu den Volumenzuständen nicht gleichmäßig über den halbunendlichen Halbleiter ausgebreitet sind und nur außerhalb exponentiell abklingen, sondern um solche, die auf beiden Seiten der Oberfläche mehr oder weniger stark abfallen. Die gesuchten Zustände sind damit nichts anderes als die früher schon erwähnten Oberflächenzustände. Ihr Auftreten ist die notwendige Folge des Wegfalls bestimmter Volumenzustände beim Übergang vom beiderseitig unendlichen Kristall zum halbunendlichen. Mit diesen Zuständen wollen wir uns jetzt genauer beschäftigen. Besonderes Interesse besitzen dabei solche Oberflächenzustände, deren Energien beim unendlichen Kristall nicht erlaubt sind, die also in der Energielücke liegen.

Oberflächenzustände

Wir wählen speziell den Punkt $k = \pi/a$. Die Oberflächenzustände in diesem Punkt sollen analytisch berechnet werden, was sicher nur näherungsweise gelingen kann. Wir verwenden dazu die in Abschnitt 2.4 entwickelte Störungstheorie bezüglich des periodischen Kristallpotentials. Sie muß hier für den Fall von Entartung genommen werden, da der Punkt π/a mit $\pi/a \mp 2\pi/a$ entartet ist. Obwohl wir nur an den Oberflächenzuständen interessiert sind, ist es hilfreich, auch die Volumenzustände des beiderseitig unendlichen Kristalls mit zu betrachten. Bezüglich der Volumenzustände bedeutet das eine Konkretisierung der Ausführungen im vorangegangenen Unterabschnitt speziell für den Punkt π/a - die früher nur allgemein betrachteten Bloch-Funktionen werden jetzt (näherungsweise) in expliziter Form angegeben.

Für die beiden tiefsten Energieniveaus $E_\pm(\pi/a)$ des beiderseitig unendlichen Kristalls im Punkt π/a liefert die Gleichung (2.143) den Ausdruck

$$E_\pm\left(\frac{\pi}{a}\right) = \frac{\hbar^2}{2m}\left(\frac{\pi}{a}\right)^2 \pm |\hat{V}| \tag{3.70}$$

Die zugehörigen Bloch-Funktionen $\varphi_{\pm\pi/a}$ ergeben sich mit Hilfe von (2.139) und (2.142b) zu

$$\varphi_{\pm\pi/a}(x) = c_{\pm 0}\left\{ e^{i\frac{\pi}{a}x} \pm \frac{|\hat{V}|}{\hat{V}} e^{-i\frac{\pi}{a}x} \right\} . \tag{3.71}$$

Wie wir aus dem Unterabschnitt über die Volumenzustände schon wissen, sind die $E_\pm(\pi/a)$ nicht auch Eigenwerte, und die $\varphi_{\pm\pi/a}$ im Bereich $x_0 < x$ nicht auch Eigenfunktionen $\psi_{\pm\pi/a}$ des halbunendlichen Kristalls. Die Frage ist, durch welche Lösungen $\psi_{\pm s}$ die $\psi_{\pm\pi/a}$ ersetzt werden müssen, und wo die entsprechenden

Energieeigenwerte $E_{\pm s}$ liegen, die an die Stelle der $E_{\pm}(\pi/a)$ treten (der Index s deutet auf das englische Wort für Oberfläche hin). Bekannt ist bereits, daß die $\psi_{\pm s}$ beiderseits der Oberfläche abfallen müssen. Man kann deshalb versuchen, diese Eigenfunktionen dadurch zu erhalten, daß man Lösungen der Schrödinger-Gleichung (3.62) zu komplexen Wellenvektoren $\pi/a-iq$ betrachtet. Im Rahmen der entarteten Störungstheorie bedeutet das, die genäherte Schrödinger-Gleichung (2.140) für den komplexen Wellenvektor $k = \pi/a-iq$ aufzuschreiben und zu lösen. Diese Gleichung lautet

$$\begin{pmatrix} \frac{\hbar^2}{2m}(\pi/a-iq)^2 - E_{\pm s} & \hat{V} \\ \hat{V} & \frac{\hbar^2}{2m}(\pi/a+iq)^2 - E_{\pm s} \end{pmatrix} \begin{pmatrix} c_{\pm 0} \\ c_{\pm -2\pi/a} \end{pmatrix} = \begin{pmatrix} 0 \\ 0 \end{pmatrix} \tag{3.72}$$

Der Wert von q ist dabei als eindeutig bestimmt anzusehen, da genau 1 fehlender Eigenzustand beschrieben werden soll. Wir fassen q zunächst aber als Variable auf, deren Wert noch zu ermitteln ist. Als Eigenwert $E_{\pm s}(q)$ erhält man aus (3.72)

$$E_{\pm s}(q) = \frac{\hbar^2}{2m}\left[\left(\frac{\pi}{a}\right)^2 - q^2\right] \pm \sqrt{\hat{V}^2 - \left(\frac{\hbar^2}{2m}\right)^2\left(\frac{2\pi}{a}\right)^2 q^2} \tag{3.73a}$$

Dabei ist

$$q^2 \le |\hat{V}|^2 \frac{4m^2}{\hbar^4(2\pi/a)^2} \tag{3.73b}$$

zu fordern, weil die Energie immer reell sein muß. Formal setzen die $E_{\pm s}(q)$ aus (3.73) die Eigenwerte (3.70) ins Komplexe fort. Die Abhängigkeit der beiden Energieeigenwerte $E_{\pm s}$ von q ist in Abb. 56 veranschaulicht. Für die zugehörigen Eigenfunktionen $\psi_{\pm s}$ ergibt sich aus (3.72) unter Berücksichtigung von

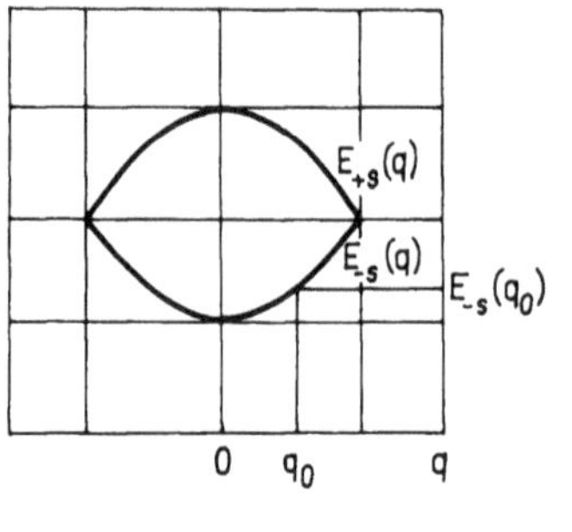

Abb. 56 Die beiden Energiezweige $E_{\pm s}(q)$ als Funktion des komplexen Wellenvektors $\pi/a-iq$

(2.139) und (2.73) der Ausdruck

$$\psi_{\pm s}(x) = c_{\pm 0}\, e^{-i\delta_{\pm}}\, e^{qx} \cos\left(\frac{\pi}{a} x + \delta_{\pm}\right) \tag{3.74a}$$

mit

$$\sin 2\delta_{\pm} = \pm \frac{\hbar^2}{2m} q \frac{2\pi}{a} \hat{V}^{-1} , \quad \cos 2\delta_{\pm} = \pm \frac{1}{\hat{V}} \sqrt{\hat{V}^2 - \left(\frac{\hbar^2}{2m}\right)^2 \left(\frac{2\pi}{a}\right)^2 q^2} \tag{3.74b}$$

Für positive Werte von q, auf die wir uns beschränken wollen, klingt $\psi_{\pm s}(x)$ aus (3.74) im Halbleiterinneren exponentiell ab, steigt im Vakuum aber mit wachsender Entfernung von der Oberfläche exponentiell an. Deshalb sind die Oberflächenzustände des halbunendlichen Kristalls nicht im gesamten Raum in der Form (3.74) darstellbar. Für $x > x_0$ ist die Eigenfunktion $\psi_E(x)$ zu einer beliebigen Energie $E < V_0$ vielmehr von der Form

$$\psi_E = c\, e^{-\sqrt{(2m/\hbar^2)(V_0 - E)}\cdot(x-x_0)} \tag{3.75}$$

Im Punkt $x = x_0$ müssen die beiden Teil-Wellenfunktionen zu einem bestimmten Energieeigenwert $E = E_{\pm s}(q)$, (3.74) und (3.75), einschließlich ihrer ersten Ableitungen stetig aneinander anschließen. Daraus ergibt sich die Bedingung

$$q + \sqrt{\frac{2m}{\hbar^2}\left(V_0 - E_{\pm s}(q)\right)} = \frac{\pi}{a} \tan\left[\frac{\pi}{a} x_0 + \delta_{\pm}(q)\right] \tag{3.76}$$

Die Existenz bzw. Nichtexistenz einer positiven Lösung $q_0 > 0$ dieser Gleichung ist gleichbedeutend mit der Existenz oder Nichtexistenz eines Oberflächenzustandes mit einer Energie innerhalb der Bandlücke. Die grafische Lösung der

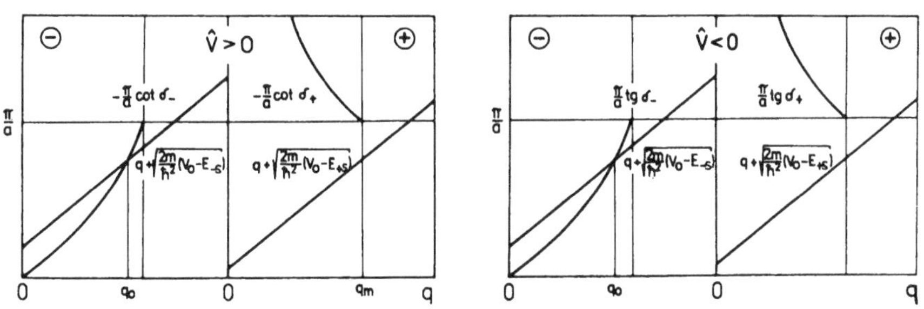

Abb. 57 Grafische Lösung der transzendenten Gleichung (3.76) für den Imaginärteil q des Wellenvektors. Die Existenz einer Lösung ist gleichbedeutend mit der Existenz eines Oberflächenzustandes

Gleichung (3.76) ist in Abb. 57 für die beiden Fälle x_0 = a/2 (links) und x_0 = 0 (rechts) dargestellt. Lösungen $q_0 > 0$ erhält man bei $x_0 = a/2$ nur für $\hat{V} > 0$, und für $x_0 = 0$ nur für $\hat{V} < 0$. In beiden Fällen gehört die Lösung q_0 zum unteren Band $E_{-s}(q)$. In Abb. 56 ist der zugehörige Energieeigenwert $E_{-s}(q_0)$ eingezeichnet. Er liegt in der Energielücke und gibt die Energie des Oberflächenzustandes an.

Diese Ergebnisse über die Existenz oder Nichtexistenz von Oberflächenzuständen lassen sich auch anschaulich interpretieren. Wir stellen uns dazu vor, daß die Bildung der Oberfläche durch Trennung der unendlichen Kette zwischen zwei benachbarten Atomen erfolgt. Dabei wird die Bindung zwischen diesen Atomen beseitigt und die bindenden Energieniveaus werden angehoben. Es ist also verständlich, daß die Oberflächenniveaus aus dem tieferen Band $E_-(\pi/a)$ hervorgehen. Für die tatsächliche Ausbildung von Oberflächenzuständen in der Energielücke ist die Symmetrie der zugehörigen Bandzustände $\varphi_{-\pi/a}$ wichtig. Sie hängt gemäß (3.71) davon ab, ob die Fourierkomponente $\hat{V}$ positiv oder negativ ist : für $\hat{V} < 0$ ist $\varphi_{-\pi/a}$ cosinusförmig, und für $\hat{V} > 0$ sinusförmig. Im letzten Fall spricht von einer *invertierten* Bandstruktur, weil normalerweise der Zustand niedrigster Energie gerade Parität besitzt und der darüberliegende ungerade. Im invertierten Fall ($\hat{V} > 0$) ist die Wellenfunktion in den Atomorten 0 und erreicht ihr Maximum in der Mitte zwischen zwei Atomen. Im normalen Fall ($\hat{V} < 0$) liegt das Maximum in den Atomen, im Mittelpunkt zwischen benachbarten Atomen verschwindet die Wellenfunktion. Legt man für $\hat{V} < 0$ die Oberfläche genau in die Mitte zwischen zwei Atomen, so ist das ohne Effekt auf den entsprechenden Zustand, weil seine Wellenfunktion dort 0 ist. In diesem Falle sollte also kein Oberflächenzustand in der Energielücke existieren. Wenn bei gleicher Lage der Oberfläche $\hat{V} > 0$ ist, also eine invertierte Bandstruktur vorliegt, sollte dagegen ein solcher Zustand vorhanden sein. Wird die Oberfläche genau *in* ein Atom gelegt, kehren sich die Fälle $\hat{V} > 0$ und $\hat{V} < 0$ um. Das sind exakt die gleichen Aussagen, die wir oben störungstheoretisch abgeleitet haben.

In der älteren Literatur werden die Oberflächenzustände im Falle $x_0 = a/2$ nach Shockley bezeichnet und im Falle $x_0 = 0$ nach Tamm. Bei realistischer Beschreibung der Oberfläche verliert diese Unterscheidung ihren Sinn.

Falls keine Lösung $q_0 > 0$ der Säkulargleichung (3.76) möglich ist, bedeutet das allerdings nicht, daß generell kein Oberflächenzustand existiert, sondern nur keiner mit einer Energie in der Lücke. Oberflächenzustände außerhalb der Lücke, d.h. innerhalb der Bänder, sind nicht ausgeschlossen. Nur haben sie dann notwendig Wellenfunktionen, die im Halbleiter nicht exponentiell, sondern schwächer abklingen. Man spricht von *Oberflächen-Resonanzzuständen* und meint

damit, daß die Energien dieser Zustände mit denen bestimmter Bandzustände zusammenfallen. Die Oberflächenzustände in der Energielücke bezeichnet man in diesem Zusammenhang auch als *gebunden*. Wenn unter bestimmten Bedingungen kein gebundener Oberflächenzustand existiert, wie das oben zum Teil der Fall war, so muß aus Gründen der Vollständigkeit des Systems aller Eigenfunktionen notwendig ein Oberflächen-Resonanzzustand auftreten. Durch unser Vorgehen, das wesentlich auf der Fortsetzung ins Komplexe beruhte, sind diese Zustände aus der Betrachtung herausgefallen.
Die obigen Überlegungen bezogen sich auf 1-dimensionale Kristalle mit Oberfläche. Wirkliche Kristalle sind 3-dimensional, d.h. auch in den beiden Dimensionen senkrecht zur Oberfläche ausgedehnt.

3.6.3 3-dimensionale Kristalle mit Oberfläche

Im Sinne einer Idealisierung kann man diese zwei zusätzlichen Ausdehnungen als beiderseitig unendlich annehmen. Der 3-dimensionale Kristall mit Oberfläche besitzt dann eine 2-dimensionale Translationssymmetrie parallel zur Oberfläche. Das zugehörige Gitter ist ebenfalls 2-dimensional. Die Einheitszellen erstrecken sich jedoch über 3 Dimensionen. Senkrecht zur Oberfläche reichen sie in die gesamte unendliche Tiefe des Kristalls hinein. Sie enthalten also unendlich viele Atome. Wie im 3-dimensionalen Fall gibt es auch im Falle von 2 Dimensionen eine begrenzte Anzahl unterschiedlicher Translationsgitter, und zwar genau 5. Die entsprechenden Wigner-Seitz Zellen sind aus Abb. 58 zu entnehmen, wenn man sich dort alle Bezeichnungen, die auf den **k**-Raum hinweisen, wegdenkt.
Die Energieeigenfunktionen von 3-dimensionalen Kristallen mit Oberfläche lassen sich als Bloch-Funktionen zu einem 2-dimensionalen Quasiwellenvektor $\mathbf{k}_{\|}$, der parallel zur Oberfläche gerichtet ist, darstellen. Der Variationsbereich von $\mathbf{k}_{\|}$ ist die 2-dimensionale erste Brillouin-Zone des entsprechenden direkten Gitters. Im Falle zweier Dimensionen stimmen die reziproken Gitter mit den direkten überein, und die 5 Wigner-Seitz-Zellen im direkten Raum sind gleichzeitig auch die 5 1.BZ. Sie sind in Abb. 58 dargestellt. Zu jedem Quasiwellenvektor $\mathbf{k}_{\|}$ gehören verschiedene Energieeigenwerte, die jeweils einem bestimmten Energieband entsprechen. Bei einem Kristall mit Oberfläche liegen die Bänder über der 2-dimensionalen BZ streckenweise unendlich dicht, als direkte Folge davon, daß die Zahl der Atome in einer Einheitszelle unendlich groß ist. Der Bandindex ist also eine kontinuierliche Variable. Das läßt sich auch in folgender Weise verstehen. Im 1-dimensionalen Fall wurde gezeigt, daß die Ener-

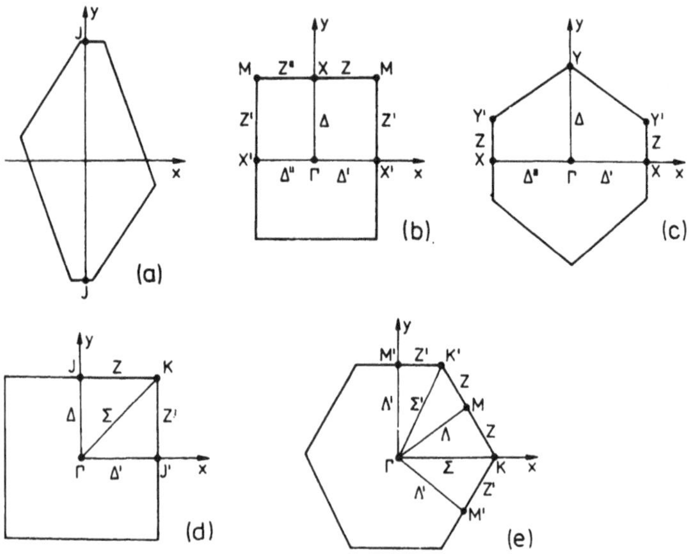

Abb. 58 Wigner-Seitz-Zellen der fünf 2-dimensionalen Bravais-Gitter. Die Buchstaben kennzeichnen symmetrische Punkte

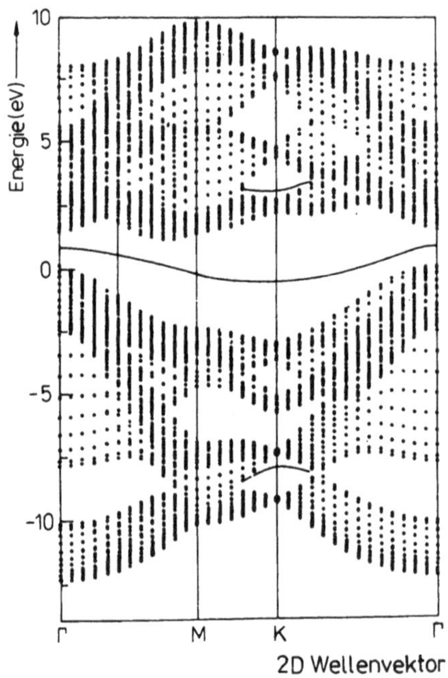

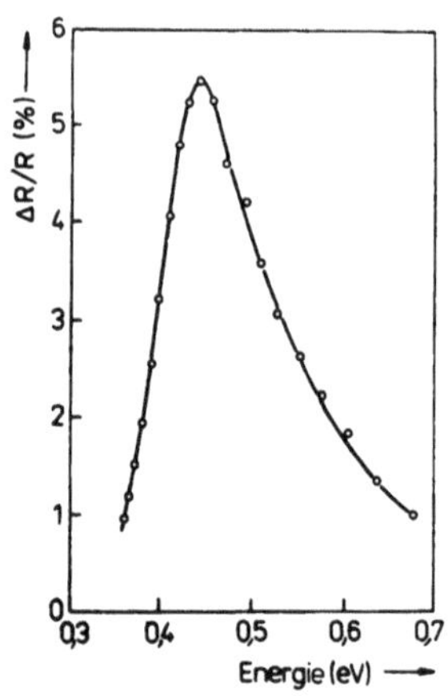

Abb. 60 Reflexionsspektrum der Si (111)-2x1-Oberfläche (nach *P. Chiaradia et al.*, 1978)

Abb. 59 Bandstruktur eines Si-Kristalls mit idealer (111)-Oberfläche (nach *H. Rücker*, 1985) gieeigenwerte eines unendlichen Kristalls zugleich auch Eigenwerte des entsprechenden Kristalls mit Oberfläche sind und daß die zugehörigen Eigenfunktionen Volumenzustände darstellen. Das trifft auch im 3-dimensionalen Fall zu, d.h., die Energiebänder $E_\nu(\mathbf{k})$ eines 3-dimensionalen unendlichen Kristalls sind gleichzeitig auch Energiebänder des entsprechenden Kristalls mit Oberfläche. Allerdings müssen sie als solche statt über einer 3-dimensionalen über einer 2-dimensionalen BZ dargestellt werden. Sie müssen gewissermaßen in die 2-dimensionale BZ des Kristalls mit Oberfläche projiziert werden. Alle Energiewerte $E_\nu(\mathbf{k})$, deren 3-dimensionale $\mathbf{k}$-Vektoren die gleichen Komponenten $\mathbf{k}_\parallel$ parallel zur Oberfläche haben, die sich also nur durch die $\mathbf{k}$-Komponente $k_\perp$ senkrecht zur Oberfläche unterscheiden, sind über dem Punkt $\mathbf{k}_\parallel$ der 2-dimensionalen BZ aufzutragen. Die Komponente $k_\perp$ von $\mathbf{k}$ übernimmt somit die Rolle des vorher erwähnten kontinuierlichen Bandindexes. In Abb. 59 ist die Projektion der 3-dimensionalen Bandstruktur eines Si-Kristalls in die 2-dimensionale BZ des entsprechenden Kristalls mit einer idealen Oberfläche senkrecht zur (111)-Richtung in Form schraffierter Flächen dargestellt. Die so gekennzeichneten Energieeigenwerte entsprechen den Volumenzuständen. Daneben können, wie wir vom 1-dimensionalen Fall her wissen, diskrete Energieeigenwerte in der Energielücke auftreten. Im 3-dimensionalen Fall kann jedem Punkt $\mathbf{k}_\parallel$ ein anderer derartiger Energieeigenwert zugeordnet sein. Bei Variation von $\mathbf{k}_\parallel$ über der 1.BZ entstehen daraus *Oberflächenenergiebänder*. In Abb. 59 sind sie als ausgezogene Linien zwischen den schraffierten Bereichen zu sehen.

Die Existenz von Oberflächenbändern kann z.B. durch optische Experimente nachgewiesen werden. Das Reflexionsspektrum der Si-(111)-Oberfläche ist in Abb. 60 dargestellt. Das Maximum bei etwa 0,5 eV deutet auf optische Übergänge zwischen einem besetzten und einem unbesetzten Oberflächenband in der Energielücke des Si hin. Die Bandstruktur der idealen Si-(111)-Oberfläche in Abb. 59 weist aber nur *ein* derartiges Band in der Energielücke auf. Es ist zweifach entartet und nur zur Hälfte mit Elektronen besetzt. Ein Reflexionsspektrum wie das in Abb. 60 kann also bei der idealen (111)-Oberfläche des Si nicht auftreten. Gleichzeitig ist aber auch klar, daß diese Oberfläche nicht stabil sein kann. Es liegt eine sogenannte *Peierls-Instabilität* vor, d.h. durch Verringerung der Symmetrie des Systems kann ein Zustand mit kleinerer Gesamtenergie erreicht werden. Als Symmetrieerniedrigung kommt im Falle der Si-(111)-Oberfläche unter anderem eine 2x1-Rekonstruktion in Frage. Diese führt dazu, daß die beiden entarteten Bänder längs der Geraden M-K in Abb. 59 aufspalten. Dabei gehen alle Elektronen in das untere Band über, während das obere leer bleibt. Die freiwerdende Energie bewirkt, daß die Si-(111)-Oberfläche tatsächlich einer 2x1-Rekonstruktion unterliegt, sofern nicht andere Rekonstruktionszustände erreicht werden können, die eine noch geringere Gesamtenergie besitzen. Letzteres hängt von der Behandlung der Oberfläche ab. Eine bei der Herstellung im UHV 2x1-rekonstruierte Oberfläche geht durch Aufheizen in den stabileren 7x7-Rekonstruktionszustand über. In Abb. 54 ist genau dieser Zustand zu sehen. Das Reflexionsspektrum in Abb. 60 ist das einer 2x1-rekonstruierten Oberfläche. Das Reflexionsmaximum entsteht durch Übergänge zwischen den beiden durch Rekonstruktion aufgespaltenen Oberflächenbändern in der Energielücke.

3.7 Supergitter und Quantum Wells

Einen Halbleiter mit Oberfläche kann man auch als System auffassen, bei dem die eine Hälfte des unendlichen Raumes vom Halbleitermaterial eingenommen wird, während in der anderen Vakuum herrscht. Wird das Vakuum in Gedanken durch einen zweiten Halbleiter ersetzt, so entsteht eine Halbleiter-Heterostruktur.

3.7.1 Halbleiter-Heterostrukturen

In Abb. 61 ist dafür ein Beispiel dargestellt - links von der Ebene $x = 0$ befindet sich GaAs, rechts davon AlAs. Halbleiter-Heterostrukturen lassen sich aus einer Reihe von Materialien herstellen. Neben GaAs/AlAs sind die Materialkombinationen (In,Ga)As/(In,Ga)P, Si/Ge, Si/GaAs, HgTe/CdTe und ZnSe/GaAs von besonderer Bedeutung. Die praktische Herstellung der Heterostrukturen erfolgt allerdings nicht so, wie man das nach dem eben Gesagten vermuten könnte, daß nämlich zwei vorher einzeln erzeugte Halbleiterproben aneinandergelegt werden. Würde man das tun, so würden viel zu große gestörte Bereiche an der Grenzfläche zwischen den beiden Kristallen entstehen. In Wirklichkeit läßt man das zweite Halbleitermaterial auf einem Kristall aus dem ersten Material aufwachsen. Ist die kristallografische Struktur des zweiten Materials von der des ersten nicht allzu verschieden, sind insbesondere deren Gitterkonstanten nicht zu unterschiedlich, so kann man erreichen, daß ein nahezu perfektes kristallografisches Wachstum stattfindet. Man spricht von *epitaktischem* Wachstum und meint damit, daß die kristalline Unterlage, das sogenannte *Substrat*, der darauf wachsenden Schicht eine kristalline Struktur aufprägt, im Unterschied zum Aufdampfen, bei dem eine strukturlose amorphe Schicht entsteht. Mittels moderner Epitaxieverfahren, vor allem der Molekularstrahlepitaxie (MBE) und der

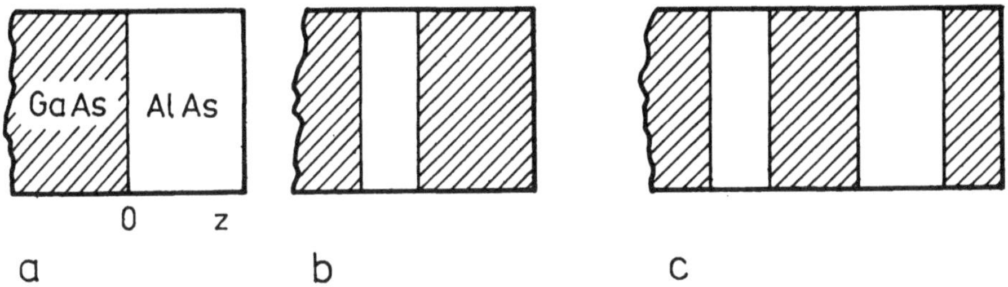

Abb. 61 Halbleiter-Heterostrukturen: Einfach-Heterostruktur (a), Doppel-Heterostruktur (b) und Mehrfach-Heterostruktur (c)

chemischen Abscheidung metallorganischer Verbindungen aus der Dampfphase (MOCVD), gelingt es heute, nahezu ideale Halbleiter-Heterostrukturen zu realisieren. Insbesondere lassen sich nahezu abrupte Grenzflächen erzielen, d.h., der Übergang von einem Material zum anderen erfolgt im wesentlichen über eine einzige atomare Netzebene hinweg. Unerwünschte Verunreinigungen und strukturelle Defekte lassen sich weitgehend vermeiden. Man kann die Schichten bis zu einer Dicke von mehreren Millimetern und darüber wachsen lassen, man kann aber auch, und das ist in unserem Zusammenhang wesentlich wichtiger, bereits bei sehr dünnen Schichten Halt machen, bis herab zur absoluten Grenze von einer einzigen atomaren Monolage des betreffenden Materials.

Die epitaktische Herstellung legt es nahe, von der einfachen Heterostruktur aus Substrat und Epitaxieschicht zu komplexeren Heterostrukturen überzugehen, indem man auf der ersten Epitaxieschicht eine zweite aus einem anderen Material aufwachsen läßt, auf dieser erneut eine Epitaxieschicht usw. Man spricht

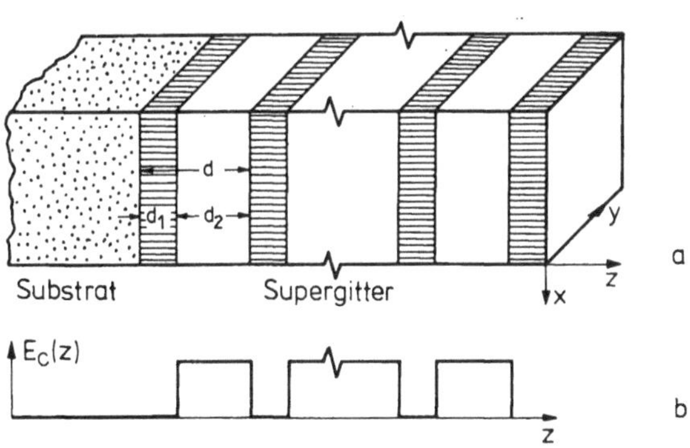

Abb. 62 Halbleiter-Supergitter (a) und zugehöriger Verlauf der Leitungsbandkante (b)

dann von *Doppel-* oder *Mehrfach-Heterostrukturen* bzw., bei sehr vielen alternierenden Schichten aus zwei verschiedenen Materialien mit jeweils gleicher Dicke, von *Supergittern* (siehe Abb. 62). Mit den *Einfach-Heterostrukturen* aus nur zwei Materialschichten beschäftigen wir uns in Kapitel 6 noch genauer. Insbesondere gehen wir dort auf das Problem der Bandkantensprünge an der Heterogrenzfläche näher ein. Hier konzentrieren wir uns auf die Mehrfach-Heterostrukturen und Supergitter und nehmen die Bandkantenverläufe als gegeben an.
Zu interessanten Objekten mit neuartigen Eigenschaften werden die Mehrfach-Heterostrukturen und Supergitter dann, wenn die Schichtdicken wesentlich unter einem Mikrometer im Bereich von einigen Nanometern liegen. Wie wir gleich sehen werden, treten dann Effekte auf, die denen ähnlich sind, die durch die natürliche Kristallstruktur verursacht werden, z.B. Energielücken oder negative effektive Massen. Das ist nicht überraschend, denn mit Schichtdicken von 1nm = 10 Å gelangt man bereits in den Größenbereich der mikroskopischen atomaren Struktur (der Abstand zwischen zwei Atomen in GaAs beträgt etwa 2.5 Å). Heterostrukturen mit derart dünnen Schichten besitzen gewissermaßen eine künstliche atomare Struktur bzw. Überstruktur. Man spricht deshalb auch von *künstlichen Halbleitermikrostrukturen* oder einfach von *Halbleitermikrostrukturen*. Die veränderte atomare Struktur führt zu elektronischen und optischen Eigenschaften, die sich von denen der beiden Volumenmaterialien unterscheiden und in gewissen Grenzen nach Wunsch eingestellt werden können. Darauf beruht das große Interesse der Mikro- und Optoelektronik an den Halbleitermikrostrukturen. Es lassen sich Bauelemente realisieren, die denen aus herkömmlichen Halbleitermaterialien überlegen sind bzw. aus diesen überhaupt nicht hergestellt werden können. Hochgeschwindigkeitstransistoren (HEMTs) und Quantum-Well-Laser sind dafür Beispiele. Das Konzept der Halbleitermikrostrukturen geht auf L. Esaki und R. Tsu (1970) zurück. Dotierungs-Supergitter wurden auch von G.H. Döhler vorgeschlagen (1972). Die Mikrostrukturen sind heute das wohl am stärksten bearbeitete Teilgebiet der Halbleiterphysik. Neben den epitaktisch hergestellten Heterostrukturen und Supergittern mit einer künstlichen Mikrostruktur in *einer* Dimension (der Wachstumsrichtung) werden auch zwei- und dreidimensional mikrostrukturierte Materialsysteme untersucht. Im Hinblick auf die Zahl der nicht mikrostrukturierten Dimensionen - sie bestimmt die Zahl der makroskopischen räumlichen Freiheitsgrade der Elektronen und Löcher, wie wir gleich sehen werden - spricht man von 2-, 1- und 0-dimensionalen Systemen. Die 1- und 0-dimensionalen Systeme werden meist durch zusätzliche *laterale* Strukturierung von dünnen Schichten hergestellt. Verfahren, die sich, wie bei den 2-dimensionalen Systemen, ausschließlich des Kristallwachstums bedienen, fehlen bisher.

3.7.2 *Effektivmassengleichung für Halbleitermikrostrukturen*

Nach dieser notwendigen Verständigung über Definition, Herstellung und Bedeutung der Halbleitermikrostrukturen soll am Beispiel eines Supergitters demonstriert werden, welche Änderungen der elektronischen Struktur aus der veränderten atomaren Struktur resultieren. Wir führen die Überlegungen an Hand der Elektronen des Leitungsbandes durch. Sie lassen sich aber sofort auf die Löcher des Valenzbandes übertragen. Die beiden Materialien des Supergitters werden mit 1 und 2 bezeichnet (um etwas Konkretes vor Augen zu haben, kann man "1" mit dem reinen GaAs und "2" mit der Legierung $Ga_{1-x}Al_xAs$ identifizieren). Die Dicken der entsprechenden Materialschichten seien d_1 und d_2, und die Gitterkonstante des Supergitters in z-Richtung (Wachstumsrichtung) $d = d_1 + d_2$. Parallel zu den Schichten in x- und y-Richtung liegt die natürliche Gitterperiodizität vor (siehe Abb. 62). Die elektronische Struktur von Supergittern kann unter bestimmten Bedingungen bereits mit Hilfe der Effektivmassengleichung recht gut beschrieben werden. Voraussetzung dafür ist insbesodere, daß die Leitungsbandkanten der beiden Materialien im gleichen Punkt des $\mathbf{k}$-Raumes liegen. Bei der Kombination $GaAs/Ga_{1-x}Al_xAs$ ist das im direkten Bereich der Legierung ($x \leq 0.42$) der Fall, beide Kanten liegen im Punkt Γ. Daß die Effektivmassen-Gleichung bei Supergittern überhaupt zu nicht-trivialen Ergebnissen führt, muß zunächst insofern verwundern, als in diesem Fall kein äußeres Störpotential $U(\mathbf{x})$ vorliegt. Stattdessen ist eine innere Störung vorhanden, nämlich die räumliche Inhomogenität der effektiven Masse und der Leitungsbandkante. Da die Inhomogenität der Bandkante aber wie ein räumlich veränderliches äußeres Potential wirkt, haben wir dann doch wieder eine Situation, für die die Effektivmassengleichung zuständig ist. Deshalb kann die Gesamtwellenfunktion $\psi_c(\mathbf{x})$ eines Elektrons im Supergitter auch in der allgemeinen Form (3.17) geschrieben werden, d.h. als Produkt aus einem Bloch-Faktor $u_{c0}(\mathbf{x})$ und einer Enveloppen-Funktion $F_c(\mathbf{x})$. Wir schreiben jetzt die Effektivmassengleichung für $F_c(\mathbf{x})$ in den beiden Materialien 1 und 2 einzeln auf. Es gilt

$$\left\{-\frac{\hbar^2}{2m^*_{c1}}\,\Delta + E_{c1}\right\} F_c(\mathbf{x}) = E\,F_c(\mathbf{x}) \quad , \quad \mathbf{x} \text{ in Material 1 }, \tag{3.77}$$

$$\left\{-\frac{\hbar^2}{2m^*_{c2}}\,\Delta + E_{c2}\right\} F_c(\mathbf{x}) = E\,F_c(\mathbf{x}) \quad , \quad \mathbf{x} \text{ in Material 2 }. \tag{3.78}$$

Die Indizes 1 bzw. 2 bei m^*_c und E_c weisen auf die Materialabhängigkeit dieser Größen hin. Der Einfachheit halber nehmen wir an, daß die beiden effektiven

Massen übereinstimmen, d.h., daß $m^*_{c1} = m^*_{c2} = m^*_c$ gilt. Beim System GaAs/$Ga_{1-x}Al_xAs$ ist diese Annahme näherungsweise erfüllt. Dagegen weichen die Leitungsbandkanten deutlich voneinander ab, für x = 0.3 liegt die von GaAs um etwa 0,4 eV unter der des $Ga_{1-x}Al_xAs$. Wir fassen die beiden Gleichungen (3.77) und (3.78) durch Einführung einer ortsabhängigen Leitungsbandkante $E_c(z)$ zu einer einzigen zusammen. Sie lautet

$$\left\{-\frac{\hbar^2}{2m^*_c}\Delta + E_c(z)\right\} F_c(\mathbf{x}) = (E - E_{c1})\, F_c(\mathbf{x}) \tag{3.79}$$

mit

$$E_c(z) = \begin{cases} 0 & \text{für } nd < z < nd + d_1 \\ \Delta E_c \equiv E_{c2} - E_{c1} & \text{für } nd + d_1 < z < (n+1)d \end{cases} \tag{3.80}$$

und n als Nummer der Supergittereinheitszelle ($-\infty < n < \infty$). Die Funktion $E_c(z)$ läßt sich als äußeres Potential interpretieren, und die Beziehung (3.79) als Schrödinger-Gleichung in diesem Potential. $E_c(z)$ besitzt die Periodizität des Supergitters, d.h., es gilt

$$E_c(z + d) = E_c(z) \tag{3.81}$$

Da das Potential $E_c(z)$ nur von z, aber nicht von x und y abhängt, kann die Lösung der Schrödinger-Gleichung als Produkt aus einer parallel zu den Schichten laufenden ebenen Welle mit einem gewissen Wellenvektor $\mathbf{k}_\parallel$, und einer nur von z abhängigen Funktion $X_c(z)$ geschrieben werden:

$$F_c(\mathbf{x}) \equiv F_{c\mathbf{k}_\parallel}(\mathbf{x}) = \frac{1}{\Omega^{2/3}}\, e^{i\mathbf{k}_\parallel \mathbf{x}_\parallel}\, X_c(z) \ . \tag{3.82}$$

Für $X_c(z)$ ergibt sich die Schrödinger-Gleichung

$$\left\{-\frac{\hbar^2}{2m^*_c}\frac{d^2}{dz^2} + E_c(z)\right\} X_c(z) = E' X_c(z) \ , \tag{3.83a}$$

wobei zur Abkürzung

$$E' = E - E_{c1} - \frac{\hbar^2}{2m^*_c}\mathbf{k}_\parallel^2 \tag{3.83b}$$

gesetzt wurde. Gleichung (3.83a) gilt für alle Werte von z mit Ausnahme der

Grenzflächen nd und nd+d_1 zwischen den beiden Materialien. Dort existieren die zweiten Ableitungen nicht, und das Potential $E_c(z)$ selbst ist unbestimmt. Um die Grenzflächen zu überbrücken, benötigt man Anschlußbedingungen für $X_c(z)$ und $(dX_c(z)/dz)$. Normalerweise sind Wellenfunktionen und deren erste Ableitungen überall im Raum stetig. Bei $X_c(z)$ handelt es sich aber nicht um eine vollständige Wellenfunktion, sondern nur um deren langsam veränderliche Enveloppe, die noch mit dem Bloch-Faktor $u_{c0}(\mathbf{x})$ multipliziert werden muß, um zur eigentlichen Wellenfunktion $\psi_c(\mathbf{x})$ zu werden. Der Bloch-Faktor hängt vom Material ab und hat im allgemeinen rechts und links von der Grenzfläche unterschiedliche Werte. Das gleiche gilt für die Ableitungen. Wir wollen diese Größen im Sinne einer Näherung trotzdem als gleich annehmen. Genauere Rechnungen zeigen, daß das zumindest beim GaAs/AlAs-Supergitter näherungsweise gerechtfertigt ist. Dann gilt

$$\left.\begin{aligned} X_c(z-0) &= X_c(z+0) \\ X'_c(z-0) &= X'_c(z+0) \end{aligned}\right\} \quad \begin{aligned} &\text{für } z = nd \\ &\text{und } z = nd + d_1 \end{aligned} \tag{3.84}$$

Als weitere Bedingung fordern wir die Periodizität und Normierung von $X_c(z)$ bezüglich des (1-dimensionalen) Grundgebietes der Länge $\Omega^{1/3}$ = Md (M bezeichnet die Anzahl der Supergitter-Einheitszellen pro Grundgebiet). Gemäß dem Bloch-Theorem kann dann $X_c(z)$ als gitterperiodische modulierte ebene Welle

$$X_c(z) \equiv X_{ck}(z) = \frac{1}{\Omega^{1/6}} e^{ikz} U_{ck}(z) \tag{3.85}$$

geschrieben werden mit k als Komponente des Gesamtwellenvektors des Bloch-Zustandes $F_{c\mathbf{k}_\parallel}(\mathbf{x}) \equiv F_{c\mathbf{k}_\parallel k}(\mathbf{x})$ in z-Richtung, und $U_{ck}(z)$ als Supergitter-Bloch-Faktor. Letzterer ist von den vorher erwähnten Bloch-Faktoren $u_{c0}(\mathbf{x})$ der beiden Volumenkristalle zu unterscheiden. Das Auftreten von zwei verschiedenen Bloch-Faktoren spiegelt den Umstand wieder, daß bei einem Supergitter zwei verschiedene periodische Potentiale vorliegen, nämlich das der natürlichen Kristallstruktur und das der künstlichen Überstruktur. Die Gesamtwellenfunktion $\psi_c(\mathbf{x}) \equiv \psi_{ck}(\mathbf{x})$ enthält das Produkt der beiden Bloch-Faktoren. Sie lautet

$$\psi_{ck}(\mathbf{x}) = \frac{1}{\sqrt{\Omega}} u_{c0}(\mathbf{x}) \cdot U_{ck}(z)\, e^{i\mathbf{k}\cdot\mathbf{x}} \tag{3.86}$$

Die z-Komponente k des Wellenvektors **k** muß von der Form $(2\pi/Md)\cdot(0, \pm1, \pm2, \ldots)$ sein, damit die geforderte Grundgebietsperiodizität vorliegt. Der Variationsbereich von k ist die (1-dimensionale) erste BZ des Supergitters zwischen $-\pi/d$ und π/d.

3.7.3 Subbänder, Minibänder, Minilücken

Mit der Schrödinger-Gleichung (3.83), den Anschlußbedingungen (3.85) und der Bloch-Bedingung (3.86) sind wir bei einem Eigenwertproblem für die Energie angelangt, das sich nur noch in den Bezeichnungen vom Kronig-Penney-Problem des periodisch fortgesetzten Kastenpotentials unterscheidet. Dieses Übungsbeispiel der elementaren Quantenmechanik, an dem die Entstehung von Energiebändern sehr einfach demonstriert werden kann, erhält also im Zusammenhang mit den Supergittern eine unmittelbar praktische Bedeutung. Wir geben die Lösung des Problems hier kurz wieder. Dabei beschränken wir uns auf Energiewerte $0 < E' < \Delta E_c$ bzw. $E_{c1} < E < E_{c1} + \Delta E_c + \frac{\hbar^2}{2m_c^*} k_\parallel^2$, d.h. auf Energien, die unterhalb der niedrigsten erlaubten Energie eines Elektrons in Material 2 liegen. Nach der klassischen Mechanik darf sich ein Elektron mit einer solchen Energie in den Supergitterschichten aus dem Material 2 nicht aufhalten. Es ist auf die Schichten aus dem Material 1 eingeschränkt. Trifft es auf die Grenzfläche zum Material 2, wird es wie von einer Wand ins Innere der Schicht reflektiert. Quantenmechanisch erfolgt keine vollständige Reflexion, mit einer gewissen Wahrscheinlichkeit tunnelt das Elekton durch die Material-2-Schicht hindurch und gelangt in die benachbarte Schicht aus dem Material 1. Dort ist die Aufenthaltswahrscheinlichkeit zwar nicht gleich 1 wie nach der klassischen Mechanik, sondern kleiner, aber immer noch deutlich größer als in Material 2. Man bezeichnet die Material-1-Schichten in diesem Zusammenhang auch als *Quantum Wells* (Well = Brunnen), und die Material-2-Schichten als *Barrieren*. Der Bloch-Faktor $U_{ck}(z)$ der Wellenfunktion $X_{ck}(z)$ wird in den beiden Materialschichten durch unterschiedliche Ausdrücke beschrieben. Für die Wells folgt aus der Schrödinger-Gleichung

$$U_{ck}(z) = a_1 e^{i(K-k)z} + b_1 e^{-i(K+k)z} \quad , \quad 0 < z < d_1 \quad , \tag{3.87a}$$

mit K als reeller Zahl, die mit der Energie E' durch die Beziehung

$$E' = \frac{\hbar^2}{2m_c^*} K^2 \tag{3.87b}$$

verknüpft ist, und a_1, b_1 als noch zu bestimmenden Koeffizienten. Im Falle der

Barrieren gilt

$$U_{ck}(z) = a_2\, e^{(\kappa-ik)z} + b_2\, e^{-(\kappa+ik)z} \quad , \quad d_1 < z < d \quad , \tag{3.88a}$$

wobei

$$\kappa^2 = \frac{2m_c^*}{\hbar^2}\,(\Delta E_c - E') \tag{3.88b}$$

gesetzt wurde. Für die 4 Koeffizienten a_1, b_1, a_2, b_2 ergibt sich aus den 4 Anschlußbedingungen (3.85) an den Stellen $z = d_1$ und $z = d$ das homogene Gleichungssystem

$$\begin{bmatrix} e^{iKd_1} & e^{-iKd_1} & -e^{\kappa d_1} & -e^{-\kappa d_1} \\ e^{ikd} & e^{ikd} & -e^{\kappa d} & -e^{-\kappa d} \\ iKe^{iKd_1} & -iKe^{-iKd_1} & -\kappa e^{\kappa d_1} & \kappa e^{-\kappa d_1} \\ iKe^{ikd} & -iKe^{ikd} & -\kappa e^{\kappa d} & \kappa e^{-\kappa d} \end{bmatrix} \begin{bmatrix} a_1 \\ b_1 \\ a_2 \\ b_2 \end{bmatrix} = \begin{bmatrix} 0 \\ 0 \\ 0 \\ 0 \end{bmatrix} \tag{3.89}$$

Damit dieses Gleichungssystem eine nichttriviale Lösung besitzt, muß seine Determinante verschwinden. Die Bedingung dafür lautet

$$\cos Kd_1\, \mathrm{ch}\,\kappa d_2 + \frac{\kappa^2 - K^2}{2\kappa K}\, \sin Kd_1\, \mathrm{sh}\,\kappa d_2 = \cos kd \quad , \tag{3.90}$$

d.h., nur solche K- und κ-Werte sind erlaubt, die der Beziehung (3.90) genügen. Dabei sind K und κ aber nicht unabhängig voneinander, sondern durch die Energie E' über Beziehungen (3.87b) und (3.88b) eindeutig bestimmt. Die Gleichung (3.90) stellt also letztlich eine Bedingung für die Energie E' dar. Sie ist identisch mit der des Kronig-Penney-Problems. Wie von dort bekannt ist, erhält man für einen bestimmten Quasiwellenvektor eine Anzahl diskreter Energieeigenwerte E_n', die, wenn k variiert, zu Bändern $E_n'(k)$ auffächern, die durch Energielücken voneinander getrennt sind. Um die Energieeigenwerte E des Supergitters zu erhalten, muß gemäß Gleichung (3.84) zu $E_n'(k)$ noch $E_{c1} + (\hbar^2/2m_c^*)k_\parallel^2$ addiert werden. Das bedeutet, daß auch das Energiespektrum des Supergitters aus Bändern $E_n(\mathbf{k})$ und Lücken besteht. Es gilt

$$E_n(\mathbf{k}) = E'_n(k) + E_{c1} + \frac{\hbar^2}{2m^*_c}\,\mathbf{k}_\parallel^2 \tag{3.91}$$

Im Unterschied zum Kronig-Penney-Problem besitzen die Energiebänder des Supergitters also eine zusätzliche Dispersion bezüglich der Wellenvektorkomponente $\mathbf{k}_\parallel$ parallel zu den Schichten. Es ist üblich, die Bänder und Lücken, die sich bei festem $\mathbf{k}_\parallel$ und Variation von k ergeben, als Minibänder und Minilücken zu bezeichnen, und die bei festem k und variablem $\mathbf{k}_\parallel$ entstehenden Bänder als *Subbänder*. Die $\mathbf{k}_\parallel$- oder Subband-Dispersion resultiert aus der natürlichen Kristallstruktur, während die k- oder Miniband-Dispersion die Folge der künstlichen periodischen Überstruktur ist. In Abb. 63, Mitte, sind die Sub- und Minibänder schematisch dargestellt. Man beachte die negativen effektiven Massen am Rande der Supergitter-BZ bei ungeraden Bändern und im Zentrum der BZ bei geraden. Abb. 63 veranschaulicht auch zwei aufschlußreiche Grenzsituationen.

Wird nämlich die Dicke d_2 der Barrieren zwischen den Wells des Supergitters sehr groß (Abb. 63 links) oder sind die Barrieren ΔE_c sehr hoch, so dominieren in Gleichung (3.90) die hyperbolischen Terme, und der die Dispersion verursachende Term coskd auf der rechten Seite kann vernachlässigt werden. Die Minibänder entarten zu diskreten Niveaus, sogenannten *Subniveaus*. Sie sind nichts anderes als die diskreten Niveaus eines einzelnen Quantum Wells. Das Supergitter zerfällt gewissermaßen in einzelne Quantum Wells, die untereinander nicht gekoppelt sind. Die Elektronenzustände sind auf die Quantum Wells eingeschränkt *(confined)*, in den Barrieren sind sie gleich 0. Man bezeichnet das

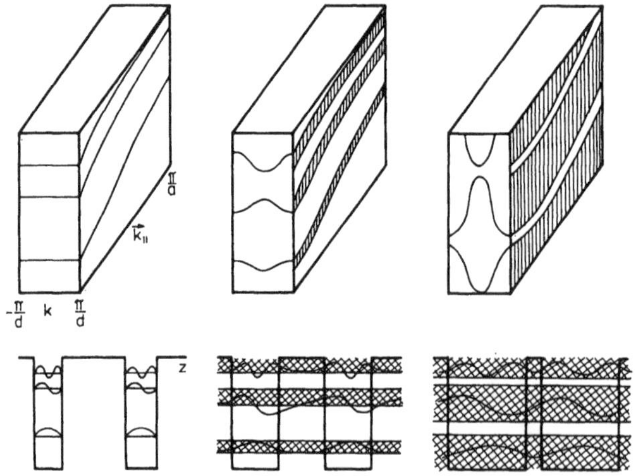

Abb. 63 Mini- und Subbänder eines Supergitters. Dargestellt sind auch die beiden Grenzfälle sehr dünner und sehr dicker Barrieren. Der untere Bildteil veranschaulicht die Wellenfunktionen.

Supergitter in diesem Falle als *Multi-Quantum-Well-Struktur*. Bei unendlich hohen Potentialwänden geht die Säkulargleichung (3.90) über in $\sin Kd_1 = 0$. Als Lösung ergeben sich K-Werte mit $K = (\pi/d_1)n$, wobei n eine ganze Zahl ist. Die zugehörigen Eigenwerte E'_n lauten

$$E'_n = \frac{\hbar^2}{2m_c^*}\left(\frac{\pi}{d_1}n\right)^2 , \tag{3.92}$$

und die entsprechenden Bloch-Faktoren

$$U_{cn}(z) = \sin\left(\frac{\pi n}{d_1}z\right) \tag{3.93}$$

Für das erste Energieniveau n = 1 ergibt sich mit $d_1 = 100$ Å und $m_c^* = 0{,}2m$ der Wert $E_1 = 19$ meV. Um diesen Energiebetrag ist also der energetisch niedrigste Zustand im Quantum Well gegenüber der Leitungsbandkante des unendlichen Volumenkristalls angehoben. Dieser Effekt läßt sich als Folge der mit der Lokalisierung verbundenen Impulsunschärfe verstehen. Er führt u.a. dazu, daß Quantum Wells Licht bei kürzeren Wellenlängen emittieren als die entsprechenden Volumenmaterialien. Beim GaAs ist dieser Effekt besonders markant - der Volumenkristall emittiert im unsichtbaren Infrarotbereich, ein Quantum Well von 50 Å Breite dagegen im sichtbaren Rot. Abb. 64 demonstriert eindrucksvoll das Anwachsen der Photonenergie des (n=1)-Übergangs für abnehmende Well-Dicke.
Sind andererseits die Barrieren sehr schmal (siehe Abb. 63 rechts) oder, was auf dasselbe hinausläuft, sehr flach, so liefert die Säkulargleichung (3.90)

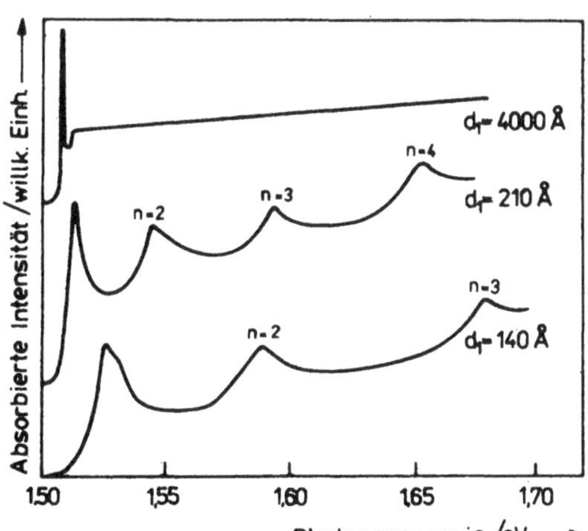

Abb. 64 Absorptionsspektrum von GaAs/GaAlAs- Quantum- Wells verschiedener Well-Dicke (nach *R. Dingle*, 1974)

in 0-ter Näherung k = K. Damit verschwinden die Minilücken überhaupt, und die Überstruktur, die das Supergitter vom natürlichen Kristall unterscheidet, ist unwirksam. In erster nichtverschwindender Näherung bezüglich des Supergitterpotentials (3.89) reißen an den Rändern $k = (\pi n/d)$ der 1-dimensionalen Supergitter-BZ Energielücken auf. Für die Aufspaltung zwischen den beiden Bändern $E'_{n+1}(k)$ und $E'_n(k)$ folgt mit den in Abschnitt 2.4 abgeleiteten störungstheoretischen Ausdrücken

$$E'_{n+1}\left(\frac{\pi n}{d}\right) - E'_n\left(\frac{\pi n}{d}\right) = \Delta E_c \frac{1}{\pi n} \sin\left(\frac{\pi n}{d} d_2\right) \tag{3.94}$$

Die Minilücke ist also dem Sprung ΔE_c der Leitungsbandkante zwischen den beiden Materialien direkt proportional. Andererseits ist sie umso kleiner, je größer n ist (den Sinus-Faktor in (3.94) dürfen wir als größenordnungsmäßig gleich 1 annehmen). Für große Werte von n treten also unter Umständen auch bei hohen oder breiten Barrieren keine nennenswerten Energielücken auf. Diesen Sachverhalt können wir auch so ausdrücken, daß das Produkt aus dem Wellenvektor $k = (\pi n/d)$ und der Supergitterperiode d nicht groß gegen 1 werden darf, wenn Energielücken entstehen sollen. Gleichbedeutend damit ist, daß die Supergitterperiode d nicht wesentlich größer sein darf als die zu $k = (\pi n/d)$ gehörende Wellenlänge λ eines Elektrons. Damit kann die eingangs getroffenen Feststellung, daß merkliche Änderungen der Bandstruktur dann zu erwarten sind, wenn die künstliche Mikrostrukturierung auf einer hinreichend kleinen Längenskala erfolgt, dahingehend präzisiert werden, daß die Längenskala mit der Wellenlänge λ eines Elektrons identifiziert wird. Rechnet man mit der mittleren thermischen Energie $\frac{3}{2}$ kT bei Zimmertemperatur, so ergibt sich die Wellenlänge eines Elektrons im Leitungsband des Siliziums zu 20 nm. Ähnliche Werte erhält man für andere Halbleiter. Die Schichtdicken der Supergitter müssen also bei oder unter 10 nm liegen, damit Supergittereffekte der elektronischen Struktur bei Zimmertemperatur maßgeblich werden.

Der Grenzfall schmaler oder flacher Barrieren ist der eigentliche Supergitterfall, in dem die einzelnen Quantum Wells untereinander gekoppelt sind. Die Eigenzustände haben in diesem Fall, anders als bei den Multi-Quantum-Wells, auch im Bereich der Barrieren nichtverschwindende Werte. Sie durchtunneln dieselben, wobei sie in den benachbarten Quantum Wells auf Energieniveaus in gleicher Lage treffen. Das Tunneln wird dadurch verstärkt, ähnlich wie die optische Transmission bei einem Fabry-Perot-Resonator. Man spricht von *resonantem Tunneln*.

Alle bisherigen Überlegungen bezogen sich auf die Leitungsband-Elektronen des

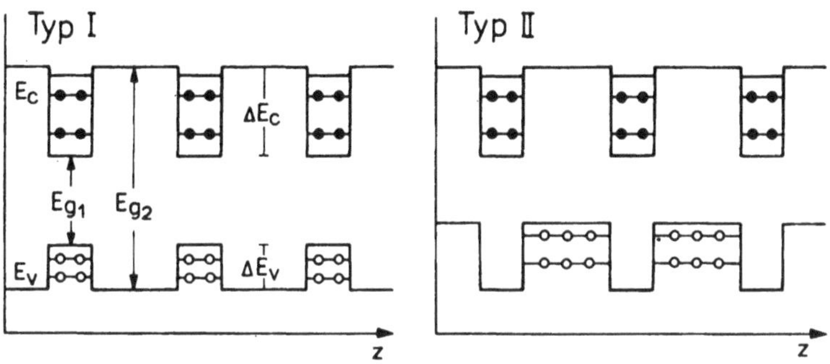

Abb. 65 Supergitter vom Typ I und Typ II

Supergitters. Sie gelten mit gewissen Modifikationen aber auch für die Löcher des Valenzbandes. Das bedeutet insbesondere, daß es auch für die Löcher Wells und Barrieren gibt. Im Falle hoher oder breiter Barrieren entstehen diskrete Löcher-Subniveaus, und die Löcher sind auf die Wells eingeschränkt. Bei weniger wirksamen Barrieren fächern die Subniveaus zu Löcher-Minibändern auf. Die Löcher-Wells können sich im gleichen Material befinden wie die Elektronen-Wells, aber auch im anderen Material (siehe Abb. 65). Im ersten Fall spricht man von einem *Typ-I-Supergitter*, im zweiten Fall von einem *Typ-II-Supergitter*. Vom Typ I ist zum Beispiel die Materialkombination GaAs/AlAs, vom Typ II die Kombination (Ga,In)As/Ga(As,Sb). In Typ-I-Supergittern können relativ leicht Elektron-Loch-Paare in Subniveaus mit gleichem Index n angeregt werden.
Bei Typ-II-Multi-Quantum-Well-Strukturen halten sich die Elektronen und Löcher in verschiedenen Materialschichten auf, sind also räumlich voneinander getrennt. Das führt zu einer Reihe ungewöhnlicher Eigenschaften dieser Strukturen. Es kommt sogar vor, z.B. bei der Kombination GaSb/InAs, daß die Löcherniveaus in dem einen Material energetisch höher liegen als die Elektronenniveaus im anderen. Dann koexistieren Elektronen und Löcher der beiden Materialien miteinander. Sie sind nicht mehr durch eine Energielücke voneinander getrennt, und das Supergitter ist ein Metall.

3.8 Makroskopische elektrische und magnetische Felder

Makroskopische elektrische und magnetische Felder rufen in Halbleitern eine Reihe interessanter Effekte hervor. Legt man diese Felder von außen an, so kann man aus der Reaktion der Halbleiter Rückschlüsse auf die Bandstruktur und andere mikroskopische Eigenschaften ziehen. Man nutzt dafür insbesondere die elektrischen und galvanomagnetischen Transporterscheinungen (Hall-Effekt, Magnetowiderstand), die Zyklotronresonanz und die elektro- bzw. magnetooptischen Effekte. Makroskopische elektrische Felder müssen bei Halbleitern aber oft gar nicht erst von außen angelegt werden, sondern sie sind bereits vorher im Inneren vorhanden, entweder weil bewußt eine räumlich inhomogene Situation geschaffen wurde, wie z.B. bei einem pn-Übergang, oder weil Inhomogenitäten unvermeidlich sind, wie z.B. an einer Halbleiteroberfläche oder in einem dotierten Halbleiter mit fluktuierender Konzentration der Fremdatome. Bei der folgenden theoretischen Beschreibung wird der Ursprung der elektrischen und magnetischen Felder nur insofern eine Rolle spielen, als wir annehmen wollen, daß sie über einem makroskopischen Bereich von den Abmessungen $G \cdot a$ eines Grundgebietes konstant sind. Da bereits bei $G \cong 100$ die Grenzsituation des unendlich ausgedehnten Halbleiters in guter Annäherung erreicht wird, ist diese Ausdehnung von der Größenordnung 0,01 μm. Felder, die sich über dieser sehr kleinen Länge wenig ändern, können also bereits als homogen angesehen werden. Neben der räumlichen soll im folgenden auch eine mögliche zeitliche Abhängigkeit der Felder ausgeschlossen werden, was wieder nur bedeutet, daß die Änderungsfrequenz klein sein muß gegenüber charakteristischen Frequenzen des Halbleiters bzw. der Störung, der er zusätzlich ausgesetzt wird. Bei der Zyklotronresonanz ist das z.B. eine Mikrowellenstrahlung. Das Magnetfeld darf sich in diesem Falle also allenfalls im MHz-Bereich ändern.

3.8.1 Elektrische Felder

Makroskopische elektrische Felder sind ebenso Störungen des Idealkristalls wie Abweichungen von der idealen atomaren Struktur. Wie letztere können deshalb auch elektrische Felder durch ein Störpotential $U(\mathbf{x})$ beschrieben werden. Dieses ist gleich der Differenz der potentiellen Energie eines Elektrons im Halbleiter mit elektrischem Feld $\mathbf{E}$ und ohne dasselbe. Es gilt also

$$U(\mathbf{x}) = e\,\mathbf{E}\cdot\mathbf{x} \tag{3.95}$$

Wenn $\mathbf{E}$ nicht zu groß wird, erfüllt das Potential (3.95) die Bedingung der Glattheit im Sinne von Abschnitt 3.2. Unter dieser Voraussetzung ist die Effektivmassengleichung (3.31) anwendbar. Eine mehr quantitative Bedingung für die erlaubten Feldstärken geben wir am Ende dieses Abschnitts.

Stationäre Zustände

Die Effektivmassen-Gleichung lautet hier

$$\left\{ E_\nu(-i\nabla) + e\,\mathbf{E}\cdot\mathbf{x} \right\} F_\nu(\mathbf{x}) = E\, F_\nu(\mathbf{x}) \quad . \tag{3.96}$$

Wir nehmen an, daß das Feld parallel zur z-Achse gerichtet ist, und daß das Grundgebiet in dieser Richtung unendlich ausgedehnt ist. Mit der Normierung verfahren wir so wie im Abschnitt 3.6 über Oberflächen, d.h. der Wert des Normierungsintegrals wird mit der gegen ∞ strebenden Länge diese Gebietes identifiziert. Außerdem setzen wir ein isotropes und parabolisches Band voraus. Die Bewegung in x- und y-Richtung soll frei erfolgen, d.h., die Enveloppen $F_\nu(\mathbf{x})$ können wie im Falle des Supergitters in Abschnitt 3.7 durch einen Ansatz der Form

$$F_\nu(\mathbf{x}) \equiv F_{\nu\mathbf{k}_\perp}(\mathbf{x}) = e^{i\mathbf{k}_\perp\cdot\mathbf{x}_\perp} X_\nu(z) \tag{3.97}$$

beschrieben werden, wobei $\mathbf{k}_\perp$ und $\mathbf{x}_\perp$ die Komponenten von $\mathbf{k}$ und $\mathbf{x}$ senkrecht zur Feldrichtung bezeichnen. Für $X_\nu(z) \equiv X_{\nu E}(z)$ folgt die Gleichung

$$\left\{ -\frac{\hbar^2}{2m_\nu^*}\frac{d^2}{dz^2} + eE\cdot z \right\} X_{\nu E}(z) = E'_\nu\, X_{\nu E}(z) \tag{3.98}$$

mit

$$E = E'_\nu + E_{\nu 0} + \frac{\hbar^2}{2m_\nu^*}\, k_\perp^2 \quad . \tag{3.99}$$

Speziell für das Leitungs- und Valenzband ergibt sich daraus

$$\left\{ -\frac{\hbar^2}{2m_c^*}\frac{d^2}{dz^2} + eE\cdot z \right\} X_{\nu E}(z) = E'_\nu\, X_{\nu E}(z) \quad , \tag{3.100}$$

$$\left\{ -\frac{\hbar^2}{2m_v^*}\frac{d^2}{dz^2} - eE\cdot z \right\} X_{\nu E}(z) = (-E'_\nu)\, X_{\nu E}(z) \quad . \tag{3.101}$$

Die zweite Gleichung läßt sich als Effektivmassengleichung für ein Loch mit der (positiven) Masse m_v^* und der Energie $(-E'_\nu)$ interpretieren. Wie die Gleichung zeigt, ist die Ladung des Loches positiv, d.h. +e, im Gegensatz zum Elektron mit der Ladung -e.

Die beiden Gleichungen (3.100) und (3.101) lassen sich leicht lösen. Das Spektrum der Energieeigenwerte ist kontinuierlich, als unmittelbare Folge davon, daß die Bewegung in einer Richtung unbeschränkt ist und das Normierungsintegral unendlich groß wird. Im Einklang damit muß die Normierung der Enveloppen-Eigenfunktionen im Sinne der Dirac'schen δ-Funktion vorgenommen werden. Wählt man die Energie selbst als Quantenzahl, ergibt sich für die so normierte Elektronen-Enveloppe

$$X_{cE}(z) = \frac{(eE)^{1/2}}{\hbar\theta_c} \mathrm{Ai}\left(\frac{eEz - E'_c}{\hbar\theta_c} \right) \tag{3.102}$$

mit $\hbar\theta_c = [(eE\hbar)^2/2m_c^*]^{1/3}$ als sogenannter elektrooptischer Energie und Ai als Airy-Funktion. Für $E = 10^4$ V/cm und $m_c^* = 0{,}1m$ ergibt sich für $\hbar\theta_c$ ein Wert von knapp 10 meV. Ein zu (3.102) analoger Ausdruck gilt für die Wellenfunktion der Löcher. Der Verlauf der Elektronen-Enveloppe ist in Abb. 66 dargestellt. Sie klingt nach rechts im Bereich hoher elektrischer Potentialwerte exponentiell ab und oszilliert links im Bereich kleiner Potentialwerte, und zwar umso stärker, je niedriger das Potential ist. Enveloppen-Eigenfunktionen der Form (3.102) ermöglichen die Berechnung von optischen Übergängen zwischen Valenz- und Leitungsband bei Anwesenheit eines elektrischen Feldes. Die entsprechende feldinduzierte Änderung der optischen Spektren bezeichnet man als *Franz-Keldysh-Effekt*. Für optische Übergänge in der Nähe der Bandkante wird dieser Effekt besonders stark. Das macht man sich bei der sogenannten *Elektroreflexion* zunutze, einem Verfahren, mit dem man die feldbedingten Änderungen des optischen Reflexionsvermögens mittels einer Modulationstechnik sehr genau messen kann. Photonenenergien, die zu starken Elektroreflexions-Signalen Anlaß

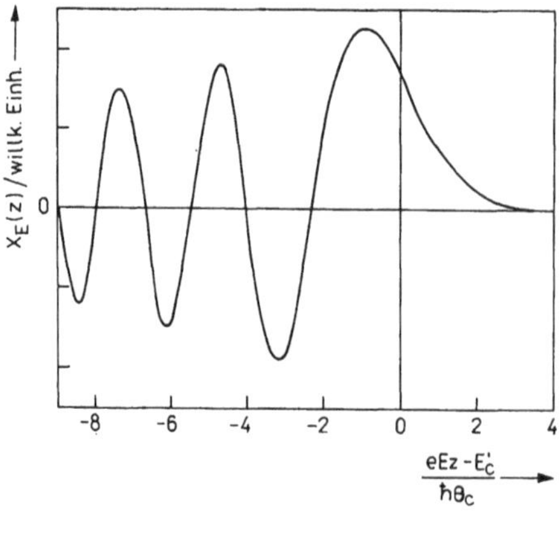

Abb. 66 Enveloppen-Eigenfunktion eines Elektrons im homogenen elektrischen Feld

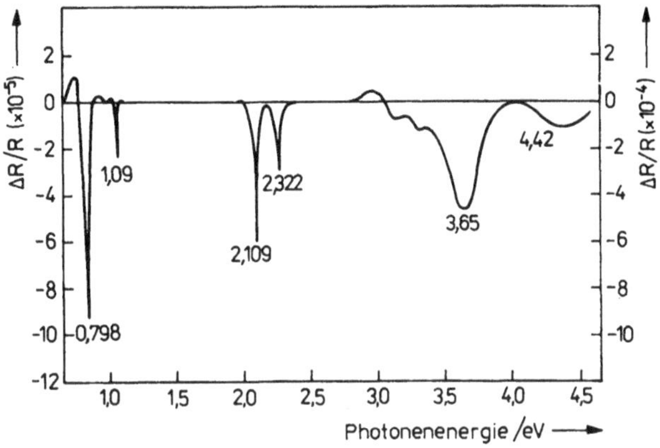

Abb. 67 Elektroreflexionsspektrum von Ge (nach *B. O. Seraphin* und *R. B. Hess*, 1967)

geben, entsprechen optischen Übergängen zwischen zwei Bandkanten oder allgemeiner in kritischen Punkten der Energiedifferenz $E_c(\mathbf{k}) - E_v(\mathbf{k})$ zwischen Valenz- und Leitungsband (siehe Abb. 67). Durch Messung des Elektroreflexions-Spektrums erhält man darüber experimentelle Daten.

Die Schrödinger-Gleichung (3.100) und ihre Lösung (3.102) beschreibt stationäre Elektronenzustände im elektrischen Feld. In diesen Zuständen fließt im Mittel kein elektrischer Strom, denn sie sind rein reell, so daß der Erwartungswert des Stromoperators -e(dz/dt) in Feldrichtung verschwindet. Wenn das auch nicht bedeutet, daß mit Hilfe dieser Zustände ein Stromfluß prinzipiell nicht beschrieben werden kann - wenn die Elektronen durch eine gemischte statistische Gesamtheit aus stationären Zuständen charakterisiert werden, treten von Null verschiedene *Nicht*-Diagonalelemente im Erwartungswert des Stromoperators auf -, so ist doch zu vermuten, daß es neben den stationären auch noch andere Zustände gibt, die der Situation eines fließenden Stromes besser angepaßt sind. Solche Zustände existieren in der Tat, sie sind allerdings keine Eigenzustände des Hamilton-Operators, sondern nicht-stationäre Zustände, die sich zeitlich anders als nur über einen zeitabhängigen Phasenfaktor entwickeln. Sie entsprechen den klassischen Bahnkurven eines Elektrons im elektrischen Feld, dessen Impuls linear mit der Zeit anwächst.

Nichtstationäre Zustände. Zener-Oszillationen

Zur Beschreibung dieser Zustände, die wir mit $\varphi_\nu(\mathbf{x},t) = u_\nu(\mathbf{x})\ F(\mathbf{x},t)$ bezeichnen wollen, benötigt man eine zeitabhängige Effektivmassengleichung für die zugehörige Enveloppe $F_\nu(\mathbf{x},t)$. Diese ist sofort aus der zeitunabhängigen dadurch zu gewinnen, daß die Energie E auf der rechten Seite in (3.96) durch den Operator $i\hbar(\partial/\partial t)$ ersetzt wird. Sie lautet also

$$\left\{ E_\nu(-i\nabla) + e\mathbf{E}\cdot\mathbf{x} \right\} F_\nu(\mathbf{x},t) = i\hbar \frac{\partial}{\partial t} F_\nu(\mathbf{x},t) \quad . \tag{3.103}$$

Wir wollen annehmen, daß sich bis zum Einschalten des elektrischen Feldes bei $t = 0$ das Elektron frei bewegen konnte, d.h., daß für $t = 0$ gilt

$$F_\nu(\mathbf{x},t = 0) \equiv F_{\nu\mathbf{k}}(\mathbf{x},t = 0) = \frac{1}{\sqrt{2\pi}} e^{i\mathbf{k}\cdot\mathbf{x}} \tag{3.104}$$

Diese Wellenfunktion wurde so gewählt, daß sie über dem unendlichen Grundgebiet auf die δ-Funktion bezüglich $\mathbf{k}$ normiert ist. Die Lösung $F_{\nu\mathbf{k}}(\mathbf{x},t)$ von (3.103) und (3.104) lautet dann

$$F_{\nu\mathbf{k}}(\mathbf{x},t) = e^{-\frac{i}{\hbar}\int_0^t dt' E_\nu(\mathbf{k}_{t'})} \frac{1}{\sqrt{2\pi}} e^{i\mathbf{k}_t\cdot\mathbf{x}} \tag{3.105a}$$

mit

$$\mathbf{k}_t = \mathbf{k} - \frac{e}{\hbar}\mathbf{E}\, t \quad . \tag{3.105b}$$

Der Beweis für diese Behauptung kann durch Nachrechnen leicht geführt werden. Die vollständigen zeitabhängigen Wellenfunktionen $\varphi_{\nu\mathbf{k}}(\mathbf{x},t)$ ergeben sich damit zu

$$\varphi_{\nu\mathbf{k}}(\mathbf{x},t) = u_{\nu 0}(\mathbf{x})\, F_{\nu\mathbf{k}}(\mathbf{x},t) \tag{3.106a}$$

Berücksichtigt man den Ausdruck (3.105a) für $F_{\nu\mathbf{k}}(\mathbf{x},t)$ und macht erneut von der Näherung $u_{\nu 0} \cong u_{\nu\mathbf{k}}$ Gebrauch, so erweist sich der gestörte Zustand $\varphi_{\nu\mathbf{k}}(\mathbf{x},t)$ bei Anwesenheit eines elektrischen Feldes selbst wieder als Bloch-Zustand, allerdings jetzt mit zeitabhängigem Quasiwellenvektor. Es gilt

$$\varphi_{\nu\mathbf{k}}(\mathbf{x},t) = e^{-\frac{i}{\hbar}\int_0^t dt' E_\nu(\mathbf{k}_{t'})} \varphi_{\nu\mathbf{k}_t}(\mathbf{x}) \quad . \tag{3.106b}$$

Die Gleichung (3.105b) besagt, daß sich der Quasiwellenvektor $\mathbf{k}$ im elektrischen Feld mit der Zeit genauso ändert wie der gewöhnliche Wellenvektor eines freien Elektrons. Im Unterschied zu letzterem ist der Quasiwellenvektor aber auf die 1. Brillouin-Zone beschränkt. Formal ergeben sich aus (3.105b) $\mathbf{k}_t$-Werte, die auch außerhalb derselben liegen können. Das ist so zu verstehen, daß wir bei der obigen Ableitung unversehens aus dem reduzierten Zonenschema ins ausgebreitete geraten sind. Von dort müssen wir entsprechend den allgemeinen Vorschriften aus Kapitel 2 durch Subtraktion geeigneter reziproker Gittervektoren $\mathbf{K}(t)$ wieder in die 1.BZ zurückgehen. Für symmetrische Feldrichtungen gibt es einen Zeitpunkt $t = T(\mathbf{E})$, an dem der Vektor $\mathbf{k}_T - \mathbf{K}(T)$ mit dem Vektor $\mathbf{k}_{t=0}$ zum Zeitpunkt 0 erstmalig wieder zusammenfällt. Das bedeutet, daß der Bloch-Zustand zum Zeitpunkt T in den Bloch-Zustand zum Zeitpunkt 0 zurückkehrt. Für die Zeitpunkte 2T, 3T usw. gilt das gleiche. Die Bewegung von Bloch-Zuständen im elektrischen Feld ist also periodisch. Man spricht von *Bloch-* oder *Zener-Oszillationen*. Davon sind nicht nur die Wellenfunktionen betroffen, sondern auch die zugehörigen Energien, d.h. die Bloch-Elektronen vollführen auch innerhalb der Energiebänder eine periodische Bewegung. Die Periode T der Oszillationen ergibt sich aus (3.105b) zu

$$T = \frac{\hbar}{e}\frac{|\mathbf{K}|}{|\mathbf{E}|} \tag{3.107}$$

Für Feldstärken von 10^4 V/cm und primitive reziproke Gittervektoren $\mathbf{K}$ liegt T bei 10^{-10} s. Diese Zeit ist im allgemeinen wesentlich größer als die Zeit, nach der ein Bloch-Elektron durch Stöße mit Phononen oder Störstellen aus seiner Bahn geworfen wird (typischerweise 10^{-13} s). In realen Kristallen kommt es deshalb im allgemeinen überhaupt nicht zur Ausbildung von Zener-Oszillationen. Bei den künstlichen Supergittern, die im vorangegangenen Abschnitt betrachtet wurden, sind die Voraussetzungen dafür günstiger, weil die Gitterkonstante größer und die Periode T dadurch kürzer ist als in natürlichen Kristallen.

Wir betrachten jetzt den Impuls eines Bloch-Elektrons im elektrischen Feld. Er ist als quantenmechanischer Erwartungswert $\langle \mathbf{p} \rangle = (\varphi_{\nu\mathbf{k}_t}|\mathbf{p}|\varphi_{\nu\mathbf{k}_t})$ des Impulsoperators $\mathbf{p}$ im zeitabhängigen Bloch-Zustand $\varphi_{\nu\mathbf{k}_t}$ definiert. Dafür kann die früher angegebene Beziehung (2.153) verwendet werden, indem dort $\mathbf{k}$ durch $\mathbf{k}_t$ ersetzt wird. Damit ergeben sich dann auch für den Impuls eines Bloch-Elektrons im elektrischen Feld zunächst wieder Zener-Oszillationen. Würden diese tatsächlich auftreten, wäre der Impuls und damit auch der elektrische Strom bei Anwesenheit eines Feldes im zeitlichen Mittel gleich Null. Daß dies normalerweise nicht so ist, liegt an der Störung der Zener-Oszillationen durch die Stöße der Elektronen mit Phononen und Störstellen. Diese sorgen also bei Bloch-Elektronen nicht wie bei völlig freien Elektronen dafür, daß ein sonst unendlich großer stationärer Strom endlich bleibt, sondern dafür, daß ein sonst verschwindender Strom nicht Null wird. Die Zeiten t ohne solche Stöße sind wesentlich kleiner als die Zener-Periode T. Beschränkt man sich dann noch auf **k**-Werte in der Nähe kritischer Punkte der Bandstruktur, so kann man für die Energiebänder die parabolische Näherung verwenden. Man erhält so näherungsweise

$$\langle \mathbf{p} \rangle = (\varphi_{\nu k_t} \mid \mathbf{p} \mid \varphi_{\nu k_t}) = (m / m_\nu^*)\, \hbar \mathbf{k}_t \tag{3.108}$$

Mit $\mathbf{p} = m\,(d\mathbf{x}/dt)$ folgt aus (3.108) die Newtonsche Bewegungsgleichung in der Form

$$m_\nu^* \frac{d^2}{dt^2} \langle \mathbf{x} \rangle = - e\mathbf{E} \ . \tag{3.109}$$

Sie unterscheidet sich von der gewöhnlichen dadurch, daß die freie Elektronenmasse durch die effektive des jeweiligen Bandes ν ersetzt ist. Für die Elektronen des Valenzbandes ist die Masse negativ. Die zugehörigen Teilchen mit positiver Masse, die Löcher, verhalten sich also wie Teilchen mit positiver Ladung e.

Wir schließen die Behandlung des elektrischen Feldes mit einer Betrachtung zu den Gültigkeitsgrenzen der oben erhaltenen Ergebnisse ab. Die Verwendung der Effektivmassengleichung in der allgmeinen Form (3.98) impliziert die Vernachlässigung der Kopplung zwischen Valenz- und Leitungsband durch das elektrische Feld. Die Approximation der Bandstruktur $E_\nu(\mathbf{k})$ durch ein isotropes parabolisches Gesetz, wie sie für die Beschreibung der stationären Zustände erforderlich war, wird für die nicht-stationären Lösungen (3.106) nicht benötigt. Die dafür erhaltenen Ausdrücke sind auf beliebige Bandstrukturen anwendbar. Auch erweist sich die Vernachlässigung der **k**-Abhängigkeit des Bloch-Faktors, die im zeitabhängigen Zugang verwendet wurde, als nicht notwendig. Die zeitliche Entwicklung eines Bloch-Zustandes im homogenen elektrischen Feld durch lineare Änderung seines Quasi-Wellenvektors mit der Zeit ist somit ein relativ allgemeingültiges Ergebnis, das lediglich die Anwendbarkeit der Effektivmassengleichung, d.h. die Vernachlässigbarkeit der Interband-Matrixelemente des Potentials $U(\mathbf{x}) = e\mathbf{E}\cdot\mathbf{x}$ zur Voraussetzung hat. Diese Näherung wollen wir jetzt überprüfen.

Interband-Tunneln

Die Kopplung der Bänder durch das elektrische Feld führt dazu, daß die Energielücke zwischen Valenz- und Leitungsband durchtunnelt werden kann. Die quantenmechanische Wahrscheinlichkeit für dieses *Interband-* oder *Zener-Tunneln* läßt sich mittels der oben angegebenen stationären Enveloppen-Wellenfunktionen (3.102) für Elektronen im Leitungsband und der analogen Ausdrücke für das Valenzband leicht berechnen. Man hat dazu unter anderem das Überlappungsintegral zwischen den beiden Enveloppen-Wellenfunktionen zu bilden. Dieses erweist sich als proportional zum Quadrat der Airy-Funktion $Ai^2(E_g/\hbar\theta)$, wobei E_g wie früher den Abstand zwischen Valenz- und Leitungsband bezeichnet und $\hbar\theta$ eine elektrooptische Energie analog zu $\hbar\theta_c$, die aber statt mit der effektiven Elektronenmasse mit der reduzierten effektiven Masse $m^*_{cv} = m^*_c m^*_v/(m^*_c + m^*_v)$ von Elektron und Loch gebildet werden muß. Die sekundliche Tunnelwahrscheinlichkeit W_{vc} zwischen Valenz- und Leitungsband bei $\mathbf{k}_\perp = 0$ ergibt sich aus $Ai^2(E_g/\hbar\theta)$ im wesentlichen durch Multiplikation mit der Frequenz $1/T$ der Zener-Oszillationen. Das ist insofern plausibel, als diese Frequenz auch angibt, wie oft ein Valenzband-Elektron pro Sekunde auf seine obere Bandkante stößt, von wo aus es in das Leitungsband tunneln kann. Die Wahrscheinlichkeit für den letzten Schritt ist es, die durch den Ausdruck $Ai^2(E_g/\hbar\theta)$ beschrieben wird. Der vollständige Ausdruck für W_{vc} lautet

$$W_{vc} = \frac{1}{T} Ai^2\left(\frac{E_g}{\hbar\theta}\right) \tag{3.110a}$$

Für realistische Feldstärken ist E_g merklich größer als $\hbar\theta$. Deshalb kann die asymptotische Näherung für die Airy-Funktion verwendet werden, und man erhält

$$Ai^2\left(\frac{E_g}{\hbar\theta}\right) \cong \frac{1}{4}\left(\frac{\hbar\theta}{E_g}\right)^{1/2} e^{-\frac{4}{3}(E_g/\hbar\theta)^{3/2}} \tag{3.110b}$$

Die elektooptische Energie $\hbar\theta$ ist ihrem Wesen nach die Energieunschärfe eines Blochschen Elektron-Loch-Paares infolge des elektrischen Feldes. Daß die Wahrscheinlichkeit für das Interband-Tunneln gemäß (3.110b) davon abhängt, wie groß diese Unschärfe im Vergleich zur Energielücke ist, leuchtet unmittelbar ein. Wenn $\hbar\theta \ll E_g$ gilt, d.h. für nicht zu große Felder, kann das Tunneln vernachlässigt werden. In typischen Fällen ist diese Bedingung für Feldstärken von der Größenordnung 10^5 V/cm noch hinreichend gut erfüllt, während sie für

Feldstärken in der Nähe der inneratomaren Werte von 10^8 V/cm nicht mehr zutrifft. Spätestens dann wird also die Kopplung der Bänder wichtig. Durch das Interband-Tunneln werden im Valenzband Löcher und im Leitungsband Elektronen erzeugt. Diese setzen den Widerstand des Halbleitermaterials herab und können zusammen mit anderen Prozessen (Aufheizung, Stoßionisation) zum elektrischen Durchschlag führen.

3.8.2 Magnetische Felder

Zunächst ist zu klären, durch welche Gleichung die Enveloppen-Wellenfunktion $F_\nu(\mathbf{x})$ bei Anwesenheit eines Magnetfeldes beschrieben wird. Diese Frage läßt sich nicht so leicht beantworten wie im Falle eines elektrischen Feldes. Die Wechselwirkung eines Elektrons mit einem Magnetfeld wird nämlich nicht durch ein skalares Störpotential beschrieben, sondern dadurch, daß im kinetischen Energieterm des Hamilton-Operators der kanonische Impuls $\mathbf{p}$ durch den dynamischen $(\mathbf{p} - \frac{e}{c}\mathbf{A})$ ersetzt wird, wobei $\mathbf{A}$ das Vektorpotential der magnetischen Induktion $\mathbf{B}$ bezeichnet. Die Effektivmassengleichung ist auf diese Situation nicht unmittelbar anwendbar. Ob im Falle eines Magnetfeldes überhaupt eine solche Gleichung abgeleitet werden kann und wenn ja, wie sie konkret beschaffen ist, muß gesondert untersucht werden. Wir wollen darauf hier verzichten und gleich das Ergebnis formulieren. Es zeigt sich, daß unter ähnlichen Voraussetzungen wie in Abschnitt 3.2 (insbesondere Glattheit des Störterms im Hamilton-Operator und der Enveloppen-Funktion) eine Effektivmassengleichung auch bei Anwesenheit eines Magnetfeldes gilt. Sie hat die folgende Form:

$$\frac{1}{2m_\nu^*}\left(\mathbf{p} - \frac{e}{c}\mathbf{A}\right)^2 F_\nu(\mathbf{x}) = (E_\nu - E_{\nu 0})\, F_\nu(\mathbf{x}) \quad . \tag{3.111}$$

Das Magnetfeld geht hier in der gleichen Weise ein wie im Falle eines freien Elektrons, nur daß die freie Masse durch die effektive ersetzt ist. Wir wollen jetzt die Eigenlösungen dieser Gleichung berechnen. Dazu legen wir das Magnetfeld in z-Richtung und setzen das Vektorpotential in der Form $\mathbf{A} = (-\,By,\ 0,\ 0)$ an. Damit geht die Gleichung (3.111) in die Form

$$\frac{1}{2m_\nu^*}\left[\left(p_x + \frac{eB}{c}\,y\right)^2 + p_y^2 + p_z^2\right] F_\nu(\mathbf{x}) = (E_\nu - E_{\nu 0})\, F_\nu(\mathbf{x}) \tag{3.112}$$

über. Da der Hamilton-Operator in (3.112) mit den Translationsoperatoren t_x

und t_z für beliebige Verschiebungen in x- und z-Richtung vertauschbar ist, können seine Eigenfunktionen gleichzeitig auch als Eigenfunktionen von t_x und t_z gewählt werden. Indem wir davon Gebrauch machen, ergibt sich

$$F_\nu(\mathbf{x}) = \frac{1}{2\pi} e^{i(k_x x + k_z z)} X_{\nu E}(y) \tag{3.113}$$

mit k_x und k_z als Komponenten eines Wellenvektors in x- und z-Richtung. Für $X_{\nu E}(y)$ folgt aus (3.112) die Gleichung

$$\left\{- \frac{\hbar^2}{2|m_\nu^*|} \frac{d^2}{dy^2} + \frac{|m_\nu^*|}{2} \omega_{c\nu}^2 (y - y_0)^2 \right\} X_{\nu E}(y) = \operatorname{sgn}(m_\nu^*)\, E'_\nu\, X_{\nu E}(y) , \tag{3.114}$$

wobei zur Abkürzung

$$\omega_{c\nu} = \frac{eB}{|m_\nu^*|c} , \quad y_0 = r_c^2 k_x , \quad r_c^2 = \frac{\hbar c}{eB} \tag{3.115}$$

gesetzt wurde. Der Gesamtenergieeigenwert E_ν ist mit dem partiellen E'_ν für die Bewegung in y-Richtung durch die Beziehung

$$E_\nu = E'_\nu + \frac{\hbar^2}{2m_\nu^*} k_z^2 + E_{\nu 0} \tag{3.116}$$

verknüpft. Gleichung (3.114) beschreibt einen harmonischen Oszillator mit dem Zentrum bei y_0, der Masse $|m_\nu^*|$ und der Eigenfrequenz $\omega_{c\nu}$. Die Eigenzustände lassen sich in diesem Falle bekanntlich durch eine ganze Zahl n = 0, 1, 2 ... charakterisieren. Die Eigenenergien $E'_{\nu n}$ lauten

$$E'_{\nu n} = \hbar\omega_{c\nu}(n + \tfrac{1}{2})\cdot \operatorname{sgn}(m_\nu^*) , \tag{3.117}$$

Man bezeichnet sie als *Landau-Niveaus*. Für die Eigenfunktionen $X_{\nu n}(y)$ erhält man

$$X_{\nu n}(y) = e^{-(2r_c)^{-2}(y-y_0)^2} H_n\left(\frac{y-y_0}{r_c}\right) , \tag{3.118}$$

mit H_n als hermiteschem Polynom der Ordnung n. Dieses Ergebnis bedeutet, daß das Elektron eine Schwingung in y-Richtung mit der Kreisfrequenz $\omega_{c\nu}$ um seine Gleichgewichtslage bei y_0 vollführt. Die zugehörige Frequenz ergibt sich zu

$$\frac{\omega_{c\nu}}{2\pi} = 28 \left(\frac{m}{|m_\nu^*|} B/\text{ Tesla} \right) \text{GHz} . \tag{3.119}$$

Sie liegt für $m_\nu^* = 0{,}2m$ und $B = 1$ Tesla bei 140 GHz, d.h. im Mikrowellenbereich. Das Spektrum der erlaubten Energiewerte besteht gemäß (3.116) und (3.117) aus 1-dimensionalen Energiebändern

$$E_{\nu n}(k_z) = \hbar\omega_{c\nu}(n + \tfrac{1}{2})\cdot \mathrm{sgn}(m_\nu^*) + \frac{\hbar^2}{2m_\nu^*} k_z^2 + E_{\nu 0} \tag{3.120}$$

In x- und z-Richtung ist die Bewegung die eines freien Teilchens. Von den beiden Impulskomponenten k_x und k_z dieser Bewegung geht nur k_z in den Energieeigenwert $E_{\nu n}$ ein. Durch k_x wird zwar die Gleichgewichtslage der Schwingung längs der y-Achse bestimmt, die Eigenenergien $E_{\nu n}$ sind aber für alle k_x die gleichen, d.h. bezüglich k_x liegt eine hochgradige Entartung vor. Jede beliebige Linearkombination aus Eigenzuständen der verschiedenen k_x-Werte ist wieder ein Eigenzustand. Wäre das Vektorpotential in der bezüglich x und y symmetrischen Form $\mathbf{A} = \frac{1}{2} [\mathbf{x} \times \mathbf{B}]$ gewählt worden, so hätten wir als Eigenzustände *solche* Linearkombinationen erhalten, die auch in x-Richtung Oszillationen mit der Frequenz $\omega_{c\nu}$ vollführen, aber um $\pi/2$ phasenverschoben gegenüber den Oszillationen in y-Richtung. Dadurch wird eine Kreisbewegung senkrecht zum Magnetfeld beschrieben. Man spricht von einer *Zyklotronbewegung.* Die Kreisbewegung ist die Folge der axialen Symmetrie des Magnetfeldes. Auch in der klassischen Mechanik ergibt sich eine Kreisbewegung, vorausgesetzt, die Anfangsbedingungen werden geeignet gewählt.

Der Radius der Zyklotronbahn hängt von der Quantenzahl n ab, größere Werte von

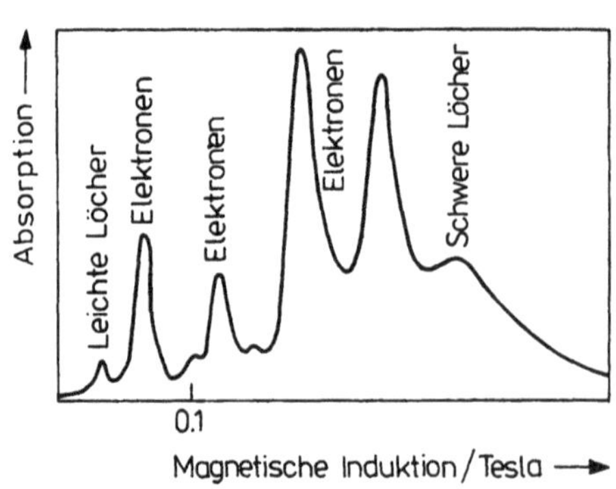

Abb. 68 Zyklotronresonanzspektrum von Germanium bei 4 K (nach *R. N. Dexter et al.*, 1956)

n und damit auch größere Energien $E'_{\nu n}$ bedeuten größere Zyklotronradien. Durch Zuführung eines Energiequants aus einem elektromagnetischen Strahlungsfeld kann man den Übergang eines Elektrons von der n-ten auf die (n+1)-te Zyklotronbahn hervorrufen. Davon wird bei der sogenannten *Zyklotronresonanz* Gebrauch gemacht. Bei einer festen Frequenz der Strahlung im Mikrowellenbereich mißt man deren Absorption in Abhängigkeit von der Stärke des Magnetfeldes **B**. Wird die Zyklotronfrequenz gleich der Frequenz des Mikrowellenfeldes, so durchläuft die Absorption ein Maximum. Aus der Lage dieses Maximums auf der Magnetfeldskala kann auf die effektive Masse m^*_ν geschlossen werden. Die Messung der Zyklotronresonanz ist eine wichtige experimentelle Methode zur Bestimmung der effektiven Massen von Elektronen und Löchern in Halbleitern und Metallen. In Abb. 68 ist das Zyklotronresonanzspektrum von Germanium dargestellt. Wegen der Mehrtalstruktur des Leitungsbandes geben die Elektronen zu mehreren Maxima Anlaß, im Unterschied zu den Löchern, bei denen jede Sorte jeweils nur ein Maximum hervorruft.

KAPITEL 4

4. DAS ELEKTRONENSYSTEM IM THERMODYNAMISCHEN GLEICHGEWICHT

4.1 Grundlagen der statistischen Beschreibung

In den beiden vorangegangenen Kapiteln haben wir uns mit den möglichen stationären Quantenzuständen des Elektronensystems eines Halbleiters beschäftigt. Es zeigte sich, daß diese Zustände aus stationären Einteilchenzuständen aufgebaut werden können, genauer gesagt, daß die stationären Wellenfunktionen des Gesamtsystems näherungsweise Produkte aus stationären Einteilchenzuständen sind. Die stationären Einteilchenzustände selbst erwiesen sich im Falle von idealen Halbleiterkristallen als Bloch-Zustände, und die zugehörigen Energien bildeten Energiebänder. Im Falle realer Halbleiterkristalle kamen dazu lokalisierte Einteilchenzustände verbunden mit Energieniveaus in der Lücke zwischen Valenz- und Leitungsband. Es wurden auch Verfahren zur Berechnung der Einteichenzustände und Energiebänder angegeben, und in Grenzfällen wurden diese Zustände explizit bestimmt. Die Frage, ob sich das Elektronensystem tatsächlich in einem stationären Zustand befindet, und wenn ja, welche Einteilchenzustände an seinem Aufbau beteiligt sind, d.h., welche der unendlich vielen Möglichkeiten, das Elektronensystem eines Grundgebietes mit seiner zwar großen, aber endlichen Anzahl von Teilchen auf die unendlich vielen stationären Zustände aufzuteilen, tatsächlich realisiert ist, blieb außer Betracht. Diese Frage ist aber zu stellen. Sie ist keineswegs schon dadurch beantwortet, daß alle möglichen stationären Zustände des Elektronensystems angegeben werden. Die Situation ist ähnlich wie in der klassischen Mechanik, wenn die Gesamtheit aller möglichen Bahnkurven eines Teilchensystems, d.h. die Menge aller möglichen Lösungen der mechanischen Bewegungsgleichungen des Systems bekannt ist. Um zu wissen, auf welcher Bahn sich das System wirklich bewegt, benötigt man zusätzliche Angaben in Form von Anfangsbedingungen bzw. Werten von Bewegungskonstanten. Auch in der Quantenmechanik sind zusätzliche Angaben erforderlich, um den Zustand des Systems eindeutig festzulegen, d.h., um aus der unendlichen Menge der stationären Lösungen der Schrödinger-Gleichung die jeweils zutreffende Lösung auswählen zu können.

Über welche Angaben verfügen wir im Falle des Elektronensystems eines Halbleiters, um diese Auswahl zu treffen? Wir haben vorausgesetzt, daß sich das Elektronensystem im thermodynamischen Gleichgewicht befindet. Das ist zunächst nur eine Angabe über den makroskopischen Zustand des Systems. Aus ihr kann aber auf den mikroskopischen bzw. Quantenzustand zurückgeschlossen werden. Zunächst ist klar, daß der Gleichgewichtszustand immer auch ein stationärer makroskopischer Zustand ist (die Umkehrung dieser Aussage gilt im allgemeinen nicht). Als solcher kann der Gleichgewichtszustand durch stationäre Quantenzustände realisiert werden. Diese lassen sich - wir erinnern an das einleitend Gesagte - dadurch charakterisieren, daß die Anzahl der Teilchen in den verschiedenen möglichen Einteilchenzuständen angegeben wird. Wir kennzeichnen die Zustände hier der Kürze halber durch eine Quantenzahl i - im Falle von Bloch-Zuständen vertritt i den Bandindex ν und den Quasiwellenvektor $\mathbf{k}$ - und nennen die Anzahl der Elektronen in ihnen N_i. Die N_i können die Werte 0 und 1 annehmen, sofern wir den Spin außer Acht lassen. Die Zuweisung *bestimmter* Werte zu den N_i erfolgt in drei Schritten:

1) Wie für Systeme mit sehr vielen Teilchen generell üblich, werden nicht deterministische, sondern statistische Angaben über den Zustand gemacht, d.h., nicht den N_i selbst werden Werte zugewiesen, sondern den in einem bestimmten Sinne gemittelten $\langle N_i \rangle$, die wir mit f_i bezeichnen wollen. Wir machen also die Ersetzung

$$N_i \longrightarrow \langle N_i \rangle \equiv f_i \tag{4.1}$$

und bezeichnen f_i wie üblich als *Verteilungsfunktion*.

2) Die statistische Mittelung führen wir so aus, daß der Tatsache Rechnung getragen wird, daß das Elektronensystem eines Halbleiters im Energieaustausch mit dem System der Atomrümpfe des Kristalls steht, und daß ein Austausch von Elektronen möglich ist, z.B. mit Störatomen. In der Statistik wird gezeigt, daß diese Situation durch Mittelung über eine großkanonische statistische Gesamtheit adäquat beschrieben wird. Eine solche Gesamtheit ist durch zwei Zustandsparameter charakterisiert, die Temperatur T und das chemische Potential μ. Der entsprechende statistische Operator ρ lautet

$$\rho = e^{-(H-\mu N)/kT} \tag{4.2a}$$

mit H und N als Hamilton- bzw. Teilchenzahloperatoren des Gesamtsystems.

Der Mittelwert $\langle N_i \rangle$ wird nach folgender Vorschrift gebildet:

$$\langle N_i \rangle = \frac{\text{Spur } [\rho \, N_i]}{\text{Spur } [\rho]} \tag{4.2b}$$

Dabei bedeutet das Symbol "Spur" die Summation über alle Diagonalelemente des darunterstehenden Operators bezüglich einer beliebigen Basis (die Spurbildung ist unabhängig von der speziell gewählten Basis, hier kommt aber nur eine Basis aus stationären Einteilchenzuständen in Betracht).

3) Die Mittelung über die großkanonische Gesamtheit führt zu mittleren Teilchenzahlen f_i, die nur von der Energie E_i des jeweiligen Zustandes i abhängen, d.h., es gilt

$$f_i = f(E_i), \tag{4.3a}$$

und die Funktion f(E) ist die *Fermische Verteilungsfunktion*

$$f(E) = \frac{1}{\beta \, e^{(E-E_F)/kT} + 1} \tag{4.3b}$$

mit E_F als *Fermi-Energie* und β als (relativem) statistischem Gewichtsfaktor. Die Fermi-Energie ist nichts weiter als das chemische Potential μ oder die auf 1 Teilchen bezogene freie Energie des Elektronensystems.

In Anhang D geben wir eine Ableitung der Fermi-Verteilung, die auch den Sinn des statistischen Faktors β aufhellen wird. Für Bandzustände hat β den Wert 1, d.h., es gilt die Fermi-Verteilung in der üblichen Form. Daß sich für lokalisierte Zustände eine Abweichung von der üblichen Fermi-Verteilung ergibt, ist darauf zurückzuführen, daß für diese Zustände die Einteilchennäherung versagt, d.h., daß die Lage der Energieniveaus nicht mehr unabhängig von ihrer Besetzung ist. Die Verteilung (4.3) mit $\beta = 1/2$ entspricht einem besonders einfachen und wichtigen Fall lokalisierter Zustände, nämlich dem eines einfach ionisierbaren Donators ohne angeregte Zustände. Die Korrelationseffekte der Elektron-Elektron-Wechselwirkung führen in diesem Fall dazu, daß nur 1 Elektron gebunden werden kann, obwohl 2 besetzbare, am Donator lokalisierte Einelektronen-Zustände (entgegengesetzten Spins) vorhanden sind - wir erinnern an die Ausführungen dazu in Kapitel 3.

In die Verteilungsfunktion der klassischen Statistik, die *Boltzmann-Verteilung*

$$f(E) = e^{(E_F-E)/kT} , \qquad (4.4)$$

geht die Fermi-Verteilung für Energien E über, die, in Einheiten von kT gemessen, wesentlich größer sind als E_F. Die Abweichungen eines Teilchensystems von der Boltzmann-Verteilung bezeichnet man auch als (statistische) *Entartung*. Ein Teilchensystem heißt *nichtentartet*, wenn es durch die Boltzmann-Verteilung beschrieben wird. Das Auftreten der statistischen Entartung ist rein quantenmechanischen Ursprungs - einerseits kommt darin die Quantisierung der Energie zum Ausdruck, andererseits das Identitätsprinzip der Elementarteilchen, hier der Elektronen. Vertauscht man zwei Elementarteilchen, so geht die Wellenfunktion entweder in sich selbst über - dann liegt Bose-Statistik vor -, oder in ihr Negatives - das ist bei den Elektronen der Fall, es gilt die Fermi-Statistik.

Nachdem die mittleren Besetzungszahlen f_1 auf diese Weise fixiert sind und damit auch der mikroskopische Zustand festgelegt ist, durch den der gewünschte makroskopische Zustand realisiert wird, können statistische Mittelwerte beliebiger physikalischer Größen A des Vielteilchensystems berechnet werden, die sich additiv aus Einteilchengrößen a zusammensetzen. Solche Größen sind z.B. die Gesamtteilchenzahl N - der entsprechende Einteilchenoperator ist in diesem Falle der Einheitsoperator, die Gesamtenergie - der zugehörige Einteilchenoperator ist der Einteilchen-Hamilton-Operator usw. Nach den Regeln der Statistik ergibt sich der Mittelwert einer Größe A dadurch, daß man ihren Wert im Zustand i mit der Wahrscheinlichkeit multipliziert, daß dieser Zustand vorliegt und danach über alle Zustände aufsummiert. In der Quantenmechanik ist der Wert im Zustand i selbst wieder ein Mittelwert, nämlich der Erwartungswert $(i|a|i)$. Man hat also

$$\langle A\rangle = \sum_1 f(E_1)\,(i|a|i) \qquad (4.5)$$

Bloch-Zustände mit unterschiedlichem Quasiimpuls **k**, aber gleicher Energie $E_\nu(\mathbf{k})$, sind gemäß (4.2) im Mittel mit gleich vielen Teilchen besetzt. Insbesondere gilt das für die beiden Bloch-Zustände $\nu\mathbf{k}$ und $\nu\text{-}\mathbf{k}$, wenn $E_\nu(\mathbf{k}) = E_\nu(-\mathbf{k})$ ist. Zu jedem nach rechts laufenden Bloch-Elektron gibt es dann auch ein nach links laufendes, die Beiträge der beiden Elektronen zum elektrischen Strom kompensieren sich, und im thermodynamischen Gleichgewicht fließt kein elektrischer Strom. Um einen stationären Stromfluß, oder allgemein einen stationären Nichtgleichgewichtszustand erfassen zu können, benötigt man andere Verteilungsfunktionen $f_{\nu k}$ als die Fermi-Verteilung. Diese dürfen insbesondere nicht nur von der Energie bzw. dem Betrag des Quasiwellenvektors abhängen, sondern müssen auch eine Abhängigkeit von dessen Richtung besitzen. Für derartige Nichtgleichgewichtsverteilungsfunktionen $f_{\nu k}$ gibt es im Unterschied zu den Gleichgewichtsverteilungsfunktionen keine geschlossenen mathematischen Ausdrücke. Was existiert, sind Gleichungen, aus denen diese Verteilungen berechnet werden können. Die wichtigste derartige Beziehung ist die *Boltzmann-Gleichung.*

Nach diesem Ausblick auf stationäre Nichtgleichgewichtszustände, die uns in Kapitel 5 noch genauer beschäftigen werden, kehren wir zum thermodynamischen Gleichgewicht zurück. Der Quantenzustand des Elektronensystems im Gleichgewicht ist durch die Relationen (4.2) und (4.3) im statistischen Sinne bestimmt. Es ist jetzt möglich, statistische Mittelwerte makroskopischer Größen wie z.B. Gesamtteilchenzahl oder Gesamtenergie im thermodynamischen Gleichgewicht auszurechnen. Eine wichtige Rolle spielt dabei die sogenannte *Zustandsdichte.* Ihrer Behandlung wenden wir uns jetzt zu.

4.2 Zustandsdichte

4.2.1 *Definition*

Wir führen die Zustandsdichte am Beispiel der Mittelwertbildung für die Gesamtteilchenzahl N ein. Diese Größe wählen wir unter den vielen anderen, die wir hätten auch nehmen können, deshalb aus, weil wir sie bzw. die zugehörige Teilchenkonzentration später noch benötigen werden. Aus Gleichung (4.5) folgt

$$\langle N \rangle = \sum_{i} f_{i} \tag{4.6}$$

Diese Beziehung ist unmittelbar einleuchtend. Da sich jedes Teilchen notwendig in einem der Zustände i befinden muß, erhält man $\langle N \rangle$, indem man die f_i über alle Quantenzustände i aufsummiert. Dabei sind Zustände, die wegen einer Spinentartung zwei Teilchen aufnehmen können, doppelt zu zählen. Für die Gesamtteilchendichte n_{total} des Elektronensystems ergibt sich unter Verwendung der bereits früher eingeführten Bezeichnung Ω für das Volumen des Grundgebietes

$$n_{total} = \frac{\langle N \rangle}{\Omega} \tag{4.7a}$$

bzw.

$$n_{total} = \frac{1}{\Omega} \sum_i f_i \quad . \tag{4.7b}$$

Die Summe über i schreiben wir unter Ausnutzung der Tatsache, daß die Summanden nur von der Energie abhängen, d.h., daß $f_i = f(E_i)$ ist, in folgender Weise um:

$$\sum_i^{\infty} f_i = \int_{-\infty}^{\infty} dE \; f(E) \sum_i^{\infty} \delta(E - E_i) \quad . \tag{4.8}$$

Die Richtigkeit dieser Umformung folgt unmittelbar aus der Definition der δ-Funktion. Damit ergibt sich

$$n_{total} = \int_{-\infty}^{\infty} dE \; \rho(E) \; f(E) \tag{4.9}$$

mit

$$\rho(E) = \frac{1}{\Omega} \sum_i \delta(E - E_i) \quad . \tag{4.10}$$

Die Größe $\rho(E)$ bezeichnet man als *Zustandsdichte*. Wir wollen zeigen, daß diese Bezeichnung zu Recht besteht, d.h., daß $\rho(E)$ tatsächlich die auf die Energie- und Volumeneinheit bezogene Zahl der Zustände mit der Energie E ist. Dazu integrieren wir die Gleichung (4.10) über das kleine Intervall $E < E' < E + \Delta E$. Es folgt

$$\rho(E)\Delta E = \frac{1}{\Omega} \sum \int_{E}^{E+\Delta E} dE' \; \delta(E' - E_i) \quad . \tag{4.11}$$

Für das Integral auf der rechten Seite dieser Gleichung gilt

$$\int_{E}^{E+\Delta E} dE' \; \delta(E' - E_i) = \begin{cases} 1 & \text{für} \quad E < E_i < E + \Delta E \\ 0 & \text{sonst} \end{cases} \tag{4.12}$$

Jeder Zustand i, dessen Energie zwischen E und $E + \Delta E$ liegt, trägt zur Summe über i also eine 1 bei, alle anderen Zustände liefern keinen Beitrag. Die Summe in (4.11) ist damit gleich der Anzahl $\Delta Z(E)$ der Zustände mit einer Energie in diesem Intervall, d.h., es gilt

$$\rho(E)\Delta E = \frac{1}{\Omega}\,\Delta Z(E) \quad , \tag{4.13}$$

womit die Behauptung bewiesen ist.

Die Einführung der Zustandsdichte rechtfertigt sich dadurch, daß sie eine physikalisch sinnvolle Aufteilung der für die Mittelwertbildung notwendigen Angaben in zwei Teile ermöglicht, nämlich erstens in Angaben über die stationären Quantenzustände des Systems - diese sind in der Zustandsdichte $\rho(E)$ enthalten -, und zweitens in Angaben über den tatsächlichen Zustand des Systems - diese werden durch die Fermische Verteilungsfunktion wiedergegeben. Man kann auch sagen, daß $\rho(E)$ Angaben über die Dynamik des Systems enthält (klassisch würde das bedeuten: Angaben über die Lösungen der Newtonschen Bewegungsgleichungen), und $f(E)$ Angaben über die Statistik des Systems (klassisch: über die statistische Verteilung der Anfangsbedingungen bzw. Bewegungskonstanten). Die beiden Arten von Angaben sind voneinander unabhängig, man benötigt beide, um statistische Mittelwerte im thermodynamischen Gleichgewicht berechnen zu können.

Nach diesen allgemeinen Ausführungen über die Zustandsdichte kehren wir zum Elektronensystem eines Halbleiters zurück und betrachten zunächst den Fall eines idealen Halbleiters.

4.2.2 Ideale Halbleiter

Die stationären Einelektronenzustände sind Bloch-Zustände. Wir haben i also durch die Quantenzahlen $\nu\mathbf{k}$ eines Bloch-Zustandes zu ersetzen und außerdem in Rechnung zu stellen, daß ein solcher Zustand zwei Elektronen unterschiedlichen Spins aufnehmen kann. Damit lautet die Zustandsdichte $\rho^{\text{ideal}}(E)$ des idealen Halbleiters

$$\rho^{\text{ideal}}(E) = \frac{2}{\Omega}\sum_{\nu\mathbf{k}} \delta(E - E_\nu(\mathbf{k})) \quad . \tag{4.14}$$

Die k-Summation erfolgt hier über alle Punkte des feinmaschigen Netzes in Abb. 22, die innerhalb der 1.BZ liegen. Wegen der Feinheit dieses Netzes ist das Ergebnis der Summation praktisch identisch mit dem der Integration. Die Ersetzung der Summe durch ein Integral erfolgt nach der Vorschrift

$$\sum_{\mathbf{k}} \ldots = \frac{\Omega}{8\pi^3}\int d^3\mathbf{k} \ldots \tag{4.15}$$

Der Faktor $\Omega/8\pi^3$ vor dem Integral resultiert daraus, daß das Volumen einer Masche des Punktnetzes der G^3-te Teil des Volumens einer primitiven Einheitszelle des reziproken Gitters $8\pi^3/\Omega_0$, also $8\pi^3/\Omega$ ist. Durch dieses Volumen ist zu dividieren, wenn die Summe als Integral geschrieben wird. Für die Zustandsdichte folgt damit

$$\rho^{\text{ideal}}(E) = \frac{1}{4\pi^3} \sum_{\nu} \int_{1.BZ} d^3\mathbf{k}\ \delta(E - E_\nu(\mathbf{k})) \quad . \tag{4.16}$$

Sie ist unabhängig vom Volumen Ω des Systems. Die partielle Zustandsdichte des ν-ten Energiebandes $\rho_\nu(E)$, ist durch den folgenden Ausdruck definiert:

$$\rho_\nu^{\text{ideal}}(E) = \frac{1}{4\pi^3} \int_{1.BZ} d^3\mathbf{k}\ \delta(E - E_\nu(\mathbf{k})) \quad . \tag{4.17}$$

Sie ist nur für Energiewerte von Null verschieden, für die das Argument der δ-Funktion Null werden kann, also für Energien, die innerhalb des ν-ten Bandes liegen. Durch Aufsummation über alle Bänder erhält man wieder die gesamte Zustandsdichte

$$\rho^{\text{ideal}}(E) = \sum_{\nu} \rho_\nu^{\text{ideal}}(E) \tag{4.18}$$

Mit Hilfe der Rechenregeln für die δ-Funktion läßt sich der Ausdruck (4.17) für $\rho_\nu^{\text{ideal}}(E)$ als Flächenintegral über die durch $E_\nu(\mathbf{k}) = E$ definierte Isoenergiefläche schreiben. Es gilt

$$\rho_\nu^{\text{ideal}}(E) = \frac{1}{4\pi^3} \int_{E_\nu(\mathbf{k})=E} \frac{df}{|\nabla_k E_\nu(\mathbf{k})|} \tag{4.17a}$$

Der Integrand $1/|\nabla_k E_\nu(\mathbf{k})|$ ist bis auf den Faktor $\hbar$ der reziproke Geschwindigkeitsbetrag im Bloch-Zustand $\nu\mathbf{k}$. Je kleiner dieser ist, umso größere Beiträge liefert das entsprechende Energieflächenelement zur Zustandsdichte. Ist $|\nabla_k E_\nu(\mathbf{k})| = 0$, d.h., liegt ein kritischer Punkt vor, ist der Beitrag formal unendlich groß. Daraus folgt, daß für Energiewerte E, deren Isoenergieflächen kritische Punkte enthalten, mit dem Auftreten von Singularitäten der Zustandsdichte zu rechnen ist. Man spricht von *van Hove-Singularitäten.*

Wir nehmen jetzt ein isotropes parabolisches Energieband an, d.h., wir setzen voraus, daß die Funktion $E_\nu(\mathbf{k})$ durch den Ausdruck (2.160) mit gleicher Effektivmasse m_ν^* in allen drei Hauptachsenrichtungen gegeben ist, und daß der kritische Punkt $\mathbf{k}_c$ bei 0 liegt. Indem wir noch $E_\nu(\mathbf{k}_c)$ durch $E_{\nu 0}$ ersetzen, lautet dieser Ausdruck

$$E_\nu(\mathbf{k}) = E_{\nu 0} + \frac{\hbar^2}{2m_\nu^*}\mathbf{k}^2 \tag{4.19}$$

Dafür berechnen wir die Zustandsdichte $\rho_\nu(E)$ gemäß Formel (4.17). Die effektive Masse m_ν^* wird dabei als positiv vorausgesetzt, d.h., $E_\nu(\mathbf{k})$ soll bei $\mathbf{k} = 0$ ein Minimum besitzen. Die Verwendung eines solchen Dispersionsgesetzes ist, wenn überhaupt, nur für Energiewerte $E_\nu(\mathbf{k})$ dicht über dem Minimalwert $E_{\nu 0}$ gerechtfertigt. Nur für E-Werte in diesem Bereich ist deshalb die mit Hilfe von (4.17) berechnete Zustandsdichte ernst zu nehmen. Bei solchen Energiewerten ist es aber für $\rho_\nu(E)$ unerheblich, wo der Rand des Integrationsgebietes liegt. Wir verlegen ihn der Einfachheit halber vom Rand der 1.BZ weg ins Unendliche. Damit ergibt sich

$$\rho_\nu(E) = \frac{1}{4\pi^3}\int_{-\infty}^{\infty}\int_{-\infty}^{\infty}\int_{-\infty}^{\infty} dk_x dk_y dk_z\ \delta\left(E_{\nu 0} - E - \frac{\hbar^2}{2m_\nu^*}k_x^2 - \frac{\hbar^2}{2m_\nu^*}k_y^2 - \frac{\hbar^2}{2m_\nu^*}k_z^2\right) . \tag{4.20}$$

Wir gehen zu den neuen Integrationsvariablen x, y, z = $\left(\frac{\hbar^2}{2m_\nu^*}\right)^{1/2} k_{x,y,z}$ über.

Als erstes führen wir die Integration über z aus und benutzen dazu die Rechenregel für die δ-Funktion

$$\delta\left(E - E_{\nu 0} - x^2 - y^2 - z^2\right) = \frac{1}{2z_0}\left\{\delta(z-z_0) + \delta(z+z_0)\right\} \tag{4.21}$$

mit

$$z_0 = \sqrt{E - E_{\nu 0} - x^2 - y^2} \quad \text{für } E - E_{\nu 0} > 0 \tag{4.22}$$

Daraus folgt

$$\rho_\nu^{\text{ideal}}(E) = \frac{1}{2\pi^2}\left(\frac{2m_\nu^*}{\hbar^2}\right)^{3/2} \theta(E - E_{\nu 0})\sqrt{E - E_{\nu 0}} \tag{4.23}$$

mit

$$\theta(E - E_{\nu 0}) = \begin{cases} 1 & \text{für } E > E_{\nu 0} \\ 0 & \text{für } E < E_{\nu 0} \end{cases} \tag{4.24}$$

als Spungfunktion. Die Zustandsdichte eines parabolischen Bandes mit $m_\nu^* > 0$ setzt also am unteren Bandrand wurzelförmig ein und verläuft nach einem Wurzelgesetz weiter bis zu unendlich großen Energien. Das letztere ist aber eine Folge unserer unrealistischen Annahme einer parabolischen Dispersion bis zum oberen Bandrand und der Verlegung dieses Randes ins Unendliche. In Wahrheit liegt der Bandrand bei endlichen Energien, und die Zustandsdichte fällt dort wieder auf 0 ab. Sie hat qualitativ den im oberen Teil von Abb. 70 gestrichelt gezeichneten Verlauf.

Betrachtet man statt eines isotropen parabolischen Bandes ein anisotropes mit drei verschiedenen effektiven Massen $m_{\nu1}^*$, $m_{\nu2}^*$, $m_{\nu3}^*$ entlang der Hauptachsen des Effektivmassentensors, so ist die Zustandsdichte nach wie vor durch den Ausdruck (4.23) gegeben, man muß lediglich m_ν^* gemäß

$$(m_\nu^*)^{3/2} \longrightarrow (m_{\nu1}^* \, m_{\nu2}^* \, m_{\nu3}^*)^{1/2} \equiv m_{ds}^{3/2} \tag{4.25}$$

durch die sogenannte *Zustandsdichte-Masse* m_{ds} ersetzen. Das sieht man sofort, wenn man die Rechnung für den isotropen Fall noch einmal durchgeht. Lediglich bei der Variablensubstitution für die Komponenten des **k**-Vektors ergibt sich eine Änderung - die Faktoren sind für die 3 Komponenten unterschiedlich und führen zu der durch die Relation (4.25) ausgedrückten Modifikation.

Die wurzelförmige Energieabhängigkeit der Zustandsdichte im Falle parabolischer Dispersion kann man sich auch auf folgendem, mehr anschaulichem Wege klarmachen (siehe dazu auch Abb. 69). Wir setzen der Einfachheit halber $E_{\nu0} = 0$ und lassen Faktoren, die nicht von **k** bzw. E abhängen, weg. Die Zahl ΔZ der Zustände eines Bandes mit einer Energie zwischen E und E + ΔE ist gleich der Anzahl der verschiedenen **k**-Punkte des feinmaschigen Netzes, die zu Energiewerten in diesem Intervall Anlaß geben. Diese **k**-Werte liegen in einer dünnen Kugelschale im **k**-Raum (siehe Abb. 69), die wegen $E \propto k^2$ einen Radius $k_E \propto \sqrt{E}$ hat und eine Dicke Δk, die sich aus $\Delta E \propto k_E \Delta k$ zu

$$\Delta k \propto \frac{1}{\sqrt{E}} \Delta E \tag{4.26}$$

ergibt. Für das Volumen ΔV dieser Kugelschale folgt

$$\Delta V \propto k_E^2 \, \Delta k \propto \sqrt{E} \, \Delta E \tag{4.27}$$

Da die Dichte des feinmaschigen Netzes der **k**-Punkte in der 1.BZ überall gleich ist, ist die Anzahl der verschiedenen **k**-Punkte in der Kugelschale proportional

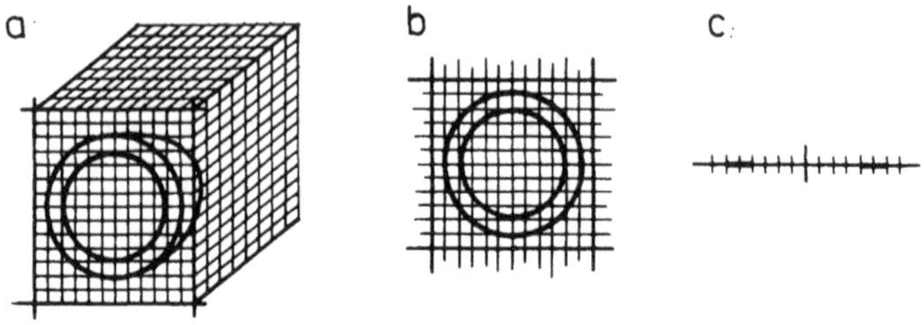

Abb. 69 Zur Berechnung der Zustandsdichte im 3D (a), 2D (b) und 1D (c) **k**-Raum

dem Volumen ΔV. Es gilt also auch $\Delta Z \propto \sqrt{E}\,\Delta E$ bzw.

$$\rho(E) \propto \sqrt{E} \,. \tag{4.28}$$

Diese Überlegung läßt sich unmittelbar auf Energiebänder in 2-dimensionalen (2D) und 1-dimensionalen (1D) **k**-Räumen ausdehnen. Derartige **k**-Räume haben nicht nur formale, sondern auch unmittelbar physikalische Bedeutung, nämlich bei Elektronensystemen, deren freie Bewegung auf zwei bzw. eine Dimension des 3-dimensionalen Raumes eingeschränkt ist. Beispiele für solche Systeme haben wir in Kapitel 3 kennengelernt - Oberflächen und Quantum-Wells für den 2D-Fall und Elektronen im homogenen Magnetfeld für den 1D-Fall. Bei einem 2D **k**-Raum ist das Volumen der Kugelschale durch die Fläche ΔF eines Kreisringes zu ersetzen. Es gilt $\Delta F \propto k\Delta k \propto \Delta E$ bzw.

$$\rho(E) \propto \text{const.} \tag{4.29}$$

Die Zustandsdichte eines 2D-Elektronensystems ist also unabhängig von E.
Im Falle des 1D **k**-Raumes ist ΔV durch die Länge Δk des k-Intervalls selbst zu ersetzen, es folgt also

$$\rho(E) \propto \frac{1}{\sqrt{E}}\,\Delta E \tag{4.30}$$

Nach diesem der Veranschaulichung der Zustandsdichte dienenden Einschub kehren wir zur Zustandsdichte des 3D-Elektronensystems zurück. Wir spezifizieren den Ausdruck (4.23) für das Leitungsband, setzen also $\nu = c$ und $E_{\nu 0} = E_g$. Es folgt

$$\rho_c^{\text{ideal}}(E) = \frac{1}{2\pi^2}\left(\frac{2m_c^*}{\hbar^2}\right)^{3/2} \Theta(E - E_g)\,\sqrt{E - E_g} \tag{4.31}$$

Auf das Valenzband läßt sich der Ausdruck (4.23) nicht unmittelbar anwenden,

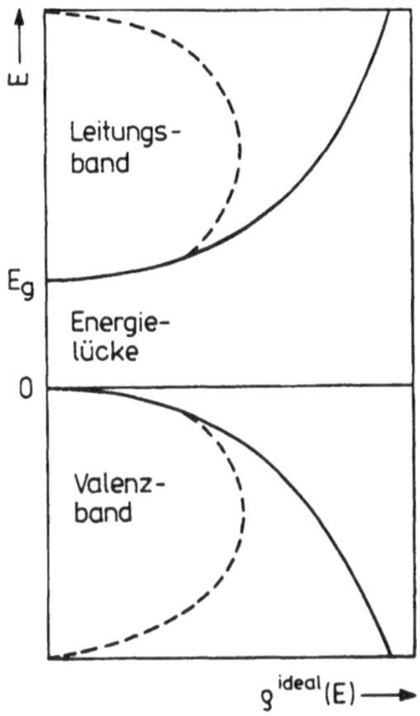

Abb. 70 Zustandsdichte eines idealen Halbleiters mit einem Leitungs- und einem Valenzband. Die ausgezogene Linie entspricht einem parabolischen Dispersionsgesetz, die gestrichelte Kurve kommt der Realität näher

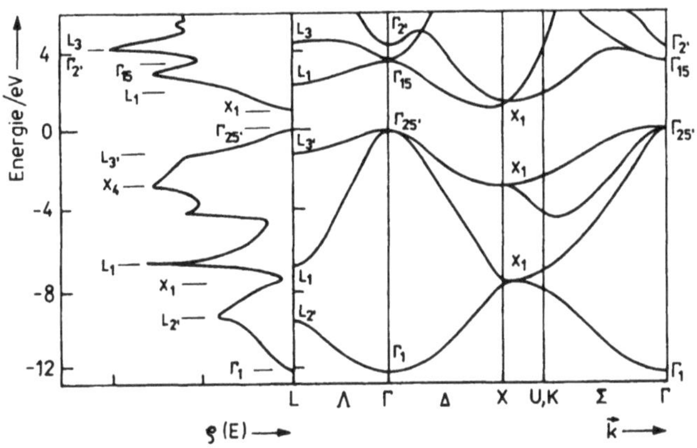

Abb. 71 Realistischer Verlauf der Zustandsdichte von Si (*J.R. Chelikowsky* und *M. L. Cohen*, 1976).

da bei seiner Ableitung $m_\nu^* > 0$ vorausgesetzt wurde, was für das Valenzband nicht zutrifft. Die obige Rechnung läßt sich aber leicht auf den Fall $m_\nu^* < 0$ übertragen. Mit $\nu = v$, $E_{v0} = 0$ und $m_v^* \equiv -m_\nu^* > 0$ ergibt sich

$$\rho_v^{ideal}(E) = \frac{1}{2\pi^2}\left(\frac{2m_v^*}{\hbar^2}\right)^{3/2} \theta(-E)\,\sqrt{-E} \qquad (4.32)$$

Die Zustandsdichte des Valenzbandes setzt also am oberen Bandrand wurzelförmig ein und wächst für Energien tiefer im Band weiter nach einem Wurzelgesetz an (siehe Abb. 70). Die gestrichelte Kurve deutet- wie schon bemerkt- den realistischen Verlauf an. Die gesamte Zustandsdichte $\rho^{ideal}(E)$ eines idealen Halbleiters mit einem Valenz- und einem Leitungsband ist durch

$$\rho^{ideal}(E) = \rho_c^{ideal}(E) + \rho_v^{ideal}(E) \tag{4.33}$$

gegeben. In der Energielücke ist die Zustandsdichte Null als unmittelbarer Ausdruck dafür, daß es dort keine stationären Elektronenzustände gibt (siehe Abb. 70). Das sprunghafte, wurzelförmige Anwachsen der Zustandsdichte an den beiden Bandrändern ist Hinweis darauf, daß die Funktion $\rho^{ideal}(E)$ bei diesen Energien Singularitäten besitzt - die erste Ableitung nach E ist 0, wenn man sich den Bandkanten aus der Energielücke heraus nähert, und gleich $-\infty$ bzw. $+\infty$, wenn man aus dem Inneren der Bänder kommt. Das sind die van Hove-Singularitäten, von denen schon allgemein die Rede war. Sie treten nicht nur bei Energien auf, für die die Bandstruktur $E_\nu(\mathbf{k})$ Minima oder Maxima hat, wie in den hier betrachteten Fällen, sonderen bei allen Energien, die zu kritischen Punkten der Energiebänder gehören, also insbesondere auch in Sattelpunkten.
Der mittels Bandstrukturrechnungen bestimmte Verlauf der Zustandsdichte von Silizium ist in Abb. 71 dargestellt.

4.2.3 Reale Halbleiterkristalle

Bei realen Halbleitern sind lokalisierte Zustände mit diskreten Energiewerten in der Energielücke als stationäre Zustände möglich. Dementsprechend ist die Zustandsdichte realer Halbleiter nicht mehr überall in der Energielücke gleich 0, sondern besitzt dort δ-funktionsartige Maxima. Wir setzen einen realen Halbleiter mit N_D neutralen einfach ionisierbaren Donatoren und N_A neutralen einfach ionisierbaren Akzeptoren pro Volumeneinheit voraus. Außerdem nehmen wir an, daß keine gebundenen angeregten Zustände existieren (der Sinn dieser Annahme wird weiter unten diskutiert). In Übereinstimmung mit den in Kapitel 3 gegebenen Begriffsdefinitionen bedeutet dies im Falle des Donators das Vorhandensein eines lokalisierten Einelektronenzustandes mit einer Energie E_D in der Energielücke, der im Grundzustand des Kristalls mit einem Elektron besetzt ist, und im Falle des Akzeptors das Vorhandensein eines lokalisierten Einelektronenzustandes mit einer Energie E_A in der Energielücke, der im Grundzustand des Kristalls nicht besetzt ist. Beim Akzeptor können wir auch sagen, daß ein Lochzustand mit dieser Energie vorliegt, der im Kristallgrundzustand einfach besetzt ist. Die Charakterisierung "neutral" bezieht sich auf den Grundzustand

- der Donator ist neutral, wenn er mit einem Elektron besetzt ist, und der Akzeptor ist neutral bei Besetzung mit einem Loch. Einfach ionisierbar bedeutet, daß bei Anregung im Falle des Donators ein Elektron an das Leitungsband und im Falle des Akzeptors ein Loch an das Valenzband abgegeben wird.

Daß neutrale, einfach ionisierbare Donatoren und Akzeptoren ohne angeregte Zustände bei weitem nicht die einzig möglichen Fremdatom- oder Defektzentren mit Niveaus in der Energielücke sind, wurde in Kapitel 3 ebenfalls bereits ausgeführt. Es gibt neutrale mehrfach ionisierbare und geladene ein- oder mehrfach ionisierbare Zentren, wobei unterschiedliche Ladungszustände zu unterschiedlichen Niveaus gehören. Außerdem können, wie in Abschnitt 3.2 gezeigt wurde, angeregte gebundene Zustände auftreten. Zum Beispiel spaltet in Vieltalhalbleitern wie Si das tiefste Donatorniveau in zwei verschiedene Niveaus auf, das höhergelegene davon entspricht einem angeregten gebundenen Zustand. Die wasserstoffähnlichen flachen Zentren besitzen sogar ein unendliches Spektrum derartiger Zustände. Angesichts dieser Sachverhalte drängt sich die Frage auf, ob das Weglassen angeregter gebundener Zustände überhaupt sinnvoll ist. Später werden wir sehen, daß das näherungsweise durchaus der Fall sein kann. Der Grund dafür ist, daß die angeregten Zustände wegen ihrer geringeren Tiefe wesentlich leichter ionisierbar sind als der Grundzustand und daher in vielen Fällen als unbesetzt angenommen werden können. Das ist die Näherung, die gemacht wird, wenn die angeregten Zustände weggelassen werden.

Die neutralen, einfach ionisierbaren Donator- und Akzeptorniveaus besitzen insofern eine besondere Bedeutung, als sie, wie wir noch sehen werden, einen besonders großen Einfluß auf die Konzentration der beiden Ladungsträgerarten haben. Das hängt damit zusammen, daß neutrale, einfach ionisierbare Niveaus in der Regel flache, d.h. beim Donator dicht unter dem Leitungsband und beim Akzeptor dicht über dem Valenzband gelegene Niveaus sind. Solche Niveaus entstehen, wie in Kapitel 3 gezeigt wurde, durch isocore Substitutionsstörstellen aus unmittelbar benachbarten Spalten des Periodensystems. Störatome dieser Art sind wegen ihrer chemischen Ähnlichkeit zum Wirtskristall in diesen relativ leicht und in relativ hoher Konzentration einmischbar, außerdem sind die dabei entstehenden Schäden am Kristall relativ gering. Für die bewußte Einstellung der Ladungsträgerkonzentration, die in der Halbleiterphysik und -technik eine ganz zentrale Rolle spielt, sind die neutralen einfach ionisierbaren Niveaus also aus einer Reihe von Gründen besonders wichtig. Deshalb liegt darauf auch das Schwergewicht in diesem Kapitel.

Bei N_D Donatorniveaus pro Volumeneinheit mit einer Energie E_D und N_A Akzeptorniveaus pro Volumeneinheit mit einer Energie E_A beträgt die Zustandsdichte

$\rho^{\text{ideal}}_{\text{Lücke}}(E)$ in der Energielücke unter den oben gemachten Voraussetzungen

$$\rho^{\text{real}}_{\text{Lücke}} = N_D\delta(E - E_D) + N_A\delta(E - E_A) \quad . \tag{4.34}$$

In dieser Formel wurde jeder Zustand nur einfach gezählt und nicht wie im Falle der Bloch-Zustände doppelt. Durch die Doppelzählung im zuletzt genannten Fall wurde der Tatsache Rechnung getragen, daß in jedem Bloch-Zustand gleichzeitig ein Elektron mit Spin "auf" und eines mit Spin "ab" untergebracht werden können. Die lokalisierten Donator- und Akzeptorniveaus dagegen können entweder mit einem "Spin-auf"- oder einem "Spin-ab"-Elektron besetzt werden, aber nicht gleichzeitig mit beiden. Der Grund dafür wurde in Abschnitt 3.5 erläutert: die Coulombsche Abstoßung zwischen den Elektronen bzw. den Löchern verhindert, daß an einem Störatom mit $\Delta Z = \pm 1$ gleichzeitig zwei Elektronen oder zwei Löcher gebunden werden können. Das entsprechende Energieniveau liegt nicht mehr in der Energielücke, sondern im Leitungs- bzw. Valenzband. Genauer gesagt, werden doppelt besetzte Störstellenzustände gar nicht erst in die Energielücke abgesenkt, wie das bei einfach besetzten der Fall sein kann. Wir erinnern dazu an die Ausführungen in Abschnitt 3.3, wo gezeigt wurde, daß die lokalisierten Störstellenzustände in der Energielücke aus Zuständen des Leitungs- bzw. Valenzbandes des idealen Kristalls hervorgehen. Wir haben dort auch schon darauf hingewiesen, daß wegen der Erhaltung der Vollständigkeit der Gesamtheit aller Zustände die in die Lücke abgesenkten zu Lasten der Zustände in den Energiebändern gehen, d.h., daß die Zahl der Leitungsbandzustände um die Zahl der Donatorzustände und die Zahl der Valenzbandzustände um die Zahl der Akzeptorzustände, immer bezogen auf die Volumeneinheit, vermindert wird. Die Bandzustandsdichten $\rho^{\text{real}}_{c,v}(E)$ von gestörten Halbleiterkristallen unterscheiden sich also von den entsprechenden Zustandsdichten $\rho^{\text{ideal}}_{c,v}(E)$ idealer Kristalle, und es gilt

$$\int_{-\infty}^{0} dE\ \rho^{\text{real}}_{v}(E) = \int_{-\infty}^{0} dE\ \rho^{\text{ideal}}_{v}(E) - N_A \quad , \tag{4.35}$$

$$\int_{E_g}^{\infty} dE\ \rho^{\text{real}}_{c}(E) = \int_{E_g}^{\infty} dE\ \rho^{\text{ideal}}_{c}(E) - N_D \quad . \tag{4.36}$$

Die gesamte Zustandsdichte von realen Halbleitern lautet

$$\rho^{\text{real}}(E) = \rho^{\text{real}}_{c}(E) + \rho^{\text{real}}_{v}(E) + N_D\delta(E - E_D) + N_A\delta(E - E_A) \quad . \tag{4.37}$$

Über die Bandzustandsdichten $\rho^{real}_{c,v}(E)$ wissen wir, abgesehen von den integralen Beziehungen (4.35) zunächst nichts weiter, als daß sie für $N_D = 0$ bzw. $N_A = 0$ in $\rho^{ideal}_{c,v}(E)$ übergehen müssen. Wie wir noch sehen werden, ist es aber unter bestimmten Bedingungen möglich, die $\rho^{real}_{c,v}(E)$ effektiv auch für $N_D \neq 0$ und $N_A \neq 0$ durch die $\rho^{ideal}_{c,v}(E)$ zu ersetzen.
Wir wollen jetzt daran gehen, die Konzentration von Elektronen und Löchern in den Energiebändern und Störniveaus konkret zu berechnen. Das ist gleichbedeutend damit, die Lage des Fermi-Niveaus zu bestimmen.

4.3 Elektronen- und Löcherkonzentrationen in den Energiebändern und Störniveaus. Lage des Fermi-Niveaus

Wir beginnen mit einer allgemeinen Betrachtung, die sich sowohl auf ideale als auch reale Halbleiter bezieht. Ihr Inhalt ist die Fixierung der Gesamtteilchenzahl des Elektronensystems eines Halbleiters.

4.3.1 Erhaltung der Gesamtteilchenzahl

Das Elektronensystem eines Halbleiters mit neutralen, einfach ionisierbaren Donatoren und Akzeptoren kann man sich aus dem des zugehörigen idealen Halbleiters dadurch entstanden denken, daß pro Donatoratom ein Elektron hinzugefügt und pro Akzeptoratom ein Elektron weggenommen wird. Bezeichnet man die Gesamtelektronenkonzentration des idealen Halbleiters mit n^{ideal}_{total} und die des realen mit n^{real}_{total}, so gilt also

$$n^{real}_{total} = n^{ideal}_{total} + N_D - N_A \tag{4.38}$$

Die Gesamtkonzentration n^{ideal}_{total} für den idealen Halbleiter ist in der Form

$$n^{ideal}_{total} = \int_{-\infty}^{\infty} dE\, \rho^{ideal}(E)\, f(E) \tag{4.39}$$

darstellbar. Wir schreiben diese Relation speziell für T = 0 auf. Da das Fermi-Niveau bei einem idealen Halbleiter nach den Ausführungen in Kapitel 1 in der Energielücke liegt, gilt

$$f(E) = \begin{cases} 1 \text{ für } E < 0 \\ 0 \text{ für } E_g > E \end{cases} \quad \text{bei } T = 0 \tag{4.40}$$

Damit geht die Beziehung (4.39) über in

$$n_{total}^{ideal} = \int_{-\infty}^{0} dE\, \rho^{ideal}(E) \tag{4.41}$$

Sie besagt, daß die Gesamtkonzentration n_{total}^{ideal} der Elektronen gleich der Gesamtkonzentration der Valenzbandzustände des idealen Halbleiters ist. Diese Aussage ist natürlich unabhängig von der Temperatur. Für die Gesamtkonzentration des realen Halbleiters gilt also

$$n_{total}^{real} = \int_{-\infty}^{0} dE\, \rho^{ideal}(E) + N_D - N_A \tag{4.42}$$

Mit Hilfe von Gleichung (4.35) wird daraus

$$n_{total}^{real} = \int_{-\infty}^{0} dE\, \rho^{real}(E) + N_D \quad . \tag{4.43}$$

Zusammen mit der zu (4.39) analogen Beziehung für den realen Halbleiter,

$$n_{total}^{real} = \int_{-\infty}^{\infty} dE\, \rho^{real}(E)\, f(E) \quad , \tag{4.44}$$

bestimmt Gleichung (4.43) die Lage des Fermi-Niveaus. Darin kommt das aus der Statistik bekannte Verhältnis von chemischem Potential und Teilchenkonzentration zum Ausdruck - durch die Vorgabe der letzteren wird das erstere bestimmt. In der klassischen Statistik, d.h. für den Fall einer Boltzmannschen Exponentialverteilung für f(E), hat die Lage des Fermi-Niveaus keinen Einfluß auf die relative Verteilung der Elektronen über die zur Verfügung stehenden Energieniveaus. In der Quantenstatistik, d.h. für eine Fermische Verteilungsfunktion f(E), ist das aber der Fall, die relative Verteilung der Teilchen über die Energieniveaus hängt von der Fermi-Energie und damit von der Gesamtteilchenkonzentration ab. Darin kommt die statistische Korrelation zwischen den Elektronen eines idealen Fermi-Gases zum Ausdruck. Durch Änderung der Gesamtkonzentration kann der relative Anteil von Teilchen in den verschiedenen Energieniveaus verändert werden. Deshalb besitzt das chemische Potential bzw. die Fermi-Energie, wie wir es hier nennen, in der Quantenstatistik eine viel größere Bedeutung als in der klassischen Statistik.

Wir behandeln jetzt diese zunächst nur allgemein dargelegten Zusammenhänge konkret. Dazu teilen wir das Integral in Gleichung (4.44) auf die 4 interessierenden Energiebereiche Valenzband, Akzeptorniveaus, Donatorniveaus und Leitungsband auf. Es folgt

$$n_{total}^{real} = \int_{-\infty}^{0} dE\ \rho_v^{real}(E)\ f(E) + \int_{E_g}^{\infty} dE\ \rho_c^{real}(E)\ f(E) + N_D f(E_D) + N_A f(E_A). \tag{4.45}$$

Indem wir hier n_{total}^{real} nach Gleichung (4.43) ersetzen, ergibt sich

$$0 = -\int_{-\infty}^{0} dE\ \rho_v^{real}(E)[1- f(E)] + \int_{E_g}^{\infty} dE\ \rho_c^{real}(E)f(E) - N_D[1- f(E_D)] + N_A f(E_A). \tag{4.46}$$

Wir definieren

$$n = \int_{E_g}^{\infty} dE\ \rho_c^{real}(E)\ f(E) \quad , \tag{4.47}$$

$$p = \int_{-\infty}^{0} dE\ \rho_v^{real}(E)\ [1 - f(E)] \quad , \tag{4.48}$$

$$N_D^+ = N_D[1 - f(E_D)] \ , \tag{4.49}$$

$$N_A^- = N_A\ f(E_A) \quad . \tag{4.50}$$

Diese Größen haben eine unmittelbare physikalische Bedeutung: n ist die Konzentration der Elektronen im Leitungsband, p die Konzentration der Löcher im Valenzband, N_D^+ die Konzentration der nicht besetzten (ionisierten) und damit positiv geladenen Donatoratome und N_A^- die Konzentration der mit einem zusätzlichen Elektron besetzten und daher negativ geladenen Akzeptoren. Unter Verwendung dieser Größen lautet die Beziehung (4.46)

$$n - p - N_D^+ + N_A^- = 0 \quad . \tag{4.51}$$

Sie drückt die Erhaltung der Gesamtelektronenzahl beim realen Halbleiter aus. Die Elektronen können zwischen den 4 betrachteten Energieniveaus zwar umverteilt werden, aber ihre Gesamtzahl darf sich dabei nicht ändern. Man kann die Beziehung (4.51) auch als *Neutralitätsbedingung* für den realen Halbleiter ver-

stehen - die negative Ladung der Elektronen des Leitungsbandes und der ionisierten Akzeptoren muß sich gegen die positive Ladung der Löcher des Valenzbandes und der ionisierten Donatoren kompensieren.
Wir stellen jetzt einen expliziten Zusammenhang zwischen den Konzentrationen n, p der Elektronen und Löcher in den Bändern, wie sie durch die Ausdrücke (4.47) und (4.48) gegeben sind, und der Fermi-Energie E_F her. Die Fermi-Energie selbst ist noch unbekannt, sie muß anschließend über die Neutralitätsbedingung (4.51) berechnet werden. Die Besetzungsfaktoren f(E) und [1 - f(E)] unter den Integralen werden mit wachsenden bzw. fallenden Energien monoton kleiner und schneiden die Integration bei einer bestimmten oberen bzw. unteren Grenze effektiv ab. Die Grenzenergien haben von der Bandkante einen Abstand von einigen kT. Wir wollen annehmen, daß die in (4.47) und (4.48) eigentlich benötigten Zustandsdichten des realen Halbleiters in den effektiv beitragenden Energieintervallen näherungsweise durch die des idealen Halbleiters ersetzt werden können. Diese Näherung ist solange gerechtfertigt, wie die Konzentration der Donatoren und Akzeptoren klein ist gegenüber der Konzentration der effektiv beitragenden Bandzustände. Außerdem sollen in den genannten Intervallen die auf der parabolischen Bandstruktur beruhenden Zustandsdichten (4.31) und (4.32) des idealen Halbleiters annähernd gültig sind. Dann ergibt sich

$$n = \frac{1}{2\pi^2}\left(\frac{2m_c^*}{\hbar^2}\right)^{3/2}\int_{E_g}^{\infty} dE \, \frac{\sqrt{E - E_g}}{e^{(E - E_F)/kT} + 1} \, , \tag{4.52}$$

$$p = \frac{1}{2\pi^2}\left(\frac{2m_v^*}{\hbar^2}\right)^{3/2}\int_{-\infty}^{0} dE \, \frac{\sqrt{-E}}{e^{(E_F - E)/kT} + 1} \tag{4.53}$$

Man definiert als sogenanntes *Fermi-Integral* $F_{1/2}(\eta)$ die Funktion

$$F_{1/2}(\eta) = \frac{2}{\sqrt{\pi}}\int_0^{\infty} dx \, \frac{\sqrt{x}}{e^{x-\eta} + 1} \tag{4.54}$$

Damit folgt

$$n = N_c \, F_{1/2}[(E_F - E_g)/kT] \, , \tag{4.55}$$

$$p = N_v \, F_{1/2} \, [-E_F/kT] \tag{4.56}$$

mit

$$N_c = 2\left(\frac{m_c^* kT}{2\pi\hbar^2}\right)^{3/2} , \quad N_v = 2\left(\frac{m_v^* kT}{2\pi\hbar^2}\right)^{3/2} \tag{4.57}$$

Für den oft realisierten Fall, daß das Fermi-Niveau nicht nur schlechthin in der Energielücke liegt, sondern um mindestens einige kT weit weg von den beiden Bandkanten, sind die Argumente des Fermi-Integrals in (4.55), (4.56) vom Betrag her groß gegen eins. Für solche Argumente geht das Integral über in

$$F_{1/2}(\eta) = e^{\eta} , \qquad |\eta| \gg 1 . \tag{4.58}$$

Damit folgt

$$\left.\begin{aligned} n &= N_c\, e^{(E_F - E_g)/kT} \\ p &= N_v\, e^{-E_F/kT} \end{aligned}\right\} \text{ für } (E_g - E_F) , E_F \gg kT \tag{4.59}$$

Zum gleichen Ergebnis für n wären wir gekommen, wenn die Fermi-Verteilung f(E) für die Elektronen des Leitungsbandes von vornherein durch die Boltzmann-Verteilung (4.4) approximiert worden wäre, wie das für $(E-E_F) \gg kT$ möglich ist. Eine analoge Näherung für die Elektronen des Valenzbandes ist nicht erlaubt, da dort $E < E_F$ gilt. Sie ist aber für die Löcher des Valenzbandes anwendbar, d.h. für 1-f(E). Es gilt nämlich

$$1 - f(E) \equiv \frac{1}{e^{(E_F - E)/kT} + 1} , \tag{4.60}$$

und für $(E_F - E)/kT \gg 1$ ist näherungsweise

$$1 - f(E) = e^{-(E_F - E)/kT} \tag{4.61}$$

Ebenso wie die Elektronen werden also auch die Löcher durch eine Boltzmann-Verteilung beschrieben, wenn die Fermi-Energie hinreichend weit von den Bandrändern entfernt ist. In der früher eingeführten Terminologie können wir auch sagen, daß unter dieser Voraussetzung das Elektronensystem des Leitungsbandes und das Löchersystem des Valenzbandes nicht entartet sind. Wir betonen, daß diese Aussage in bezug auf das Valenzband nur für die Löcher, nicht aber die

Elektronen richtig ist. Das System der Elektronen des Valenzbandes ist hochgradig entartet. Im weiteren werden wir stets davon ausgehen, daß die Elektronen des Leitungsbandes und die Löcher des Valenzbandes nichtentartete Ladungsträger-Systeme darstellen.

Die Größen N_c und N_v in (4.57) haben die Dimension von räumlichen Dichten. Man bezeichnet sie als *effektive Zustandsdichten* des Leitungs- bzw. Valenzbandes. Der Sinn dieser Bezeichnung folgt unmittelbar aus den Definitionsgleichungen (4.47) und (4.48) für n und p - die Zustandsdichte wird über alle Energien aufsummiert, versehen mit einem Gewichtsfaktor, der die Besetzung der verschiedenen Energiewerte, also deren effektiven Beitrag zur Teilchenzahl berücksichtigt.

Wir wollen jetzt die Größenordnung der effektiven Zustandsdichten abschätzen. Wenn wir mit kT ≈ 10 meV und $m^*_{c,v} \approx 0.1$ m in die Ausdrücke (4.57) eingehen, folgt $N_{c,v} \approx 10^{19}$ cm^{-3}. Allgemein gilt

$$N_{c,v} = 2{,}4 \cdot 10^{19} \left(\frac{m^*_{c,v}}{m}\right)^{3/2} \left(\frac{T}{300K}\right)^{3/2} cm^{-3} . \tag{4.62}$$

Auf diese Größenordnung kommen wir auch auf einem mehr anschaulichen Weg. Die gewöhnliche Dichte der Zustände in einem Band ist mit (4.17)

$$\int_{-\infty}^{\infty} dE\, \rho_\nu^{ideal}(E) = \frac{1}{4\pi^3} \int_{1.BZ} d^3\mathbf{k}\; 1 = \frac{2}{\Omega_0} . \tag{4.63}$$

Sie ist also von der Größenordnung der Anzahl der primitiven Einheitszellen pro cm^3, d.h. ≈ 10^{22} cm^{-3}. Die Größenordnung der effektiven Zustandsdichte ergibt sich daraus durch Multiplikation mit dem Verhältnis von kT zur gesamten Bandbreite. Mit einem Wert von kT ≈ 10 meV und einer Bandbreite von 10 eV folgt $N_{c,v} \approx 10^{19} cm^{-3}$.

Die Konzentrationen n der Elektronen im Leitungsband und p der Löcher im Valenzband sind deutlich kleiner als N_C, N_V, da das Fermi-Niveau voraussetzungsgemäß hinreichend weit weg von den Bandrändern liegt und damit die Exponentialfaktoren in (4.59) wesentlich kleiner als 1 sind. Der exakte Wert von n und p hängt von der genauen Lage der Fermi-Energie E_F ab. Als Bestimmungsgleichung für E_F haben wir die Neutralitätsbedingung (4.51). In dieser Gleichung sind alle Größen bekannt, bis auf die Fermi-Energie. Sie kann also aus dieser Gleichung berechnet werden, und wir wollen dies auch gleich explizit tun. Bereits ohne jede Rechnung kann man feststellen, daß die Lage des Fermi-

Niveaus von der Donator- bzw. Akzeptorkonzentration N_D bzw. N_A abhängen wird. Diese Abhängigkeit überträgt sich unmittelbar auf n und p. Es gibt aber eine einfache Funktion dieser beiden Konzentrationen, nämlich ihr Produkt n·p, das im Falle nichtentarteter Ladungsträgersysteme bemerkenswerterweise unabhängig von E_F und damit auch von N_D und N_A ist. Aus (4.59) folgt nämlich

$$n \cdot p = n_i^2 = p_i^2 \tag{4.64}$$

mit

$$n_i \equiv p_i = (N_c N_v)^{1/2} e^{-\frac{1}{2} E_g/kT} \tag{4.65}$$

Man kann diese Gleichung als Massenwirkungsgesetz für eine "chemische" Reaktion ansehen, bei der aus gebundenen Elektronen im Valenzband und an den Donatoren einerseits und den gebundenen Löchern im Leitungsband und an den Akzeptoren andererseits freie Elektronen im Leitungsband und freie Löcher im Valenzband entstehen. Die Konzentration der gebundenen Elektronen kann näherungsweise gleich der effektiven Zustandsdichte N_v des Valenzbandes gesetzt werden, weil im nicht-entarteten Fall die Konzentration der Löcher in diesem Band und die Konzentration der besetzten Donatoren im Vergleich dazu sehr klein sind. Entsprechendes gilt für die gebundenen Löcher, zu denen hier auch die nicht besetzten Plätze im Leitungsband gerechnet werden müssen. Ihre Konzentration ist annähernd gleich der effektiven Zustandsdichte N_c des Leitungsbandes. Nach dem Massenwirkungsgesetz für ideale Gase ist dann $n \cdot p = K(T) N_c \cdot N_v$ mit $K(T) = \exp[-(g_c + g_v)/kT]$ als Massenwirkungskonstante. Dabei bezeichnen g_c und g_v die freien Enthalpien eines Elektrons im Leitungsband bzw. eines Loches im Valenzband. Mit $g_c + g_v = E_g$ geht das Massenwirkungsgesetz in die Beziehung (4.64) über, wie behauptet wurde.

4.3.2 Eigenhalbleiter

Wir betrachten jetzt speziell den Fall eines idealen Halbleiters, setzen also N_D und N_A gleich 0. Dann folgt aus (4.51) mit (4.49), (4.50)

$$n - p = 0 \quad . \tag{4.66}$$

Diese Gleichung besagt, daß zu jedem Elektron im Leitungsband ein Loch im Valenzband gehört. Wenn wir mit p = n in die Gleichung (4.64) eingehen, folgt als Lösung

	GaP	InP	GaAs	Si	Ge	InAs	InSb
n_i cm^{-3}	2,7	$8{,}2\cdot10^{6}$	$1{,}8\cdot10^{6}$	$1{,}5\cdot10^{10}$	$2{,}4\cdot10^{13}$	$8{,}6\cdot10^{14}$	$1{,}6\cdot10^{16}$

Tab. 10 Eigenleitungskonzentrationen n_i ausgewählter Halbleiter bei T = 300 K

$$n = n_i , \qquad p = p_i \tag{4.67}$$

Das ist die gleiche Beziehung, die wir bereits in Kapitel 1 auf der Grundlage empirischer Fakten aufgeschrieben haben. Hier haben wir sie theoretisch begründet. Man bezeichnet $n_i = p_i$ als *Eigenleitungskonzentration*, weil $n_i = p_i$ nur von Größen abhängt, die den idealen Halbleiter selbst betreffen. Der ideale Halbleiter wird in diesem Zusammenhang auch als *Eigenhalbleiter* bezeichnet. Für die Eigenleitungskonzentration erhält man mit $N_c = N_v = 10^{19}$ cm^{-3}, $E_g = 1$ eV, T = 300 K die Größenordnung $n_i \cong 10^{10}$ cm^{-3}. Einen Überblick über die n_i-Werte für einige wichtige Halbleiter bei Zimmertemperatur gibt Tab. 10. Dabei fällt die große Variationsbreite zwischen wenigen Ladungsträgern pro cm^3 bei dem breitlückigen Halbleiter GaP und 10^{16} Ladungsträgern pro cm^3 bei dem schmallückigen Halbleiter InSb auf. In Abb. 72 ist die Änderung von n_i mit der Temperatur dargestellt. Wertet man alle Zahlenfaktoren und Elementarkonstanten aus, folgt

$$n_i = 2{,}4\cdot10^{19} \left(\frac{m_c^* m_v^*}{m^2}\right)^{3/4} \left(\frac{T}{300K}\right)^{3/2} e^{-\frac{1}{2}E_g/kT} \tag{4.68}$$

Die Lage des Fermi-Niveaus E_{Fi} im nichtentarteten Eigenhalbleiter ergibt sich aus (4.65) und (4.59) durch Bildung des Logarithmus zu

$$E_{Fi} = \frac{1}{2}E_g + \frac{1}{2}kT \ln\left(\frac{N_v}{N_c}\right) \tag{4.69}$$

Wenn wir für N_c und N_v die Beziehungen (4.57) verwenden, folgt daraus

$$E_{Fi} = \frac{1}{2}E_g + \frac{3}{4}kT \ln\left(\frac{m_v^*}{m_c^*}\right) \tag{4.70}$$

Für T = 0 liegt das Fermi-Niveau also genau in der Mitte zwischen Valenz- und Leitungsband. Dort verharrt es auch bei endlichen Werten der Temperatur, wenn $m_c^* = m_v^*$ gilt, da dann $\ln(m_c^*/m_v^*) = 0$ ist. Wenn $m_c^* \neq m_v^*$ gilt, ergibt sich eine

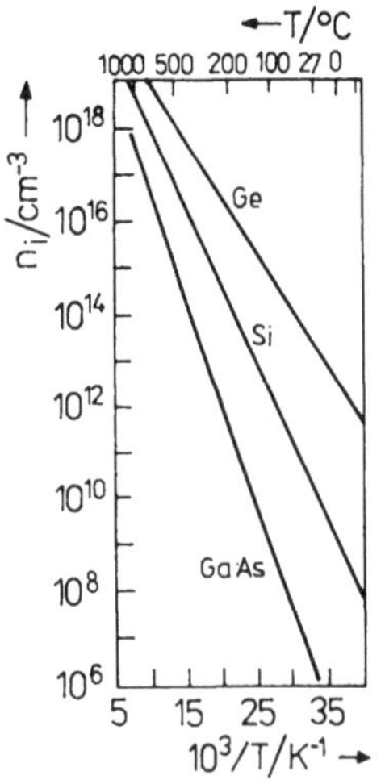

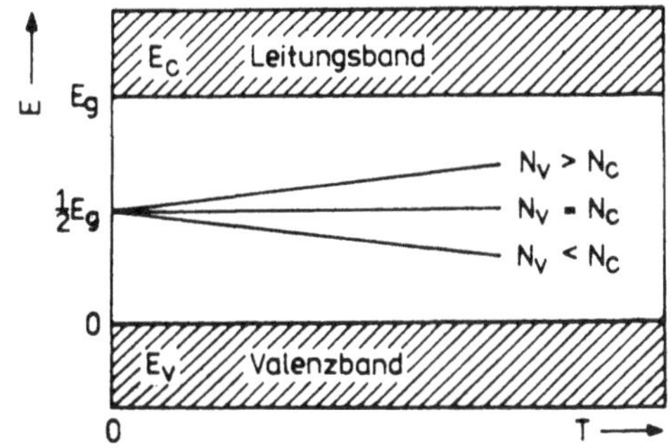

Abb. 73 Änderung des Fermi-Niveaus mit der Temperatur bei einem Eigenhalbleiter

Abb. 72 Eigenleitungskonzentrationen einiger Halbleiter als Funktion der Temperatur

Temperaturabhängigkeit, die schematisch in Abb. 73 dargestellt ist. Für $m_v^* > m_c^*$ bzw. $N_v > N_c$ entfernt sich E_{Fi} von der Valenzbandkante, für $m_c^* > m_v^*$ bzw. $N_c > N_v$ von der Leitungsbandkante. Das läßt sich folgendermaßen verstehen. Wenn die effektive Zustandsdichte im Valenzband größer ist als im Leitungsband, würden sich im Valenzband mehr Löcher aufhalten als Elektronen im Leitungsband, falls das Fermi-Niveau in der Mitte bliebe. Es muß von der Valenzbandkante abrücken, um die Gleichheit von n und p zu ermöglichen. Eine analoge Interpretation läßt sich im Falle $N_c > N_v$ geben. Bildlich ausgedrückt kann man sagen, daß Bandzustände das Fermi-Niveau abstoßen.

Wir bestimmen jetzt n und p für den Fall eines realen Halbleiters mit Donator- bzw. Akzeptoratomen. In Kapitel 1 haben wir dafür bereits die Bezeichnung "Störstellenhalbleiter" eingeführt.

4.3.3 Störstellenhalbleiter

n-Halbleiter

Wir nehmen zunächst an, daß nur Donatoren, aber keine Akzeptoren vorhanden sind. Es sei also $N_D \neq 0$ und $N_A = 0$. Wir wollen die Neutralitätsbedingung (4.51) in eine Gleichung zur Bestimmung der Elektronenkonzentration n umformen. Dazu benötigen wir zunächst einen expliziten Ausdruck für die Konzentration N_D^+ ionisierter Donatoren. Mit $E_D = E_g - E_B$ für die energetische Lage des

Donatorniveaus nimmt die in Anhang D abgeleitete verallgemeinerte Fermi-Verteilung (D.3) die Form

$$f(E_D) = \frac{1}{\frac{1}{2}\, e^{(E_g - E_B - E_F)/kT} + 1} \tag{4.71}$$

an. Im Unterschied zu den Bandzuständen tritt also vor dem Exponentialterm im Nenner ein Faktor 1/2 auf. Die Ursache dafür wird bei der Ableitung in Anhang D deutlich. Wir betrachten jetzt kurz die Konsequenzen. Im Grenzfall starker Entartung, in dem der Exponentialterm im Nenner von (4.71) vernachlässigt werden kann, folgt für die mittlere Teilchenzahl 1, während sich für Bandzustände in der gleichen Näherung 2 ergibt. In den lokalisierten Niveaus kann also nur die Hälfte der Teilchen untergebracht werden, die von Bandzuständen aufgenommen werden können. Die Coulomb-Abstoßung begrenzt die Aufnahmefähigkeit der lokalisierten Zustände, wenn Entartung vorliegt, d.h. wenn die lokalisierten Niveaus fast alle besetzt sind. Im nichtentarteten Grenzfall, in dem die "1" im Nenner weggelassen werden kann und $f \ll 1$ gilt, ergibt sich aus (4.71) die Boltzmann-Verteilung multipliziert mit 2. Die gleiche mittlere Teilchenzahl erhält man in diesem Grenzfall für Bandzustände, wenn man, wie erforderlich, die beiden Spinorientierungen berücksichtigt. Dieses Ergebnis ist verständlich, weil im nicht-entarteten Grenzfall die meisten der lokalisierten Niveaus leer sind und die Coulomb-Abstoßung demzufolge nur eine geringe Rolle spielt.

Ein weiterer Unterschied zwischen der Fermi-Verteilung (4.71) für Donatoren und der für Bandzustände besteht darin, daß das Fermi-Niveau im Falle der Donator-Verteilung unter Umständen dicht beim Donatorniveau liegt, d.h., daß die Entartung der Fermi-Verteilung, die in den Bändern nach Voraussetzung vernachlässigbar sein soll, bei den Donatorniveaus berücksichtigt werden muß. Aus $f(E_D)$ läßt sich die Fermi-Energie durch die Einführung der Elektronenkonzentration n aus Gleichung (4.59) eliminieren. Wir schreiben das Ergebnis gleich für diejenige Kombination von $f(E_D)$, die wir in der Neutralitätsbedingung (4.51) benötigen. Es gilt

$$1 - f(E_D) = \frac{n_1}{n + n_1} \tag{4.72}$$

mit

$$n_1 = \frac{1}{2} N_c\, e^{-E_B/kT} \tag{4.73}$$

Bis auf den Faktor $\frac{1}{2}$ entspricht n_1 der Elektronenkonzentration im Leitungsband eines nichtentarteten idealen Halbleiters, bei dem das Fermi-Niveau an der Stelle des Donatorniveaus liegt. Wenn wir noch p mit Hilfe der Relation (4.64) durch n_i^2/n ersetzen, so nimmt die Neutralitätsbedingung die Gestalt

$$n - \frac{n_i^2}{n} - N_D \frac{n_1}{n + n_1} = 0 \tag{4.74}$$

an. Aus ihr läßt sich sofort die Größenordnungsrelation

$$n \geq n_i \geq p \tag{4.74a}$$

ablesen. In einem Halbleiter, der Donatoren, aber keine Akzeptoren enthält, ist die Elektronenkonzentration also immer größer als die Eigenleitungskonzentration n_i und die Löcherkonzentration p. Man spricht deshalb von einem *n-Halbleiter*. Die Elektronen bezeichnet man in diesem Fall als *Majoritätsladungsträger* und die Löcher als *Minoritätsladungsträger*. Um die Neutralitätsbedingung (4.74) nach n auflösen zu können, schreiben wir sie in die Gleichung 3. Grades

$$n^3 + n_1 n^2 - (n_i^2 + n_1 N_D)\, n - n_i^2 n_1 = 0 \; . \tag{4.75}$$

um. Die Lösung von (4.75) läßt sich in allgemeiner Form angeben. Die Minoritätsladungsträgerkonzentration p folgt daraus mit Hilfe der Beziehung $n \cdot p = n_i^2$. Wir begnügen uns hier mit einer Näherungslösung von (4.75) in zwei typischen Grenzfällen, dem Fall extrem kleiner Donatorkonzentrationen N_D, in dem $N_D \ll n_1$ gilt, und dem Fall großer Konzentrationen mit $N_D \gg n_1$.

1) $N_D \ll n_1$:

Mit Rücksicht auf (4.74a) kann unter dieser Bedingung der Term proportional zu N_D in Gleichung (4.75) gegenüber dem zweiten Term vernachlässigt werden. Auf diese Weise folgt näherungsweise

$$n^3 + n_1 n^2 - n_i^2 n - n_i^2 n_1 = 0 \tag{4.76}$$

Die einzige positive reelle Lösung dieser Gleichung lautet

$$n = n_i \; . \tag{4.77}$$

Für p folgt $p = p_i$. Im hier betrachteten Fall 1 unterscheiden sich die Ladungsträgerkonzentrationen n und p also nicht von denen im Eigenleitungsfall. Vorausgesetzt, die Werte von N_D sind nicht extrem groß, läßt sich die Ungleichung $N_D \ll n_i$ immer erfüllen, wenn die Temperatur und damit n_i nur hinreichend groß gemacht werden. Für genügend hohe Temperaturen und nicht zu große N_D liegt somit stets Eigenleitung vor. Erst wenn die Donatorkonzentration so groß und die Temperatur so niedrig wird, daß die Ungleichung $N_D \ll n_i$ *nicht* mehr gilt, beeinflussen die Donatoren die Ladungsträgerkonzentrationen n und p in merklicher Weise.

Wir betrachten jetzt den Fall

2) $N_D \gg n_i$:

Wegen $n \geq n_i$ gilt dann auch $N_D n \gg n_i^2$. Unter dieser Bedingung kann der letzte Term in (4.75) vernachlässigt werden. Damit folgt näherungsweise die Gleichung

$$n^2 + n_i n - n_i N_D = 0 \tag{4.78}$$

Ihre positive Lösung lautet

$$n = \frac{1}{2} n_i \left[\sqrt{1 + 4N_D/n_i} - 1\right] \tag{4.79}$$

Falls $N_D \ll n_i$, d.h. für nicht zu hohe Dotierung, aber ausreichend hohe Temperaturen, ergibt sich daraus näherungsweise

$$n = N_D \ . \tag{4.80}$$

Alle Donatoratome sind ionisiert und haben ihr zusätzliches Elektron an das Leitungsband abgegeben. Verständlicherweise sind dafür hinreichend hohe Temperaturen und, bei Beachtung von $N_D \gg n_i$, ausreichend kleine Donatorkonzentrationen erforderlich, letzteres damit auch alle Donatorelektronen vom Leitungsband aufgenommen werden können. Man bezeichnet diesen Fall als *Störstellenerschöpfung*. Ist umgekehrt $N_D \gg n_i$, was sehr hohe Donatorkonzentrationen und niedrige Temperaturen bedeutet, ergibt sich aus (4.79) näherungsweise

$$n = \sqrt{n_i N_D} \tag{4.81}$$

Diese Konzentration ist wegen der Voraussetzung $n_i \ll N_D$ wesentlich kleiner als N_D, d.h., nur ein kleiner Teil der Donatoratome ist ionisiert und hat sein zusätzliches Elektron an das Leitungsband abgegeben. Man spricht von *Störstel-*

lenreserve oder vom *Ausfrieren der freien Ladungsträger* an den Störstellen. Trotzdem ist in diesem Fall n immer noch wesentlich größer als die Eigenleitungskonzentration n_i, sofern $n_1 \geq n_i$ gilt. Das ist auch dann noch so, wenn das Donatorniveau tief in der Lücke, z.B. bei $E_D = \frac{1}{2} E_g$ liegt und damit $n_1 = \frac{1}{2} n_i$ wird. Die Wirkung von Donatoratomen als effektiven Elektronenspendern für das Leitungsband ist also nicht daran gebunden, daß die Donatorniveaus flach unterhalb der Leitungsbandkante liegen, auch von der Mitte der verbotenen Zone her können sie n auf Werte weit oberhalb der Eigenleitungskonzentration erhöhen. Erst für noch tiefere Niveaus mit $n_1 \ll n_i$ kann sich das ändern. Die größte Erhöhung bewirken in jedem Falle aber flache Niveaus. In Abb. 74 ist dafür ein Beispiel dargestellt. Die drei verschiedenen Zustandsbereiche - Störstellenreserve für niedrige Temperaturen, Störstellenerschöpfung für mittlere und Eigenleitung für hohe, sind klar zu erkennen.

Die Minioritätsladungsträgerkonzentration p ist im Fall 2 stets wesentlich kleiner als die im Eigenleitungsfall p_i.

Wir bestimmen noch die Lage des Fermi-Niveaus im Fall einer merklichen n-Dotierung $N_D \gg n_i$. Aus

$$E_F = E_g + kT \ln\left(\frac{n}{N_c}\right) \tag{4.82}$$

folgt für $N_D \ll n_1$, d.h. für hohe Temperaturen und niedrige Dotierung,

$$E_F = E_g + kT \ln\left(\frac{N_D}{N_c}\right) \quad , \tag{4.83}$$

und für $N_D \gg n_1$, d.h. für niedrige Temperaturen und hohe Dotierung,

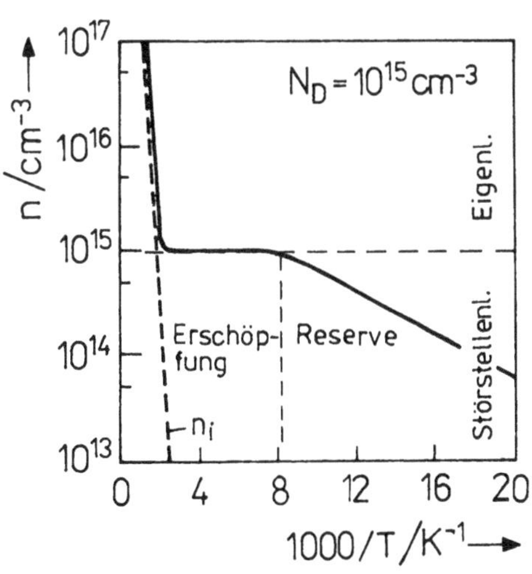

Abb. 74 Typischer Verlauf der Elektronenkonzentration eines n-leitenden Halbleiters als Funktion der Temperatur

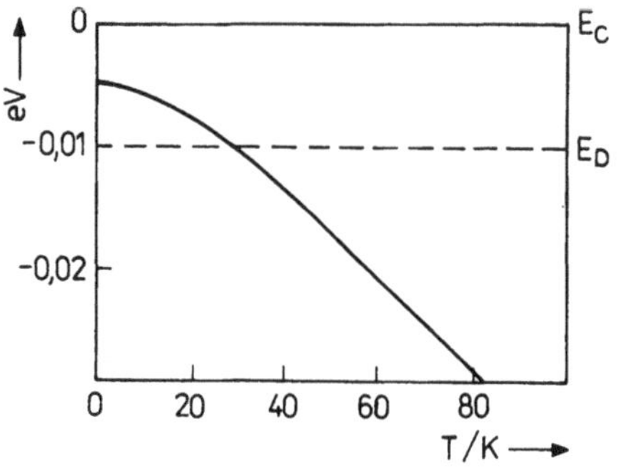

Abb. 75 Temperaturabhängigkeit des Fermi-Niveaus für n-Ge und typische Werte von E_B(10meV) und N_D($10^{16}cm^{-3}$) (*V.L. Bonč-Bruevič und S.G. Kalašnikov,* 1982)

$$E_F = E_g - \frac{1}{2} E_B + \frac{1}{2} kT \ln\left(\frac{N_D}{2N_c}\right) \tag{4.84}$$

Der Verlauf des Fermi-Niveaus in Abhängigkeit von der Temperatur ist in Abb. 75 für n-Germanium und typische Werte von N_D und E_B dargestellt. Bei der Temperatur T = 0 liegt das Fermi-Niveau genau in der Mitte zwischen dem Donatorniveau und dem unteren Leitungsbandrand, die Donatoren sind nur partiell ionisiert. Mit steigender Temperatur wächst der Ionisierungsgrad. Damit dies möglich wird, muß sich das Fermi-Niveau zu kleineren Energien verschieben. Man kann dies auch wieder als Abstoßung des Fermi-Niveaus durch die Zustandsgruppe mit der höherer Dichte auffassen - die effektive Leitungsbandzustandsdichte ist größer als die Donatorkonzentration.

p-Halbleiter

Alle Überlegungen zur Berechnung der Ladungsträgerkonzentrationen für einen n-Halbleiter lassen sich ohne Schwierigkeiten auf einen Halbleiter übertragen, der Akzeptoren und keine Donatoren enthält, für den also $N_A \neq 0$ und $N_D = 0$ gilt. Man spricht dann von einem *p-Halbleiter*. Die Löcher sind in diesem Fall die Majoritätsladungsträger und die Elektronen die Minoritätsladungsträger. Wir geben hier nur die Ergebnisse wieder. An die Stelle der Gleichungen (4.71), (4.72) und (4.73) treten die Beziehungen

$$[1 - f(E_A)] = \frac{1}{2e^{(E_B - E_F)/kT} + 1} \tag{4.85}$$

(siehe dazu Anhang D) und

$$f(E_A) = \frac{p_1}{p + p_1} , \tag{4.86}$$

wobei

$$p_1 = 2N_v \, e^{-E_B/kT} \tag{4.87}$$

gesetzt wurde. Mit p statt n als Variable nimmt die Neutralitätsbedingung (4.51) die Form

$$p - \frac{n_i^2}{p} - N_A \frac{p_1}{p + p_1} = 0 \tag{4.88}$$

an. Daraus folgt als Bestimmungsgleichung für p die Beziehung

$$p^3 + p_1 p^2 - (n_i^2 + p_1 N_A)\, p - n_i^2 p_1 = 0 \ . \tag{4.89}$$

Für $N_A \ll n_i$ lautet die Lösung

$$p = p_i \tag{4.90}$$

woraus $n = n_i$ folgt. Für $N_A \gg n_i$ erhält man

$$p = N_A \ , \tag{4.91}$$

falls $N_A \ll p_1$, und

$$p = \sqrt{p_1 N_A} \ , \tag{4.92}$$

falls $N_A \gg p_1$ gilt. In beiden Fällen ist die Minioritätsladungsträgerkonzentration $n \ll p$. Für die Lage des Fermi-Niveaus gilt Analoges wie beim n-Halbleiter.

4.3.4 Kompensation von Donatoren und Akzeptoren

Bisher wurden reale Halbleiter betrachtet, die entweder nur Donatoratome oder nur Akzeptoratome enthielten, aber nicht beide Atomsorten gleichzeitig. Jetzt wollen wir annehmen, daß beide Arten von Störstellen in vergleichbar großer Konzentration vorhanden sind. Eine solche Situation wird man zwar kaum absichtlich herbeiführen, sie ergibt sich aber bei der Herstellung von Halbleitermaterialien nicht selten unabsichtlich, nämlich dadurch, daß eine nicht gewünschte chemische Verunreinigung in Kauf genommen werden muß. Das können z.B. Boratome in einem Siliziumkristall sein, den man mittels Phosphordotierung n-leitend machen möchte. Auch technologische Gründe bei der Herstellung von Halbleiter-Bauelementen, etwa die p-Dotierung von Teilbereichen einer vorher schon n-dotierten Siliziumscheibe, führen dazu, daß gleichzeitig Donatoren und Akzeptoren vorhanden sind. Es erhebt sich die Frage, welche Ladungsträgerkonzentrationen sich unter diesen Umständen im Halbleiter einstellen. Addieren sich die jeweiligen Elektronen- und Löcherkonzentrationen einfach gegenseitig auf, ohne miteinander zu interferieren, oder verstärken bzw. kompensieren sie sich ganz oder teilweise? Die Antwort auf diese Frage läßt sich leicht aus dem Massenwirkungsgesetz (4.64) ableiten. Danach kann die Zugabe von Akzeptoren zu einem Material, das vorher nur Donatoren enthielt, nicht zu einer Erhöhung der Löcherkonzentration führen, ohne daß dabei gleichzeitig die Elektronenkonzentration abnimmt. Die Donatoren und Akzeptoren kompensieren sich also bis zu einem gewissen Grade gegenseitig. Der Grund dafür ist in Abb. 76 veranschaulicht. Das Einbringen von Akzeptorniveaus dicht oberhalb der Valenzbandkante in ein Material, das bereits Donatorniveaus dicht unterhalb der Leitungsbandkante enthält, verändert den Grundzustand des Kristalls. Statt unter leichter Energieerhöhung ins Leitungsband überzugehen, werden die Donatorelektronen unter starker Absenkung der Gesamtenergie des Kristalls in die leeren Akzeptorniveaus fallen, die ihrerseits lieber *diese* Elektronen als die aus dem Valenzband aufnehmen werden, da letztere erst angeregt werden müssen. Analog werden Löcher aus Akzeptorniveaus in die Donatorniveaus fallen, statt ins Valenzband angeregt zu werden. Der Einfang der freien Träger kann vollständig sein, dann spricht man von *vollständiger Kompensation.* Ist die Konzentration der Akzeptoren zu gering, um alle Donatorelektronen aufnehmen zu können, hat man einen *partiell kompensierten n-Halbleiter* ($p < n < N_D$), und wenn die Konzentration der Donatoren zu klein ist, um alle Akzeptorlöcher einzufangen, einen *partiell kompensierten p-Halbleiter* ($n < p < N_A$).

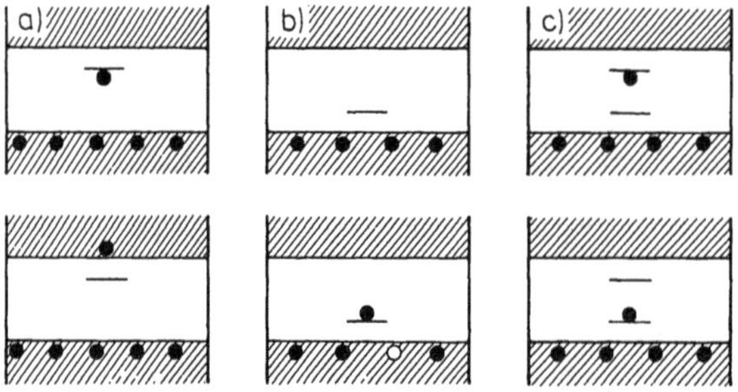

Abb. 76 Halbleiter mit a) einem Donatorniveau, b) einem Akzeptorniveau und c) mit beiden Niveaus. Bei a) und b) entsprechen die oberen Bilder dem Grundzustand und die unteren dem angeregten. Bei c) ist es umgekehrt: Das untere Bild entspricht dem Grundzustand, das Donatorelektron ist vom Akzeptorniveau eingefangen

Für die Besetzungsstatistik ist der Ursprung der Elektronen (Valenzband oder Donator), die ein Akzeptorniveau besetzen, völlig unerheblich. Wichtig ist nur, daß ein Niveau unterhalb des Donatorniveaus vorliegt, das mit einem Elektron besetzt werden kann. Es kann sich dabei statt eines flachen Akzeptorniveaus auch um ein tiefes Niveau handeln, das wegen seines großen Abstandes vom Valenzband überhaupt nicht als Akzeptor wirkt. Wenn es Elektronen binden kann, ist es für die Kompensation der Donatoren trotzdem von Bedeutung - es wirkt als Einfangzentrum (englisch *trap*) für Elektronen. Analoges gilt für die Kompensation von Akzeptoren durch tiefe Niveaus, die Löcher binden können (Löcher-Traps). Wie wir in Kapitel 3 gesehen haben, werden tiefe Niveaus sowohl durch Strukturdefekte als auch durch chemische Verunreinigungen hervorgerufen. Da in Halbleitermaterialien stets derartige Störungen enthalten sind, - umso mehr, je weniger Aufwand bei ihrer Herstellung getrieben wurde -, ist die vollständige oder partielle Kompensation gewissermaßen der Naturzustand von Halbleitermaterialien. Dieser ist nur mit hohem Aufwand bei der Reinigung und Kristallzüchtung zu überwinden. Aber selbst dann noch widersetzen sich bestimmte Halbleiter einer absichtlichen Dotierung. Ein bekanntes Beispiel dafür sind die breitlückigen II-VI-Verbindungen, wie z.B. ZnSe, das zwar relativ leicht n-, aber nur schwer p-dotiert werden kann. Welche Niveaus für die Kompensation in diesem Fall verantwortlich sind, ist heute noch Gegenstand der Forschung.

Quantitativ lassen sich die freien Ladungsträgerkonzentrationen n, p aus den gleichen Beziehungen ermitteln wie im Falle einer reinen n- oder p-Dotierung. Das Fermi-Niveau ergibt sich wieder aus der Neutralitätsbedingung (4.64), die jetzt lautet

$$n - \frac{n_i^2}{n} - \frac{n_1}{n + n_1} N_D + \frac{p_1 n}{n_i^2 + p_1 n} N_A = 0 \quad , \tag{4.93}$$

wobei n und p der Beziehung (4.59) zu entnehmen sind. Die Relation (4.93) kann in eine Gleichung 4. Grades für n bzw. p umgeschrieben werden. Da diese nicht in kompakter Form lösbar ist, betrachten wir bestimmte Grenzfälle, die einfache Lösungen und gewisse physikalische Einsichten ermöglichen. Unter der Annahme $n \ll n_1$, $p \ll p_1$ erhält man näherungsweise

$$n^2 - n_i^2 - n(N_D + N_A) = 0 \quad . \tag{4.94}$$

Diese Gleichung entspricht dem Grenzfall vollständig ionisierter Donatoren und

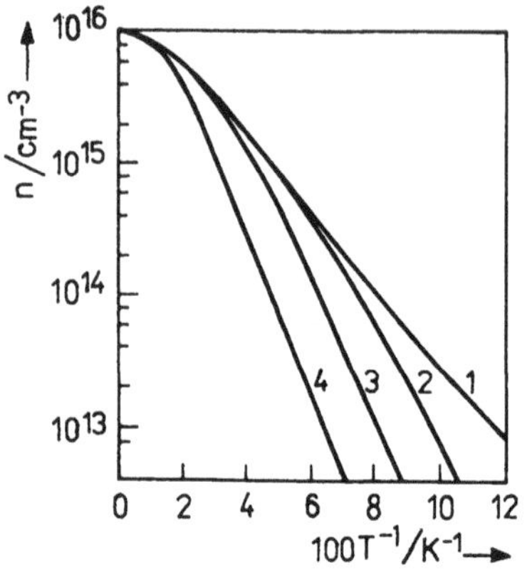

Abb. 77 Berechnete Temperaturabhängigkeit der Elektronenkonzentration von partiell kompensiertem n-Ge. (E_B = 10 meV, m_c = 0,25m). Es wurde $N_D - N_A = 10^{16}cm^{-3}$ angenommen. Die verschiedenen Kurven entsprechen unterschiedlichen Kompensationsgraden N_A : 1 - 0, 2 - 10^{14}, 3 - 10^{15}, 4 - $10^{16}cm^{-3}$ (nach *V.L. Bonč-Bruevič* und *S.G. Kalašnikov*, 1982)

Akzeptoren. Ihre Lösung lautet

$$n = \frac{1}{2}\left[N_D - N_A\right] + \frac{1}{2}\sqrt{(N_D - N_A)^2 + 4n_i^2} \tag{4.95}$$

Für $N_D = N_A$ ergibt sich $n = n_i$. Die Kompensation ist vollständig, man hat den Eigenleitungsfall. Für $N_D \neq N_A$ und $(N_D - N_A)^2 \gg n_i^2$ erhält man

$$n = (N_D - N_A)\ , \qquad p = n_i^2/(N_D - N_A) \qquad \text{für } N_D > N_A\ , \tag{4.96a}$$

$$n = n_i^2/(N_A - N_D)\ , \qquad p = (N_A - N_D) \qquad \text{für } N_A > N_D \tag{4.96b}$$

Man hat also einen partiell kompensierten n-Halbleiter, falls $N_D > N_A$ gilt, und einen partiell kompensierten p-Halbleiter, falls $N_A > N_D$ ist. In beiden Fällen beträgt die Ladungsträgerkonzentration $|N_D - N_A|$. Bei nicht vollständig ionisierten Donatoren oder Akzeptoren gilt dieser einfache Zusammenhang nicht mehr. In Abb. 77 ist die partielle Kompensation am Beispiel von n-dotiertem Ge veranschaulicht. Die Kurven lassen sich aus Gleichung (4.94) leicht berechnen.

4.3.5 Komplexere Störstellen

Bei der obigen Analyse wurden maximal zwei Arten von Dotierungsstörstellen gleichzeitig betrachtet. Aber natürlich können in Wirklichkeit mehr vorkommen. Es ist nicht schwierig, die Theorie auf diesen allgemeineren Fall auszudehnen. Jeder zusätzliche Donatortyp (charakterisiert durch einen Index j) bringt einen zusätzlichen Term $N_{Dj}/(n + n_j)$ in die Neutralitätsbedingung ein, und jeder zusätzliche Akzeptortyp (charakterisiert durch einen Index k) einen Term $N_{Ak}/(p + p_k)$. Die verallgemeinerte Neutralitätsbedingung bestimmt wie früher die Lage des Fermi-Niveaus eindeutig.

Bei den Dotierungszentren selbst wurden bisher angeregte gebundene Zustände ausgeschlossen und nur zwei Ladungszustände zugelassen, nämlich der neutrale Grundzustand und der einfach geladene ionisierte Zustand. Werden diese Annahmen fallengelassen, so ergeben sich Änderungen an der Neutralitätsbedingung, d.h., die Lage des Fermi-Niveaus hängt dann in anderer Weise von N_D, N_A, N_c, N_v und T ab als bei einfachen Störstellen. Der Zusammenhang zwischen den Ladungsträgerkonzentrationen n, p und dem Fermi-Niveau (4.59) bleibt aber unverändert.

Angeregte gebundene Zustände

Wir nehmen einen Donator an, der wie früher nur einfach ionisierbar sein soll, der aber neben dem Grundzustandsniveau $E_D \equiv E_{D1}$ noch angeregte Niveaus E_{Di}, i = 2, 3, ... besitzt. Im Anhang D wird die mittlere Anzahl $f^*(E_D)$ von Elektronen an einer solchen Störstelle berechnet. Es ergibt sich

$$f^*(E_D) = \frac{1}{\beta^* e^{(E_g - E_B - E_F)/kT} + 1} \qquad (4.97)$$

mit

$$\beta^* = \left[2 \sum_i \frac{g_{D1i}}{g_{D0}} e^{-(E_{Di} - E_D)/kT} \right]^{-1} \qquad (4.98)$$

Für den Fall eines einzigen gebundenen Niveaus geht $f^*(E_D)$ aus (4.97) in die frühere Verteilung $f(E_D)$ aus (4.71) über. Wenn für alle angeregten Niveaus i = 2,3,... $(E_{Di} - E_D) \gg kT$ gilt, liefert nur der Grundzustand zur Summe in (4.98) einen wesentlichen Beitrag, d.h. es ist näherungsweise so, als wären keine angeregten Niveaus vorhanden. Das ist verständlich, weil unter diesen Umständen die angeregten Zustände praktisch vollständig ionisiert sind und zur Aufenthaltswahrscheinlichkeit eines Elektrons am Zentrum nur wenig beitragen. In die Konzentration der Elektronen im Leitungsband gehen die angeregten Zustände insofern ein, als sie dort wegen der Erhaltung der Gesamtzahl von Zuständen fehlen. Mit dem gleichen Argument wie früher kann aber auch hier die Änderung der effektiven Bandzustandsdichten durch das Vorhandensein von Störstellen vernachlässigt werden. Wenn nicht für alle i $(E_{Di} - E_D) >> kT$ gilt, ist im Mittel eine größere Anzahl von Elektronen am Donator gebunden als ohne angeregte Zustände. Die Konzentration der freien Elektronen reduziert sich also. Formal führt das Vorhandensein gebundener Zustände dazu, daß in der Neutralitätsbedingung (4.51) n_1 durch

$$n_1^* = \beta^* 2n_1 \tag{4.99}$$

ersetzt wird.

Für Akzeptoren mit angeregten gebundenen Zuständen gilt Analoges. Man hat in der Neutralitätsbedingung p_1 durch

$$p_1^* = \beta^{*-1} 2^{-1} p_1 \tag{4.100}$$

zu ersetzen. Die gebundenen Zustände reduzieren in diesem Falle die mittlere Anzahl gebundener Löcher, erhöhen also die Anzahl freier.

Mehrfach ionisierbare Störstellen

Die Besonderheiten der elektronischen Struktur mehrfach ionisierbarer Störstellen wurden in Kapitel 3 erörtert. Danach sind bei ihnen nur die Gesamt-Energieniveaus der jeweiligen Mehrelektronen-Systeme definiert. Den diskreten Niveaus entsprechen Zustände, in denen die Elektronen am Zentrum lokalisiert sind. Die Wahrscheinlichkeiten für die Realiserung dieser Zustände sind wie früher durch die großkanonische Gesamtheit bestimmt. In den Exponentialfaktoren der entsprechenden thermodynamischen Wahrscheinlichkeiten stehen jetzt aber Vielelektronen-Niveaus und nicht mehr Einelektronen-Niveaus. Außerdem ist die maximale Besetzungszahl eines Zentrums nicht mehr 1, sondern größer als 1. Mit diesen Modifikationen lassen sich die Mittelwerte der Besetzungszahlen für mehrfach ionisierbare Zentren ebenso berechnen wie vorher die für einfach ionisierbare. Wir verzichten hier aber auf diese Rechnung und geben eine mehr anschauliche Beschreibung, die sich des Einteilchenbildes bedient. Dabei werden die verschiedenen Ionisationszustände einer Störstelle als unterschiedliche Zentren aufgefaßt. Angeregte Zustände im gleichen Ladungszustand werden nicht berücksichtigt. Als Beispiel wählen wir die zweifach ionisierbare Schwefel-Störstelle in Si. Dem neutralen S^0-Zentrum entspricht das Einelektronen-Niveau $S_+^0 \equiv E_D^0$. Seine Konzentration ist gleich der der Schwefelatome N_D. Die einfach geladenen S^+-Ionen bilden Einelektronen-Niveaus $S_{2+}^+ \equiv E_D^1$. Ihre Konzentration ist durch die der einfach ionisierten S^0-Zentren gegeben, also durch

$N_D[1 - f(E_D^0)]$. Diese Angaben reichen aus, um die Neutralitätsbedingung für die beiden S^0- und S^+-Zentren aufzuschreiben. Sie lautet

$$n - p - N_D[1 - f(E_D^0)] - N_D[1 - f(E_D^0)]\,[1 - f(E_D^1)] = 0 \qquad (4.101)$$

Daraus folgt die Fermi-Energie, die ihrerseits die Elektronen- und Löcherkonzentrationen n und p bestimmt.

Wie in Kapitel 3 erläutert wurde, können Punktstörungen mit mehreren gebundenen Elektronen und Löchern sowohl als Donatoren als auch als Akzeptoren wirken. Beim Silizium bildet das neutrale Au^0-Zentrum ein in der unteren Hälfte der Energielücke liegendes Donatorniveau Au_+^0, und ein in der oberen Hälfte gelegenes Akzeptorniveau Au_0^- (siehe Abb.49). Bei der Au-Störstelle in Ge (siehe Abb 78) liegt das Donatorniveau Au_{2+}^+ des einfach positiven Au^+-Zentrums dicht oberhalb der Valenzbandkante. Das Akzeptorniveau Au_-^{2-} des einfach negativen Au^-- Zentrums befindet sich im oberen Teil der Energielücke. Ob Au Donator oder Akzeptor ist, hängt also in diesem Fall vom Ladungszustand bzw., was dasselbe ist, von der Besetzung bzw. von der Lage des Fermi-Niveaus ab (siehe Abb. 78). Letztere ist zwar durch die Konzentration der Au-Atome mitbestimmt, wird aber auch von der Anwesenheit anderer, insbesondere flacher Donatoren und Akzeptoren beeinflußt. Auf diese Weise wirkt Au in p-dotiertem Germanium als Donator, denn bei einer Lage des Fermi-Niveau dicht oberhalb der Valenzbandkante ist der Ladungszustand Au^+ realisiert, und in n-dotiertem Material als Akzeptor, da in diesem Fall das Fermi-Niveau dicht unterhalb der Leitungsbandkante liegt und der Ladungszustand Au^- auftritt (siehe Abb. 49).

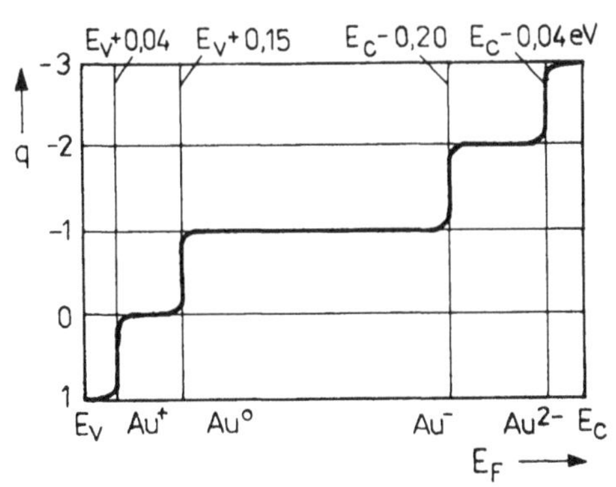

Abb. 78 Mittlere Elektronenzahl an Au-Zentren in Ge in Abhängigkeit von der Lage des Fermi-Niveaus (nach *V. L. Bonč-Bruevič* und *S. G. Kalašnikov*, 1982)

Die bei Au in Ge und Si zu beobachtende Doppelnatur ist nicht auf diese Störstelle beschränkt, sondern tritt auch bei anderen Punktstörungen und Halbleitermaterialien auf. Man spricht von *amphoteren* Störstellen.

KAPITEL 5

5. NICHTGLEICHGEWICHTSPROZESSE IN HALBLEITERN

Im vorangegangenen Kapitel haben wir Halbleiter betrachtet, die im makroskopischen Sinn räumlich homogen waren und auf die keine äußeren Störungen einwirkten. Das thermodynamische Gleichgewicht des Elektronensystems derartiger Halbleiter ist dadurch charakterisiert, daß die Zustandsgrößen, insbesondere die Temperatur und das chemische Potential, feste, vom Ort und von der Zeit unabhängige Werte besitzen, und daß keine elektrischen Felder oder Ströme auftreten. Halbleiter zeichnen sich vor anderen Materialien dadurch aus, daß sie leicht in Zustände gebracht werden können, in denen die thermodynamischen Zustandsgrößen Werte annehmen, die relativ stark von den Gleichgewichtswerten abweichen und die unter Umständen auch vom Ort und der Zeit abhängen, oder in denen relativ starke elektrische Felder und Ströme vorhanden sind. "Relativ" bedeutet dabei in Bezug auf andere Festkörper. In Metallen z.B. lassen sich makroskopische elektrische Felder praktisch überhaupt nicht erzeugen, weil sie durch die in großer Anzahl vorhandenen freien Elektronen auf Abständen von etwa 1 Å vollständig abgeschirmt werden. Das gleiche trifft auf räumliche Variationen der Elektronenkonzentration in Metallen zu. Bei Isolatoren läßt sich zwar ähnlich wie bei Halbleitern durch starke Bestrahlung mit Licht eine Konzentration freier Ladungsträger erreichen, die wesentlich von Null verschiedene Stromdichten möglich macht, aber die dafür erforderlichen Lichtintensitäten sind sehr hoch und die Wellenlängen extrem kurz. Halbleiter haben die unikale Eigenschaft, daß bei ihnen durch äußere Manipulationen relativ leicht Zustände eingestellt werden können, die stark vom thermodynamischen Gleichgewicht abweichen. Darauf beruhen letztlich alle Anwendungen von Halbleitern in elektronischen und optoelektronischen Bauelementen. Der Transistor z.B. funktioniert deshalb, weil man mit Hilfe einer elektrischen Spannung den Widerstand eines bestimmten Gebietes in einem inhomogenen Halbleiter ändern kann, und die lichtemittierende Halbleiterdiode ist deshalb möglich, weil man mittels einer angelegten elektrischen Spannung Nichtgleichgewichts-Elektronen in einem p-Halbleiter erzeugen kann, die unter Lichtemission ins Valenzband übergehen.

5.1 Statistische Grundlagen der Beschreibung von Nichtgleichgewichtsprozessen

Das thermodynamische Gleichgewicht ist der einzige makroskopische Zustand eines Systems, der sich zeitlich nicht ändert. Alle anderen makroskopischen Zustände, d.h. also alle Nichtgleichgewichtszustände, sind zeitlichen Veränderungen unterworfen - es finden makroskopische Prozesse statt. Man spricht von *Nichtgleichgewichtsprozessen*. Damit werden wir uns in diesem Kapitel detaillierter beschäftigen.

Im Rahmen einer mikroskopischen statistischen Beschreibung sind Nichtgleichgewichtszustände durch Besetzungswahrscheinlichkeiten f der Einelektronenzustände i charakterisiert, die nicht wie im Gleichgewicht nur von der Energie E_i abhängen, sondern auch von anderen Quantenzahlen dieser Zustände, und die im allgemeinen auch noch Funktionen des Ortes $\mathbf{x}$ und der Zeit t sein können. Der Übergang vom Gleichgewicht zum Nichtgleichgewicht bedeutet also die Ersetzung

$$f(E_i) \longrightarrow f(i, \mathbf{x}, t) \tag{5.1}$$

Da die Temperatur T und das chemische Potential ζ letztlich nur als Parameter in der Gleichgewichtsverteilungsfunktion $f(E_i)$ definiert sind, muß man schließen, daß diese Größen für makroskopische Nichtgleichgewichtszustände nicht existieren. Es gibt dementsprechend auch keine Nichtgleichgewichtsverteilungsfunktionen $f(i,\mathbf{x},t)$, die von ihnen abhängen könnten. Überhaupt lassen sich keine fertigen allgemeinen Ausdrücke für $f(i,\mathbf{x},t)$ angeben, in denen bestimmte Parameter vorkommen, die nur noch an die jeweilige Nichtgleichgewichtssituation angepaßt werden müssen, wie das im Gleichgewicht der Fall ist. Statt analytischer Ausdrücke hat man bestimmte Gleichungen, aus denen die Verteilungsfunktion berechnet werden kann. Die für das Elektronensystem eines Festkörpers am besten geeignete ist die Boltzmann-Gleichung. Wir geben diese Gleichung jetzt für die ausgebreiteten Einteilchen-Elementaranregungen dieses Sytems, die Bloch-Zustände $\nu\mathbf{k}$, in expliziter Form an. Die Verteilungsfunktion $f(\nu\mathbf{k},\mathbf{x},t)$ bedeutet in diesem Falle die Wahrscheinlichkeit, daß am Ort $\mathbf{x}$ zur Zeit t der Platz mit dem Quasiwellenvektor $\mathbf{k}$ im ν-ten Band von einem Elektron besetzt ist. Ohne äußere Störung befinden sich die Bloch-Elektronen im thermodynamischen Gleichgewicht, werden also durch die Fermi-Verteilung (4.3b) mit $E = E_\nu(\mathbf{k})$ und $\beta = 1$ beschrieben. Um das System aus dem Gleichgewicht zu bringen, muß eine äußere Störung vorhanden sein. Als solche nehmen wir ein makroskopisches elektrisches Feld $\mathbf{E}(\mathbf{x},t)$ an. Daneben wirken auf die Bloch-Elektronen auch noch innere Störungen, nämlich die Wechselwirkung mit Phononen und Störstellen. In der statistischen Mechanik der Nichtgleichgewichtsprozesse wird gezeigt, daß die Boltzmann-Gleichung unter diesen Bedingungen die folgende Gestalt hat:

$$\left[\frac{\partial}{\partial t} + \frac{1}{\hbar} \nabla_{\mathbf{k}} E_{\nu}(\mathbf{k}) \cdot \nabla_{\mathbf{x}} + e\mathbf{E}(\mathbf{x},t) \cdot \frac{1}{\hbar} \nabla_{\mathbf{k}} \right] f(\nu\mathbf{k},\mathbf{x},t) = \left(\frac{\partial f}{\partial t} \right)_{\text{Stöße}} \tag{5.2}$$

Der Term auf der rechten Seite dieser Gleichung beschreibt die Änderung der Verteilungsfunktion infolge der Wechselwirkung der Elektronen mit den Phononen und Störstellen. Die Bezeichnung "Stöße" weist darauf hin, daß es sich dabei um kurzzeitige Wechselwirkungsakte handelt. Der Stoßterm ist im allgemeinen ein Integral über Produkte aus zwei Verteilungsfunktionen $f(\nu\mathbf{k},\mathbf{x},t)$ und $f(\nu'\mathbf{k}',\mathbf{x},t)$, d.h., er ist bilinear in f, und in ihm kommen nicht nur die Werte der Verteilungsfunktion für den links stehenden Bloch-Zustand $\nu\mathbf{k}$ vor, sondern für *alle* Bloch-Zustände $\nu'\mathbf{k}'$. Dieser Term macht die eigentliche Schwierigkeit der Boltzmann-Gleichung aus, und zwar sowohl bei ihrer Ableitung als auch bei ihrer Lösung. Die beiden Gradiententerme auf der linken Seite der Gleichung beschreiben die Änderungen der Verteilungsfunktion durch einen Nettozugang von Teilchen an einem bestimmten Ort $\mathbf{x}$ infolge der Teilchenbewegung (deshalb steht vor $\nabla_{\mathbf{x}}$ die effektive Geschwindigkeit $\hbar^{-1} \nabla_{\mathbf{k}} E_{\nu}(\mathbf{k})$) und für einen bestimmten Quasiwellenvektor $\mathbf{k}$ (deshalb steht vor $\nabla_{\mathbf{k}}$ die zeitliche Änderungsrate von $\mathbf{k}$ im elektrischen Feld $\mathbf{E}(\mathbf{x},t)$).

Wenn die Verteilungsfunktion $f(\nu\mathbf{k},\mathbf{x},t)$ durch Lösung der Boltzmann-Gleichung bekannt ist, lassen sich mit ihrer Hilfe ähnlich wie im Gleichgewicht sofort statistische Mittelwerte $\langle A\rangle$ beliebiger physikalischer Größen A des Vielelektronensystems berechnen, die sich additiv aus Einelektronengrößen a zusammensetzen. Wie die Verteilungsfunktion selbst sind die Mittelwerte Funktionen $\langle A\rangle(\mathbf{x},t)$ des Ortes und der Zeit. Es gilt

$$\langle A\rangle(\mathbf{x},t) = \sum_{\nu\mathbf{k}} f(\nu\mathbf{k},\mathbf{x},t)\, (\nu\mathbf{k}|a|\nu\mathbf{k}) \quad . \tag{5.3}$$

Zu den physikalischen Größen, deren Berechnung bereits im Gleichgewicht von Interesse ist, wie z.B. Teilchenkonzentrationen oder Energiedichten, kommen im Nichtgleichgewicht weitere hinzu, nämlich die mit diesen Größen verbundenen Ströme, also z.B. Teilchen- oder Energieströme. Letztere sind nur im Nichtgleichgewicht von Null verschieden, und daher im Gleichgewicht ohne Interesse.

Aber auch bei Größen, deren Mittelwerte bereits im Gleichgewicht nicht verschwinden, treten im Nichtgleichgewicht neue Aspekte auf - sie besitzen zeitliche und räumliche Abhängigkeiten, die es zu berechnen gilt. Ein Beispiel dafür ist die Energiedichte. Diese kann in einem Nichtgleichgewichtszustand größer sein als im Gleichgewicht. Überläßt man das System sich selbst, klingt die Nichtgleichgewichtsenergiedichte auf den Gleichgewichtswert ab. Beide Arten von Erscheinungen, das Auftreten von Strömen und von zeitlich-räumlichen Änderungen bei den bereits im Gleichgewicht nicht verschwindenden Mittelwerten, machen in ihrer Gesamtheit die Nichtgleichgewichtsprozesse aus. Für Halbleiter sind beide Arten von Bedeutung. Ihre theoretische Beschreibung kann einerseits auf der Grundlage der Boltzmann-Gleichung erfolgen - man löst diese Gleichung und berechnet mit der dann bekannten Verteilungsfunktion $f(\nu\mathbf{k},\mathbf{x},t)$ die Mittelwerte der jeweils interessierenden Größen. Andererseits kann man aber auch empirisch gefundene Gleichungen für die mittleren Ströme und zeitlichen Änderungsraten heranziehen, z.B. das Ohmsche Gesetz oder das erste Ficksche Gesetz. Man spricht von *phänomenologischen Gleichungen.*

Die Boltzmann-Gleichung enthält mehr Information über den Zustand des Systems als die phänomenologischen Gleichungen. Letztere können unter bestimmten Zusatzannahmen aus der Boltzmann-Gleichung abgeleitet werden. Die Umkehrung, d.h. die Ableitung der Boltzmann-Gleichung aus den phänomenologischen Gleichungen, ist nicht möglich. Der Übergang von der Boltzmann-Gleichung zu den phänomenologischen Gleichungen entspricht im gewissen Sinne einer Vergröberung der Längen- und Zeitskalen, auf denen man die Prozesse betrachtet. Sollen Vorgänge im Bereich der mittleren freien Weglänge und Flugzeit räumlich bzw. zeitlich noch aufgelöst werden, benötigt man die Boltzmann-Gleichung. Reicht hingegen eine makroskopische Auflösung aus, kann man die phänomenologischen Gleichungen benutzen. In der Halbleiterphysik ist in der Regel das letztere der Fall. Deshalb werden wir im folgenden von den phänomenologischen Gleichungen statt von der Boltzmann-Gleichung ausgehen.

Die phänomenologischen Gleichungen sind nur innerhalb gewisser Grenzen gültig. Man könnte die Kenntnis darüber ebenfalls als empirisch gegeben ansehen. Fruchtbarer ist es jedoch, sich darüber auf der Grundlage der Boltzmann-Gleichung Klarheit zu verschaffen. Die Frage, die dabei zu beantworten ist, lautet: Unter welchen Zusatzannahmen können die phänomenologischen Gleichungen aus der Boltzmann-Gleichung abgeleitet werden. Die Antwort kann hier nur in relativ allgemeinen Worten gegeben werden, weil wir bewußt auf eine detaillierte Darstellung der statistischen Theorie verzichten. Phänomenologische Gleichungen für zeitliche Änderungsraten physikalischer Größen kann man da-

durch erhalten, daß man die Boltzmann-Gleichung mit dem Wert dieser Größe im Bloch-Zustand $\nu\mathbf{k}$ multipliziert und anschließend über alle Bloch-Zustände oder auch nur über die eines bestimmten Bandes aufsummiert. Die einfachsten derartigen Gleichungen sind die für die Elektronen- bzw. Löcherkonzentrationen in verschiedenen Bändern. Sie beschreiben Umverteilungen der Elektronen bzw. Löcher zwischen den Bändern oder zwischen diesen und lokalisierten Zuständen, die unter den betrachteten Umständen als Teilchenreservoir wirken. Die entsprechenden phänomenologischen Gleichungen werden wir später explizit angeben. Sie lassen sich auf dem oben beschriebenen Weg aus der Boltzmann-Gleichung ableiten, wenn man bestimmte Voraussetzungen über die Zustandsabhängigkeit der quantenmechanischen Übergangswahrscheinlichkeiten zwischen den Bändern und den Störniveaus, die im Stoßterm vorkommen, macht.
Bei der Ableitung phänomenologischer Gleichungen für die Ströme muß man annehmen, daß die Nichtgleichgewichtsverteilungsfunktion nur wenig von einer räumlich und zeitlich lokalen Gleichgewichtsverteilungsfunktion $f_0(\nu\mathbf{k},\mathbf{x},t)$ abweicht. Darunter versteht man eine Verteilungsfunktion, die von den Zuständen nur über deren Energie abhängt, wobei die Form der Abhängigkeit die gleiche ist wie bei der Gleichgewichtsverteilung f(E) und nur die darin vorkommenden Parameter Temperatur T und chemisches Potential ζ Funktionen $T(\mathbf{x},t)$ und $\zeta(\mathbf{x},t)$ des Ortes und der Zeit sind (die Verwendung der neuen Bezeichnung ζ statt der früher benutzten E_F für das chemische Potential hat rein formale Gründe). Es gilt also

$$f_0(\nu\mathbf{k},\mathbf{x},t) = \frac{1}{e^{[E_\nu(\mathbf{k}) - \zeta(\mathbf{x},t)]/kT(\mathbf{x},t)} + 1} \tag{5.4}$$

Man spricht von *lokalem thermodynamischen Gleichgewicht.* In diesem speziellen Nichtgleichgewichtszustand sind die Temperatur und das chemische Potential definierte Größen, allerdings nur im lokalen und nicht im globalen Sinne. Würde die lokale Gleichgewichtsverteilung den Nichtgleichgewichtszustand tatsächlich beschreiben, so würden keine Ströme auftreten, da die entsprechenden Mittelwerte Null wären. Die lokale Gleichgewichtsverteilung kann beim Vorhandensein von Strömen also allenfalls eine nullte Näherung darstellen, die durch einen Zusatzterm $f_1(\nu\mathbf{k},\mathbf{x},t)$ ergänzt werden muß:

$$f(\nu\mathbf{k},\mathbf{x},t) = f_0(\nu\mathbf{k},\mathbf{x},t) + f_1(\nu\mathbf{k},\mathbf{x},t) \tag{5.5}$$

Handelt es sich um einen elektrischen Strom, der durch ein elektrisches Feld

$\mathbf{E}(\mathbf{x},t)$ hervorgerufen wird, muß man zur Ableitung der entsprechenden phänomenologischen Gleichung (des Ohmschen Gesetzes) schreiben

$$f_1(\nu\mathbf{k},\mathbf{x},t) \;=\; \mathbf{E}(\mathbf{x},t) \cdot \mathbf{g}(\nu\mathbf{k},\mathbf{x},t) \quad , \tag{5.6}$$

wobei $\mathbf{g}(\nu\mathbf{k},\mathbf{x},t)$ einen Vektor bezeichnet, der aus der Boltzmann-Gleichung in linearer Näherung bezüglich $\mathbf{E}$ berechnet werden muß. Damit die lineare Näherung gerechtfertigt ist, muß das elektrische Feld oder allgemeiner die das Nichtgleichgewicht verursachende Störung hinreichend schwach sein. Damit ist eine erste Bedingung für die Gültigkeit der phänomenologischen Gleichungen aufgestellt.

Eine zweite liegt der oben gemachten Annahme zugrunde, daß annähernd lokales Gleichgewicht vorhanden ist. Diese Annahme wird um so eher erfüllt sein, je besser die räumlich und zeitlich benachbarten Teile bzw. Zustände des Systems mit merklich verschiedenen Werten der Temperatur und des chemischen Potentials im statistischen Sinne voneinander entkoppelt sind. Wie man aus der mikroskopischen Theorie der Nichtgleichgewichtsprozesse weiß, erfolgt die räumliche statistische Entkopplung über Längen von der Größenordnung der mittleren freien Weglänge l_f und die zeitliche Entkopplung über eine Dauer von der Größenordnung der mittleren freien Flugzeit t_f. Die charakteristischen Längen der räumlichen Inhomogenitäten von $T(\mathbf{x},t)$ und $\zeta(\mathbf{x},t)$ lassen sich durch die Ausdrücke $T/|\mathrm{grad}T|$ bzw. $\zeta/|\mathrm{grad}\zeta|$ abschätzen. Analoges gilt für die charakteristischen Intervalle der zeitlichen Inhomogenitäten, die durch $T/|\partial T/\partial t|$ bzw. $\zeta/|\partial\zeta/\partial t|$ beschrieben werden können. Damit sich annähernd lokales Gleichgewicht einstellen kann, muß also gelten

$$l_f \;\ll\; T/|\mathrm{grad}T| \;,\; \zeta/|\mathrm{grad}\zeta| \quad , \quad t_f \;\ll\; T/|\partial T/\partial t| \;,\; \zeta/|\partial\zeta/\partial t| \tag{5.7a,b}$$

Typische Werte für mittleren freien Weglängen von Elektronen und Löchern in Halbleitern liegen bei 100 Å. Es sind also noch räumliche Inhomogenitäten zulässig, die auf 1000 Å = 0,1 μm wesentlich werden. Die mittlere freie Flugzeit hat Werte, die bei 10^{-13} s liegen. Zeitliche Änderungsfrequenzen von 10^{12} s^{-1} können also noch erfaßt werden, allerdings keine Lichtfrequenzen, die im Bereich von 10^{14} s^{-1} liegen. Trotzdem ist der Gültigkeitsbereich des lokalen Gleichgewichts immer noch relativ breit.

Das Ergebnis der oben beschriebenen Berechnung des mittleren Stromes in einem elektrischen Feld auf der Basis der Boltzmann-Gleichung ist das Ohmsche Gesetz, außerdem aber auch noch eine Formel für die Leitfähigkeit, die dieselbe mit mikroskopischen Größen des Systems sowie der Temperatur und dem chemischen Potential in Verbindung bringt. Man hat also nicht nur die phänomenologischen Gleichungen abgeleitet, sondern gleichzeitig auch noch eine mikroskopische Theorie für den entsprechenden kinetischen Koeffizienten aufgestellt. Wenn man die phänomenologischen Gleichungen als empirische Gesetze auffaßt, sind die in ihnen vorkommenden Koeffizienten Materialparameter, über deren Größe und Abhängigkeit von den Zustandsvariablen nur das Experiment Aufschluß geben kann. Mit Hilfe der Boltzmann-Gleichung werden die kinetischen Koeffizienten berechenbar. Verzichtet man auf diese Gleichung, so geht diese Möglichkeit verloren. Neben einem gewissen Verlust an Genauigkeit infolge notwendiger Vereinfachungen und Näherungen ist das der Hauptmangel, den man in Kauf nehmen muß, wenn man eine Theorie der Nichtgleichgewichtsprozesse in Halbleitern unmittelbar auf den phänomenologischen Gleichungen statt auf der Boltzmann-Gleichung aufbaut. Für die Zwecke dieses Buches, die nicht auf ein detailliertes Verständnis der Größen und Abhängigkeiten von Materialparametern gerichtet sind, können wir leicht mit diesem Mangel leben.

Im folgenden Abschnitt geben wir zunächst eine Übersicht über die bei Halbleitern wesentlichen Nichtgleichgewichtsprozesse. Eine detaillierte Behandlung der einzelnen Prozesse folgt in den Abschnitten danach.

5.2 Systematik der Nichtgleichgewichtsprozesse in Halbleitern

Die systematische Übersicht, die wir in diesem Abschnitt geben wollen, beruht auf einer schrittweisen Einführung zeitlicher und räumlicher Inhomogenitäten in den Halbleiter. Im ersten Schritt lassen wir eine zeitliche Inhomogenität zu, während wir an der räumlichen Homogenität festhalten. Die Nichtgleichgewichtsprozesse, die dann stattfinden, bezeichnet man auch als *Relaxation.*

5.2.1 Zeitliche Inhomogenität bei räumlicher Homogenität

In diesem Fall hängen alle Zustandsgrößen, insbesondere die Ladungsträgerkonzentrationen n und p von der Zeit ab, und ihre Werte sind verschieden von denen im thermodynamischen Gleichgewicht, die wir jetzt mit n_0 und p_0 bezeichnen wollen. Es gilt also

$$n = n(t) \neq n_0, \quad p = p(t) \neq p_0$$

mit

$$n_0 = N_c\, e^{(E_F - E_g)/kT} , \qquad p_0 = N_v\, e^{-E_F/kT} \tag{5.7}$$

Zeitliche Änderungen von n und p kommen dadurch zustande, daß Elektronen im Leitungsband bzw. Löcher im Valenzband erzeugt oder vernichtet werden. Wenn wir die entsprechenden Erzeugungs- und Vernichtungsraten mit $(\partial n/\partial t)_{Erzeugung}$ und $(\partial n/\partial t)_{Vernichtung}$ bzw. $(\partial p/\partial t)_{Erzeugung}$ und $(\partial p/\partial t)_{Vernichtung}$ bezeichnen, ergibt sich

$$\left(\frac{\partial n}{\partial t}\right)_{Relaxation} = \left(\frac{\partial n}{\partial t}\right)_{Erzeugung} - \left(\frac{\partial n}{\partial t}\right)_{Vernichtung} , \tag{5.8a}$$

$$\left(\frac{\partial p}{\partial t}\right)_{Relaxation} = \left(\frac{\partial p}{\partial t}\right)_{Erzeugung} - \left(\frac{\partial p}{\partial t}\right)_{Vernichtung} \tag{5.8b}$$

Diese beiden Gleichungen bestimmen bei bekannten rechten Seiten die Relaxation von Nichtgleichgewichts-Ladungsträgerkonzentrationen.

5.2.2 *Räumliche Inhomogenität bei zeitlicher Homogenität*

Die räumliche Inhomogenität kann von unterschiedlicher Art sein. Wir betrachten erstens den Fall, daß die Ladungsträgerkonzentrationen n und p nicht von $\mathbf{x}$ abhängen, aber ein homogenes elektrisches Feld vorhanden ist:

1) $n = n_0$, $p = p_0$, $\mathbf{E} = \text{const.} \neq 0$.

Die potentielle Energie eines Elektrons ist in diesem Fall $e \cdot \mathbf{E}\mathbf{x}$, das System ist also trotz homogener Ladungsträgerkonzentrationen räumlich inhomogen. Unter dieser Bedingung fließt im Halbleiter ein elektrischer Strom. Man bezeichnet diese Erscheinung als Ladungsträger-*Drift* und den Strom selbst als *Driftstrom*. Die zugehörige Stromdichte ist räumlich homogen und setzt sich additiv aus den Stromdichten für die Elektronen, j_n , und Löcher, j_p , zusammen. Mit σ_n und σ_p als Leitfähigkeiten für das Elektronen- bzw. Löchersystem lautet das Ohmsche Gesetz

$$j_n = \sigma_n \mathbf{E} , \qquad j_p = \sigma_p \mathbf{E} . \tag{5.9}$$

Zweitens lassen wir zu, daß auch noch die Ladungsträgerkonzentrationen n, p räumlich inhomogen sind. Das hat zur Folge, daß dann im allgemeinen auch ein inhomogenes elektrisches Feld $\mathbf{E}(\mathbf{x})$ vorhanden ist. Wir betrachten also den Fall

2) $n = n(\mathbf{x}),\ p = p(\mathbf{x}),\ \mathbf{E} = \mathbf{E}(\mathbf{x}) \neq 0$.

Unter diesen Voraussetzungen findet zusätzlich zur Drift noch eine Diffusion der Ladungsträger statt. Den Driftströmen überlagern sich Diffusionsströme. Mit D_n und D_p als Diffusionskoeffizienten für die Elektronen bzw. Löcher gelten für die Gesamtstromdichten j_n und j_p die phänomenologischen Gleichungen

$$j_n(\mathbf{x}) = \sigma_n \mathbf{E}(\mathbf{x}) + eD_n \operatorname{grad} n(\mathbf{x}) \quad , \tag{5.10a}$$

$$j_p(\mathbf{x}) = \sigma_p \mathbf{E}(\mathbf{x}) - eD_p \operatorname{grad} p(\mathbf{x}) \tag{5.10b}$$

Noch eine zweite neue Erscheinung kommt in dem hier betrachteten inhomogenen Fall hinzu, nämlich die Ausbildung von *Raumladungen*. Darunter versteht man das Auftreten nichtverschwindender lokaler Ladungsdichten $\rho(\mathbf{x})$. Die Ursache dafür ist die folgende. Bei der Untersuchung von Halbleitern im thermodynamischen Gleichgewicht in Kapitel 4 hatten wir die Gleichung $n - p - N_D^+ + N_A^- = 0$ erhalten. Sie bringt zum Ausdruck, daß die Ladungsdichte überall im Halbleiter Null ist. Die negative Ladungsdichte der frei beweglichen Elektronen und der räumlich fixierten ionisierten Akzeptoren hebt sich überall gegen die positive Ladungsdichte der Löcher und der ionisierten Donatoren auf. Werden die freien Elektronen und Löcher räumlich umverteilt, ohne daß das gleiche mit den ionisierten Dotierungsatomen geschieht, wird die lokale Ladungsneutralität im allgemeinen gestört. Die lokale Nettoladungsdichte $\rho(\mathbf{x})$ ist durch den Ausdruck

$$\rho(\mathbf{x}) = -e\left[n(\mathbf{x}) - p(\mathbf{x}) - N_D^+(\mathbf{x}) + N_A^-(\mathbf{x}) \right] \tag{5.11}$$

gegeben. Dabei haben wir berücksichtigt, daß auch eine räumlich inhomogene Verteilung ionisierter Donatoren und Akzeptoren vorliegen kann, entweder infolge einer inhomogenen Dotierung oder einer inhomogenen Ionisierung der Fremdatome. Es gibt aber keine direkte Kopplung zwischen den räumlichen Inhomogenitäten der frei beweglichen Ladungsträger und der an die Fremdatome gebundenen, so daß man auch wenn eine Ortsabhängigkeit von N_D^+ und N_A^- vorliegt, mit lokalen Aufladungen rechnen muß. Ladungsneutralität gilt nur für den Halbleiter als Ganzes:

$$\int_{\substack{\text{Grund-}\\\text{gebiet}}} d^3\mathbf{x}\ \rho(\mathbf{x}) = 0 \tag{5.12}$$

Das mit der Ladungsverteilung $\rho(\mathbf{x})$ verbundene elektrische Feld $\mathbf{E}(\mathbf{x})$ berechnet sich aus dem zugehörigen Potential $\varphi(\mathbf{x})$ gemäß

$$\mathbf{E}(\mathbf{x}) = -\operatorname{grad}\varphi(\mathbf{x}) \tag{5.13}$$

und das Potential $\varphi(\mathbf{x})$ selbst aus der Poisson-Gleichung

$$\Delta\varphi(\mathbf{x}) = -\frac{1}{\varepsilon\varepsilon_0}\rho(\mathbf{x}) \tag{5.14}$$

mit ε als statischer Dielektrizitätskonstante des Halbleitermaterials und ε_0 als Vakuum-Dielektrizitätskonstante.

Drittens schließlich lassen wir zu, daß sowohl räumliche als auch zeitliche Inhomogenitäten vorhanden sind.

5.2.3 Räumliche und zeitliche Inhomogenität

Es gilt

$$n = n(\mathbf{x},t), \quad p = p(\mathbf{x},t), \quad \mathbf{E} = \mathbf{E}(\mathbf{x},t) \neq 0$$

Eine Erzeugung und Vernichtung von Ladungsträgern ist in diesem Fall auch durch Quellen bzw. Senken der Stromdichten j_n und j_p möglich. Das wird durch die Kontinuitätsgleichungen für j_n und j_p mit den Änderungsraten der Ladungsträgerkonzentrationen infolge von Relaxation als Quelltermen ausgedrückt. Es gilt

$$\left(\frac{\partial n(\mathbf{x},t)}{\partial t}\right) - \frac{1}{e}\operatorname{div} j_n(\mathbf{x},t) = \left(\frac{\partial n(\mathbf{x},t)}{\partial t}\right)_{\text{Relaxation}}, \tag{5.15a}$$

$$\left(\frac{\partial p(\mathbf{x},t)}{\partial t}\right) + \frac{1}{e}\operatorname{div} j_p(\mathbf{x},t) = \left(\frac{\partial p(\mathbf{x},t)}{\partial t}\right)_{\text{Relaxation}} \tag{5.15b}$$

Die Stromdichten genügen auch bei zeitlich veränderlichen Zustandsgrößen unverändert den phänomenologischen Gleichungen

$$j_n(\mathbf{x},t) = \sigma_n\, \mathbf{E}(\mathbf{x},t) + eD_n \operatorname{grad} n(\mathbf{x},t) \quad , \tag{5.16a}$$

$$j_p(\mathbf{x},t) = \sigma_p\, \mathbf{E}(\mathbf{x},t) - eD_p \operatorname{grad} p(\mathbf{x},t) \tag{5.16b}$$

Die Poisson-Gleichung für das Potential $\varphi(\mathbf{x},t)$ lautet

$$\Delta\varphi(\mathbf{x},t) = \frac{1}{\varepsilon\varepsilon_0} e\left[n(\mathbf{x},t) - p(\mathbf{x},t) - N_D^+(\mathbf{x},t) + N_A^-(\mathbf{x},t) \right] \tag{5.17}$$

Zusammenfassend stellen wir fest, daß bei Halbleitern folgende Nichtgleichgewichtsprozesse zu betrachten sind:

- Erzeugung und Vernichtung freier Ladungsträger (Relaxation)
- Drift
- Diffusion
- Ausbildung von Raumladungen und damit verbundenen inhomogenen elektrischen Feldern und Potentialen.

Diese Prozesse stehen untereinander in enger Wechselbeziehung. Sie werden durch das System gekoppelter Differentialgleichungen (5.15) bis (5.17) beschrieben. Man bezeichnet es auch als *Differentialgleichungssystem der inneren Elektronik.*
Im folgenden werden die einzelnen Nichtgleichgewichtsprozesse detaillierter behandelt.

5.3 Erzeugung und Vernichtung von freien Ladungsträgern

Freie Ladungsträger können weder aus dem Nichts erzeugt werden noch können sie ins Nichts verschwinden. Die Gesamtzahl der Elektronen eines Halbleiters ist eine Erhaltungsgröße. Wenn von der Erzeugung freier Ladungsträger die Rede ist, kann das also nur in dem Sinne verstanden werden, daß Elektronen oder Löcher aus Zuständen, in denen sie nicht frei beweglich, sondern an Störstellen gebunden sind, in das Leitungs- bzw. Valenzband angeregt werden, wo sie sich frei bewegen können. Die Erzeugung der freien Ladungsträger erfolgt also auf Kosten der lokalisierten, nicht-freien. Analoges gilt für die Vernichtung. Als Lokalisationszentren kommen dabei Donator- und Akzeptoratome kaum in Betracht, weil diese, wie wir gesehen haben, im thermodynamischen Gleichgewicht entweder bereits vollständig ionisiert sind oder, wenn das nicht der Fall ist, andere Gründe vorliegen, die sie für die Erzeugung und Vernichtung freier Ladungsträger relativ uneffektiv machen. Wesentlich effektiver sind Störstellen, die zu tiefen Niveaus Anlaß geben. Sie befinden sich im allgemeinen im Grundzustand, wenn im Halbleiter thermodynamisches Gleichgewicht herrscht, und gehen erst bei Störung des Gleichgewichts in angeregte Zustände über, indem sie mit den Bändern Elektronen oder Löcher austauschen. Eine Reihe derartiger tiefer Zentren haben wir in Kapitel 3 kennengelernt.

Neben der Erzeugung bzw. Vernichtung von freien Ladungsträgern durch Austausch mit tiefen Zentren gibt es aber noch eine zweite Möglichkeit, die Konzentration von Elektronen und Löchern gegenüber dem Gleichgewichtswert zu verändern. Auch die Elektronen des Valenzbandes sind unbewegliche Ladungsträger (nur die Löcher dieses Bandes sind frei beweglich). Indem man Elektronen aus dem Valenzband ins Leitungsband anregt, entstehen in letzterem freie Elektronen. Gleichzeitig werden aber auch im Valenzband frei bewegliche Ladungsträger, nämlich Löcher, geschaffen, anders als bei der Erzeugung von freien Elektronen durch Anregung aus tiefen Niveaus, wo das zurückbleibende Loch unbeweglich ist. Analoges gilt für die Vernichtung. Fällt ein Elektron aus dem Leitungsband ins Valenzband zurück, verschwindet gleichzeitig mit dem freien Elektron auch ein freies Loch, während beim Übergang in ein tiefes Niveau nur das freie Elektron vernichtet wird. Ein freies Loch, das verschwinden könnte, ist in diesem Falle überhaupt nicht vorhanden. Werden freie Elektronen und Löcher gleichzeitig und in gleicher Zahl erzeugt oder vernichtet, spricht man von *bipolaren Erzeugungs- und Vernichtungsprozessen*. Wird nur eine Sorte freier Ladungsträger erzeugt oder vernichtet, von *unipolaren Prozessen*. Wir behandeln zunächst die uni- und bipolaren Erzeugungsprozesse.

5.3.1 Erzeugungsprozesse

Um freie Ladungsträger aus tiefen Niveaus oder aus den Bändern anregen zu können, muß eine bestimmte Energie aufgebracht werden. Das kann durch Bestrahlung mit Licht, γ-Quanten, Elektronen- und Ionenstrahlen oder auch durch das Anlegen einer elektrischen Spannung an einen Halbleiter-Übergang geschehen. Im letzteren Falle spricht man von *Injektion* freier Ladungsträger. Die Injektion, die ihrem Wesen nach ein unipolarer Prozeß ist, wird uns später noch beschäftigen. Hier klammern wir sie zunächst aus und betrachten von den übrigen Prozessen auch nur die Anregung mittels Licht. Die verbleibenden Prozesse lassen sich ähnlich beschreiben wie die optische Erzeugung.

Die unipolare optische Anregung ist in Abb. 79a,b veranschaulicht. Ein Lichtquant passender Energie hebt ein Elektron aus einem im thermodynamischen Gleichgewicht besetzten tiefen Niveau ins Leitungsband, wodurch dort ein freies Elektron entsteht, oder ein Elektron aus dem Valenzband geht unter Absorption eines Lichtquants in ein im Gleichgewicht unbesetztes tiefes Niveau über, wodurch ein freies Loch im Valenzband erzeugt wird. Bezeichnen wir die Anzahl der pro Volumen- und Zeiteinheit absorbierten Photonen mit g_n bzw. g_p, so

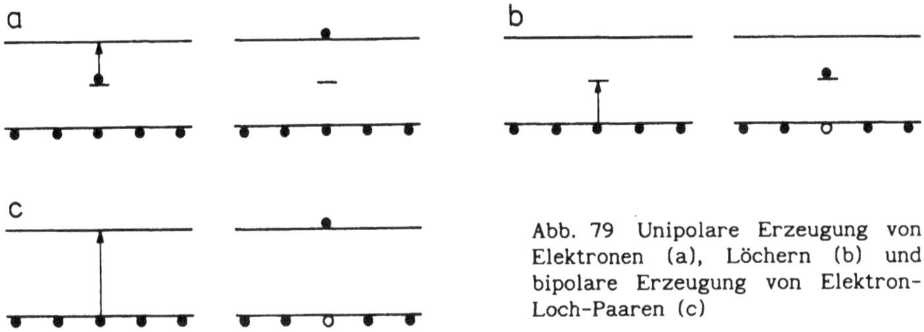

Abb. 79 Unipolare Erzeugung von Elektronen (a), Löchern (b) und bipolare Erzeugung von Elektron-Loch-Paaren (c)

folgt für die unipolaren Erzeugungsraten

$$\left(\frac{\partial n}{\partial t}\right)_{\text{unip.Erzg.}} = g_n \,, \qquad \left(\frac{\partial p}{\partial t}\right)_{\text{unip.Erzg.}} = g_p \,. \tag{5.18}$$

Bei der bipolaren Erzeugung mittels Licht (siehe Abb. 79c) ist $g_n = g_p = g$, und es gilt

$$\left(\frac{\partial n}{\partial t}\right)_{\text{bip.Erzg.}} = \left(\frac{\partial p}{\partial t}\right)_{\text{bip.Erzg.}} = g \tag{5.19}$$

Wir wollen die Größe der optischen Erzeugungsraten abschätzen und betrachten dazu den bipolaren Fall. Mit I als Lichtintensität und α als Absorptionskoeffizienten verbunden mit der Anregung von Elektronen aus dem Valenz- ins Leitungsband gilt

$$g = \left(\frac{\alpha I}{\hbar\omega}\right) \tag{5.20}$$

Mit einer Lichtintensität von 1 Watt/cm^2, einer Photonen-Energie $\hbar\omega$ = 1 eV, einem Absorptionskoeffizienten von 10^3 cm^{-1}, was kein zu großer Wert für die Absorptionskante von Halbleitern ist (siehe dazu Abb. 7), folgt $g = 6\cdot 10^{21}$ cm^{-3}s^{-1}. Die optische Anregung ist also ein sehr effektiver Prozeß. Die Größe von g sagt allerdings nichts darüber aus, wie groß der stationäre Wert der freien Ladungsträgerkonzentrationen im Halbleiter wirklich ist, weil dieser auch von den Vernichtungsprozessen wesentlich mitbestimmt wird.

5.3.2 Unipolare Vernichtung von freien Ladungsträgern: Einfang an tiefen Zentren

Wie einleitend erläutert wurde, können freie Ladungsträger dadurch vernichtet werden, daß sie in tiefe Niveaus übergehen. Man spricht vom *Einfang freier Ladungsträger durch tiefe Zentren* (siehe Abb. 80). Wir betrachten diesen Prozeß zunächst für Elektronen.

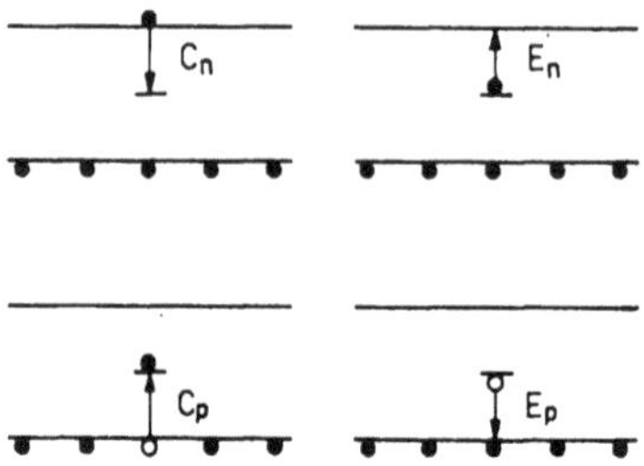

Abb. 80 Einfang (links) und Emission (rechts) von Elektronen (oben) bzw. Löchern (unten) an einem tiefen Niveau

Einfang von Elektronen

Nachdem ein Elektron eingefangen wurde, besteht eine gewisse Wahrscheinlichkeit dafür, daß es wieder zurück ins Leitungsband emittiert wird. Die Netto-Einfangrate $(\partial n/\partial t)_{Einfang}$ ist deshalb die negative Differenz aus der Brutto-Einfangrate C_n und der Emissionsrate E_n, d.h.

$$\left(\frac{\partial n}{\partial t}\right)_{Einfang} = -\left[C_n - E_n\right] \tag{5.21}$$

Die Einfangrate C_n ist einerseits eine Funktion der Konzentration der für einen Einfang zur Verfügung stehenden freien Elektronen, also n. Andererseits hängt sie von der Konzentration der für einen Einfang bereiten tiefen Zentren ab. Wenn wir mit N_t die Konzentration der überhaupt vorhandenen tiefen Zentren bezeichnen und mit f die Wahrscheinlichkeit, daß sie bereits besetzt sind, ist diese Konzentration gleich $N_t(1-f)$, denn besetzte Zentren können keine Elektronen einfangen. Es gilt also

$$C_n = c_n n(1-f)N_t \quad . \tag{5.22}$$

Der Proportionalitätsfaktor c_n wird als *Einfangkoeffizient* bezeichnet. Er hat die Dimension cm^3s^{-1} und charakterisiert die Einfangfähigkeit eines unbesetzten tiefen Zentrums.

Die Emissionsrate E_n hängt einerseits davon ab, wieviele mit Elektronen besetzte tiefe Niveaus vorhanden sind, also von $N_t f$. Die Konzentration der bereits vorhandenen freien Elektronen hat auf E_n keinen Einfluß, da im Leitungsband genügend freie Plätze vorhanden sind, in die emittiert werden kann. Es gilt also

$$E_n = e_n f N_t \quad . \tag{5.23}$$

Der Proportionalitätsfaktor e_n heißt *Emissionskoeffizient* und mißt die Emissionsfähigkeit des Zentrums. Bei *einem* besetzten Zentrum ist die Emissionswahrscheinlichkeit pro Sekunde gerade gleich e_n. Für die Netto-Einfangrate erhalten wir damit

$$\left(\frac{\partial n}{\partial t}\right)_{\text{Einfang}} = - \left[c_n\, n\, (1-f)\, N_t - e_n\, f\, N_t \right] \tag{5.24}$$

Wir betrachten zunächst den Spezialfall des thermodynamischen Gleichgewichts. In ihm sind alle makroskopischen Größen zeitunabhängig, und es gilt $(\partial n/\partial t)_{\text{Einfang}} = 0$. Die Konzentrationen n, p nehmen ihre Gleichgewichtswerte n_0 und p_0 an, das gleiche gilt für die Besetzungswahrscheinlichkeit f des tiefen Niveaus. Sie wird gleich

$$f_0 = \frac{1}{\beta_{tn}\, e^{(E_t - E_F)/kT} + 1}, \tag{5.25}$$

wobei β_{tn} wie früher bei den Donator- und Akzeptorniveaus das Verhältnis der statistischen Gewichte von unbesetztem und besetztem Niveau bezeichnet. Aus Gleichung (5.24) folgt bei verschwindender linker Seite ein Zusammenhang zwischen e_n und c_n im thermodynamischen Gleichgewicht. Es gilt

$$e_n = n_t \cdot c_n \tag{5.26}$$

mit

$$n_t \equiv n_0 \frac{1 - f_0}{f_0} = \beta_{tn} N_c e^{-(E_g - E_t)/kT} \tag{5.26a}$$

Die Größe n_t hat eine ähnliche Struktur wie die früher in Kapitel 4 eingeführte Konzentration n_1 - sie gibt bis auf den Faktor β_{tn} die Konzentration freier Elektronen für den Fall an, daß die Fermi-Energie genau im tiefen Niveau liegt. Tatsächlich befindet sich E_F bei einem n-Halbleiter wesentlich dichter am Leitungsband, d.h., n_t ist im allgemeinen wesentlich kleiner als die Gleichgewichtskonzentration n_0. Die Beziehung (5.26) zwischen Emissions- und Einfangkoeffizienten ist Ausdruck des Gleichgewichts zwischen tiefem Niveau und Leitungsband. Man spricht auch von *detailliertem Gleichgewicht*, weil die beiden Niveaus bereits für sich genommen im Gleichgewicht stehen.

Bei Abweichungen vom Gleichgewicht ist die Einfangrate (5.24) insofern noch unbestimmt, als die Besetzungswahrscheinlichkeit f der tiefen Niveaus noch nicht weiter spezifiziert wurde. Auch sie wird im allgemeinen vom Gleichgewichtswert f_0 abweichen. Welche Größe sie genau haben wird, läßt sich a priori nicht vorhersagen. Man kann nur eine Gleichung für ihre zeitliche Änderung angeben. Unter der Annahme, daß der Austausch von Elektronen nur zwischen dem tiefen Niveau und dem Leitungsband erfolgt, lautet diese Gleichung

$$\left(\frac{\partial n}{\partial t}\right) + N_t \frac{\partial f}{\partial t} = 0 \ . \tag{5.27}$$

Wenn wir weiter annehmen, daß von einem bestimmten Zeitpunkt t_0 an keine Erzeugung von freien Ladungsträgern mehr stattfindet, sondern nur noch eine Vernichtung durch Einfang, gilt

$$\left(\frac{\partial n}{\partial t}\right) = \left(\frac{\partial n}{\partial t}\right)_{\text{Einfang}} \qquad \text{für } t > t_0 \ . \tag{5.28a}$$

Die Beziehungen (5.24), (5.27) und (5.28a) bilden zusammen ein System nichtlinearer Differentialgeichungen. Es läßt sich zwar auch exakt in geschlossener Form lösen, wir verzichten hier aber darauf und beschränken uns auf die lineare Näherung. Dazu nehmen wir an, daß die Funktionen n und f nur schwach von ihren Werten im thermodynamischen Gleichgewicht abweichen, das heißt daß gilt $n = n_0 + \Delta n$ und $f = f_0 + \Delta f$ mit $|n| \ll n_0$ und $|\Delta f| \ll 1$. Dann folgt

$$\left(\frac{\partial \Delta n}{\partial t}\right)_{\text{Einfang}} = - c_n N_t \left[-(n_t + n_0)\Delta f + \Delta n(1 - f_0) \right] . \tag{5.28b}$$

Dabei wurden bilineare Terme in den Abweichungen weggelassen, und es wurde die Beziehung (5.26a) verwendet.

Die Erzeugung von Nichtgleichgewichts-Elektronen vor dem Zeitpunkt t_0 soll dadurch erfolgt sein, daß aus dem Gleichgewichtszustand heraus Elektronen aus den tiefen Niveaus ins Leitungsband angeregt wurden. Dann ist die Gesamtkonzentration der Elektronen in den tiefen Niveaus und im Leitungsband zu allen Zeitpunkten t vor und nach t_0 gleich dem Gleichgewichtswert $n_0 + N_t f_0$. Es gilt also

$$\Delta n + N_t \Delta f = 0 \ . \tag{5.29}$$

Damit folgt aus (5.28) die lineare Gleichung

$$\left(\frac{\partial \Delta n}{\partial t}\right) = - \frac{\Delta n}{\tau_n} \ , \tag{5.30}$$

wobei zur Abkürzung

$$\tau_n = \frac{1}{c_n[\, n_t + n_0 + N_t(1-f_0)]} \tag{5.31}$$

gesetzt wurde. Die Lösung der Gleichung (5.30) ist

$$\Delta n(t) = \Delta n(t = t_0) \cdot e^{-(t-t_0)/\tau_n} \tag{5.32}$$

Daraus ersieht man, daß τ_n die Abklingzeit von Nichtgleichgewichts-Ladungsträgerverteilungen ist. Man bezeichnet τ_n auch als *Lebensdauer von Nichtgleichgewichts-Elektronen* gegenüber dem Einfang an tiefen Zentren. Bei vollständig unbesetzten tiefen Zentren, d.h. bei $f_0 = 0$, und für sehr hohe Konzentrationen N_t, genauer für $N_t \gg n_t + n_0$, geht τ_n über in

$$\tau_{n0} = \frac{1}{c_n N_t} \; . \tag{5.33}$$

Ihrer Bedeutung nach ist τ_{n0} die Zeit, in der die Gesamtheit von N_t unbesetzten tiefen Niveaus pro cm^3 ein im Leitungsband vorhandenes Nichtgleichgewichts-Elektron eingefangen hat. Man bezeichnet τ_{n0} deshalb als *Einfangzeit*. Lebensdauer τ_n und Einfangzeit τ_{n0} unterscheiden sich voneinander wegen der Besetzungsabhängigkeit der Einfangrate und der Reemission. Falls $N_t(1-f_0) \gg n_t + n_0$ gilt, wird $\tau_n > \tau_{n0}$. Das ist unmittelbar einleuchtend, weil zur Lebensdauer τ_n nur unbesetzte tiefe Niveaus beitragen, während in τ_{n0} alle eingehen.

Einfang von Löchern

Ebenso wie Elektronen können tiefe Niveaus auch Löcher einfangen bzw. emittieren. Der Einfang eines Loches bedeutet, daß ein besetztes tiefes Niveau ein Elektron an das Valenzband abgibt und dabei dort ein Loch vernichtet. Unter der Emission eines Loches hat man sich vorzustellen, daß ein tiefes Niveau ein Elektron aus dem Valenzband einfängt (siehe Abb. 79b). Alle bisher für den Einfang und die Emission von Elektronen durchgeführten Überlegungen und angegebenen Beziehungen lassen sich ohne weiteres auf Löcher übertragen. Die Einfang- und Emissionsraten C_p und E_p sind durch die Ausdrücke

$$C_p = c_p\, p\, f\, N_t \; , \tag{5.22a}$$

$$E_p = e_p\, (1-f)\, N_t \tag{5.23a}$$

gegeben. Dabei bezeichnen c_p und e_p die Einfang- bzw. Emissionskoeffizienten für Löcher. Dieselben sind durch die Beziehung

$$e_p = p_t \cdot c_p \tag{5.34}$$

miteinander verknüpft, wobei p_t die Löcherkonzentration

$$p_t = \beta_{tp} N_v e^{-E_t/kT} \tag{5.35}$$

bezeichnet. Die Bedeutung von β_{tp} ist analog zu der von β_{tn}. Die Löcherlebensdauer τ_p ist durch

$$\tau_p = \frac{1}{c_p[\,p_t + p_0 + N_t f_0\,]} \tag{5.36}$$

gegeben, und die Löcher-Einfangzeit τ_{p0} eines tiefen Zentrums durch

$$\tau_{p0} = \frac{1}{c_p N_t} \,. \tag{5.37}$$

Experimentelle Bestimmung der Einfangkoeffizienten

Experimentell können die Einfangkoeffizienten tiefer Zentren mit Hilfe von zeitaufgelösten Strom- oder Kapazitätsmessungen an pn-Übergängen bestimmt werden. Durch Anlegen einer in Sperrichtung gepolten Spannung an einen solchen Übergang erreicht man, daß die tiefen Niveaus gegenüber dem Fermi-Niveau angehoben werden. Dadurch ist ein neuer Gleichgewichtszustand des Übergangs definiert, der durch weniger Elektronen in den tiefen Niveaus charakterisiert ist als vorher. Dieser Zustand muß sich aber erst einstellen. Das geschieht durch Emission von Elektronen aus den tiefen Niveaus ins Leitungsband. Dort sind die Elektronen frei beweglich und werden sofort von der positiven Elektrode am n-Gebiet abgesaugt. Es fließt ein Strom, der seinerseits eine stärkere positive Aufladung des Übergangs, d.h. eine Kapazitätserhöhung, zur Folge hat. Die Stärke des Stromes bzw. die Größe der Kapazitätsänderung ist durch die Emission aus den tiefen Zentren bestimmt. Ist Gleichgewicht erreicht, findet keine Emission mehr statt, der Strom bzw. die Kapazitätsänderung klingen auf Null ab. Aus der Abklingzeit kann man auf die Emissionsrate schließen. Über die Beziehung (5.26) läßt sich daraus der Einfangkoeffizient berechnen. Von besonderer Bedeutung ist die sogenannte *Deep Level Transient Spectroscopy* (DLTS). Dabei werden die Abklingzeiten für Kapazitätsänderungen bei verschiedenen Temperaturen gemessen. Die Kenntnis der Temperaturabhängigkeit ermöglicht es, auch

Tab. 11 Experimentell gemessene Einfangquerschnitte für einige tiefe Zentren in Si und Ge bei T = 300 K (Einheit = 10^{-16} cm^2)

Si			Ge		
Zentrum	σ_n	σ_p	Zentrum	σ_n	σ_p
Au^+	35 - 63	-	Ag^0	0,6	-
Au^0	1,7 - 5	-	Ag^-	1	-
Au^-	-	10-110	Ag^{--}	-	50
In^0	0,1	-	Cu^-	0,1 - 0,18	500
In^-	-	170	Cu^{--}	0,0036- 0,3	1 - 3,6
Bi^0	0,025	-	Ni^0	1 - 8	-
Bi^-	0,6	-	Ni^-	3 - 6	1000
Bi^{--}	0,6 - 1	-	Ni^{--}	-	5-20x1000
Fe^+	16	-	Fe^0	1 - 10	-
Fe^0	-	3 - 7	Fe^-	-	30
			Fe^{--}	-	100
Zn^0	10	-	Zn^-	< 0,001	-
Zn^-	0,0001-1	300			
Ga^0	< 0.01	-	Ga^0	< 0.01	-

die energetische Lage der tiefen Niveaus zu bestimmen. Die experimentellen Daten über die Einfangeffizienz tiefer Zentren werden meist als Wirkungsquerschnitte σ_n und σ_p angegeben. Diese stehen mit den Einfangkoeffizienten c_n und c_p in einer einfachen Beziehung. Mit v_n und v_p als mittleren thermischen Geschwindigkeiten von Elektronen und Löchern gilt

$$\sigma_n = \frac{c_n}{v_n}, \qquad \sigma_p = \frac{c_p}{v_p} \tag{5.38}$$

In Tab. 11 geben wir experimentell bestimmte Einfangquerschnitte für einige tiefe Zentren an.

Abschließend gehen wir noch auf die Mechanismen ein, die zu einem Einfang von freien Ladungsträgern an tiefen Zentren führen.

Einfangmechanismen

Wir beschränken uns dabei auf Elektronen, die Übertragung auf Löcher ist evident. Bei der Behandlung der Einfangmechanismen ist vor allem die Frage zu beantworten, wie ein Elektron beim Übergang aus dem Leitungsband in das tiefe Niveau seine überschüssige Energie abführen kann. Dafür gibt es im wesentlichen drei Möglichkeiten. Erstens kann sie als Licht emittiert werden, zweitens an die übrigen Elektronen des Halbleiters und drittens an das Gitter abgegeben werden. Der letzte Fall ist der wichtigste und universellste. Die Abgabe von Elektronenenergie an das Gitter setzt die Wechselwirkung der Elektronen mit den Gitterschwingungen bzw. Phononen voraus. Diese wurde im Rahmen der Beschreibung des wechselwirkenden Systems der Elektronen und Atomrümpfe in Kapitel 2 dadurch eliminiert, daß die adiabatische Näherung gemacht wurde. Um die Elektron-Phonon-Wechselwirkung erfassen zu können, muß über diese Näherung hinausgegangen werden. Außerdem ist zu beachten, daß für die Aufnahme der abzuführenden Energie 1 Phonon bei weitem nicht ausreicht, sondern daß der Einfang an tiefen Zentren mit der Emission vieler Phononen verbunden ist. Man spricht von *Multi-Phonon-Prozessen.* Damit scheidet die störungstheoretische Behandlung der Elektron-Phonon-Wechselwirkung aus. Sie muß mehr oder weniger exakt berücksichtigt werden, um den Einfangkoeffizienten an tiefen Niveaus infolge von Multi-Phonon-Prozessen berechnen zu können.

5.3.3 Bipolare Vernichtung von Ladungsträgern an tiefen Zentren

Wenn ein Nichtgleichgewichts-Elektron aus dem Leitungsband durch Übergang in ein Loch des Valenzbandes verschwindet, spricht man von *Rekombination eines Elektron-Loch-Paares.* Die physikalischen Mechanismen für die Abführung der überschüssigen Energie, die in diesem Falle mindestens gleich der Energielücke E_g ist, sind weitgehend die gleichen wie beim Einfang von Ladungsträgern an tiefen Zentren. Erstens kann ein Elektron unter Emission eines Lichtquants aus dem Leitungsband in ein Loch im Valenzband übergehen. Man spricht von *optischer Band-Band-Rekombination.* Auch die Bezeichnung *strahlende Rekombination* ist üblich. Als spontane Prozesse sind optische Band-Band-Übergänge relativ unwahrscheinlich und können oft vernachlässigt werden. Wesentlich effektiver sind sie als optisch stimulierte Prozesse. Darauf beruht die Wirkung von Halbleiter-Lasern. Zweitens kann die Energie an ein anderes Elektron im Leitungsband abgegeben werden, das dabei energetisch angehoben wird. An einem solchen als *Auger-Rekombination* bezeichneten Prozeß sind 3 freie Ladungsträger beteiligt, z.B. 2 Elektronen im Leitungsband und 1 Loch im Valenzband. Die Auger-Rekombination ist vor allem bei hohen Ladungsträgerkonzentrationen wesentlich. Drittens kann auch bei der Rekombination die Energie wieder an das Gitter abgegeben werden. Dabei erweist sich die direkte Band-Band-Rekombination unter Emission von so vielen Phononen, wie der Energielücke entspricht, als außerordentlich unwahrscheinlich. Die Gründe dafür sind einerseits, daß die Zahl der Phononen, die gleichzeitig emittiert werden müßten, sehr groß ist, und daß zweitens die Wechselwirkung von Elektronen und Löchern der Energiebänder mit dem Gitter relativ schwach ist. Wesentlich effektiver sind Rekombinationsprozesse, bei denen ein tiefes Niveau als Zwischenstation für ein Elektron auf seinem Weg aus dem Leitungsband in ein Loch des Valenzbandes dazwischengeschaltet ist. Dieser Mechanismus heißt *Shockley-Read-Hall-Rekombination*. Auger-Rekombination und Shockley-Read-Hall-Rekombination zusammengenommen werden als *nichtstrahlende Rekombinationsprozesse* bezeichnet. Wegen ihrer dominierenden Rolle in elektronischen Bauelementen behandeln wir die Shockley-Read-Hall-Rekombination detaillierter.

Shockley-Read-Hall-Rekombination

Ein tiefes Niveau, über das die Rekombination eines Elektron-Loch-Paares stattfinden soll, muß in der Lage sein, sowohl Elektronen als auch Löcher einzufangen. Der Einfang und die Emission von Löchern bedeutet den Austausch von Elektronen mit dem Valenzband. Der gleichzeitige Einfang eines Elektrons und eines Loches durch ein tiefes Zentrum (siehe Abb. 81) entspricht dem Übergang eines Elektrons aus dem Leitungsband in ein Loch im Valenzband, d.h. der Rekombination eines Elektron-Loch-Paares. Der Besetzungszustand des tiefen Niveaus nach erfolgter Rekombination ist der gleiche wie vorher - es ist unbesetzt, das eingefangene Elektron und das eingefangene Loch kompensieren sich gegenseitig. Trotzdem spielt das tiefe Niveau eine entscheidende Rolle für den Rekombinationsprozeß. Es macht ihn um viele Größenordnungen wahrscheinlicher - die Gründe dafür haben wir bereits erwähnt. Das tiefe Niveau wirkt gewissermaßen als Katalysator für die Rekombination.

Wir wissen bereits, daß an tiefen Niveaus nicht nur ein Einfang von Elektronen und Löchern stattfindet, sondern auch eine Emission (siehe Abb. 80). Damit ein tiefes Niveau tatsächlich als Rekombinationszentrum wirkt, müssen zwischen den Einfang- und Emissionsraten C_n, C_p und E_n, E_p für Elektronen und Löcher bestimmte Beziehungen bestehen. Einerseits muß nämlich ein Elektron aus dem Leitungsband eher eingefangen werden als ein Elektron aus dem Valenzband. Wäre es umgekehrt, könnte das Elektron aus dem Leitungsband überhaupt nicht eingefangen werden, weil das tiefe Niveau bereits besetzt wäre. Die Rekombination wäre unmöglich. Der Einfang eines Elektrons aus dem Valenzband ist gleichbedeutend

Abb. 81 Einfang und Emission von Elektronen und Löchern an ein und demselben tiefen Zentrum

mit der Emission eines Loches dorthin. Die erste Bedingung, die zu stellen ist, lautet also $C_n \gg E_p$. Andererseits muß das aus dem Leitungsband eingefangene Elektron eher ins Valenzband übergehen oder, was das gleiche bedeutet, das tiefe Niveau muß eher ein Loch aus dem Valenzband einfangen als das eingefangene Elektron aus dem tiefen Niveau wieder zurück in das Leitungsband emittiert wird. Es muß also gelten $C_p \gg E_n$. Wenn andere Größenrelationen zwischen den vier Raten bestehen, ist das tiefe Niveau kein Rekombinationszentrum, sondern hat eine andere Wirkung (siehe Abb. 82). Wir geben dazu die folgende Übersicht: Das tiefe Niveau wirkt als

a) Rekombinationszentrum	für	$C_n \gg E_p$,	$C_p \gg E_n$
b) Elektronen-Einfangzentrum	für	$C_n \gg E_p$,	$C_p \ll E_n$
c) Löcher-Einfangzentrum	für	$C_p \gg E_n$,	$C_n \ll E_p$
d) Generationszentrum	für	$C_p \ll E_n$,	$C_n \ll E_p$.

Die Verifikation in den drei letzten, nicht explizit behandelten Fällen überlassen wir dem Leser. Auf dem Hintergrund dieser Überlegungen erscheint die unipolare Vernichtung von Ladungsträgern an tiefen Zentren in einem neuen Licht. Sie ist ein Spezialfall der hier betrachteten allgemeinen Situation, in der das tiefe Zentrum sowohl Elektronen als auch Löcher einfangen und emittieren kann. Auch die Wirkung tiefer Zentren als Donatoren oder Akzeptoren läßt sich hier als Sonderfall einordnen. Ein solches Zentrum ist ein

Donator	für	$E_n \gg C_n, E_p, C_p$
Akzeptor	für	$E_p \gg C_p, E_n, C_n$

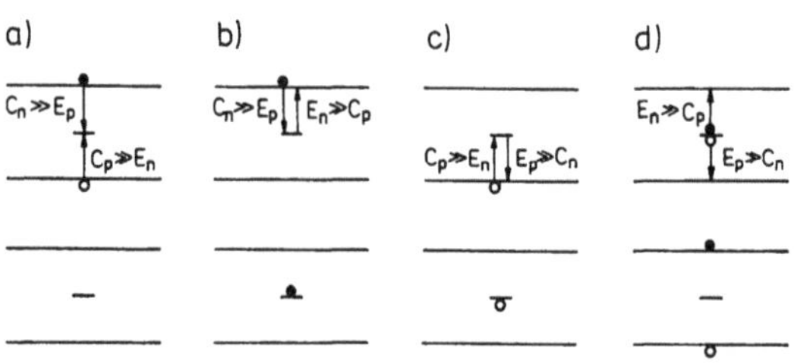

Abb. 82 Wirkung von tiefen Niveaus bei unterschiedlichen Relationen zwischen den Einfang- und Emissionsraten für Elektronen und Löcher

Wir wollen jetzt die bisher nur qualitativ geführten Betrachtungen zur Rekombination über tiefe Zentren quantitativ fassen. Dazu sind Gleichungen für die zeitlichen Änderungen der Elektronenkonzentration n, der Löcherkonzentration p und der Besetzungswahrscheinlichkeit f des tiefen Niveaus aufzustellen. Diese Gleichungen sind Verallgemeinerungen der Beziehungen, die wir beim Einfang an tiefen Zentren schon kennengelernt haben. Sie lauten hier

$$\left(\frac{\partial n}{\partial t}\right)_{\text{Rekomb.}} = - \left[c_n n N_t (1 - f) - e_n N_t f \right] , \tag{5.39}$$

$$\left(\frac{\partial p}{\partial t}\right)_{\text{Rekomb.}} = - \left[c_p p N_t f - e_p N_t (1 - f) \right] , \tag{5.40}$$

$$\left(\frac{\partial n}{\partial t}\right)_{\text{Rekomb.}} - \left(\frac{\partial p}{\partial t}\right)_{\text{Rekomb.}} + N_t \left(\frac{\partial f}{\partial t}\right) = 0 . \tag{5.41}$$

Mit Hilfe der Beziehungen (5.25) und (5.34) zwischen e_n und c_n sowie e_p und c_p und unter Verwendung der früher eingeführten Abkürzungen τ_{n0} und τ_{p0} folgt

$$\left(\frac{\partial n}{\partial t}\right)_{\text{Rekomb.}} = \frac{1}{\tau_{n0}} \left[f n_t - (1 - f) n \right] , \tag{5.42}$$

$$\left(\frac{\partial p}{\partial t}\right)_{\text{Rekomb.}} = \frac{1}{\tau_{p0}} \left[(1 - f) p_t - f p \right] . \tag{5.43}$$

Wir betrachten jetzt speziell den Zustand stationärer Rekombination, in dem sich die Besetzung des tiefen Niveaus zeitlich nicht ändert, d.h., in dem gilt

$$\left(\frac{\partial f}{\partial t}\right) = 0 . \tag{5.44}$$

Dann folgt aus (5.41)

$$\left(\frac{\partial n}{\partial t}\right)_{\text{Rekomb.}} = \left(\frac{\partial p}{\partial t}\right)_{\text{Rekomb.}} , \tag{5.45}$$

d.h., die Zahlen der pro Volumen- und Zeiteinheit verschwindenden Elektronen und Löcher sind untereinander gleich. Ihr gemeinsamer Wert ist die Anzahl der pro Volumen- und Zeiteinheit rekombinierenden Elektron-Loch-Paare, also die Rekombinationsrate R:

$$R = -\left(\frac{\partial n}{\partial t}\right)_{\text{Rekomb.}} = -\left(\frac{\partial p}{\partial t}\right)_{\text{Rekomb.}} \tag{5.46}$$

Durch Gleichsetzen von (5.42) und (5.43) folgt für f die Beziehung

$$f\left[\frac{n + n_t}{\tau_{n0}} + \frac{p + p_t}{\tau_{p0}}\right] = \frac{n}{\tau_{n0}} + \frac{p_t}{\tau_{p0}} \tag{5.47}$$

Damit ergibt sich R zu

$$R = \frac{np - n_t p_t}{\tau_{p0}(n + n_t) + \tau_{n0}(p + p_t)} \tag{5.48}$$

Indem wir von der Beziehung

$$n_t p_t = n_0 p_0 = n_i^2 \tag{5.49}$$

Gebrauch machen, läßt sich R in der Form

$$R = r(np - n_0 p_0) \tag{5.50}$$

schreiben mit

$$r = \frac{1}{\tau_{p0}(n + n_t) + \tau_{n0}(p + p_t)} \tag{5.51}$$

als Rekombinationskoeffizienten. Der Ausdruck (5.50) für die Rekombinationsrate ermöglicht die folgende Interpretation. Treibende Kraft der Rekombination ist die Abweichung des Konzentrationsproduktes np vom Gleichgewichtswert $n_0 p_0$. Dieser Abweichung ist die Rekombinationsrate proportional. Der Proportionalitätsfaktor r hängt im allgemeinen aber noch von den Nichtgleichgewichtskonzentrationen n und p ab. Nur bei schwacher Abweichung vom Gleichgewicht wird r zu einer Konstanten. Wir wollen diesen Fall jetzt näher betrachten.

Schwache Abweichung vom Gleichgewicht

Wir setzen

$$n = n_0 + \Delta n \,, \qquad p = p_0 + \Delta p \tag{5.52}$$

mit $|\Delta n| \ll n_0$ und $|\Delta p| \ll p_0$. Zunächst nehmen wir $\Delta p = 0$ an, setzen also voraus, daß eine durch unipolare Anregung geschaffene Nichtgleichgewichtssituation vorliegt, die infolge von Rekombination abklingt:

$\Delta n \neq 0, \quad \Delta p = 0.$

Es folgt

$$R = \frac{\Delta n}{\tau_n} \tag{5.53}$$

mit

$$\tau_n = \frac{n_0 + n_t}{p_0} \tau_{p0} + \frac{p_0 + p_t}{p_0} \tau_{n0} \tag{5.54}$$

als Rekombinationslebensdauer der Nichtgleichgewichts-Elektronen. Liegt ein n-Halbleiter vor, d.h. gilt $p_0 \ll p_t \ll n_0$, so folgt $\tau_n \gg \tau_{p0}, \tau_{n0}$, d.h., die Rekombinationslebensdauer ist wesentlich größer als die Einfangzeiten für Elektronen und Löcher. Darin kommt zum Ausdruck, daß die für die Rekombination von Nichtgleichgewichts-Elektronen notwendigen Löcher im n-Halbleiter nur in sehr geringer Konzentration vorhanden sind und die Rekombination deshalb ein relativ unwahrscheinlicher Prozeß ist. Im Fall eines p-Halbleiters, also für $n_0 \ll n_t \ll p_0$, folgt $\tau_n = \tau_{n0}$. Das bedeutet, daß ausreichend viele Löcher vorhanden sind, damit jedes eingefangene Elektron auch mit einem Loch rekombinieren kann. Der "Flaschenhals" für die Rekombination ist der Elektroneneinfang.

Bei einer unipolaren Löcheranregung, d.h. für

$\Delta p \neq 0, \quad \Delta n = 0$

sind die Verhältnisse analog. Es gilt

$$R = \frac{\Delta p}{\tau_p} \tag{5.55}$$

mit

$$\tau_p = \frac{n_0 + n_t}{n_0} \tau_{p0} + \frac{p_0 + p_t}{n_0} \tau_{n0} \tag{5.56}$$

als Rekombinationslebensdauer der Nichtgleichgewichts-Löcher. Für einen n-Halbleiter folgt $\tau_p = \tau_{p0}$ und für einen p-Halbleiter $\tau_p \gg \tau_{n0}, \tau_{p0}$.

Die Ergebnisse für die unipolare Anregung lassen sich dahingehend zusammenfassen, daß die Rekombinationslebensdauern von Minoritätsladungsträgern wesentlich kleiner sind als die von Majoritätsladungsträgern - vorausgesetzt, daß die Abweichung vom Gleichgewicht schwach ist.

Schließlich betrachten wir noch den Fall der bipolaren Anregung von Nichtgleichgewichtsladungsträgern, in dem gilt

$\Delta n = \Delta p$.

Man erhält

$$R = \frac{\Delta n}{\tau} = \frac{\Delta p}{\tau} \tag{5.58}$$

mit

$$\tau = \frac{1}{r(n_0 + p_0)} \tag{5.59}$$

bzw.

$$\tau = \frac{\tau_{p0}(n_0 + n_t) + \tau_{n0}(p_0 + p_t)}{n_0 + p_0} . \tag{5.60}$$

Im n-Halbleiter gilt $\tau = \tau_{p0}$ und im p-Halbleiter $\tau = \tau_{n0}$. Die Rekombinationslebensdauer ist also gleich der Einfangrate für die Minoritätsladungsträger. Im Eigenhalbleiter ist $n_0 + p_0 = 2n_i$, so daß die Rekombinationslebensdauer in diesem Fall gleich

$$\tau_i = \frac{1}{2rn_i} \tag{5.61}$$

wird. In Tab. 12 sind typische Werte für die Lebensdauern τ_i in einigen Halbleitern angegeben. Man beachte den großen Variationsbereich von τ_i zwischen $3{,}4\cdot10^{12}$ s bei dem breitlückigen indirekten Halbleiter GaP und $7{,}3\cdot10^{-7}$ s beim schmallückigen direkten Halbleiter InSb. In Störstellenhalbleitern ist $n_0 + p_0 > 2n_i$, es gilt also $\tau < \tau_i$. Die Rekombinationslebensdauer über ein bestimmtes tiefes Zentrum ist also dann maximal, wenn der Halbleiter im eigenleitenden Zustand ist. Eine Dotierung reduziert die Rekombinationslebensdauer.

Tab. 12 Rekombinationslebensdauern τ_i und Eigenleitungskonzentrationen n_i für einige Halbleiter. $\sigma_n^{\text{äquiv.}} = r/v_n$ bezeichnet den zu τ_i und n_i gemäß Formel (5.61) gehörenden Wirkungsquerschnitt (T = 300 K)

Material	Lücke	τ_i /s	n_i /cm^{-3}	$\sigma_n^{\text{äquiv.}}$/cm^2
Si	indirekt	$3{,}9\cdot10^4$	$1{,}5\cdot10^{10}$	10^{-22}
Ge	indirekt	$0{,}4$	$2{,}4\cdot10^{13}$	$5\cdot10^{-21}$
GaP	indirekt	$3{,}4\cdot10^{12}$	$2{,}7$	$5\cdot10^{-21}$
GaAs	direkt	$5{,}4\cdot10^2$	$1{,}8\cdot10^6$	10^{-17}
InP	direkt	$5{,}8\cdot10$	$8{,}2\cdot10^6$	10^{-15}
InSb	direkt	$7{,}3\cdot10^{-7}$	$1{,}6\cdot10^{16}$	10^{-17}

5.4 Drift

Wir nehmen an, daß im Halbleiter ein räumlich konstantes elektrisches Feld **E** vorhanden ist. Bis auf das damit verbundene linear vom Ort **x** abhängende elektrische Potential sollen alle anderen charakteristischen Größen des Halbleiters, insbesondere die Konzentrationen n und p der freien Ladungsträger, räumlich konstant sein. Bei verschwindendem elektrischen Feld unterliegen die freien Ladungsträger nur der thermischen Bewegung. Diese ist nach allen Richtungen gleich wahrscheinlich, die Mittelwerte der Impulse $\langle m_n^* \dot{\mathbf{x}}_n \rangle$ und $\langle m_p^* \dot{\mathbf{x}}_p \rangle$ der Elektronen bzw. Löcher sind 0 (mit m_n^* und m_p^* sind hier die effektiven Massen der Elektronen und Löcher gemeint). Im weiteren wollen wir uns auf Elektronen als freie Ladungsträger beschränken. Die entsprechenden Überlegungen lassen sich ohne weiteres auf Löcher übertragen, nur die Bezeichnungen sind dabei zu ändern.

Bei Vorhandensein eines elektrischen Feldes werden die Elektronen in der durch das Feld vorgegebenen Richtung beschleunigt. Der Mittelwert des Elektronenimpulses $\langle m_n^* \dot{\mathbf{x}}_n \rangle$ hat eine von 0 verschiedene Komponente in Feldrichtung. Seine sekundliche Änderungsrate $d/dt[\langle m_n^* \dot{\mathbf{x}}_n \rangle]_{Feld}$ ist gemäß Gleichung (3.110) gleich der durch das elektrische Feld auf ein Bloch-Elektron ausgeübten Kraft, also

$$\left[\frac{d}{dt} \langle m_n^* \dot{\mathbf{x}}_n \rangle \right]_{Feld} = - e\mathbf{E} \, . \tag{5.62}$$

Neben dem elektrischen Feld wirken auf ein Elektron auch noch andere Kräfte, nämlich solche aus dem Halbleiter selbst. Verantwortlich dafür sind Gitterschwingungen und Störstellen, die die gleichmäßig beschleunigte Bewegung der Elektronen abbremsen, so als würden sich diese in einem zähen Medium bewegen. Die Bremsung wird umso stärker sein, je schneller sich das Elektron im Mittel bewegt. Die entsprechende sekundliche Impulsänderungsrate $[d/dt\langle m_n^* \dot{\mathbf{x}}_n \rangle]_{Stöße}$ infolge von Stößen mit Gitterschwingungen und Störstellen wird man also proportional zum Impuls setzen dürfen, d.h.

$$\left[\frac{d}{dt} \langle m_n^* \dot{\mathbf{x}}_n \rangle \right]_{Stöße} = - \frac{1}{\tau_n^*} \langle m_n^* \dot{\mathbf{x}}_n \rangle \tag{5.63}$$

mit $1/\tau_n^*$ als Proportionalitätsfaktor. Unter der Annahme, daß zum Zeitpunkt t=0 ein Impulsüberschuß $\langle m_n^* \dot{\mathbf{x}}_n(0) \rangle$ vorlag, ergibt sich

$$\langle m_n^* \dot{\mathbf{x}}_n(t) \rangle = \langle m_n^* \dot{\mathbf{x}}_n(0) \rangle \, e^{-t/\tau_n^*} \, . \tag{5.64}$$

Der Impulsüberschuß klingt also exponentiell ab, er relaxiert gegen 0, wie man auch sagt. Man bezeichnet τ_n^* als *Impulsrelaxationszeit.* Diese Zeit darf nicht mit der früher eingeführten Lebensdauer τ_n eines Elektrons gegenüber Einfang oder Rekombination verwechselt werden. Die beiden Zeiten beschreiben völlig unterschiedliche physikalische Erscheinungen. Im allgemeinen ist die Impulsrelaxationszeit kürzer als die Lebensdauer.

Die Gesamt-Impulsbilanz wird durch die Newtonsche Bewegungsgleichung geregelt. Es gilt

$$\frac{d}{dt} \langle m_n^* \dot{x}_n \rangle = \left[\frac{d}{dt} \langle m_n^* \dot{x}_n \rangle \right]_{\text{Feld}} + \left[\frac{d}{dt} \langle m_n^* \dot{x}_n \rangle \right]_{\text{Stöße}} . \tag{5.65}$$

Daraus folgt

$$\frac{d}{dt} \langle m_n^* \dot{x}_n \rangle = - eE - \frac{1}{\tau_n^*} \langle m_n^* \dot{x}_n \rangle \tag{5.66}$$

Im stationären Zustand ist die linke Seite dieser Gleichung 0. Für den dann konstanten Wert der mittleren Geschwindigkeit folgt

$$\langle \dot{x}_n \rangle = - \frac{e\tau_n^*}{m_n^*} \mathbf{E} . \tag{5.67}$$

Man bezeichnet $\langle \dot{x}_n \rangle$ aus (5.67) als mittlere Driftgeschwindigkeit, um Verwechslungen mit der Gesamtgeschwindigkeit auszuschließen. Unter dem Begriff "Drift" versteht man die mittlere gerichtete Bewegung der Elektronen im elektrischen Feld bei gleichzeitigem Vorhandensein der bremsenden Wirkung der Gitterschwingungen und Störstellen.

Für die Feldstärke 1 Vcm^{-1} ist die mittlere Driftgeschwindigkeit dem Betrage nach gleich

$$\mu_n = \frac{e\tau_n^*}{m_n^*} . \tag{5.68}$$

Diese Größe ist ein Maß für die Beweglichkeit eines Elektrons unter der Wirkung einer Kraft, μ_n wird deshalb einfach als *Beweglichkeit* bezeichnet. Unter Verwendung von (5.68) läßt sich die mittlere Geschwindigkeit in (5.67) in der Form

$$\langle \dot{x}_n \rangle = - \mu_n \mathbf{E} \tag{5.69}$$

schreiben.

Wir betrachten jetzt die mittlere Elektronenstromdichte j_n. Sie ist definitionsgemäß gleich

$$j_n = - en\langle\dot{x}_n\rangle \tag{5.70}$$

Unter Verwendung von (5.67) und (5.68) geht dieser Ausdruck über in

$$j_n = e\, n\, \mu_n\, E\,. \tag{5.71}$$

Für die Leitfähigkeit σ_n der Elektronen, wie sie im Ohmschen Gesetz auftritt, folgt daraus

$$\sigma_n = e\, n\, \mu_n \tag{5.72}$$

Von diesem Ausdruck für die Leitfähigkeit werden wir im folgenden noch häufig Gebrauch machen. Er läßt sich ohne Schwierigkeiten auf Löcher übertragen. Es gilt

$$\sigma_p = e\, p\, \mu_p \tag{5.73}$$

Die Beweglichkeit μ_p der Löcher ist durch den Ausdruck

$$\mu_p = \frac{e\tau_p^*}{m_p^*} \tag{5.74}$$

gegeben, wobei τ_p^* die Impulsrelaxationszeit der Löcher bezeichnet.

Da in einem Halbleiter Elektronen und Löcher stets gleichzeitig vorhanden sind, ist die Gesamtstromdichte die Summe aus der Elektronen- und Löcherstromdichte, also

$$j = j_n + j_p\ , \tag{5.75}$$

und die Gesamtleitfähigkeit σ ist die Summe aus den beiden Einzelleitfähigkeiten

$$\sigma = \sigma_n + \sigma_p \tag{5.76}$$

Bei Störstellenhalbleitern vom n- oder p-Typ überwiegt eine der beiden Ladungsträgerkonzentrationen die andere um viele Größenordnungen. In guter Näherung kann deshalb im n-Halbleiter die Gesamtstromdichte mit j_n und im p-Halbleiter mit j_p identifiziert werden.

Wir geben jetzt einige Zahlenwerte für die soeben eingeführten Größen an und diskutieren einige ihrer charakteristischen Abhängigkeiten. Da die Ladungsträgerkonzentrationen ein und desselben Halbleiters in weiten Grenzen variieren können, ist es sinnvoller, statt für σ_n und σ_p Werte für μ_n und μ_p anzugeben.

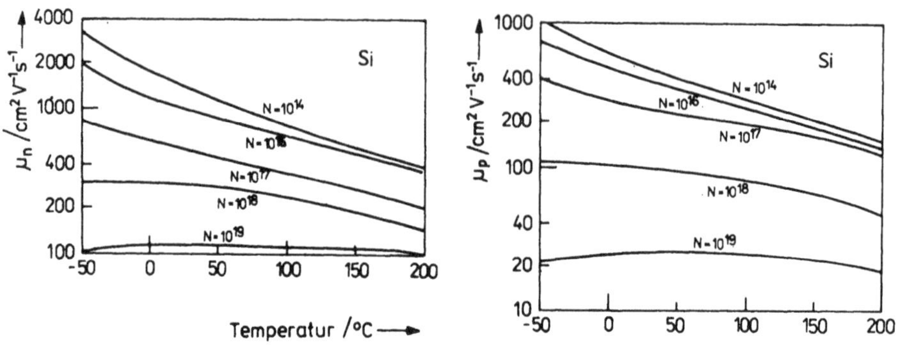

Abb. 83 Temperaturabhängigkeit der Elektronen- und Löcherbeweglichkeiten von Si für verschiedene Dotierungskonzentrationen

Als Einheit verwendet man $cm^2V^{-1}s^{-1}$. Ist die Beweglichkeit in dieser Einheit gleich 1, so bewirkt ein Feld von 1 Vcm^{-1} eine mittlere Driftgeschwindigkeit von

$$1\ cm^2V^{-1}s^{-1} \cdot 1\ Vcm^{-1} = 1\ cms^{-1} \quad . \tag{5.77}$$

In Tab. 13 sind die Beweglichkeiten von Elektronen und Löchern für einige wichtige Halbleiter bei Zimmertemperatur angegeben. Daß die Werte bei den Elektronen über denen der Löcher liegen, ist in erster Linie auf die kleineren effektiven Massen der Elektronen zurückzuführen.

Über die Impulsrelaxationszeit hängt die Beweglichkeit von der Wechselwirkung mit den Gitterschwingungen und damit von der Temperatur ab. In Abb. 83 ist die Abhängigkeit für Si dargestellt. Der Abfall mit steigender Temperatur ist auf die Vergrößerung der Amplituden der Gitterschwingungen zurückzuführen. Unter Umständen hängt die Beweglichkeit auch von der Ladungsträgerkonzentration ab, dann nämlich, wenn die Konzentrationsänderung durch Änderung der Dotierung er-

	Si	Ge	GaAs
μ_n $/cm^2V^{-1}s^{-1}$	1350	3900	8800
μ_p $/cm^2V^{-1}s^{-1}$	500	1900	400

Tab. 13 Beweglichkeiten von Elektronen und Löchern für T = 300 K und Dotierungskonzentrationen von 10^{15} cm^{-3}

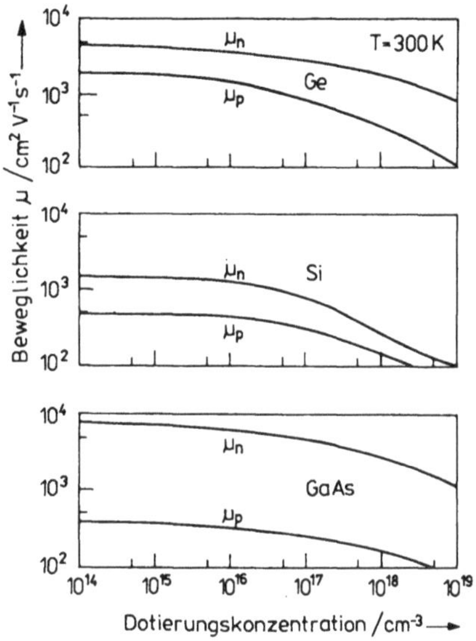

Abb. 84 Abhängigkeit der Elektronen- und Löcherbeweglichkeiten von der Dotierungskonzentration für Ge, Si und GaAs (T = 300 K)

folgt. Dadurch wird auch die Konzentration der Stoßzentren für Impulsänderungen beeinflußt und damit μ_n bzw. μ_p. Beispiele für eine solche Abhängigkeit sind in Abb. 84 angegeben.

5.5 Diffusion bei gleichzeitiger Vernichtung von freien Ladungsträgern

Die Konzentrationen n und p der Elektronen bzw. Löcher sollen jetzt räumlich inhomogen sein. Eine unmittelbare Folge davon ist, daß die Gesamtladungsdichte bestehend aus der Ladungsdichte der freien Träger und der ionisierten Dotierungsatome zwar immer noch integral über der gesamten Probe, aber nicht mehr lokal verschwindet. Vielmehr treten lokale Aufladungen im Halbleiter auf. Diese sind mit räumlich inhomogenen elektrischen Feldern verbunden. Später werden wir auch diese Felder berücksichtigen, hier wollen wir sie zunächst außer acht lassen. Um konsistent zu bleiben, müssen wir uns dann eigentlich die Ladung der Elektronen und Löcher wegdenken, was wir vorübergehend auch tun wollen.
Unter der Wirkung der Konzentrationsgradienten grad n und grad p fließen räumlich inhomogene Teilchenströme $\mathbf{i}_n$ und $\mathbf{i}_p$. Wir betrachten zunächst den Fall der Elektronen. Der Teilchenstrom lautet

$$\mathbf{i}_n = - D_n \operatorname{grad} n \tag{5.78}$$

Wegen seiner Inhomogenität führt er zu zeitlichen Änderungen der lokalen Teilchendichte. Letztere kann dadurch Werte annehmen, die von den lokalen Gleichgewichtswerten abweichen. Ist das der Fall, so treten Erzeugungs- und Vernichtungsprozesse in Aktion, die auf die Einstellung der Gleichgewichtswerte hinwirken. Die Gesamtbilanz der Änderung der Teilchendichten wird durch die Kontinuitätsgleichung (5.15a) beschrieben. Den Relaxationsterm $(\partial n/\partial t)_{Relax.}$ in dieser Gleichung spezifizieren wir so, daß Einfang- und Rekombinationsprozesse an tiefen Zentren erfaßt werden, Erzeugungsprozesse lassen wir außer acht. Für schwache Abweichungen vom Gleichgewicht kann $(\partial n/\partial t)_{Relax.}$ dann mit den Ausdrücken (5.30) bzw. (5.53) identifiziert werden. Es gilt also

$$\frac{\partial n}{\partial t} + \operatorname{div} \mathbf{i}_n = - \frac{n - n_0}{\tau_n} \tag{5.79}$$

Der Einfachheit halber nehmen wir jetzt an, daß die Teilchenkonzentration n nur in x-Richtung veränderlich ist. Dann hat nur die x-Komponente von $\mathbf{i}_n$ von Null verschiedene Werte. Wir bezeichnen sie mit i_n. Aus der Kontinuitätsgleichung eliminieren wir $\operatorname{div} \mathbf{i}_n = (\partial i_n/\partial x)$ mit Hilfe der Diffusionsgleichung (5.78), indem wir diese vorher nach x differenzieren. Es folgt

$$\frac{\partial n}{\partial t} - D_n \frac{\partial^2 n}{\partial x^2} = - \frac{n - n_0}{\tau_n} . \tag{5.80}$$

Im stationären Zustand gilt

$$D_n \frac{\partial^2 n}{\partial x^2} - \frac{n - n_0}{\tau_n} = 0 . \tag{5.81}$$

Zur eindeutigen Lösung dieser Gleichung benötigt man Anfangs- bzw. Randbedingungen. Wir wollen diese so wählen, daß bei x = 0 ein bestimmter Nichtgleichgewichtswert

$$n\,(x=0) = n_0 + \Delta n_0 \tag{5.82}$$

der Teilchendichte aufrechterhalten wird, der bei $x = \infty$ auf den Gleichgewichtswert n_0 abgeklungen ist. Wir interessieren uns für die Lösung

$$n(x) = n_0 + \Delta n(x) \tag{5.83}$$

im Intervall $0 < x < \infty$. Dort gilt

$$n(x) = n_0 + \Delta n_0 \, e^{-(x/L_n)} \tag{5.84}$$

mit

$$L_n = \sqrt{D_n \tau_n} \ . \tag{5.85}$$

Die Lösung (5.84) läßt die folgende einfache physikalische Interpretation zu (siehe auch Abb. 85). Die Diffusion ist darauf gerichtet, bestehende Konzentrationsgradienten abzubauen und den bei $x = 0$ festgehaltenen Wert von n weiter nach rechts zu übertragen. Da die Lebensdauer der Nichtgleichgewichtsladungsträger begrenzt ist, gelingt dies aber nicht vollständig, es fallen immer wieder Ladungsträger aus, umso mehr, je weiter man sich von der Stelle $x = 0$ entfernt. Deshalb stellt sich der exponentiell abklingende Verlauf der Ladungsträgerdichte gemäß Formel (5.84) ein. Die charakteristische Abfallänge L_n läßt sich als diejenige Strecke interpretieren, bis zu der ein Elektron diffundiert, bevor es ausfällt, d.h., bevor es eingefangen wird oder rekombiniert. Man bezeichnet L_n als *Diffusionslänge.* L_n ist umso größer, je größer die Lebensdauer τ_n ist. Den soeben beschriebenen Sachverhalt kann man sich auch an Hand einer Flüssigkeitsströmung über einem porösen Untergrund veranschaulichen. An einer bestimmten Stelle $x = 0$ der Strömung hält man den Flüssigkeitsstand in konstanter Höhe. In Strömungsrichtung sinkt dann der Flüssigkeitsspiegel ab, weil Flüssigkeit im Untergrund versickert. Weit genug stromabwärts kommt praktisch keine Flüssigkeit mehr an, weil vorher alles versikkert ist. Trotzdem strömt bei $x = 0$ immer wieder Flüssigkeit nach, und zwar genau soviel, wie auf dem gesamten Weg von $x = 0$ bis $x = \infty$ im Untergrund verschwindet. Die Analogie zur Diffusion von Elektronen mit endlicher Lebensdauer liegt auf der Hand. Auch in diesem Fall fließt bei $x = 0$ ein Strom $i_n(x=0)$. Aus (5.78) und (5.84) folgt

$$i_n(x=0) = \left(\frac{D_n}{L_n}\right) \Delta n_0 = \left(\frac{L_n}{\tau_n}\right) \Delta n_0 \ . \tag{5.86}$$

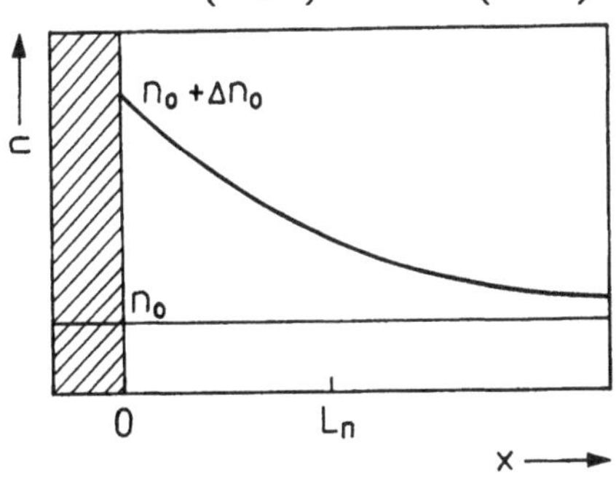

Abb. 85 Verlauf der Nichtgleichgewichtselektronendichte bei Vorhandensein von Diffusion und Ladungsträgervernichtung (schematisch)

	D_n/cm^2s^{-1}	D_p/cm^2s^{-1}	$\tau_{n,p}/s$	$L_n/\mu m$	$L_p/\mu m$
Si	34,9	12,9	10^{-8}	5,9	3,6
Ge	100,8	49,1	10^{-8}	10,0	7,0
GaAs	227,5	10,3	10^{-8}	15,1	3,2

Tab. 14 Diffusionslängen einiger Halbleiter

Die eben für Elektronen durchgeführten Überlegungen und aufgeschriebenen Beziehungen lassen sich unmittelbar auf Löcher übertragen. In Analogie zu Gleichung (5.81) erhält man

$$D_p \frac{\partial^2 p}{\partial x^2} - \frac{p - p_0}{\tau_p} = 0 \ . \tag{5.87}$$

Für Randbedingungen, die denen aus Gleichung (5.82) analog sind, folgt

$$p(x) = p_0 + \Delta p_0 \, e^{-(x/L_p)} \tag{5.88}$$

mit

$$L_p = \sqrt{D_p \tau_p} \tag{5.89}$$

als Diffusionslänge der Löcher.

In Tab. 14 geben wir die Diffusionslängen von Elektronen und Löchern für einige Halbleitermaterialien wieder. Die Lebensdauern τ_n und τ_p hängen stark vom Reinheits- und Perfektionsgrad der Halbleiter ab. In Tab. 14 wurde ein Wert von 10^{-8} s angenommen. In sehr reinen und perfekten Materialien sind aber auch wesentlich größere Werte möglich. Die Diffusionslängen sind dann wesentlich größer als die in Tab. 14 angegebenen, sie können Hunderte von Mikrometern betragen.

5.6 Thermodynamisches Gleichgewicht in räumlich inhomogenen Systemen

Im vorangegangenen Abschnitt haben wir das elektrische Feld **E**, das bei räumlich inhomogener Ladungsverteilung notwendigerweise auftritt, außer acht gelassen. Jetzt soll dieses Feld berücksichtigt werden. Die Stromdichten j_n und j_p der Elektronen bzw. Löcher in x-Richtung lauten

$$j_n = \sigma_n E(x) + eD_n \frac{dn}{dx} \quad , \tag{5.90a}$$

$$j_p = \sigma_p E(x) - eD_p \frac{dp}{dx} \quad , \tag{5.90b}$$

wenn wieder nur Abhängigkeiten von der Koordinate x betrachtet werden. Im vorangegangenen Abschnitt lag außerdem kein Gleichgewicht vor, denn es flossen Diffusionsströme. Jetzt soll angenommen werden, daß sich das System aus Elektronen und Löchern im thermodynamischen Gleichgewicht befindet. Ob diese Annahme erfüllbar ist, muß sich allerdings erst noch zeigen. Falls tatsächlich Gleichgewicht vorliegt, dürfen keine Stöme fließen, d.h. die Stromdichten der Elektronen und Löcher müssen verschwinden. Daß dies für beide Stromanteile einzeln und nicht nur in der Summe der Fall sein muß, folgt aus der Boltzmann-Gleichung. Diese besagt nämlich, daß im Gleichgewicht die Ströme der Teilsysteme aus Elektronen einer bestimmten Energie *einzeln* Null sind, und nicht erst nach Aufsummation über alle Energiewerte. Die Löcher sind aber nichts anderes als Teilsysteme von Elektronen mit besonderen Energien, nämlich den Energien der besetzten Zustände des Valenzbandes. Im Gleichgewicht muß also gelten

$$0 = \sigma_n E(x) + eD_n \frac{dn}{dx} \quad , \tag{5.91a}$$

$$0 = \sigma_p E(x) - eD_p \frac{dp}{dx} \tag{5.91b}$$

Die beiden Teilströme in (5.91), der Driftstrom $\sigma_n E$ bzw. $\sigma_p E$ und der Diffusionsstrom $eD_n(dn/dx)$ bzw. $-eD_p(dp/dx)$, verschwinden für sich genommen im allgemeinen nicht. Aber für die Summe aus beiden ist das der Fall. Der Zustand thermodynamischen Gleichgewichts zeichnet sich also dadurch aus, daß sich Drift- und Diffusionsstrom gegenseitig kompensieren. Unser Ziel ist es, daraus eine allgemeine Bedingung für thermodynamisches Gleichgewicht in einem räumlich inhomogenen System abzuleiten. Dazu drücken wir E gemäß (5.10) durch das elektrostatische Potential φ aus und ersetzen σ_n bzw. σ_p gemäß (5.72) bzw. (5.73). Dann gilt

$$0 = -\mu_n \frac{d\varphi}{dx} + D_n \frac{d}{dx} \left[\ln n(x) \right] \quad , \tag{5.92a}$$

$$0 = -\mu_p \frac{d\varphi}{dx} - D_p \frac{d}{dx} \left[\ln p(x) \right] \tag{5.92b}$$

Die Ladungsträgerkonzentrationen n(**x**) und p(**x**) bei Vorhandensein von lokalem

Gleichgewicht hängen definitionsgemäß in der gleichen Weise vom chemischen Potential $\zeta(\mathbf{x})$ ab wie n und p im Ausdruck (4.59) von E_F. Man hat also

$$n(x) = N_c\, e^{[\zeta(x)-E_g]/kT} \,, \qquad p(x) = N_v\, e^{-\zeta(x)/kT} \tag{5.93a,b}$$

Wenn wir damit in (5.92) eingehen, folgt

$$\frac{D_n}{\mu_n}\frac{1}{kT}\frac{d\zeta}{dx} - \frac{d\varphi}{dx} = 0 \,, \tag{5.94a}$$

$$\frac{D_p}{\mu_p}\frac{1}{kT}\frac{d\zeta}{dx} - \frac{d\varphi}{dx} = 0 \,. \tag{5.94b}$$

Damit diese beiden Relationen gleichzeitig erfüllt sein können, muß notwendig

$$\frac{D_n}{\mu_n} = \frac{D_p}{\mu_p} \tag{5.95}$$

gelten. Wir wenden die Gleichungen (5.94) jetzt auf ein spezielles räumlich inhomogenes System an, bei dem der Verlauf des chemischen Potentials bekannt ist. Diese Betrachtung wird uns zur

Einstein-Relation

führen. Da das chemische Potential für Löcher das gleiche ist wie für Elektronen, können wir uns auf letztere beschränken. Für die Elektronen nehmen wir an, daß an einer bestimmten Stelle $x = x_0$ eine unendlich hohe Potentialwand existiert (siehe Abb. 86). Rechts von der Wand können sich Elektronen aufhalten, links davon nicht. Versuchen Elektronen dorthin vorzudringen, werden sie von der Wand reflektiert. Die Situation ist vergleichbar mit der von Luftmolekülen über der Erdoberfläche. So wie dort die Dichte über der Erdoberfläche durch die barometrische Höhenformel gegeben ist, gilt hier

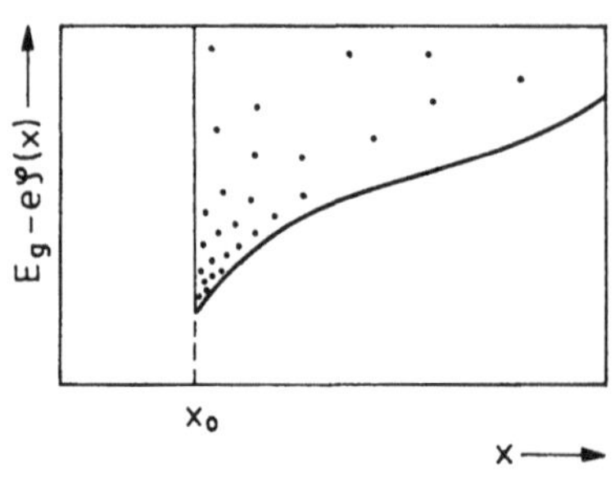

Abb. 86 Illustration zur Ableitung der Einstein-Relation

$$n(x) = N_c\, e^{-[E_g - e\varphi(x)]/kT} \quad . \tag{5.96}$$

Durch Vergleich von (5.96) und (5.93a) folgt $\zeta(x) = e\varphi(x)$. Da Gleichung (5.94a) auch in diesem speziellen Fall gilt, muß der Faktor bei $(d\zeta/dx)$ notwendig gleich 1 sein, d.h., es muß gelten

$$D_n = \frac{e}{kT}\,\mu_n \tag{5.97a}$$

Diese Beziehung heißt *Einstein-Relation*. Ebenso wie für Elektronen gilt sie auch für Löcher:

$$D_p = \frac{e}{kT}\,\mu_p \quad . \tag{5.97b}$$

Auch eine Verallgemeinerung auf entartete Ladungsträgergase ist möglich. Kombiniert man die Beziehungen (5.97) und (5.94), so ergibt sich die angestrebte allgemeine

Bedingung für thermodynamisches Gleichgewicht

$$\frac{d\zeta}{dx} - e\,\frac{d\varphi}{dx} = 0 \tag{5.98}$$

oder

$$\zeta(x) - e\varphi(x) = \text{const.} \tag{5.99}$$

Die Größe auf der linken Seite dieser Gleichung wird als *elektrochemisches Potential* bezeichnet. Bei verschwindendem elektrischen Potential geht das so definierte elektrochemische Potential in das einfache chemische Potential über. Die Bezeichnungen Fermi-Energie bzw. Fermi-Niveau, die wir früher, als von einem inhomogenen elektrischen Potential noch nicht die Rede war, für das einfache chemische Potential benutzt haben, verwenden wir jetzt für das elektrochemische Potential. Damit lautet die Beziehung (5.99)

$$\zeta(x) - e\varphi(x) = E_F \quad . \tag{5.100}$$

Im thermodynamischen Gleichgewicht ist das elektrochemische Potential räumlich konstant, und der konstante Wert ist gleich der Fermi-Energie. Das chemische Potential und das elektrische Potential für sich genommen können räumlich veränderlich sein, das macht gerade die räumliche Inhomogenität der betrachteten Systeme aus. Z.B. kann ein Halbleiter durch ortsabhängige Dotierung mit Fremdatomen ein räumlich veränderliches chemisches Potential besitzen. Die Bezie-

hung (5.100) besagt, daß sich zur Einstellung des thermodynamischen Gleichgewichts in diesem System notwendig ein räumlich veränderliches elektrisches Potential ausbilden muß, das die Änderung des chemischen Potentials ausgleicht.
Bei der Behandlung von Halbleiterübergängen im nächsten Kapitel wird die Beziehung (5.99) eine wichtige Rolle spielen.

KAPITEL 6

6. HALBLEITERÜBERGÄNGE IM THERMODYNAMISCHEN GLEICHGEWICHT

Die besondere Stellung der Halbleiter in der modernen Physik resultiert vor allem daraus, daß sich mit ihrer Hilfe elektronische Bauelemente realisieren lassen, ohne die die heutigen Computer und Kommunikationstechnologien nicht denkbar wären. Neben den Eigenschaften der homogenen Halbleiter, die bisher in diesem Buch fast ausschließlich behandelt wurden, beruhen diese Bauelemente vor allem auf Effekten, die an *Halbleiterübergängen* auftreten. Als Halbleiterübergang bezeichnet man eine Struktur aus zwei miteinander verbundenen Schichten, von denen mindestens eine aus einem Halbleitermaterial besteht. Die verschiedenen Halbleiterübergänge sind in Abb. 87 schematisch dargestellt. Im Fall a) stehen zwei Schichten aus ein und demselben Halbleitermaterial, z.B. Silizium, miteinander in Verbindung, die eine Schicht ist aber p- und die andere n-dotiert. Man spricht von einem *pn-Übergang*. Im Fall b) grenzen zwei Schichten aus unterschiedlichen Halbleitermaterialien aneinander, die außerdem noch unterschiedlich dotiert sein können. Dabei handelt es sich um einen Halbleiter-*Heteroübergang*, den wir als Halbleiterheterostruktur in Abschnitt 3.7 schon kennengelernt haben. Ist eine Halbleiterschicht mit einer Metallschicht verbunden, so liegt ein *Metall-Halbleiterübergang* vor und in Verbindung mit einer Isolatorschicht ein *Isolator-Halbleiterübergang*. Formal kann man auch die Halbleiteroberfläche hier einordnen, sie entspricht einem *Vakuum-Halbleiterübergang*.

Mit jedem der genannten Halbleiterübergänge sind bedeutende physikalische Entdeckungen verbunden, die nicht selten auch durch Nobelpreise anerkannt wurden und auf denen wichtige elektronische Bauelemente beruhen. Die elektrische Gleichrichtung an einem Metall-Halbleiterübergang, einem sogenannten Schottky-Kontakt, war historisch gesehen der erste Halbleiterübergang, der technisch genutzt wurde. An seinem Beispiel wurden auch grundlegende allgemeine Gesetzmäßigkeiten von Halbleiterübergängen zuerst erkannt, vor allem von Nevil Mott und Walter Schottky. Umso erstaunlicher ist es, daß ausgerechnet bei diesem Übergang detaillierte mikroskopische Kenntnisse heute zum Teil noch fehlen oder umstritten sind. Der pn-Übergang, genauer die Kombination aus einem pn- und einem np-Übergang, liegt dem bipolaren Transistor zugrunde, für dessen Er-

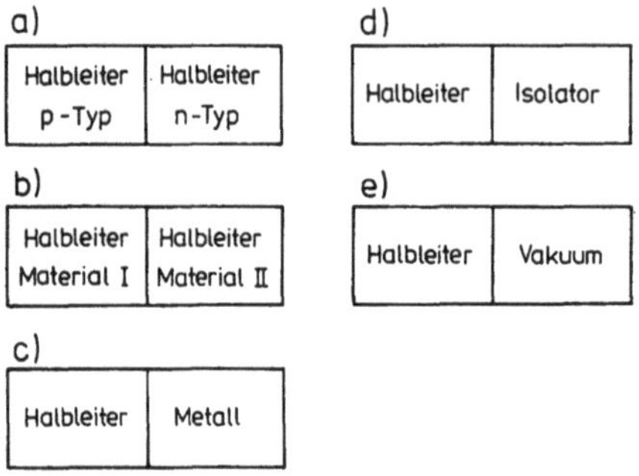

Abb. 87 Mögliche Halbleiterübergänge

findung Shockley, Bardeen und Brattain 1956 den Nobelpreis für Physik erhielten. Auch die Tunnel-Diode, die dem japanischen Physiker Leon Esaki 1973 den Nobelpreis einbrachte, beruht auf einem pn-Übergang. Sie nutzt das Tunneln zwischen dem Valenz- und Leitungsband eines solchen Übergangs. Der unipolare Feldeffekttransistor (MOSFET) enthält neben pn-Übergängen als aktives Strukturelement einen Isolator-Halbleiterübergang. Am zweidimensionalen Elektronengas des Silizium-MOSFET wurde durch Klaus von Klitzing der quantisierte Hall-Effekt entdeckt (Physik-Nobelpreis 1985). Auch die Halbleiterheteroübergänge ermöglichen die Realisierung zweidimensionaler Elektronengase. In Verbindung mit pn-Übergängen lassen sich aus Heteroübergängen effiziente lichtemittierende Dioden (LED's) und Halbleiter-Injektionslaser herstellen. Die Heteroübergänge sind auch das eigentliche Strukturelement, aus dem die in Abschnitt 3.7 behandelten Supergitter und Quantum Wells aufgebaut sind. Diese Strukturen haben eine gänzlich neue Entwicklung in der Halbleiterphysik und -elektronik eingeleitet.

Die elektronischen Halbleiterbauelemente funktionieren allgemein gesprochen so, daß das thermodynamische Gleichgewicht an einem Halbleiterübergang durch eine äußere Einwirkung gestört wird, zum Beispiel durch Anlegen einer Spannung oder durch Bestrahlung mit Licht. Die Folge ist eine realtiv starke Änderung einer bestimmten Eigenschaft des Übergangs, zum Beispiel seines Widerstandes. Diese Änderung ist es, die man sich bei den Halbleiterbauelementen zunutze macht. Um die Störung des Gleichgewichts an einem Halbleiterübergang verstehen zu können, müssen wir uns zunächst mit dem Gleichgewicht befassen. Das geschieht in diesem Kapitel. Nichtgleichgewichtszustände werden in Kapitel 7 behandelt. Wir beginnen mit dem pn-Übergang.

6.1 pn-Übergang

Derartige Übergänge werden entweder dadurch hergestellt, daß eine n(p)-leitende Halbleiterprobe durch Eindiffusion von Fremdatomen oder durch Ionenimplantation im oberflächennahen Bereich umdotiert wird, oder daß auf einem n(p)-leitenden Substrat eine p(n)-leitende Epitaxieschicht abgeschieden wird. Auch durch Beschuß mit Neutronen und Ausnutzung der Kernreaktion ${}^{30}_{14}Si + n \rightarrow Si^{31}_{14} + \gamma \longrightarrow {}^{31}_{15}P + \beta$ läßt sich ein vorher p-leitendes Material in n-leitendes umwandeln.

Bei der folgenden theoretischen Beschreibung der pn-Übergänge nehmen wir an, daß das p-Gebiet links liegt und nach dort unendlich ausgedehnt ist, und das n-Gebiet rechts, ebenfalls mit unendlicher Ausdehnung nach dort. Die Ausdehnungsrichtung selbst legen wir in die x-Achse, der eigentliche Übergang soll sich an der Stelle x = 0 befinden. In der Ebene senkrecht zur x-Achse sollen sich die zwei halbunendlichen Halbleiterproben *beiderseitig* unendlich ausdehnen. Dadurch entfallen alle Abhängigkeiten von y und z, sofern die Halbleitermaterialien selbst in diesen Richtungen homogen sind, was wir voraussetzen wollen. Das Problem wird auf diese Weise eindimensional. Die Verteilung der Ladungsträgerkonzentration längs der x-Achse vor der Einstellung des Gleichgewichts ist in Abb. 88 schematisch dargestellt. In Gedanken wurde dabei derjenige Moment fixiert, in dem der Übergang soeben entstanden ist, ohne daß die Ladungsträgerkonzentrationen bereits Zeit hatten, sich in das neue Gleichgewicht zu setzen. Da es im p-Gebiet als Minoritätsladungsträger auch Elektronen gibt und im n-Gebiet als Minoritätsladungsträger auch Löcher, müssen wir durch einen Index an n und p deutlich machen, in welchem Gebiet diese Konzentrationen gemeint sind. Die Konzentrationen im n-Gebiet bezeichnen wir mit n_n und p_n, die im p-Gebiet mit n_p und p_p; n_n und p_p sind Majoritätsladungsträgerkonzentrationen, n_p und p_n Minoritätsladungsträgerkonzentrationen. Die unterschiedlichen Werte der Ladungsträgerkonzentrationen im n- und p-Gebiet sind mit unterschiedlichen Werten E_{Fn} und E_{Fp} der Fermienergien in diesen Gebieten verbunden. Es gilt

$$n_n = N_c e^{(E_{Fn} - E_g)/kT} , \quad p_n = N_v e^{-E_{Fn}/kT} \tag{6.1}$$

und

$$n_p = N_c e^{(E_{Fp} - E_g)/kT} , \quad p_p = N_v e^{-E_{Fp}/kT} \tag{6.2}$$

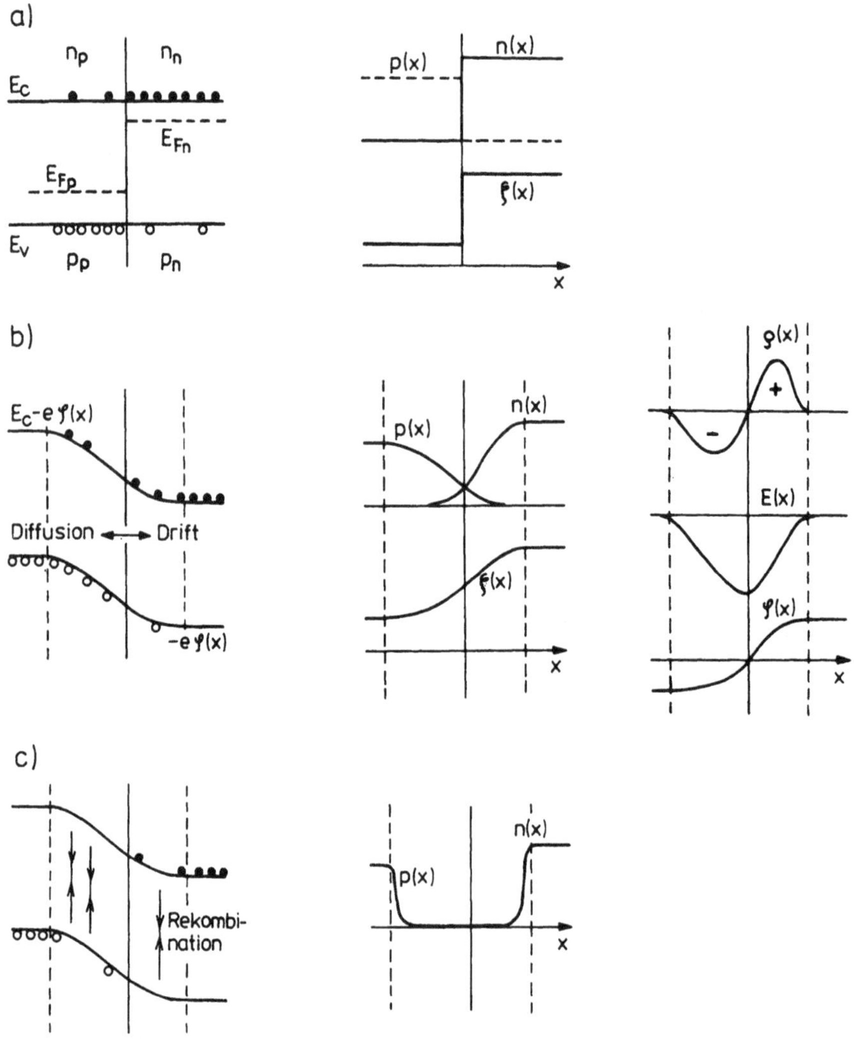

Abb. 88 Veranschaulichung der Nichtgleichgewichtsprozesse, die zur Einstellung des thermodynamischen Gleichgewichts am pn-Übergang führen

6.1.1 Einstellung des thermodynamischen Gleichgewichts

Die in Abb. 88a dargestellte Situation ist mit Sicherheit kein Gleichgewichtszustand. Die Ladungsträgerkonzentrationen sind ortsabhängige Funktionen n(x) und p(x), und wegen $n_p << n_n$ und $p_n << p_p$ liegen starke Gradienten von n(x) und p(x) vor. Sie bewirken, daß Elektronen nach links in das p-Gebiet diffundieren und Löcher nach rechts in das n-Gebiet (Abb. 88b). Dadurch lädt sich das n-Gebiet positiv und das p-Gebiet negativ auf. Entsprechend der früher in

Kapitel 5 eingeführten Terminologie können wir sagen, daß sich ein Raumladungsgebiet ausbildet. Dieses ist mit einem elektrischen Feld F(x) und einem elektrischen Potential $\varphi(x)$ verbunden. Der Verlauf dieser Größen ist in Abb. 88b (rechts) so dargestellt, wie er sich später aus einer detaillierteren Untersuchung tatsächlich ergeben wird. Für die jetzt folgenden Überlegungen ist der Verlauf im einzelnen aber noch nicht wichtig. In Abb. 88b sind die Bandkanten als ortsabhängige Größen dargestellt. Das muß im ersten Moment verwundern, da die Bandkanten Energieeigenwerte der Schrödinger-Gleichung sind und als solche zunächst einmal vom Ort nicht abhängen dürfen. Die Möglichkeit dieser Darstellung ergibt sich daraus, daß $\varphi(x)$ ein glattes Potential im Sinne von Abschnitt 3.3 ist und deshalb die Effektivmassengleichung angewandt werden kann. Für die Enveloppe-Funktion $X_c(x)$ der Elektronen des Leitungsbandes lautet sie

$$\left[-\frac{\hbar^2}{2m_c^*}\frac{d^2}{dx^2} + E_c - e\varphi(x)\right] X_c(x) = E\, X_c(x) \quad , \tag{6.3}$$

und für die Enveloppe-Funktion $X_v(x)$ der Löcher des Valenzbandes

$$\left[-\frac{\hbar^2}{2m_v^*}\frac{d^2}{dx^2} + e\varphi(x)\right] X_v(x) = (-E)\, X_v(x) \tag{6.4}$$

Die Elektronen an der Bandkante besitzen gemäß Gleichung (6.3) eine potentielle Energie $E_c - e\varphi(x)$ und die Löcher eine potentielle Energie $e\varphi(x)$. Diese Energien sind in Abb. 88b dargestellt. Dabei ist zu beachten, daß die Energie $e\varphi(x)$ der Löcher negativ zählt, auf der positiven Elektronenenergieskala ist also $-e\varphi(x)$ aufzutragen.

Das elektrische Feld im Raumladungsgebiet ruft einen dem Diffusionsstrom entgegengesetzten Driftstrom hervor (Abb. 88b) . Die Konzentrationen der ins jeweils andere Gebiet diffundierenden Majoritätsladungsträger liegen dort weit über den Gleichgewichtswerten. Sie sind in diesen Gebieten Minoritätsladungsträger, die mit den dort vorhandenen Majoritätsladungsträgern rekombinieren (Abb.88c). Dadurch verringern sich die Konzentrationen beider Sorten von freien Ladungsträgern im Raumladungsgebiet, so wie das in Abb. 88c dargestellt ist. An der elektrischen Ladungsbilanz und dem elektrischen Feld bzw. Potential ändert die Rekombination aber nichts, da mit einem Elektron gleichzeitig immer auch ein Loch vernichtet wird. Insgesamt findet also an einem pn-

Übergang in der Phase unmittelbar nach seiner Formierung ein relativ kompliziertes Wechselspiel verschiedener Nichtgleichgewichtsprozesse statt - der Diffusion und Drift von Majoritätsladungsträgern, des Aufbaus einer Raumladung und damit verbundener Felder und Potentiale, und der Rekombination von Nichtgleichgewichtsladungsträgern. Die genannten Prozesse wirken darauf hin, den pn-Übergang ins thermodynamische Gleichgewicht zu bringen. Was sich einstellt, ist aber kein statisches, sondern ein dynamisches Gleichgewicht. Es fließt zwar kein Strom, aber nur deshalb nicht, weil sich die Drift- und Diffusionsströme gegenseitig genau kompensieren. Für den Gleichgewichtszustand sind die Prozesse, die zu seiner Einstellung führen, im einzelnen aber gar nicht von Interesse, wichtig ist nur, daß es sie gibt. Unabhängig von der Art dieser Prozesse bilden sich im Gleichgewicht bestimmte lokale Werte $\zeta(x)$ des chemischen Potentials, des elektrischen Potentials $\varphi(x)$ und der Ladungsträgerkonzentrationen $n(x)$ und $p(x)$ aus. Für letztere gelten die früher in Kapitel 5 aufgestellten Beziehungen (5.9), die wir hier noch einmal wiedergeben:

$$n(x) = N_c\, e^{(\zeta(x)-E_g)/kT} \quad , \quad p(x) = N_v\, e^{-\zeta(x)/kT} \tag{6.5}$$

Weitab vom eigentlichen pn-Übergang bei $x = 0$ sorgen die Rekombinationsprozesse dafür, daß die Konzentrationen $n(x)$ und $p(x)$ auf ihre Gleichgewichtswerte abklingen, d.h., daß gilt

$$n(-\infty) = n_p \quad , \quad n(+\infty) = n_n \quad , \tag{6.6}$$

$$p(-\infty) = p_p \quad , \quad p(+\infty) = p_n \tag{6.7}$$

Mit Rücksicht auf die Beziehungen (6.5) folgt daraus

$$\zeta(-\infty) = E_{Fp} \quad , \quad \zeta(+\infty) = E_{Fn} \tag{6.8}$$

Aus Kapitel 5 (Gleichung (5.98)) wissen wir, daß das Gleichgewicht durch die räumliche Konstanz des elektrochemischen Potentials $\zeta(x) - e\varphi(x)$ charakterisiert ist. Für die Berechnung des elektrischen Potentials $\varphi(x)$ steht die Poisson-Gleichung (5.11) zur Verfügung. In ihr braucht nur die Ladungsdichte $\rho(x)$ auf der rechten Seite entsprechend den Verhältnissen beim pn-Übergang spezifiziert zu werden. Bevor wir dieses tun und die Poisson-Gleichung lösen, wollen wir aber zunächst eine relativ leicht zugängliche integrale Größe ermitteln, nämlich die Potentialdifferenz U_D, die sich zwischen dem linken und dem rechten Ende des pn-Übergangs als Folge der Aufladung der beiden Gebiete einstellt. Man bezeichnet diese Differenz als *Diffusionsspannung*, weil die Diffusion die eigentliche treibende Kraft für ihr Entstehen ist. Die Diffusionsspannung liefert uns eine der notwendigen Randbedingungen für die eindeutige Lösung der Poisson-Gleichung.

6.1.2 Diffusionsspannung

Die Diffusionsspannung

$$U_D = \varphi(\infty) - \varphi(-\infty) \qquad (6.9)$$

läßt sich berechnen, indem man das elektrochemische Potential $\zeta(x)-e\varphi(x)$ einmal bei $x = -\infty$ und einmal bei $x = +\infty$ aufschreibt und dann die beiden Werte gleichsetzt. Es folgt

$$\zeta(-\infty) - e\varphi(-\infty) = \zeta(+\infty) - e\varphi(+\infty) \quad , \qquad (6.10)$$

oder in Verbindung mit (6.8) und (6.9)

$$U_D = \frac{1}{e}\,[E_{Fn} - E_{Fp}] \quad . \qquad (6.11)$$

Die Fermi-Niveaus lassen sich mit Hilfe der Beziehungen (6.5) bis (6.8) durch die Majoritätsladungsträgerkonzentrationen n_n und p_p ausdrücken. Zunächst gilt

$$n_n \cdot p_p = N_c N_v\, e^{-E_g/kT} \cdot e^{(E_{Fn} - E_{Fp})/kT} \qquad (6.12)$$

Nach Einführung von n_i aus Formel (4.65) und Logarithmieren ergibt sich daraus

$$U_D = \frac{kT}{e} \ln\left(\frac{n_n \cdot p_p}{n_i^2}\right) \qquad (6.13)$$

Um eine Vorstellung von der Größenordnung der Diffusionsspannung zu erhalten, führen wir die folgende Abschätzung durch. Es sei T = 300 K, d.h. kT = 25 meV. Mit $n_n = p_p = 10^{16}\ \text{cm}^{-3}$ und $n_i = 10^{10}\ \text{cm}^{-3}$ (entsprechend etwa der Eigenleitungskonzentration von Si) folgt U_D = 0,7 V. Auf eine ähnliche Größe kommt man, wenn man annimmt, daß das Fermi-Niveau im n-Halbleiter dicht unterhalb der Leitungsbandkante und im p-Halbleiter dicht oberhalb der Valenzbandkante liegt. Als Differenz der beiden Fermi-Energien ergibt sich daraus für die Diffusionsspannung ein Wert, der etwas kleiner ist als die Energielücke. Unter durchaus realistischen Annahmen erhält man also beachtliche Diffusionsspannun-

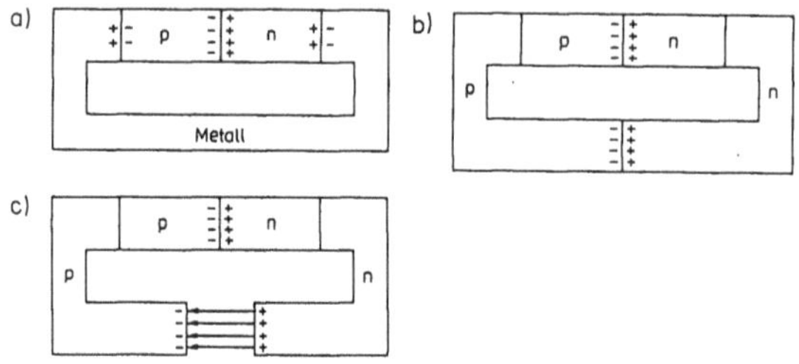

Abb. 89 Zur Messung der Diffusionsspannung

gen. Diese lassen sich allerdings nicht in der Weise messen oder gar nutzen, daß man die Enden der p- und n-Gebiete durch Drähte miteinander verbindet oder durch Zusammenbiegen auch direkt miteinander in Kontakt bringt, um danach einen Stromfluß registrieren zu können. Durch die beschriebenen Anordnungen (siehe Abb. 89a,b) wird nämlich überhaupt kein Strom fließen. Der Spannungsabfall im geschlossenen Kreis ist gleich Null, weil neben dem ersten pn-Übergang noch ein zweiter, entgegengerichteter vorhanden ist. Die metallische Verbindung in Abb. 89a spielt nur die Rolle eines Mittlers und geht in die Spannungsbilanz des Kreises nicht ein - die Summe der Kontaktspannungen an den beiden Metall-Halbleiterübergängen ergibt genau die negative Diffusionsspannung. Trotzdem ist die Diffusionsspannung real und läßt sich messen, nämlich auf elektrostatischem Wege. Das kann zum Beispiel so geschehen, daß die beiden Enden der p- und n-Gebiete bis auf einen kleinen Spalt zusammengebogen werden. Im Spalt entsteht ein elektrisches Feld, von dessen Existenz man sich durch Einbringen einer kleinen Probeladung überzeugen kann (Abb. 89c).

6.1.3 Berechnung der Ortsabhängigkeiten des elektrischen und chemischen Potentials: Schottky-Näherung

Das elektrische Potential $\varphi(x)$ genügt der Poisson-Gleichung (5.17). Die Besonderheit dieser Gleichung besteht darin, daß die Quelladungsdichten auf der rechten Seite selbst vom Potential $\varphi(x)$ abhängen. Wir betrachten diese Abhängigkeit zunächst für die freien Ladungsträger. Man erhält sie aus den früher in Kapitel 5 abgeleiteten Beziehungen (5.93) für $n(x)$ und $p(x)$, indem man dort das chemische Potential $\zeta(x)$ mittels der Relation

$$\zeta(x) = E_{Fp} + e[\varphi(x) - \varphi(-\infty)] = E_{Fn} + e[\varphi(x) - \varphi(+\infty)] \tag{6.14}$$

durch $\varphi(x)$ ersetzt. Es folgt

$$n(x) = n_n e^{e[\varphi(x)-\varphi(+\infty)]/kT} \quad , \quad p(x) = p_p e^{-e[\varphi(x)-\varphi(-\infty)]/kT} \tag{6.15}$$

Für das Produkt $n(x)\cdot p(x)$ ergibt sich

$$n(x)\cdot p(x) = n_n \cdot p_p \, e^{-eU_D/kT} \tag{6.16}$$

bzw. mit Rücksicht auf (6.13)

$$n(x)\cdot p(x) = n_i^2 \tag{6.17}$$

Das Massenwirkungsgesetz, das in Gleichung (4.64) für räumlich homogene Halbleiter aufgeschrieben ist, gilt also lokal auch für inhomogene. Das ist nicht überraschend, da dieses Gesetz nur an das Vorhandensein des thermodynamischen Gleichgewichts gebunden ist und wir das Vorliegen desselben im inhomogenen Fall lokal vorausgesetzt haben.

Die Konzentrationen der ionisierten Donatoren N_D^+ und Akzeptoren N_A^- hängen ebenfalls vom Potential $\varphi(x)$ ab, jedenfalls im allgemeinen. In einem häufig anzutreffenden Spezialfall, nämlich dem der Störstellenerschöpfung, entfällt diese Abhängigkeit aber. Wir wollen voraussetzen, daß dieser Fall vorliegt, so daß wir setzen können

$$N_D^+(x) = N_D(x) \; , \quad N_A^-(x) = N_A(x) \tag{6.18}$$

Da Donatoratome nur im n-Gebiet und Akzeptoratome nur im p-Gebiet vorhanden sind, und da sie dort außerdem homogen verteilt sein sollen, gilt

$$N_D^+(x) = \begin{cases} N_D & \text{für } x > 0 \\ 0 & \text{für } x < 0 \end{cases} \quad , \quad N_A^-(x) = \begin{cases} 0 & \text{für } x > 0 \\ N_A & \text{für } x < 0 \end{cases} \tag{6.19}$$

Die Poisson-Gleichung für $\varphi(x)$ lautet somit

$$\frac{d^2\varphi}{dx^2} = \frac{e}{\varepsilon\varepsilon_0} \begin{cases} n(x) - p(x) - N_D & \text{für } x > 0 \\ n(x) - p(x) + N_A & \text{für } x < 0 \end{cases} \tag{6.20}$$

Wir suchen diejenige Lösung dieser Gleichung, die dem Vorhandensein der Diffusionsspannung gerecht wird. Außerdem benutzen wir, daß das skalare Potential φ prinzipiell nur bis auf eine additive Konstante festgelegt ist. Auch die Poisson-Gleichung (6.20) ist trotz ihrer Nichtlinearität invariant gegenüber einem Wechsel dieser Konstante. Wir legen sie so fest, daß

$$\varphi(x)\big|_{x=0} = 0 \tag{6.21}$$

wird. Durch die Randbedingungen (6.9) und (6.21) ist die Lösung der Poisson-Gleichung (6.20) eindeutig bestimmt. Die explizite Duchführung der Integration stellt aber eine schwierige Aufgabe dar, weil die zu berechnende Funktion $\varphi(x)$ über die Ladungsträgerkonzentrationen n(x) und p(x) aus (6.15) in die Poisson-Gleichung (6.20) in extrem nichtlinearer Form, nämlich exponentiell eingeht. Man ist deshalb auf Näherungen oder numerische Rechnungen angewiesen.
Wir entscheiden uns für den ersten Weg. Dabei ist zunächst die Frage zu beantworten, *welche* Näherungen unter den vorliegenden Bedingungen geeignet sind. Aufschluß darüber gibt die folgende qualitative Beschreibung des Potentialverlaufs (siehe dazu auch Abb. 88). Weitab vom eigentlichen pn-Übergang bei $x = 0$ wird wie bei homogenen Halbleiterproben Ladungsneutralität herrschen. Wegen der Poisson-Gleichung und der Randbedingung (6.21) heißt dies, daß das Potential seine Werte $\varphi(-\infty)$ und $\varphi(+\infty)$ bei $x = -\infty$ bzw. $x = +\infty$ beibehält, wenn man sich der Stelle $x = 0$ aus dem Unendlichen kommend nähert. In der Umgebung des eigentlichen Überganges bei $x = 0$ entsteht, wie früher ausgeführt wurde, eine Raumladung. Dort ändert das Potential seinen Wert. Es wird also qualitativ so verlaufen, wie in Abb. 88 bereits vorweggenommen wurde. Mit x_n bezeichnen wir diejenige Stelle im n-Gebiet, wo, von rechts kommend, erstmalig eine merkliche Raumladung auftritt und eine entsprechende Änderung des Potentials einsetzt. Es gilt also $\varphi(x_n) = \varphi(\infty)$. Da die Gesamtänderung von $\varphi(x)$ über dem Raumladungsgebiet U_D beträgt und U im allgemeinen wesentlich größer ist als kT, wird schnell der Punkt erreicht sein, wo $\varphi(x)$ auf den Wert $\varphi(\infty) - kT/e$ abgefallen ist. Wir bezeichnen diesen Punkt mit $x_n - \Delta x_n$, es gilt also

$$\varphi(x_n - \Delta x_n) = \varphi(x_n) - kT/e \tag{6.22}$$

Die Elektronenkonzentration n(x) aus (6.15) ist dann an der Stelle $x_n - \Delta x_n$ bereits auf den e-ten Teil des Gleichgewichtswertes n_n abgesunken. Da sie mit kleiner werdendem x noch weiter abnimmt, kann man sie von $x_n - \Delta x_n$ an näherungsweise überhaupt gleich Null setzen. Es gilt

$$n(x) = \begin{cases} 0 & \text{für} \quad x < x_n - \Delta x_n \\ n_n & \text{für} \quad x > x_n \end{cases} \tag{6.23}$$

Entsprechendes kann man für die Löcherkonzentration p(x) schlußfolgern. Mit den Bezeichnungen x_p und Δx_p im Falle der Löcher, die analog wie bei den Elektronen definiert sind, folgt näherungsweise

$$p(x) = \begin{cases} 0 & \text{für} \quad x < x_p + \Delta x_p \\ p_p & \text{für} \quad x > x_p \end{cases} \tag{6.24}$$

Wenn sich herausstellt, wie das tatsächlich der Fall sein wird, daß $\Delta x_n \ll x_n$ und $\Delta x_p \ll |x_p|$ gilt, so kann man die Näherung noch weiter treiben und die beiden ausgesparten Intervalle Δx_n und Δx_p in den Beziehungen (6.23) und (6.24) gleich Null setzen. Wir wollen dies tun, ohne die Beziehungen in der veränderten Form noch einmal aufzuschreiben. Die durch die Gleichungen (6.23) und (6.24) charakterisierte Vereinfachung heißt *Schottky-Näherung.* Im pn-Übergang lassen sich jetzt vier Gebiete abgrenzen, in denen die Gesamtladungsdichte jeweils konstante Werte hat, während sie von Gebiet zu Gebiet springt (siehe Abb. 90). Für $x < x_p$ und $x > x_n$ ist die Ladungsdichte Null, weil die Ladungen der ionisierten Störatome durch die freien Elektronen und Löcher kompensiert werden. Zwischen x_n und x_p fehlen die freien Ladungsträger, für $x_p < x < 0$ herrscht die Ladungsdichte $-eN_A$ der ionisierten Akzeptoren und für $0 < x < x_n$ die Ladungsdichte eN_D der ionisierten Donatoren. Wegen des Fehlens freier Ladungsträger zwischen x_p und 0 bzw. zwischen 0 und x_n nennt man diese beiden Bereiche auch *Verarmungsgebiete.* Beide Gebiete zusammen bilden das *Raumladungsgebiet.* Die links und rechts angrenzenden Bereiche heißen *Bahngebiete.* Die zur beschriebenen Ladungsverteilung gehörende Poisson-Gleichung lautet

$$\frac{d^2\varphi}{dx^2} = \frac{e}{\varepsilon\varepsilon_0} \begin{cases} 0 & x > x_n \\ -N_D & 0 < x < x_n \\ N_A & x_p < x < 0 \\ 0 & x < x_p \end{cases} \tag{6.25}$$

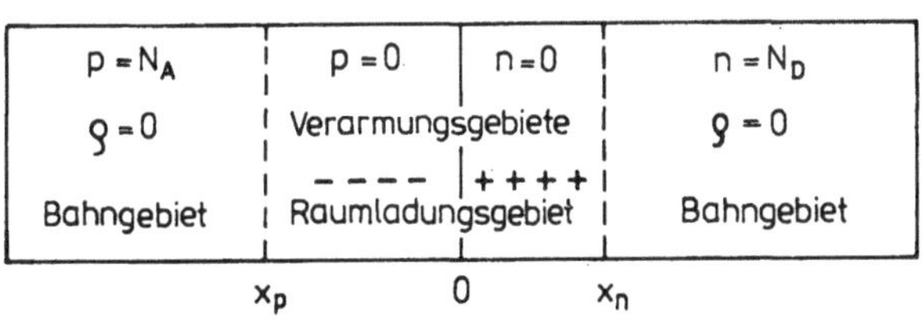

Abb. 90 Raumladungsgebiet, Verarmungsgebiet und Bahngebiete an einem pn-Übergang

Die Grenzen des Raumladungsgebietes sind zunächst noch unbestimmt. Aus der Ladungsneutralität ergibt sich aber sofort als Beziehung zwischen ihnen die Gleichung

$$x_n N_D + x_p N_A = 0 \quad , \tag{6.26}$$

die besagt, daß die positive Gesamtladung des n-seitigen Raumladungsgebietes gleich der negativen Gesamtladung des p-seitigen Raumladungsgebietes ist. Zur eindeutigen Festlegung von x_n und x_p fehlt aber noch eine Beziehung, denn die Poisson-Gleichung ist unter den beiden Randbedingungen (6.9) und (6.21) für beliebige x_n und x_p eindeutig lösbar. Bei der Wahl dieser Beziehung machen wir von der Kenntnis Gebrauch, daß die Verhältnisse in den Bahngebieten weitab vom Übergang bei x=0 denen im unendlichen Volumen entsprechen. Das heißt insbesondere, daß die elektrische Feldstärke dort Null ist. Es gilt also

$$\left.\frac{d\varphi}{dx}\right|_{x=-\infty} = \left.\frac{d\varphi}{dx}\right|_{x=+\infty} = 0 \quad . \tag{6.27}$$

Wegen der vorhandenen Gesamtneutralität des pn-Übergangs folgt der erste Teil dieser Beziehung aus der Poisson-Gleichung, stellt also keine zusätzliche Forderung dar.

Bei der Lösung der Poisson-Gleichung (6.25) ist darauf zu achten, daß trotz der auftretenden Unstetigkeit der rechten Seite bei $x = 0$ nur Potentiale $\varphi(x)$ zugelassen sind, die samt ihrer ersten Ableitung überall stetig sind. Als Lösung des Randwertproblems (6.25), (6.9) und (6.21) erhält man dann

$$\varphi(x) = \frac{e}{2\varepsilon\varepsilon_0} \begin{cases} N_D x_n^2 & x > x_n \\ -N_D(x^2-2xx_n) & 0 < x < x_n \\ N_A(x^2-2xx_p) & x_p < x < 0 \\ -N_A x_p^2 & x < x_p \end{cases} \tag{6.28}$$

An der Stelle $x = 0$ ist $\varphi(x)$ automatisch stetig und gleich 0, wie es sein muß. Die Stetigkeit der ersten Ableitung bei x=0 folgt aus der Ladungsneutralitätsbedingung (6.26). Die Forderung (6.9) liefert

$$\frac{e}{2\varepsilon\varepsilon_0}\left[N_D x_n^2 + N_A x_p^2 \right] = U_D \quad . \tag{6.29}$$

Wir führen die Abkürzung $w = x_n - x_p$ für die Breite des Raumladungsgebietes ein. Aus (6.26) folgt dann

$$x_n = \frac{N_A}{N_D + N_A} w \;, \qquad x_p = -\frac{N_D}{N_D + N_A} w \tag{6.30}$$

Unter Verwendung von (6.29) erhält man für w den Ausdruck

$$w = \sqrt{\frac{2\varepsilon\varepsilon_0}{e} U_D \frac{N_A + N_D}{N_A \cdot N_D}} \;. \tag{6.31}$$

Die Potentialwerte bei x_n und x_p ergeben sich zu

$$\varphi(x_n) = \frac{N_A}{N_A + N_D} U_D \quad , \qquad \varphi(x_p) = -\frac{N_D}{N_A + N_D} U_D \;. \tag{6.32}$$

Der berechnete Potentialverlauf $\varphi(x)$ entspricht dem vorher qualitativ angenommenen vollkommen. Damit erweist sich auch die Überlegung, auf der die Schottky-Näherung beruhte, als gerechtfertigt. Im Nachhinein sind wir jetzt aber auch in der Lage, die Gültigkeitsgrenzen dieser Näherung quantitativ anzugeben. Geht man mit dem Ausdruck (6.27) für $\varphi(x)$ in die Bedingung (6.22) ein, so folgt

$$\Delta x_n = \sqrt{\frac{2\varepsilon\varepsilon_0 kT}{e^2 N_D}} \tag{6.33}$$

Diese Länge, die bis auf einen Faktor $\sqrt{2}$ die *Debyesche Abschirmlänge* für das Potential U_D im n-Gebiet bedeutet, muß klein gegenüber der Breite w des Raumladungsgebietes sein, damit die Schottky-Näherung gilt. Eine entsprechende Relation muß für das p-Gebiet erfüllt sein. Mit Hilfe der Beziehung (6.30) nehmen diese Bedingungen die Form

$$\sqrt{eU_D} \gg \sqrt{kT} \tag{6.34}$$

an, d.h., die mit der Diffusionsspannung verbundene potentielle Energie eines Elektrons muß wesentlich größer sein als seine mittlere thermische Energie. Mit Rücksicht auf die Beziehung (6.13) für U_D ist das dann der Fall, wenn

$$\left[\ln \frac{n_n \cdot p_p}{n_i^2}\right]^{1/2} \gg 1 \tag{6.35}$$

gilt. Bei ausreichend hohen Dotierungskonzentrationen ist die Schottky-Näherung also immer anwendbar. Mit $n_n = p_p = 10^{17}\mathrm{cm}^{-3}$ und $n_i = 10^{10}\mathrm{cm}^{-3}$ folgt für die linke Seite in (6.35) der Wert 5,7 - die Schottky-Näherung gilt also.

Einige Konsequenzen der oben abgeleiteten Beziehungen sollen jetzt noch etwas detaillierter betrachtet werden. Für die Breite des Raumladungsgebietes w ergibt sich aus (6.30) mit Dotierungskonzentrationen $N_D = N_A = 10^{16}\ cm^{-3}$ und mit Werten für ε und U_D, die denen von Silizium entsprechen, bei Zimmertemperatur ein Wert von 0,4 μm. Damit sich das Raumladungsgebiet an einem pn-Übergang voll ausbilden kann, müssen also die p- und n-Gebiete eine Länge haben, die deutlich über diesem Wert, d.h. im Bereich einiger μm liegt. Das ist einer der Gründe, weshalb die Strukturabmessungen von elektronischen Bauelementen nach unten hin begrenzt sind.

Die Beziehung (6.31) besagt auch, daß das Raumladungsgebiet eine umso geringere Breite hat, je stärker die beiden Halbleiter dotiert sind. Bei $N_D = N_A = 10^{18}\ cm^{-3}$ ist sie auf ein Zehntel ihres Wertes bei $N_D = N_A = 10^{16}\ cm^{-3}$ abgefallen. Das ist verständlich, weil bei höherer Raumladungsdichte ein schmaleres Gebiet ausreicht, um die Diffusionsspannung zu überbrücken. Aus dem gleichen Grund trägt das n-Gebiet zur Gesamtbreite des Raumladungsgebietes umso weniger bei, je höher seine Dotierung ist. Analoges gilt für das p-Gebiet (siehe dazu Abb. 91). Unmittelbar am pn-Übergang bei $x = 0$ ist die Energie eines Elektrons im Vergleich zum homogenen n- oder p-Halbleiter unverändert, es gilt $\varphi(x) = 0$. Die Gesamtpotentialdifferenz U_D teilt sich zwischen p- und n-Gebiet gemäß Formel (6.31) auf, d.h., auf das n-Gebiet entfällt ein umso größerer Beitrag, je größer N_A ist, und auf das p-Gebiet ein umso größerer, je größer N_D ist. Darin spiegelt sich die unterschiedliche Ausdehnung der Raumladungsgebiete im n- und p-Halbleiter wider.

Nachdem das elektrische Potential $\varphi(x)$ bekannt ist, kann das chemische Potential $\zeta(x)$ sofort mit Hilfe der Beziehung (6.14) berechnet werden (siehe

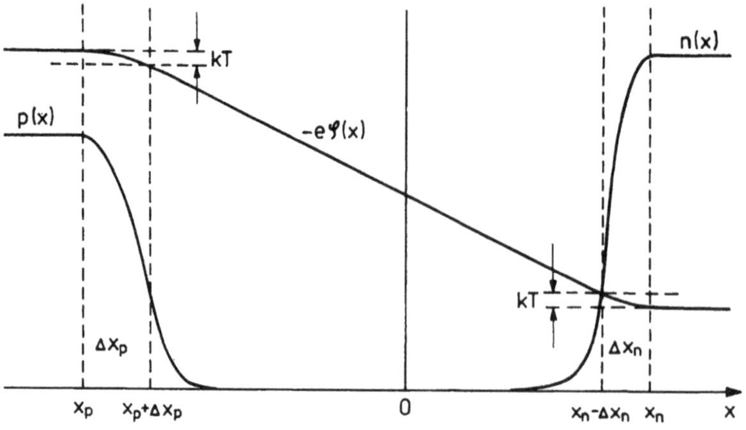

Abb. 91 Veranschaulichung der Schottky-Näherung

Abb.92). Auch die einheitliche Fermi-Energie E_F des pn-Übergangs, die definitionsgemäß gleich dem elektrochemischen Potential $\zeta(x) - e\varphi(x)$ ist, läßt sich leicht ermitteln. Man braucht $\zeta(x) - e\varphi(x)$ nur an einer bestimmten Stelle x, an der $\zeta(x)$ bekannt ist, auszurechnen. Wir nehmen $x = x_n$. Dann folgt mit Hilfe von (6.14) und (6.31)

$$E_F \equiv \zeta(x_n) - e\varphi(x_n) = E_{Fn} - \frac{N_A}{N_A + N_D} eU_D \tag{6.36}$$

bzw.

$$E_F = \frac{N_D}{N_A + N_D} E_{Fn} + \frac{N_A}{N_A + N_D} E_{Fp} \ . \tag{6.37}$$

Das gemeinsame Fermi-Niveau ist also durch die Einzelniveaus im n- und p-Gebiet eindeutig bestimmt.

Daß trotz konstanter Fermi-Energie ein Übergang von einem p-leitenden zu einem n-leitenden Gebiet zustande kommt, liegt an der Biegung der Bandkanten. Dadurch befindet sich in Abb. 92 links die Valenzbandkante in Nähe des Fermi-Niveaus, rechts aber die Leitungsbandkante. Da die Energieniveaus weit oberhalb der Fermi-Energie nahezu vollständig unbesetzt sind, und solche weit unterhalb nahezu vollständig besetzt, liegt links p-Leitung und rechts n-Leitung vor.

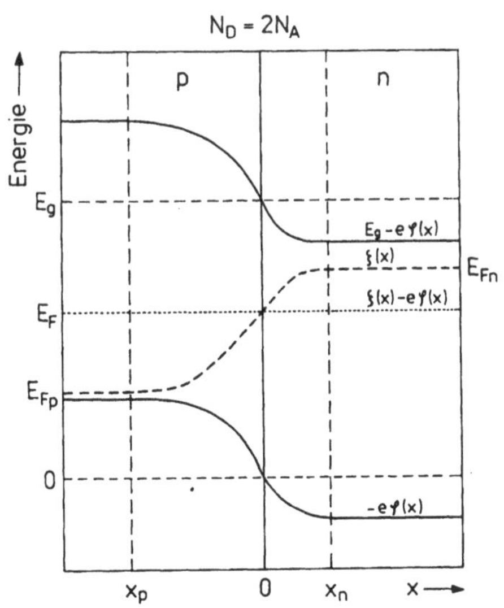

Abb. 92 Verlauf der Bandkanten und des chemischen Potentials in einem pn-Übergang mit $N_D = 2N_A$. Das Fermi-Niveau (elektrochemische Potential) ist ebenfalls dargestellt

6.2 Heteroübergänge

Der pn-Übergang ist eine Halbleiterstruktur auf der Grundlage ein und desselben Materials, lediglich der Zustand des Halbleiters, nämlich der Wert des chemischen Potentials, ist auf den beiden Seiten des Übergangs unterschiedlich. Bei Halbleiter-Heteroübergängen sind nicht nur die Zustände verschieden, sondern auch die Materialien - links vom Übergang bei x = 0 befindet sich das Material 1 und rechts davon das Material 2.

6.2.1 Banddiskontinuitäten

Die Materialinhomogenität bedeutet, daß die Valenz- und Leitungsbandkanten E_v, E_c, die Energielücken E_g, die effektiven Zustandsdichten N_v, N_c und andere Größen auf den beiden Seiten des Übergangs unterschiedliche Werte haben (siehe dazu auch Abb. 93). Wir berücksichtigen diese Unterschiede wie in Abschnitt 3.7 dadurch, daß wir die entsprechenden Größen mit einem Materialindex versehen, also E_{v1}, E_{v2}, E_{c1}, E_{c2} usw. schreiben. Früher bei der Behandlung von homogenen Halbleitern haben wir den Energienullpunkt mit der Oberkante des Valenzbandes identifiziert. Würden wir das auch hier tun, so wäre der Nullpunkt links vom Übergang ein anderer als rechts, was natürlich nicht sein darf. Deshalb muß der Energienullpunkt neu definiert werden. Wir nehmen dafür das in beiden Materialien einheitliche äußere Vakuumniveau. In Bezug auf dieses liegen die Valenzbandkanten der beiden unendlichen Volumenhalbleiter nicht bei Null, sondern bei zwei verschiedenen nicht verschwindenden Werten E^0_{v1} und E^0_{v2}. Das Vakuumniveau ist als minimale Energie definiert, die ein Elektron haben muß, um einen Halbleiter verlassen zu können. Damit sind $-E^0_{v1}$ und $-E^0_{v2}$ die minimalen Energiebeträge, die zugeführt werden müssen, um ein Valenzelektron aus den unendlichen Volumenhalbleitern der Materialien 1 bzw. 2 zu befreien. Er-

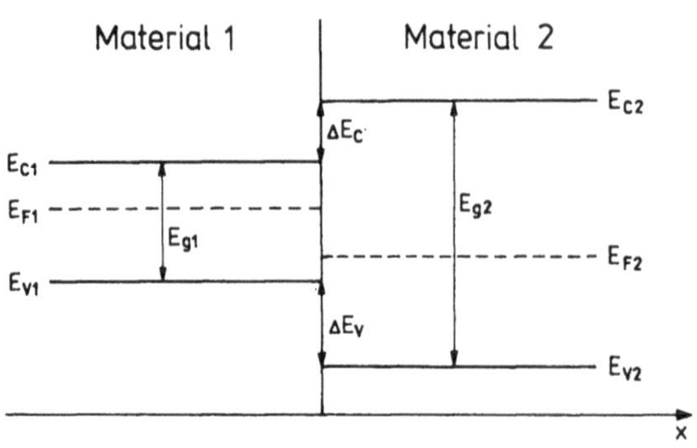

Abb. 93 Veranschaulichung eines Halbleiter-Heteroübergangs

folgt die Herauslösung durch Absorption von Photonen, so sind $-E^0_{v1}$ und $-E^0_{v2}$ die dafür erforderlichen minimalen Photonenenergien (Photoschwellenergien). Für die Lage der Valenzbandkanten E_{v1} und E_{v2} an einem wirklichen Heteroübergang sind die unendlichen Volumenwerte E^0_{v1} und E^0_{v2} aber nur indirekt von Bedeutung. Für jedes der beiden Halbleitermaterialien ist das angrenzende fremde Material nämlich eine Störung. Auch wenn keine freien Ladungsträger vorhanden sind, was wir zunächst annehmen wollen, reagieren die beiden Halbleiter darauf mit einer Umverteilung elektronischer Ladung, und zwar von Ladung der gebundenen Elektronen des Valenzbandes. Wie anschaulich klar ist und auch durch genauere Rechnungen gezeigt werden kann, fließt Valenzelektronenladung aus dem Material mit der höheren Valenzbandkante in das Material mit der niedrigeren Kante. An der Grenzfläche bildet sich eine elektrische Dipolschicht von der Dicke einiger atomarer Monolagen. Makroskopisch betrachtet ist die Ausdehnung dieser Schicht 0, das zugehörige Dipolmoment hat aber einen von Null verschiedenen makroskopischen Wert. Wie aus der Elektrodynamik bekannt ist, erleidet das elektrostatische Potential φ beim Durchgang durch eine Dipolschicht einen Sprung endlicher Größe. Wir bezeichnen den linken Randwert mit φ_- und den rechten mit φ_+. Dann gilt für die wirkliche Lage der Valenzbandkanten E_{v1} und E_{v2} am Heteroübergang

$$E_{v1} = E^0_{v1} - e\varphi_- \ , \qquad E_{v2} = E^0_{v2} - e\varphi_+ \tag{6.38}$$

Die Valenzbanddiskontinuität ΔE_v ergibt sich damit zu

$$\Delta E_v \equiv -[E_{v2} - E_{v1}] = -[E^0_{v2} - E^0_{v1} - e(\varphi_+ - \varphi_-)] \ . \tag{6.39}$$

Neben dem reinen Volumenbeitrag $-[E^0_{v2}-E^0_{v1}]$ enthält sie also einen Dipolbeitrag $e[\varphi_+ - \varphi_-]$, der auch von den Eigenschaften der Grenzfläche abhängen kann. Sieht man vom Dipolbeitrag ab, so läßt sich für ΔE_v sofort die sogenannte Transitivitätsregel beweisen, d.h., die ΔE_v-Werte für die Materialkombinationen 1/2 und 2/3 addieren sich zum ΔE_v-Wert der Kombination 1/3 auf. Diese Regel ist nicht immer erfüllt, was darauf hinweist, daß dann der Dipolbeitrag zu ΔE_v wesentlich wird.

Die Leitungsbandkanten lassen sich aus den Valenzbandkanten und den Energielücken E_{g1} und E_{g2} der beiden Materialien leicht bestimmen. Es gilt

$$E_{ci} = E_{vi} + E_{gi} \ , \qquad i = 1,2 \ . \tag{6.40}$$

Für die Leitungsbanddiskontinuität ΔE_c folgt

Tab. 15 Experimentelle Werte für Valenzbanddiskontinuitäten $\Delta E_v = E_{v1} - E_{v2}$ ausgewählter Heteroübergänge vom Typ 1/2. Die Daten sind mit gewissen Unsicherheiten behaftet.

Heteroübergang	Ge/Si	Ge/GaAs	GaAs/AlAs	GaAs/ZnSe	HgTe/CdTe	InP/CdS
ΔE_v (eV)	0.17	0.54	0.2	0.96	0.35	1.63

$$\Delta E_c \equiv E_{c2} - E_{c1} = -\Delta E_v + \Delta E_g \quad , \tag{6.41}$$

wobei $\Delta E_g = E_{g2} - E_{g1}$ gesetzt wurde. Wenn ΔE_v und ΔE_g bekannt sind, läßt sich daraus ΔE_c berechnen. Für die Diskontinuität ΔE_g der Energielücke gibt es zuverlässige experimentelle Werte, z.B. aus optischen Experimenten. Dagegen ist die Bestimmung der Valenzbanddiskontinuität sowohl für das Experiment als auch die Theorie eine relativ schwierige Aufgabe. Auch heute werden dazu noch Arbeiten durchgeführt, selbst bei dem am besten untersuchten Heteroübergang GaAs/(Al,Ga)As. In Tab. 15 sind experimentelle Werte der Valenzbanddiskontinuitäten für einige wichtige Heterostrukturen zusammengestellt.

6.2.2 Gleichgewichtsbedingung

Das thermodynamische Gleichgewicht eines räumlich inhomogenen Systems ist dadurch charakterisiert, daß sein elektrochemisches Potential nicht vom Ort abhängt. Diese Aussage wurde bisher aber nur für materialmäßig homogene Systeme bewiesen. Wir wollen sie jetzt auf Systeme übertragen, die aus unterschiedlichen Materialien bestehen. Den Ausgangspunkt bildet wieder die Feststellung, daß im Gleichgewicht die Elektronen- und Löcherströme einzeln verschwinden müssen. Nur werden die phänomenologischen Gleichungen für diese Ströme bei heterogen zusammengesetzten Systemen anders lauten als bei Systemen aus einem einzigen Material. Das kann man sich folgendermaßen klarmachen. Wir nehmen für den Moment einmal an, daß die Bandkanten E_c und E_v ihre Lagen in Abhängigkeit vom Ort x nicht sprunghaft, sondern allmählich ändern. Ferner vergegenwärtigen wir uns, daß die dann kontinuierlichen Funktionen $E_c(x)$ und $E_v(x)$ im Sinne der Effektivmassengleichung potentielle Energien der Elektronen bzw. Löcher beschreiben. Man wird deshalb erwarten, daß die Gradienten grad E_c und grad E_v treibende Kräfte darstellen, die zusätzliche Beiträge zu den Elektronen- und Löcherströmen hervorrufen. Das gleiche trifft auf die Gradienten der effektiven Zustandsdichten grad $N_c(x)$ und grad $N_v(x)$ zu. Die genaue Form dieser Strombeiträge ist zunächst nicht bekannt. Sie läßt sich mit Hilfe der Boltzmann-Gleichung bestimmen, sofern man sie nicht unmittelbar aus der Erfahrung nimmt. Die so verallgemeinerten phänomenologischen Gleichungen für die Elektronen- und Löcherströme lauten

$$j_n = \sigma_n \frac{1}{e} \left[\text{grad}(E_c - e\varphi) + \frac{kT}{n} \text{grad } n - \frac{kT}{N_c} \text{grad } N_c \right] , \tag{6.42a}$$

$$j_p = \sigma_p \frac{1}{e} \left[\text{grad}(E_v - e\varphi) - \frac{kT}{n} \text{grad } p + \frac{kT}{N_v} \text{grad } N_v \right] \tag{6.42b}$$

Die Konzentrationen n und p der Elektronen bzw. Löcher lassen sich wie früher durch das chemische Potential $\zeta(x)$ ausdrücken, nur daß im Unterschied zu den Beziehungen (6.5) jetzt die Bandkanten und die effektiven Zustandsdichten ortsabhängig sind. Es gilt

$$n(x) = N_c(x)\, e^{[\zeta(x)-E_c(x)]/kT} , \tag{6.43a}$$

$$p(x) = N_v(x)\, e^{-[\zeta(x)-E_v(x)]/kT} \tag{6.43b}$$

Mit Hilfe des chemischen Potentials können die beiden phänomenologischen Gleichungen (6.42) in der kompakteren Form

$$j_n = \sigma_n \frac{1}{e} \text{grad } [\zeta - e\varphi] , \tag{6.44a}$$

$$j_p = \sigma_p \frac{1}{e} \text{grad } [\zeta - e\varphi] \tag{6.44b}$$

geschrieben werden. Das Verschwinden der beiden Ströme j_n und j_p ist demnach genau dann gewährleistet, wenn das elektrochemische Potential $\zeta(x)-e\varphi(x)$ räumlich konstant ist. Die Konstante wird wieder als Fermi-Energie E_F bezeichnet. Damit ist die räumliche Konstanz von E_F im thermodynamischen Gleichgewicht jetzt auch für chemisch heterogen zusammengesetzte Systeme bewiesen.

Als weitere Beziehung zur Berechnung der elektrischen und chemischen Potentiale im Gleichgewicht steht die Poisson-Gleichung zur Verfügung. Sie muß hier zunächst in der allgemeinen Form (5.17) genommen werden. Die Dielektrizitätskonstanten der beiden Materialien werden als gleich vorausgesetzt. Ihre Dotierungen können, müssen aber nicht von unterschiedlichem Typ sein. Wie beim pn-Übergang kann wieder eine Aufteilung der gesamten Struktur in ein Raumladungsgebiet direkt am Übergang bei x = 0 und in zwei elektrisch neutrale Bahngebiete rechts und links davon vorgenommen werden. Die Schottky-Näherung, durch die beim pn-Übergang die Lösung der Poisson-Gleichung wesentlich vereinfacht werden konnte, ist aber im allgemeinen nicht mehr anwendbar. Die Lösungsmethode muß der jeweiligen Situation angepaßt werden. Was man in jedem Falle benötigt, sind Randbedingungen. Eine erste derartige Bedingung erhält man dadurch, daß man die Potentialdifferenz zwischen $x = -\infty$ und $x = +\infty$ durch die Werte $E_{F2} \equiv \zeta(+\infty)$ und $E_{F1} \equiv \zeta(-\infty)$ des chemischen Potentials bei $x = +\infty$ und $x = -\infty$ ersetzt. Wegen der Konstanz des elektrochemischen Potentials gilt

$$[\varphi(+\infty) - \varphi(-\infty)] = \frac{1}{e}[E_{F2} - E_{F1}] \; . \tag{6.45}$$

Die rechte Seite in dieser Gleichung ist ihrem Wesen nach die bei der Behandlung des pn-Übergangs eingeführte Diffusionsspannung. Als zweite Randbedingung kann wieder wie beim pn-Übergang das Verschwinden des elektrischen Feldes bei $x = +\infty$ und $x = -\infty$ genommen werden. Weil eine der beiden Bedingungen aus der Ladungsneutralität folgt, reicht es aus zu fordern

$$\frac{d\varphi}{dx}\Big|_{x=-\infty} = 0 \; . \tag{6.46}$$

6.2.3 Potentialverlauf

Wir wenden jetzt die allgemeinen Betrachtungen auf einen Fall an, der den Verhältnissen an einem Heteroübergang zwischen GaAs (Material 1) und AlAs (Material 2) entspricht (siehe Abb. 94). Demgemäß nehmen wir an, daß $E_{c2} > E_{c1}$ ist und $N_{c1} = N_{c2}$. Beide Materialien sollen n-dotiert sein, d.h., es soll $p(x) = 0$ und $N_A(x) = 0$ gelten. Die Poisson-Gleichung vereinfacht sich damit zu

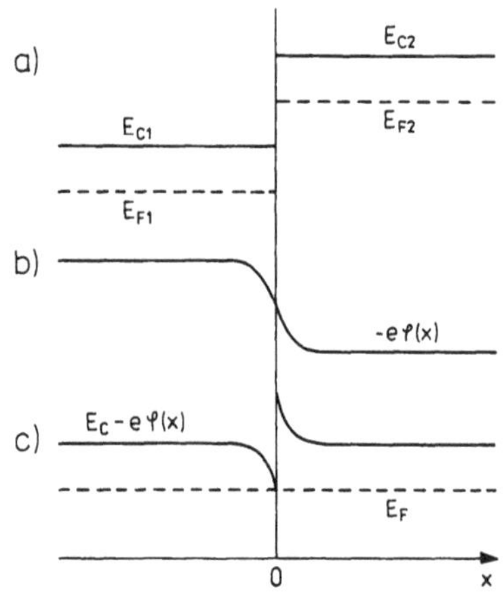

Abb. 94 Verlauf der Leitungsbandkante an einem Heteroübergang vom n-Typ vor Einstellung des Gleichgewichts (a) und danach (c). Der Verlauf des Potentials ist in (b) dargestellt

$$\frac{d^2\varphi}{dx^2} = -\frac{e}{\varepsilon\varepsilon_0}[N_D(x) - n(x)] \quad . \tag{6.47}$$

Die n-Dotierungen nehmen wir in beiden Materialien nun auch noch als gleich stark an, d.h., die Fermi-Energien E_{F1} und E_{F2} der beiden Volumenhalbleiter sollen in beiden Materialien um den gleichen Betrag gegenüber den Leitungsbandkanten E_{c1} und E_{c2} abgesenkt sein. Es soll also gelten

$$E_{F2} - E_{F1} = E_{c2} - E_{c1} \tag{6.48}$$

Da wegen $E_{c2} > E_{c1}$ auch $E_{F2} > E_{F1}$ sein muß, werden Elektronen aus dem Material 2 in das Material 1 diffundieren. Im Material 1 werden sie sich in der Nähe der Grenzfläche anreichern, man spricht deshalb von einer *Anreicherungsschicht*. Im Material 2 wird eine Verarmungsschicht entstehen. Dort ist $n \ll N_D$, deshalb kann die Schottky-Näherung angewandt werden. Im Anreicherungsgebiet gilt dagegen $n \gg N_D$, die Schottky-Näherung ist nicht anwendbar. Dadurch ändert sich der Charakter der Poisson-Gleichung grundlegend - die Inhomogenität hängt über n(x) selbst wieder vom Potential ab. Aus den Beziehungen (6.43a) und (6.45) folgt

$$n(x) = n_{01}\, e^{-e[\varphi(x)-\varphi(-\infty)]/kT} \tag{6.49}$$

mit n_{01} als Gleichgewichtskonzentration im unendlichen Volumen des Materials 1. Weitab vom Heteroübergang bei $x = 0$ geht die Konzentration n(x) in n_{01} über, wie es zu erwarten ist. Die Poisson-Gleichung nimmt unter Verwendung von (6.49) die Form

$$\frac{d^2\varphi}{dx^2} = -\frac{e}{\varepsilon\varepsilon_0}[N_D(x) - n_{01}\, e^{-e[\varphi(x)-\varphi(-\infty)]/kT}] \tag{6.50}$$

an. Sie stellt eine extrem nichtlineare Gleichung dar, die nicht mehr in allgemeiner Form gelöst werden kann. Da das Potential $-e\varphi(x)$ eines Elektrons im Anreicherungsgebiet den Wert $-e\varphi(-\infty)$ um Beträge von der Größenordnung ΔE_c unterschreitet, ist der zweite Term auf der rechten Seite von (6.50), also die Konzentration der freien Ladungsträger, wesentlich größer als N_D. Dadurch ist eine zur Schottky-Näherung komplementäre Vereinfachung möglich, nämlich die Vernachlässigung der Konzentration der festen Ladungen gegenüber der der frei beweglichen. Wir behalten ein konstantes N_D trotzdem zunächst noch bei. Man kann nämlich auch dann noch ein exaktes erstes Integral der Gleichung (6.50) angeben. Es lautet

$$\left(\frac{d\varphi}{dx}\right)^2 = -\frac{2e}{\varepsilon\varepsilon_0}\left\{N_D\,[\varphi(x)-\varphi(-\infty)] + \frac{kT}{e}n_{01}\left[e^{-e[\varphi(x)-\varphi(-\infty)]/kT}-1\right]\right\}. \tag{6.51}$$

Diese Beziehung stellt eine Differentialgleichung erster Ordnung dar. In ihr ist die Randbedingung (6.46) bereits berücksichtigt. Exakt läßt sich die Gleichung (6.51) nicht mehr weiter verarbeiten. Näherungsweise kann man sie z.B. durch Iteration lösen. Das bedeutet, daß man in die Inhomogenität der Gleichung eine bereits möglichst gut genäherte Anfangslösung $\varphi^0(x)$ einsetzt und damit durch Integration der Wurzel aus (6.51) über x eine verbesserte Lösung $\varphi^1(x)$ bestimmt, die man wieder in die rechte Seite von (6.51) einsetzt usw. Uns soll hier aber lediglich der qualitative Verlauf des Potentials $\varphi(x)$ interessieren. Wir beginnen mit dem Anreicherungsgebiet in Material 1.

Die Breite w_A dieses Gebietes, das im wesentlichen die gesamte Potentialänderung im Material 1 aufnimmt, läßt sich aus Gleichung (6.51) leicht abschätzen. Wir vernachlässigen dazu N_D und berücksichtigen, daß der Potentialabfall $-e[\varphi(x)-\varphi(-\infty)]$ die Leitungsbanddiskontinuität ΔE_c nicht überschreiten kann, aber auch nicht wesentlich unterschreiten wird, so daß wir ihn näherungsweise durch ΔE_c ersetzen können. Die Ableitung $e(d\varphi/dx)$ ist damit von der Größenordnung $\Delta E_c/w_A$. Aus (6.51) folgt dann näherungsweise

$$w_A = \sqrt{\frac{\varepsilon\varepsilon_0 kT}{2e^2 n_{01}}}\left(\frac{\Delta E_c}{kT}\right) e^{-\frac{1}{2}\frac{\Delta E_c}{kT}} \tag{6.52}$$

Die Wurzel ist bis auf den Faktor $1/\sqrt{2}$ gleich der Debye-Länge, die bereits im Zusammenhang mit dem pn-Übergang eine Rolle spielte. Dort war sie klein gegenüber der Ausdehnung des Raumladungsgebietes, das beim pn-Übergang ein Verarmungsgebiet darstellte. Für das Anreicherungsgebiet eines Heteroübergangs erhalten wir das entgegengesetzte Ergebnis - die Breite ist gegenüber der Debye-Länge um einen Faktor reduziert, der im allgemeinen wesentlich kleiner als 1 ist. Mit ΔE_c = 0,4 eV und T = 300 K ergibt er sich zu 0,14. Die Debye-Länge selbst hat für $n_{01} = 10^{18}$ cm^{-3} , T = 300 K und ε = 12 einen Wert von etwa 0,2 μm. Damit wird w_A etwa gleich 200 Å.

Im Material 2 liegt ein Verarmungsgebiet vor. Deshalb ist die Schottky-Näherung anwendbar, und der Potentialverlauf ist durch eine ähnliche parabolische Abhängigkeit gegeben wie in Gleichung (6.27) für das n-dotierte Verarmungsgebiet beim pn-Übergang. Der Potentialabfall erstreckt sich über eine

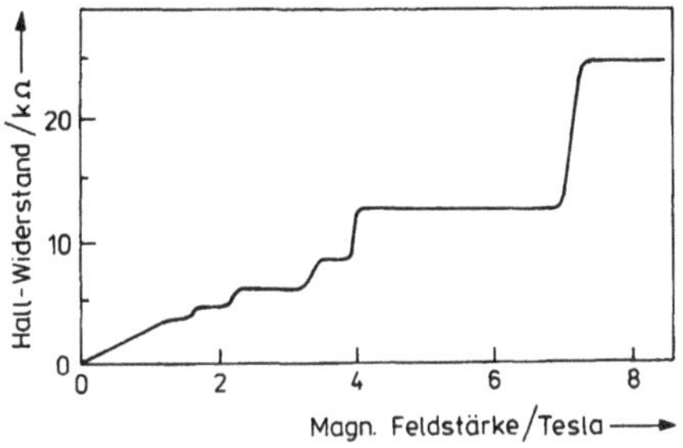

Abb. 95 Quanten-Hall-Effekt an einer GaAs/Ga_xAl_{1-x}As-Heterostruktur bei T = 8 mK (nach *G. Ebert, K. von Klitzing et al.* 1982)

Breite, die groß ist gegenüber der Debye-Länge, erfolgt also wesentlich langsamer als in Material 1. In Abb. 94 ist der Potentialverlauf über der gesamten Heterostruktur schematisch dargestellt. Darunter ist die effektive ortsabhängige Leitungsbandkante $E_c(x) - e\varphi(x)$ aufgetragen. Aus den Beziehungen (6.45) und (6.48) folgt

$$E_{c1} - e\varphi(-\infty) = E_{c2} - e\varphi(+\infty) \quad , \tag{6.53}$$

d.h., der Sprung im Verlauf der Bandkante wird durch das elektrostatische Potential φ vollständig ausgeglichen. Da dieses Potential die Folge einer Umverteilung von freien Elektronen ist, die sich unter der Wirkung der Banddiskontinuität ΔE_c einstellt, kann man auch sagen, daß ΔE_c durch die freien Elektronen dielektrisch abgeschirmt wird. Der Verlauf der effektiven Bandkante $E_c - e\varphi(x)$ weist eine interessante Besonderheit auf. Das Anreicherungsgebiet wird nämlich nach rechts durch eine Potentialbarriere abgeschlossen. Dadurch entsteht ein Potentialtrichter. Das Fermi-Niveau liegt über dem Boden dieses Trichters, was zur Folge hat, daß er partiell mit einem relativ dichten entarteten Elektronengas gefüllt wird. Die mittlere Breite des Trichters hat mit den oben abgeschätzten 200 Å einen Wert, der in Abschnitt 3.7, bei der Behandlung von Quantum Wells und Supergittern bereits eine Rolle spielte. Man beobachtet deshalb an Heteroübergängen ähnliche Quanteneffekte wie in künstlichen Halbleitermikrostrukturen. Die Elektronen am Heteroübergang sind in den Potentialtrichter eingeschlossen und können sich nur parallel zur Grenzfläche frei bewegen. Sie bilden ähnlich wie beim Quantum Well ein 2-dimensionales Elektronengas. An ihm wird, wie früher bereits erwähnt, der quantisierte Hall-Effekt beobachtet (siehe Abb. 95).

6.3 Metall-Halbleiterübergänge

Metall-Halbleiterübergänge spielen als elektrisch leitende Kontakte bei Halbleiterproben oder -bauelementen eine wichtige Rolle. Die Abhängigkeit ihres Widerstandes von der Polung der angelegten Spannung kann für elektrische Gleichrichtungszwecke ausgenutzt werden. Eine aktive elektronische Funktion haben Metall-Halbleiterübergänge auch als sogenannte Schottky-Kontakte bei GaAs-MESFETs (Metall-Semiconductor-Feld-Effekt-Transistoren). Über das Potential der metallischen Gate(Tor)-Elektrode kann der Widerstand der darunterliegenden GaAs-Schicht elektrisch gesteuert werden. Hergestellt werden die Metall-Halbleiterübergänge meist durch Verdampfen des Metalls und anschließende Abscheidung des Metalldampfes auf der kälteren Halbleiteroberfläche.

6.3.1 Energieniveau-Schema vor Einstellung des Gleichgewichts

Die Lagen der Energieniveaus an einem Metall-Halbleiterübergang im Moment seiner Entstehung, d.h. vor Einstellung des thermodynamischen Gleichgewichts,

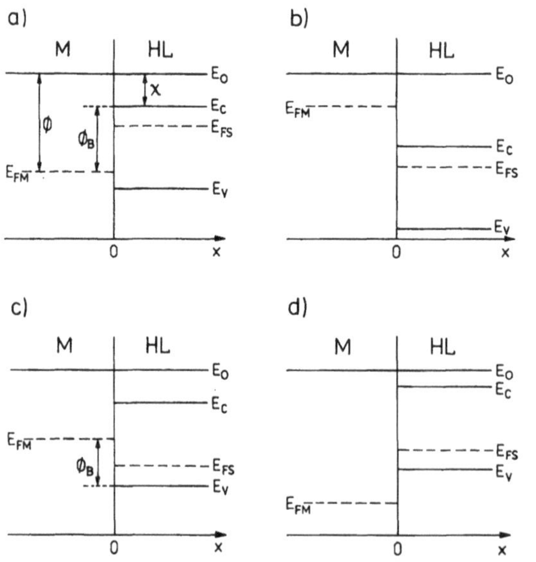

Abb. 96 Räumlicher Verlauf der Fermi-Niveaus von Metall und Halbleiter sowie der Bandkanten des Halbleiters an einem Metall-Halbleiterübergang unmittelbar nach seiner Herstellung, also vor der Einstellung des Gleichgewichts. Dargestellt sind 4 verschiedene Fälle: n-Halbleiter (a,b), p-Halbleiter (c,d), $E_{FS} > E_{FM}$ (a,d), $E_{FS} < E_{FM}$ (b,c)

sind in Abb. 96 schematisch dargestellt. Alle Energien sind auf das Vakuum-Niveau E_0 bezogen. In Abb. 96a ist eine Situation angenommen, in der das oberste besetzte Energieniveau des Metalls, also das Fermi-Niveau E_{FM}, unterhalb des Fermi-Niveaus E_{FS} im Halbleiter liegt. Dieser ist in Abb. 96a als n-Halbleiter angenommen. Die Relation $E_{FM} < E_{FS}$ ist typisch für viele Kombinationen aus Metallen und n-Halbleitern, obwohl auch der umgekehrte Fall vorkommt (Abb. 96b). Für p-Halbleiter gilt Analoges. Die beiden möglichen Situationen - das Fermi-Niveau des p-Halbleiters liegt unter der des Metalls bzw. darüber - sind in den Abbn. 96c und d dargestellt. Die Fermi-Energie des Metalls ist über dessen Austrittsarbeit Φ direkt experimentell zugänglich. Es gilt näherungsweise $E_{FM} = -\Phi$. Die Austrittsarbeit Φ kann mit Hilfe von Photoemissionsmessungen relativ genau bestimmt werden. Sie ist gleich der Differenz der Energie des Photons $\hbar\omega$, das ein Elektron aus dem Metall herauslöst, und der kinetischen Energie E_{kin} dieses Elektrons, die die eigentliche Meßgröße darstellt. Es gilt also $\Phi = \hbar\omega - E_{kin}$. Der Abstand des Leitungsbandes des Halbleiters vom Vakuumniveau, die sogenannte Elektronenaffinität X, ist ebenfalls eine Größe, die experimentell bestimmt werden kann. Man mißt dazu die minimale Energie eines Photons, die erforderlich ist, um ein Elektron aus dem Valenzband des Halbleiters ins Vakuum anzuregen, die sogenannte Photoschwellenergie Φ_{ph}, und subtrahiert davon die Energielücke E_g, benutzt also die Beziehung $X = \Phi_{ph} - E_g$.
Für den Stromtransport durch den Metall-Halbleiterkontakt ist, wie wir in Kapitel 7 noch zeigen werden, die Austrittsarbeit $E_{An}(M\to HL)$ der Elektronen des Metalls in den Halbleiter von entscheidender Bedeutung. Dabei wird angenommen, daß ein n-Halbleiter vorliegt. Bei einem p-Halbleiter übernimmt die Austrittsarbeit $E_{Ap}(HL\to M)$ der Löcher des Halbleiters in das Metall diese Rolle. In beiden Fällen bezeichnet man die Austrittsarbeit als Schottky-Barriere Φ_B. Es gilt

$$\Phi_B = \begin{cases} E_{An}(M\to HL) \\ E_{Ap}(HL\to M) \end{cases} \tag{6.54}$$

Im folgenden betrachten wir einen n-Halbleiter. Aus Abb. 96 kann man die Mottsche Beziehung

$$\Phi_B = \Phi - X \tag{6.55}$$

ablesen. Für die Dichte j des Stromes bei angelegter Spannung U werden wir später in Kapitel 7 den Ausdruck

$$j = B\, e^{-\Phi_B/kT}\left(e^{eU/kT} - 1\right) \qquad (6.56)$$

ableiten (B bezeichnet einen nur schwach von der Temperatur abhängenden Faktor). Die Barriere Φ_B ist über die Messung der Strom-Spannungscharakteristik des Metall-Halbleiterkontakts damit also ebenfalls experimentell unmittelbar zugänglich. Mit der Aufstellung dieser Beziehung sind wir der Analyse der Energieniveau-Lagen am Metall-Halbleiterübergang aber vorausgeeilt. In Abb. 96 sind diese Niveaus im Moment der Herstellung des Kontaktes gezeigt. Da die chemischen Potentiale im Metall und im Halbleiter unterschiedliche Werte besitzen, entspricht die in Abb. 96 dargestellte Situation sicher nicht dem thermodynamischen Gleichgewicht. Es werden Elektronen bzw. Löcher vom Halbleiter in das Metall (Abb. 96a,c) bzw. vom Metall in den Halbleiter (Abb. 96b,d) diffundieren. Dadurch entsteht an der Grenzfläche eine Raumladung (siehe Abb. 97), die mit einem räumlich veränderlichen elektrostatischen Potential $\varphi(x)$ verbunden ist (siehe Abb.98).

6.3.2 Elektrostatisches Potential

Im Gleichgewicht ist das elektrochemische Potential $E_F = \zeta(x) - e\varphi(x)$ räumlich konstant. Im Metall sind die räumlichen Änderungen von $\zeta(x)$ und $\varphi(x)$ auf eine sehr dünne Randschicht an der Grenzfläche beschränkt. Die Dicke dieser Schicht liegt noch unter der Debye-Länge von einigen Å, einem Wert, den man aus der Beziehung (6.32) erhält, wenn man dort die metallische Elektronenkonzentration von 10^{22} cm^{-3} einsetzt. In Wirklichkeit muß aber die mittlere thermische Energie $\frac{3}{2}$ kT in (6.32) durch die Fermi-Energie, bezogen auf den Boden des Leitungsbandes, ersetzt werden, d.h., es muß statt der Debye- die Thomas-

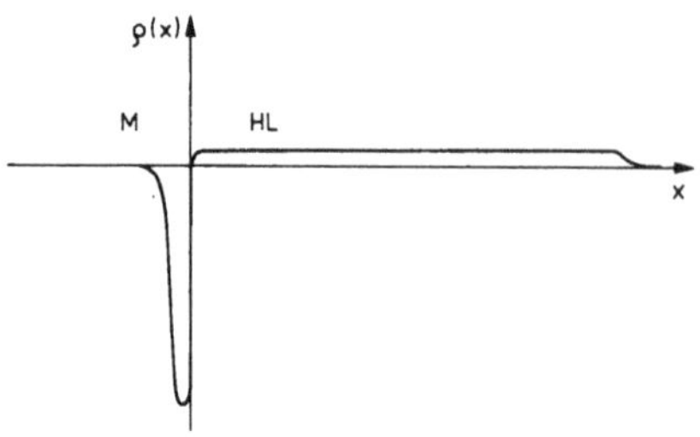

Abb. 97 Ladungsdichteverlauf an einem nicht-ohmschen Metall-n-Halbleiter-Kontakt (schematisch)

Fermi-Abschirmlänge genommen werden. Diese hat einen Wert von etwa 0,5 Å. Über einer derart kurzen Strecke bleibt das Potential $\varphi(x)$ praktisch konstant. Tiefer im Metall hat es infolge der Abschirmung durch die Randschicht ohnehin überall den gleichen Wert. In guter Näherung können wir also das Potential im Metall als unveränderlich ansehen. Beim Übergang vom Metall in den Halbleiter könnte das Potential, ähnlich wie bei den Halbleiter-Heteroübergängen im vorangegangenen Abschnitt 6.2, durch die Ausbildung einer Dipolschicht einen Sprung $[\varphi(+0) - \varphi(-0)]$ endlicher Größe erleiden. Wir wollen diese Möglichkeit zunächst ausschließen, d.h.

$$[(\varphi(+0) - \varphi(-0)] = 0 \tag{6.57}$$

annehmen. Damit ist bereits klar, daß der Ausdruck (6.56) für die Schottky-Barriere ϕ_B auch nach Einstellung des Gleichgewichts durch Aufbau einer Raumladung und eines damit verbundenen Potentials noch gilt. Beide Niveaus, das Fermi-Niveau des Metalls und die Leitungsbandkante, werden um den gleichen Energiebetrag $-e\varphi(0)$ angehoben, ihre Differenz bleibt unverändert (Abb.98).
Allerdings bildet sich zwischem dem Metall $(x \leq 0)$ und dem Halbleiter bei $x \cong \infty$ eine Potentialdifferenz

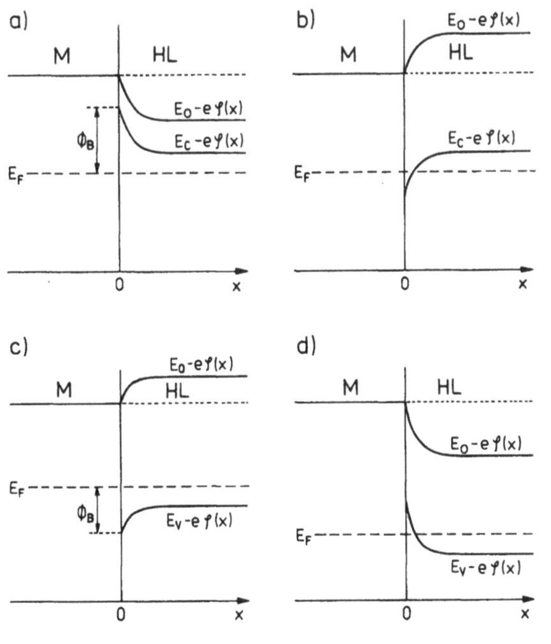

Abb. 98 Räumlicher Verlauf der Energieniveaus von Metall-Halbleiterkontakten aus Abb. 96 nach Einstellung des Gleichgewichts

$$U_K = [\varphi(\infty) - \varphi(0)] \tag{6.58}$$

heraus. Diese ist der Diffusionsspannung im Falle des pn-Übergangs völlig analog, hier bezeichnet man sie als *Kontaktspannung.* Aus der Konstanz des elektrochemischen Potentials folgt unmittelbar die Beziehung

$$U_K = \frac{1}{e}[E_{FS} - E_{FM}] \ . \tag{6.59}$$

Wenn die Fermi-Energie des Halbleiters in der Nähe der Leitungsbandkante liegt, ist die Kontaktspannung ungefähr gleich der Schottky-Barrierenhöhe Φ_B. Letztere hat typischerweise Werte von einigen Zehnteln eV. Das sind dann auch die typischen Werte, die man für die Kontaktspannung U_K zu erwarten hat.
Der räumliche Verlauf des Potentials $\varphi(x)$ im einzelnen hängt von der relativen Lage der Fermi-Niveaus im Metall und im Halbleiter ab. Ist beim n-Halbleiter $E_{FS} > E_{FM}$, so gehen Elektronen aus dem Halbleiter in das Metall über, im Halbleiter entsteht am Kontakt eine Verarmungsschicht. U_K ist positiv, d.h., die beiden Bänder sind nach oben gekrümmt (Abb. 98a). Man spricht in diesem Falle von einem *nicht-ohmschen* oder *Schottky-Kontakt.* Ist beim n-Halbleiter $E_{FS} < E_{FM}$, gehen Elektronen aus dem Metall in den Halbleiter über, im Halbleiter entsteht am Kontakt eine Anreicherungsschicht (Abb.98b). Die Kontaktspannung U_K ist negativ, d.h., die Bänder sind nach unten gekrümmt, ähnlich wie beim Heteroübergang, nur daß hier kein Potentialtrichter entsteht, in dem die Elektronen eingeschlossen sind. Man spricht von einem *ohmschen Kontakt.* Im Falle eines p-Halbleiters ergibt sich für $E_{FS} > E_{FM}$ eine Löcheranreicherungsschicht, weil Elektronen aus dem Halbleiter in das Metall oder, was auf dasselbe hinausläuft, Löcher aus dem Metall in den Halbleiter übergehen. U_K ist positiv, die Bänder sind nach oben gekrümmt (ohmscher Kontakt, Abb. 98d). Für $E_{FS} < E_{FM}$ entsteht eine Löcherverarmungsschicht, U_K ist negativ, und die Bänder sind nach unten gekrümmt (nicht-ohmscher Kontakt, Abb. 98c). Wir betrachten zunächst den

nicht-ohmschen Metall-n-Halbleiterkontakt:

Der Potentialverlauf $\varphi(x)$ kann in der gleichen Weise berechnet werden wie im Falle des pn-Überganges. Insbesondere kann wieder die Schottky-Näherung verwendet werden, vorausgesetzt, die Bedingung (6.34) ist mit U_K statt U_D erfüllt. Die Breite der Verarmungsschicht im Halbleiter bezeichnen wir mit x_B. Als Randbedingungen verwenden wir einerseits den Wert des Potentials tief im

Halbleiter bei $x = \infty$, den wir 0 setzen, d.h.

$$\varphi(x)\big|_{x=\infty} = 0 \quad . \tag{6.60}$$

Andererseits nehmen wir auch für die Feldstärke tief im Halbleiter den Wert 0 an, d.h.

$$\frac{d\varphi}{dx}\Big|_{x=\infty} = 0 \quad . \tag{6.61}$$

Zusammen mit der Bedingung (6.58) können das Potential $\varphi(x)$ und die Breite x_B der Verarmungsschicht aus der Poisson-Gleichung berechnet werden. Es folgt

$$\varphi(x) = \begin{cases} -U_K & x \le 0 \\ \frac{e}{2\varepsilon\varepsilon_0} N_D(2xx_B - x^2) - U_K & 0 \le x \le x_B \\ 0 & x \ge x_B \end{cases} \tag{6.62}$$

mit

$$x_B = \sqrt{\frac{2\varepsilon\varepsilon_0}{eN_D} U_K} \tag{6.63}$$

Für Kontaktspannungen von einigen Zehntel eV nimmt die Breite x_B des Raumladungsgebietes Werte an, die denen von pn-Übergängen bei vergleichbarer Dotierungskonzentration entsprechen. Für $N_D = 10^{16}\ cm^{-3}$ sind das einige Zehntel μm oder weniger. Den Fall

ohmscher Metall-n-Halbleiterkontakte

behandeln wir nicht explizit. Qualitativ ergeben sich ähnliche Verhältnisse wie bei den Halbleiter-Heteroübergängen in Abschnitt 6.2. Die potentielle Energie $-e\varphi(x)$ eines Elektrons im Halbleiter steigt sehr schnell, d.h. auf einer Länge, die klein gegenüber der Debye-Länge ist, von ihrem negativen Wert $-eU_K$ im Metall auf einen Wert nahe Null im Inneren des Halbleiters an (siehe Abb. 98b).

Die Potentialverläufe an Metall-p-Halbleiterübergängen sind analog zu den bei n-Halbleitern (siehe Abb. 98c,d).

6.3.3 Schottky-Barriere

Auf die Bedeutung der Schottky-Barriere Φ_B für die Strom-Spannungscharakteristik eines Metall-Halbleiterkontaktes haben wir am Anfang dieses Abschnittes

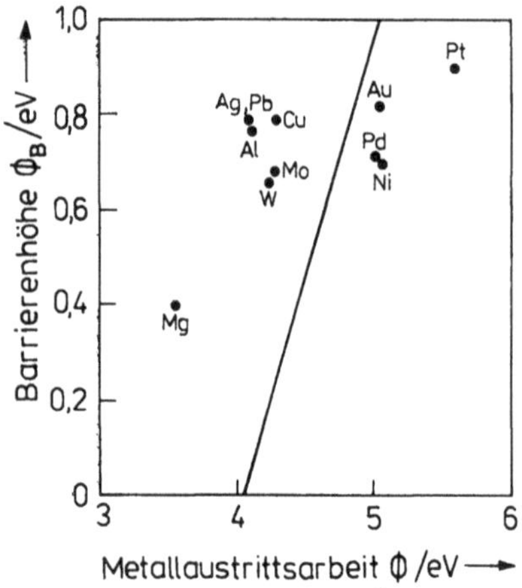

Abb. 99 Schottky-Barriere für verschiedene Metall-n-Si-Kontakte als Funktion der Metall-Austrittsarbeit (F. Bechstedt und R. Enderlein, 1988)

schon hingewiesen. Unter der Annahme (6.57), die Potentialsprünge an der Grenzfläche ausschließt, gilt für Φ_B die Mottsche Beziehung (6.55). In Abb. 99 ist die Schottky-Barriere für n-Si gegenüber einer Reihe von Metallen als Funktion der Metall-Austrittsarbeit Φ dargestellt. Die Elektronenaffinität des Si beträgt 4,05 eV. Die ausgezogene Kurve entspricht der Mottschen Beziehung (6.56). Man erkennt, daß die durch diese Beziehung vorhergesagte lineare Änderung von Φ_B mit Φ vom Anstieg 1 nur sehr schlecht erfüllt ist. Eher liegt eine annähernde Unabhängigkeit der Schottky-Barriere von der Metall-Austrittsarbeit vor. Man muß daraus schließen, daß die Annahme eines stetigen Potentialübergangs an der Grenzfläche zwischen Metall und Halbleiter, ähnlich wie bei den Halbleiter-Heteroübergängen, nicht erfüllt ist. Läßt man einen Potentialsprung zu, gilt anstelle von (6.56) die verallgemeinerte Beziehung

$$\Phi_B = \Phi - X - e[\varphi(+0) - \varphi(-0)] \quad . \tag{6.64}$$

Ein Potentialsprung ist die Folge einer Dipolschicht. Als Ursache dafür kommen beim Metall-Halbleiterkontakt Einelektronen-Zustände des Halbleiters in Betracht, die an der Grenzfläche lokalisiert sind und Niveaus in der Energielücke besitzen. Man spricht von *Grenzflächenzuständen.* Die Existenz derartiger Zustände folgt aus den gleichen Überlegungen, die uns in Abschnitt 3.6 auf die Oberflächenzustände geführt haben.

Dementsprechend nehmen wir jetzt an, daß am Metall-Halbleiterkontakt Grenzflächenzustände vorhanden sind. Ihre Energieniveaus bezogen auf das Vakuumniveau bezeichnen wir mit E'_s. Die Konzentration der Niveaus soll ausreichend groß sein, um alle verfügbaren Elektronen aufnehmen zu können. Wir wollen zeigen, daß unter diesen Umständen die Energie E'_s der Grenzflächenzustände gleichzeitig auch die Energie ist, bei der sich das Fermi-Niveau des Metall-Halbleiterübergangs einstellt. Der Beweis beruht auf der allgemeinen Beziehung (4.9) zwischen Elektronenkonzentration, Fermi-Verteilung und Zustandsdichte. Diese wenden wir auf die vorliegende Situation an. Wir setzen dazu der Einfachheit halber voraus, daß $T = 0$ ist, die Überlegung gilt aber auch für $T > 0$. Der Halbleiter sei vom n-Typ, und die Energie E'_s der Grenzflächenstände liege unterhalb der Fermi-Energie im Halbleitervolumen. In Wahrheit werden sich die Energien der Grenzflächenzustände nicht exakt bei E'_s konzentrieren, sondern sich über ein schmales Intervall mit dem Schwerpunkt bei E'_s verteilen. Die Grenzflächenzustandsdichte ist also keine exakte δ-Funktion, sondern eine Glockenkurve endlicher Breite. Die Einstellung des thermodynamischen Gleichgewichts am Metall-Halbleiterübergang zerlegen wir in Gedanken in zwei Teilschritte, erstens die Einstellung des Gleichgewichts im Halbleiter, d.h. zwischen dem Halbleitervolumen und der Grenzschicht am Metall, und zweitens die Einstellung des Gleichgewichts über die Grenzfläche hinweg zwischen Metall und Halbleiter. Im ersten Teilschritt gehen Elektronen aus dem Halbleiterinneren in die Grenzflächenniveaus über. Dabei werden diese von unten her bis zu einer gewissen Energiegrenze aufgefüllt. Nach Definition ist dieser Grenzwert gleich der Fermi-Energie. Da er innerhalb der Glockenkurve für die Zustandsdichte liegt, ist er praktisch gleich E'_s. Eine Vergrößerung oder Verkleinerung der Elektronenkonzentration im Halbleiter durch Änderung der Dotierung erhöht oder verkleinert zwar die Zahl der Elektronen in den Grenzflächenniveaus, wegen der hohen Zustandsdichte braucht sich dafür aber die Besetzungswahrscheinlichkeit, also die Lage des Fermi-Niveaus, nur sehr wenig zu ändern. Dieses Niveau ist praktisch bei der Energie der Grenzflächenzustände festgeheftet, man spricht auch von einem *pinning* des Fermi-Niveaus. Im zweiten Teilschritt, der Einstellung des Gleichgewichts zwischen Metall und Halbleiter, werden Elektronen über die Grenzfläche hinweg , genauer zwischen der dünnen geladenen Randschicht im Metall und den Grenzflächenzuständen im Halbleiter, ausgetauscht. Dadurch entsteht an der Grenzfläche eine Dipolschicht. Diese ist mit einem Potentialsprung $[\varphi(+0) - \varphi(-0)]$ zwischen Halbleiter und Metall verbunden, der im Gleichgewicht gerade so groß ist, daß das Fermi-Niveau des Metalls auf das des Halbleiters angehoben bzw. abgesenkt wird. Es gilt also

$$E_{FM} - e\varphi(-0) = E'_s - e\varphi(+0) \tag{6.65}$$

Durch Kombination der Beziehungen (6.64) und (6.65) und unter Berücksichtigung von $E_{FM} = -\Phi$ ergibt sich zunächst $\Phi_B = -E'_s - X$. Bezieht man die Energie E'_s der Grenzflächenzustände auf die Oberkante des Valenzbandes, statt wie bisher auf das Vakuumniveau, setzt also $E'_s = E_s + E_v$, so folgt wegen $-X - E_v = E_g$ die Gleichung

$$\Phi_B = E_g - E_s . \tag{6.66}$$

Das ist der von Bardeen abgeleitete Ausdruck für die Schottky-Barriere. Er ist im Gegensatz zum Mottschen Ausdruck unabhängig von der Metall-Austrittsarbeit. Wie wir an Hand von Abb. 99 gesehen haben, wird die Bardeensche Beziehung den Verhältnissen bei Si besser gerecht als die Mottsche. Das trifft auch auf Ge zu. Bei den III-V-Halbleitern ist die Abhängigkeit der Barriere Φ_B von Φ stärker, und bei den II-VI-Halbleitern entspricht sie annähernd dem linearen Mottschen Zusammenhang mit dem Anstieg 1. Durch diese Sachverhalte wird es nahegelegt, einen allgemeinen Ausdruck für Φ_B aufzuschreiben, der zwischen der Mottschen und Bardeenschen Formel interpoliert. Man setzt dazu

$$\Phi_B = S(\Phi + F_s) + \Phi_0 , \tag{6.67}$$

wobei S ein Parameter ist, der Werte zwischen 0 und 1 annehmen kann, Φ_0 eine Konstante, und F_s die Fermi-Energie des Halbleiters bezogen auf das Vakuumniveau. Für n-Halbleiter ist F_s annähernd gleich $-X$, man erhält also den Mottschen Fall, wenn man $S = 1$ und $\Phi_0 = 0$ setzt. Der Bardeensche Fall ergibt sich für $S = 0$ und $\Phi_0 = E_g - E_s$. Nach dem oben Gesagten sollte der Wert von S beim Übergang von Si und Ge über die III-V-Halbleiter zu den II-VI-Halbleitern systematisch zunehmen. Zur Überprüfung dieser Vermutung ist S in Abb. 100 über

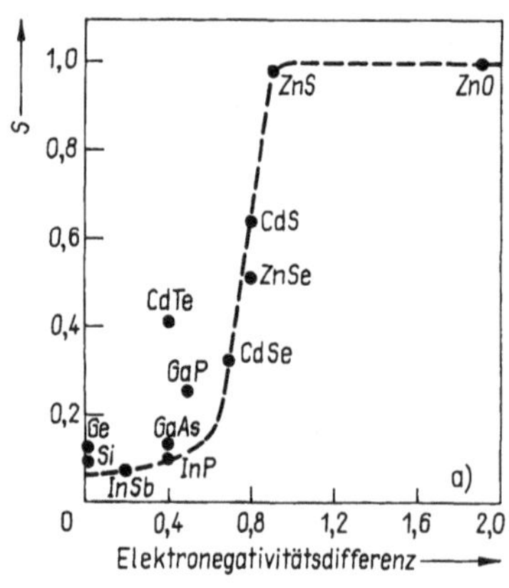

Abb. 100 Abhängigkeit des Anstiegsparameters S der Schottky-Barriere von der Elektronegativitätsdifferenz (F. Bechstedt und R. Enderlein, 1988)

der Differenz der Elektronegativitäten der beiden Atome in der primitiven Einheitszelle der Halbleiter aufgetragen. Man findet das erwartete Verhalten von S. Darin drücken sich in pauschaler Weise die Unterschiede der Grenzflächeneigenschaften dieser Halbleiter gegenüber Metallen aus. Die Grenzflächeneffekte sind offensichtlich bei den mehr kovalent gebundenen Halbleitern stärker ausgeprägt als bei den mehr ionisch gebundenen. Experimentelle Untersuchungen belegen allerdings, daß die Schottky-Barriere auch von der chemischen und strukturellen Beschaffenheit der Grenzfläche abhängt, d.h., für die gleiche Metall-Halbleiterkombination wird man je nach Grenzflächenbeschaffenheit unterschiedliche Barrieren erhalten. Für das theoretische Verständnis sind deshalb die unter UHV-Bedingungen hergestellten absolut reinen und strukturell perfekten Metall-Halbleiterübergänge von besonderer Bedeutung. Durch Untersuchungen an solchen Übergängen, z.B. des GaAs, gelingt es, Aufschlüsse über die Natur der im Bardeen'schen Modell angenommen Grenzflächenzustände zu erhalten. Das vereinheitlichte Defekt-Modell von Spicer für die III-V-Halbleiter bietet dazu Ansatzpunkte. Insgesamt ist das mikroskopische Verständnis der Halbleiter-Metallübergänge heute noch Gegenstand der Forschung.

6.4 Isolator-Halbleiterübergänge

Das Interesse an den Isolator-Halbleiterübergängen ist einerseits von rein wissenschaftlicher Natur - man möchte verstehen, welche besonderen makroskopischen und mikroskopischen Eigenschaften die entsprechenden Grenzflächen besitzen, insbesondere welche neuen elektronischen und Gitter-Elementaranregungen auftreten. Andererseits haben Isolator-Halbleiterübergänge für elektronische Halbleiterbauelemente eine große Bedeutung, sei es, daß Isolatorschichten für Isolations- oder Passivierungszwecke verwendet werden, oder daß sie an aktiven elektronischen Funktionen wesentlich beteiligt sind, wie z.B. der Steuerung des Widerstandes einer darunterliegenden Halbleitereschicht im Falle des Si-MOSFET (Metall-Oxid-Feldeffekttransistor). Ohne das zuletzt genannte Bauelement wäre die moderne hochintegrierte Mikroelektronik nicht denkbar. Deshalb ist der Isolator-Halbleiterübergang, speziell der zwischen dem SiO_2 und dem Si, eines der technisch bedeutendsten Festkörpersysteme überhaupt. Wir behandeln hier zunächst die Verhältnisse an einem solchen Übergang im thermodynamischen Gleichgewicht. Die für das Funktionieren des MOSFET eigentlich interessante Fragestellung, wie sich diese Verhältnisse ändern, wenn eine Spannung zwischen dem Isolator und dem Halbleiter angelegt wird, ist Gegenstand von Abschnitt 7.3.

6.4.1 Thermodynamisches Gleichgewicht

Ebenso wie sich Isolatoren von Halbleitern nur durch die Größe der Energielücke, also quantitativ unterscheiden, bestehen auch zwischen den Halbleiter-Heteroübergängen und den Isolator-Halbleiterübergängen nur quantitative, aber kaum qualitative Unterschiede. Wir können uns deshalb in diesem Abschnitt kurz fassen. Das Energieschema eines Isolator-Halbleiterübergangs im Moment seiner Herstellung, d.h. vor Einstellung des thermodynamischen Gleichgewichts, ist in Abb. 101a dargestellt. Daß die Energielücke des Halbleiters ganz innerhalb der des Isolators liegt, ist nicht die einzig mögliche Situation, aber sie ist typisch. Beim SiO_2/Si-Übergang z.B. trifft sie zu. Über die relativen Lagen der Valenzbänder von Isolator und Halbleiter zueinander und die relativen Lagen ihrer Leitungsbänder gilt sinngemäß das gleiche wie bei den Halbleiter-Heteroübergängen in Abschnitt 6.2. Die Banddiskontinuitäten können nicht einfach durch Vergleich der Volumenwerte der Bandkanten bestimmt werden, sondern enthalten einen vom Grenzflächendipol herrührenden Sprung des elektrostatischen Potentials.

Unmittelbar nach Herstellung des Kontakts zwischen Isolator und Halbleiter haben die chemischen Potentiale in den beiden Materialien unterschiedliche Lagen. Das Gleichgewicht stellt sich dadurch ein, daß über die Grenzfläche hinweg Elektronen und Löcher ausgetauscht werden. Dadurch entsteht eine Raumladung und ein elektrostatisches Potential $\varphi(x)$, das die Inhomogenität des chemischen Potentials ausgleicht. Das elektrochemische Potential $E_F = \zeta(x) - e\varphi(x)$ wird räumlich konstant.

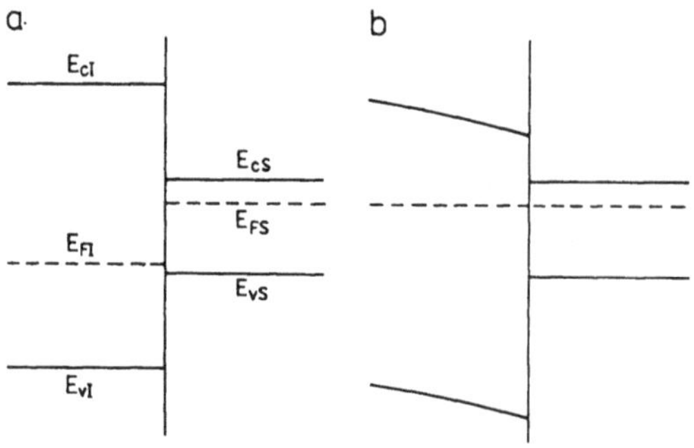

Abb. 101 Verlauf der Bandkanten und der Fermi-Niveaus an einem Isolator-Halbleiterübergang vor (a) und nach (b) Einstellung des Gleichgewichts

Wir untersuchen jetzt den Verlauf des elektrostatischen Potentials $\varphi(x)$. Um etwas bestimmtes vor Augen zu haben, nehmen wir einen n-Halbleiter an, und setzen voraus, daß die freien Ladungsträger im Isolator vorwiegend Löcher sind. Wir haben also einen pn-Übergang, im Unterschied zu dem in 6.1 behandelten aber einen aus zwei unterschiedlichen Materialien. Eine weitere Besonderheit dieses pn-Übergangs besteht darin, daß die Akzeptorkonzentration N_{AI} des Isolators um mehrere Zehnerpotenzen kleiner ist als die Donatorkonzentration N_{DS} des Halbleiters. Wir nehmen an, daß das Fermi-Niveau E_{FS} des Halbleiters über dem Fermi-Niveau E_{FI} des Isolators liegt. Zur Einstellung des Gleichgewichts gehen dann Elektronen aus dem Halbleiter in den Isolator über, der Halbleiter lädt sich positiv auf und der Isolator negativ. Die Poisson-Gleichung für das Potential hat die allgemeine Form (6.20). Die Unterschiedlichkeit der Materialien geht in diese Gleichung nur über die Elektronenkonzentration n(x) ein. Tritt n(x) nicht mehr explizit auf, wie das im Rahmen der Schottky-Näherung der Fall ist, spielt die Materialinhomogenität für das Potential $\varphi(x)$ keine Rolle mehr. Wir wenden die Schottky-Näherung an und überprüfen später, ob dies gerechtfertigt war (siehe Gleichung (6.26)). Die Randbedingungen seien durch die Beziehungen (6.9), (6.21) und (6.22) gegeben. Als Lösung erhalten wir dann den Ausdruck (6.27). Auch die dafür abgeleiteten Beziehungen (6.30) bis (6.33) bleiben gültig. Im hier interessierenden Falle $N_{AI} \ll N_{DS}$ besagt die Gleichung (6.30), daß die Ausdehnung x_{pI} des Raumladungsgebietes im Isolator wesentlich größer ist als die Ausdehnung des Raumladungsgebietes x_{nS} im Halbleiter. Die Raumladungsbreite im Isolator kann so groß werden, daß sie dessen Ausdehnung überschreitet. Das bedeutet, daß der Sprung des chemischen Potentials nicht mehr vollständig elektrisch abgeschirmt werden kann. Dann ist das Modell des nach beiden Seiten unendlich ausgedehnten Übergangs, das unseren Rechnungen zugrundeliegt, nicht mehr anwendbar. Man muß mit einem endlich ausgedehnten Isolator rechnen. An den allgemeinen Schlußfolgerungen, die wir hier anstreben, ändert das aber nichts. Aus Formel (6.32) ergibt sich, daß praktisch die gesamte Diffusionsspannung im Isolator abfällt. Das bedeutet auch, daß die elektrische Feldstärke im Halbleiter in guter Näherung gleich Null ist. Aus Formel (6.37) folgt, daß sich das gemeinsame Fermi-Niveau E_F näherungsweise bei dem Fermi-Niveau des Halbleiters einstellt, es gilt also

$$E_F = E_{FS} \quad . \tag{6.68}$$

Wegen der großen Raumladungsbreite x_{pI} ist die Schottky-Näherung für den Isolator sehr gut erfüllt. Für den Halbleiter kann sie allerdings problematisch werden, qualitativ liefert sie aber auch dafür richtige Ergebnisse. Man kann die oben getroffenen Aussagen auch dahingehend interpretieren, daß bereits eine - vom Standpunkt des Halbleiters gesehen - geringe Zahl freier Ladungsträger ausreicht, um durch Austausch über die Grenzfläche hinweg das Fermi-Niveau des Isolators an das des Halbleiters anzugleichen. Diese Anzahl ist so gering, daß man sie völlig vernachlässigen kann. Das bedeutet dann, daß der Zustand des Halbleiters durch den Kontakt mit dem Isolator überhaupt nicht beeinflußt wird, während sich das Fermi-Niveau des Isolators ohne Konsequenzen für den Halbleiter an dessen Fermi-Niveau angleicht. Wegen der sehr geringen Raumladungsdichte im Halbleiter und dem praktisch verschwindenden elektrischen Feld an der Grenzfläche ist auch die elektrische Feldstärke im Isolator sehr klein. Wir werden sie vollständig vernachlässigen.

Ein Einfluß des Isolators auf die Energieniveau-Lagen im Halbleiter besteht aber insofern, als dieser das Auftreten und die energetische Lage von Elektronenzuständen mitbestimmt, die an der Grenzfläche lokalisiert sind. Der Einfluß solcher Grenzflächenzustände auf die Band- und Potentialverläufe am Isolator-Halbleiterübergang soll jetzt untersucht werden.

6.4.2 *Einfluß von Grenzflächenzuständen*

Die Grenzflächenzustände bewirken, ebenso wie früher beim Metall-Halbleiterübergang, daß das chemische Potential im Halbleiter an der Grenzfläche zum Isolator eine andere Position einnimmt als im Volumen. Wir bezeichnen sie mit E_F^s bzw. E_F^b . Handelt es sich um akzeptorähnliche Zustände, die Elektronen aufnehmen können, so findet an der Grenzfläche im Halbleiter praktisch eine Kom-

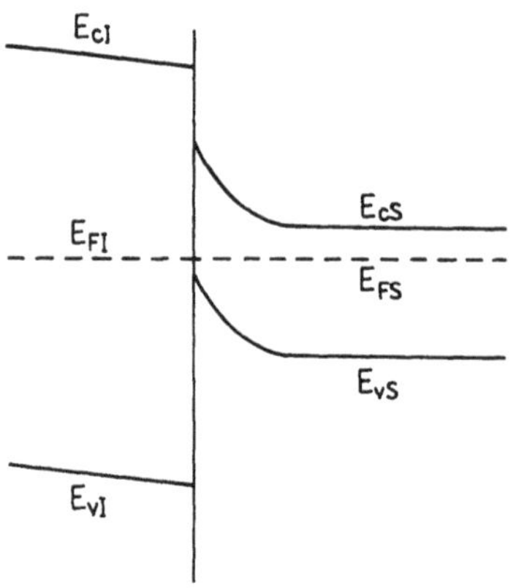

Abb. 102 Verlauf der Bandkanten an einem Isolator-Halbleiterübergang im Gleichgewicht bei Vorhandensein von Grenzflächenzuständen

pensation statt - die Elektronen werden von den Akzeptorniveaus eingefangen. Das bedeutet, daß sich im Halbleiter eine negative Grenzflächenladungsdichte n^s ausbildet. Diese geht zu Lasten des Halbleitervolumens, d.h., dort entsteht unter der Grenzfläche ein Verarmungsgebiet. Seine Breite x_n ist durch die Erhaltung der Elektronenzahl bestimmt, es gilt also

$$n^s = N_{DS} \cdot x_n \tag{6.69}$$

Die Grenzflächenladungsdichte ist nach den Gesetzen der Elektrodynamik mit einem Sprung $[F(+0) - F(-0)]$ der elektrischen Feldstärke der Größe $-(e/\varepsilon\varepsilon_0)n^s$ verbunden. Da die Feldstärke im Isolator zu Null angenommen werden kann, folgt daraus auf der Halbleiterseite der Grenzfläche eine nichtverschwindende Feldstärke F^s der Größe

$$F^s = -\frac{e}{\varepsilon\varepsilon_0} n^s \tag{6.70}$$

Dieses Grenzflächenfeld kann man andererseits auch als Folge der positiven Raumladung unter der Grenzfläche auffassen, die in Schottky-Näherung eine linear zur Grenzfläche hin anwachsende Feldstärke $F(x)$ und eine quadratisch anwachsende potentielle Energie $-e\varphi(x)$ eines Elektrons verursacht. Der Wert des Potentials an der Grenzfläche,

$$\varphi(0) = U^s \ , \tag{6.71}$$

muß gerade so groß sein, daß das elektrochemische Potential konstant wird, d.h., daß die Differenz $[E_F^b - E_F^s]$ der chemischen Potentiale an der Grenzfläche und im Volumen des Halbleiters ausgeglichen wird:

$$-eU^s = [E_F^b - E_F^s] \ . \tag{6.72}$$

Wir lösen jetzt die Poisson-Gleichung in Schottky-Näherung unter den Randbedingungen, daß das Potential und die Feldstärke tief im Halbleiter bei $x = \infty$ verschwinden und die Relation (6.71) gilt. Dann folgt

$$\varphi(x) = \begin{cases} -\dfrac{e}{2\varepsilon\varepsilon_0} N_D (x-x_n)^2 & 0 < x < x_n \\ 0 & x_n < x \end{cases} \tag{6.73}$$

mit

$$x_n = \sqrt{\frac{2\varepsilon\varepsilon_0}{eN_D} |U^s|} \tag{6.74}$$

Durch Kombination der Relationen (6.69) und (6.74) läßt sich ein Zusammenhang zwischen der Grenzflächenladungsdichte n^s und dem Grenzflächenpotential U^s herstellen. Er lautet

$$n^s = \sqrt{\frac{2\varepsilon\varepsilon_0}{e} N_D |U^s|} \tag{6.75}$$

Für die Grenzflächenfeldstärke F^s folgt

$$F^s = -\sqrt{\frac{2e}{\varepsilon\varepsilon_0} N_D |U^s|} \tag{6.76}$$

Wir benutzen die letzten beiden Relationen, um die Größenordnungen von n^s und F^s abzuschätzen. Allgemein gilt

$$n^s = 1{,}05 \cdot 10^3 \text{ cm}^{-2} \left[(\varepsilon N_D/\text{cm}^{-3}) \cdot (e|U^s|/\text{eV})\right]^{1/2} , \tag{6.77}$$

$$|F^s| = 18{,}97 \cdot 10^4 \text{ V/cm} \left[(\varepsilon^{-1} N_D/\text{cm}^{-3}) \cdot (e|U^s|/\text{eV})\right]^{1/2} . \tag{6.78}$$

Für $e|U^s|$ folgt aus (6.72) ein Wert von etwa 1 eV, wenn wir das Volumen-Fermi-Niveau in der Nähe der Leitungsbandkante und das Oberflächen-Fermi-Niveau tief in der Energielücke annehmen. Mit $N_D = 10^{16}$ cm^{-3} und $\varepsilon = 10$ ergibt sich $n^s = 3 \cdot 10^{11}$ cm^{-2} und $F^s = 6 \cdot 10^4$ V/cm. Die Breite x_n des Verarmungsgebietes ergibt sich zu 0,3 μm. Man muß also mit beträchtlichen Feldstärken und Grenzflächenladungsdichten an der Grenzfläche zum Isolator rechnen. Unsere Annahme, daß das Fermi-Niveau an der Grenzfläche tief in der Energielücke liegt, ist nur dann gerechtfertigt, wenn die Flächenkonzentration der Grenzflächenzustände mindestens von der gleichen Größenordnung ist wie die berechnete Elektronenkonzentration n^s, also von der Größenordnung 10^{12} cm^{-2}. Das ist in bestimmten Fällen gewährleistet, in anderen nicht. Zu den letzteren gehört die Grenzfläche zwischen SiO_2 und Si, die von Grenzflächenzuständen weitgehend frei ist. Wie wir noch sehen werden, hat das für die Funktion von MOSFETs entscheidende Bedeutung, es macht sie geradezu erst möglich. Eine große Grenzflächenladungsdichte bedeutet nämlich, wie wir aus Abschnitt 6.3 wissen, daß das Fermi-Niveau bei der Energie dieser Zustände "gepinnt" wird, während der MOSFET gerade darauf beruht, daß das Fermi-Niveau durch Anlegen einer äußeren Spannung verschoben werden kann. Die Grenzfläche von GaAs mit seinen Eigenoxiden oder auch mit fremden Isolatoren verhält sich anders. Die Grenzflächenzustandsdichte ist groß, MOSFETs aus GaAs sind deshalb nicht möglich. Man muß bei GaAs zu

MESFETs übergehen, um Feldeffekttransistoren zu realisieren.

6.4.3 Vakuum-Halbleiterübergänge: Halbleiteroberflächen

Alles, was zum Isolator-Halbleiterübergang ausgeführt wurde, gilt sinngemäß auch für die freie Halbleiteroberfläche. Dabei ist der Isolator gewissermaßen durch ein Vakuum, d.h. einen speziellen Isolator mit unendlich großer Energielücke und der Dielektrizitätskonstanten 1, ersetzt. Der Verlauf der Energieniveaus nach Einstellung des Gleichgewichts ist im wesentlichen durch Abb. 102 gegeben, nur daß die Krümmung des Potentials auf der Isolatorseite jetzt exakt Null ist, da im Vakuum keine freien Ladungsträger vorhanden sind. Statt der Grenzflächenzustände können Oberflächenzustände auftreten, wie wir aus Abschnitt 3.6 bereits wissen. Diese haben die gleiche Wirkung wie die Grenzflächenzustände im Falle des Isolator-Halbleiterübergangs. Sie führen zur Ausbildung einer Oberflächenladungsdichte n^s, die mit einer Oberflächenfeldstärke F^s und einem Oberflächenpotential U^s verbunden ist. Für diese Größen gelten unverändert die Beziehungen (6.74), (6.75) bzw. (6.76). Auch an freien Oberflächen treten also Aufladungen und elektrische Felder beträchtlicher Stärke auf. Diese macht man sich z.B. bei den Oberflächenphotoeffekten zunutze. Die optisch angeregten freien Ladungsträger schirmen das Oberflächenfeld je nach Lichtintensität ganz oder partiell ab.

KAPITEL 7

7. HALBLEITERÜBERGÄNGE IM NICHTGLEICHGEWICHT

Nachdem im vorangegangenen Kapitel die verschiedenen Halbleiterübergänge im thermodynamischen Gleichgewicht behandelt wurden, sollen im vorliegenden Kapitel Nichtgleichgewichtszustände dieser Übergänge untersucht werden. Solche Zustände entstehen dadurch, daß die Übergänge bestimmten äußeren Störungen unterworfen werden. Dazu gehören das Anlegen einer elektrischen Spannung, die Bestrahlung mit Licht, die Ausübung eines Druckes, die Einstellung eines Temperaturgradienten oder die Erzeugung eines Magnetfeldes. Wir werden uns im folgenden auf die elektrische Spannung und die Einstrahlung von Licht als äußere Störungen beschränken, weil das die mit Abstand wichtigsten Formen der Erzeugung von Nichtgleichgewichtszuständen an Halbleiterübergängen sind. In den Abschnitten 7.1 und 7.2 behandeln wir den pn-Übergang bei angelegter äußerer Spannung, in Abschnitt 7.2 kommt dazu noch die Wechselwirkung mit Licht. Der Einfluß einer elektrischen Spannung auf den Metall-Halbleiterübergang ist Gegenstand von Abschnitt 7.3, und auf den Isolator-Halbleiterübergang von Abschnitt 7.4.

Wie in der Einleitung zu Kapitel 6 bereits ausgeführt wurde, ist die Störung des Gleichgewichts an Halbleiterübergängen das Grundprinzip, nach dem die meisten Halbleiterbauelemente funktionieren. Indem wir den Effekt einer Spannung und die Wechselwirkung mit Licht an diesen Übergängen untersuchen, behandeln wir deshalb gleichzeitig auch die physikalischen Grundlagen einer Reihe von Halbleiterbauelementen. In Abschnitt 7.1. sind das die Gleichrichterdiode, der bipolare Transistor und die Tunneldiode, in Abschnitt 7.2 die Photodiode, die Solarzelle und der Halbleiter-Injektions-Laser. Um den Metall-Halbleitergleichrichter geht es in Abschnitt 7.3 und um den Feldeffekttransistor in Abschnitt 7.4.

Bei der Vorausschau auf den Inhalt des vorliegenden Kapitels muß auffallen, daß die Störung des Gleichgewichts an den Halbleiter-Heteroübergängen fehlt. Dafür gibt es zwei Gründe. Erstens spielen diese Übergänge bei einer Reihe von Bauelementen, bei denen sie verwendet werden, zwar eine wichtige, die Wirkung verbessernde Rolle, aber keine, die mit dem eigentlichen Funktionsprinzip des Bauelements zu tun hat. Der zweite Grund betrifft die heute noch kleine Zahl von Bauelementen, deren Funktionsprinzip entscheidend auf Halbleiter-Heteroübergängen beruht. Das ist z.B. dann der Fall, wenn Halbleitermikrostrukturen und die damit verbundenen Quanteneffekte (siehe Abschnitt 3.5) ausgenutzt werden. Die detaillierte Behandlung derartiger Bauelemente, die zum großen Teil noch Gegenstand der Forschung sind, würde über den Rahmen einer Einführung in die Prinzipien der Halbleiterphysik weit hinausführen. Wir verzichten deshalb hier darauf. Durch die Einschränkung der äußeren Störungen auf die elektrische Spannung und die Wechselwirkung mit Licht bleiben Bauelemente außer Betracht, bei denen die Abweichung vom Gleichgewicht durch andere physikalische Größen wie z.B. Druck, Temperatur oder magnetische Feldstärke hervorgerufen wird. Die damit verbundenen Änderungen der elektrischen Eigenschaften des Übergangs können genutzt werden, um die genannten Größen in elektrische Signale umzuwandeln. Man spricht von *Halbleitersensoren*. *Einer* dieser Sensoren, nämlich die Photodiode zum Nachweis von Licht, wird in Abschnitt 7.2 behandelt.

7.1 pn-Übergang bei angelegter Spannung

Durch das Anlegen einer äußeren Spannung (siehe Abb. 103) geht der pn-Übergang, der sich vorher im Gleichgewicht befand, in einen bestimmten Nichtgleichgewichtszustand über. Bei der Beschreibung von Systemen außerhalb des Gleichgewichts haben wir bisher generell die Annahme gemacht, daß lokal thermodynamisches Gleichgewicht vorliegt. Das bedeutet, daß Nichtgleichgewichtszustände durch eine lokale Temperatur, ein lokales chemisches Potential und ein lokales elektrisches Potential beschrieben werden können. Beim pn-Übergang ohne Spannung addierten sich das chemische und das elektrische Potential zu einem räumlich konstanten elektrochemischen Potential auf. Wäre dieses Ergebnis auch noch bei angelegter Spannung gültig, so würde auch unter diesen Umständen durch den pn-Übergang kein Strom fließen, weil sich Diffusions- und Driftstrom kompensieren würden. In Wahrheit tritt aber ein Strom auf, d.h., das elektrochemische Potential kann bei angelegter Spannung nicht räumlich konstant sein. Doch unsere bisherigen Vorstellungen vom Nichtgleichgewicht müssen beim pn-Übergang mit angelegter Spannung noch in einem viel grundsätzlicheren Punkt modifiziert werden - selbst die Annahme eines *annähernden lokalen* thermodynamischen Gleichgewichts kann nicht mehr aufrecht erhalten werden. Man muß vielmehr zwei verschiedene chemische Potentiale zulassen, eines für die Elektronen und eines für die Löcher. Die beiden chemischen Potentiale sind voneinander unabhängige ortsabhängige Größen, die zusammen mit dem elektrischen Potential gesondert berechnet werden müssen. Wir lösen diese Aufgabe zunächst für das elektrische Potential $\varphi(x)$, und danach für die beiden chemischen Potentiale.

7.1.1 *Berechnung des elektrischen Potentials*

Formal drückt sich das Vorhandensein einer äußeren Spannung U zunächst darin aus, daß zu der am pn-Übergang bereits im Gleichgewicht abfallenden Diffusionsspannung U_D noch die äußere Spannung U hinzukommt. Es gilt also

$$[\varphi(+\infty) - \varphi(-\infty)] = U_D - U \quad . \tag{7.1}$$

Dabei ist die äußere Spannung U, wie üblich, positiv gezählt, wenn sie bei positiven Ladungsträgern zu einer Erniedrigung der potentiellen Energie bei $x = +\infty$ gegenüber der bei $x = -\infty$ führt. Daß und warum die Diffusionsspannung nicht zur Spannungsbilanz im Stromkreis beiträgt, wurde bereits in Abschnitt 6.1 erläutert. Die Berechnung des elektrostatischen Potentials $\varphi(x)$ am spannungslosen pn-Übergang beruhte auf der Poisson-Gleichung (6.20) und auf der Schottky-Näherung, mit deren Hilfe die freien Ladungsträgerkonzentrationen n(x) und p(x) aus dieser Gleichung eliminiert werden konnten. Wird dann auch noch vollständige Ionisation der Donatoren und Akzeptoren im Raumladungsgebiet angenommen, so kommt das chemische Potential in der Poisson-Gleichung überhaupt nicht mehr vor. Lediglich über die Randbedingungen, genauer über die Diffusionsspannung U_D, hängt der elektrische Potentialverlauf noch von den chemischen Potentialen im p- und n-Gebiet ab. Die Anwendbarkeit der Schottky-Näherung bei Anwesenheit einer äußeren Spannung muß allerdings überprüft werden. Geht man die Argumentation, mit der wir diese Näherung in Abschnitt 6.1 für den spannungslosen Fall gerechtfertigt haben, noch einmal durch, so wird man feststellen, daß sich keine Änderungen ergeben, außer daß die Diffusionsspannung U_D durch $U_D - U$ ersetzt werden muß. Wir schließen daraus, daß die Schottky-Näherung bei angelegter Spannung dann anwendbar ist, wenn

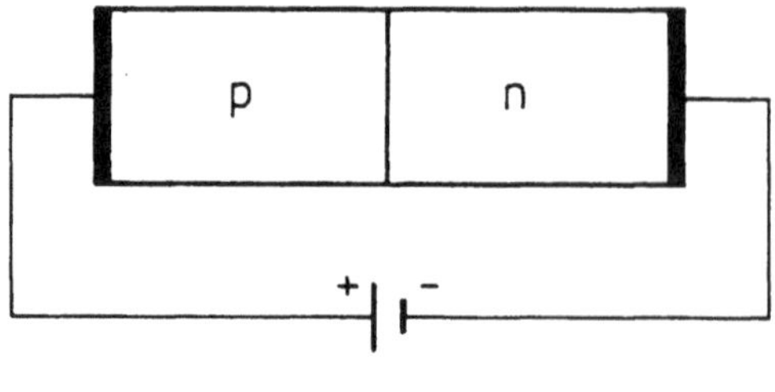

Abb. 103 pn-Übergang mit angelegter Spannung

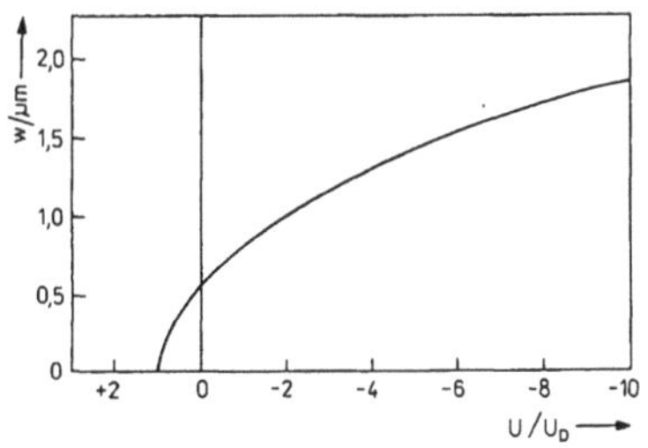

Abb. 104 Abhängigkeit der Raumladungsbreite w eines pn-Übergangs von der angelegten Spannung U (GaAs, symm. Dotierung von $10^{16}\,cm^{-3}$, U_D = 1,25eV)

$$\sqrt{kT} \ll \sqrt{U_D - U} \qquad (7.2)$$

gilt. Für positive U ist diese Beziehung sicher nicht immer erfüllt. Sie wird kritisch, sobald U in die Nähe der Diffusionsspannung kommt, und ungültig, falls $U > U_D$ ist. Für negative äußere Spannungen ist die Beziehung (7.2) sogar dann noch erfüllbar, wenn sie ohne äußere Spannung nicht gilt. Trifft sie im spannungslosen Zustand zu, bleibt sie mit negativer Spannung erst recht gültig. Im folgenden wird vorausgesetzt, daß sie gilt. Damit ist die Schottky-Näherung anwendbar, und die Begriffe Raumladungs- oder Verarmungsgebiet und Bahngebiet, die wir beim spannungslosen pn-Übergang eingeführt haben, behalten ihren Sinn. Ferner bleiben alle Ergebnisse aus Abschnitt 6.1, die den Potentialverlauf $\varphi(x)$ betreffen, gültig, nur muß U_D überall durch $U_D - U$ ersetzt werden. Für die Potentialwerte an den Grenzen der Raumladungszone gilt z.B.

$$\varphi(x_n) = \frac{N_A}{N_A + N_D}(U_D - U) \;, \quad \varphi(x_p) = -\frac{N_D}{N_A + N_D}(U_D - U) \;, \qquad (7.3a)$$

und die Breite des Raumladungsgebietes w lautet

$$w = \sqrt{\frac{2\varepsilon\varepsilon_0}{e}\,\frac{N_A + N_D}{N_A \cdot N_D}\,(U_D - U)} \qquad (7.3b)$$

Bei einer negativen Spannung von 100 V, Dotierungskonzentrationen $N_D = N_A = 10^{16}\,cm^{-3}$ und Silizium-Werten für ε und U_D wird w etwa gleich 4 µm. Für $U = U_D$ erreicht w formal den Wert Null, d.h., es existiert kein Verarmungsgebiet mehr. Spätestens dann ist die Schottky-Näherung nicht mehr anwendbar (siehe Abb. 104).

Die Berechnung der chemischen Potentiale ist komplizierter als die des elektrischen Potentials. Sie erfordert Vereinfachungen, die nur verständlich werden, wenn man bereits eine qualitative Vorstellung über den Stromtransport durch den pn-Übergang hat. Wir gehen deshalb zunächst auf diesen Punkt ein.

7.1.2 *Mechanismus des Stromtransports durch den pn-Übergang*

Daß durch einen pn-Übergang bei angelegter Spannung ein Strom fließen wird, ist unmittelbar einleuchtend. Weniger offensichtlich ist aber die Art und Weise, in der das geschieht. Weitab vom eigentlichen Übergang bei $x=0$ darf man annehmen, daß sich der Stromtransport von dem in einer unendlichen Halbleiterprobe nicht mehr unterscheidet, d.h., daß der Strom im p-Gebiet hauptsächlich von Löchern und im n-Gebiet hauptsächlich von Elektronen getragen wird. Damit ergibt sich die eigenartige Situation, daß ein Löcherstrom im linken Teil der Struktur in einen Elektronenstrom im rechten Teil der Struktur übergeht. Mechanismen, die einen solchen Übergang realisieren können, sind die Rekombination und Generation von Elektron-Loch-Paaren. Wir schließen daraus, daß diese Prozesse für den Stromfluß durch den pn-Übergang eine wichtige Rolle spielen. Bei den weiteren Überlegungen nehmen wir $U > 0$ an. Damit Rekombination stattfinden kann, müssen Nichtgleichgewichtsträger vorhanden sein. Diese entstehen im p-Gebiet dadurch, daß Elektronen aus dem n-Gebiet in das p-Gebiet emittiert werden, weil ihre potentielle Energie im n-Gebiet um eU angehoben wurde und sie dadurch leichter in der Lage sind, die Potentialbarriere zwischen n- und p-Gebiet zu überwinden. Im p-Gebiet sind die Elektronen Minoritätsladungsträger. Man spricht deshalb von einer *Injektion von Minoritätsladungsträgern*. Das analoge passiert auf der n-Seite des Übergangs. Dorthin werden Löcher aus dem p-Gebiet emittiert, es findet also ebenfalls eine Injektion von Minoritätsladungsträgern statt. Diese Verhältnisse sind in Abb. 105 veranschaulicht. Die injizierten Minoritätsladungsträger (Abb. 105b) rekombinieren mit den bereits vorhandenen Majoritätsladungsträgern (Abb. 105c). Die frei werdenden Plätze in den Bändern werden durch Majoritätsladungsträger aus der Tiefe der Bahngebiete aufgefüllt (Abb. 105d). Dort fließt ein Majoritätsladungsträgerstrom. Die Größe dieses Stromes ist bestimmt durch die Schnelligkeit der Injektion und Rekombination. Im stationären Zustand müssen beide Geschwindigkeiten gleich sein - alle Ladungsträger, die injiziert werden, müssen rekombinieren, und alle Ladungsträger, die rekombinieren, müssen vorher injiziert worden sein.

Kehrt man das Vorzeichen der Spannung um ($U < 0$), hat man statt einer Injektion eine *Extraktion von Minoritätsladungsträgern*, und anstelle der Rekombination eine Generation. Da Extraktion und Generation mit einer energetischen An-

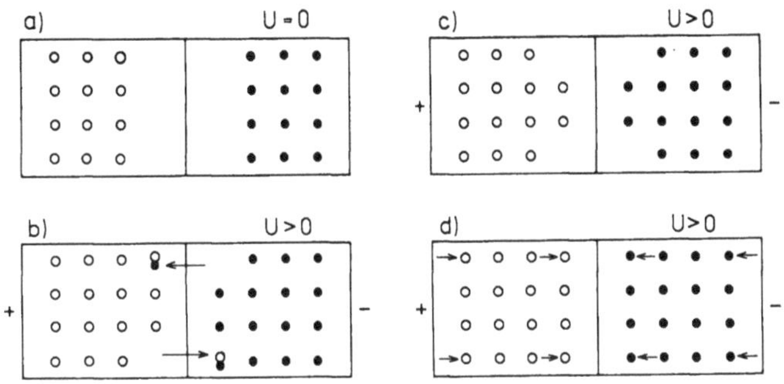

Abb. 105 Mechanismus des Stromflusses durch einen pn-Übergang: a) pn- Übergang ohne Spannung, b) Injektion von Minoritätsladungsträgern durch Anlegen einer (positiven) Spannung, c) Rekombination der injizierten Minoritätsladungsträger mit den vorhandenen Majoritätsladungsträgern, d) Auffüllung der frei gewordenen Plätze in den Bändern durch Majoritätsladungsträger aus der Tiefe der Bahngebiete. Dort fließt ein Majoritätsladungsträgerstrom

regung verbunden sind, im Gegensatz zur Injektion und Rekombination, die unter Energieabgabe verlaufen, muß man erwarten, daß der Strom bei $U < 0$ wesentlich kleiner sein wird als bei $U > 0$. Das ist auch tatsächlich der Fall.

Wir beginnen jetzt damit, den beschriebenen Mechanismus des Stromtransports quantitativ zu fassen. Die Gesamtstromdichte $j(x)$ setzt sich gemäß Formel (5.75) aus der Elektronenstromdichte $j_n(x)$ und der Löcherstromdichte $j_p(x)$ zusammen. Im stationären Zustand lauten die Kontinuitätsgleichungen für die beiden Teilströme

$$\frac{dj_n}{dx} = eR(x) , \tag{7.4}$$

$$\frac{dj_p}{dx} = -eR(x) \tag{7.5}$$

mit $R(x)$ als Rekombinationsrate (siehe Abschnitt 5.3). Durch Addition von (7.4) und (7.5) folgt, daß die Gesamtstromdichte $j(x)$ räumlich konstant sein muß, daß also

$$j(x) = j_n(x) + j_p(x) \equiv j = \text{const.} \tag{7.6}$$

gilt. Wir zeichnen jetzt eine gewisse Position x_1 im p-Gebiet und eine Position x_2 im n-Gebiet aus. Wegen der Konstanz der Gesamtstromdichte j haben wir

$$j = j_n(x_1) + j_p(x_1) = j_n(x_2) + j_p(x_2) \tag{7.7}$$

Andererseits folgt durch Integration von Gleichung (7.4)

$$j_n(x_2) = j_n(x_1) + e\int_{x_1}^{x_2} dx\ R(x) \quad . \tag{7.8}$$

Zusammen mit (7.7) ergibt sich

$$j = j_n(x_1) + j_p(x_2) + e\int_{x_1}^{x_2} dx\ R(x) \quad . \tag{7.9}$$

Wir setzen jetzt

a) $\underline{x_1 = -\infty,\ x_2 = +\infty}$.

Damit ergibt sich

$$j = j_n(-\infty) + j_p(+\infty) + e\int_{-\infty}^{\infty} dx\ R(x) \quad . \tag{7.10}$$

Nehmen wir anderseits

b) $\underline{x_1 = x_p,\ x_2 = x_n}$,

so folgt

$$j = j_n(x_p) + j_p(x_n) + e\int_{x_p}^{x_n} dx\ R(x) \quad . \tag{7.11}$$

Später werden wir sehen, daß in (7.10) die beiden Minoritätsladungsträgeranteile und in (7.11) der Rekombinationsanteil unter bestimmten Bedingungen näherungsweise vernachlässigt werden können. Dann besagt Formel (7.10), daß der Gesamtstrom seinem Wesen nach ein *Rekombinationsstrom* ist. Nach Formel (7.11) ist der Gesamtstrom gleich der Summe der Minoritätsladungsträgerströme an den beiden Raumladungsgrenzen. Dort ist er durch die Injektion bestimmt, er ist also ein *Injektionsstrom*. Beide Interpretationen sind einander äquivalent, sie betonen jeweils nur unterschiedliche Aspekte des Gesamtstroms.

Nach diesen Betrachtungen zum Mechanismus des Stromtransports sind wir ausreichend gerüstet, um den räumlichen Verlauf der chemischen Potentiale berechnen zu können.

7.1.3 *Berechnung der chemischen Potentiale*

Da der Strom durch die Rekombination injizierter Nichtgleichgewichts-Minoritätsladungsträger in den Bahngebieten zustandekommt, konzentrieren wir uns auf die Berechnung des chemischen Potentials speziell dieser Ladungsträger. Ohne angelegte äußere Spannung, d.h. im Gleichgewicht, wäre es gleich dem chemischen Potential der Majoritätsladungsträger, denn ein Unterschied zwischen den chemischen Potentialen von Elektronen und Löchern wurde im Gleichgewicht nicht gemacht. Das war auch erforderlich, denn Gleichgewicht bedeutet zwangsläufig einheitliches chemisches Potential für *alle* Elektronen, unabhängig von ihrer Energie, und Löcher im Valenzband *sind* Elektronen mit anderer Energie als im Leitungsband. Liegt kein Gleichgewicht vor, können Elektronen verschiedener Energie unterschiedliche chemische Potentiale besitzen. Die Umkehrung gilt allerdings nicht, d.h. nicht alle denkbaren Nichtgleichgewichtszustände lassen sich durch Fermi-Verteilungen mit energieabhängigem chemischen Potential beschreiben. Beim pn-Übergang mit angelegter Spannung ist das aber näherungsweise möglich. Genauer gesagt können in diesem Falle die Nichtgleichgewichtszustände dadurch charakterisiert werden, daß Elektronen und Löcher für sich genommen im lokalen Gleichgewicht sind, aber nicht untereinander. Das bedeutet, daß die chemischen Potentiale für Elektronen und Löcher $\zeta^n(x)$ und $\zeta^p(x)$ unterschiedliche Werte haben. Definitionsgemäß gelten die Beziehungen

$$n(x) = N_c \, e^{(\zeta^n(x)-E_g)/kT} , \qquad (7.12)$$

$$p(x) = N_v \, e^{-\zeta^p(x)/kT} \qquad (7.13)$$

Den unterschiedlichen chemischen Potentialen $\zeta^n(x)$ und $\zeta^p(x)$ entsprechen auch unterschiedliche, und zudem ortsabhängige, elektrochemische Potentiale $E_F^n(x)$ und $E_F^p(x)$ dieser Teilchen. Nach Definition ist

$$E_F^n(x) = \zeta^n(x) - e\varphi(x) \quad , \quad E_F^p(x) = \zeta^p(x) - e\varphi(x) \qquad (7.14)$$

Die elektrochemischen Potentiale $E_F^n(x)$ und $E_F^p(x)$ der Elektronen und Löcher im Nichtgleichgewicht bezeichnet man auch als *Quasi-Fermi-Niveaus.* Statt der chemischen Potentiale können wir wegen der Beziehungen (7.12) und (7.13) auch die entsprechenden Ladungsträgerkonzentrationen n(x) und p(x) berechnen. Das Raumladungsgebiet sparen wir dabei zunächst aus. Außerdem benutzen wir, daß die relative Änderung der Majoritätsladungsträgerkonzentrationen durch die Injektion wesentlich kleiner ist als die entsprechende relative Änderung der Minoritätsladungsträgerkonzentrationen. Für die Majoritätsladungsträgerkonzentrationen in den Bahngebieten können wir die Werte ohne Injektion, d.h. ohne angelegte Spannung nehmen. Dann gilt

$$n(x) = n_n \qquad \text{für } x > x_n \ , \tag{7.15}$$

$$p(x) = p_p \qquad \text{für } x < x_p \ . \tag{7.16}$$

Die Minoritätsladungsträgerkonzentrationen in den Bahngebieten berechnen wir aus den kombinierten Diffusions-Rekombinationsgleichungen (5.81) bzw. (5.87). Um diese Gleichungen eindeutig lösen zu können, benötigt man Randbedingungen, im Falle der Elektronen bei $-\infty$ und x_p, und im Falle der Löcher bei x_n und $+\infty$. Für $n(-\infty)$ und $p(\infty)$ gelten die Gleichgewichtswerte

$$n(-\infty) = n_p \ , \quad p(\infty) = p_n \tag{7.17}$$

Die Konzentrationen an den Grenzen der Raumladungszone berechnen wir aus den Beziehungen (6.15) für n(x) und p(x). Zwar wurden die dort aufgeschriebenen Ausdrücke im thermodynamischen Gleichgewicht ohne äußere Spannung abgeleitet, aber sie ergeben annähernd richtige Werte für $n(x_p)$ und $p(x_n)$ auch dann, wenn eine Spannung vorhanden ist. Nur muß dann für $[\varphi(x_n) - \varphi(x_p)]$ statt U_D die Spannung $U_D - U$ eingesetzt werden. Es folgt

$$n(x_p) = n_n \, e^{-e(U_D-U)/kT} = n_p \, e^{eU/kT} \ , \tag{7.18}$$

$$p(x_n) = p_p \, e^{-e(U_D-U)/kT} = p_n \, e^{eU/kT} \tag{7.19}$$

Für $U = 0$ gehen $n(x_p)$ und $p(x_n)$ in die Minoritätsladungsträgerkonzentrationen n_p bzw. p_n im Gleichgewicht über, wie es sein muß. Für $U > 0$ ist der Faktor bei n_p in (7.18) und der Faktor p_n in (7.19) größer als 1, d.h., die Minoritätsladungsträgerkonzentrationen liegen über den Werten ohne äußere Spannung. Das ist der formale Ausdruck der Injektion von Minoritätsladungsträgern. Wie wirksam dieser Effekt ist, erkennt man anhand der folgenden Abschätzung. Mit $U = 0{,}25$ V und $T = 300$ K ist $\exp(eU/kT) \cong e^{10} \cong 2 \cdot 10^4$. Die geringe Spannung von 0,25 V reicht also bereits aus, um die Minoritätsladungsträgerkonzentrationen auf mehr als das Zehntausendfache anzuheben.

Die Lösung der Diffusions-Rekombinationsgleichungen (5.81) für n(x) bzw. (5.87) für p(x) zu den Randbedingungen (7.17), (7.18) und (7.19) lauten

$$n(x) = n_p + [n(x_p) - n_p] \, e^{(x-x_p)/L_n} \ , \quad x < x_p \ , \tag{7.20}$$

$$p(x) = p_n + [p(x_n) - p_n]\, e^{-(x-x_n)/L_p} , \quad x > x_n , \tag{7.21}$$

mit L_n und L_p als Diffusionslängen der Elektronen bzw. Löcher. Da bei positiver angelegter Spannung $n(x_p) > n_p$ und $p(x_n) > p_n$ gilt, sind beide Minoritätsladungsträgerkonzentrationen in den jeweiligen Bahngebieten gegenüber ihren Gleichgewichtswerten n_p bzw. p_n angehoben. Das bedeutet auch, daß das chemische Potential $\zeta^n(x)$ der Elektronen im p-Gebiet, bezogen auf den Gleichgewichtswert, zu höheren Energien verschoben ist, und das der Löcher im n-Gebiet zu kleineren. Das gleiche trifft auf die durch Relation (7.14) definierten elektrochemischen Potentiale bzw. Quasi-Fermi-Niveaus zu. Der Verlauf dieser Niveaus ist in Abb. 106 dargestellt. Bei negativer Spannung $U < 0$ ist $n(x_p) < n_p$ und $p(x_n) < p_n$, das chemische Potential der Elektronen liegt im p-Gebiet unter dem Gleichgewichtswert, und das der Löcher im n-Gebiet darüber. Wieder gilt dies auch für die Quasi-Fermi-Niveaus (siehe Abb. 106b). Wirksam ist die Anhebung bzw. Absenkung der Quasi-Fermi-Niveaus bis zu einer Tiefe in den Bahngebieten von der Größenordnung der Diffusionslänge der Minoritätsladungsträger. Über das Raumladungsgebiet zwischen den beiden Bahngebieten können wir keine Aussagen machen. Glücklicherweise liegen die Diffusionslängen in der Regel um eine Größenordnung über der Breite des Raumladungsgebietes (siehe Abschnitt 5.4), so daß diese Unkenntnis nicht so sehr ins Gewicht fällt. Das Raumladungsgebiet fungiert als Barriere, über die hinweg Nichtgleichgewichts-

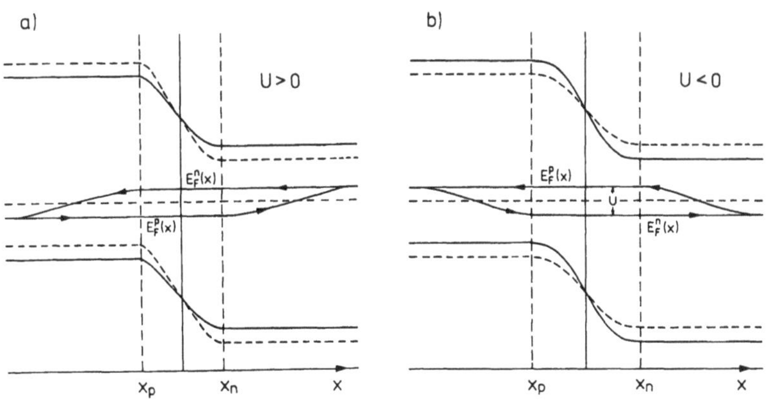

Abb. 106 Verlauf der Quasi-Fermi-Niveaus an einem pn-Übergang bei angelegter Spannung: a) Durchlaßrichtung ($U > 0$), b) Sperrichtung ($U < 0$) (schematisch, über das Raumladungsgebiet hinweg wurde interpoliert). Der Abfall der Quasi-Fermi-Niveaus in den Bahngebieten ist stark übertrieben gezeichnet

ladungsträger injiziert werden. Von der räumlichen Ausdehnung der Barriere kann näherungsweise abgesehen werden.

7.1.4 *Stromdichte in Abhängigkeit von der Spannung*

Die Berechnung der Gesamtstromdichte durch den pn-Übergang ist jetzt ohne Schwierigkeiten möglich. Wir verwenden dazu die früher abgeleiteten Beziehungen (7.10) für die Rekombinationsstromdichte (Variante a) und (7.11) für die Injektionsstromdichte (Variante b). Beide Varianten müssen zu dem gleichen Ergebnis führen. Formal würde also *eine* Rechnung ausreichen. Wir führen trotzdem beide vor, um zu demonstrieren, daß der Rekombinationsstrom (7.10) tatsächlich mit dem Injektionsstrom (7.11) übereinstimmt.

Variante a

Wie die qualitative Diskussion des Stromflusses durch den pn-Übergang in Abschnitt 7.1.2 gezeigt hat, unterscheiden sich die Ströme bei $-\infty$ und $+\infty$ nicht von denen in einem unendlichen p- bzw. n-Halbleiter. Das heißt insbesondere, daß die Minoritätsladungsträgerströme vernachlässigbar klein sind. Zu dem dann in (7.10) noch verbleibenden Integral über die Rekombinationsrate tragen die Bahngebiete links und rechts von der Raumladungszone bis zu Tiefen wesentlich bei, die durch die Diffusionslängen der Minoritätsladungsträger gegeben sind - nur dort weichen die Konzentrationen dieser Ladungsträger von den Gleichgewichtswerten wesentlich ab, d.h. nur dort findet Rekombination statt. Die Diffusionslängen sind, wie früher bereits erwähnt, im allgemeinen groß gegenüber der Breite des Raumladungsgebietes. Das nehmen wir zum Anlaß, um dessen Beitrag zum Integral in (7.10) zu vernachlässigen (Shockleyscher Sonderfall). Dann folgt näherungsweise

$$j = e\int_{x_n}^{\infty} dx\; R(x) + e\int_{-\infty}^{x_p} dx\; R(x) \tag{7.22}$$

Für die Rekombinationsrate R verwenden wir die früher in Abschnitt 5.2 abgeleiteten Beziehungen. Nach Formel (5.53) gilt bei Vorhandensein einer Überschußkonzentration $\Delta n(x)$ von Elektronen, hier von solchen im p-Gebiet,

$$R(x) = \frac{\Delta n(x)}{\tau_n}\;, \qquad x < x_p\;, \tag{7.23}$$

und nach Formel (5.55) bei Vorhandensein einer Überschußkonzentration $\Delta p(x)$

von Löchern, hier von solchen im n-Gebiet,

$$R(x) = \frac{\Delta p(x)}{\tau_p} \quad , \qquad x_n < x \quad , \tag{7.24}$$

mit τ_n und τ_p aus (5.54) bzw. (5.56) als Minoritätsladungsträger-Lebensdauern von Elektronen bzw. Löchern. Für $\Delta n(x)$ und $\Delta p(x)$ entnehmen wir den Beziehungen (7.20) und (7.21) die Ausdrücke

$$\Delta n(x) = [n(x_p) - n_p]\, e^{(x-x_p)/L_n} \quad , \qquad x < x_p \quad , \tag{7.25}$$

$$\Delta p(x) = [p(x_n) - p_n]\, e^{-(x-x_n)/L_p} \quad , \qquad x_n < x \quad . \tag{7.26}$$

Durch Einsetzen in (7.22) und unter Verwendung der Beziehungen (7.18) für $n(x_p)$ und (7.19) für $p(x_n)$ erhält man

$$j = j_s\,(e^{eU/kT} - 1) \tag{7.27}$$

mit

$$j_s = e \left(n_p \frac{L_n}{\tau_n} + p_n \frac{L_p}{\tau_p} \right) \tag{7.28}$$

Auf das gleiche Ergebnis kommt man, wenn man nach Variante b vorgeht.

Variante b

Im Ausdruck (7.11) für j vernachlässigen wir zunächst wieder das Rekombinationsintegral über das Raumladungsgebiet. Die Minoritätsladungsträgerstromdichten $j_n(x_p)$ und $j_p(x_n)$ an den Grenzen der Raumladungszone folgen aus den allgemeinen phänomenologischen Gleichungen (5.91). Dabei ist die elektrische Feldstärke gleich Null zu setzen, da das elektrische Potential in den Bahngebieten konstant ist. Die Ladungsträgerkonzentrationen n(x) und p(x) sind durch die Ausdrücke (7.20) und (7.21) zu substituieren. Man erhält dann

$$j_n(x_p) = eD_n \frac{dn}{dx}\bigg|_{x=x_p} = e\frac{D_n}{L_n}\left(n(x_p) - n_p \right) \quad , \tag{7.29}$$

$$j_p(x_n) = -eD_p \frac{dp}{dx}\bigg|_{x=x_n} = e\frac{D_p}{L_p}\left(p(x_n) - p_n \right) \tag{7.30}$$

Durch Addition dieser Gleichungen bei Verwendung der Beziehungen (7.18) und (7.19) ergibt sich für j der Ausdruck (7.27) mit

$$j_s = e\left(n_p \frac{D_n}{L_n} + p_n \frac{D_p}{L_p}\right) \tag{7.31}$$

Die beiden Ausdrücke (7.31) und (7.28) für j_s sind identisch, weil $L_n = \sqrt{D_n \tau_n}$ (siehe 5.85) bzw. $L_p = \sqrt{D_p \tau_p}$ (siehe 5.89).

Damit ist die Aufgabe, den Stromfluß durch einen pn-Übergang bei angelegter Spannung zu berechnen, im Rahmen der genannten Einschränkungen und Näherungen vollständig gelöst. Wir diskutieren jetzt die Ergebnisse.

Die Strom-Spannungscharakteristik (7.27) ist extrem nichtlinear. Sie zeigt die erwartete Asymmetrie bezüglich eines Vorzeichenwechsels der Spannung U. Für positive U von einigen Zehntel Volt ist j um mehrere Größenordnungen größer als j_s, für negative U von gleichem Betrag nähert sich j dem Wert $-j_s$ (siehe Abb. 107). Die Stromdichte j_s, die bei negativer Spannung nicht überschritten werden kann, bezeichnet man als *Sättigungsstromdichte*. Um die Größe dieser Stromdichte für Si abzuschätzen, nehmen wir typische Werte für $L_{n,p}$ von 10 μm und für $\tau_{n,p}$ von 10^{-8} s an. Die Minoritätsladungsträgerkonzentrationen ergeben sich aus $n_p = n_i^2/N_A$ und $p_n = n_i^2/N_D$ mit $n_i = 10^{10}$ cm^{-3} und $N_A = N_D = 10^{16}$ cm^{-3} zu $n_p = p_n = 10^4$ cm^{-3}. Beachtet man noch $e = 1{,}6 \cdot 10^{-19}$ A·s, so folgt $j_s \cong 10^{-10}$ A/cm^2. Die Sättigungsstromdichte ist also extrem klein. Für U < 0 fließt praktisch kein Strom, der pn-Übergang sperrt den Stromfluß. Man sagt, er ist in *Sperrichtung gepolt*. Die Polung U > 0 nennt man *Durchlaßrichtung*. Die Stromdichte in dieser Richtung ist durch den Exponentialfaktor im Ausdruck (7.27) um Größenordnungen größer als j_s. In Abb. 107 ist die experimentell bestimmte Strom-Spannungscharakteristik eines pn-Übergangs aus Ge dargestellt.

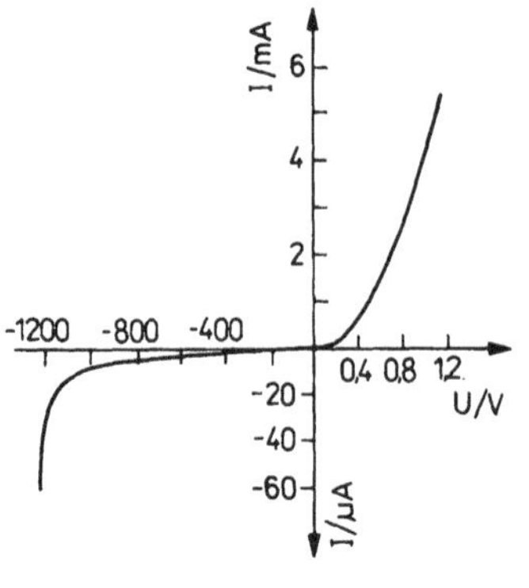

Abb. 107 Strom-Spannungscharakteristik eines pn-Übergangs aus Germanium (nach *K.-H. Seeger*, 1973)

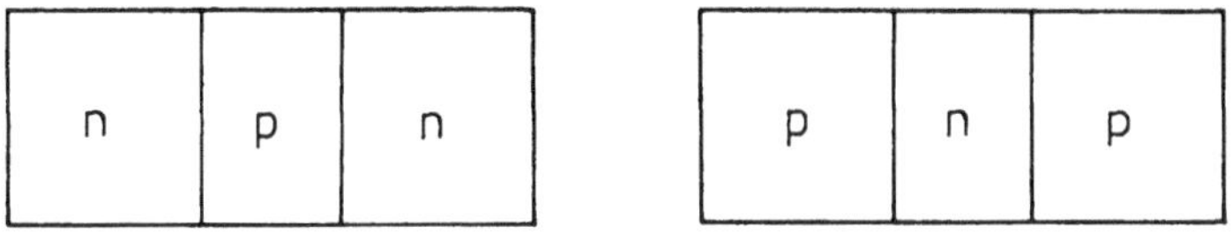

Abb. 108 Bipolarer npn- und pnp-Transistor

7.1.5 Bipolarer Transistor

Die wohl wichtigste Anwendung finden pn-Übergänge beim bipolaren Transistor. Er besteht entweder aus zwei n-Gebieten, die ein p-Gebiet einschließen, oder aus zwei p-Gebieten, die durch ein n-Gebiet voneinander getrennt sind (siehe Abb. 108). Im ersten Fall spricht man von einem *npn-Transistor*, und im zweiten Fall von einem *pnp-Transistor*. Wir legen den folgenden Betrachtungen den npn-Transistor zugrunde. In Abb. 109 ist er in einer der möglichen Schaltungsvarianten, der sogenannten *Emitter-Schaltung*, dargestellt. Das linke n-Gebiet ist sowohl mit dem p-Gebiet als auch mit dem rechten n-Gebiet leitend verbunden. Die Spannungsquelle im np-Kreis sorgt dafür, daß das linke n-Gebiet auf einem bestimmten Potential φ_E liegt und das p-Gebiet auf einem Potential φ_B. Die Spannungsquelle im npn-Kreis bewirkt, daß das Potential des rechten n-Gebietes φ_K beträgt. Wir setzen voraus, daß

$$\varphi_E < \varphi_B < \varphi_K \tag{7.32}$$

und demzufolge auch

$$\varphi_B - \varphi_E \equiv U_B > 0 \quad , \quad \varphi_K - \varphi_E \equiv U_K > U_B > 0 \ . \tag{7.33}$$

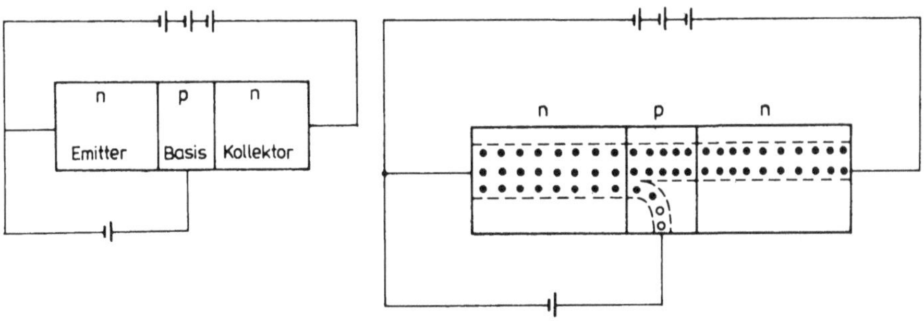

Abb. 109 npn-Transistor in Emitterschaltung (links). Veranschaulichung des Stromflusses (rechts)

gilt. Damit ist der linke pn-Übergang in Durchlaßrichtung gepolt und der rechte in Sperrichtung (siehe Abb. 110). Aus dem linken n-Gebiet werden Elektronen in das mittlere p-Gebiet injiziert, vom rechten n-Gebiet Elektronen aus dem p-Gebiet extrahiert. Man nennt deshalb das linke n-Gebiet *Emitter*, und das rechte *Kollektor*. Das p-Gebiet in der Mitte heißt *Basis*. Den np-Stromkreis bezeichnet man dementsprechend als *Basis-Kreis* und den npn-Kreis als *Kollektor-Kreis*. Der Strom im Basis-Kreis sei i_B und der im Kollektor-Kreis i_K. Der durch den Emitter fließende Strom i_E ist nach dem Kirchhoffschen Stromverzweigungssatz die Summe aus beiden Strömen, es gilt also

$$i_E = i_B + i_K \tag{7.34}$$

Man kann auch sagen, daß der Emitter-Strom in zwei Teilströme aufspaltet, einen, der über die Basis, und einen, der über den Kollektor abfließt (siehe Abb. 109 rechts).

Unser Ziel ist die Berechnung der drei Ströme i_E, i_B, i_K . Dabei können wir uns auf die Ergebnisse stützen, die wir früher zum Stromfluß durch einen einzelnen pn-Übergang erhalten haben. Danach verlaufen die Valenz- und Leitungsbandkanten des npn-Transistors so, wie in Abb. 110 dargestellt ist. Am Emitter-seitigen pn-Übergang liegt die Flußspannung U_B an, und am Kollektor-seitigen die Sperrspannung $U_K - U_B$. Der Emitter-Strom i_E ist der durch den erstgenannten Übergang fließende Strom. Als solcher ist er durch den Ausdruck (7.11) gegeben, nachdem dieser mit der Emitterfläche F multipliziert wurde. Er

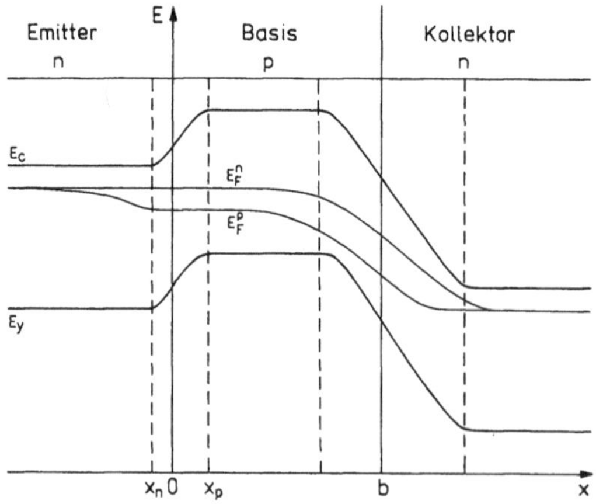

Abb. 110 Verlauf der Valenz- und Leitungsbandkanten durch einen npn-Transistor bei angelegter Basis- und Kollektorspannung. Der Verlauf der Quasi-Fermi-Niveaus ist schematisch ebenfalls dargestellt

besteht also aus dem Injektionsstrom $j_n(x_p)\cdot F$ von Minoritätselektronen in die Basis, dem Injektionsstrom $j_p(x_n)\cdot F$ von Minoritätslöchern in den Emitter, und dem Rekombinationsstrom im Raumladungsgebiet. Indem wir den letzteren wie früher vernachlässigen und von den Beziehungen (7.29) und (7.30) Gebrauch machen, folgt

$$i_E = j_n(x_p)\cdot F + j_p(x_n)\cdot F \tag{7.35}$$

mit

$$j_n(x_p) = -e D_n \left.\frac{dn}{dx}\right|_{x=x_p} , \tag{7.36a}$$

$$j_p(x_n) = eD_p \left.\frac{dp}{dx}\right|_{x=x_n} . \tag{7.36b}$$

Die gegenüber früher veränderten Vorzeichen sind darauf zurückzuführen, daß beim Emitter-Basis-Übergang das p-Gebiet rechts und das n-Gebiet links liegt. Wären beide Gebiete unendlich ausgedehnt, so wie wir das früher bei der Behandlung des pn-Übergangs stets angenommen haben, so könnten die Minoritätsladungsträgerkonzentrationen n(x) und p(x) in (7.36) durch die früher abgeleiteten Ausdrücke (7.20) und (7.21) ersetzt werden, und für $j_n(x_p)$ und $j_p(x_n)$ würden die Beziehungen (7.29) bzw.(7.30) gelten. Beim Transistor kann aber nur noch der Emitter als unendlich ausgedehnt angesehen werden, während die Breite b der Basis endlich ist, d.h. nicht mehr groß im Vergleich zur Diffusionslänge L_n der Minoritätsladungsträger. Dadurch kann nur für die Löcher-Injektionsstromdichte $j_p(x_n)$ der alte Ausdruck (7.30) verwendet werden. Angepaßt an die Verhältnisse beim Emitter-Basis-Übergang folgt daraus zusammen mit (7.26) der Ausdruck

$$j_p(x_n) = ep_n (D_p/L_p) (e^{eU_B/kT} - 1) \tag{7.37}$$

Die Injektionsstromdichte $j_n(x_p)$ der Elektronen dagegen muß neu berechnet werden. Das kann auf folgende Weise geschehen. Zunächst ist klar, daß wegen der endlichen Breite der Basis nur noch ein Teil der injizierten Minoritätselektronen im p-Gebiet rekombiniert, während der Rest durch dasselbe hindurchdiffundiert und das Raumladungsgebiet des Kollektor-seitigen pn-Übergangs erreicht. Das dort vorhandene negative elektrische Feld zieht die Elektronen in das Bahngebiet des Kollektors hinein, von wo sie durch die anliegende positive Spannung abgesaugt werden. Der Gleichgewichtswert n_p der Elektronenkonzentration wird also nicht erst bei $x = \infty$ erreicht, sondern bereits bei $x = b$, d.h.

es ist $\Delta n(x{=}b) = 0$ zu fordern. Als Lösung der Diffusions-Rekombinationsgleichung (5.81), die dieser veränderten Randbedingung genügt, ergibt sich

$$\Delta n(x) = [n(x_p) - n_p] \frac{\sinh[(b - x)/L_n]}{\sinh[(b - x_p)/L_n]} \tag{7.38}$$

Geht man damit in (7.36a) ein, so folgt

$$j_n(x_p) = en_p (D_n/L_n) (e^{eU_B/kT} - 1) \coth[(b - x_p)/L_n] \tag{7.39}$$

Der im Basiskreis fließende Strom i_B wäre mit dem Emitterstrom i_E identisch, und beide wären gleich dem Strom durch den Emitter-Basis pn-Übergang schlechthin, wenn die Basis unendlich ausgedehnt wäre. Bei endlicher Basisbreite weicht der Emitterstrom vom Basisstrom ab, weil zu letzterem nur derjenige Teil der insgesamt in die Basis injizierten Elektronen beiträgt, der in der Basis auch rekombiniert. Wir bezeichnen die zugehörige Stromdichte mit j_{nr}. Der erste Term in Formel (7.22) liefert dafür den Ausdruck

$$j_{nr} = e \int_{x_p}^{b} dx\, R(x) \tag{7.40}$$

Die obere Grenze des Rekombinationsgebietes, die in (7.22) bei unendlich lag, ist hier durch die endliche Basisbreite b ersetzt. Außerdem sind x_n und x_p vertauscht. Die Rekombinationsrate R(x) in (7.40) kann wie früher mit Hilfe der Beziehung (7.23) aus der Minoritätsladungsträgerkonzentration $n(x) = n_p + \Delta n(x)$ im p-Gebiet berechnet werden. Dabei ist aber jetzt für $\Delta n(x)$ der Ausdruck (7.25) zu verwenden. Man erhält

$$j_{nr} = en_p (D_n/L_n) (e^{eU_B/kT} - 1) \frac{\cosh[(b - x)/L_n] - 1}{\sinh[(b - x_p)/L_n]} . \tag{7.41}$$

Zum Basisstrom i_B trägt ebenso wie zum Emitterstrom in (7.35) neben dem Elektronenstrom $j_{nr}\cdot F$ auch noch der Injektionsstrom $j_p(x_n)\cdot F$ der Löcher aus der Basis in den Emitter bei. Insgesamt gilt also

$$i_B = j_{nr}\cdot F + j_p(x_n)\cdot F \tag{7.42}$$

Der Kollektorstrom i_k braucht nicht extra berechnet zu werden, weil er durch das Kirchhoffsche Gesetz (7.34) bereits vollständig betimmt ist. Getragen wird dieser Strom vor allem von denjenigen Elektronen, die aus dem Emitter austreten, aber in der Basis nicht rekombinieren, sondern zum Kollektor diffundieren und dort abgesaugt werden. Dieser Stromanteil ist voll auf die Kopplung des Kollektor-Basis-pn-Übergangs an den Emitter-Basis-np-Übergang zurückzuführen; an einem einzelnen pn-Übergang kann er überhaupt nicht auftreten. Daneben fließt durch den Kollektor-Basis-pn-Übergang aber auch noch der eigentliche pn-Strom, auf den sich der Gesamtstrom reduzieren würde, wenn der Übergang nicht mit einem zweiten gekoppelt wäre. Der Kollektor-Basis-pn-Übergang ist nun aber in Sperrichtung gepolt. Der eigentliche pn-Strom ist also ein Extraktions- oder Generationsstrom, den wir wegen seiner Kleinheit völlig vernachlässigen dürfen. Diese Näherung ist stillschweigend auch oben schon verwendet worden, als wir den Strom durch den Emitter-Basis-pn-Übergang mit dem eigentlichen pn-Strom dieses Übergangs identifiziert haben, ohne den vom Kollektor-Basis-pn-Übergang rechts davon einfließenden Löcher-Extraktionsstrom hinzuzunehmen.

Damit sind jetzt die drei gesuchten Ströme i_E, i_B, i_K bekannt und wir können uns der Frage zuwenden, unter welchen Bedingungen der bipolare Transistor als Verstärker wirkt. Wie wir gleich sehen werden, beruht diese Wirkung darauf, daß der Basisstrom nur einen kleinen Teil des Emitterstroms darstellt. Damit das der Fall ist, muß einerseits $j_{nr} \cdot F$ klein sein. Wegen (7.38) bedeutet das die Kleinheit der Basisbreite b gegenüber der Diffsionslänge L_n der Minoritätsladungsträger. Andererseits darf der Löcher-Injektionsstrom $j_p(x_n) \cdot F$ nicht zu groß werden. Das läßt sich durch eine im Vergleich zum Emitter geringe Dotierung der Basis erreichen. Denn gemäß (7.37) ist $j_p(x_n)$ proportional zu p_n, und gemäß (7.39) $j_n(x_p)$ proportional zu n_p. Liegt die Dotierung n_n des Emitters wesentlich höher als die Dotierung p_p der Basis, d.h. gilt $n_n \gg p_p$, so folgt nach dem Massenwirkungsgesetz $p_n \ll n_p$. Der Löcher-Injektionsstrom $j_p(x_n) \cdot F$ aus der Basis ist also tatsächlich klein gegenüber dem Elektronen-Emissionstrom $j_n(x_p) \cdot F$ aus dem Emitter. Der Einfachheit halber vernachlässigen wir ihn im folgenden vollständig.

Wir nehmen an, daß das Potential φ_B der Basis um $d\varphi_B$ geändert wird, während die Potentiale φ_E und φ_K des Emitters bzw. Kollektors konstant gehalten werden. Dadurch ändert sich die Spannung U_B im Basis-Kreis um $dU_B = d\varphi_B$, die Spannung U_K im Kollektor-Kreis bleibt dagegen konstant. Die Ströme ändern sich aber in beiden Kreisen. Es gilt

$$(di_B/dU_B)|_{U_K=\mathrm{const.}} = \frac{\cosh[(b - x_p)/L_n] - 1}{\cosh[(b - x_p)/L_n]} (di_E/dU_B)|_{U_K=\mathrm{const.}} , \tag{7.43}$$

$$(di_K/dU_B)|_{U_K=\text{const.}} = \frac{1}{\cosh[(b - x_p)/L_n]} (di_E/dU_B)|_{U_K=\text{const.}} \tag{7.44}$$

Als Stromverstärkung β ist das Verhältnis der Stromänderung im Kollektor-Kreis zu der im Basis-Kreis definiert. Aus (7.43) und (7.44) folgt

$$\beta \equiv (di_K/dU_B) \;/\; (di_B/dU_B)|_{U_K=\text{const.}} = \frac{1}{\cosh(b/L_n) - 1} . \tag{7.45}$$

Hierbei wurde die Ausdehnung x_p des Raumladungsgebietes in der Basis gegenüber der gesamten Basisbreite b vernachlässigt. Falls $b \ll L_n$ ist, findet also Stromverstärkung in dem Sinne statt, daß eine kleine Stromänderung im Basis-Kreis eine große Stromänderung im Kollektor-Kreis nach sich zieht.
Von Bedeutung ist aber nicht primär die Verstärkung des Stromes, sondern die der elektrischen Leistung. Zunächst könnte man meinen, daß dazu die Leistungsänderung im Kollektorkreis ins Verhältnis zur Leistungsänderung im Basiskreis gesetzt werden müßte. Diese Größe wäre aber ohne Wert, weil bei der in Abb. 109 angenommenen Schaltung die Leistung im Kollektorkreis durch den Transistor vollständig in Wärme umgesetzt wird. Damit elektrische Leistung nutzbar wird, muß ein Verbraucher in den Kollektorkreis einbezogen werden. Der entsprechende Lastwiderstand sei R_L. An ihm fällt die Spannung $i_K \cdot R_L$ ab. Sie ergibt zusammen mit der Spannung am Transistor die Gesamtspannung $U_K + i_K \cdot R_L$ des Kollektorkreises. Der Transistorwiderstand ist näherungsweise identisch mit dem Widerstand des gesperrten pn-Übergangs zwischen Basis und Kollektor. Als solcher ist er praktisch unabhängig von der Basisspannung. Wir betrachten speziell den Fall, daß R_L mit dem Kollektorwiderstand des Transistors übereinstimmt. Das bedeutet, daß am Lastwiderstand R_L die gleiche Spannung U_K abfällt wie am

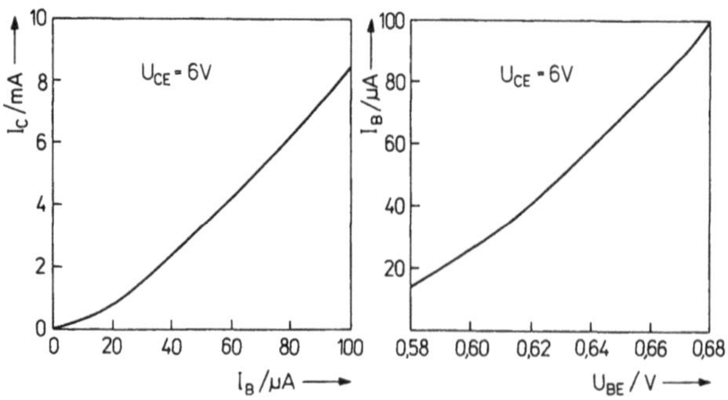

Abb. 111 Kennlinien eines bipolaren Transistors aus Si in Emitterschaltung

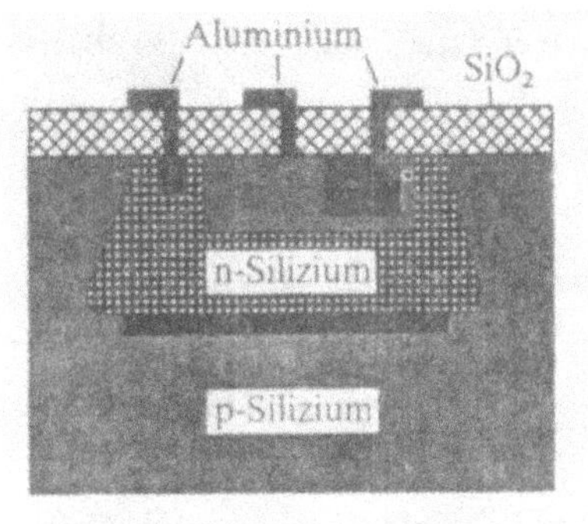

Abb. 112 Aufbau eines bipolaren Transistors mit vergrabenem Kollektor

Transistor. Zu berechnen sind die Leistungsänderungen dP_L am Lastwiderstand R_L und dP_B im Basis-Kreis, wenn sich die Basisspannung U_B bei festgehaltener Kollektorspannung $2U_K$ um dU_B ändert. Es gilt

$$dP_L = d(U_K \cdot i_K) = U_K \cdot (di_K/dU_B)|_{2U_K=const} \cdot dU_B \quad , \tag{7.46}$$

$$dP_B = d(U_B \cdot i_B) = [i_B + U_B(di_B/dU_B)|_{2U_K=const.}] \cdot dU_B \quad . \tag{7.47}$$

Der erste Term in der eckigen Klammer in (7.46) verhält sich zum zweiten wie kT zu U_B, ist also normalerweise klein gegenüber diesem. Wird er vernachlässigt, läßt sich das Verhältnis der Leistungsänderungen dP_L und dP_B in der einfachen Form

$$dP_L/dP_B = \beta \cdot (U_K/U_B) \tag{7.48}$$

schreiben. Die Leistungsverstärkung erweist sich somit als proportional zur Stromverstärkung. Andererseits ist die Spannung U_K, die an dem in Sperrichtung gepolten pn-Übergang zwischen Basis und Kollektor abfällt, größer als die Spannung U_B am np-Übergang zwischen Emitter und Basis, der in Durchlaßrichtung liegt. Dadurch wird die Leistungverstärkung größer als die Stromverstärkung. Kleine Änderungen der elektrischen Leistung im Basis-Kreis sind also mit großen Leistungsänderungen am Lastwiderstand verbunden. Daß dabei keine Verstärkung von Leistung im eigentlichen Sinne stattfindet, liegt auf der Hand. Vielmehr steuert man eine relativ große elektrische Nutzleistung mit einer relativ kleinen Steuerleistung. Den Basis-Kreis bezeichnet man auch als *Eingangskreis*, und den Kollektor-Kreis als *Ausgangskreis*. Man kann deshalb auch sagen, daß mit Hilfe einer kleinen Eingangsleistung eine große Ausgangsleistung gesteuert wird. Der Eingangswiderstand beim bipolaren Transistor, also der des Basis-Kreises, ist relativ niedrig, da der entsprechende pn-Übergang in Durchlaßrichtung gepolt ist. Der Ausgangswiderstand, d.h. der des Kollektor-Kreises, ist dagegen relativ groß, weil der zweite pn-Übergang in Sperrrichtung arbeitet. Diese Besonderheit des bipolaren Transistors bestimmt seinen Einsatz in elektronischen Schaltungen wesentlich mit. Beim MOSFET liegen die Verhältnisse umgekehrt, dort ist, wie wir noch sehen werden, der Eingangswiderstand hoch und der Ausgangswiderstand niedrig. In Abb. 111 sind charakteristische Abhängigkeiten zwischen Strömen und Spannungen am Beispiel eines npn-Transistors aus Silizium dargestellt. In digitalen mikroelektronischen Schaltkreisen wird der bipolare Transistor vor allem als elektrisch betätigbarer Schalter verwendet, d.h., die Steuerung beschränkt sich auf zwei Zustände, den mit maximaler Ausgangsleistung und den mit minimaler. Die planare Herstellungstechnologie der Mikroelektronik bringt es mit sich, daß der bipolare Transistor, wie er in diesen Schaltkreisen verwendet wird, eine andere Form besitzt als in Abb. 104. Eine realistische Variante ist in Abb. 112 dargestellt.

7.1.6 Tunneldiode

Der Injektions-Rekombinationsmechanismus für den Stromfluß am pn-Übergang ist gültig, solange die Dotierung in den beiden Gebieten nicht extrem hoch ist, genauer gesagt, solange die Volumen-Fermi-Niveaus E_{Fn} und E_{Fp} noch nicht in den jeweiligen Bändern liegen (Abb. 113a). Ist das der Fall (Abb. 113b), so überlagern sich die Energiewerte am unteren Rand des Leitungsbandes mit den Energiewerten am oberen Rand des Valenzbandes. Im Überlappungsbereich gehören dann zu einem bestimmten Energiewert sowohl Leitungs- als auch Valenzbandzustände. Die entsprechenden Wellenfunktionen sind allerdings in unterschiedlichen Bereichen des pn-Übergangs lokalisiert - die der Leitungsbandzustände im n-Gebiet und die der Valenzbandzustände im p-Gebiet. Aus einem Leitungsbandzustand mit einer Energie aus dem Überlappungsbereich kann ein Elektron in einen Valenzbandzustand zur gleichen Energie übergehen. Man sagt dann, daß es aus dem Leitungsband in das Valenzband *tunnelt.* Analog können Elektronen des Valenzbandes in das Leitungsband tunneln. Die Wahrscheinlichkeit für Tunnelübergänge ist in beiden Richtungen die gleiche. Wirklich tunneln können Elektronen einer bestimmten Energie aber nur dann, wenn sie im jeweils anderen Band bei der gleichen Energie freie Plätze finden. Bei der Temperatur $T = 0$ sind das Elektronen mit einer Energie über dem Fermi-Niveau. Derartige Elektronen gibt es aber nicht, d.h., bei $T = 0$ fließt im Gleichgewicht kein Strom infolge von

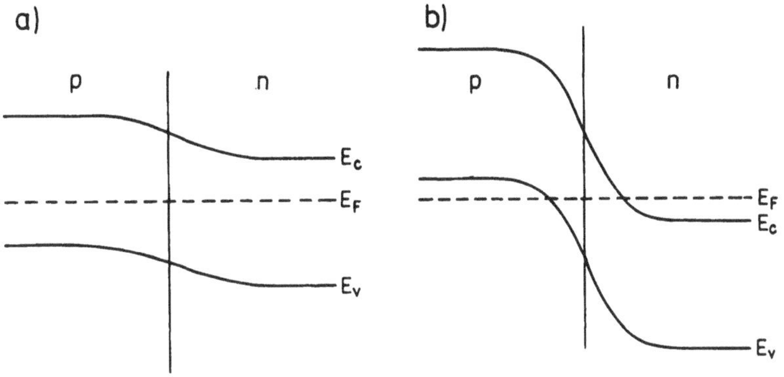

Abb. 113 Verlauf der Valenz- und Leitungsbandkanten an einem pn-Übergang zwischen normal dotierten Gebieten (a) und stark dotierten Gebieten (b)

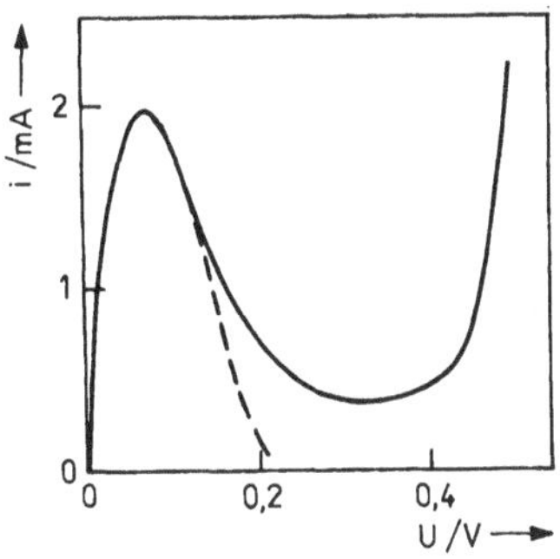

Abb. 114 Strom-Spannungscharakteristik einer Tunneldiode

Tunnelübergängen zwischen Valenz- und Leitungsband. Dieses Ergebnis bleibt natürlich auch bei T > 0 richtig, solange keine Spannung angelegt wird. Der Einfachheit halber bleiben wir beim Fall T = 0. Durch das Anlegen einer schwachen positiven Spannung wird das Valenzband zusammen mit dem Fermi-Niveau im p-Gebiet energetisch abgesenkt. Dann gibt es Elektronen des Leitungsbandes im n-Gebiet, die bei gleicher Energie freie Plätze im Valenzband des p-Halbleiters finden. Es fließt also ein Elektronenstrom vom n- ins p-Gebiet. Bei weiterer Erhöhung der positiven Spannung tritt der Punkt ein, an dem das Valenzband im p-Gebiet unter das Leitungsband im n-Gebiet abgesenkt ist. Dann ist kein Tunneln mehr möglich, und der Stromfluß kommt zum Erliegen. pn-Übergänge mit den oben beschriebenen Eigenschaften bezeichnet man als *Tunnel- oder Esaki-Dioden*. In Abb. 114 ist die Strom-Spannungscharakteristik einer Tunneldiode dargestellt; die gestrichelte Kurve kennzeichnet den Tunnel-Anteil des Gesamtstroms, der außer dem Tunnelstrom auch noch einen Drift-Diffusionsstrom enthält.

7.2 pn-Übergang bei Wechselwirkung mit Licht

7.2.1 *Sperrschicht-Photoeffekt am pn-Übergang*

Wird eine homogene Halbleiterprobe mit Licht bestrahlt, so werden Elektron-Loch-Paare angeregt (siehe Kapitel 5). Diese rekombinieren partiell wieder. Im stationären Zustand stellt sich eine bestimmte Überschußkonzentration Δn von Elektronen und Δp von Löchern ein. Sie ergibt sich aus dem Gleichungspaar (5.8), das im vorliegenden Falle die Gleichheit von Generationsrate g und Rekombinationsrate R zum Ausdruck bringt. Mit R aus (5.58) und g aus (5.20) folgt

$$\Delta n = \Delta p = \tau \cdot g = \tau \left(\frac{\alpha I}{\hbar\omega}\right) , \tag{7.49}$$

wobei τ die Rekombinationslebensdauer der Elektron-Loch-Paare und $\hbar\omega$ die Photonenenergie der Strahlung bedeutet (letztere wird dabei als monochromatisch angenommen). Über die Beziehungen (7.12) und (7.13) lassen sich die zugehörigen Quasi-Fermi-Niveaus der Elektronen und Löcher berechnen. Sie nehmen infolge der optischen Anregung unterschiedliche Werte an - das der Elektronen wird angehoben und das der Löcher abgesenkt. Liegt eine Spannung an der Probe an, so fließt mit Beleuchtung ein stärkerer Strom als ohne. Diese Erscheinung heißt *innerer Photoeffekt*. Hält man den Strom konstant, so erniedrigt der Photoeffekt die an der Probe abfallende Spannung. Es ist so, als würde die Beleuchtung zu einer negativen Vorspannung der Probe führen. Diese ist gerade gleich der Differenz der Quasi-Fermi-Niveaus von Elektronen und Löchern.

Bei den vorangegangenen Überlegungen wurde eine räumlich homogene Verteilung der Lichtintensität innerhalb der Halbleiterprobe angenommen. Da das Licht absorbiert werden muß, um Elektron-Loch-Paare anregen zu können, ist diese Annahme aber nicht gerechtfertigt. Die Intensität fällt in Ausbreitungsrichtung des Lichtes exponentiell ab. Das zieht eine entsprechende räumliche Inhomogenität der Elektronen- und Löcherkonzentrationen nach sich, die ihrerseits mit einer Diffusion verbunden ist. Bei gleichen Diffusionskoeffizienten von Elektronen und Löchern liefert die Diffusion keinen Beitrag zum elektrischen Ladungstransport, Elektronen- und Löcherströme kompensieren sich gegenseitig. Weichen die Diffusionskoeffizienten aber voneinander ab, wie das in Wahrheit oft der Fall ist, ergibt sich entweder ein Strom oder eine Spannung in Ausbreitungsrichtung des Lichtes, je nach dem, ob die beiden Probenenden elektrisch leitend miteinander verbunden sind oder nicht. Man spricht vom *Dember-*

Effekt.

Die oben diskutierten Photoeffekte in homogenen Halbleitern sind aber relativ klein, verglichen jedenfalls mit den Photoeffekten, wie sie an Halbleiterübergängen mit sperrenden Raumladungsgebieten auftreten. Als solche können Verarmungsgebiete an pn-Übergängen fungieren, aber auch an Metall-Halbleiterübergängen, Isolator-Halbleiterübergängen oder freien Oberflächen. Im Falle des pn-Übergangs sind verschiedene Konfigurationen denkbar - das Licht kann parallel zur Grenzfläche zwischen p- und n-Gebiet eingestrahlt werden oder senkrecht dazu. Im zuletzt genannten Fall kann die Raumladungszone im Bereich der Eindringtiefe des Lichtes liegen oder unterhalb derselben usw. Wir legen unseren Betrachtungen einen pn-Übergang zugrunde und nehmen an, daß das Licht senkrecht zur Grenzfläche zwischen p- und n-Gebiet, also parallel zur x-Achse eingestrahlt wird (siehe Abb. 115a). Die entsprechende pn-Struktur ist anders als bisher immer vorausgesetzt wurde in Richtung der postiven x-Achse nicht mehr unendlich ausgedehnt, sondern besitzt bei $x = x_0$ eine ebene Oberfläche. Wir nehmen an, daß diese auf der n-Seite liegt und so weit vom Raumladungsgebiet entfernt ist, daß das Licht praktisch bereits vor Erreichen desselben vollständig absorbiert wurde. Die optisch angeregten Elektronen und Löcher (Abb. 115b) diffundieren unter diesen Umständen von der Oberfläche weg auf das Raumladungsgebiet zu (Abb. 115c). Für die Elektronen bedeutet dieses Gebiet eine Barriere, sie werden von ihm zurückgestoßen. Auf die Löcher dagegen wirkt das Gebiet anziehend. In das Raumladungsgebiet fließt also von der Oberfläche her ein Löcherstrom j_{photo}. Er ist durch die Größe des bei $x = x_n$ fließenden Diffusionsstromes der Löcher bestimmt. Der maximal mögliche Wert j_{photo} dieses Stromes ist gleich der Photonenstromdichte $(I/\hbar\omega)$ multipliziert mit $-e$, d.h.

$$j_{photo} = -\left(\frac{eI}{\hbar\omega}\right) \tag{7.50}$$

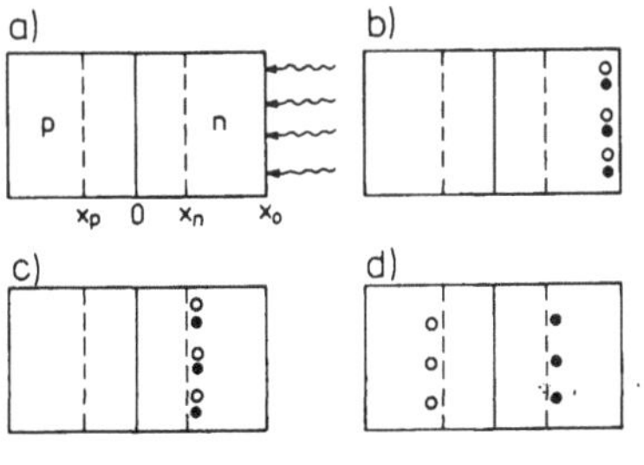

Abb. 115 pn-Übergang bei Bestrahlung mit Licht

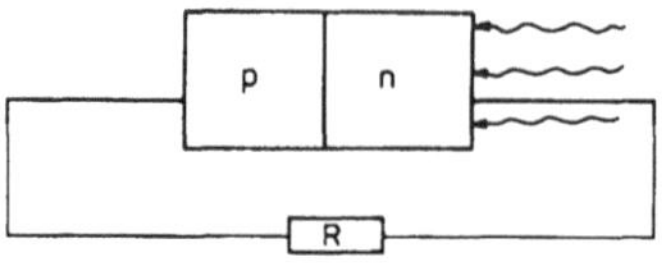

Abb. 116 Schaltkreis mit beleuchtetem pn-Übergang

Er wird dann erreicht, wenn alle optisch generierten Löcher auch bis zur Fläche $x = x_n$ diffundieren, d.h., wenn sie weder an der Oberfläche noch im Volumen rekombinieren. Wir wollen annehmen, daß diese Bedingung erfüllt ist.
Die Löcher werden im Raumladungsgebiet bis an dessen p-seitige Grenze getrieben (Abb. 115d). Von da an diffundieren sie weiter in die Tiefe des p-Bahngebietes hinein. Die negative Aufladung des p-Gebietes am pn-Übergang, die ohne Beleuchtung zur Ausbildung der Diffusionsspannung führte, wird dadurch partiell abgebaut. Es entsteht eine Gegenspannung U^{∞}_{photo} zur Diffusionsspannung. Man bezeichnet sie als *Photospannung*. Bei dem hier betrachteten offenen pn-Stromkreis, bei dem die Außenflächen der p- und n-Gebiete nicht elektrisch leitend miteinander verbunden sind, muß die Gesamtstromdichte j^{∞}_{gesamt} im stationären Zustand gleich Null sein. Diese besteht neben der Photostromdichte j_{photo} außerdem noch aus der Stromdichte j durch den pn-Übergang bei anliegender Spannung U^{∞}_{photo}. Die Photospannung U^{∞}_{photo} nimmt einen Wert an, der das Verschwinden von j^{∞}_{gesamt} garantiert. Mit j aus (7.27) gilt also

$$j^{\infty}_{gesamt} = j_s \left(e^{eU^{\infty}_{photo}/kT} - 1\right) - \left(\frac{eI}{\hbar\omega}\right) = 0 \ . \qquad (7.51)$$

Wird eine leitende Verbindung zwischen den Außenflächen des p- und n-Gebietes hergestellt (Abb. 116) und ist der Widerstand R in diesem Kreis 0 (Kurzschluß), so fällt am pn-Übergang die Spannung 0 ab, und es fließt der Strom

$$j^{0}_{gesamt} = j_{photo} \qquad (7.52)$$

Ist der Widerstand im pn-Kreis weder 0 noch unendlich groß, sondern hat einen endlichen Wert R, so nimmt die Photospannung einen kleineren Wert U^{R}_{photo} als U^{∞}_{photo} an, und die Gesamtstromdichte einen kleineren Wert j^{R}_{gesamt} als j^{0}_{gesamt}. Die beiden Größen j^{R}_{gesamt} und U^{R}_{photo} ergeben sich aus den Gleichungen

$$j^R_{gesamt} = j_s \left(e^{eU^R_{photo}/kT} - 1 \right) - \left(\frac{eI}{\hbar\omega} \right) , \tag{7.53}$$

$$U^R_{photo} = U^\infty_{photo} - R \cdot A \cdot j^R_{gesamt} . \tag{7.54}$$

Dabei bedeutet A die beleuchtete Fläche des pn-Übergangs. In Abhängigkeit vom Lastwiderstand R kann man den pn-Übergang entweder zur Umwandlung kleiner Lichtsignale in Spannungssignale, d.h. als *Photodetektor*, oder zur Erzeugung elektrischer Leistung, d.h. also als *Photovoltaisches Element*, verwenden.

Photodetektor

Im Falle des Photodetektors muß man R möglichst groß wählen, damit eine möglichst große Photospannnung entsteht. Für R = ∞ ergibt sich aus (7.51)

$$U^\infty_{photo} = \frac{kT}{e} \ln\left(1 + \frac{eI}{\hbar\omega j_s}\right) \tag{7.55}$$

Man erkennt daraus, daß U^∞_{photo} umso empfindlicher von der Lichtintensität I abhängt, je kleiner die Sättigungsstromdichte j_s des pn-Übergangs ist. In Abschnitt 7.1.4 haben wir j_s für einen pn-Übergang aus Si zu 10^{-10} A/cm^2 abgeschätzt. Daraus ergibt sich, daß für $\hbar\omega$ = 1 eV eine Lichtleistung von 10^{-10} Watt/cm^2 eine Photospannung von der Größenordnung 10 mV hervorruft. Die obere Grenze der Photospannung ist durch die Diffusionsspannung U_D gegeben. Diese kann deshalb nicht überschritten werden, weil dann keine Raumladungszone mehr existiert und damit auch keine Trennung der optisch angeregten Elektron-Loch-Paare erfolgt.

Photovoltaisches Element

Die nutzbare elektrische Leistung ist beim Photodetektor sehr klein, für R = ∞ ist sie exakt Null. Soll der beleuchtete pn-Übergang elektrische Leistung erzeugen, darf R nicht unendlich groß sein. Andererseits kann R aber auch nicht beliebig klein gemacht werden, weil dann am pn-Übergang überhaupt keine Spannung mehr abfällt und die Leistung aus diesem Grunde Null ist. Bei endlichen Werten von R wird aber eine nichtverschwindende elektrische Leistung erzeugt. Dabei wird Lichtenergie direkt in elektrische Energie umgewandelt. Der Wirkungsgrad kann theoretisch bis zu etwa 40% betragen, praktisch liegt er meist nicht viel über 10%. Als Solarzellen, vor allem aus Si, besitzen die photovoltaischen Elemente heute eine große praktische Bedeutung.

7.2.2 *Laserdiode*

Wird ein pn-Übergang in Durchlaßrichtung betrieben, so diffundieren Minoritätsladungsträger in die Tiefe der beiden Bahngebiete hinein und rekombinieren dort. Die Art und Weise der Rekombination ist dabei solange unwesentlich, wie man sich nur für den Stromtransport interessiert. Bei unseren vorangegangenen Rechnungen haben wir eine strahlungslose Rekombination über tiefe Zentren angenommen (Shockley-Read-Hall-Rekombination). Das war insofern gerechtfertigt, als die Rekombinationsrate R_{ns} dieses Prozesses meist die anderer Rekombinationsprozesse weit übertrifft. Unter bestimmten Bedingungen können aber auch strahlende Rekombinationsprozesse eine wesentliche Rolle spielen. Dabei wird ein Elektron-Loch-Paar durch Emission eines Photons vernichtet (siehe Abschnitt 5.2). Die Emission kann spontan erfolgen, dann ist die Rekombinationsrate R_{ss} durch den Ausdruck

$$R_{ss} = \frac{\Delta n}{\tau_{ss}} \tag{7.56}$$

gegeben, wobei τ_{ss} die entsprechende Rekombinationslebensdauer und $\Delta n = n - n_0$ die Überschußkonzentration der Elektronen über den Gleichgewichtswert n_0 bezeichnen. Andererseits kann die Emission durch die Strahlung selbst induziert sein. Wir setzen monochromatisches Licht mit einer Photonenenergie $\hbar\omega$ voraus, die gleich der Energie der Bandlücke ist. Die Strahlung wird durch die Photonenstromdichte S beschrieben. Diese ist mit der Strahlungsintensität I durch die Relation $I = \hbar\omega \cdot S$ verbunden. Die Rekombinationsrate R_{is} infolge induzierter Emission kann damit in der Form

$$R_{is} = g \cdot S \tag{7.57a}$$

geschrieben werden. Dabei bedeutet g den sogenannten *Gewinn(gain)-Koeffizienten*. Er ist gleich dem Negativen des Absorptionskoeffizienten, genauer ausgedrückt, desjenigen Beitrags, der durch Anregung von Elektronen aus dem Valenz- in das Leitungsband verursacht wird. Die Dimension von g ist die einer reziproken Länge. Damit g größer als Null sein kann, muß sich der Halbleiter in einem angeregten Zustand befinden. Die Energie des angeregten Zustandes ist es dann, die bei Bestrahlung mit Licht emittiert wird. Soll die emittierte Strahlung die absorbierte überwiegen, muß die sekundliche Zahl der Übergänge aus dem angeregten Zustand in den Grundzustand größer sein als die sekundliche Zahl der Übergänge in der umgekehrten Richtung. Das ist dann der Fall, wenn im angeregten Zustand die Leitungsbandkante von mehr Elektronen besetzt ist als die Valenzbandkante. Man spricht dann von *Besetzungsinversion*. Bei gleicher Besetzung heben sich Absorption und Emission gegenseitig auf, der Halbleiter ist transparent, abgesehen von Verlusten durch Absorptionsprozesse, die nicht mit Übergängen der Elektronen zwischen Valenz- und Leitungsband verbunden sind wie z.B. bei der Absorption durch freie Ladungsträger oder durch Phononen. Der genaue Wert von g hängt davon ab, wieweit die Elektronenkonzentration n im angeregten Zustand von der Transparenzkonzentration n_{tr} entfernt ist. In linearer Näherung gilt

$$g = g' \cdot (n - n_{tr}) \ , \qquad (7.57b)$$

wobei g' eine Konstante bezeichnet.

Um Besetzungsinversion erreichen zu können, benötigt man stark dotierte pn-Übergänge, bei denen sich die Fermi-Niveaus für Elektronen und Löcher innerhalb der Bänder befinden (siehe Abb. 117a). Durch Anlegen einer hinreichend großen Spannung in Flußrichtung kann man bei solchen Übergängen Nichtgleichgewichtszustände erzeugen, in denen sich die Quasi-Fermi-Niveaus am gleichen Ort in der Nähe des Übergangs mindestens um die Energielücke voneinander unterscheiden. Nach der obigen Definition bedeutet das Besetzungsinversion. Denjenigen Bereich des pn-Übergangs, in dem die Inversion auftritt, bezeichnet man als *aktives Gebiet*. Sorgt man dafür, daß das Gebiet in einer der beiden Richtungen senkrecht zur x-Achse (wir nehmen die y-Richtung) wie ein Fabry-Perot-

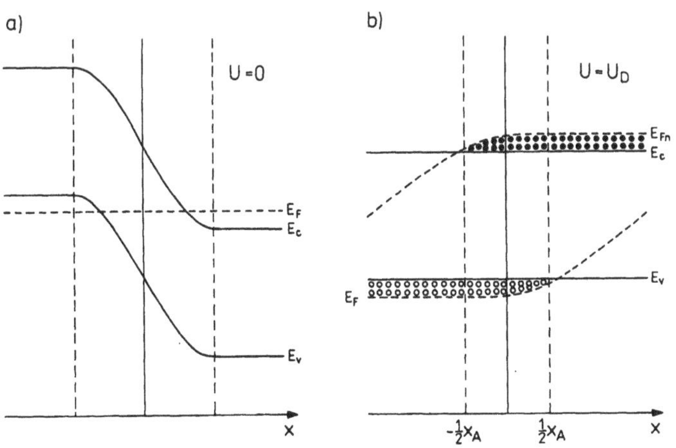

Abb. 117 Besetzungsinversion an einem stark dotierten pn-Übergang. a) ohne Spannung, b) mit Spannung in Durchlaßrichtung

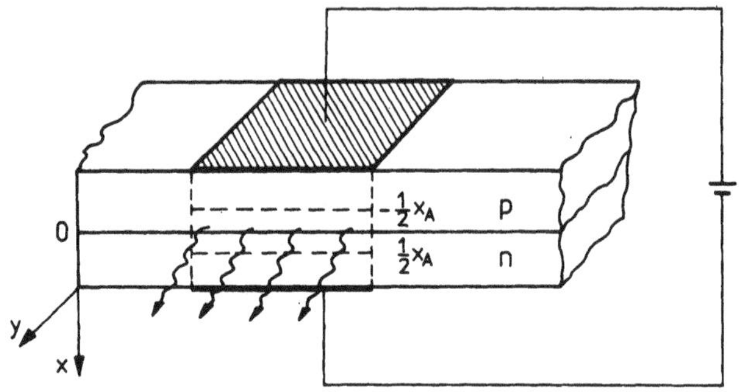

Abb. 118 Geometrie einer Laserdiode

Resonator wirkt, sind die beiden Bedingungen für einen Laser erfüllt, nämlich Besetzungsinversion und Strahlungsrückkopplung. Man bezeichnet den pn-Übergang dann als *Laserdiode.* Die Resonatorflächen können einfach durch Spalten des pn-Übergangs senkrecht zur y-Achse erzeugt werden - wegen des hohen Brechungsindexes des Halbleiters findet an den Grenzflächen auch ohne Verspiegelung ausreichend starke Reflexion statt. Die durch die Stirnflächen des Resonators austretende Strahlung läßt sich leicht berechnen, wenn die im Resonator bekannt ist. Wir konzentrieren uns deshalb auf die letztere.

Die Ursache für das Auftreten einer Inversion am pn-Übergang ist nach dem oben Gesagten die Injektion von Minoritätsladungsträgern unter der Einwirkung einer angelegten Spannung, d.h. daß Fließen eines Injektionsstromes. In Abschnitt 7.1 haben wir die Dichte dieses Stromes in Abhängigkeit von der angelegten Spannung berechnet. Hier interessieren wir uns für den Zusammenhang zwischen j und der Photonenstromdichte S. Die elektrische Stromdichte j wird dabei als gegeben angenommen. Wir werden sehen, daß die gesuchte Abhängigkeit S(j) allein mit Hilfe der Kontinuitätsgleichungen für die Ladungsträgerstromdichten j_n, j_p und die Photonenstromdichte S berechnet werden kann. Wir nehmen der Einfachheit halber symmetrische Verhältnisse am pn-Übergang an. Dadurch ist stets n = p und es reicht aus, die Elektronenstromdichte j_n zu betrachten. Das aktive Gebiet liegt symmetrisch zu x = 0, also zwischen $-(1/2)x_A$ und $(1/2)x_A$, wenn wir mit x_A die Gesamtlänge bezeichnen. Die Kontinuitätsgleichung für die Elektronenstromdichte j_n wurde in Kapitel 5 in allgemeiner Form aufgeschrieben. Die dort abgeleitete Beziehung (5.15a) ist hier folgendermaßen zu spezifizieren. Zunächst sei daran erinnert, daß die Gesamtstromdichte $j = j_n(x) + j_p(x)$ im stationären Zustand räumlich konstant ist, während die beiden Bestandteile $j_n(x)$ und $j_p(x)$ ortsabhängig sind. Rechts vom aktiven Gebiet ist $j_n(x)$ praktisch identisch mit j, während $j_p(x)$ nahezu verschwindet. Links vom aktiven Gebiet fällt $j_p(x)$ praktisch mit j zusammen, während $j_n(x)$ nahezu Null ist. Daraus ergibt sich im aktiven Gebiet näherungsweise

$$\frac{\partial j_n}{\partial x} = - \frac{j}{x_A} \tag{7.58}$$

Als Relaxationsprozesse, die die Elektronenkonzentration zeitlich verändern, sind die nichtstrahlende Rekombination, die spontane strahlende und die induzierte strahlende Rekombination zu berücksichtigen. Die nichtstrahlende Rekombinationsrate R_{ns} wird unter den angenommenen symmetrischen Verhältnissen für Elektronen und Löcher (n=p) durch eine für beide Ladungsträgersorten einheitliche Lebensdauer τ bestimmt. Es gilt

$$R_{ns} = \frac{\Delta n}{\tau} \tag{7.59}$$

Durch Verwendung der Ausdrücke (7.56) bis (7.59) wird die Kontinuitätsgleichung für den Elektronenstrom (5.15a) zu

$$\frac{\partial n}{\partial t} - \frac{j}{e x_A} = - \frac{\Delta n}{\tau} - \frac{\Delta n}{\tau_{ss}} - g\,S \;. \tag{7.60}$$

Um die Kontinuitätsgleichung für die Photonenstromdichte S aufschreiben zu können, benötigen wir die Photonendichte. In der Elektrodynamik wird dafür der Ausdruck (1/c)S mit c als Gruppengeschwindigkeit des Lichtes im Medium abgeleitet. Die Quelldichte des Photonenstroms ist gleich Null, da S in y-Richtung fließt und der pn-Übergang in dieser Richtung als homogen angesehen werden kann. Die Photonendichte besitzt aber äußere Quellen, nämlich die spontane und strahlende Emission. Da jedes strahlend verschwindende Elektron-Loch-Paar ein Photon erzeugt, ist die zugehörige Quelldichte - mit einer Modifikation, auf die wir gleich zu sprechen kommen - gleich der Summe der strahlenden Rekombinationsraten, d.h. gleich dem Negativen der letzten beiden Terme in Gleichung (7.60). Die Modifikation betrifft den vorletzten Term. Da nur ein kleiner Bruchteil der spontan emittierten Photonen die gleiche Ausbreitungsrichtung und Phase besitzt wie die stimuliert emittierten, muß dieser Term mit einem Faktor β multipliziert werden, der wesentlich kleiner als 1 ist, d.h. er muß durch $\beta(\Delta n/\tau_{ss})$ ersetzt werden. Zu den Quelltermen infolge spontaner und stimulierter Emission kommt noch ein weiterer hinzu, nämlich die Absorption des Lichtes im Halbleiter durch Prozesse, die nicht mit Übergängen der Elektronen zwischen Valenz- und Leitungsband verbunden sind. Den entsprechenden Absorptionskoeffizienten bezeichnen wir mit α. Die zugehörige (negative) Photonenquelldichte ist $-\alpha\cdot S$. In α können wir auch die Verluste mit einbeziehen, die durch den Austritt von Photonen aus dem Resonator entstehen und ohne die der Laser nach außen unwirksam wäre. Damit ergibt sich als Kontinuitätsgleichung für die Photonenstromdichte schließlich

$$\frac{1}{c}\frac{\partial S}{\partial t} = \beta \frac{\Delta n}{\tau_{ss}} + (g - \alpha)\, S \tag{7.61}$$

Wir interessieren uns für den stationären Zustand des Systems, d.h.

$$\frac{\partial n}{\partial t} = \frac{\partial S}{\partial t} = 0 \,. \tag{7.62}$$

Zunächst soll g verschieden sein von α. Wir werden gleich sehen, daß dies im stationären Zustand notwendig

$$\underline{g < \alpha}$$

bedeutet. Für die entsprechende Strahlungsintensität $S_<$ folgt aus Gleichung (7.61)

$$S_< = \frac{\beta\Delta n}{\tau_{ss}(\alpha - g)} \,. \tag{7.63}$$

Da $S_<$, Δn und τ_{ss} positive Größen sind, ist nur die Annahme $g < \alpha$ sinnvoll, wie behauptet wurde. Die Photonenstromdichte $S_<$ aus Gleichung (7.63) ist relativ klein, da die spontane strahlende Lebensdauer τ_{ss} relativ große Werte besitzt und β klein gegen 1 ist. Zumindest gilt das so lange, wie g dem Wert von α nicht extrem nahekommt, man kann auch sagen, solange die Elektronenkonzentration n noch deutlich unter einem Schwellwert n_{th} liegt, der durch die Beziehung

$$\alpha = g'(n_{th} - n_{tr}) \tag{7.64}$$

definiert ist. Die Abhängigkeit der Photonenstromdichte $S_<$ von der Stromdichte j ergibt sich aus (7.60) und (7.61) zu

$$S_< = \frac{j}{ex_A[g_< + (1/\beta)(1 + \tau_{ss}/\tau)(\alpha - g_<)]} \,. \tag{7.65}$$

Dabei wurde der Deutlichkeit halber g durch $g_<$ ersetzt, um darauf hinzuweisen, daß ein Wert von g zu nehmen ist, der sich aus $g'\cdot(n-n_{tr})$ für $n < n_{th}$ ergibt. Wird die spontane Emission als unendlich schwach angenommen, d.h. $\tau_{ss} = \infty$ gesetzt, so folgt $S = 0$. Daraus sieht man, daß im Falle $n < n_{th}$ die Strahlungsintensität S durch die spontane und nicht durch die stimulierte Emission bestimmt ist. Der pn-Übergang wirkt nicht als Laser, sondern als spontaner Strahlungsemitter. Bauelemente, die die spontane Emission ausnutzen, die sogenannten *Lumineszenzdioden*, sind aber anders aufgebaut als Laserdioden, insbesondere entfällt bei ihnen der Fabry-Perot-Resonator. Auch die physikalische Beschreibung unterscheidet sich von der bei den Laserdioden. Wir gehen auf die Lumineszenzdioden hier nicht näher ein.

Die Strahlungsintensität S bleibt auch dann noch relativ klein, wenn man τ_{ss} mit den wirklich in Halbleitern vorkommenden Werten identifiziert. Der Beitrag der strahlenden Rekombination zur Stromdichte j in Gleichung (7.60) kann unter diesen Umständen vernachlässigt werden. Näherungsweise gilt dann

$$j = \frac{ex_A(n - n_0)}{\tau}, \qquad n < n_{th} \tag{7.66}$$

Durch diese Relation wird eine Beziehung zwischen der elektrischen Stromdichte j und der Elektronenkonzentration n unterhalb der Laserschwelle hergestellt. Der Schwellkonzentration n_{th} entspricht eine Schwellstromdichte

$$j_{th} = \frac{ex_A(n_{th} - n_0)}{\tau}. \tag{7.67}$$

Laserwirkung kann erst dann eintreten, wenn die Schwellstomdichte j_{th} überschritten wird. Wir nehmen jetzt an, daß das der Fall ist. Nach Definition ist unter diesen Umständen

$$\underline{\alpha = g}\,.$$

Die Photonenstromdichte kann jetzt auch dann noch von Null verschiedene Werte annehmen, wenn $\tau_{ss} = \infty$ gilt. Zumindest steht das nicht im Widerspruch zur Beziehung (7.61). Den genauen Wert von $S_>$ für eine bestimmte Stromdichte $j > j_{th}$ entnehmen wir der Kontinuitätsgleichung (7.60). In der Näherung $\tau_{ss} = \infty$ folgt daraus

$$S_> = \frac{1}{ex_A\alpha}(j - j_{th}), \qquad j > j_{th}. \tag{7.68}$$

Wir wollen uns davon überzeugen, daß $S_>$ tatsächlich wesentlich größer ist als

$S_<$. Dazu betrachten wir $S_>$ aus (7.67) für $j = 2j_{th}$ und setzen diesen Wert ins Verhältnis zu $S_<$ aus (7.65) für $j = j_{th}$. Man erhält

$$\frac{S_>(2j_{th})}{S_<(j_{th})} = (g_< /\alpha) + (1/\beta)(1 + \tau_{ss}/\tau)\,[1 - (g_< /\alpha)] \quad . \tag{7.69}$$

Da im allgemeinen $(\tau_{ss}/\beta\tau) \gg 1$ gilt und $(g_< /\alpha)$ eine positive Zahl bedeutet, die noch merklich kleiner ist als 1, übersteigt der Wert der Strahlungsintensität $S_>$ oberhalb der Schwellstromdichte den Wert unterhalb ganz wesentlich. Das ist Ausdruck des Lasereffektes. Man kann auch sagen, daß der pn-Übergang für $j > j_{th}$ als Laserdiode wirkt. Der Verlauf der Stahlungsintensität im gesamten Stomdichtebereich ist in Abb. 119 dargestellt. Charakteristisch ist der steile Anstieg oberhalb von j_{th}. Er markiert den Übergang von der spontanen zur stimulierten Emission, also das Einsetzen des Laserregimes.

Um eine Vorstellung von der Größenordnung des Schwellstromes und der Strahlungsintensität einer Laserdiode zu erhalten, führen wir eine einfache Abschätzung durch. Bei der Parameterwahl orientieren wir uns an GaAs. Es sei $n_{tr} = 10^{18}$ cm^{-3}, $n_{th} = 2\cdot 10^{18}$ cm^{-3}, $x_A = 1$ µm, $\tau = 10^{-8}$ s und $\alpha = 10^3$ cm^{-1}. Damit ergibt sich für die Schwellstromdichte (7.67) $j_{th} = 10^3$ Acm^{-2}. Die damit verbundene Stromstärke ist bei einer Kontaktfläche von 10x10 µm^2 gleich 1 mA. Für die Strahlungsintensität $S\hbar\omega$ im Resonator folgt bei einem Diodenstrom von 2 mA eine Größe von etwa 10 mW. Das sind Werte, die die Halbleiterlaserdioden für eine Nutzung in der Informationstechnik interessant gemacht haben. Heute werden sie in breitem Umfang bei der optischen Nachrichtenübertragung, in CD-Geräten und für andere Zwecke eingesetzt. Die spontan emittierenden Lumineszenzdioden haben ebenfalls eine große praktische Bedeutung erlangt, z.B. für die Signalanzeige und die Zeichendarstellung. Da die Photonenenergien der emittierten Strahlung bei den Laser- und Lumineszenzdioden gleich der Energie der Bandlücke ist, kann man durch Wahl geeigneter Halbleitermaterialien theo-

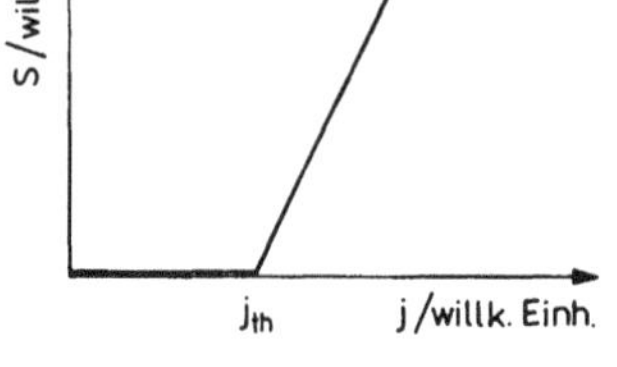

Abb. 119 Strahlungsintensität einer Laserdiode in Abhängigkeit von der Stromdichte j

retisch das gesamte Frequenzspektrum vom Infraroten bis in das nahe UV überdecken. Praktisch gelingt dies heute aber erst bis in den grünen Bereich hinein. An blauen Lumineszenz- und Laserdioden wird noch gearbeitet.

7.3 Metall-Halbleiterübergang bei angelegter Spannung

Für die Realisierung aktiver elektronischer Funktionen sind nur nicht-ohmsche Metall-Halbleiterübergänge, d.h. Schottky-Übergänge geeignet. Wir beschränken uns deshalb hier auf dieselben. Außerdem setzen wir voraus, daß der Halbleiter vom n-Typ ist. Für p-Halbleiter lassen sich analoge Ergebnisse ableiten. Die beiden wichtigsten elektronischen Bauelemente auf der Basis von Schottky-Kontakten sind der Metall-Halbleiter-Gleichrichter und der MESFET. Die physikalischen Grundlagen für den MESFET sind denen des MOSFET sehr ähnlich. Es handelt sich um die Änderung der Ladungsträgerkonzentration in einer dünnen

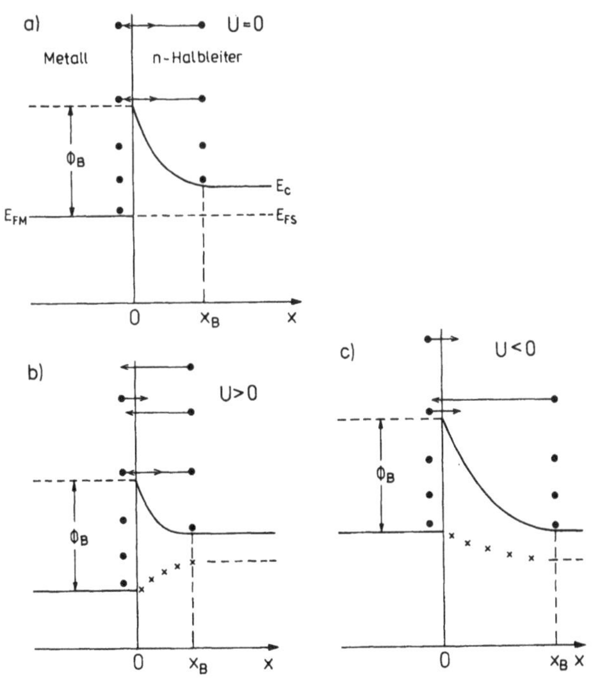

Abb. 120 Veranschaulichung des Stromflusses an einem Schottky-Übergang. a) ohne Spannung, b) Spannung in Durchlaßrichtung, c) Spannung in Sperrrichtung. Die Kreuze in b) und c) deuten an, daß das Fermi-Niveau im Raumladungsgebiet nicht definiert ist

Schicht des Halbleiters unmittelbar an der Grenzfläche zum Metall bzw. Isolator durch eine äußere Spannung. Wir gehen darauf im nächsten Abschnitt im Zusammenhang mit dem MOSFET genauer ein. Hier konzentrieren wir uns auf die physikalischen Grundlagen des Metall-Halbleiter-Gleichrichters, nämlich den Stromtransport an einem Schottky-Übergang bei angelegter Spannung.
Ähnlich wie beim pn-Übergang führt das Anlegen einer Spannung U an einen Schottky-Übergang dazu, daß die Kontaktspannung U_K aus (6.58) um U verringert wird. Es gilt also

$$[\varphi(\infty) - \varphi(-\infty)] = U_K - U \tag{7.70}$$

Wir wollen annehmen, daß im Halbleiter die Schottky-Näherung verwendet werden kann, d.h., daß die Ungleichung (7.2) mit U_K statt U_D erfüllt ist. Unter diesen Umständen behalten die Begriffe Raumladungs- und Bahngebiet ihren Sinn. Die Breite x_B des Raumladungsgebietes ergibt sich aus (6.63), indem dort U_K durch U_K - U ersetzt wird. Der Strom im Bahngebiet des Halbleiters wird wie beim pn-Übergang von Majoritätsladungsträgern getragen. Da wir einen n-Halbleiter angenommen haben, sind das auf beiden Seiten des Übergangs Elektronen. An der Grenzfläche zwischen den beiden Materialien werden Elektronen aus dem Metall in den Halbleiter und Elektronen aus dem Halbleiter in das Metall thermisch emittiert. Die Teilchenstromdichte aus dem Metall bezeichnen wir mit i_{MS}, und die aus dem Halbleiter mit i_{SM}. Die beiden Teilströme addieren sich zur Gesamtstromdichte i durch den Übergang auf. Alle drei Stromdichten müssen als Funktionen $i_{MS}(U)$, $i_{SM}(U)$ bzw. i(U) der Spannung U angesehen werden. Es gilt

$$i(U) = i_{MS}(U) - i_{SM}(U) \quad . \tag{7.71}$$

Ohne angelegte Spannung (Abb. 120a) ist i = 0, d.h., die beiden Ströme kompensieren sich gegenseitig. Es gilt also

$$i_{MS}(0) = i_{SM}(0) \quad . \tag{7.72}$$

Das Anlegen einer Spannung U bewirkt, daß die Raumladungsbarriere im Halbleiter verändert wird, für U > 0 wird sie erniedrigt (Abb. 120b), und für U < 0 erhöht (Abb. 120c). Dadurch erhöht (U > 0) bzw. erniedrigt (U < 0) sich der Strom $i_{SM}(U)$ aus dem Halbleiter in das Metall. Der Strom aus dem Metall in den Halbleiter bleibt dabei aber unverändert, da die von den Elektronen zu überwindende energetische Barriere, die Schottky-Barriere Φ_B, gleichgeblieben ist. Wir haben also

$$i_{MS}(U) = i_{MS}(0) \quad . \tag{7.73}$$

Für die Gesamtstromdichte i bei angelegter Spannung U können wir damit auch schreiben

$$i(U) = i_{MS}(0) - i_{SM}(U) \quad . \tag{7.74}$$

Wir berechnen zunächst $i_{MS}(0)$. Dazu betrachten wir ein Elektron, das nach dem Übertritt aus dem Metall in den Halbleiter in letzterem den Quasiwellenvektor $\mathbf{k}$ und die Energie $E_c(\mathbf{k})$ besitzt. Die Wahrscheinlichkeit dafür, im Metall ein Elektron mit der Energie $E = E_c(\mathbf{k})$ anzutreffen, ist durch die Fermi-Verteilung $f_M(E)$ des Metalls gegeben. Es gilt

$$f_M(E) = \frac{1}{e^{(E-E_{FM})/kT} + 1} \tag{7.75}$$

Die Stromdichte $i_{MS}(0)$ ist der statistische Mittelwert der Geschwindigkeitskomponente $\hbar^{-1}(\partial/\partial k_x)E_c(\mathbf{k})$ in positiver x-Richtung, dividiert durch die Volumeneinheit. Nach der allgemeinen Regel (5.3) für die statistische Mittelwertbildung gilt dann

$$i_{MS}(0) = \frac{1}{4\pi^3} \int_{-\infty}^{\infty} dk_z \int_{-\infty}^{\infty} dk_y \int_{0}^{\infty} dk_x \, \frac{1}{\hbar} \frac{\partial}{\partial k_x} E_c(\mathbf{k}) \cdot f_M(E_c(\mathbf{k})) \quad . \tag{7.76}$$

Die Grenzen der 1. BZ wurden hier ins Unendliche verlegt, was nur einen sehr geringen Fehler bedeutet. In $f_M(E_c(\mathbf{k}))$ ersetzen wir $-E_{FM}$ durch die Austrittsarbeit Φ des Metalls. Dadurch fällt der Energienullpunkt jetzt aber nicht mehr mit der Oberkante des Valenzbandes des Halbleiters zusammen, sondern mit dem für beide Materialien einheitlichen Vakuumniveau. Wegen $[E_c(\mathbf{k}) + \Phi] >> kT$ kann die Fermi-Verteilung (7.75) durch die Boltzmann-Verteilung approximiert werden. Es gilt also näherungsweise

$$f_M(E_C(\mathbf{k})) = e^{-\Phi/kT} \, e^{-E_c(\mathbf{k})/kT} \tag{7.77}$$

Für $E_c(\mathbf{k})$ verwenden wir die Effektivmassen-Näherung. Damit geht (7.76) über in

$$i_{MS}(0) = \frac{1}{4\pi^3} e^{-(\Phi + E_c)/kT} \int_{-\infty}^{\infty} dk_y \int_{-\infty}^{\infty} dk_z \int_{0}^{\infty} dk_x \frac{\hbar k_x}{m_c^*} e^{-\hbar^2 k^2/2m_c^* kT} \tag{7.78}$$

Die Leitungsbandkante liegt in Bezug auf das Vakuumniveau bei $E_c = -X$, so daß $\Phi + E_c = \Phi - X$ gleich der Schottky-Barriere Φ_B wird. Nach kurzer Rechnung folgt daraus

$$i_{MS}(0) = \frac{1}{4} n v_0 e^{-\Phi_B/kT} \tag{7.79}$$

mit

$$v_0 = \sqrt{\frac{8kT}{\pi m_c^*}} \tag{7.80}$$

als Mittelwert der Geschwindigkeitskomponente in positiver x-Richtung und n als Elektronenkonzentration im Halbleiter. Am Ausdruck (7.79) für $i_{MS}(0)$ fällt auf, daß er über m_c^* und n durch charakteristische Größen des Halbleiters bestimmt ist, obwohl der Strom aus dem Metall stammt und man das Auftreten von charakteristischen Metallgrößen hätte erwarten können. Die Ursache für dieses zunächst überraschende Ergebnis ist, daß thermodynamisches Gleichgewicht besteht und der Strom aus dem Metall in den Halbleiter gleich dem Strom aus dem Halbleiter in das Metall sein muß. Daß letzterer durch Halbleitergrößen bestimmt wird, ist zu erwarten.

Die Interpretation von $i_{MS}(0)$ aus (7.78) bzw. (7.79) als Strom $i_{SM}(0)$ aus dem Halbleiter in das Metall im thermodynamischen Gleichgewicht benutzen wir, um $i_{SM}(U)$ bei angelegter Spannung zu berechnen. Für U = 0 können wir unter Ausnutzung dieser Interpretation schreiben

$$i_{SM}(0) = \frac{1}{4\pi^3} e^{-(\Phi + E_c)/kT} \int_{-\infty}^{\infty} dk_y \int_{-\infty}^{\infty} dk_z \int_{0}^{\infty} dk_x \frac{\hbar k_x}{m_c^*} e^{-\hbar^2 k^2/2m_c^* kT} \tag{7.81}$$

Die Folge einer Spannung U am Übergang ist, daß die Leitungsbandkante des Halbleiters an der Grenzfläche zum Metall aus ihrer Gleichgewichtslage E_c in die neue Lage $E_c - eU$ übergeht. Diese Änderung in (7.79) führt auf die Beziehung

$$i_{SM}(U) = e^{eU/kT} i_{SM}(0) \quad . \tag{7.82}$$

Die Gesamtstromdichte i(U) wird damit zu

$$i(U) = i_{MS}(0)\left(1 - e^{eU/kT}\right) \tag{7.83}$$

Für die elektrische Stromdichte $j = -e \cdot i$ ergibt sich daraus

$$j = j_s\left(e^{eU/kT} - 1\right) \tag{7.84}$$

mit

$$j_s = \frac{1}{4}\, e\, n\, v_0\, e^{-\Phi_B/kT} \tag{7.85}$$

Für positive Spannungen U wächst j exponentiell mit dem Betrag von U an, für negative U nähert sich j mit wachsendem $|U|$ der Sättigungsstromdichte $-j_S$, die dann erreicht wird, wenn $|U| \gg kT$ gilt. Der Schottky-Übergang wirkt also als Gleichrichter, positive Spannungen entsprechen der Durchlaßrichtung und negative der Sperrichtung. Die folgende Abschätzung zeigt, daß j_s relativ große Werte annehmen kann. Für T = 300 K, $N_D = 10^{16}$ cm^{-3} und $\Phi_B = 0{,}25$ eV folgt $j_S \cong 0{,}2$ A/cm^2. Daraus kann geschlossen werden, daß der Schottky-Übergang die Gleichrichtung relativ starker Ströme ermöglicht.
Die Frage nach den Gültigkeitsgrenzen der obigen Ableitung wurde bisher nicht berührt. Dies soll jetzt geschehen. Die Verwendung der Formel (7.78) für die Stromdichte $i_{SM}(U)$ impliziert die Annahme, daß die thermische Emission von Elektronen aus dem Halbleiter in das Metall ungehindert erfolgt. Um zu verstehen, was das bedeutet, muß man sich zunächst vergegenwärtigen, daß die emittierten Elektronen aus dem Bahngebiet des Halbleiters stammen, denn im Raumladungsgebiet sind keine vorhanden. Ungehinderte Emission kann dann stattfinden, wenn die Elektronen beim Durchfliegen des Raumladungsgebietes keine Stöße erleiden. Das ist gewährleistet, wenn die mittlere freie Weglänge l_f größer ist als die Raumladungsbreite x_B, wenn also

$$l_f > x_B \tag{7.86}$$

gilt. Diese Bedingung ist an wirklichen Schottky-Übergängen meist erfüllt, sofern nicht zu große Sperrspannungen betrachtet werden. Für Durchlaßspannungen von einer gewissen Größe an trifft sie immer zu. Die Bedingung (7.86) schließt aus, daß sich in der Raumladungszone auch nur annähernd lokales thermodynamisches Gleichgewicht ausbilden kann. Das bedeutet insbesondere, daß das chemische und das elektrochemische Potential bzw. die Fermi-Energie auch nicht mehr im lokalen Sinne definiert sind. Auch ist dadurch eine wesentliche Voraussetzung für die Anwendbarkeit der phänomenologischen Gleichungen (5.16) für die

Stromdichten nicht mehr gegeben. Drift und Diffusion verlieren in der Raumladungszone als Transportmechanismen ihren Sinn. Der Transport erfolgt in Form eines Durchfliegens der Raumladungszone, er ist *ballistisch,* wie man sagt. Ist statt $l_f > x_B$ die Bedingung

$$l_f \ll x_B \tag{7.87}$$

erfüllt, gilt der Ausdruck (7.78) für $i_{SM}(U)$ nicht mehr. Die Größenrelation (7.87) ist nichts anderes als die auf den Schottky-Übergang angewandte allgemeine Bedingung (5.7a) für die Gültigkeit der phänomenologischen Gleichungen. Falls (7.87) erfüllt ist, können diese Gleichungen herangezogen werden, um $i_{SM}(U)$ zu berechnen. Tut man das, erhält man die *Diffusionstheorie* des Stromflusses durch den Schottky-Übergang. Auf die detailliertere Darstellung dieser Theorie verzichten wir hier. Qualitativ liefert sie die gleichen Ergebnisse wie die oben vorgeführte Berechnung von $i_{SM}(U)$, die man als *Diodentheorie* bezeichnet. Die beiden Fälle (7.86) und (7.87) hat man eigentlich auch bei der Behandlung des Stromflusses durch einen pn-Übergang zu unterscheiden. Indem wir in Abschnitt 7.2 von den phänomenologischen Gleichungen Gebrauch gemacht haben, ist die Gültigkeit einer zu (7.87) analogen Bedingung für den pn-Übergang vorausgesetzt worden. Wir haben also dort die Diffusionstheorie des Stromflusses entwickelt und auf die Diodentheorie verzichtet. Beim pn-Übergang ist das insofern sinnvoll, als in den meisten Fällen die Diffusionstheorie auch wirklich anwendbar ist.

Wird die Raumladungszone so schmal, daß die Potentialbarriere von den Elektronen durchtunnelt werden kann, ist auch die Diodentheorie nicht mehr anwendbar. Das ist bei sehr starker Dotierung der Fall. Der Schottky-Kontakt ist dann in beiden Richtungen gut durchlässig, er wird zu einem ohmschen Kontakt. Davon macht man bei der Kontaktierung der Silizium-Chips in der Mikroelektronik Gebrauch. Das häufig verwendete Kontaktmetall Aluminium liefert nämlich bei nicht extrem hoher Dotierung einen nicht-ohmschen Metall-Halbleiterübergang. Durch hohe Dotierung wird der Kontakt ohmsch, wie es für die ungestörte Funktion der Schaltkreise erforderlich ist.

7.4 Isolator-Halbleiterübergang bei angelegter Spannung

Die Verhältnisse am Isolator-Halbleiterübergang im thermodynamischen Gleichgewicht hängen davon ab, ob Grenzflächenzustände vorhanden sind. Ist das der

Fall, sind die Bänder an der Grenzfläche bereits ohne angelegte Spannung verbogen, und es treten Verarmungs- bzw. Anreicherungsschichten auf. Diese sind die Folge einer räumlichen Umverteilung der freien Ladungsträger - ein Teil von ihnen wird in den Grenzflächenzuständen eingefangen, oder es werden freie Ladungsträger durch Ionisation dieser Zustände erzeugt. Der Halbleiter als Ganzes bleibt dabei elektrisch neutral. Das ändert sich, wenn eine Spannung angelegt wird.

7.4.1 *Feldeffekt*

Zur Erzeugung der Spannung werden die äußeren Oberflächen des Isolators bei $x = -d$ und des Halbleiters bei $x = \infty$ mit einer Metallschicht überzogen und auf unterschiedliche Potentiale $\varphi(-d)$ und $\varphi(\infty)$ gelegt. Es gilt

$$[\varphi(\infty) - \varphi(-d)] = -U \qquad (7.88)$$

Beim Halbleiter kann man sich die Metallschicht auch wegdenken, weil er selbst hinreichend gut leitet. Die frei wählbare Konstante im Potential setzen wir so fest, daß $\varphi(\infty) = 0$ wird. Die elektrische Feldstärke am Rand $x = \infty$ des Halbleiters soll ebenso wie im Metall verschwinden, d.h. es soll gelten

$$\left.\frac{d\varphi}{dx}\right|_{x=\infty} = 0 \ . \qquad (7.89)$$

Unter diesen Bedingungen wird in den Halbleiter elektrische Ladung influenziert. Die Ladungsmenge ist bei übereinstimmenden Dielektrizitätskonstanten ε_I und ε von Isolator bzw. Halbleiter gleich dem Negativen derjenigen Ladung, die auf die Isolatoroberfläche aufgebracht werden muß, um die Spannung U zu erzeugen. Weichen ε_I und ε voneinander ab, so ist diese Ladungsmenge noch mit dem Faktor $(\varepsilon_I/\varepsilon)$ zu multiplizieren. Da im allgemeinen ε_I kleiner ist als ε (eine Ausnahme bilden Ferroelektrika), ist die influenzierte Ladungsmenge im allgemeinen ein Bruchteil der auf den Isolator aufgebrachten. Die Influenzierung von Ladung an einem Isolator-Halbleiterübergang wird auch als *Feldeffekt* bezeichnet. Dieser Effekt hat eine bedeutende Rolle in der Entwicklung der Halbleiterphysik gespielt. Der Gedanke, ihn zu nutzen, um den Widerstand eines Halbleiters durch eine angelegte Spannung zu verändern, also eine Art von Transistor zu schaffen, liegt nahe und wurde Ende der zwanziger und in den dreißiger Jahren von verschiedenen Forschern verfolgt. Die Bemühungen führten allerdings zunächst nicht zum Erfolg. Anstelle des Feldfeffekttransistors wurde 1947 - gewissermaßen als Nebenprodukt - der bipolare Transistor erfunden. Die Gründe für das Scheitern der frühen Arbeiten zum Feldeffekttransistor hängen u.a. damit zusammen, wie sich die influenzierten Ladungen im Halbleiter verteilen. Sind Grenzflächenzustände in ausreichender Dichte vorhanden, was bei diesen Arbeiten der Fall war, werden die influenzierten Ladungen in ihnen eingefangen. Für den elektrischen Transport sind sie dadurch unwirksam, der Widerstand des Halbleiters bleibt unverändert. Die Anzahl der eingefangenen Ladungsträger richtet sich danach, wie viele unbesetzte Grenzflächenzustände durch Anlegen der Spannung unter das Fermi-Niveau abgesenkt bzw. wie viele von den vorher besetzten über dieses Niveau angehoben werden (siehe Abb. 121). Die eingefangene Ladungsmenge ist also ein Maß für die Anzahl der Grenzflächenzustände. Durch Messung dieser Ladung in Abhängigkeit von der angelegten Spannung U, z.B. über die Messung der Kapazität C des Isolator-Halbleiterübergangs, lassen sich Aussagen über die Dichte der Grenzflächenzustände bei verschiedenen Energien gewinnen.

7.4.2 *Inversionsschichten*

Für die Realisierung eines Feldeffekttransistors muß die Dichte der Grenzflächenzustände möglichst klein sein. Im folgenden wollen wir sie vollständig

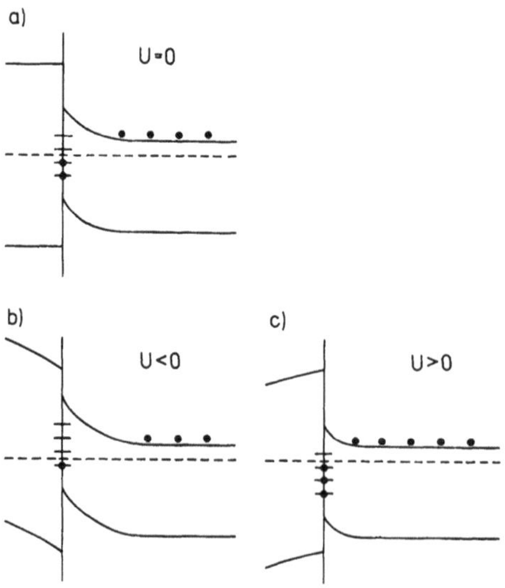

Abb. 121 Umladung von Grenzflächenzuständen an einem Isolator-Halbleiterübergang

vernachlässigen. Wir wollen untersuchen, welchen Einfluß eine angelegte Spannung unter diesen Umständen auf den Isolator-Halbleiterübergang hat. Qualitativ läßt sich sofort feststellen, daß bei nicht zu großer angelegter Spannung U je nach dem Vorzeichen von U und dem Leitungstyp des Halbleiters Anreicherungs- oder Verarmungsschichten entstehen werden (siehe Abb. 122). Eine Vergrößerung von U bewirkt, daß die Bänder des Halbleiters an der Grenzfläche zum Isolator weiter nach unten gezogen werden. Bei einem p-Halbleiter tritt irgendwann der Punkt ein, an dem die Leitungsbandenergie $E_g - e\varphi(0)$ an der Grenzfläche zum Isolator unter das Fermi-Niveau E_F hinabtaucht, d.h., wo die am Halbleiter abfallende Spannung $U_s = \varphi(0)$ größer als $(E_g - E_F)/e = U_0$ wird :

$$\varphi(0) \equiv U_s > U_0 \equiv \frac{1}{e}(E_g - E_F) \tag{7.90}$$

Bei weiterer Erhöhung der Spannung U sinkt die Energie $E_g - e\varphi(0)$ immer mehr ab, und der Bereich des Halbleiters, in dem die Leitungsbandkante unterhalb des Fermi-Niveaus liegt, dehnt sich nach rechts bis zu einem Punkt $x_1 > 0$ aus, der durch die Beziehung

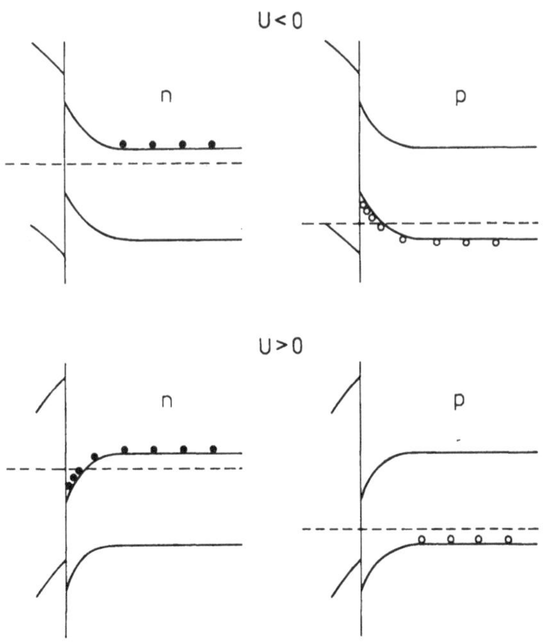

Abb. 122 Bildung von Verarmungs- bzw. Anreicherungsschichten an einem Isolator-Halbleiterübergang bei angelegter Spannnung

$$E_g - e\varphi(x_1) = E_F \qquad (7.91)$$

definiert ist (siehe Abb. 123). In diesem Bereich sind die freien Ladungsträger nicht wie sonst im p-Halbleiter vorwiegend Löcher, sondern Elektronen. Der Leitungstyp ist invertiert, man spricht deshalb von einer *Inversionsschicht*. Die Elektronen in der Inversionsschicht bilden ein entartetes Elektronengas. Ihre Konzentration ist von der Größenordnung der effektiven Zustandsdichte N_c des Leitungsbandes, für die wir früher eine Größenordnung von 10^{19} cm^{-3} abgeschätzt haben. Sie liegt damit im allgemeinen wesentlich über der durch Dotierung erzeugten Konzentration der Löcher. Dabei wird vorausgesetzt, daß die Dotierung nicht extrem stark ist, daß also $N_A \ll N_c$ gilt. An dieser Voraussetzung wollen wir im folgenden festhalten. Damit überhaupt Inversion auftritt, muß der Spannungsabfall U_s am Halbleiter der Bedingung (7.90) genügen. Auch das soll im folgenden stets angenommen werden.

Wir betrachten jetzt den Verlauf der Ladungsträgerkonzentrationen n(x) und p(x) im Halbleiter genauer. Er ist durch die Fermi-Verteilung f(E) aus (4.3) bestimmt, wenn man dort E_F durch das ortsabhängige chemische Potential $\zeta(x)$ ersetzt. Dieses ergibt sich mit Hilfe von $\zeta(x) - e\varphi(x) = E_F$ zu

$$\zeta(x) = E_F + e\varphi(x) \quad . \qquad (7.92)$$

Die Fermi-Verteilung lautet damit

$$f(E) = \frac{1}{e^{[E - E_F - e\varphi(x)]/kT} + 1} \qquad (7.93)$$

Wenn die Fermi-Energie E_F unterhalb der Leitungsbandkante liegt, sind für die

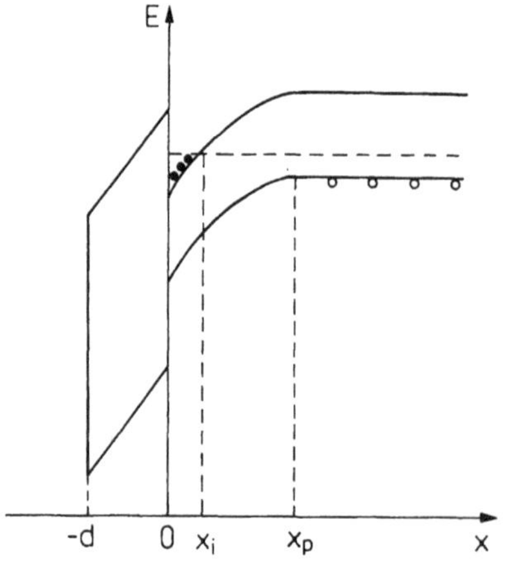

Abb. 123 Inversionsschicht an einem Isolator-Halbleiter-Übergang

Elektronen im Leitungsband Energiewerte bei und wenige kT oberhalb der Bandkante $E_g - e\varphi(x)$ maßgeblich. Solange $[E_g - e\varphi(x) - E_F]$ wesentlich größer ist als kT, wird f(E) für die genannten Energiewerte näherungsweise gleich Null. Liegt dagegen das Fermi-Niveau oberhalb der Bandkante, d.h., ist $[E_g - e\varphi(x) - E_F]$ negativ und gleichzeitig vom Betrage her wesentlich größer als kT, so ist f(E) praktisch gleich 1. Dasjenige Energieintervall, in dem f(E) weder 1 noch 0 ist, fällt im Vergleich zum gesamten durch das Potential $e\varphi(x)$ im Halbleiter überdeckten Energiebereich eU_s umso weniger ins Gewicht, je kleiner kT gegenüber eU_s ist. Wir nehmen deshalb an, daß

$$kT \ll eU_s \tag{7.94}$$

gilt. In gewissem Sinne ist diese Relation eine Verallgemeinerung der Bedingung (6.34) für die Gültigkeit der Schottky-Näherung. Mit Rücksicht auf (7.93) können wir dann für Energiewerte des Leitungsbandes näherungsweise schreiben

$$f(E) = \theta[E_F - E + e\varphi(x)] \quad , \qquad E > E_g \tag{7.95}$$

Wenn wir mit diesem Ausdruck in die Formel (4.47) für die Elektronenkonzentration n(x) eingehen, so folgt

$$n(x) = \begin{cases} \int_{E_g}^{\infty} dE\ \theta[E_F - E + e\varphi(x)] \cdot \rho_c(E) & , \quad 0 \le x \le x_i \\ 0 & , \quad x_i \le x < \infty \end{cases} \tag{7.96}$$

Die Valenzbandkante $-e\varphi(x)$ liegt über die Inversionsgrenze x_i hinaus zunächst noch weit unterhalb der Fermi-Energie, d.h., für die zum Valenzband gehörenden Energiewerte $E < 0$ gilt $f(E) = 1$, sofern x nicht zu weit rechts von x_i liegt. Die Löcherkonzentration p(x) ist also für nicht zu große x gleich Null. Bei sehr großen Werten von x hat sich die Bandkante $-e\varphi(x)$ der Fermi-Energie aber so weit genähert, daß praktisch die Verhältnisse des Volumenhalbleiters vorliegen, d.h., daß $p = N_A$ gilt (wir nehmen vollständig ionisierte Akzeptoren an). In Schottky-Näherung erfolgt der Übergang zwischen den beiden x-Bereichen abrupt, und zwar bei einer noch zu bestimmenden Raumladungsgrenze x_p. Für die Löcherkonzentration p(x) gilt somit näherungsweise

$$p(x) = \begin{cases} 0 & , \quad 0 \le x < x_p \\ N_A & , \quad x_p \le x < \infty \end{cases} \tag{7.97}$$

Wertet man das Energieintegral für n(x) in (7.96) mit dem wurzelförmigen Ausdruck (4.31) für die Zustandsdichte $\rho_c(E)$ aus, so ergibt sich eine Konzentration n(x), die proportional zu $[e\varphi(x) + E_F - E_g]^{3/2}$ ist. Mit dieser muß man in die Poisson-Gleichung (5.17) eingehen. Die Lösung führt auf Umkehrfunktionen von elliptischen Integralen, die analytisch nur schwer zu handhaben sind. Wir ersetzen deshalb die wirkliche Zustandsdichte durch eine Modellzustandsdichte, die im interessierenden Energiebereich zwischen E_g und $E_F + e\varphi(x)$ konstant ist. Die Konstante $\bar{\rho}_c$ des Modells wird folgendermaßen bestimmt: Wir bilden den Mittelwert der wirklichen wurzelförmigen Zustandsdichte $\rho_c(E)$ im besetzten Energieintervall bei x = 0, d.h. zwischen E_g und $E_F + eU_s$. Würden wir diesen Mittelwert für die Zustandsdichte in der gesamten Inversionsschicht verwenden, so würde die tatsächliche mittlere Elektronenkonzentration in der Inversionsschicht merkbar überschätzt werden. Deshalb wird noch ein Korrekturfaktor γ hinzugefügt, der zwischen 0 und 1 liegt und die Abnahme der oberen Grenze des Mittelungsintervalls mit wachsendem x berücksichtigt. Wir nehmen also die Ersetzung

$$\rho_c(E) \longrightarrow \bar{\rho}_c = \frac{\gamma}{3\pi^2}\left(\frac{2m_c^*}{\hbar^2}\right)^{3/2} [e(U_s - U_0)]^{1/2} \tag{7.98}$$

vor. Die Elektronenkonzentration n(x) in der Inversionsschicht läßt sich damit in der Form

$$n(x) = \bar{N}_c[(U_s - U_0)]^{-1} [\varphi(x) - U_0] \tag{7.99}$$

schreiben, wobei

$$\bar{N}_c = \frac{\gamma}{3\pi^2}\left(\frac{2m_c^*}{\hbar^2} e(U_s - U_0)\right)^{3/2} \tag{7.100}$$

die effektive Zustandsdichte unseres Modells bedeutet. Die Ersetzung (7.98) hat zur Folge, daß die wirkliche Zustandsdichte und damit auch die wirkliche Elektronenkonzentration im linken Teil der Inversionsschicht unterschätzt und im rechten Teil überschätzt wird - eine vernünftige Wahl von γ vorausgesetzt. Der Potentialverlauf $\varphi(x)$ in der Inversionsschicht hat dadurch in unserem Modell eine etwas andere Krümmung als in Wirklichkeit. Qualitativ bestehen aber keine Unterschiede. Für ein quasi-2-dimensionales Elektronensystem stimmt er sogar exakt mit dem unseres Modells überein, da in diesem Fall die Zustandsdichte von vornherein konstant ist.

Mit den oben abgeleiteten Konzentrationen der freien Ladungsträger nimmt die

Poisson-Gleichung (5.17) im Halbleiter die Form

$$\frac{d^2\varphi}{dx^2} = \frac{e}{\varepsilon\varepsilon_0}\begin{cases} 0 & , \quad -d \le x \le 0 \\ \overline{N}_c(U_s - U_0)^{-1}[\varphi(x) - U_0] & , \quad 0 \le x \le x_l \\ -N_A & , \quad x_l \le x < x_p \\ 0 & , \quad x_p \le x < \infty \end{cases} \tag{7.101}$$

an. Die Lösung dieser Gleichung muß insbesondere die Randbedingungen (7.88) und (7.89) erfüllen. Die Konstante im Potential $\varphi(x)$ ist bereits durch $\varphi(\infty) = 0$ festgelegt worden. Aus der Poisson-Gleichung ergibt sich damit sofort auch das Verschwinden des Potentials und der Feldstärke an der Stelle x_p, d.h.

$$\varphi(x_p) = 0 \quad , \tag{7.102}$$

$$\left.\frac{d\varphi}{dx}\right|_{x=x_p} = 0 \tag{7.103}$$

Die Feldstärke im Isolator ist räumlich konstant, wir bezeichnen sie mit F_I. Dann gilt insbesondere

$$\left.\frac{d\varphi}{dx}\right|_{x=-d} = -F_I \tag{7.104}$$

Der Wert des Potentials $\varphi(x)$ bei $x = -d$ ist im Hinblick auf (7.102) durch

$$\varphi(-d) = U \tag{7.105}$$

gegeben. Die vier Bedingungen (7.102) bis (7.105) sowie die Stetigkeitsforderungen für $\varphi(x)$ und $(d\varphi/dx)$ bei $x = 0$ und $x = x_l$ reichen aus, um den Potentialverlauf $\varphi(x)$ eindeutig zu bestimmen und auch die drei zunächst noch freien Parameter x_l, x_p und F_I festzulegen. Als Lösung der Poisson-Gleichung unter den geforderten Randbedingungen erhält man

$$\varphi(x) = \begin{cases} U - (x + d)\cdot F_I & -d \le x < 0 \\ U_0 + (U_s - U_0)\cosh(x/L) - F_s L \sinh(x/L) & 0 \le x < x_l \\ \dfrac{e}{2\varepsilon\varepsilon_0} N_A (x - x_p)^2 & x_l \le x < x_p \end{cases} \tag{7.106}$$

mit

$$L = \sqrt{\frac{\varepsilon\varepsilon_0 e(U_s - U_0)}{e^2\overline{N}_c}} \tag{7.107}$$

als charakteristischer Abschirmlänge des Elektronengases der Inversionsschicht,

$$F_s = (\varepsilon_I/\varepsilon)\, F_I \tag{7.108}$$

als Feldstärke im Halbleiter an der Grenzfläche zum Isolator und

$$U_s = U - F_I d \tag{7.109}$$

als Potentialabfall über dem Halbleiter. Die Inversionsgrenze x_l und die Feldstärke F genügen der Gleichung

$$\tanh(x_l/L) = (U_s - U_0)/F_s L \ , \tag{7.110}$$

wie aus (7.106) für $x = x_l$ sofort folgt. Setzt man die letzte Gleichung (7.110) in die Anschlußbedingung für die Feldstärke bei x_l ein, so ergibt sich

$$\cosh(x_l/L) \left[(U_s-U_0)^2 - (LF_s)^2\right] = \frac{N_A}{\overline{N}_c}\,(x_l-x_p)F_s(U_s-U_0) \tag{7.111}$$

Mit Hilfe von (7.110) und (7.111) können x_l und F_s als Funktionen von U_s bestimmt werden. Der Wert von x_l bleibt endlich. Wir betrachten hier aber nur den Grenzfall $N_A \ll \overline{N}_c$, in dem die rechte Seite von (7.111) vernachlässigt werden kann. Man erhält dann

$$F_s = (U_s - U_0)/L \tag{7.112}$$

Wegen (7.111) wird die Breite x_l der Inversionsschicht dann formal unendlich groß, als Folge der Vernachlässigung der Raumladungzone rechts von x_l. In Wahrheit folgt unter der Bedingung $N \ll \overline{N}$ nur

$$x_l \gg L \ . \tag{7.114}$$

Die in der Inversionsschicht gespeicherte Anzahl n_s von Elektronen pro cm^2 berechnet sich aus (7.99) und (7.106) zu

$$n_s = \overline{N}_c L \ . \tag{7.114}$$

Mit $\overline{N}_c$ und L aus (7.100) bzw. (7.107) wird daraus

$$n_s = \alpha\,(U_s - U_0)^{5/4} \ , \qquad \alpha = \left[\frac{\gamma}{12\pi^3 e^2}\left(\frac{2m_c^* e}{\hbar^2}\right)^{3/2}\right]^{1/2} \tag{7.115}$$

Die Flächendichte n_s der Elektronen in der Inversionsschicht ist 0, wenn die am Halbleiter abfallende Spannung U_s gleich der Schwellspannung U_0 für das Auftreten von Inversion wird. Darüber steigt n_s im Rahmen unseres Modells schwach überlinear mit U_s an. Dabei hängt U_s mit der angelegten Spannung U über die Beziehung

$$U_s = U_0 + \frac{U - U_0}{[1 + (d/L)(\varepsilon/\varepsilon_I)]} \tag{7.116}$$

zusammen. Das Verhältnis der Isolatordicke d zur Abschirmlänge L des Elektronengases der Inversionsschicht ist entscheidend für die Stärke der Änderung von n_s mit U. Für d >> L ist n_s praktisch unabhängig von U. Damit die gespeicherte Ladungsdichte n_s über U möglichst wirksam gesteuert werden kann, muß d << L sein. Mit $U_s - U_0 \cong 1$ V und $m_c^* \cong m$ folgt für L ein Wert von etwa 500 Å. Die Isolatorschicht muß also außerordentlich dünn sein. Im Grenzfall d << L und $U_s \gg U_0$ ergibt sich

$$\frac{dn_s}{dU} = \frac{5}{4}\alpha\, U^{1/4} \tag{7.117}$$

Ist $U \cong 5$ V, so erhält man $(dn_s/dU) \cong 10^{13}$ $cm^{-2}V^{-1}$. Bei einer Spannungsänderung um 1 V werden also pro cm^2 10^{13} Elektronen in die Inversionsschicht influenziert.

Die Elektronen dieser Schicht stellen interessante physikalische Untersuchungsobjekte dar. Sie sind ähnlich wie die freien Ladungsträger an einem Heteroübergang in einen Potentialgraben eingeschlossen. Dicht über dem Boden ($\simeq$ 0.1eV) ist die Breite des Grabens noch kleiner als L, und die Ladungsträger sind praktisch nur parallel zu den Wänden frei beweglich. Man hat ein quasi-2-dimensionales (Q2D) Elektronengas. An ihm können Quantisierungseffekte und Subbänder beobachtet werden. Über die von außen angelegte Spannung kann die Dichte des Elektronengases bzw. die Lage des Fermi-Niveaus relativ zum Bandminimum eingestellt werden. Von besonderer Bedeutung sind die Q2D-Systeme an der Grenzfläche zwischen SiO_2 und Si. Sie spielen eine wichtige Rolle bei der Erforschung der elektronischen Eigenschaften niederdimensionaler Systeme. Der quantisierte Hall-Effekt wurde zuerst an der Inversionsschicht *dieses* Isolator-Halbleiterübergangs nachgewiesen.

7.4.3 *MOSFET*

Ob die Ladungsdichte in der Inversionsschicht ausreicht, um die für einen Transistor erforderliche große Widerstandsänderung des Halbleiters zu erreichen, hängt unter anderem von der Leitfähigkeit ohne angelegte Spannung ab. Diese muß möglichst klein sein. Der kleinstmögliche Wert wird im Zustand der Eigenleitung realisiert. Davon macht man bei den praktisch bedeutendsten Feldeffekttransistoren, den sogenannten *MISFETs* (Metall-Isolator-Halbleiter-Feldeffekttransistoren), Gebrauch. Man nutzt aus, daß an pn-Übergängen Verarmungsgebiete, d.h. Gebiete mit Ladungsträgerkonzentrationen im Eigenleitungsbereich entstehen. Dazu bettet man das p-Gebiet zwischen zwei n-Gebiete ein, so wie in Abb. 124a dargestellt. Legt man zudem zwischen das linke n-Gebiet (Source) und das rechte n-Gebiet (Drain) eine positive Spannung (Abb. 124b), so ist der linke pn-Übergang in Durchlaßrichtung und der rechte in Sperrichtung gepolt. Zwischen den beiden n-Gebieten liegt dann ein von Löchern fast vollständig verarmtes p-Gebiet. Formal kann man dieser Situation im Rahmen der oben dargestellten Theorie dadurch Rechnung tragen, daß an den Isolator-Halbleiterübergang neben der Spannung U noch eine postive Vorspannung U_V angelegt wird. In den entsprechenden Formeln ist dann überall U gemäß

$$U \longrightarrow U + U_V \tag{7.118}$$

zu ersetzen. Ist U = 0, hat das Halbleitergebiet zwischen Source und Drain, der sogenannte *Kanal,* den hohen Eigenleitungswiderstand. Wird zwischen dem Volumen des p-Halbleiters (*Substrat*) und der Metallschicht über dem Isolator (*Gate*) eine positive Spannung $U = U_G$ angelegt, die ausreicht, um eine Inversionsschicht zu erzeugen, geht der Kanal in einen gut leitenden Zustand über. Man bezeichnet U_G als *Gatespannung.* Der minimale Wert von U_G, bei dem Inver-

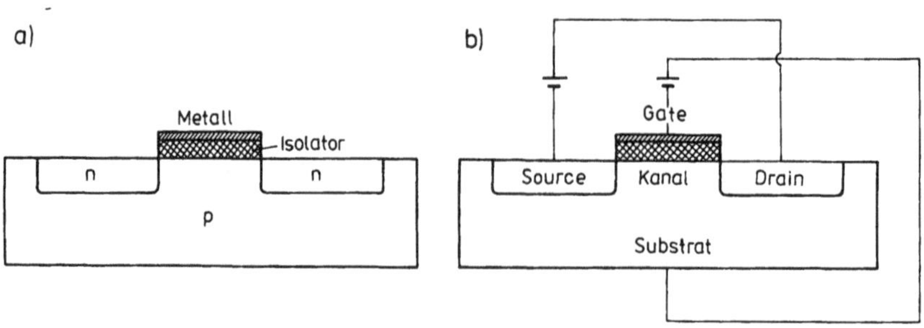

Abb. 124 Schematischer Aufbau eines MISFET (a). In Teil b) ist die Schaltung des MISFET dargestellt

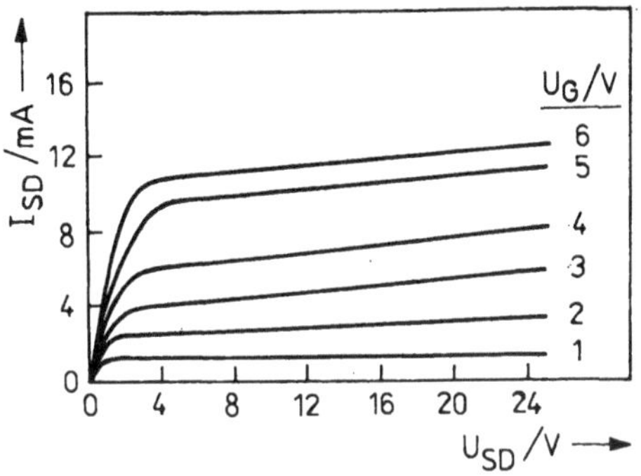

Abb. 125 Einfluß der Gatespannung U_G auf die Abhängigkeit des Stromes I_{SD} zwischen Source und Drain von der Spannung U_{SD} zwischen diesen Elektroden bei einem n-Kanal-MOSFET vom Anreicherungstyp (nach *H.Völz*, 1986)

sion einsetzt, heißt *Schwellspannung*. Wegen der Isolatorschicht unter der Gate-Elektrode hat der MISFET im Vergleich zum bipolaren Transistor einen wesentlich größeren Eingangswiderstand. Die Steuerung des Stromflusses erfolgt praktisch leistungslos. In der Mikroelektronik wird der MISFET mit Si als Halbleiter und SiO_2 als Isolator realisiert. Man nennt ihn dann Metall-Oxid-Halbleiter-Feldeffekttransistor oder abgekürzt *MOSFET*. Die Voraussetzung, daß die Elektronen in der Inversionsschicht nicht von Grenzflächenzuständen eingefangen werden, ist beim MOSFET gut erfüllt.

Ähnlich wie beim bipolaren Transistor die Basis sowohl aus p- als auch aus n-Material bestehen kann, hat man auch beim unipolaren MOSFET zwei Möglichkeiten - die Ladungsträger im leitenden Kanal können entweder Elektronen sein, wie das bisher angenommen wurde, oder Löcher. Im ersten Fall spricht man von einem *n-Kanal-MOSFET* und im zweiten Fall von einem *p-Kanal-MOSFET*. Die formal eingeführte Vorspannung U_V kann aufgrund unterschiedlicher Ursachen (z.B. einer herstellungsbedingten positiven Oxidladung) so große Werte annehmen, daß bereits ohne angelegte Spannung Inversion existiert. Dann ist der Transistor bereits ohne Spannung leitend und man muß beim n-Kanal-MOSFET eine negative und beim p-Kanal-MOSFET eine positive Gatespannung anlegen, damit er in den gesperrten Zustand übergeht. Man spricht in diesem Falle von *Verarmungsbetrieb*. Wenn der Transistor ohne angelegte Spannung gesperrt ist und durch Anlegen einer positiven (beim n-Kanal-Typ) bzw. negativen Gatespannung (beim p-Kanal-Typ) in den leitenden Zustand übergeht, also in dem oben immer unterstellten normalen Fall, liegt *Anreicherungsbetrieb* vor. Die Strom-Spannungscharakteristik des Source-Drain-Kreises eines n-Kanal MOSFET vom Anreicherungstyp ist in Abb.125 für verschiedene Gatespannungen dargestellt. Man erkennt, wie der Source-Drain-Strom bei festem Wert von U_{SD} mit wachsender Gatespannung U_G größer wird. Auffällig ist das Sättigungsverhalten des Stromes. Es wird dadurch hervorgerufen, daß mit wachsendem Drain-Potential die effektive Gate-Spannung in Drain-Nähe immer kleiner wird, wodurch sich die Inversionsschicht dort immer mehr einschnürt.

Anhang A: Definition einer Gruppe

Unter einer Gruppe G versteht man eine Menge von Elementen g mit den folgenden Eigenschaften:

1) Es existiert eine Zuordnungsvorschrift, die je zwei Elementen g_1 und g_2 eindeutig ein Element zuordnet, das ebenfalls zur Gruppe gehört. Die Zuordnungsvorschrift bezeichnet man symbolisch als Multiplikation und schreibt $g_1 \cdot g_2$ für das zugeordnete Element.

2) Für die Zuordnungsvorschrift gilt das Assoziativgesetz, d.h. für drei beliebige Elemente g_1, g_2, g_3 besteht die Identität

$$(g_1 \cdot g_2) \cdot g_3 = g_1 \cdot (g_2 \cdot g_3) \quad . \tag{A.1}$$

3) Zur Gruppe gehört das 1-Element. Darunter wird ein Element verstanden, das bei Multiplikation mit einem beliebigen anderen Element g der Gruppe wieder g ergibt:

$$1 \cdot g = g \cdot 1 = g \quad . \tag{A.2}$$

4) Die Gruppe enthält zu jedem Element g auch das dazu inverse Element g^{-1}. Dieses ist dadurch definiert, daß

$$g \cdot g^{-1} = g^{-1} \cdot g = 1 \quad . \tag{A.3}$$

Da g^{-1} Element der Gruppe ist, und $(g^{-1})^{-1} = g$ gilt, folgt der zweite Teil der Relation (A.3) aus dem ersten. Das Rechtsinverse ist also automatisch gleich dem Linksinversen.

Ist die Anzahl N der Elemente endlich, spricht man von einer endlichen Gruppe, bei unendlich vielen Elementen von einer unendlichen. Für die Darstellung von Gruppen durch Matrizen ist die Einteilung in Klassen konjugierter Elemente wichtig. Ein Element g' heißt zu einem Element g'' konjugiert, wenn in der Gruppe ein Element g existiert, so daß $g'' = g \cdot g' \cdot g^{-1}$ gilt. Teilmengen aus zueinander konjugierten Elementen heißen Klassen. Man kann zeigen, daß jedes Element einer Gruppe zu genau einer Klasse gehört. Eine Gruppe zerfällt also in eine bestimmte Anzahl von Klassen. Das 1-Element bildet in allen Gruppen eine Klasse für sich. In Gruppen aus vertauschbaren Elementen ist jedes Element sein eigenes Konjugiertes. Man bezeichnet derartige Gruppen als Abelsch. Aus der Definition einer Klasse folgt sofort, daß in Abelschen Gruppen jedes Element eine eigene Klasse bildet.

Anhang B: Abschätzung der Korrekturterme zur adiabatischen Näherung

Wir wollen zeigen, daß die beiden im Text verwendeten Beziehungen (2.22) und (2.23) ihre Berechtigung haben. Ausgangspunkt bildet die noch exakte Gleichung (2.21), die hier noch einmal wiedergegeben sei:

$$(\psi'\phi'|\mathbf{P}_J^2\,\psi\phi) = (\psi'\phi'|\phi\,\mathbf{P}_J^2\psi) + 2(\psi'\phi'|\mathbf{P}_J\psi\cdot\mathbf{P}_J\phi) + (\psi'\phi'|\psi\,\mathbf{P}_J^2\phi) \quad . \tag{B.1}$$

Das Problem bei der Abschätzung der Terme in dieser Gleichung besteht darin, daß die Eigenfunktionen $\psi\phi$ nicht explizit bekannt sind, sondern nur gewisse allgemeine Eigenschaften derselben. Dazu gehört erstens, daß die $\psi(\mathbf{x},\mathbf{X})$ als Eigenfunktionen eines hermiteschen Operators untereinander orthogonal sein müssen, d.h., daß für zwei verschiedene Funktionen $\psi(\mathbf{x},\mathbf{X})$ und $\psi'(\mathbf{x},\mathbf{X})$ gilt

$$(\psi'(\mathbf{X})|\psi(\mathbf{X})) = 0 \quad , \qquad \psi' \neq \psi \tag{B.2}$$

Für die Zustände $\phi(\mathbf{X})$ kann die paarweise Orthogonalität

$$(\phi'|\phi) = 0 \quad , \qquad \phi' \neq \phi \tag{B.3}$$

zunächst nur angenommen werden. Später im Text erweist sich diese Annahme als gerechtfertigt, weil auch die ϕ einer Schrödinger-Gleichung mit hermiteschem Hamilton-Operator genügen (genauer gesagt ist das näherungsweise der Fall). Eine zweite Eigenschaft der stationären Zustände $\psi\phi$, die uns von Nutzen sein wird, folgt aus der Invarianz des Kristall-Potentials $V_{ee,eR}(\mathbf{x},\mathbf{X}) + V_{RR}(\mathbf{X})$ gegenüber einer gemeinsamen Verschiebung aller Elektronen

$$\mathbf{x} \longrightarrow \mathbf{x} + \mathbf{t} \equiv (\mathbf{x}_1 + \mathbf{t}, \mathbf{x}_2 + \mathbf{t}, \ldots, \mathbf{x}_N + \mathbf{t}) \tag{B.4}$$

und aller Atomrümpfe

$$\mathbf{X} \longrightarrow \mathbf{X} + \mathbf{t} \equiv (\mathbf{X}_1 + \mathbf{t}, \mathbf{X}_2 + \mathbf{t}, \ldots, \mathbf{X}_J + \mathbf{t}) \tag{B.5}$$

um den gleichen Vektor $\mathbf{t}$. Dadurch können die Eigenfunktionen $\psi\phi$ des Kristall-Hamilton-Operators gleichzeitig auch als Eigenfunktionen des Gesamt-Impuls-Operators $\sum_i \mathbf{p}_i + \sum_J \mathbf{P}_J$ gewählt werden. Wir wollen dies tun und gleichzeitig annehmen, daß der Kristall als Ganzes ruht. Dann gilt

$$\left\{ \sum_i \mathbf{p}_i + \sum_J \mathbf{P}_J \right\} \psi(\mathbf{x},\mathbf{X})\ \phi(\mathbf{X}) = 0 \ . \tag{B.6}$$

Drittens schließlich benutzen wir, daß die Wellenfunktionen $\phi(\mathbf{X})$ der Atomrümpfe stark lokalisiert sind. Das ist eine direkte Folge der großen Massen dieser Teilchen - damit die kinetischen Energie-Terme $(1/M_J)\mathbf{P}_J^2$ in der Schrödinger-Gleichung (2.25) die potentielle ausbalancieren können, sind große Ableitungen, also starke Änderungen der Wellenfunktion $\phi(\mathbf{X})$ erforderlich. Diese lassen sich nur durch starke Lokalisation erreichen, denn wegen der Normierungsbedingung ist das einseitige Ansteigen oder Abfallen von $\phi(\mathbf{X})$ ausgeschlossen. Im Falle eines Kristalls haben die $\phi(\mathbf{X})$ nur in der unmittelbaren Nähe der Gitterpunkte von Null verschiedene Werte. Dem entspricht die klassische Vorstellung, daß die Rümpfe kleine Schwingungen um diese Punkte als Gleichgewichtslagen ausführen. Die elektronischen Wellenfunktionen $\psi(\mathbf{x},\mathbf{X})$ hängen dagegen nur schwach von den Rumpfkoordinaten ab. Das läßt sich folgendermaßen einsehen. Zunächst ist klar, daß wegen der kleinen Masse der Elektronen das Argument mit der starken Lokalisation entfällt. Die $\psi(\mathbf{x},\mathbf{X})$ sind als Funktionen von $\mathbf{x}$ genommen vielmehr über den gesamten Kristall ausgebreitet,und zwar in einer Weise, die sich für die verschiedenen möglichen Rumpflagen nur schwach unterscheidet. Das folgt aus der Schrödinger-Gleichung (2.17) für $\psi(\mathbf{x},\mathbf{X})$, in die die Rumpflagen nur über das Elektron-Rumpf-Wechelwirkungspotential eingehen, das eine glatte Funktion von $\mathbf{X}$ darstellt.

Die genannten drei Eigenschaften benutzen wir, um die einzelnen Terme in Gleichung (B.1) umzuformen und gegeneinander abzuschätzen. Wir beginnen mit dem ersten Term in (B.1). Zunächst gilt noch exakt

$$(\psi'\phi' | \phi\ \mathbf{P}_J^2\ \psi) = \int d^3X\ \phi'^*(\mathbf{X})\ \phi(\mathbf{X})\ (\psi'(\mathbf{X})\ |\ \mathbf{P}_J^2\ |\ \psi(\mathbf{X}))\ . \tag{B.7}$$

Zur Umformung benutzen wir die dritte Eigenschaft der Wellenfunktionen $\phi(\mathbf{x})$ und $\psi(\mathbf{x},\mathbf{X})$. Danach ist das unter dem Integral in (B.7) auftretende Matrixelement bezüglich der Elektronenzustände nur schwach von $\mathbf{X}$ abhängig, während $\phi'^*(\mathbf{X})\phi(\mathbf{X})$ nur in einer kleinen Umgebung um die Gleichgewichtslagen wesentlich von Null verschiedene Werte hat. Das Matrixelement kann deshalb näherungsweise an den Gleichgewichtswerten aus dem Integral über $\mathbf{X}$ herausgezogen werden. Man erhält

$$(\psi'\phi' | \mathbf{P}_J^2 | \psi\phi) \cong (\phi' | \phi)\ (\psi' | \mathbf{P}_J^2 | \psi) \ . \tag{B.8}$$

Auf ähnliche Weise ergibt sich

$$(\psi'\phi'|\mathbf{P}_j\psi \cdot \mathbf{P}_j\phi) \cong (\psi'|\mathbf{P}_j|\psi) \cdot (\phi'|\mathbf{P}_j|\phi) \quad . \tag{B.9}$$

Für den letzten Term in Gleichung (B.1) gilt die Faktorisierung exakt:

$$(\psi'\phi'|\psi\ \mathbf{P}_j^2\phi) = (\psi'|\psi)\ (\phi'|\ \mathbf{P}_j^2\ |\phi) \quad . \tag{B.10}$$

Damit geht die Gleichung (B.1) näherungsweise über in

$$(\psi'\phi'|\mathbf{P}_j^2|\psi\phi) \cong (\phi'|\phi)(\psi'|\mathbf{P}_j^2|\psi) + 2(\psi'|\mathbf{P}_j\psi)\cdot(\phi'|\mathbf{P}_j\phi) + (\psi'|\psi)(\phi'|\mathbf{P}_j^2\phi) \quad . \tag{B.11}$$

Jetzt müssen die Matrixelemente $(\psi'|\mathbf{P}_j|\psi)$ und $(\psi'|\mathbf{P}_j^2|\psi)$ durch Ausdrücke ersetzt werden, in denen die Matrixelemente des Elektronenimpulses $\mathbf{p}_i$ vorkommen, damit später die kinetische Energie der Elektronen ins Spiel gebracht werden kann. Wir benutzen dazu die Relation (B.6). Außerdem berücksichtigen wir, daß die Atomrümpfe Schwingungen um ihre Gleichgewichtslagen ausführen, so daß der mittlere Impuls jedes Rumpfes Null wird:

$$(\phi|\mathbf{P}_j|\phi) = 0 \quad , \qquad j = 1,2,\ldots,J \tag{B.12}$$

Damit ergibt sich

$$(\psi'|\sum_i \mathbf{p}_i|\psi) = -(\psi'|\sum_j \mathbf{P}_j\ |\psi) \quad . \tag{B.13}$$

Die Gesamtzahl der Terme links in (B.13) ist von der gleichen Größenordnung wie die Gesamtzahl der Terme rechts, weil die Zahl der Elektronen bis auf einen Faktor der Größenordnung 1 gleich der Zahl der Rümpfe ist. Außerdem ist die Größenordnung der Terme zu verschiedenen i durchweg die gleiche, ebenso wie die der Terme zu verschiedenen j. Deshalb ergibt sich die Größenordnungrelation

$$|(\psi'|\mathbf{p}_i|\psi)| \cong |(\psi'|\mathbf{P}_j|\psi)| \tag{B.14}$$

Wegen

$$(\psi'|\mathbf{p}_i^2|\psi) \cong \sum_{\psi''}(\psi'|\mathbf{p}_i|\psi'')\cdot(\psi''|\mathbf{p}_i|\psi) \tag{B.15}$$

$$(\psi'|\mathbf{P}_j^2|\psi) \cong \sum_{\psi''}(\psi'|\mathbf{P}_j|\psi'')\cdot(\psi''|\mathbf{P}_j|\psi) \tag{B.16}$$

folgt daraus auch eine entsprechende Relation für die Impulsquadrate, also

$$|(\psi'|p_1^2|\psi)| \cong |(\psi'|P_J^2|\psi)| \tag{B.17}$$

Von jetzt an behandeln wir die Diagonal- und Nichtdiagonal-Elemente gesondert.

$\underline{\psi'\phi' = \psi\phi}$

Mit Hilfe der Relationen (B.8), (B.9) und (B.12) geht die Gleichung (B.11) über in

$$(\psi\phi|P_J^2|\psi\phi) \cong (\psi|P_J^2|\psi) + (\phi|P_J^2|\phi)\ . \tag{B.18}$$

Für den ersten Term in dieser Gleichung ergibt sich mit Rücksicht auf (B.14)

$$\frac{1}{2M_J}|(\psi|P_J^2|\psi)| \cong \left(\frac{m}{M_J}\right)\frac{1}{2m}|(\psi|p_1^2|\psi)| \tag{B.19}$$

Da die kinetischen Energien der Elektronen und Rümpfe im statistischen Mittel gleich sind, gilt

$$\frac{1}{2m}|(\psi|p_1^2|\psi)| \cong \frac{1}{2M_J}|(\phi|P_J^2|\phi)| \tag{B.20}$$

und

$$\frac{1}{2M_J}|(\psi|P_J^2|\psi)| \cong \left(\frac{m}{M_J}\right)\frac{1}{2M_J}|(\phi|P_J^2|\phi)| \tag{B.21}$$

Damit geht (B.18) unmittelbar in die Beziehung

$$(\psi\phi|P_J^2|\psi\phi) = (\psi\phi|\psi\ P_J^2\phi)\left[\ 1 + 0\left(\frac{m}{M_J}\right)\ \right], \tag{B.22}$$

über, die als Relation (2.22) im Hauptteil verwendet wurde.
Wir betrachten jetzt die Nichtdiagonal-Elemente mit

$\underline{\psi'\phi' \neq \psi\phi}$

Wegen der Orthogonalität der ψ',ψ und ϕ',ϕ geht damit die Gleichung (B.11) über in

$$(\psi'\phi'|\mathbf{P}_J^2|\psi\phi) \;\cong\; 2(\psi'|\mathbf{P}_J|\psi)\cdot(\phi'|\mathbf{P}_J|\phi) \quad . \tag{B.23}$$

Die Größenordnung der beiden Faktoren dieser Beziehung läßt sich folgendermaßen abschätzen. Für $|(\psi'|\mathbf{p}_1\psi)|$ folgt näherungsweise

$$|(\psi'|\mathbf{p}_1|\psi)| \;\cong\; [(\psi|\mathbf{p}_1|\psi')\cdot(\psi'|\mathbf{p}_1|\psi)]^{1/2} \cong |(\psi|\mathbf{p}_1^2|\psi)|^{1/2} \quad . \tag{B.24}$$

Für $(\phi'|\mathbf{P}_J|\phi)$ liefert die analoge Abschätzung

$$|(\phi'|\mathbf{P}_J|\phi)| \;\cong\; |(\phi|\mathbf{P}_J^2|\phi)|^{1/2} \quad . \tag{B.25}$$

Unter Verwendung dieser Größenordnungsrelationen erhalten wir schließlich

$$\frac{1}{2M_J}|(\psi'\phi'|\mathbf{P}_J^2|\psi\phi)| \;\cong\; 2\left(\frac{m}{M_J}\right)^{1/2} \frac{1}{2m}|(\psi|\mathbf{p}_1^2|\psi)|^{1/2} \frac{1}{2M_J}|(\phi|\mathbf{P}_J^2|\phi)|^{1/2} \quad . \tag{B.26}$$

Indem wir wieder die Gleichheit der mittleren kinetischen Energien der Elektronen und Rümpfe ausnützen, folgt daraus

$$(\psi'\phi'|\mathbf{P}_J^2|\psi\phi) \;\cong\; 2\left(\frac{m}{M_J}\right)^{1/2}(\psi\phi|\psi\ \mathbf{P}_J^2\ \phi) \quad , \tag{B.27}$$

wie in (2.23) behauptet wurde.

Anhang C: Darstellungen von Gruppen

Wir nehmen an, daß die Gruppenelemente g lineare Operatoren sind, die im Hilbert-Raum wirken und jeder Funktion $\varphi(\mathbf{x})$ aus diesem Raum eine Funktion

$$g\varphi(\mathbf{x}) = \varphi(g^{-1}\mathbf{x}) \tag{C.1}$$

zuordnen, die wieder zum Hilbert-Raum gehört. Indem wir eine orthonormierte Basis $\varphi^1, \varphi^2, \dots \varphi^\infty$ in diesem Raum auszeichnen, läßt sich jede Funktion $\varphi(\mathbf{x})$ in der Form

$$\varphi(\mathbf{x}) = \sum_l c_l\, \varphi^l(\mathbf{x}) \tag{C.2}$$

schreiben. Eine solche Darstellung ist auch für $g\varphi(\mathbf{x})$ möglich, es gilt also auch

$$g\varphi(\mathbf{x}) = \sum_l c_l(g)\, \varphi^l(\mathbf{x}) \tag{C.3}$$

mit $c_l(g)$ als Koeffizienten, die lineare Funktionen der c_l sind, die sich also in der Form

$$c_l(g) = \sum_{l'} D_{ll'}(g)\, c_{l'} \tag{C.4}$$

ausdrücken lassen. Somit entspricht jedem Element g eine Matrix $D_{ll'}(g)$. Die Multiplikationseigenschaften der Gruppenelemente g übertragen sich unmittelbar auf die Matrizen $D_{ll'}(g)$. Deshalb bilden auch diese Matrizen eine Gruppe. Man bezeichnet die Zuordnung der ursprünglichen Gruppe G zur Gruppe der Matrizen $D_{ll'}(g)$ als *Darstellung* der Gruppe G. Durch geeignete Wahl der Basis $\varphi^l(\mathbf{x})$ kann man erreichen, daß die Matrizen $D_{ll'}(g)$ durchweg in kleinere Matrizen endlicher Dimension zerfallen, die sich um die Diagonale der Matrix $D_{ll'}(g)$ gruppieren:

$$D_{ll'}(g) = \begin{pmatrix} \ddots & & & \\ & \begin{pmatrix} \cdots \\ \ddots \end{pmatrix} & & \\ & & \begin{pmatrix} \cdots \\ \ddots \end{pmatrix} & \\ & & & \begin{pmatrix} \cdots \\ \ddots \end{pmatrix} \\ & & & & \ddots \end{pmatrix} \tag{C.5}$$

Wichtig dabei ist, daß die Größe der kleinen Matrizen für alle g die gleiche ist. Wenn die $D_{ll'}(g)$ die Form (C.5) haben, bezeichnet man die kleinen Matrizen als *irreduzible Darstellungen.* Eine irreduzible Darstellung entsteht dann, wenn man einen Unterraum ν des Hilbert-Raumes so auswählt, daß erstens keines der Elemente g aus ihm herausführt, zweitens aber auch kein noch kleinerer Unterraum in ihm existiert, der durch alle g nur in sich transformiert wird. Die Dimension d_ν eines solchen Unterraumes ν bezeichnet man als Dimension der entsprechenden irreduziblen Darstellung.
Über die irreduziblen Darstellungen von Gruppen gibt es eine Reihe mathematischer Theoreme. Zum Beispiel kann man zeigen, daß eine endliche Gruppe genau so viele irreduzible Darstellungen besitzt, wie sie Klassen konjugierter Elemente hat. Die Summe der Quadrate d_ν^2 der Dimensionen aller irreduziblen Darstellungen ν ergibt genau die Anzahl N der Elemente der Gruppe. Es gilt also

$$\sum_\nu d_\nu^2 = N \ . \tag{C.6}$$

Diese Aussage heißt *Burnside-Theorem.* Mit Hilfe dieses Theorems kann man oft durch "Raten" die Anzahl und Dimensionen der irreduziblen Darstellungen einer Gruppe ermitteln. Besteht eine Gruppe z.B. aus 5 Elementen und 2 Klassen, so gibt es genau eine 1- und genau eine 2-dimensionale Darstellung. Für Abelsche Gruppen folgt aus dem Burnside-Theorem sofort, daß nur 1-dimensionale Darstellungen existieren. Weil nämlich bei derartigen Gruppen jedes Element eine Klasse bildet, ist die Zahl der Klassen gleich der Anzahl N der Elemente. Wegen (C.6) müssen dann alle d_ν gleich 1 sein.

Anhang D: Ableitung der Fermi-Verteilung

Bandzustände

Wir betrachten zunächst den Fall von Bandzuständen, d.h. wir setzen $i = \nu\mathbf{k}$ und sehen vom Spin ab. Jeder der Bloch-Zustände kann entweder nicht besetzt ($N_{\nu\mathbf{k}} = 0$) oder mit genau einem Elektron besetzt sein ($N_{\nu\mathbf{k}} = 1$). Gemäß der Mittelwertsdefinition (4.2) gilt also

$$f_{\nu\mathbf{k}} = \frac{\sum\limits_{N_{\nu\mathbf{k}}=0,1} N_{\nu\mathbf{k}} e^{-(E_\nu(\mathbf{k})-\mu)N_{\nu\mathbf{k}}/kT}}{\sum\limits_{N_{\nu\mathbf{k}}=0,1} e^{-(E_\nu(\mathbf{k})-\mu)N_{\nu\mathbf{k}}/kT}} . \tag{D.1}$$

Daraus folgt unmittelbar die Fermi-Verteilung

$$f_{\nu\mathbf{k}} = \frac{1}{e^{(E_\nu(\mathbf{k}) - \mu)/kT} + 1} . \tag{D.2}$$

Wird der Spin berücksichtigt, verdoppelt sich wegen der beiden möglichen Spineinstellungen die mittlere Besetzungszahl $f_{\nu\mathbf{k}}$. Dieser Aussage liegt die Annahme zugrunde, daß ein Bloch-Zustand, der bereits mit einem Elektron einer bestimmten Spinorientierung besetzt ist, ein zweites Elektron mit dem entgegengesetzten Spin aufnehmen kann. Diese Annahme ist für die nicht lokalisierten Bloch-Zustände gerechtfertigt, aber nicht für die lokalisierten Zustände von Punktstörungen. Wegen der starken Coulomb-Abstoßung bei lokalisierten Zuständen wird ein zweites Elektron entweder überhaupt nicht oder nur mit einer geringeren Energie gebunden. Das letztere wollen wir hier ausschließen, die Störstelle soll also nur einfach besetzbar bzw. ionisierbar sein.

Einfach ionisierbare Störstellen ohne angeregte Zustände

Das entsprechende Energieniveau bezeichnen wir mit E_D. Neben E_D sollen keine weiteren Energieniveaus mehr existieren, die zu Zuständen Anlaß geben, die an der Störstelle lokalisiert sind. Damit ist E_D (trivialerweise) der energetisch tiefste Zustand der Störstelle, d.h. der Grundzustand. Für diesen darf angenommen werden, daß keine Entartung besteht, abgesehen von der Spinentartung, die allerdings zu berücksichtigen ist. Zu E_D gehören demnach die beiden lokalisierten Zustände $|D\uparrow)$ (Spin-auf-Zustand) und $|D\downarrow)$ (Spin-ab-Zustand). Folgende Besetzungszustände des lokalisierten Niveaus E_D sind möglich: 1) Sowohl $|D\uparrow)$ als auch $|D\downarrow)$ sind unbesetzt, 2) $|D\uparrow)$ ist besetzt, $|D\downarrow)$ unbesetzt, 3) $|D\uparrow)$ ist unbesetzt, $|D\downarrow)$ besetzt. In den Fällen 2) und 3) befindet sich im Niveau beidemale genau 1 Elektron. Der einfach besetzte Zustand hat also zwei Realisierungen, im Unterschied zum nicht besetzten Zustand mit nur einer Realisierung. Man kann dem dadurch Rechnung tragen, daß man statistische Gewichtsfaktoren g_{DN_D} der verschiedenen Besetzungszustände N_D einführt. In dem hier betrachteten Falle gilt $g_{D0} = 1$, $g_{D1} = 2$. Der so verallgemeinerte statistische Mittelwert (4.2) lautet

$$f(E_D) = \frac{\sum\limits_{N_D=0,1} g_{DN_D} N_D \, e^{-(E_D - \mu)N_D/kT}}{\sum\limits_{N_D=0,1} g_{DN_D} \, e^{-(E_D - \mu)N_D/kT}} \tag{D.3}$$

Daraus folgt unmittelbar

$$f(E_D) = \frac{1}{\left(\dfrac{g_{D0}}{g_{D1}}\right) e^{(E_D - \mu)/kT} + 1} \tag{D.4}$$

Für die Verteilungsfunktion der Löcher $[1 - f_D]$ ergibt sich daraus

$$[1 - f(E_D)] = \frac{1}{\left(\dfrac{g_{D1}}{g_{D0}}\right) e^{(\mu - E_D)/kT} + 1} \tag{D.5}$$

Einfach ionisierbare Störstellen mit angeregten Zuständen

Wir lassen jetzt die Annahme fallen, daß nur das Grundzustandsniveau E_D der Störstelle zu einem gebundenen Zustand gehört. Es sollen also weitere (angeregte) Niveaus E_{D2}, E_{D3},...existieren, die zu gebundenen Zuständen $|D2\uparrow)$, $|D2\downarrow)$, $|D3\uparrow)$, $|D3\downarrow)$, ... Anlaß geben. Das Grundzustandsniveau E_D bezeichnen wir jetzt auch als E_{D1}. An der Annahme, daß die Störstelle nur 1 Elektron binden kann, daß also aus der Menge der Zustände $|Di\uparrow\rangle$, $|Di\downarrow\rangle$ nur einer besetzt sein kann, halten wir fest. Wir interessieren uns nicht für die mittlere Teilchenzahl in einem bestimmten dieser Zustände, sondern für die mittlere Teilchenzahl an der Störstelle, d.h. in irgendeinem der an der Störstelle lokalisierten Zustände. Diese Zahl bezeichnen wir mit f^*. Sie ergibt sich aus (D.3), indem dort der Nenner durch den Ausdruck

$$g_{D0} + \sum_l g_{Dl1}\, e^{-(E_{Dl} - \mu)/kT} \tag{D.6}$$

und der Zähler durch

$$\sum_l g_{Dl1}\, e^{-(E_{Dl} - \mu)/kT} \tag{D.7}$$

ersetzt wird. Dabei bezeichnet $g_{D0} = 1$ das statistische Gewicht der nicht besetzten Störstelle und g_{Dl1} das statistische Gewicht der mit 1 Elektron im Niveau E_{Dl} besetzten Störstelle. In g_{Dl1} gehen auch die möglichen Entartungen der höheren Niveaus mit ein. In der beschriebenen Weise folgt

$$f^* = \frac{\sum_l g_{Dl1}\, e^{-(E_{Dl} - \mu)/kT}}{\left[g_{D0} + \sum_l g_{Dl1}\, e^{-(E_{Dl} - \mu)/kT} \right]} \tag{D.8}$$

Dieser Ausdruck läßt sich formal in der gleichen Weise wie $f(E_D)$ in (D.4) schreiben, wenn wir wieder $E_{D1} = E_D$ setzen und einen effektiven g^*-Faktor g^*_{D1} der Störstelle einführen. Es gilt

$$f^*(E_D) = \frac{1}{\left(\dfrac{g_{D0}}{g^*_{D1}}\right) e^{(E_D - \mu)/kT} + 1} \tag{D.9}$$

mit

$$g^*_{D1} = \sum_l g_{Dl1} e^{-(E_{Dl} - E_D)/kT} \tag{D.10}$$

Daß sich die angeregten Zustände in dieser Weise berücksichtigen lassen, ist nicht verwunderlich, da der Faktor (g_{D0}/g_{D1}) im Nenner von (D.4) ebenfalls darauf zurückzuführen ist, daß es mehr als eine Realisierung der einfach besetzten Störstelle gibt - in (D.4) sind es lediglich 2, in (D.9) im allgemeinen viele. Da $g^*_{D1} > g_{D11} \equiv g_{D1}$ gilt, ist stets $f^*(E_D) > f(E_D)$, d.h., das Vorhandensein angeregter Zustände erhöht die mittlere Teilchenzahl am Zentrum, was zu erwarten war.

Allgemeine Literatur zur Festkörper- und Halbleiterphysik

Ashcroft, N.W. and N.D. Mermin (1976), *Solid State Physics*, Holt Reinhart and Winston New York

Blakemore, J.S. (1985), *Solid State Physics*, Cambridge University Press

Böer, K.W. (1990), *Survey of Semiconductor Physics*, Van Nostrand Reinhold New York

Bonč-Bruevič, V.L. und S.G. Kalašnikov (1982), *Halbleiterphysik*, Deutscher Verlag der Wissenschaften Berlin

Bonč-Bruevič, V.L., J.P. Zvyagin, J.V. Karpenko und G. Mironov (1987), *Aufgabensammlung zur Halbleiterphysik* (in Russ.), Nauka Moskau

Brauer, W. (1966), *Einführung in die Elektronentheorie der Metalle*, Akademische Verlagsgesellschaft Geest & Portig K.-G. Leipzig

Brauer, W. und W. Streitwolf (1973), *Theoretische Grundlagen der Halbleiterphysik*, Akademie-Verlag Berlin

Harrison, W.A. (1980), *Electronic Structure and the Properties of Solids: The Physics of Chemical Bonds*, Freeman & Co. San Francisco

Hellwege, K.-H. (1988), *Einführung in die Festkörperphysik*, Springer-Verlag Berlin, Heidelberg, New York, Tokyo

Hummel R. E. (1985), *Electronic Properties of Materials*, Springer-Verlag Berlin, Heidelberg, New York, Tokyo

Ibach, H. und H. Lüth (1988), *Festkörperphysik, Eine Einführung in die Grundlagen*, Springer-Verlag

Kittel, C. (1989), *Einführung in die Festkörpertheorie*, Verlag Oldenbourg München

Kirejev, P.S. (1974), *Physik der Halbleiter*, Übers. aus d. Russ., Akademie-Verlag Berlin

Kreher, K. (1973), *Festkörperphysik*, Akademie-Verlag Berlin

Kreher, K. (1986), *Elektronen und Photonen in Halbleitern*, Akademie-Verlag Berlin

Ludwig, W. (1978), *Festkörperphysik*, Akademische Verlagsgesellschaft Wiesbaden

Madelung, O. (1970), *Grundlagen der Halbleiterphysik*, Springer-Verlag Berlin, Heidelberg, New York

Madelung, O. (1986, 1972, 1973), *Festkörpertheorie, Bd. 1: Elementare Anregungen, Bd. 2: Wechelwirkungen, Bd. 3: Lokalisierte Zustände*, Springer-Verlag Berlin, Heidelberg, New York.

Moss, T.S. (Hrsg.) (1982), *Handbook on Semiconductors* Volume 1-4, North-Holland Publishing Company Amsterdam

Rosenberg, H. M. (1978), *The Solid State*, Clarendon Press Oxford

Seeger, K.-H. (1989), *Semiconductor Physics*, Springer-Verlag Wien, New York

Valenta, L. und E. Jäger (1981), *Vorlesungen über Festkörperphysik I, II*, Deutscher Verlag der Wissenschaften Berlin

Vonsovsky, S.V., and M.I. Katsnelson (1989), *Quantum Solid-State Physics*, Springer Series in Solid State Siences 73, Springer-Verlag Berlin, Heidelberg, New York, Tokyo

Weißmantel, Ch., C. Hamann et al. (1989), *Grundlagen der Festkörperphysik*, Deutscher Verlag der Wissenschaften Berlin

Ziman, J.M. (1974), *Prinzipien der Festkörpertheorie*, Akademie-Verlag Berlin

Zu Kapitel I

Adler, M., H. Fritzsche, and S.R. Ovshinsky (Hrsg.) (1985), *Physic of Disordered Materials*, Plenum Press New York, London

Bonč-Bruevič, V.L., R. Enderlein, B. Esser, R. Keiper, A.G. Mironov, I.P. Zvyagin (1984), *Elektronentheorie ungeordneter Halbleiter*, Deutscher Verlag der Wissenschaften Berlin

Elliot, S.R. (1983), *Physics of Amorphous Materials*, Longman London, New York

Enderlein, R. (1985), *Mikroelektronik*, Deutscher Verlag der Wissenschaften Berlin

Epifanov, G.I. (1979), *Solid State Physics*, Mir Publishers Moscow

Kleber, W. (1990), *Einführung in die Kristallographie*, Verlag Technik Berlin

Madelung, O. (1964), *Physics of III-V-Compounds*, J. Wiley & Sons New York, London, Sidney

Meier, H. (1974), *Organic Semiconductors*, Verlag Chemie Weinheim

Mott, N.F., and E.A. Davis (1979), *Electronic Processes in Non-Crystalline Materials*, Clarendon Press Oxford

Morin, F.J., and J.P. Maita (1954), *Phys. Rev.* 96, 28

Queisser, H.J. (1985), *Kristalline Krisen*, R. Piper München

Rexer, E. (Hrsg. in dt. Sprache) (1966), *Organische Halbleiter*, Akademie-Verlag Berlin

Stuke, J., and W. Brenig (Hrsg.) (1974), *Amorphous and Liquid Semiconductors*, Taylor & Francis London

Unger, K. (Hrsg.) (1979), *Festkörperphysik*, Akademische Verlagsgesellschaft Geest & Portig K.-G. Leipzig

Zu Kapitel II

Abrikosov, A.A., L.P. Gorkov, and I.Y. Dzyaloshinski (1965) *Quantum Field Theoretical Methods in Statistical Physics*, Pergamon Press New York, London

Bilz, H. , and W. Kress (1979), *Phonon Dispersion Relations in Insulators*, Springer-Verlag Berlin

Bir, G.L., and G.E. Pikus (1974), *Symmetry and Strain Induced Effects in Semiconductors*, John Wiley & Sons New York, London, Sydney

Born, M., and K. Huang (1968), *Dynamical Theory of Crystal Lattices*, Clarendon Press Oxford

Böttger, H. (1983), *Principles of the Theory of Lattice Dynamics*, Akademie-Verlag Berlin

Callaway, J. (1964), *Energy Band Theory*, Academic Press New York, London.

Chelikowsky, J.R., and M.R. Cohen (1974), *Phys. Rev.* **B10**, 5059

Greenaway, D.L. and Harbeke, G. (1968), *Optical Properties of Semiconductors*, Pergamon Press New York, London

Jones, H. (1960), *The Theory of Brillouin Zones and Electronic States in Crystals*, North-Holland Publishing Company Amsterdam

Kleinmann, L., and P.J. Lin (1966), *Phys. Rev.* **142**, 478

Kramer, B., K. Maschke, and L.D. Laude (1973), *Phys. Rev.* **B8**, 5781

Ljubarski, G.J. (1962), *Anwendungen der Gruppentheorie in der Physik*, Deutscher Verlag der Wissenschaften Berlin

Maschke K. (1971), *phys. stat. sol. (b)* **47**, 511

Phillips, J.C. (1973), *Bonds and Bands in Semiconductors*, Academic Press New York

Stolz, H. (1974), *Einführung in die Vielelektronentheorie der Kristalle*, Akademie-Verlag Berlin

Streitwolf, H.-W. (1967), *Gruppentheorie in der Festkörperphysik*, Akademische Verlagsgesellschaft Geest & Portig K.-G. Leipzig

Tsidilkovski, J.M. (1982), *Bandstructure of Semiconductors*, Pergamon Press New York, London

Zimmermann, R. (1988), *Many Particle Theory of Highly Excited Semiconductors*, B.G. Teubner Verlagsgesellschaft Leipzig

Zu Kapitel III

Artikelsammlung zu Halbleitersupergittern und Quantum Wells in *IEEE Quantum Electron.* QE22, 1986

Bechstedt, F., and R. Enderlein (1988), *Semiconductor Surfaces and Interfaces*, Akademie-Verlag Berlin

Bourgoin, J., and M. Lannoo (1983), *Point Defects in Semiconductors II. Experimental Aspects*, Springer-Verlag Berlin, Heidelberg, New York

Cardona, M. (1969), *Modulation Spectroscopy*, Academic Press

Chiaradia, P., G. Chiarotti, S. Nannarone, and P. Sassaroli (1978), *Solid State Communication* 26, 813

Dexter, R.N., H.J. Zeiger, and B. Lax (1956), *Phys. Rev.* **104**, 637

Dingle, R. (1974), *Phys. Rev. Letters* **33**, 827

Döhler, H.G. (1972), *phys. stat. sol.* **B52** ,79 und 533

Enderlein R. (Hrsg.) (1977), *Proc.Autumn School on Modulation Spectroscopy*, ZIE Berlin

Frank, W. (1981), *Festkörperprobleme* **21**, 225

Herman, M.A. (1986), *Semiconductor Superlattices*, Akademie-Verlag Berlin

Lannoo, M., J. Bourgoin (1981), *Point Defects in Semiconductors I: Theoretical Aspects*, Springer-Verlag Berlin, Heidelberg, New York

Pantelides, S.T. (Hrsg.) (1986), *Deep Centers in Semiconductors*, Gordon & Breach Science Publishers New York, London, Paris

Quate, C.F. (1986), *Physics Today*, *Aug.*, S. 1

Rücker, H. (1985), *Diplomarbeit*, Humboldt-Universität Berlin

Seraphin, B.O., and R.B. Hess (1965), *Phys. Rev. Letters* **14**, 138

Stoneham, A.M. (1975), *Theory of Defects in Solids*, Clarendon Press Oxford

Stoneham, A.M. (Hrsg.) (1986), *Current Issues in Semiconductor Physics*, Adam Hilger Bristol, Boston

Strehlow, R., W. Kühn und M. Hanke (1986), *physica status solidi (b)* **134**, 257

Vogl, P. (1981), *Festkörperprobleme* 21, 191

Watkins, G.D. (1986) in Pantelides, S.T. (Hrsg.) (1986), *Deep Centers in Semiconductors*, Gordon & Breach Science Publishers, New York, London, Paris, S. 160

Watkins, T.B. (1960), *The Electrical Properties of Semiconductor Surfaces*, in: Progress in Semiconductors, Volume 5, Heywood & Co. London

van der Rest, J., and P. Pecheur (1983), *Physica* **116B**, 121

Zu Kapitel IV

Blakemore, J.S. (1962), *Semiconductor Statistics*, Pergamon Press New York, London

V.I. Fistul (1969), *Heavily Doped Semiconductors*, Plenum Press New York, London

Zu Kapitel V

Kao, K.C., and H. Hwang (1981), *Electrical Transport in Solids*, in: International Series in the Science of the Solid State, Volume 14, Pergamon Press New York, London

Landsberg, P.T. (1978), *Thermodynamics and Statistical Mechanics*, Oxford Univ. Press

Zu Kapitel VI und VII

Auth, J., D. Genzow und K.-H. Herrmann (1977), *Photoelektrische Erscheinungen*, Akademie-Verlag Berlin

Ebert, G., K. von Klitzing, C. Probst, and K. Ploog (1982), *Solid State Communications* **44**, 95

Moss, T.S. (Hrsg.) (1982), *Handbook on Semiconductors*, Volume 4, North-Holland Publishing Company Amsterdam

Paul, H. (1969), *Lasertheorie*, Akademie-Verlag Berlin

Paul, R. (1972), *Feldeffekttransistoren: Physikalische Grundlagen und Eigenschaften*, Verlag Technik Berlin

Paul, R. (1981), *Mikroelektronik*, Verlag Technik Berlin

Streetman, B.G. (1980), *Solid State Electronic Devices*, ed. by N. Holonyak JR., Prentice Hall Englewood Cliffs

Sze, S.M. (1981), *Physics of Semiconductor Devices*, 2nd ed., John Wiley and Sons New York

Völz, H. (1986), *Elektronik für Naturwissenschaftler*, Akademie-Verlag Berlin

Sachwortverzeichnis

www.ingramcontent.com/pod-product-compliance
Lightning Source LLC
LaVergne TN
LVHW081359011026
849161LV00013BA/2854